Die Lokalfertigung als Strategie
der Investitionsgüterindustrie

Europäische Hochschulschriften

Publications Universitaires Européennes
European University Studies

**Reihe V**
**Volks- und Betriebswirtschaft**

Série V Series V
Sciences économiques, gestion d'entreprise
Economics and Management

**Band/Vol. 631**

PETER LANG
Bern · Frankfurt am Main · New York

Urs Huber

# Die Lokalfertigung als Strategie der Investitionsgüterindustrie

mit besonderer Berücksichtigung des Protektionismus



PETER LANG
Bern · Frankfurt am Main · New York

CIP-Kurztitelaufnahme der Deutschen Bibliothek

**Huber, Urs:**
Die Lokalfertigung als Strategie der Investitionsgüterindustrie: mit bes. Berücks. d. Protektionismus / Urs Huber. – Bern; Frankfurt am Main; New York: Lang, 1985.
(Europäische Hochschulschriften: Reihe 5, Volks- und Betriebswirtschaft; Bd. 631)
ISBN 3-261-04048-3

NE: Europäische Hochschulschriften / 05



Abdruck der von der Hochschule St. Gallen genehmigten Dissertation.



Druck: Weihert-Druck GmbH, Darmstadt

# VORWORT

Den Impuls zu dieser Arbeit erhielt ich durch eine praktische Aufgabe in der Fa. Brown Boveri & Cie, Baden. Es handelte sich dabei um eine Analyse der Lokalfertigungsvoraussetzungen in einem Land im Nahen Osten, für welches eine externe Investitionsanfrage vorlag.

Diese Tätigkeit führte beinahe zwangsläufig zu den Fragen, weshalb und in welcher Form im Ausland investiert wird und welche Entscheidungsgrundlagen vor der Inangriffnahme eines Lokalfertigungsprojektes erforderlich sind.

Es war und blieb meine Auffassung, dass dieser Fragenkomplex am ehesten in einer Dissertation in der erforderlichen Tiefe behandelt werden kann.

An dieser Stelle möchte ich all jenen danken, die das Zustandekommen dieser Arbeit gefördert haben.

Mein besonderer Dank gilt meinem Referenten Herrn Prof. Dr. C. Pümpin für seine Anregungen und Ratschläge sowie sein Verständnis im Hinblick auf den notwendigen Praxisbezug.

Für die Uebernahme des Korreferates und die fachspezifischen Hinweise möchte ich Herrn Prof. Dr. J.M. Baumer vielmals danken.

Mein Dank richtet sich zudem an:

- Herrn E. Bähler für den mir gewährten Zugang zur Problemstellung in der Fa. BBC, Baden und seine organisatorische Unterstützung.

- Die Führungskräfte der 42 befragten Unternehmen in der schweizerischen Investitionsgüterindustrie, die sich spontan zur Mitarbeit bereit erklärten und damit die Durchführung der empirischen Basis und damit der gesamten Untersuchung überhaupt ermöglichten.

- Herrn Prof. Dr. W. Stier für die kritische Ueberprüfung der empirischen Basis.

- Frau Jörger für die umsichtige Erstellung der druckfertigen Vorlage.

- Meine Mutter für die Anfertigung der ersten Schreibmaschinenfassung meines Manuskriptes, die notwendige Durchsicht und v.a. ihre Ausdauer.

  Ihr widme ich diese Arbeit.

Herbst 1984 Urs Huber

# DIE LOKALFERTIGUNG ALS STRATEGIE DER INVESTITIONSGUETERINDUSTRIE

## Inhaltsverzeichnis

# 0 Einleitung

## 01 Ausgangslage und Problemstellung

"In der Schweiz habe die Industriebeschäftigung zwischen 1967 und 1977 um 23 % abgenommen, während gleichzeitig die Beschäftigung bei schweizerischen Tochterfirmen im Ausland um 60 % zugenommen habe. So seien heute beispielsweise von den 850'000 Beschäftigten, die bei den 100 grössten Firmen der Schweiz arbeiten, 550'000 im Ausland tätig." 1)

"Für den Fall Schweiz z.B. heisst das, dass die 25 grössten Industriefirmen im Ausland mehr direkt absetzen, als unsere ganze Volkswirtschaft ins Ausland exportiert." 2)

Solche und ähnliche Feststellungen aktualisieren vor allem in Zeiten mit zunehmender Arbeitslosigkeit die Fragen rund um die Auslandproduktion: Weshalb wird von der Schweiz aus im Ausland gefertigt? Ist eine in diese Richtung weitergehende Entwicklung nötig? etc.

Die Fragen über die Ziele und Motive zum Auslandengagement und darüber hinausgehende wurden in der explorativen Phase der vorliegenden Arbeit immer zahlreicher: Nach welchen Kriterien wird einer Lokalfertigung zugestimmt? Wird bei mehr als einem Projekt eine systematische Projektauswahl durchgeführt oder projektspezifisch entschieden? Wird bei einer diesbezüglichen Entscheidung eine bereits festgelegte Strategie verfolgt? Werden Entscheidungshilfsmittel verwendet? Gibt es erkennbare Zukunftstendenzen in bezug auf die Erstellung von Auslandproduktionsstätten? etc.

Aus der Tragweite dieser Fragestellungen zeigten sich bald die Beschränkungsnotwendigkeit der Forschungsbasis und die eigentlichen Problemkreise.

Auf welchen Ebenen aber musste diese Beschränkung vorgenommen werden, sofern die Fragen nicht theoretisch, sondern empirisch beantwortet werden sollten? Fest stand, dass für eine empirische Arbeit nicht in der von Heinen für seine theoretische Arbeit 3) gewählten Breite geforscht werden kann.

Grundsätzlich standen als Untersuchungsebenen sowohl Stammhausland, Investitionsempfängerland, Firmengrösse, Wirtschaftsbranche, Zeitabschnitt, Engagementform als auch Kombinationen davon offen.

Aufgrund dessen, dass diese Arbeit an sich aus einer Problemstellung der schweizerischen Investitionsgüterindustrie entsprang, waren damit auch die Ebenen bestimmt: Investitionsgüterindustrie mit dem Stammhaus in der Schweiz, umfassend 34 % des schweizerischen Exportvolumens (per 1980). Mitentscheidend war dabei die feste Ueberzeugung, dass die Beantwortung der gestellten Fragen v.a. von Branche zu Branche variiert.

Aus dem Zusammenhang obiger Fragestellungen ergaben sich die folgenden Untersuchungsbereiche:

- Die empirische Erforschung der Motivkonstellation in der schweize-

---

1) Rogge P., in: NZZ (Produktionsstandorte) 7
2) Borner S., in: NZZ (Alternde Volkswirtschaften) 37
3) vgl. Heinen (Ziele) 1 ff.

rischen Investitionsgüterindustrie zur Aufnahme eines Auslandengagements.

- Die Ermittlung von Existenz, Notwendigkeit und Formen einer Lokalfertigungsstrategie.
- Durchleuchtung der Entscheidungssituation in den Unternehmen der Investitionsgüterindustrie, die zur Annahme oder Ablehnung eines Lokalfertigungsengagements führt.

Als sich zeigte, dass in der schweizerischen Investitionsgüterbranche kein institutionalisiertes Entscheidungsinstrumentarium zugänglich war, entstand das Vorhaben, ein solches zu entwerfen. Es sollte allgemein genug sein, damit es innerhalb der ganzen Branche genutzt werden kann und speziell genug, damit der Benützer dem Hilfsmittel nur noch die aktuellen Informationen zuführen muss.

Im Verlauf der Problembehandlung war festzustellen, dass der sich verstärkende Protektionismus auch hier seinen Einfluss massgeblich geltend macht. Ein spezielles Eintreten auf seine Bedeutung erwies sich bald als unumgänglich, woraus sich dann der entsprechende Teil zur speziellen Berücksichtigung des Protektionsismus ergab.

Die Ergebnisse der folgenden Arbeit halten auf verschiedene potentielle Benützer zugeschnittene Informationen bereit:

- Unternehmen der Investitionsgüterindustrie können
  . einen Vergleich der eigenen Ausgangssituation mit den Erhebungsergebnissen von 42 (41 andern) Investitionsgüterexporteuren bezüglich Auslandengagement anstellen,
  . das strategische Instrumentarium zur Gestaltung des eigenen Entscheidungsprozesses zugunsten von Lokalfertigungen verwenden,
- Vertreter der Wirtschaftspolitik können
  . Erkenntnisse für die Gestaltung der Wirtschaftspolitik speziell im Zusammenhang mit der Steuerung der Investitionsgüterindustrie herauslesen,
- Vertreter von Investitionsempfängerländern können
  . Ansätze zur gezielten Anwerbung potentieller Investoren aus der Investitionsgüterindustrie ersehen.

## 02 Zielsetzung der Arbeit

Das Ziel der vorliegenden Arbeit besteht darin, basierend auf einer

- empirischen Analyse von **Motiven** und Entscheidungseinflüssen der schweizerischen, exportorientierten **Investitionsgüterindustrie** bezüglich **Lokalfertigungs-Engagement**
- ein **strategisches Instrumentarium** zur Bestimmung des unternehmungsspezifischen Engagements von Investitionsgüterproduzenten in ausländischen Produktionsstätten zu erarbeiten.

Eine besondere Berücksichtigung zur Entwicklung dieses Instrumentariums hat dabei die Auseinandersetzung mit der Erscheinung des **Protektionismus** im Welthandel zu gewinnen.

Ergänzende Schwerpunkte dieser Arbeit sind einleitend

- die Lokalisierung der Lokalfertigungs-/Auslandproduktionsproblematik im umfassenden Bereich der Unternehmungsführung

und abschliessend

- die Ergründung von Ansatzmöglichkeiten für Empfängerländer zur Heranziehung ausländischer Lokalfertigungsinvestitionen.

## 03 Abgrenzungen

Im Verlauf einer Arbeit, wie sie unter 04 zur Darstellung gelangt, ergeben sich immer wieder neue Fragestellungen aus immer wieder neuen Gebieten, die an das bereits Behandelte angrenzen.

Es ist aber unumgänglich, bei der Themenbearbeitung hier und da Prioritäten festzulegen, d.h. einer weiteren Ausdehnung der Problematikerforschung Einhalt zu gebieten und sich demgemäss auf Einschränkungen einzurichten.

Zu diesem Zwecke wurden die folgenden Abgrenzungen vorgenommen:

- Die Behandlung der Lokalfertigungsstrategie konzentriert sich ausschliesslich auf die Branche der Investitionsgüterindustrie. Während das strategische Instrumentarium von Investitionsgüterproduzenten aus jedem europäischen Industrieland benützt werden kann, beziehen sich die Ergebnisse der empirischen Erhebung nur auf die schweizerische Investitionsgüterbranche.

- Einer eingehenden Definitions- und Lokalisierungsermittlung wurden lediglich die drei Begriffe aus dem Titel dieser Arbeit unterzogen: Strategie, Investitionsgüterindustrie und Lokalfertigung. Diese drei Wortbedeutungen stehen im Zentrum der Problemstellung und -behandlung und bedürfen einer dementsprechenden Detaillierung. Alle andern verwendeten Ausdrücke müssen hingegen im Verhältnis zu ihrem Gewicht in dieser Arbeit als in genügendem Mass bekannte Wortbedeutungen akzeptiert werden.

- Auf die Abhandlung allgemeiner 'Theorien des Produktionsstandortes' wurde hier bewusst verzichtet, um den eigenen Erforschungen genügend Raum auszusparen.

- Zur empirischen Erforschung der Ausgangsbedingungen im Zusammenhang mit einer Lokalfertigungsstrategie wurde von einer Vollerhebung abgesehen. Der Weg auf der Suche nach Allgemeingültigkeit der Erhebungsergebnisse konnte mit einer hiezu geeigneten Auswahl der Untersuchungseinheiten aus der bekannten Grundgesamtheit beschritten werden.

- Das Hauptgewicht der Themenbearbeitung ist auf das strategische Instrumentarium gerichtet. Es umfasst den Entscheidungsprozess pro/contra Lokalfertigungserrichtung, von der Idee zum Engagement bis zum Uebergang der Entscheidungsvorbereitung zur anschliessenden Feasibility-Studie. Letztere kann hier in all ihren Einzelheiten nicht mehr behandelt werden; sie wird der nachfolgenden Führungsstufe 'Unternehmungsplanung' zugerechnet und ist deshalb nicht mehr Gegenstand der hier gewählten Strategie-Ermittlung.

- Die Ausführungen in bezug auf das strategische Instrumentarium finden ihre Grenzen dort, wo weitere Detaillierungen bereits die speziellen Rahmenbedingungen des einzelnen Unternehmens tangieren.

Auf eine organisationsbezogene Ausrichtung des Entscheidungsprozesses wurde deshalb höchstens am Rande eingetreten.

## 04 Arbeitsablauf

Die vorliegende Arbeit lässt sich gemäss der Zielsetzung in folgende Teile gliedern:

- Im ersten Teil werden die theoretischen Grundlagen der Aufgabenstellung erörtert. Es geht dabei insbesondere um die Abgrenzung der Begriffe Strategie, Investitionsgüterindustrie und Lokalfertigung sowie um die spezifische Lokalisierung der Auslandproduktionsproblematik innerhalb der allgemeinen Unternehmungsführung.
- Im zweiten Teil steht die empirische Untersuchung im Zentrum. Ausgehend von der Motivforschung werden einer repräsentativen Anzahl von schweizerischen Investitionsgüterunternehmen Fragen gestellt, die mit ihrer Auslandproduktion im Zusammenhang stehen. Es werden die ersten, nicht weiter zu verarbeitenden Erhebungsergebnisse dargestellt.
- Im dritten Teil wird die Existenz einer Lokalfertigungsstrategie in der Investitionsgüterindustrie abgetastet und die Legitimation zur Kreation einer diesbezüglichen Strategie inklusive Entscheidungsmodell ermittelt.
- Im vierten Teil konzentriert sich die Arbeit allein auf die kreative Gestaltung eines strategischen Instrumentariums, welches aufgrund der gewonnenen theoretischen und empirischen Erkenntnisse ein Entscheidungs-Hilfsmittel zuhanden der grösseren Investitionsgüterexporteure abgegeben hat.
- Im fünften Teil kommen der Informationsbedarf und die Art der Informationsbeschaffung zur Sprache, die zwei massgebenden Elemente der Informatik also, die dem Anwender des strategischen Instrumentariums bereits vor dessen Anwendung ebenso klar sein müssen wie der Entscheidungsprozess selbst.
- Im sechsten Teil wird ermittelt, ob die Ergebnisse der empirischen Erhebung auch Erkenntnisse für potentielle Investitionsempfängerländer zulassen und welche Reflexe diese allfälligen Ansätze auf die potentiellen Investoren auszuüben vermögen.

Die folgende Abbildung gibt einen Ueberblick über den gedanklichen Ablauf und die entsprechende Bearbeitung der gewählten Problemstellung:

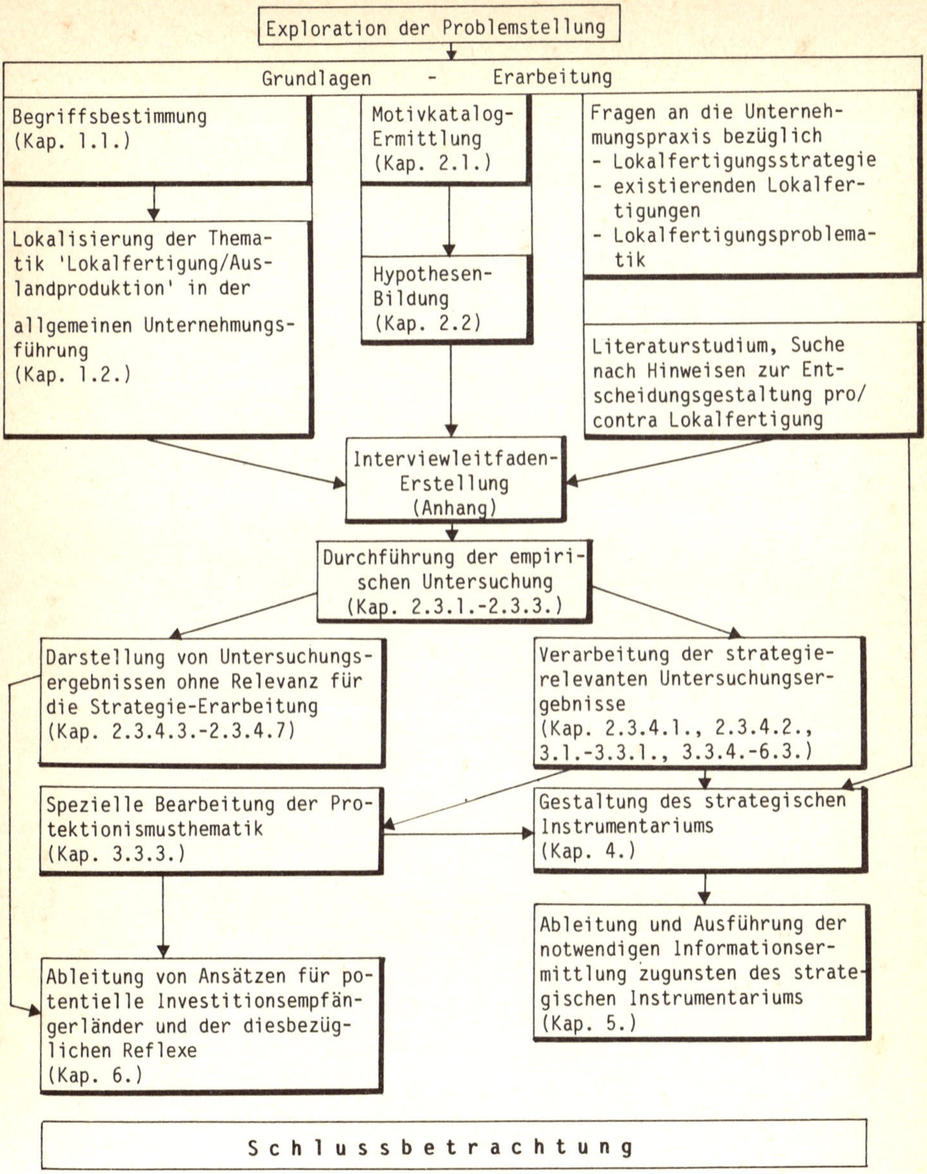


Abb. 0.1.: Arbeitsablauf der gewählten Problemstellung

## 05 Methodisches Vorgehen

In methodischer Hinsicht ist darauf hinzuweisen, dass nicht nur eine bestimmte Vorgehensweise gewählt wurde, (z.B. Studium und Interpretation der Sekundärliteratur zur Lösung der Aufgabenstellung).

Je nach Arbeitsschritt kamen unterschiedliche Methoden innerhalb der gesamten Problembewältigung zur Anwendung:

| **Bearbeitungsgebiet** | **Methodisches Vorgehen** |
|---|---|
| . Begriffsdefinition | . Vergleichendes Literaturstudium. |
| . Lokalisierung der Auslandproduktionsthematik innerhalb der Unternehmungsführung | . Verwendung der Führungsstufen innerhalb des St. Galler Management-Modells 4) als Bezugsrahmen.<br>. Lokalisierung innerhalb der Unternehmungspolitik durch negative Enumeration der darin vorgesehenen Möglichkeiten.<br>. Vergleich zur Auffassung in der Unternehmungspraxis. |
| . Ergründung der Motive zur Auslandfertigung | . Studium der Sekundärliteratur.<br>. Bildung einer Hypothese mit anschliessender Hypothesenprüfung anhand einer repräsentativen Umfrage. |
| . Ermittlung bestehender Lokalfertigungen, diesbezüglicher Strategien und der damit verbundenen Problematik in der Realität | . Erforschung mittels derselben empirischen Erhebung.<br>. Als Erhebungsmethode wurde die Interviewtechnik mit mehr oder weniger standardisierter, persönlicher Befragung von Unternehmungsvertretern gewählt; Hilfsmittel war ein Interviewleitfaden. |
| . Durchleuchtung der Protektionismus-Entwicklung | . Verarbeitung der Studien von dafür spezialisierten Instituten (HWWA und Institut für Weltwirtschaft, Kiel).<br>. Sammlung der Aeusserungen von Sac verständigen in der Fach- und Tagespresse. |
| . Strategisches Instrumentarium | . Negative Enumeration der zur Verfügung stehenden Entscheidungsmethoden und damit Auswahl des Entscheidungsprozesses von Kepner/Tregoe 5) als adäquater Bezugsrahmen.<br>. Implementierung des Entscheidungsprozesses mit Hilfsmitteln aus der allgemeinen Unternehmungsführung, ergänzt durch speziell hiezu kreierte Instrumente.<br>. Adaption der Wirkungweise strategischer Grundsätze in Anlehnung an Pümpin. 6) |
| . Ansätze zugunsten von Investitionsempfängerländern sowie Reflexe potentieller Investoren | . Ableitung und Interpretation der Erhebungsergebnisse aus der durchgeführten, repräsentativen Untersuchung. |

4) vgl. Ulrich/Krieg (Management-Modell) 29

5) vgl. Brauchlin (Entscheidungsmethodik) 28

6) vgl. Pümpin (Management SEP) 129 und Pümpin (Strategische Führung) 15

# 1. Definitorische Grundlagen zur Strategie der Lokalfertigung

Als definitorische Grundlagen sind hier die Klärung der wichtigsten Begriffe und die Lokalisierung der zu behandelnden Thematik zu werten. Letzteres hat deshalb zu erfolgen, weil die Problemstellung 'Engagement zugunsten der Lokalfertigung/Auslandproduktion' bis jetzt keine eindeutige Zuordnung im Rahmen der gesamten Unternehmungsführung erfahren hat.

## 1.1. Begriffsbestimmungen

Innerhalb des deklarierten Untersuchungsprojektes wird eine Vielzahl von fachspezifischen Bezeichnungen verwendet. Sie allesamt hier zu definieren würde zu weit führen.

Es wird deshalb eine naheliegende Beschränkung auf diejenigen Begriffe vorgenommen, die im Titel dieser Arbeit vorkommen und zugleich die in dieser Arbeit wohl meist verwendeten Ausdrücke sind: Strategie, Investitionsgüterindustrie und Lokalfertigung. Mit ihrer Abgrenzung gegenüber den direkt verwandten Definitionen wird erreicht, dass Begriffsüberschneidungen sichtbar, erkennbar werden, so dass mögliche Unklarheiten vermieden werden können.

### 1.1.1. Strategie

#### a) Die Herkunft des Begriffs

Der Begriff "Strategie" wurde bereits im Altertum auf dem Gebiete der Kriegsführung verwendet (stratos = Heer, agos = Führer) und bedeutet ursprünglich die Kunst des Heerführers 1). Diese militärgeschichtliche Bedeutung erläuterten z.B. Lidell Hart 2), Learned, C.+A. 3), Clausewitz 4).

In der amerikanischen Geschäftswelt soll das Strategiebewusstsein in den 50er Jahren herangewachsen sein 5).

Der Durchbruch zur Formulierung von Unternehmungsstrategien fand in Europa erst in den 70er Jahren statt 6).

#### b) Begriffsbildung

Als betriebswirtschaftlicher 'Klassiker' definiert Ansoff: "Business strategy is a relatively new and complex business concept. It consists of a set of management guidelines which specify the firms product-market position, the directions in which the firm seeks to grow and change, the competitive tools it will employ, the means by which it will enter new markets, the manner in which it will configure its

---

1) vgl. Ruge (Politik) 25
2) zit. in: Frank (Marketing-Strategien) 34
3) vgl. Learned C.+A. (Policies) 17
4) vgl. Clausewitz (Krieg) 169
5) vgl. Ansoff (Stragetic Planning) 1, Asplund (Strategy) 7
6) vgl. Pümpin (Strategische Führung) 8

resources, the strenghts it will seek to exploit, and conversely the weaknesses it will seek to avoid" 7).

Es zeigt sich, dass in der amerikanischen Begriffsauffassung in "Strategy" sowohl Zielsuche als auch die Wege der Zielerreichung eingeschlossen sind, vgl. hiezu z.B. Cannon (Business) XVII, XX, Chandler 8).

Die deutschsprachige Literatur übernimmt in den ersten Jahren des strategischen Denkens diese Begriffsauffassung, vgl. hiezu z.B. Schleuplin (Untersuchungsstrategie) 17-19.

Demgegenüber setzt unter anderen z.B. Hinterhuber seine Zeichen, damit der deutschsprachige Begriff Strategie eine Abschwächung bei der Zielbestimmung und eine gleichzeitige Konzentration in Richtung Verhaltensnormen-Festsetzung erfährt: "Die Strategie ist der Weg, über den die Veränderung zu einem konstruktiven, tragfähigen Konzept ausgebaut wird; sie verlangt eine Aenderung des bisherigen, alten Verhaltensmusters" 9). Diese Auffassung wird z.B. von Dittmar/Meyer/Hoyer 10), von Lembke 11), Kreikebaum 12) und Trechsel 13) geteilt.

Für eine weitergehende Begriffsherleitung kann auf Frank verwiesen werden. Dieser Autor begründet seine Begriffsformulierung auf unzählige Quellen (in 52 Seiten dargelegt): "**Strategie** ist **eine Vorgehensweise**, die sowohl planerische wie auch gestalterische Elemente beinhaltet, die sowohl Entscheidungs- wie auch Handlungscharakter besitzt. Sie umfasst den **Entwurf komplexer Massnahmenbündel** unter Berücksichtigung der zwischen diesen Massnahmen bestehenden Interdependenzen und ist **gekennzeichnet durch den zielerreichenden Charakter**, durch die Realisierbarkeit auf der Grundlage des **Einsatzes mehrerer Instrumente**, durch den mittel- bis langfristigen zeitlichen Bezug, durch die ökonomische Verwendung der Ressourcen und die Berücksichtigung möglicher Aktionen und Reaktionen anderer Marktteilnehmer" 14).

### c) Elemente der Strategie

Die konstituierenden Elemente einer Strategie sind z.B. bei Schleuplin 15), bei Schendel/Hofer 16), bei Kühn 17) oder bei Hinterhuber dargelegt:

- "Bestimmung der Märkte, der Produkte oder Dienstleistungen (Produkt-/ Markt-Kombinationen),

---

7) Ansoff (Business) 7
8) zit. in: Frank (Marketing-Strategien) 53
9) Hinterhuber (Unternehmungsführung) 24
10) vgl. Dittmar/Meyer/Hoyer (Internationale Expansion) 86
11) vgl. Lembke (Strategisches Produktmanagement) 31
12) vgl. Kreikebaum (Strategische Unternehmungsplanung) zit. in: Hahn/Taylor (Strategische Unternehmungsplanung) 519
13) vgl. Trechsel (Produkt/Markt-Strategie) 383
14) Frank (Marketing-Strategien) 65
15) vgl. Schleuplin (Unternehmensstrategie) 18
16) vgl. Schendel/Hofer (Strategie Management) 11
17) vgl. Kühn (Frühwarnung) 551

- Auswahl der Mittel und Verfahren,
- Zuteilung von Ressourcen und Festlegung der Hauptschritte,
- Festsetzung von Kriterien und Standards für den strategischen Planungshorizont von 5 - 12 Jahren" 18).

Die umfassendste Aufzählung von Elementen, die eine Unternehmungsstrategie kennzeichnen, erbringt Pümpin mit neun Elementen 19), deren Berücksichtigung letztlich die Voraussetzung zur Schaffung strategischer Erfolgspotentiale bildet.

#### d) Operationale Definition

Auf der Grundlage der zahlreichen Komponenten, die in den zutreffenden und aufgeführten Quellen vorhanden sind, wird der Begriff 'Strategie' operational wie folgt definiert:

Die Strategie ist eine zielorientierte Verhaltensweise gegenüber einer sich stetig wandelnden Umwelt. Abgeleitet von den wichtigsten, vorher festgelegten Unternehmenszielen ist die Strategie die Ausdrucksform von Handlungsabsichten, welche auf die Schaffung von Erfolgspotentialen in einer analysierten Umwelt gerichtet sind. Unter Ausnützung aller sich bietenden Wettbewerbsvorteile und unternehmensinternen Synergieeffekte bestimmt sie in einer Kette von langfristig wirksamen Entscheidungen die Mittel und Verfahren und schafft durch die Formulierung eines komplexen Massnahmenbündels die Voraussetzungen zur Erreichung der obersten Unternehmensziele.

### 1.1.2. Investitionsgüterindustrie

Gegenstand der vorliegenden Arbeit sind Problemstellungen der Engagementsstrategie in einem güterwirtschaftlich abgrenzbaren Teilbereich der Absatzwirtschaft, der Investitionsgüterindustrie. Mit der Bestimmung der entsprechenden Wirtschaftsobjekte als Investitionsgüter kann die Investitionsgüterindustrie von der Gesamtproduktion abgegrenzt werden:

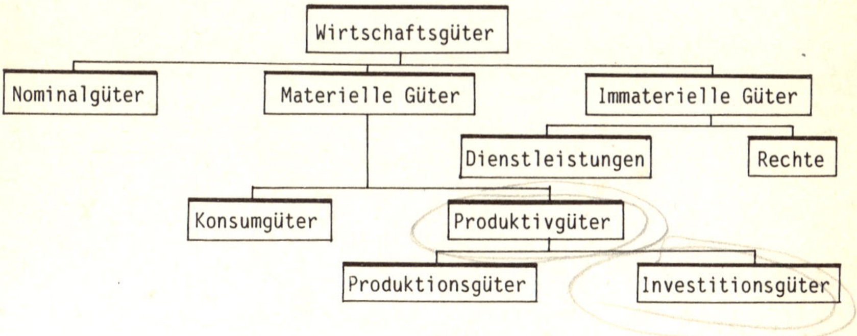


Abb. 1.1.: Systematik der Wirtschaftsgüter 20)

---

18) Hinterhuber (Unternehmungsführung) 26
19) vgl. Pümpin (Führungskonzeption) 2
20) Walldorf (Organisation) 16

Während die Konsumgüter ihren Einsatz in privaten Haushaltungen finden, werden die Investitionsgüter nach der volkswirtschaftlichen Betrachtungsweise ausschliesslich in privaten oder öffentlichen Betrieben verwendet.

Die Investitionsgüter lassen sich von den Produktionsgütern dadurch abgrenzen, dass sie im Produktionsprozess der Unternehmung in keiner Form in die zu erstellende Leistung eingehen, während die Produktionsgüter (inkl. Energie) bei der Herstellung von andern Gütern benötigt werden und in die zu erstellende Leistung direkt als Vorprodukte oder indirekt als Hilfs- und/oder Betriebsstoffe eingehen 21).

Gemeinsame Einschränkungen für alle Investitionsgüter gegenüber Gütern mit andern Verwendungszwecken bezeichnet Meier 22):

- Die entsprechenden Güter müssen ausschliesslich in Unternehmungen zum Einsatz gelangen.
- Die Güter müssen einen relativ hohen Anschaffungswert besitzen.
- Die Güter dürfen nicht routinemässig wiedergekauft werden, sondern bedürfen eines Investitionsentscheides.

Investitionsgüter werden generell in den folgenden drei Stufen der Produktionsreife angeboten 23):

- Komponenten (z.B. Motoren),
- Anlagen (z.B. Werkzeugmaschinen),
- Gesamtsysteme, d.h. Zusammenfassung mehrerer Funktionseinheiten zu komplexen betriebsfertigen Systemen, wozu in der Regel das Engeneering für entsprechende Kombinationen und das Projektmanagement für die Realisierung der angebotenen Leistung gehören (z.B. automatisierte Lagersysteme).

Der Industriebetrieb seinerseits wird definiert mit: "Wirtschaftlich-organisatorische Einheit, die der gewerblichen Gewinnung von Rohstoffen und Material dient, vor allem aber die Veredelung bzw. Herstellung von Gütern mit Hilfe von Maschinen durch mechanische, elektrische oder chemische Be- oder Verarbeitung von Stoffen leistet" 24).

Aus diesen beiden Begriffen Investitionsgüter und Industriebetrieb werden abgeleitet jene Industriegruppen als Investitionsgüterindustrie bezeichnet, die durch mechanische, elektrische, chemische Be- oder Verarbeitung von Rohstoffen und Halbfabrikaten mit Hilfe von Maschinen Güter herstellen zur Erweiterung, Erhaltung oder Verbesserung des volkswirtschaftlichen Produktionsapparates.

Materiell richtet sich die weitere Verwendung des Begriffs der Investitionsgüterindustrie nach der Auslegung in der Aussenhandelsstatistik der schweizerischen Volkswirtschaft 25), die von der Eidgenös-

---

21) vgl. Preisig (Produktionsgüterindustrie) 50
22) vgl. Meier (Investitionsgütermarketing) 12
23) vgl. Rupp (Produkt/Markt-Strategien) 5
24) Sellien (Dr. Gablers) Bd. 1, Spalte 1948
25) vgl. Eidg. Volkswirtschaftsdepartement (Volkswirtschaft) 12*

sischen Oberzolldirektion erstellt wird. In dieser Kategorisierung (Nr. 84-90) werden die folgenden Investitionsgütergruppen gebildet (Feingliederung siehe Anhang 1):

- **Mechanische Anlagen** (Kessel, mechanische Maschinen, Apparate und Geräte),
- **Elektrische Anlagen** (elektrische Maschinen, Apparate und Waren),
- **Schienenmaterial** (Schienenfahrzeuge und ortsfestes Geleisematerial, Signalvorrichtungen),
- Strassennutzfahrzeuge mit Motor,
- **Luftfahrzeuge,**
- **Schiffe,**
- Optische, **photografische, medizinische Instrumente.**

Die Zahlen des Eidgenössischen Volkswirtschaftsdepartementes weisen auf die Bedeutung der Investitionsgüterindustrie innerhalb der schweizerischen Exportindustrie hin 26):

1980: Gesamtexporte in Mio Fr. 49'608, davon Investitionsgüterexporte
16'784 Mio Fr. (= 34 %)
1982: Gesamtexporte in Mio Fr. 52'658, davon Investitionsgüterexporte
18'229 Mio Fr. (= 35 %)

Die Investitionsgüterexporte mit einem Anteil von 35 % am Gesamtexport aus der Schweiz übertreffen damit die Konsumgüterexporte mit einem entsprechenden Anteil von 28 % per 1982.

### 1.1.3. Lokalfertigung / Auslandproduktion

Im Zusammenhang mit der Herstellung von Gütern durch ein schweizerisches Unternehmen im Ausland treten die folgenden Begriffe auf: Direktinvestition, Auslandinvestition, Auslandniederlassung, Produktionsverlagerung, Lokalfertigung, Auslandproduktion, Auslandengagement.

In der betriebswirtschaftlichen Literatur sind diese sieben erwähnten Begriffe nur teilweise, ungenügend oder überhaupt nicht definiert 27) und v.a. sind Begriffsüberlagerungen nicht ersichtlich.

Von dieser Situation ausgehend erwies sich somit als zweckmässig, nach dem Studium der z.T. vorhandenen Begriffsbestimmungen zu einer eigenen Begriffsabgrenzung vorzustossen.

Hiezu konnte auf die folgenden Definitionsquellen pro Begriff zurückgegriffen werden:

- **Direktinvestitionen:** § 55 der bundesdeutschen Aussenwirtschaftsver-

---

26) vgl. EDV (Volkswirtschaft) 11*
27) vgl. z.B. Eckhardt (Handlexikon), Grochla (Handwörterbuch der Betriebswirtschaft), Limmert (Lexikon anglo-amerik. & deutscher Management Begriffe), Wilkes (Handbuch Unternehmungsführung)

ordnung, Sölter/Zimmerer 28), Ellenberger 29)

- **Auslandniederlassung:** Management Enzyklopädie 30)

- **Produktionsverlagerung:** Zu diesem Begriff gibt es vorläufig noch zwei Auslegungen:

  a) Die Produktionsverlagerung umfasst eine Reduktion einer bereits bestehenden Produktionskapazität am alten Standort in einem Industrieland, verbunden mit dem Aufbau einer Produktionsstätte an einem neuen Standort. Diese Auffassung vertreten z.B. die UNIDO in ihrer Lima Declaration 31) und die ICME 32).

  b) Die Produktionsverlagerung umfasst die oben erwähnte Verlegung einer bereits bestehenden Produktionskapazität, als auch den Aufbau einer gesamthaft gesehen, zusätzlichen Produktionskapazität im Ausland, als Beitrag zum Wachstum des Gesamtunternehmens. Dieser Auffassung ist z.B. die Autorengruppe von Borner 33), die UNIDO in der New Delhi Declaration 34). Solange also auch innerhalb der UNIDO noch beide Begriffsauffassungen existieren, gilt es hier, sich für a) oder b) zu entscheiden. V.a. aus der ursprünglichen Wortbedeutung heraus (vgl. z.B. auch Produktionsverlagerung engl. = redeployment = Verlegung, Verlagerung von etwas bereits Bestehendem von einem alten an einen neuen Standort) wird im weiteren die Auffassung gemäss a) weiterverfolgt.

Die verbleibenden Begriffe sind damit gezwungenermassen gemäss ihrer grammatikalischen Wortbedeutung zu verwenden. Die nachfolgende Abb. 1.2. soll aufgrund der erläuterten Basis mehr Klarheit zur Abgrenzung der sieben erwähnten Begriffe bringen:

---

28) vgl. Sölter/Zimmerer (Handbuch) 627
29) vgl. Ellenberger (Handbuch) 723
30) vgl. Fachleute (Management Enzyklopädie) 667
31) vgl. UNIDO (Lima Declaration) 12 und 17
32) ICME (Redeployment) 165 und 181
33) vgl. Borner (Produktionsverlagerung) 13-33
34) vgl. UNIDO (New Delhi Declaration) 11,15,30

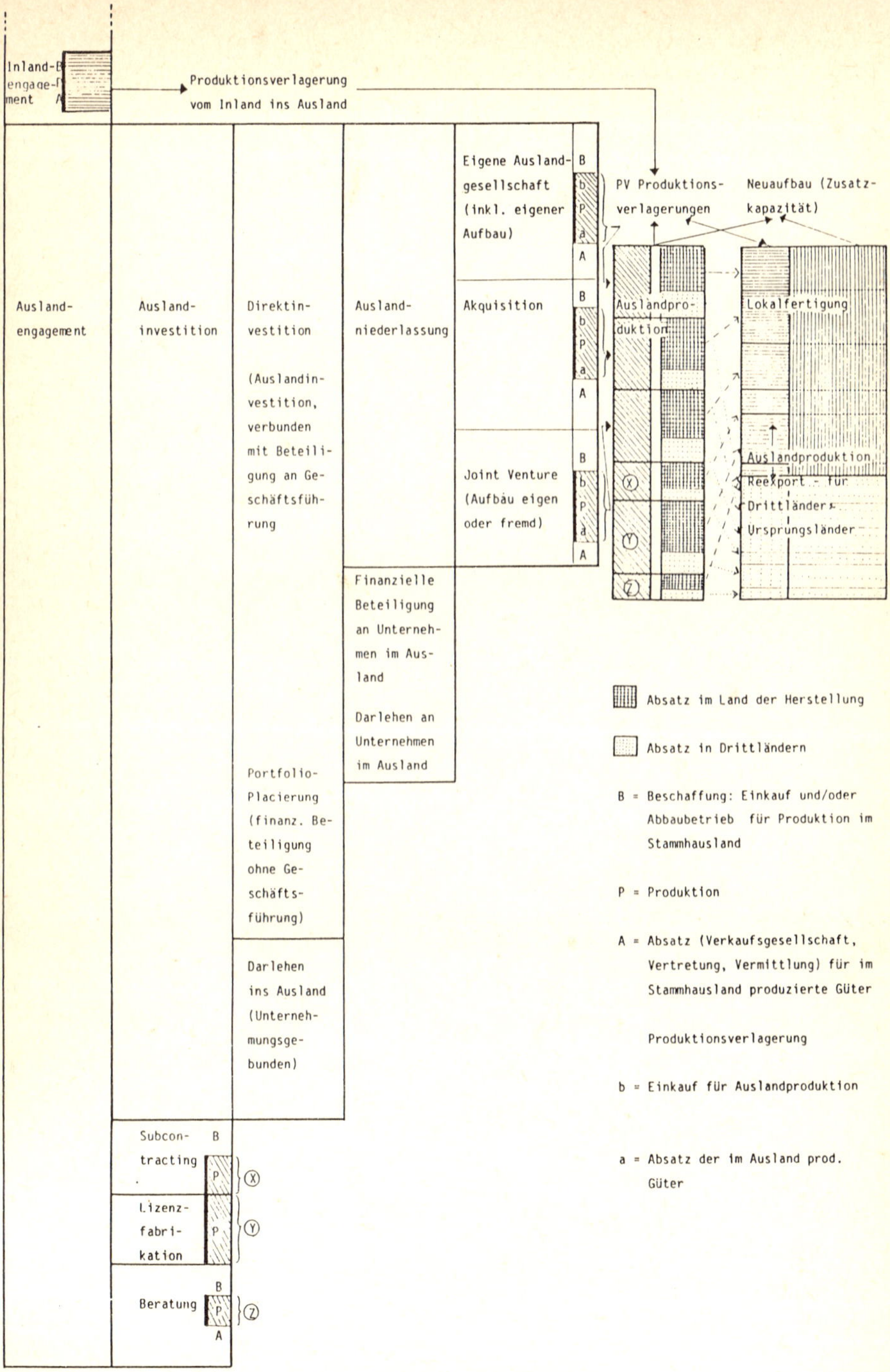


Abb. 1.2.: Uebersicht über die Begriffe im Zusammenhang mit dem Auslandengagement

Abschliessend sind die drei Begriffe

- Lokalfertigung,
- Auslandproduktion,
- Produktionsverlagerung,

die in dieser Arbeit hauptsächlich verwendet werden, nochmals festgehalten:

- Lokalfertigung ist die Produktionseinheit, die von einem bestimmten Staatsgebilde aus betrachtet, im und für das Inland Güter herstellt.
- Auslandproduktion ist die Produktionseinheit, die von einem Unternehmen aus dem Industrieland A im Land B aufgestellt, betrieben, betreut wird, oder an der das Unternehmen mitbeteiligt ist.

Die Differenz der beiden Begriffe besteht dann also in der Herstell-Kapazität für die Gütermenge, die in ein Drittland exportiert wird.

- Produktionsverlagerung ist die Reduktion einer bereits bestehenden Produktionskapazität am alten Standort in einem Industrieland, verbunden mit dem gleichzeitigen Aufbau einer Produktionsstätte an einem neuen Standort (z.B. in einem Schwellenland).

## 1.2. Lokalisierung des Engagements zugunsten der Auslandproduktion im Rahmen der Unternehmungsführung

In den meisten Fällen von betriebswirtschaftlichen Problembearbeitungen im Hinblick auf Dissertationen werden Fragestellungen behandelt, die an sich in einem bestimmten Ordnungsgerüst ihren deklarierten, allgemein anerkannten Platz bereits eingenommen haben 35). Damit besteht von Anfang weg die Möglichkeit, die Lokalisierung der Problemstellung vorauszusetzen.

Beim Forschungsgegenstand 'Engagement zugunsten der Auslandproduktion/Lokalfertigung' hat eine eindeutige Deklarierung expressis verbis noch nicht stattgefunden und kann deshalb auch nicht ohne weiteres als gegeben erachtet werden. Bevor nun z.B. Voraussetzungen, Schwierigkeiten, Aufgaben, Alternativen, Entscheidungshilfsmittel oder Ergebnisse im Rahmen der Lokalfertigung ausgeführt werden, ist hier eine eindeutige Zuordnung des Untersuchungsobjektes im Rahmen der gesamten Unternehmungsführung vorzunehmen.

Als gedankliches Ordnungssystem wird das "St. Galler Management-Modell" 36) verwendet. Dieser theoretische Bezugsrahmen ermöglicht die Eingliederung des zu analysierenden Forschungsgegenstandes in die umfassenden Zusammenhänge der Unternehmungsführung, indem es das begrifflich-systematische Instrumentarium zur Strukturierung und

---

35) vgl. z.B. Wöller (Lizenzvergabe), Marwede (Unternehmerverhalten), Walldorf (Organisation) etc.

36) vgl. Ulrich/Krieg (Management-Modell) 5 ff.

Erforschung der gewählten Problemstellung liefert 37).

Es ist damit in einem ersten Schritt abzuklären, ob das Auslandengagement der Unternehmungspolitik zugeordnet werden kann oder einer nachfolgenden Führungsstufe (Planung, Disposition etc.) zuzuteilen ist.

### 1.2.1. Unternehmungspolitik

#### 1.2.1.1. Definition und Erläuterung

Die Begriffsbestimmung der Unternehmungspolitik erfährt nach mehr allgemein formulierten Definitionen z.B. von Sandig 38), Grochla 39), Hill 40) durch diejenige des St. Galler Management-Modells eine Verfeinerung: "Die Unternehmungspolitik stellt die oberste Führungsstufe dar. Sie umfasst die originären Entscheide, welche das zukünftige Unternehmungsgeschehen als ganzes in den grossen Zügen festlegen sollen. Es handelt sich dabei um die grundlegenden Zielvorstellungen, welche von der Unternehmung langfristig angestrebt, und um grundsätzliche Verhaltensnormen, welche von den Unternehmungsangehörigen beim Handeln für die Unternehmung eingehalten werden sollen" 41).

Dieser unternehmungspolitische Entscheidungsprozess wird demzufolge von den gleichen Autoren auch grafisch dargestellt 42). Materiell besteht damit aber noch keine Aussage darüber, worauf sich diese Entscheide inhaltlich beziehen.

Inwieweit es als zweckmässig erscheint, das relativ inhaltsarme und abstrakte Konzept der Unternehmungspolitik für das Gesamtunternehmen durch konkretere Teilpolitiken zu ergänzen, umschreibt Ulrich wie folgt: "Je mehr ein Unternehmen in unter sich verschiedene, relativ selbständige operationelle Bereiche aufgegliedert ist, um so grösseres Gewicht ist auf die Ausarbeitung von Teilpolitiken für diese Bereiche zu legen" 43).

Bartenstein unterstreicht dieses Schwergewicht gemäss seiner empirischen Prüfung in der Praxis: "Im weiteren ist festzuhalten, dass der Tätigkeitsbereich auf unternehmungspolitischer Ebene meist weniger für das Gesamtunternehmen, als differenziert nach einzelnen Bereichen definiert und abgegrenzt wird" 44).

Abgestimmt auf solche Bereiche, die meist nach Funktionen organisiert sind, gliedert Mellerowicz 45) die Unternehmungspolitik in:

---

37) Relevante Vorbehalte gegenüber bestehenden Untersuchungen zur empirischen Zielforschung beziehen sich auf die zu kritisierende Unklarheit des verwendeten theoretischen Bezugsrahmens, was zu fragwürdigen und beinahe beliebig interpretierbaren Untersuchungsergebnissen führt.

38) vgl. Sandig (Führung) 2

39) vgl. Grochla (Handwörterbuch der Betriebswirtschaft) 4100

40) vgl. Hill (Unternehmungsplanung) 26*

41) Ulrich/Krieg (Management-Modell) 29

42) vgl. ebenda 36

43) Ulrich (Unternehmungspolitik) 180

44) Bartenstein (Leitvorstellungen) 2 und 6

45) vgl. Mellerowicz (Unternehmungspolitik) 96

- **Funktionsbezogene Teilpolitiken,** wie Absatzpolitik, Produktionspolitik, Einkaufspolitik, Lagerhaltungspolitik, Personalpolitik, Finanzpolitik

- **Nichtfunktionsbezogene Teilpolitiken**, wie Kostenpolitik, Preispolitik, Bilanzpolitik, Dividendenpolitik, Steuerpolitik, Publizitätspolitik.

### 1.2.1.2. Lokalfertigung in der Unternehmungspolitik

Die vorangehenden Erläuterungen der Unternehmungspolitik sind als Grundlage dazu bestimmt, die folgenden Fragen zu beantworten:

- Gehört die Thematik der Lokalfertigung innerhalb der Unternehmungsführung zum Bereich der Unternehmungspolitik?

- Kann die Lokalfertigung eine selbständige Teilpolitik darstellen?

- In welcher Teilpolitik ist die Problemstellung der Lokalfertigung zu lokalisieren?

Die Lokalfertigungsproblematik orientiert sich mit Vorteil an Richtlinien, die nicht operationell sind, zielt ab auf langfristige Entscheide und bezieht sich nicht nur auf zu verfolgende Ziele (z.B. Kostenreduktionsziel, Wachstumsziel etc.), sondern auch auf die dafür einzusetzenden Mittel (z.B. Anlagevermögen, Managementkapazität etc.) und die dabei anzuwendenden Verfahren.

Nach Ulrich gehört demnach die Thematik der **Lokalfertigung eindeutig** in den Bereich der **Unternehmungspolitik** 46), wobei eine weitergehende Spezifikation noch vorzunehmen ist. Die gleiche Folgerung ergibt sich aus der Darstellung von Mellerowicz 47).

Die Lokalfertigung kann keine Teilpolitik an sich darstellen. Solange ein angestrebter Zustand auch auf eine andere Weise erreicht werden kann, als durch den eingeschlagenen Weg, solange können die zwei oder mehr Varianten unter einem Begriff, d.h. unter einer Teilpolitik zusammengefasst werden:

. Lokalfertigung dient der Herstellung von Gütern, die aus irgendwelchen Gründen im Ausland produziert werden. Würden diese Gründe wegfallen, so könnten die Güter auch im Inland gefertigt werden. Die Lokalfertigung muss deshalb Element einer übergeordneten Teilpolitik sein.

Es beginnt nun die wohl schwierigste Aufgabe im Bereich der Unternehmungspolitik, d.h. herauszufinden, im Dienste welcher Teilpolitik(en) die Lokalfertigung steht.

Ein langer Weg führt bis zur gesuchten und verifizierten Aussage: Die Lokalfertigung ist ein Element der .....-politik und stellt darin als mögliche Alternative eine ..... dar.

An den Anfang dieses Weges muss die Ueberlegung gestellt werden, dass die Lokalfabrikation von Branche zu Branche im Dienste verschiedener Teilpolitiken stehen kann. Während z.B. eine ausländische Produktionsstätte in der Textilbranche einer kostenpolitischen Ueberlegung

---

46) vgl. Kap. 1.2.1.1.
47) vgl. Mellerowicz (Unternehmungspolitik) 80

entspringen mag, kann die Auslandproduktion von rohstoffreichen Industrien der Rohstoffsicherung dienen und entspringt deshalb der Einkaufspolitik.

Aus der Einsicht über die Existenz dieser Differenzierung ergibt sich die Notwendigkeit, die Untersuchungen betreffend Lokalfertigung auf eine bestimmte Branche zu beschränken. Die Fortführung der Forschungsarbeit konzentriert sich hier auf die Investitionsgüterindustrie, die bestimmt andere Prämissen kennt als die Rohstoffverarbeitung oder die Konsumgüterindustrie.

Es wird im weiteren die Ansicht vertreten, dass die Lokalfertigung in der Investitionsgüterindustrie innerhalb der Absatzpolitik zu lokalisieren ist, was später in eine Hypothese gefasst wird.

Einmal ergibt sich dies daraus, dass im Ausland produzierte Investitionsgüter erst auf dem Gebiete des Absatzes die im Stammhaus hergestellten Güter konkurrenzieren, was eine Koordination im Bereich der Absatzpolitik erfordert.

Die Aufzählung der Gründe für eine Zurechnung der Lokalfertigung zur Absatzpolitik soll hier nicht vervollständigt werden, sondern hat über die Hypothese Gegenstand einer entsprechenden empirischen Erforschung zu sein (Resultat s. Kap. 2.3.4.2).

Die eingangs gestellten Fragen lassen sich somit dahingehend beantworten, dass die **Lokalfertigung**

- in den Bereich der Unternehmungspolitik gehört
- keine Teilpolitik 'per se' darstellen kann
- als Element einer Teilpolitik zu betrachten ist,

wobei sich, bezogen auf die Investitionsgüterindustrie, in zunehmendem Masse die **Zuordnung zur Absatzpolitik** herauskristallisiert. Letztere Auffassung ist durch die bevorstehende empirische Untersuchung bis zu ihrer Bestätigung als Hypothese zu behandeln.

Letztlich kann nur das verfolgte Unternehmungsziel, begründet durch die entsprechenden Motive, den notwendigen Anhaltspunkt geben, welcher Teilpolitik die Lokalfertigung zuzuordnen ist.

### 1.2.2. Unternehmungsziele

Nachdem nun die Zuordnung der Auslandengagement-Problematik zur Führungsstufe 'Unternehmungspolitik' feststeht, ist in einem zweiten Schritt abzuklären, inwieweit die Lokalfertigung mit den unternehmungspolitischen Begriffen 'Unternehmungsziel und -strategie' verknüpft ist.

In bezug auf die Unternehmungsziele stehen dabei folgende zwei Fragen im Vordergrund:

- Kann die LF ein selbständiges Unternehmungsziel darstellen?
- Welcher Zielkategorie ist die LF zuzuordnen?

Eine Beantwortung führt über die Abklärung, welches die grundsätzlichen Ziele einer Unternehmung sind sowie über die Ermittlung der Ziele, welchen die Lokalfertigung am nächsten steht.

### 1.2.2.1. Vom Ziel zum Zielsystem

Etymologisch leitet sich der Zielbegriff aus dem althochdeutschen Wort 'Zil' ab, was soviel wie 'das Eingeteilte, das Abgemessene' bedeutet, woraus sich dann später die Bedeutung 'räumlich oder zeitlicher Endpunkt' entwickelt hat 48).

Diese Endpunktbetrachtung bietet auch die Basis für die Begriffbestimmung Unternehmungsziel von Ulrich 49) und Kupsch dar: "Ziele stellen Aussagen über erwünschte Zustände dar, die als Ergebnis von Verhaltensweisen eintreten sollen" 50).

Lange Jahre hindurch haben die Vertreter der Betriebswirtschaftslehre die Unternehmer- und Zielforschung mit einer Selbstverständlichkeit auf die Pfeiler der homo-oeconomicus-Prämisse und des Gewinnmaximierungs-Prinzips gestützt. "Heute wird allerdings kaum noch ernsthaft bestritten, dass die beiden Pfeiler, auf denen die normativen Theoriegebäude ruhen, für empirische Fragen auf Sand gebaut sind" 51). Schmidt-Südhoff begründet die notwendige Abkehr vom Prinzip der Gewinnmaximierung als oberstes Unternehmungsziel: "Das langfristige Gewinnmaximum lässt sich zwar theoretisch bestimmen; es liegt dort, wo die langfristige Grenzkostenkurve die langfristige Grenzerlöskurve schneidet, für die Praxis der Betriebe jedoch fehlt diesem Ziel die Operationalität, d.h. es ist nicht überprüfbar, denn der Unternehmer weiss nicht, bis zu welchem Grade er dieses Endziel zu einem bestimmten Zeitpunkt realisiert hat oder wann er es völlig erreichen wird. Diese Indetermination und die Unmöglichkeit, exakte Erfolgsaussagen zu machen, stellen die Hauptkritikpunkte an dem Ziel langfristige Gewinnmaximierung dar" 52). Verschiedene andere Autoren wie z.B. Bidlingmaier 53), Kupsch 54), Marwede 55), Seischab unterstützen diese Auffassung: "Wird die Vielschichtigkeit der Aufgaben der Betriebsführung ins Auge gefasst, so mutet die Annahme fast absonderlich an, sie könnte ihre Zeit mit Gewinnmaximierungsüberlegungen ausfüllen. Diese sind nun eine Angelegenheit der Gelehrten, der kleinen Händler und Handwerker" 56).

Durch die Aufgabe der Vorstellung, dass die Gewinnmaximierung heute in einer Mittel- bis Grossfirma alleiniges oberstes Unternehmungsziel sein kann, und die Ueberzeugung, "dass die Gewinnorientierung lediglich Auswahlprinzip oder Selektionskriterium für unternehmerische Entscheidungen ist" 57), ergeben sich die Folgerungen:

---

48) vgl. Schmidt-Südhoff (Unternehmerziele) 15

49) vgl. Ulrich (Unternehmungspolitik) 100

50) Kupsch (Unternehmungsziele) 15

51) Lakechman, in: Der Spiegel, 17, 1976, 137, zit. in: Hofmann (Motivation) 19

52) Lohmann, zit. in: Schmidt-Südhoff (Unternehmerziele) 59

53) vgl. Bidlingmaier (Unternehmerziele) 92

54) vgl. Kupsch (Unternehmungsziele) 96

55) Marwede (Unternehmerverhalten) 100

56) Seischab zit. in: Bidlingmaier (Unternehmerziele) 92

57) Schmidt-Südhoff (Unternehmerziele) 75

- An die Stelle des obersten Ziels Gewinnmaximum tritt eine andere Zielkategorie.
- Für die Lokalfertigung kann die Gewinnmaximierung nicht mehr ein absolutes Ziel sein, sondern wird gegebenenfalls als begrenzender Faktor bei Prioritätensetzung und Engagementwahl auftreten.

Auf der Suche nach andern Zielkategorien gibt die Literatur folgende Anhaltspunkte:

- Umsatzmaximierung, z.B. bei Baumol 58), Marwede 59)
- Nutzenmaximierung, z.B. bei Marwede 60), Schmidt-Südhoff 61).

Nach Ansicht von Schmidt-Südhoff hingegen "erscheinen unternehmerische Entscheidungen in der Realität als zu kompliziert, sie gestatten keine Maximierung von Zielvariablen- eine solche übersteige die menschlichen Fähigkeiten. Der Unternehmer müsse sich aus diesem Grund fortlaufend ein vereinfachtes Abbild von der komplexen Wirklichkeit des Wirtschaftslebens schaffen. Er sei kein "maximizer", sondern ein "satisficer" und strebe danach, ein als erreichbar betrachtetes Anspruchsniveau zu realisieren" 62).

Besteht nun demzufolge kein Zieloberbegriff, der als Wertmassstab in Mittel- und Grossunternehmen im Management anerkannt werden kann, ist nach einer andern Lösung zu suchen, die im Zielsystem die notwendigen Zielprioritäten festsetzen kann. Die einzige verbleibende Möglichkeit zeigt Ulrich auf: "Ueber Ziele muss daher entschieden werden; sie sind Ergebnisse von Willensbildungsprozessen" 63), so dass sich im weiteren die Zielfestlegung als Entscheidungsproblem innerhalb eines Zielsystems gestaltet.

Die eingangs in diesem Kapitel gestellte Frage nach dem obersten Unternehmungsziel lässt sich nun damit beantworten, dass

- ein oberstes Unternehmungsziel in den heutigen Mittel- und Grossbetrieben durch ein vorhandenes Zielsystem abgelöst wurde, wobei sich die Zielfestlegung als Entscheidungsproblem innerhalb dieses Zielsystems gestaltet.

In einem nächsten Schritt ist abzuklären, ob die Lokalfertigung in Zielsystemen enthalten ist. Die Konsultation von Zielkatalogen in der Literatur, z.B. Heinen 64), Andrä 65), Schwantag 66) bringt diesbezüglich zum Ausdruck, dass die Auslandproduktion 'per se' nie ein

---

58) vgl. Baumol (Business Behavior) 49
59) vgl. Marwede (Unternehmerverhalten) 103 ff.
60) vgl. ebenda 140
61) vgl. Schmidt-Südhoff (Unternehmerziele) 76. Gleichzeitig mit der Erwähnung verwirft der Autor die Nutzenmaximierung als oberstes Unternehmungsziel: "Die alleinige Aussage, der Unternehmer handle so, dass er seinen Nutzen maximiere, bedeutet eine Leerformel; sie gilt als nicht falsifizierbar und genügt damit nicht dem Popper-Kriterium (vgl. Schmidt-Südhoff, a.a.O.) 87
62) ebenda 69
63) Ulrich (Unternehmungspolitik) 101
64) vgl. Heinen (Grundlagen) 59
65) vgl. Andrä (Zielhierachie) 292-320
66) vgl. Schwantag K. Der Wirtschaftsprozess, zit. in: Bidlingmaier (Unternehmerziele) 59-62

deklariertes Ziel darstellt.

Sie wird demzufolge immer anhand eines übergeordneten Zieles beurteilt und gehört damit nicht zum eigentlichen Zielsystem innerhalb der Unternehmungspolitik.

Der zweiten Frage eingangs dieses Kapitels gemäss ist zu eruieren, welcher Zielkategorie die Lokalfertigung zuzuordnen ist. Diese Fragestellung erhält nun mehr Gewicht, nachdem festgestellt wurde, dass die Auslandproduktion kein selbständiges Unternehmungsziel sein kann. Zur Beantwortung dieser Frage wäre nach Ulrich ein Wertvorstellungsprofil das wohl geeignetste Mittel: "Im Zielsystem des modernen Unternehmens müssen viele verschiedene Werte einen Platz finden und es ist nicht die Aufgabe der Unternehmungsführung, ein oberstes Ziel zu maximieren, sondern viele Ziele sinnvoll zu gewichten und ein realisierbares, konsistentes Zielsystem zu entwickeln 67).

Da in den existierenden Unternehmen ein solches Wertvorstellungsprofil in schriftlicher Form quasi durchgehend fehlt, muss m.E. auf die Motive zurückgegriffen werden, auf welchen das unternehmungsspezifische Zielsystem basiert.

Die nachfolgende Erforschung der Ziele und Motive, die der Auslandproduktion zugrundeliegen, soll denn auch die hier geforderte Zuordnung der Lokalfertigung zu (einer) bestimmten Zielkategorie(en) erbringen. "Die Möglichkeiten, auf empirischem Wege zu einer Vertiefung der Kenntnisse über die unternehmerischen Zielvorstellungen zu gelangen, wurden bisher zu wenig ausgeschöpft, ... um zu wirklichkeitsentsprechenden Aussagen über die Beweggründe unternehmerischen Handelns zu kommen, obschon die moderne Motivforschung hiezu seit längerer Zeit über das zwecknotwendige Instrument verfügt 68).

### 1.2.2.2. Lokalfertigung im Zielsystem der Unternehmung

Eingangs dieses Kapitels 'Unternehmungsziele' wurden die beiden Fragen gestellt:

a) Kann die Lokalfertigung ein selbständiges Unternehmungsziel darstellen?

b) Welcher Zielkategorie ist die Lokalfertigung zuzuordnen?

Mit den dazwischenliegenden Erörterungen ergeben sich diesbezüglich folgende Aufschlüsse:

"Ziele stellen Aussagen über erwünschte Zustände dar .... 69). Für ein erwerbswirtschaftliches Unternehmen kann die Lokalfertigungsstätte oder eine Vielzahl davon an sich kein erwünschter Zustand darstellen; denn die Existenz einer ausländischen Produktionseinheit ist noch keineswegs eine Garantie dafür, dass damit ein ökonomischer Zustand oder die Befriedigung eines ausserökonomischen Motivs erreicht wird; sie stellt lediglich eine Möglichkeit hiezu dar.

. In den Zielsystemen aus der Literatur existiert die Lokalfertigung

---

67) Ulrich (Unternehmungsstrategie) 71
68) Marwede (Unternehmerverhalten) 80
69) vgl. Kupsch (Unternehmungsziele) 100

nicht als Unternehmungsziel 70).

. Solange die LF stets ein übergeordnetes Ziel kennt, d.h. anhand eines übergeordneten Zieles beurteilt werden kann, gehört die LF selbst nicht zum Zielsystem innerhalb der Unternehmungspolitik.

. Solange die Ziele aus dem Zielsystem der Unternehmung (Umsatzsteigerung, Ertragserhaltung etc.) und die Motive der Führungsgruppe (Prestige, Sicherheit etc.) noch in einer andern Weise als durch die Errichtung von LF-stätten erreicht werden können ist demnach die LF selbst kein Element im Zielsystem.

Es ergibt sich daraus die Folgerung, dass die Lokalfertigung als Mittel zum Zweck aufgefasst werden muss, d.h. die Errichtung von ausländischen Produktionsstätten steht im Dienste einer übergeordneten Zielsetzung und stellt somit eine Alternative zu andern Aktivitäten, Verhaltensmöglichkeiten dar.

Die zweite Frage bezüglich der Zuordnung der LF zu einer Zielkategorie ist dahingehend zu beantworten, als die Errichtung ausländischer Produktionsstätten innerhalb des Zielsystems nicht einer bestimmten Zielkategorie angehört, sondern dass abzuklären ist, im Dienste welcher Zielkategorie die Lokalfertigung steht.

Wöller hat in einer hiezu analogen Weise eine Zuordnung der Auslandproduktion gesucht und dabei für seine Problematik der Lizenzvergabe festgestellt: "Die Lizenzvergabe ins Ausland kann verschiedenen unternehmungspolitischen Zielen dienen, die koordiniert werden müssen. Als wichtige Ziele sind der Gewinn und die Erhaltung der Unternehmung zu nennen. Da die Lizenzvergabe ins Ausland auch der Kostendeckung oder der Förderung von Mitgliedern dienen kann, wird die Erfüllung des Grundauftrages der Unternehmung als übergeordnete Zielsetzung angesehen" 71).

Grundsätzlich kann die ausländische Produktionsstätte ein Mittel zur Begünstigung von

. ökonomischen Zielen (Umsatzgrösse, Kostenziel, Produktionsziel etc.),

. ausserökonomischen Zielen (Unabhängigkeit, Sicherheit),

. Wachstum (im Sinne einer eigenen Dimension in bezug auf alle Zielkategorien),

. ökonomischen Motiven (Erwerbsstreben),

. ausserökonomischen Motiven (Prestige, Familientraditionen etc.)

darstellen.

Es ist deshalb im Einzelfall zu ermitteln, aus welcher Teilpolitik die 'Idee zur Handlungsvariante Lokalfertigung' entspringt, damit die Zuordnung zur Zielkategorie beantwortet werden kann.

---

70) vgl. in Kap. 1.2.2.1. angeführte Zielkataloge
71) Wöller (Lizenzvergabe) 200

### 1.2.3. Unternehmungsstrategie

#### 1.2.3.1. Induktion der Lokalfertigung als Strategie

Aus den vorangehenden theoretischen Ermittlungen haben sich im Zusammenhang mit der Lokalfertigungsthematik als Folgerungen ergeben:

. Die Fragen zur Lokalfertigung sind Gegenstand der Unternehmungspolitik.

. Die Lokalfertigung kann selbst keine Teilpolitik darstellen, sondern lediglich im Dienste einer oder mehrerer Teilpolitiken stehen.

. Die Lokalfertigung kann selbst nicht eines der Ziele im obersten Zielsystem der Unternehmung sein, sondern muss als Mittel zum Zweck, d.h. als im Dienste einer übergeordneten Zielsetzung betrachtet werden.

. Die Zuordnung der Lokalfertigungsproblematik zu einer bestimmten Zielkategorie hat sich danach zu richten, welcher Teilpolitik die Idee zur Handlungsalternative Lokalfertigung entspringt.

Im Ablauf des gesamten Unternehmungsführungssystems verbleibt im Anschluss an die Unternehmungsziele allein der Bereich der Unternehmungsstrategien innerhalb der Unternehmungspolitik; denn die Grundfragen der Lokalfertigung sind der nachfolgenden Unternehmungsplanung nicht primär, sondern erst in einem fortgeschrittenen Detaillierungsgrad zuzurechnen.

Eine solcherart resultierende Klassifizierung aufgrund einer negativen Enumeration bedarf einer weiteren Erhärtung. Für eine entsprechende Argumentation ist die allgemeine Definition der 'Strategie' beizuziehen 72).

Die in Kap. 1.1.1. hergeleitete Begriffsbestimmung stützt sich als materielle Grundlage auf die folgenden vier Elemente einer Strategie:

- Handlungsabsicht,
- Verhaltensweise,
- Mittel und Verfahren,
- Massnahmenbündel.

Gelingt es nun, konkrete Fälle, d.h. aus der Realität gewonnene Beispiele zu nennen, in welchen die Errichtung einer Lokalfertigung eine Handlungsabsicht aufgrund einer entsprechenden Unternehmungszielsetzung oder eine Verhaltensweise aufgrund einer Umweltveränderung erkennen lässt, so sind die beiden wichtigsten Anforderungen zur Bezeichnung der Lokalfertigungsproblematik als Strategie erfüllt:

- Die Errichtung einer ausländischen Produktionsstätte stellt eine **Handlungsabsicht** (aktives Engagementvorhaben) aufgrund einer Unternehmungszielsetzung dar, wenn z.B.:
  . Das Unternehmen A sich entschliesst, zur Ergänzung der Produktpalette in England eine produzierende Gesellschaft aufzukaufen.
  . Das Unternehmen B für den Zugang zu einer neuen Technologie in

---

72) vgl. operationelle Definition in Kap. 1.1.1.

den Vereinigten Staaten einen new-comer akquiriert.

. Das Unternehmen C aus Prestigegründen in Brasilien ein Joint-Venture eingeht, um am momentan stärksten Marktwachstum sichtbar teilnehmen zu können, etc.

- Ein Engagement in einer lokalen Fertigung stellt eine **Verhaltensweise** (ein passives Engagement) aufgrund einer Umweltveränderung dar, wenn z.B.:
  . Das Unternehmen D erfährt, dass die Konkurrenz durch die Herstellung eines Produktes in Südkorea tiefere Herstellungskosten erzielt und mit einem Subcontracting in Hongkong reagiert.
  . Das Unternehmen E feststellen muss, dass aufgrund einer Fremdarbeiterinitiative der Arbeitsmarkt in der Schweiz wieder austrocknet und sich entschliesst, eine Betriebsstätte in Süditalien zu errichten.
  . Das Unternehmen F nicht mehr nach Argentinien exportieren kann, da in jenem Land zum Schutz der heimischen Industrie ein Protektionismus aufgezogen wird und sich deshalb mit einer Lizenzvergabe an ein argentinisches Unternehmen behilft, etc.

In Uebereinstimmung mit dem Entschluss zugunsten einer Lokalfertigung sind als **Mittel** bereitzustellen

- Know How (inkl. Software),
- Betriebsmittel (Hardware),
- Personal,
- Finanzielle Mittel etc.

wobei deren Ausmass von den zu wählenden **Verfahren** wie

- Engagementformen (z.B. Lizenzvergabe, Joint-Venture),
- Beteiligungsverhältnisse,
- Aufbaustufen etc.

abhängen.

Solche beispielhaft aufgeführte Auslandengagements sind in bezug auf die einzusetzenden Mittel und Verfahren in Massnahmenpakete pro Fertigungsstätte einzukleiden, so dass **Massnahmenbündel** in die Unternehmungsplanung einfliessen und später als Vorgabe für die dispositive Stufe verwendet werden können.

Die von der operationalen Definition abgeleiteten Anforderungen an eine Strategie werden somit von der Lokalfertigungsthematik erfüllt.

Der oben erwähnte Bedarf nach Erhärtung kann dann als befriedigt bezeichnet werden, wenn die Thematik 'Lokalfertigung' die Anforderung erfüllt, als reelle Handlungsalternative und Strategie innerhalb von Teilpolitiken aufzutreten. Die folgende **Handlungsalternativen-Darstellung** wird somit auf mehr als eine Teilpolitik bezogen:

| | | | |
|---|---|---|---|
| Absatz-politik | Absatz**ziel:** Halten des Gesamtumsatzes trotz Importbeschränkung in Brasilien | - Ausweitung des CH-Umsatzes,<br>- Exportsteigerung in den Fernen Osten,<br>- Erweiterung des Produktesortimentes,<br>- Errichtung einer Lokalfertigung in Brasilien. | Strategie |
| | Produktinnovations**ziel:** Ergänzung der Produktepalette um ein Radarsystem | - eigene Produktinnovation durch F & E,<br>- Zukauf des fertigen Produktes aus USA und Aufnahme ins eigene Sortiment,<br>- Lizenznahme eines bestehenden Radarsystemproduktes,<br>- Akquisition einer Gesellschaft in USA, welche ein adäquates Radarsystem herstellt. | Strategie |
| Kosten-politik | Kosten**ziel:** Senkung der Kosten in der Herstellung des Produktes A um 20 % | - Qualitätsreduktion (Material, Personal),<br>- Einkauf aus Japan anstelle der eigenen Herstellung,<br>- Produktinnovation zur Materialeinsparung,<br>- Herstellung des Produktes in Singapore. | Strategie |
| | Kosten**ziel:** Vermeidung der Importzölle für Kupfer zur Herstellung von Halbleitern, die nachher nach Asien weiterverkauft werden | - Zukauf von Halbleitern in Japan zur Belieferung des asiatischen Marktes,<br>- Herstellung von Halbleitern im Empfängerland,<br>- Herstellung der Halbleiter in einer Betriebsstätte am Gewinnungsort von Kupfer, in Rhodesien. | Strategie |
| Wachstums-politik | Wachstums**ziel:** Erhöhung des Umsatzes auf 500 Mio Fr. und der Beschäftigtenzahl um 300 bis 1985 | - Aufnahme des Consulting-Geschäftes<br>- Akquisition einer Gesellschaft auf dem Gebiete der Telekommunikation in der Schweiz,<br>- Ausdehnung des Produktesortimentes um Digitalanzeigen, verbunden mit einer Betriebserweiterung am alten Standort,<br>- Errichtung einer Lokalfertigung von Digitalanzeigen in den USA. | Strategie |
| ⋮ | ⋮ | ⋮ | |

Abb. 1.3.: Die Lokalfertigung im Dienste verschiedener Teilpolitiken

Die Darstellung der Lokalfertigung/Auslandproduktion als Handlungsalternative im Dienste von verschiedenen Teilpolitiken schliesst die dreistufige Indikation der **Lokalfertigung als Strategie** ab.

### 1.2.3.2. Lokalfertigungsstrategie im Zusammenhang

Innerhalb des Unternehmungsführungssystems ist aufgrund der gemachten Erörterungen die Lokalfertigungs-/Auslandproduktionsthematik als Strategie im Gesamtzusammenhang folgendermassen zu lokalisieren:

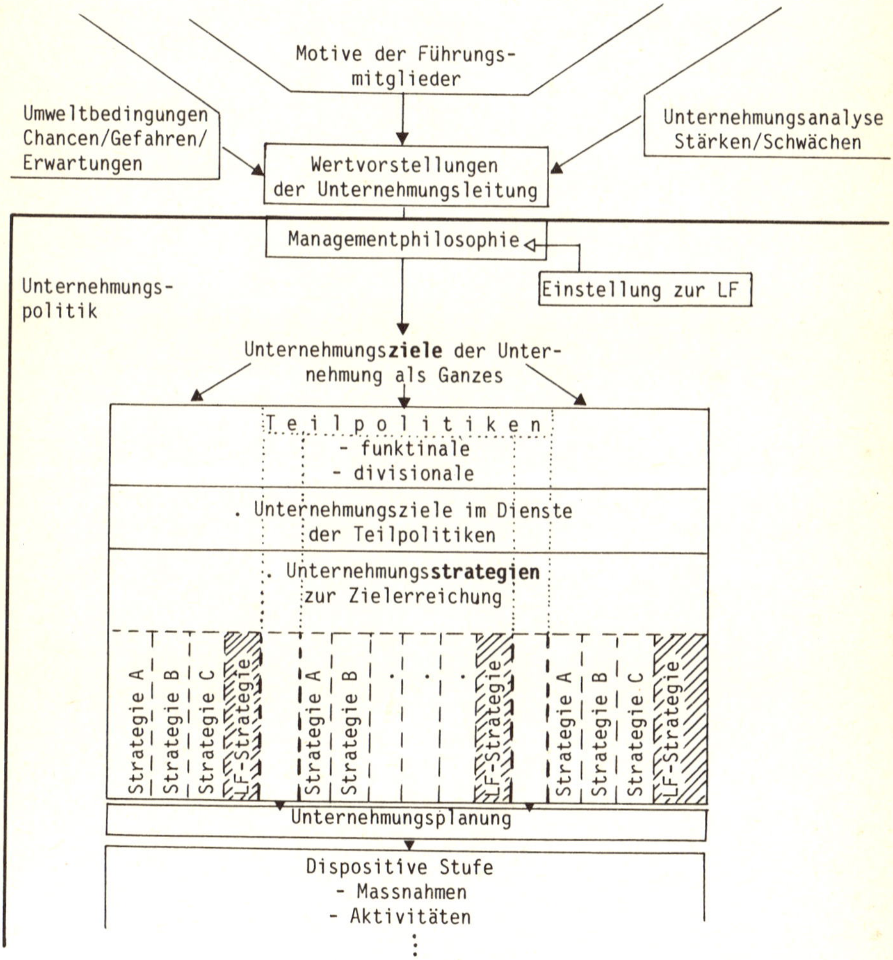


Abb. 1.4.: Die Lokalisierung der Auslandproduktion im Gesamtzusammenhang

Im Moment bleibt in dieser Gesamtzusammenhangs-Darstellung nur noch eine Frage unbeantwortet: Welcher oder welchen Teilpolitik(en) ist die Strategie der Lokalfertigung zuzuordnen? 73)

Will man sich auf Hinweise in der Literatur stützen, so gibt es solche vereinzelt und in unsystematischer Weise. Die folgenden Zuteilungen liegen dabei vor:

- Zuteilung zur Wachstumspolitik, z.B. gemäss Bartenstein 74) und Hinterhuber 75),
- Zuteilung in den Bereich der Leistungsentwicklung (d.h. Produktinnovationspolitik innerhalb der Absatzpolitik, z.B. gemäss Ulrich 76), wenn hiezu ein Lizenzerwerb oder eine Firmenakquisition erfolgt,
- Zuteilung zu einer separaten "Kooperations-Fusions-Akquisitionspolitik", z.B. gemäss Hinterhuber 77) und Pümpin 78),
- Zuweisung zu verschiedenen Teilpolitiken gleichzeitig, z.B. gemäss Benci/ Seibert 79) und Hinterhuber 80).

Aufgrund der uneinheitlichen Beantwortung der Frage in der Literatur, welcher Teilpolitik die Lokalfertigungsstrategie zuzuordnen ist, sowie aufgrund des unterschiedlichen Bezugs einer Lokalfertigungsstätte in der Praxis liegt der Schluss nahe, dass für eine verlässliche Zuteilung der Lokalfertigungsstrategie allein eine empirische Erhebung Auskunft geben kann. Eine diesbezügliche Untersuchung muss dabei auf eine bestimmte Branche bezogen werden, damit zweckmässige Folgerungen gemacht und die entsprechenden Voraussetzungen für erfolgversprechende Massnahmen geschaffen werden können 81).

## 1.3. Zusammenfassung

Einleitend wurde in Kap. 1. festgelegt, dass als theoretische Grundlagen einerseits die drei wichtigsten Begriffe zu definieren sind, und dass andererseits die Problemstellung 'Engagement zugunsten der Lokalfertigung' im Rahmen der Unternehmungsführung zuzuordnen ist.

In diesem Sinne kann hier zusammengefasst werden:

- Die Strategie ist eine zielorientierte Verhaltensweise gegenüber einer sich stetig wandelnden Umwelt. Abgeleitet von den wichtigsten, vorher festgelegten Unternehmenszielen ist die Strategie die Ausdrucksform von Handlungsabsichten, welche auf die Schaffung von Erfolgspotentialen in einer analysierten Umwelt gerichtet sind. Unter Ausnützung aller sich bietenden Wettbewerbsvorteile und unternehmensinternen Synergieeffekte bestimmt sie in einer Kette von langfristig wirksamen Entscheidungen die Mittel und Verfahren und schafft durch die Formulierung eines komplexen Massnahmenbün-

---

73) vgl. Kap. 1.2.1.2., Frage 3
74) vgl. Bartenstein (Leitvorstellungen) 305
75) vgl. Hinterhuber (Unternehmungsführung) 96
76) vgl. Ulrich (Unternehmungspolitik) 122
77) vgl. Hinterhuber a.a.O. 200
78) vgl. Pümpin (Strategische Führung) 52
79) vgl. Benci/Seibert (Marketing Problem) 24-27
80) vgl. Hinterhuber a.a.O. 248
81) vgl. Bernkopf (Strategien) 23

dels die Voraussetzungen zur Erreichung der obersten Unternehmensziele.

- die Investitionsgüterindustrie bezeichnet jene Industriegruppen, welche durch mechanische, elektrische und chemische Be- und Verarbeitung von Rohstoffen und Halbfabrikaten mit Hilfe von Maschinen Güter herstellen, die der Erweiterung, Erhaltung oder Verbesserung des volkswirtschaftlichen Produktionsapparates dienen 82).

- Die Lokalfertigung stellt jene Produktionseinheit dar, welche von einem bestimmten Staatsgebilde aus betrachtet, im und für das Inland Wirtschaftsgüter herstellt.

Das Bestreben für eine Zuordnung der Problemstellung 'Engagement zugunsten der Lokalfertigung' innerhalb der Unternehmungsführung hat durch die theoretische Herleitung zum vorläufigen Ergebnis geführt, dass die Lokalfertigung

- in den Bereich der Unternehmungspolitik im weiteren Sinn gehört,
- im Rahmen dieser Unternehmungspolitik im Dienste von bestimmten Teilpolitiken steht,
- nicht einer festen Teilpolitik zugerechnet werden kann, sondern von Branche zu Branche in unterschiedlichem Masse als Handlungsalternative im Dienste verschiedener Teilpolitiken steht,
- als eigentliche Strategie zu definieren ist.

Die abschliessende Zuordnung zu den relevanten Teilpolitiken kann erst nach einer durchgeführten empirischen Erhebung vorgenommen werden.

---

82) Anhang 1 geht im Einzelnen auf die Güterkategorisierung ein.

## 2. Motive und Ziele der Auslandproduktion

Im Kap. 1.2.2.1. kam zum Ausdruck, dass die genaue Kenntnis der Motive, die einer Auslandproduktion zugrundeliegen, eine Entscheidung pro oder contra Lokalfertigung transparenter werden lässt und damit vereinfacht. Sie hilft mit, die zukunftsgerichteten Auslandaktivitäten im Sinne der obersten unternehmungsspezifischen Zielsetzung optimaler zu steuern.

Im Rahmen unseres Untersuchungsprojektes wird diese Kenntnis der Motive die Basis für die Zuordnung der Lokalfertigungsstrategie zur relevanten Teilpolitik liefern.

Eine allgemeingültige, eindeutige Motivstruktur für die Inangriffnahme einer Auslandproduktion existiert nicht. Viele theoretische und auch empirische Ansätze und Untersuchungen haben zu verschiedenen Ergebnissen geführt.

In Kap. 2.1. soll nun einerseits die Ausgangsbasis für die nachfolgende Motivforschung in der schweizerischen Investitionsgüterindustrie mittels vorhandener Motivkataloge gelegt und andererseits ein Ansatz entwickelt werden, der die Einflussfaktoren und Abhängigkeiten von möglichen Motivkonstellationen aufzeigt.

### 2.1. Katalog potentieller Motive und Ziele

Die **theoretische Seite** der Motivforschung im Zusammenhang mit der Auslandproduktionserwägung findet ihre Herkunft spätestens in den industriellen Standorttheorien z.B. von Weber im Jahre 1909 1) und volkswirtschaftlichen Ueberlegungen aus der gleichen Zeit. Diese theoretischen Ansätze wurden bis heute durch eine Vielzahl von Erklärungshypothesen ergänzt, von welchen an dieser Stelle lediglich ein Teil erwähnt werden kann:

- **Vernons:** Produktzyklushypothese 2), nach welcher innovierende Unternehmen bei einer gewissen Produktreife (Standardisierung etc.) auch Produktionsverlagerungen ins Ausland hinnehmen. "Thus, the product life cycle approach is a dynamic oligopoly theory, in which margins in one land induce the firm to go abroad. It may initially export, and then follow this policy with full manufacturing abroad as the export market is threatened by competition" 3).
- **Dunning:** Rezeption 4) der Hufbauerschen Technologielücke, die sich v.a. mit der Substitutionskonkurrenz befasst, also die Auslandproduktion dann begründet sieht, wenn das Importland auch ohne innovierenden Ursprungsproduzenten ein entsprechendes Substitutionsgut herzustellen vermag.

---

1) vgl. Behrens (Standortbestimmungslehre) 7
2) vgl. Juhl (Technologietransfer) 86
3) Rodriguez/Carter (International) 443
4) vgl. Juhl a.a.O. 88

Heinen hat eine umfassende Studie über die vorhandenen theoretischen Erklärungsansätze für Direktinvestitionen angestellt mit den folgenden Nennungen 5):

- Theorie der komparitiven Kosten, von Ricardo, die sich auf internationale Produktivitätsunterschiede stützt.
- Human-Skill Theorie, gestützt auf Arbeitsqualitätsunterschiede, als Voraussetzung für Export und Direktinvestition.
- Zinstheorie, betrachtet allein die unterschiedliche Faktorausstattung auf dem Faktor Kapital.

Diese drei Aussenwirtschafttheorien können die Direktinvestitionen nur teilweise erklären.

Als betriebswirtschaftliche Ansätze erwähnt Heinen neben der Produkt-Zyklus- Theorie von Vernon fünf weitere theoretische Erklärungsansätze für Direktinvestitionen, die er in der folgenden Uebersicht kurz zusammenfasst:

---

5) vgl. Heinen (Ziele) 103-147

| Verfasser | Name der Theorie und Erklärungsbasis | erklärte Teilaspekte | nicht erklärte Teilaspekte |
|---|---|---|---|
| *Raymond Vernon* | Produkt-Zyklus-Theorie<br>US-technische Überlegenheit auf kaufkräftigem Heimatmarkt:<br>Entwicklung von Produkten von der Markteinführung bis zur Stufe des reifen bzw. degenerierten Produkts in den 50er und 60er Jahren | Einzelziele:<br>- Marktgründe<br>- Produktionsgründe<br>emp. Nachweis für drei US-Industriezweige | - F+E - DI<br>- Rohstoff-DI<br>- internationaler Produktionsverbund<br>- Auslandsherstellung eines Produktes von Markteinführung an<br>- Bestehenbleiben von DI bzw. MNU<br>- nur für USA gültig |
| *Richard Caves* | "Theorie der besonderen Vorteile"<br>Besondere Vorteile einer Unternehmung aufgrund ihrer Leistungsfähigkeit | Einzelziele:<br>- offensive Marktsuche<br>- vertikal-integrierte Rohstoff-DI<br>emp. Nachweis:<br>US-Industrie mit stärkster Produktdifferenzierung besitzt die meisten DI | - Produktions-DI<br>- F+E - DI<br>- defensiver Markt<br>- Bestehenbleiben von MNU |
| *Stephan Hymer* | "Theorie des monopolistischen Vorteils"<br>monopolistischer Vorteil aus der Umwelt einer Unternehmung (unvollkommene Märkte) | Einzelziele:<br>- offensive Marktsuche<br>- Teile der defensiven Marktsuche<br>- vertikal-integrierter Rohstoffkonzern | - Produktions-DI<br>- F+E - DI<br>- Bestehenbleiben von MNU |
| *Frederick Knickerbocker* | "Theorie der oligopolistischen Reaktion"<br>Reaktion auf Konkurrenz<br>Direktinvestition bei oligopolistischer Marktstruktur, bei Teilintegration d.Produkt-Zyklus-Theorie | - Direktinvestition auf solche der Konkurrenz, dann für <u>alle</u> Einzelziele<br>emp. Nachweis:<br>für europ. DI in USA und deutsche DI allgemein | - erste DI eines Industriezweigs in einem Land<br>- nur volkswirtschaftliche Marktstrukturen als Erklärungsbasis<br>- Problem von Scheinkorrelationen ohne Betrachtung von Gründen |
| *Robert Aliber* | "Theorie der finanzwirtschaftlichen Vorteile"<br>Kosten, Gewinn u.Kapitalwerte, d.h. finanzwirtschaftliche Vorteile | - monokausale Erklärung über Gewinn und Zins<br>- Entscheidung, ob Export, Lizenzvergabe oder DI<br>- Aufkauf oder Neuaufbau erklärt | - Beschränkung Gewinn u. Zins<br>- keine Einzelzielbetrachtung, monokausal<br>- Informationsproblem der Unternehmung<br>- Immunisierungstendenz |
| *Alan Rugman* | "Risikoverringerungs- u. Ertragssicherungs-Theorie"<br>Risikoverringerung/ausgleich, Gewinnsicherung | - Risiko- und Gewinnvorteile von MNU<br>- Bestehenbleiben von MNU | - Zustand nach der Investitionsvornahme, nicht bei der Entscheidung<br>- keine Einzelziele berücksichtigt<br>- keine Hinweise zum Multionalisierungsprozeß<br>- statistische Korrelationsprobleme |
| | "Internalisations-Theorie"<br>Vereinnahmung externer Gewinne in ein Unternehmen | - Informationsvorteile von MNU<br>- höhere Gewinne<br>- Bestehenbleiben von MNU | - Zustand nach der Investitionsvornahme nicht bei der Entscheidung<br>- keine Einzelziele berücksichtigt<br>- keine Hinweise zum Multinationalisierungsprozeß |

* Die Tabelle beinhaltet nur die in dieser Arbeit dargestellten Theorien. Sie muß natürlicherweise etwas vereinfacht und verkürzt sein gegenüber der ausführlicheren Darstellung im Text.

MNU = multinationale Unternehmung, DI = Direktinvestition, F+E = Forschung u.Entwicklung

Abb. 2.1.: Uebersicht der Erklärungsansätze 6) für Direktinvestitionen

6) Heinen (Ziele) 147

Kortüm gelangt durch sein Studium der in der Literatur auffindbaren theoretischen Erklärungsansätze zu folgender Zusammenstellung von Auslandsproduktionszielen, die den zugrundeliegenden Motiven nahestehen 7):

- Marktziele
  . Defensive Absatzmarktziele, d.h. Verteidigung und Sicherung bereits im Ausland bestehender Marktpositionen mit Hilfe von Auslandproduktionsstätten.
  . Offensive Absatzmarktziele, d.h. Steigerung des bisherigen Absatzes und Gewinnung neuer Märkte durch Auslandinvestitionen.
  . Beschaffungsziele, d.h. Sicherung der zukünftigen Versorgung mit Rohstoffen.

- Produktionsziele, d.h. zur Ausnutzung günstiger Beschaffungsmöglichkeiten von Produktionsfaktoren.

- Finanzwirtschaftliche Ziele
  . Rentabilitätsziele, d.h. die Chance einer im Ausland besonders hohen Rentabilität soll genutzt werden.
  . Kapitalbeschaffungsziele, d.h. Ausnutzung finanzieller Vorteile und Erleichterungen, die von der Regierungsebene in Aussicht gestellt werden.
  . Steuervorteile.

- Wachstumsziele im Zeichen wachsender Märkte zur langfristigen Existenzsicherung.

- Volkswirtschaftliche Ziele, gedacht als Beitrag z.B. zur internationalen Arbeitsteilung, zur Entwicklungsarbeit.

- Meta-ökonomische Ziele, d.h. ausserökonomische Ziele zur Befriedigung von Prestige- und Machtbedürfnissen.

Eine der wohl umfassendsten Kataloge in bezug auf die Motive für direkte Auslandinvestitionen hat Pensel 8) zusammengestellt. Er zählt einerseits alle erdenklichen Zielsetzungen für ein Auslandengagement auf und stellt sie nach unseren Begriffen sowohl bestimmten Motiven als auch Zielen 9) gegenüber, welche er als komplementäre Oberziele bezeichnet. Er geht bei dieser Betrachtung aus vom Gewinnstreben (G), vom Umsatzstreben (E), vom Wirtschaftlichkeitsstreben (W), vom Streben nach einer Sicherung des Unternehmungspotentials (S), vom Prestigestreben (P), vom Machtstreben (M), vom Unabhängigkeitsstreben (U) und von ethischen und politischen Bestrebungen (SP):

---

7) vgl. Kortüm (Zum Entscheidungsprozess) 44-84
8) vgl. Pensel (Produktions- und Investitionspolitik) 203-207
9) vgl. Kap. 1.2.3.2. Lokalfertigungsstrategie im Zusammenhang

## SYNOPSE DER MIT DIREKTEN AUSLANDSINVESTITIONEN ANGESTREBTEN UNTERNEHMUNGSZIELSETZUNGEN

| | Komplementäre Oberziele | | | | | | | |
|---|---|---|---|---|---|---|---|---|
| **1. Ökonomische Zielsetzungen** | G | E | W | S | P | M | U | SP |
| **1. Erschließung neuer/Erweiterung bestehender Absatzmärkte und -marktanteile** | X | X | | X | | X | X | |
| 1. Ausdehnung des Absatzgebietes | X | X | | | | | | |
| 2. Eindringen in einen wachsenden ausländischen Markt | X | X | | | | | | |
| 3. Teilhabe an Marktentwicklungen in Freihandelszonen, Zollunionen oder Gemeinsamen Märkten | X | X | | | | | | |
| 4. Horizontale, vertikale oder laterale Produktdiversifikation | X | X | | | | | | |
| 5. Verbesserung der Gestaltung des absatzpolitischen Instrumentariums durch größere Marktnähe<br>- Ersetzung nationaler, ungeeigneter Absatzmittler<br>- Ermöglichung beschleunigter Anpassung an Datenänderungen<br>- Verbesserung des Serviceniveaus<br>- Bereitstellung von Kundendienstleistungen für Exporte<br>- Verbesserung des Informationsstandes über einen Exportmarkt | X | X | | | | | X | |
| 6. Erlangung von Umweltbedingungen für die vorteilhafte Belieferung von Drittländern | X | X | | | | | | |
| 7. Überwindung von Marktrestriktionen im Ursprungsland<br>- infolge von Marktsättigung<br>- infolge von oligopolistischen Marktstrukturen, die den Versuch einer Marktanteilsvergrößerung unvorteilhaft werden lassen | X | X | | | | | | |
| 8. Schaffung von Exportmöglichkeiten für andere (verbundene) Unternehmungsprodukte (Bildung eines Brückenkopfes für Exportgeschäfte) | X | X | | | | | | |
| 9. Umgehung von Beschränkungen des internen und externen Wachstums, die durch die Wettbewerbspolitik der Ur- | X | X | | | | | X | |
| **2. Erhaltung bestehender Absatzmärkte und -marktanteile** | X | X | X | X | | | | |
| 1. Umgehung von Außenhandelsrestriktionen<br>- Überwindung von Zollschranken oder -diskriminierungen<br>- Überwindung von Wert- oder Mengenimportkontingentierungen<br>- Vermeiden von bei Exporten auftretenden administrativen Schwierigkeiten | X | X | X | X | | | | |
| 2. Anpassung an für Exporte nachteilige Währungsverhältnisse (Devisenzwangswirtschaft, Wechselkurs) | X | X | X | X | | | | |
| 3. Anpassung an verschärfte Konkurrenzbedingungen auf einem Exportmarkt<br>- infolge von direkten Auslandsinvestitionen von Konkurrenten ("Folge-dem-Wettbewerber-Motiv", "band-wagon-effect")<br>- infolge gesteigerter Konkurrenzfähigkeit nationaler Unternehmen | X | X | | X | | | | |
| 4. Verhinderung von Vorteilen von Konkurrenzunternehmen bei oligopolistischer (Welt-) Marktstruktur<br>- Ausgleich der von ausländischen Konkurrenten auf dem heimischen Markt errungenen Marktanteilen durch Eindringen in den heimischen Markt der Konkurrenten<br>- Aufrechterhaltung des Weltmarktanteils<br>- Absperrung des Zugangs anderer Unternehmen zu Rohstoffen oder Vorprodukten, um den Markteintritt dieser Unternehmen zu verhindern oder zu erschweren | X | X | | X | | | | |
| 5. Beachtung von Käuferpräferenzen für im Land hergestellte Güter | X | X | | X | | | | |
| 6. Anpassung an Maßnahmen des Landes zur Bevorzugung lokaler Produktion | X | X | | X | | | | |
| 7. Aufrechterhaltung von im Ursprungsland bestehenden Lieferverbindungen im Ausland ("Folge-dem-Kunden-Motiv", "Kielwasserinvestition") | X | X | | X | | | | |
| 8. Steigerung der Konkurrenzfähigkeit auf bestimmten Ländermärkten durch Produktionsverlagerung an kostengünstigere Auslandsstandorte, von denen Reimporte vorgenommen werden | X | X | X | X | | | | |

| | Komplementäre Oberziele | | | | | | | |
|---|---|---|---|---|---|---|---|---|
| | G | E | W | S | P | M | U | SP |
| <u>3. Beeinflussung der Erfolgsentstehung</u> | X | | X | X | | | | |
| 1. Wahrnehmung besonderer Gewinnchancen im Vergleich zu alternativen Ursprungslandinvestitionen | X | | | | | | | |
| 2. Risikostreuung durch geografische Diversifikation<br>- Stabilisierung des Gesamtgewinns der Unternehmung durch Kompensationseffekte bei unterschiedlichen Konjunkturverläufen in verschiedenen Ländern<br>- Verringerung der Verlustgefahr als Folge besonderer Umweltentwicklungen oder unternehmungspolitischer Fehlentscheidungen in einem Land<br>- Verkleinerung der Reagibilität des Gewinns der Unternehmung auf Veränderungen der Währungsverhältnisse (Verringerung der Exportabhängigkeit der Leistungserstellung) | X | | | X | | | | |
| 3. Ausnutzung von Vorteilen ausländischer Steuersysteme zur Verringerung der Steuerlast | X | | X | | | | | |
| <u>4. Erlangung/Nutzung von Vorteilen bei der Gestaltung des Leistungsprozesses</u> | X | X | X | X | X | | X | |
| 1. Wahrnehmung von Standortvorteilen für bestimmte Produktionsfaktoren<br>- Sicherung der langfristigen Rohstoffversorgung der Unternehmung<br>- Erreichung niedrigerer Faktorpreise für objektbezogene Arbeitsleistungen und Werkstoffe<br>- Kostengünstigere Verarbeitung von Rohstoffen an ihrer Quelle<br>- Überwindung von Engpässen im Ursprungsland in bezug auf den Faktor objektbezogene Arbeitsleistungen | X | | X | X | | | | |
| 2. Senkung von Transportkosten, -zeiten und -schäden | X | X | X | | | | | |
| 3. Ausnutzung von Förderungsmaßnahmen des Gast- und/oder Ursprungslandes(steuerpolitische Maßnahmen, Finanzierungshilfen) | X | | X | | | | | |
| 4. Auswertung von Forschungs- und Entwicklungsarbeiten | X | X | | | | | | |
| 5. Patentsicherung | X | | | X | | | | |
| 6. Stabilisierung der Kapazitätsauslastung im Ursprungsland durch Sicherung von Exporten an Zwischen- und Fertigprodukten | X | X | X | | | | | |
| 7. Erleichterung der Kapazitätsharmonisierung bei unterschiedlichen Nachfragekonstellationen in verschiedenen Ländern | X | | X | | | | | |
| 8. Wahrnehmung der Werbewirkung von direkten Auslandsinvestitionen infolge des ihnen zukommenden besonderen Demonstrations- und Aufmerksamkeitsgrades | X | X | | | X | | | |
| 9. Umgehung von Umweltschutzbestimmungen des Ursprungslandes | X | | X | | | | X | |
| 10. Erhöhung der Kapazitätsauslastung im Ursprungsland durch Erschließung neuer Exportmärkte | X | X | X | | | | | |
| 11. Erlangung von Anstößen für Forschung und Entwicklung durch den internationalen Wettbewerb | X | | | X | | | | |
| 12. Erlangung von technischem und betriebswirtschaftlichem Wissen durch die Lösung neuartiger unternehmungspolitischer Problemstellungen | X | | | X | | | | |
| 13. Weiterverwendung von Anlagen, die im Ursprungsland ihre kritische Nutzungsdauer erreicht haben . | X | | X | | | | | |
| <u>II. Metaökonomische Zielsetzungen</u> | | | | | | | | |
| 1. Beteiligung an der Entwicklungsförderung bzw. -hilfe | | | | | | | | X |
| 2. Leistung eines Beitrags zur Errichtung oder Stabilisierung einer privatwirtschaftlichen Wirtschaftsordnung und einer freiheitlich-demokratischen Gesellschaftsordnung in Entwicklungsländern | | | | | | | | X |
| 3. Stärkung der Volkswirtschaft des Gastlandes, um dessen politische Positionen und Haltungen zu unterstützen | | | | | | | | X |
| 4. Stärkung oder Sicherung der weltwirtschaftlichen Stellung des Ursprungslandes | | | | | | | | X |
| 5. Vergrößerung des nationalen und internationalen Prestiges der Unternehmung | | | | | X | | | |
| 6. Förderung der weltwirtschaftlichen Integration und des Völkerverständnisses . | | | | | | | | X |

Abb. 2.2.: Synopse der mit direkten Auslandinvestitionen angestrebten Unternehmungszielsetzungen nach Pensel 10)

10) Pensel (Produktions- und Investitionspolitik) 203-207

Die **empirische Seite** bietet eine Reihe von Erhebungen bei einer Vielzahl von Unternehmen an. Solche Analysen standen alsbald im Interesse mehrerer Institutionen (UNIDO, Weltbank, Bankensystem, Volkswirtschaftslehre etc.). Ein gemeinsames Merkmal dieser Erhebungen besteht darin, dass mehrheitlich für die Kategorie der Antwortenden keine spezifischen Gruppen gebildet wurden. Höchstens Unterscheidungen der Einstellungen zu bestimmten Ländern wurden berücksichtigt.

Beispielsweise wollten Beuttel/Simmerl/Escherle in ihrer Befragung von 189 deutschen Unternehmen ergründen, welches das Motiv für ein allgemeines Ausweiten der Auslandaktivitäten sei. Von 157 Firmen (83 %) mit Ausweitungsabsichten liessen sich die Motive folgendermassen zuordnen:

Ausweiten der Auslandsaktivitäten - warum ?

| | Anzahl der Nennungen |
|---|---|
| Breitere Absatzbasis, Wachstum, Märkte der Zukunft | 58 |
| Marktsättigung im Inland | 33 |
| Beschäftigungsgrad erhalten, Kapazität auslasten | 19 |
| Absatzsicherung, Risikostreuung | 17 |
| Prestigegründe | 4 |
| Gewinnstreben | 1 |
| | 132 |

Keine Angaben : 25.

Tab. 2.1.: Verteilung der Motive zugunsten von Auslandaktivitäten, nach Beuttel 11)

Heinen geht in seinem Studium der Sekundärliteratur auf mehrere Erhebungen zur Ermittlung der Gründe für Direktinvestitionen ein. Die beiden umfangreichsten Ermittlungen, die er dabei aufführt, wurden von Pfeil und dem DIHT durchgeführt.

11) Beuttel/Simmerl/Escherle (Auslandaktivitäten) 45

| Rang | | Medianwert |
|---|---|---|
| 1. | Absatzsicherung durch größere Marktnähe<br>- In den USA<br>- Auf den Drittmärkten | 9,679 |
| 2. | Größe und Wachstumspotential des US-Marktes | 9,543 |
| 3. | Risikostreuung, aus:<br>- betriebswirtschaftlichen Gründen<br>- politischen Gründen<br>- wirtschaftspolitischen Gründen<br>- konjunkturellen Gründen | 4,946 |
| 4. | Relative Stabilität der USA | 4,852 |
| 5. | Lohnstückkosten in Deutschland | 4,625 |
| 6. | US-Importhemmnisse | 4,609 |
| 7. | Dollarkursverfall | 4,000 |
| 8. | Zunehmende Größe des Unternehmens | 3,600 |
| 9. | Technologische Überlegenheit (i.w.S.) gegenüber den US-Konkurrenten | 2,875 |
| 10. | Unternehmerische Belastung in Deutschland<br>- Hiesige Steuergesetzgebung<br>- von den Gewerkschaften induzierte Politik, z.B. Mitbestimmung<br>- Weitere Gesetze der Bundesregierung | 2,400 |
| 11. | "Am Ball bleiben", vor allem hinsichtlich technologischer Entwicklungen | 2,125 |
| 12. | Stagnierender deutsch-westeuropäischer Markt | 1,625 |
| 13. | Ertragslage des deutschen Unternehmens | 1,333 |
| 14. | Einmalige Eintrittsbedingungen für die Gründung der Niederlassung | 0,875 |
| 15. | Technologische Überlegenheit (i.w.S.) gegenüber den deutsch-europäischen Konkurrenten | 0,385 |
| 16. | Relative Instabilität Westeuropas | 0,341 |
| 17. | Gegenreaktion auf:<br>- US-Direktinvestitionen in Westeuropa<br>- US-Direktinvestitionen in Drittmärkten<br>- Direktinvestitionen der deutsch-westeuropäischen Konkurrenten in den USA<br>- Direktinvestitionen der deutsch-westeuropäischen Konkurrenten in Drittmärkten<br>- Sonstige Konkurrenten | 0,321 |
| 18. | Übernahme von US-Technologien | 0,267 |
| 19. | Ertragslage der hiesigen Branche | 0,234 |
| 20. | Künftiger Mangel an qualifizierten Arbeitskräften in Deutschland | 0,219 |
| | Prestige | 0,219 |
| 21. | "Überliquidität" des deutschen Unternehmens | 0,17[illegible] |
| 22. | Sicherung von Rohstoffen | 0,139 |
| 23. | Sicherung von anderen Vorprodukten | 0,116 |
| 24. | Dem deutschen Kunden folgen | 0,085 |

Tab. 2.2.: Investitionsziele deutscher Direktinvestitionen in den USA durch 69 Chemie- und Maschinenbauunternehmen, nach Pfeil 12) (Gewichtung nach Pfeil: 10 = grosse Bedeutung, 0 = kleine Bedeutung)

12) Pfeil, zit. in: Heinen (Ziele) 73/74

Das Zitieren von Erhebungen ohne Differenzierung der Untersuchungseinheiten ist beinahe in beliebigem Ausmass möglich; um nur auf zwei Autoren hinzuweisen, welche eine Vielzahl von Erhebungen studiert haben: Dunning 13) und Heinen 14). Uns soll jedoch nicht die Menge von empirischem Material weiterbringen, sondern eine fortgeführte Suche nach Differenzierungsnotwendigkeiten und -möglichkeiten.

Die Untersuchung des DIHT (Deutscher Industrie- und Handelstag) zeigte 1981, gestützt auf 684 Fragebogen für 3181 Auslandtöchter deutscher Unternehmen, das folgende Bild: 15)

| Motiv | insgesamt | IL | SL | EL |
|---|---|---|---|---|
| Ausdehnung der Auslandsaktivität auf neue Märkte | 2,97 (1) | 3,26 (1) | 2,62 (1) | 2,92 (1 |
| Sicherung und Ausbau eines bisherigen Marktes | 2,48 (2) | 2,42 (2) | 2,57 (2) | 2,46 (2 |
| Sicherung und Kontrolle des Vertriebs im Gastland | 2,07 (3) | 2,32 (3) | 1,70 (4) | 2,22 (3 |
| Politische Stabilität des Gastlandes | 1,71 (4) | 1,56 (5) | 2,00 (3) | 1,46 (4 |
| Exportbasis f.Produkte d.deutschen Muttergesellsch. | 1,37 (5) | 1,62 (4) | 1,12 (10) | 1,19 (9 |
| Überwindung von Handels- und Exporthemmnissen | 1,34 (6) | 1,09 (7) | 1,62 (6) | 1,39 (6 |
| Erwartung einer hohen Investitionsrendite | 1,18 (7) | 0,79 (8) | 1,64 (5) | 1,27 (7 |
| Zulieferer für Gastlandunternehmen | 1,04 (8) | 1,17 (6) | 0,95 (11) | 0,83 (12 |
| Niedrige Lohnkosten | 1,02 (9) | 0,51 (12) | 1,49 (7) | 1,44 (5 |
| Sicherung der Versorgung im Gastland | 0,99 (10) | 0,74 (10) | 1,21 (8) | 1,24 (8 |
| Schaffung von Arbeitsplätzen | 0,76 (11) | 0,38 (17) | 1,13 (9) | 1,02 (10 |
| Stärkung der wirtschaftlichen Eigenständigkeit des Gastlandes | 0,67 (12) | 0,34 (18) | 0,94 (12) | 1,02 (11 |
| Einsparung von Transportkosten | 0,60 (13) | 0,79 (9) | 0,40 (19) | 0,56 (16 |
| Staatl. Förderungsmaßnahmen für Direktinvestitionen durch das Gastland | 0,56 (14) | 0,38 (16) | 0,78 (13) | 0,57 (14 |
| Produktion für die "Muttergesellschaft" in Deutschland (Reimport) | 0,54 (15) | 0,50 (13) | 0,71 (14) | 0,25 (20 |
| Verwertung von Technologien, die f.d.besonderen Bedürfnisse des Gastlandes entwickelt wurden | 0,52 (16) | 0,41 (15) | 0,69 (15) | 0,45 (18 |
| Verarbeitung einheimischer Rohstoffe für den Inlandsbedarf des Gastlandes | 0,47 (17) | 0,33 (19) | 0,58 (18) | 0,63 (13 |
| Wechselkursbedingte Verlagerung | 0,47 (18) | 0,68 (11) | 0,33 (20) | 0,13 (25 |
| Zulieferer für ein deutsches Großunternehmen, das ebenfalls im Gastland tätig ist | 0,43 (19) | 0,32 (20) | 0,62 (16) | 0,25 (21 |
| Niedrige Preise für Roh- und Betriebsstoffe | 0,40 (20) | 0,42 (14) | 0,32 (21) | 0,56 (17 |
| Staatliche Förderungsmaßnahmen für Direktinvestitionen durch die Bundesrepublik Deutschland | 0,36 (21) | 0,17 (24) | 0,60 (17) | 0,40 (19 |
| Sicherung und Erweiterung der Rohstoffbasis | 0,31 (22) | 0,29 (21) | 0,24 (22) | 0,56 (15 |
| Sonstige Gründe | 0,19 (23) | 0,21 (22) | 0,16 (23) | 0,22 (22 |
| Sicherung der Energieversorgung | 0,16 (24) | 0,19 (23) | 0,13 (24) | 0,16 (23 |
| Förderungsmaßnahmen für Direktinvestitionen durch internationale Institutionen | 0,10 (25) | 0,07 (25) | 0,12 (25) | 0,13 (24 |

1. Die Zahlenwerte sind arithmetrische Mittel aus den Antworten "Bedeutung sehr groß" = 4 bis "keine Bedeutung" = 0.
2. Die Angaben in Klammern beziehen sich auf den Rang, der sich nach den jeweiligen Bedeutungsgraden erg

Tab. 2.3.: Rangskala nach Bedeutungsgraden für Auslandinvestitionsmotive, nach DIHT 15)

Eine Motivanalyse, die sich an einer Kategorie von Empfängerländern orientiert, führen auch Bernkopf 16), Pausenberger 17) und Kortüm 18) an.

---

13) Dunning (Determinants) 296
14) Heinen (Ziele) 34 ff.
15) DIHT, zit. in: Heinen (Ziele) 68
16) vgl. Bernkopf (Strategien) 19
17) vgl. Pausenberger (Unternehmungen) 44
18) vgl. Kortüm (Zum Entscheidungsprozess) 88

Eine zweite Möglichkeit, die Auslandinvestitionsmotive in einer bestimmten Form zu differenzieren, zeigen verschiedene Autoren damit auf, dass sie die Motivstruktur von deutschen Unternehmen (vgl. Kortüm) 19) von amerikanischen Firmen (vgl. Bernkopf) 20) oder spezifisch von schweizerischen Unternehmungsinvestitionen (vgl. Wirth) 21) analysieren.

Die beiden letzterwähnten seien zu Vergleichszwecken aufgeführt:

| Motive | Anzahl der Nennungen |
|---|---|
| Höhere Gewinne | 20 |
| Wachsende Nachfrage oder Märkte im Ausland | 19 |
| Nationalismus und ausländische Restriktionen | 14 |
| Rohstoffsicherung | 12 |
| Kostenvorteile | 7 |
| Diversifikation | 5 |
| Devisenknappheit für Importe im Ausland | 4 |
| Aufrechterhaltung der Lieferanten-Abnehmerbeziehung | 4 |
| Ungenügender Vertrieb | 3 |
| Produktanpassung an ausländische Nachfrage | 3 |
| Patentnutzungszwang | 2 |
| Errichtung privatwirtschaftlicher Unternehmen | 2 |
| Erhöhung des Lebensstandards | 1 |
| Schutz des U.S.-Marktes | 1 |
| Mehrfachnennungen | 97 |

Tab. 2.4.: Investitionsmotive, anhand einer Befragung von 72 amerikanischen Unternehmen im Jahre 1959, nach Bernkopf 22)

Eine solche Motivstruktur amerikanischer Firmen gestaltet sich beinahe zwangsläufig anders als bei einer entsprechenden Umfrage in Unternehmen der Schweiz etc. Allein das Motiv ersten Ranges 'Höhere Gewinne' weist auf eine landesspezifische Schwerpunktbildung hin und zeigt die entsprechende Analogie zur Situation in der Investitionsklima-Beurteilung durch amerikanische Investoren, die v.a. eine rentable, die rentabelste Kapitalanlage in einer Auswahl von Ländern sucht 23).

Die Bestätigung dafür, dass Motivkonstellationen in der Schweiz

---

19) vgl. ebenda
20) vgl. Bernkopf a.a.O. 17
21) vgl. Wirth (Hilfe ohne Geschenke) 65
22) Bernkopf (Strategien) 17
23) vgl. Kap. 5.1.3. und 5.2.5., d.h. speziell die Unterschiede der Investitionsklimabeurteilung zwischen amerikanischen und schweizerischen Unternehmen

wirklich anders gelagert sind, zeigt z.B. Wirth auf:

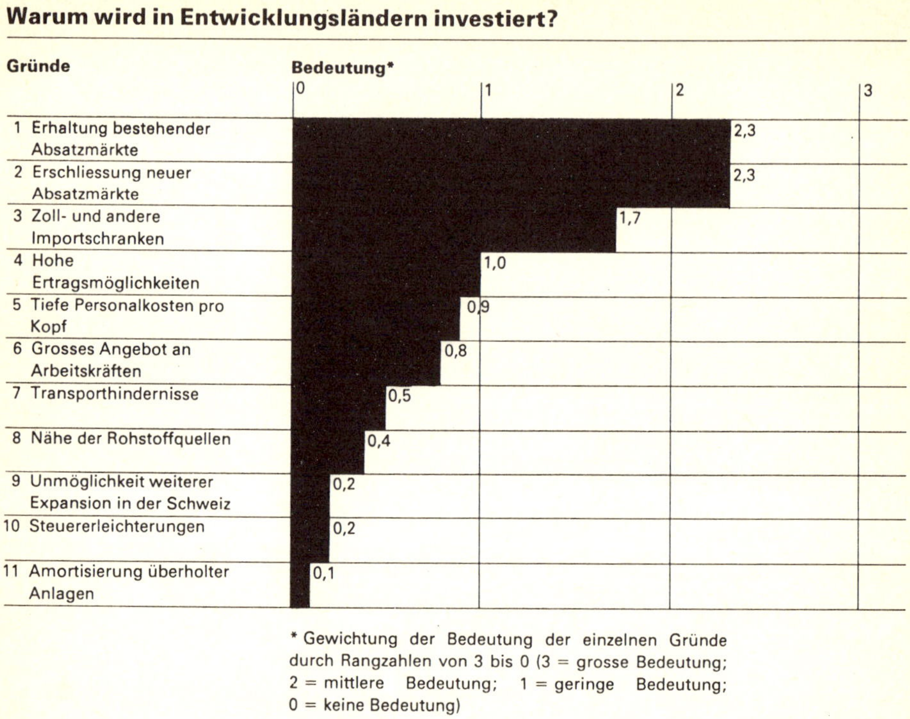


Abb. 2.3.: Motive für Direktinvestitionen bei jenen schweizerischen Unternehmen, auf welche ca. 80 % des schweizerischen Engagements in den Entwicklungsländern entfällt 24)

Solche Gegenüberstellungen von Motivranglisten, die ohne weiteres anzahlmässig erhöht werden könnten, zeigen, dass sie zum einen keineswegs einheitlich verlaufen und zum andern, dass die Motivstruktur gewisse Abhängigkeiten aufweisen muss.

Die mit den vorgängig zitierten Motivkatalogen aufgezeigten Abhängigkeiten präsentieren sich bis jetzt mit:

- Ursprungsland des Investors,
- Empfängerland der Investition.

Ohne sich momentan auf entsprechende direkte Hinweise in der Literatur stützen zu können, zeigen m.E. auch die folgenden Einflussfaktoren ein starkes Gewicht auf die spezifisch vorherrschende Motivstruktur:

- Grösse des investitionsbereiten Unternehmens,

---

24) Wirth (Hilfe ohne Geschenke) 65

- Branchenzugehörigkeit des Investors,
- Zeitabschnitt, in welchem ein Investitionsentscheid fällt.

Zur Firmengrösse des Investors vermerkt Borner: "Praktisch alle empirischen Untersuchungen bestätigen eindrücklich, dass die Firmengrösse als Amalgam all dieser möglichen Vorteile den dominierenden Erklärungsfaktor der Direktinvestitionen von Multis verkörpern 25).

Pausenberger bildet unter den Analytikern, die Auslandinvestitionsmotive untersuchen, eine grosse Ausnahme, indem er die Motivstruktur differenziert nach Produktebranchen, d.h. speziell unterscheidet er die Branchen Automobil, Chemie, Elektro und Metall 26).

Motivanalysen nach Zeitabschnitten gingen aus dem Literaturstudium keine hervor.

Der nun aus den aufgeführten Abhängigkeiten abgeleitete Ansatz besagt, dass eine zu untersuchende Motivstruktur von einer anderen zu unterscheiden ist, sobald sich entweder das untersuchte Ursprungsland des Investors, oder das Empfängerland, die Firmengrösse oder die Branchenzugehörigkeit der Untersuchungseinheiten verändern oder ein anderer Zeitabschnitt der Erhebung zugrundeliegt.

Dieser Ansatz 27), welcher die Einflussfaktoren auf die Motivstruktur festhält und auf Schwergewichte hinweisen will, lässt sich exemplarisch folgendermassen darstellen:

---

25) Borner (Produktionsverlagerung) 24
26) vgl. Pausenberger (Unternehmungen) 46
27) eine Vorstellung, Annahme ohne eine umfassende wissenschaftliche Fundierung

| Einfluss-faktoren auf Motivstruktur | Hauptmotiv-gruppen | Gewinnorien-tierung | Absatzorien-tierung inkl. Wachstum | Kostenorien-tierung (inkl. Reexport) | Rohstoffbe-schaffung | Technologie-orientierung | Beseitigung d. Personalengpasses | keine bestimmte Priorität |
|---|---|---|---|---|---|---|---|---|
| Ursprungsland z.B. | Amerika | X | | | | | | |
| | BRD | | | | | | | X |
| | CH | | | | | | | X |
| Empfängerland | IL | | X | | | | | |
| | SL | | | X | | | | |
| | EL | | | | X | | | |
| Grösse des Unternehmens | gross | | X | | | | | |
| | mittel | | X | | | | | |
| | klein | X | | | | | | |
| Branche | Rohstoff | | | | X | | | |
| | Konsumgut | | | X | | | | |
| | Investitionsgut | | X | | | | | |
| Zeitabschnitt z.B. | 1960 - 70 | | | | | | X | |
| | 1971 - 80 | | X | | | | | |
| | 1981 - 90 | | | | | X | | |

Abb. 2.4.: Einflussfaktoren, welche das Hauptmotiv zur Auslandfertigung bestimmen 28) und 29)

---

28) Die x sind so gesetzt, dass nur dieser eine Einflussfaktor isoliert betrachtet wird, da nicht jede Kombination von Einflussfaktoren verfolgt werden kann. In Wirklichkeit besteht jedoch immer eine Mehrzahl von Einflussfaktoren pro Untersuchungseinheit. Zudem wären bestimmt pro Linie vereinzelt mehrere Hauptmotive möglich, z.B. bei EL sowohl Rohstoffsicherung als auch Kostenorientierung. Das Zutreffen hängt letztlich vom zweiten Einflussfaktor ab, ob also die Untersuchungseinheit z.B. der Zement- oder der Textilindustrie angehört (Branche).

29) Dieser Ansatz will in eine Richtung steuern, dass pro Kombination von 'fix' bezeichneten Einflussfaktoren direkt auf das Hauptmotiv geschlossen werden kann, z.B. - Schweizerische Industrieunternehmen, - im Empfängerland Brasilien, haben als Hauptmotiv zur Investition die Realisierung eines Wachstums und eines Entfaltungspotentials (vgl. hiezu NZZ (Schweizer Industriekonzerne) 17).

Aufbauend auf diesem Ansatz müsste nun eine empirische Forschung in der ganzen Breite der Untersuchungseinheiten durchgeführt werden. Es genügt dabei allerdings nicht, eine Erhebung pro einzelnen Einflussfaktor anzulegen. Zur vollständigen empirischen Abdeckung dieses Ansatzes müssten alle Kombinationen von Einflussfaktoren, die das Hauptmotiv für eine Auslandfertigung bestimmen, analysiert werden 30). Ein derart umfassendes Vorhaben würde den Rahmen einer Arbeit, wie sie hier vorliegt, sprengen. Dies müsste vielmehr Gegenstand und Aufgabe von mehreren solchen Arbeiten sein.

Bei einer Aufteilung dieser Aufgabe ist es möglich, pro Arbeit mindestens zwei Einflussfaktoren als feste Ausgangslage zu fixieren und die andern drei offen zu halten, d.h. die Untersuchungsobjekte auf diesen drei Einflussfaktoren nicht weiter einzuschränken, z.B.:

| Beispiele: | **fixe** Einschränkung der Untersuchungseinheiten: | **variabel** gelassene Einflussfaktoren: |
|---|---|---|
| a) | - Amerikanische Investoren,<br>- Entwicklungsländer als Investitionsempfänger, | - Unternehmungsgrösse,<br>- Branchen,<br>- Zeitabschnitte, |
| b) | - Grosse multinationale Unternehmen,<br>- Rohstoffbranche, | - Ursprungsland,<br>- Empfängerland,<br>- Zeitabschnitt, |
| c) | - Textilbranche,<br>- Zeitabschnitt 1970 - 80,<br>- Schwellenländer. | - Ursprungsland,<br>- Unternehmungsgrösse. |

Hypothese und empirische Untersuchung dieser Arbeit konzentrieren sich im weiteren auf die folgende Kombination:

| Alle gewählten Untersuchungseinheiten weisen als **fixes** Merkmal auf: | **variabel** bleiben die Faktoren |
|---|---|
| - Ursprungsland Schweiz,<br>- Investitionsgüterindustrie als Branche. | - Empfängerland,<br>- Unternehmungsgrösse,<br>- Zeitabschnitt. |

Ausschlaggebend für den Gang jeder Untersuchung ist das Anlegen der als "fix" bezeichneten Einflussmerkmale in bezug auf die Hauptmotivbildung; sie erst lässt Vermutungen, Zuordnungen von Motivgruppen zu. In der vorliegenden Wahl ist die Festlegung auf ein bestimmtes Land als Ursprungsland an sich nichts Neues. Es kann dazu lediglich vermerkt werden, dass schweizerische Erhebungen naturgemäss in nur sehr kleiner Zahl vorliegen, gegenüber z.B. deutschen oder amerikanischen Untersuchungen.

Die Wahl der Branche als fixer, ausschlaggebender Einflussfaktor auf die Hauptmotivgruppenbestimmung zugunsten von Auslandinvestitionen

---

30) Was nicht zugleich heissen muss, dass jede Kombination zwingend eindeutige oder auch nur tendenzielle Ergebnisse aufzuzeigen vermag.

weist demgegenüber noch einen gewissen Novitätsgrad auf 31). Wesentlich häufiger sind einzelne Empfängerländer oder Gruppen davon (z.B. Entwicklungsländer) oder z.T. auch bestimmte Zeitabschnitte als "fixe" Einflussfaktoren gewählt worden.

Eine teilweise Ausrichtung auf branchenmässige Ueberlegungen zur Bestimmung des Auslandengagement-Hauptmotivs hat Hollenstein in seiner Untersuchung von Produktionsverlagerungen aus der Schweiz vorgenommen 32). Ohne seiner Aussage weiter nachzugehen, weist auch Juhl auf eine notwendige Branchenunterteilung zur Motivforschung bezüglich Auslandinvestitionen hin: "Hinter dem Begriff 'Auslandinvestition' verstecken sich recht unterschiedliche Typen oder Erscheinungsformen dieses Genres. So gliedert man - entsprechend der klassischen Drei-Sektoren-Klassifikation - in Rohstoffinvestitionen, Investitionen des verarbeitenden Gewerbes sowie des Dienstleistungssektors. Jeder dieser Investitionstypen hat seine eigenen Charakteristika" 33).

Basierend auf dieser oben gewählten Kombination innerhalb der fünf Kategorien von Einflussfaktoren soll die vorliegende Untersuchung zum Ziel haben, Schwergewichtstendenzen bezüglich Hauptmotiv zur Auslandproduktion aus den sieben in Abb. 2.4. gebildeten Motivgruppen herauszukristallisieren.

Die Hypothese wird dabei ein solches Schwergewicht vorauszudeterminieren versuchen. Die empirische Erhebung ist in der Folge dazu angetan, u.a. diese hypothetische Vorausschau zu verifizieren oder zu falsifizieren und damit auf die Frage nach diesem Schwergewicht eine repräsentative Antwort zu geben.

## 2.2. Hypothese zum Hauptmotiv der schweizerischen Investitionsgüterindustrie

Das vorgängige Kapitel verfolgt den Zweck, mit Hilfe von Motivkatalogen auf Art und Ausmass der Motive zugunsten einer Auslandproduktion hinzuweisen. Vorrangig war dabei der Aspekt der **Vielfältigkeit** von Motivkonstellationen.

In diesem Teil geht es nun vielmehr darum, den eingeschlagenen Pfad der **Differenzierung** von Motivkonstellationen weiterzuführen. Vor der Inangriffnahme der empirischen Erhebung mit der entsprechenden Differenzierung soll eine Hypothese aufgestellt werden, einerseits zur Befolgung forschungswissenschaftlicher Vorgehen, andererseits im Sinne von Paulsen: "Der Empiriker, der den direkten Zugriff auf die Realität sucht, darf nicht verkennen, dass er seine Beobachtungen aus dem Meer der Erscheinungen nur herausheben und auslesen kann, indem er bereits

---

31) Diese Aussage stützt sich auch darauf, dass Heinen in seiner kürzlich abgeschlossenen Dissertation, in der er die Ziele und Motive für Auslandinvestitionen in der ganzen Breite darzustellen sucht, nur eine einzige branchenorientierte Motivanalyse neben 23 andern zum Zitat bringt (vgl. Heinen (Ziele) 34 ff., speziell S. 37).

32) vgl. Hollenstein (Produktionsverlagerung) 24 und 52

33) Juhl (Ansatzpunkte) 672

von generellen Annahmen und Hypothesen ausgeht, anders er gar nicht wissen könnte, was als relevant und zusammengehörig 'beobachtet' werden soll. Diese Tatsachen bleiben stumm, wenn man ihnen nicht bestimmte Fragen stellt" 34).

Petersen umschreibt die Hypothese wie folgt: "Hypothesen treffen Aussagen über vermutete Zusammenhänge von Objekten der objektiven Realität bzw. über vermutete Phänomene" 35).

Als alleinige **Hypothese** wird formuliert und der nachfolgenden Erhebung zugrundegelegt:

> **Hypothese:** Entscheidet sich ein schweizerisches Unternehmen der exportorientierten Investitionsgüterindustrie für ein Engagement zugunsten einer Auslandproduktionsstätte, so ist das Stammhaus dazu hauptsächlich motiviert mit dem Ziel der Absatzerhaltung resp. -erweiterung.

Zum Zeitpunkt der Formulierung dieser Hypothese bestand kein Forschungsergebnis, welches diese Aussage unmittelbar sichern konnte.

Sie ist vielmehr das Resultat von Beobachtungen und Ueberlegungen während der praktischen Tätigkeit des Verfassers in einem der zehn grössten schweizerischen Investitionsgüterunternehmen. Petersen nennt dies vorwissenschaftliche Erkenntnis: "Die kognitive Verarbeitung und Wahrnehmung über und in der objektiven Realität führt zu einer vorwissenschaftlichen Erkenntnis über objektive Realität und über die Verbalisierung kognitiver Strukturen zu theoretischen Konstrukten" 36).

Die Literatur gab mit Hollenstein lediglich einen vagen Hinweis in die Richtung der Hypothese, bevor sie dem empirischen Test unterzogen werden sollte: "Diese Branchen (gemeint sind hier Chemie, Maschinenbau, Elektrotechnik/Elektronik, Feinmechanik/Optik, Kunststoffverarbeitung, d.V.) sind auch in der Schweiz stark vertreten, verfügen gegebenüber NLL über eine gute Konkurrenzposition und neigen in beträchtlichem Mass zu absatzpolitisch motivierten Produktionsverlagerungen" 37).

Die Ueberprüfung dieser Hypothese wird mitunter Gegenstand der bevorstehenden empirischen Untersuchung sein.

## 2.3. Empirische Untersuchung

"Ueber unsere .... Umwelt hegen wir bestimmte Vorstellungen. Sie beruhen auf Erfahrungen, entspringen unserer Phantasie, können verschiedene Grade der Bewusstwerdung erlangen. Sie mögen allgemeiner oder partikulärer Natur sein, sich aus dem Alltag ergeben oder Resultat .... intensiver Erarbeitung wissenschaftlicher Darstellungen sein" 38).

Zur Erreichung der Zielsetzung dieser Arbeit erweist sich die

---

34) Paulsen, A., Neue Wirtschaftslehre, 3. Aufl. Berlin 1954, S. 7, zit. in: Bidlingmaier (Unternehmerziele) 187
35) Petersen (Forschungsprozesse) 44
36) Petersen (Forschungsprozesse) 41
37) Hollenstein (Produktionsverlagerungen) 24, vgl. auch ebenda 53
38) Atteslander (Sozialforschung) 22

Erarbeitung einer solch wissenschaftlichen Darstellung als notwendig. Nach der theoretischen Lokalisierung der Auslandfertigung innerhalb der Unternehmungsführung sind diesbezügliche Zusammenhänge aus der Wirklichkeit aufgrund einer wissenschaftlichen Methode, d.h. hier aufgrund einer empirischen Untersuchung zu ermitteln.

Innerhalb dieser empirischen Untersuchung behandelt dieser Teil

- die Untersuchungsinhalte, d.h. die Abgrenzung der Fragen, welche im Realitätsbezug abzuklären sind,
- die Erhebungsvorbereitung und die Art der Erhebungsdurchführung, woraus letztlich Aussagen zu erbringen sind über die Basis des Realitätsbezuges, damit die Erhebungsergebnisse und die davon abzuleitenden Schlussfolgerungen auch nachträglich intersubjektiv nachprüfbar sind,
- die Erhebungsergebnisse als Ausgangspunkt für Quintessenzen, Quervergleiche und Differenzierungen innerhalb der Thematik der Auslandfertigung, bezogen auf die schweizerische Investitionsgüterindustrie.

### 2.3.1. Untersuchungsinhalte

Die Untersuchungsinhalte beziehen sich auf die Grundlagen zur Entwicklung eines strategischen Instrumentariums bezüglich der Lokalfertigungsproblematik. Es entspricht meiner Ueberzeugung, dass zu diesen Grundlagen die Kenntnisse über die Motive für die Errichtung einer Auslandproduktion sowie über die diesbezüglichen Entscheidungselemente gehören.

Die empirische Untersuchung zeigt in bezug auf die Direktinvestitionen-/Lokalfertigungs-Problematik folgende zwei wichtigen Einschränkungen auf:

- Während sich z.B. diverse Motivforschungen (Kap. 2.1.) bezüglich ausländischen Direktinvestitionen auf die ganze Breite der Erwerbswirtschaft erstrecken, beschränkt sich diese Untersuchung bezüglich Motiven und Entscheidungselementen auf die exportorientierte Investitionsgüterindustrie in der Schweiz.
- die Untersuchung der Lokalfertigungsproblematik beschränkt sich auf die Phase zwischen der Erkennung, Manifestation eines Motivs zur Auslandproduktion und dem pro- resp. contra-Entscheid zur ernsthaften Prüfung eines derartigen Projektes. Die Phase der Feasibility-Studie ist bereits nicht mehr eingeschlossen.

In die untersuchte Phase gehören also Fragen nach

- dem Motiv für das Auslandengagement,
- dem Produkt, der Produktpalette,
- dem Produktionsland,
- dem Grund, weshalb dieses Land nicht über den Export bedient werden kann,
- den Grundbedingungen der Engagementaufnahme,
- der Art der Lokalfertigungsstätte.

Die beiden erwähnten Beschränkungen werden folgendermassen begründet:

Aus der Literatur bekannte Motivforschungen konzentrieren sich nicht auf eine Branche und sind deshalb nicht geeignet, für eine bestimmte Gruppe von Unternehmen zutreffende Schlussfolgerungen im Hinblick auf eine Entscheidung pro/ contra Lokalfertigung abzugeben. Die Beschränkung auf die Investitionsgüterindustrie soll deshalb einmal aufzeigen, dass dieser Mangel, bezogen auf eine Branche, behoben werden kann. Analoges würde dann auch für andere Wirtschaftszweige gelten. Die zweite Beschränkung auf die Phase zwischen Motiv und Entscheidung zur Lokalfertigung entspringt der Ueberzeugung, dass diese Phase eine komplexe Problematik behandelt und damit eine empirische Untersuchung zusätzlich notwendig macht. Die dieser Phase nachfolgende Arbeit Richtung Lokalfertigung, eingeleitet durch eine Feasibility-Studie, erhebt hingegen eher den Anspruch einer systematischen Erfahrungssammlung, gefasst in Checklisten, die auch branchenunabhängig erstellbar sind und eine weniger komplexe Materie behandeln.

#### 2.3.1.1. Zielsetzung der Untersuchung

Die Untersuchungszielsetzung ergibt sich unmittelbar aus Kap. 02, aus der Zielsetzung dieser Arbeit. Dementsprechend besteht die Absicht, ein Instrumentarium zur Entscheidungsfindung pro und contra Auslandproduktion zu entwickeln. Die empirische Untersuchung hat als diesbezügliche Grundlage repräsentative Aussagen über die Elemente eines entsprechenden Entscheidungsfindungsprozesses aus der Praxis der Investitionsgüterindustrie zu liefern. Bezüglich der Auswahl der relevanten Elemente kann mit Prim/Tilmann hervorgehoben werden: "Die hier getroffene Auswahl der Einzelmerkmale ist bestimmt durch das Erkenntnisziel der empirisch arbeitenden Wissenschaft(en), möglichst aussagekräftige, informationsreiche, intersubjektiv prüfbare Aussagen über die Realität zu erhalten" 39).

Jedenfalls werden hier Elemente untersucht, die sich in der Folge als Tatsachenphänomene miteinander in Beziehung setzen lassen, und zwar so, dass bestimmte Abhängigkeiten aufgedeckt 40) und als Entscheidungsgrundlage in das strategische Instrumentarium miteinbezogen werden können.

Die vorliegende Untersuchung, d.h. die Erarbeitung der empirischen Erkenntnisse über die Elemente des Entscheidungsfindungsprozesses in der Lokalfertigungsproblematik enthält die folgenden zwei Komponenten:

- Der **explorative** Teil prüft die Annahmen über die Konstellation der Motive der Investitionsgüterindustrie zur Auslandfertigung, welche vorgängig in einer Hypothese gruppiert sind (vgl. Kap. 2.2.).

Es sollen die problemadäquaten Motive für eine Lokalfertigung exportorientierter schweizerischer Investitionsgüterunternehmen ergründet werden, auf welchen ein Lokalfertigungsengagement als Stratgie zur Erreichung der obersten Unternehmungsziele basiert. Die Motive als Impuls, Anstoss zur Auslandfertigung wie auch die empirische Untersuchung selbst gelten als Ausgangspunkt für die gesamte zu behandelnde Thematik und finden sich deshalb auch im gleichen Kap. 2.

- Der **informative** Teil verfolgt das Ziel, empirische Antworten zu finden innerhalb den drei Forschungsschwerpunkten

---

39) Prim/Tilmann (Grundlagen) 67
40) ebenda 66

- heutiger Stellenwert der Lokalfertigung innerhalb der Unternehmungsführung,
- strategisches Instrumentarium, dessen Existenz und Elemente,
- Verhaltensalternativen gegenüber dem Protektionismus.

Während die reine Ergebnisdarstellung der diesbezüglichen Befragung ebenfalls in Kapitel 2. zur Darstellung gelangt, ist deren Verarbeitung v.a. Gegenstand der Kapitel 3. und 4.

### 2.3.1.2. Motive der Investitionsgüterproduzenten zur Auslandproduktion

Das Studium der verfügbaren Literatur hat ergeben, dass zwar in einem gewissen Umfang bereits eine Motivforschung besteht 41), doch erstreckt sie sich zumeist auf die gesamte Breite der Industriebranchen, die zu einem Auslandengagement bereit ist.

Die vorliegende empirische Untersuchung des Lokalfertigungsmotivs bezieht sich nun aber allein auf die exportorientierte Investitionsgüterindustrie der Schweiz. Diese Einengung betrifft auch die Grundgesamtheit der Untersuchungseinheiten und wurde aus der Auffassung heraus vorgenommen, dass eine Strategie nur dann in einem Unternehmen formuliert und durchgesetzt werden kann, wenn die Analyse auch wirklich auf dieses Unternehmen mit seinen eigenen Randbedingungen eingeht.

Eine diesbezügliche Motivforschung in der Investitionsgüterindustrie war bis jetzt noch nicht Gegenstand einer empirischen Untersuchung. Für eine derartige Erforschung ist deshalb eine eigene empirische Primärerhebung vorzunehmen.

Grundsätzlich ist eine empirische Erhebung ohne eine im voraus formulierte Konstellation von Motiven möglich und zulässig.

Die gewonnenen Vorkenntnisse aus der Exploration der Lokalfertigungsthematik gestatten es hier dem Untersuchungsinitianten, die Motive als Hypothese zu formulieren und diese Hypothese in der Praxis einer Ueberprüfung auszusetzen.

Der Entschluss, die Vermutung über die Motive in eine Hypothese zu fassen, wird mit der Auffassung von Atteslander noch bekräftigt: "Erst aus der Hypothese geht hervor, was wir untersuchen oder beobachten sollen, erst durch sie können wir versuchen, Erfahrungen über Tatsachen zu sammeln" 42).

Im Gegensatz zur im voraus unstrukturierten Motivergründung hat die Motivforschung anhand einer Hypothese einen höheren Stellenwert: "Falsifiziert sie bestehende Aussagen? Nur in diesem Fall bedeutet die Bestätigung einer neuen Hypothese auch einen Fortschritt gegenüber dem bisherigen Wissen" 43).

Die Bestätigung oder Relativierung der Hypothese wird dann zusammen

---

41) - Hinweis bei Borner (Produktionsverlagerung) 24
- Handelskammer Hamburg (Deutsche Direktinvestitionen) 15
- Heinen (Ziele) 40 ff.
- Kebschull (Motive) 17
- Pensel (Produktions- und Investitionspolitik) 203
- Robinson (The Motivation) 41

42) Atteslander (Sozialforschung) 24

43) ebenda 27

mit der Spezifizierung des Problems einen wichtigen Schritt im Begründungszusammenhang bilden 44).

Der Empiriker, "der den direkten Zugriff auf die Realität sucht, darf nicht verkennen, dass er seine Beobachtungen aus dem Meer der Erscheinungen nur herausheben und auslesen kann, indem er bereits von generellen Annahmen und Hypothesen ausgeht, anders er gar nicht wissen könnte, was als relevant und zusammengehörig beobachtet werden soll" 45).

Die einmal erforschten, in den Unternehmungen der Investitionsgüterindustrie erhobenen Motive zur Lokalfertigung dienen dann als Grundlage zur Entwicklung des strategischen Instrumentariums.

#### 2.3.1.3. Elemente einer Lokalfertigungsstrategie

"Bei einer Untersuchung handelt es sich um die Erforschung eines vorfindbaren Gegenstandbereiches der objektiven Realität, wobei unter Einsatz der .... Befragung Merkmale und Merkmalausprägungen des Gegenstandsbereiches aufgefunden, seine Struktur beschrieben und eine Klärung seiner Eigenschaften und Beziehungen erreicht werden können" 46).

Merkmale, Merkmalausprägungen im obigen Zitat sind Elemente einer Lokalfertigungsstrategie in unserem Sinne. Es geht in der Befragung darum, neben den ausschlaggebenden Motiven empirische Aussagen über Elemente der Entscheidungsfindung zu erhalten. Hiezu gehören z.B.

- Wer entscheidet über pro/contra Lokalfertigung?
- Inwieweit werden Konkurrenzanalysen gemacht?
- Werden erhältliche Investitionsklimabeurteilungen zum Entscheid beigezogen?
- Alternativen zum sogenannten Zwang zur Lokalfertigung?
- Wie wird die Grösse einer Lokalfertigungsstätte bestimmt?
- Wo liegen Schwergewicht bei der Projektevaluation? etc.

In dieser empirischen Untersuchung sind innerhalb der Fülle von zu beantwortenden Fragen v.a. die folgenden drei Forschungsschwerpunkte zu ergründen:

- **Heutiger Stellenwert der Lokalfertigungsproblematik in der Unternehmungsführung.**
  Dieser Forschungsschwerpunkt geht in erster Linie darauf aus zu erfahren, wo die Auslandfertigungsproblematik heute innerhalb der Unternehmungsführung lokalisiert ist. Zudem wird ergründet, inwieweit sich die Investitionsgüterproduzenten durch Anfragen von aussen zu einem Lokalfertigungsengagement verleiten lassen und wieweit sie selber nach derartigen Chancen Ausschau halten. Unternehmungsinterne Rahmenbedingungen, die im Zusammenhang mit

---

44) vgl.Petersen (Forschungsprozesse) 38
45) Paulsen A., Neue Wirtschaftslehre, zit. in: Bidlingmaier J. (Unternehmerziele) 187
46) vgl. Petersen a.a.O. 46

einem Entscheid zur Lokalfertigung stehen, werden zum Schlusse dieses Untersuchungsschwerpunktes erforscht.

- **Strategisches Instrumentarium - Existenz und Element.**
  Dieser Forschungsschwerpunkt konzentriert sich auf das Vorhandensein resp. das Fehlen eines strategischen Instrumentariums zur Festlegung des Auslandengagements sowie auf wesentliche Elemente der damit verbundenen Entscheidungsfindung.
- **Verhaltensalternativen gegenüber dem Protektionismus.**
  Der Protektionismus zeigt sich als ein besonderes Magnet für die Errichtung von Lokalfertigungen. Ein diesbezüglicher Forschungsschwerpunkt soll ermitteln, inwieweit eine Entscheidung zur Auslandfertigung davon beeinflusst ist und ob der Investitionsgüterexporteur Alternativen hat, um diesem Zwang auszuweichen.

### 2.3.2. Erhebungsvorbereitung

Am Ende einer Untersuchung sollen bestimmte Aussagen den Anspruch erheben können, repräsentativ, gültig und zuverlässig zu sein. Zu diesem Zwecke muss die Untersuchung selbst zielgerichtet entworfen werden und einer Anzahl Bedingungen der Forschungsmethodik Genüge leisten können, um letztlich die intersubjektive Nachprüfbarkeit garantieren zu können. "Intersubjektive Nachprüfbarkeit als Kriterium der Wissenschaftlichkeit setzt voraus, dass alle interessierten Wissenschaftler an diesem Kommunikationsprozess teilnehmen können. Daraus leitet sich die Forderung nach semantischer Präzisierung, Offenlegung der Messvorschriften sowie Operationalisierung der durch die Hypothesen verbundenen Variablen ab" 47).

Zur Ermöglichung der erwähnten Kommunikation werden sowohl die Konzeptionalisierung der Untersuchung als auch der Forschungsprozess erläutert, die Untersuchungsanordnung nach Friedrichs 48) gestreift und Grundgesamtheit sowie Stichprobe exakt festgelegt, bevor auf gewählte Erhebungsinstrumente eingegangen wird.

#### 2.3.2.1. Konzeptualisierung

"Unter Konzeptualisierung soll der Vorgang verstanden werden, in dem für den explizierten Entdeckungszusammenhang und den weitgehend antizipierten Verwendungszusammenhang eines Problems ein angemessener Begründungszusammenhang entwickelt wird" 49).

Das Interesse an einem Problem muss dementsprechend zum problemlösenden Verhalten transformiert werden. Diese Transformation ist zu konzeptionalisieren, d.h. von der Idee bis zur Problemlösung ist vor der eigentlichen Bearbeitung in bezug auf die empirische Untersuchung ein Vorgehenskonzept zu entwerfen. "Da solche Festlegungen im Prozess der Untersuchung zumeist nicht rückgängig gemacht werden können, ist eine Untersuchung so gut oder unzureichend wie ihre Konzeptualisierung" 50). Als Arbeitsschritt steht die Konzeptualisierung innerhalb

---

47) Wossidlo P., Zur empirischen Theorie der Unternehmung, zit. in: Köhler (Forschungskonzeptionen) 123

48) vgl. Friedrichs (Methoden) 155 ff.

49) ebenda (Methoden) 113

50) ebenda (Methoden) 113

einer wissenschaftlichen Problembehandlung im Anschluss an die Forschungszielsetzung einerseits und vor der Datenerhebung 51) andererseits.

Zur Konzeptualisierung der empirischen Untersuchung sind die folgenden Fragen abzuklären:

- Soll eine Primär- oder Sekundärerhebung oder nur eine Fallstudie durchgeführt werden, sofern sich die Untersuchung nicht nur auf eine Problembehandlung durch Konsultieren der vorhandenen Literatur beschränkt?
- Auf welche Beteiligten soll sich die Untersuchung beziehen und von welchen Beteiligten sollen Aussagen verlangt werden?
- Wie ist die Untersuchung abzugrenzen? (z.B. branchenmässig, Art der Auslandtätigkeit etc.)
- Welche Bedingungen beeinflussen das Verhalten?
- Welches sind die zu untersuchenden Variablen?
- Können vor der Untersuchung Hypothesen gebildet werden?
- Sofern eine Primärerhebung gemacht wird
  . Gibt es eine Vollerhebung oder wird eine Stichprobe gewählt?
  . Ist diese Grundlage für eine deskriptive oder eine analytische Studie, wobei in diesem Zusammenhang nach Friedrichs 52) entschieden werden muss, ob es eine Längsschnitt- oder Querschnitt-Untersuchung ist, auf welchen theoretischen Ansatz man sich konzentriert, welches der Grad der Exaktheit der Hypothesenprüfung sein soll, welche Zahl von Hypothesen und Variablen gewählt wird, wie die Untersuchung repräsentativ wird?
  . Welche Erhebungsmethode gewählt wird?
  . Soll die Erhebung mit oder ohne explorative Voruntersuchung durchgeführt werden?
  . Welche Erhebungssituation ist zu wählen?
  . Wie können Plausibilitätskontrollen eingebaut werden?
- Wie sieht der Untersuchungsplan aus?

Die Beantwortung dieser Fragen zur Konzeptualisierung kann folgendermassen zusammengefasst werden:

Die Untersuchung wird in der Form einer Primärerhebung durchgeführt. (Begründung vgl. Kap. 2.3.1.2.)

Die Ergebnisse der Untersuchung sollen sich auf die gesamte schweizerische, exportorientierte Investitionsgüterindustrie beziehen (vgl. Grundgesamtheit Kap. 2.3.2.4.).

Der Umfang der Beteiligten, von denen problemrelevante Aussagen in Erfahrung zu bringen sind, erstreckt sich auf 42 Investitionsgüterproduzenten (vgl. Stichprobe Kap. 2.3.2.4. und Auswahl der Unternehmen Kap. 2.3.2.5.). Die Untersuchung ist abzugrenzen auf die hauptsächlichen Motive und Bedingungen, die das Verhalten des schweizerischen Herstellers von Investitionsgütern in Richtung Lokalfertigung beeinflusst (vgl. Interviewleitfaden-Anhang). Die erwähnten Bedingungen werden hier als Elemente der Lokalfertigungsstrategie bezeichnet (vgl.

---

51) vgl. Friedrichs (Methoden) 119
52) vgl. ebenda 116

Kap. 2.3.1.3.). Lediglich die Annahme über die diesbezügliche Motivkonstellation wird als Hypothese gebildet (vgl. Kap. 2.2.) und geprüft. Als eigentliche Variablen werden v.a. 8 Grössen der bereits errichteten Lokalfertigungsstätten der 42 Unternehmungseinheiten untersucht. Es handelt sich dabei um die unabhängigen Variablen Firma, Motiv, Land, Jahr und die abhängigen Variablen Engagementform, Umsatz, Gewinn und Zulieferung.

Nach der Wahl der Primärerhebung als Untersuchungsform ist die Beantwortung der Konzeptualisierungsfragen folgendermassen fortzuführen: Von einer Vollerhebung (1149 Einheiten) wird zugunsten einer Stichprobe abgesehen. Diese kann bevorzugt werden, vor allem auch deshalb, weil hier mit der Stichprobe ein hoher Anteil der Grundgesamtheit erreicht werden kann. Die Studie weist einen explorativen und einen informativen Teil (vgl. Kap. 2.3.1.1.) auf. Eine Longitudinalstudie wird erbracht in bezug auf die Beweggründe/Motive zugunsten einer Lokalfertigungsstätte auf der Zeitachse anhand von 242 Produktionseinheiten im Ausland. Lediglich eine Querschnittanalyse erstreckt sich auf die Elemente der Lokalfertigungsstrategie. Eine zweite oder dritte Analyse ist deshalb kaum möglich, weil sich diese Elemente und die Einstellung der Produkzenten hiezu kaum oder nur sehr langsam ändern. Zudem vermögen sich die Unternehmer an frühere, u.U. anderslautende Einstellungen, Verhaltensmuster etc. nicht zu erinnern und haben derartiges auch nicht in dokumenten festgehalten 53). Die Untersuchung ist theoretisch gesehen ausgerichtet auf den entscheidungsorientierten Ansatz in der Betriebswirtschaft.

Bezüglich Hypothesenprüfung wird mit der Wahl der standardisierten Interviews ein relativ hoher Grad an Exaktheit 54) erreicht, begründet durch Vergleichbarkeit und die Möglichkeit der Plausibilitätsprüfung während des Interviews. Die Zahl der Hypothesen bleibt auf eins beschränkt und die Zahl der Variablen wurde oben mit 8 erläutert. Die Repräsentativität ist durch die Stichprobe gemäss der bewussten Auswahl zu erreichen (vgl. Kap. 2.3.2.4.). Als Erhebungssituation wird das standardisierte Interview beim obersten Kader in dessen Unternehmung gewählt, was dem Interviewer durch den entsprechenden Anschauungsunterricht auch gewisse Plausibilitätskontrollen im Betrieb mit seinen Rahmenbedingungen ermöglicht. Weitere Plausibilitätskontrollen sind im Fragenbogen eingebaut und durch den Vergleich von Beantwortungen ähnlicher oder deckungsgleicher Fragen zu verwirklichen.

Der Untersuchungsplan wird im folgenden Kapitel mit der Darstellung des Forschungsporzesses behandelt.

#### 2.3.2.2. Forschungsprozess

Der Forschungsporzess der vorliegenden Arbeit richtet sich nach den in der Literatur zur Methodik der empirischen Sozialforschung 55) formulierten Gestaltungsempfehlungen, gemäss Friedrichs 56) unterteilt in

- Entdeckungszusammenhang,
- Begründungszusammenhang,
- Verwertungszusammenhang.

---

53) Mindestens was Dokumente von effektiv errichteten Lokalfertigungsstätten übersteigt
54) vgl. Friedrichs (Methoden) 117
55) vgl. Friedrichs (Methoden) & Atteslander (Sozialforschung)
56) Friedrichs, a.a.O. 51

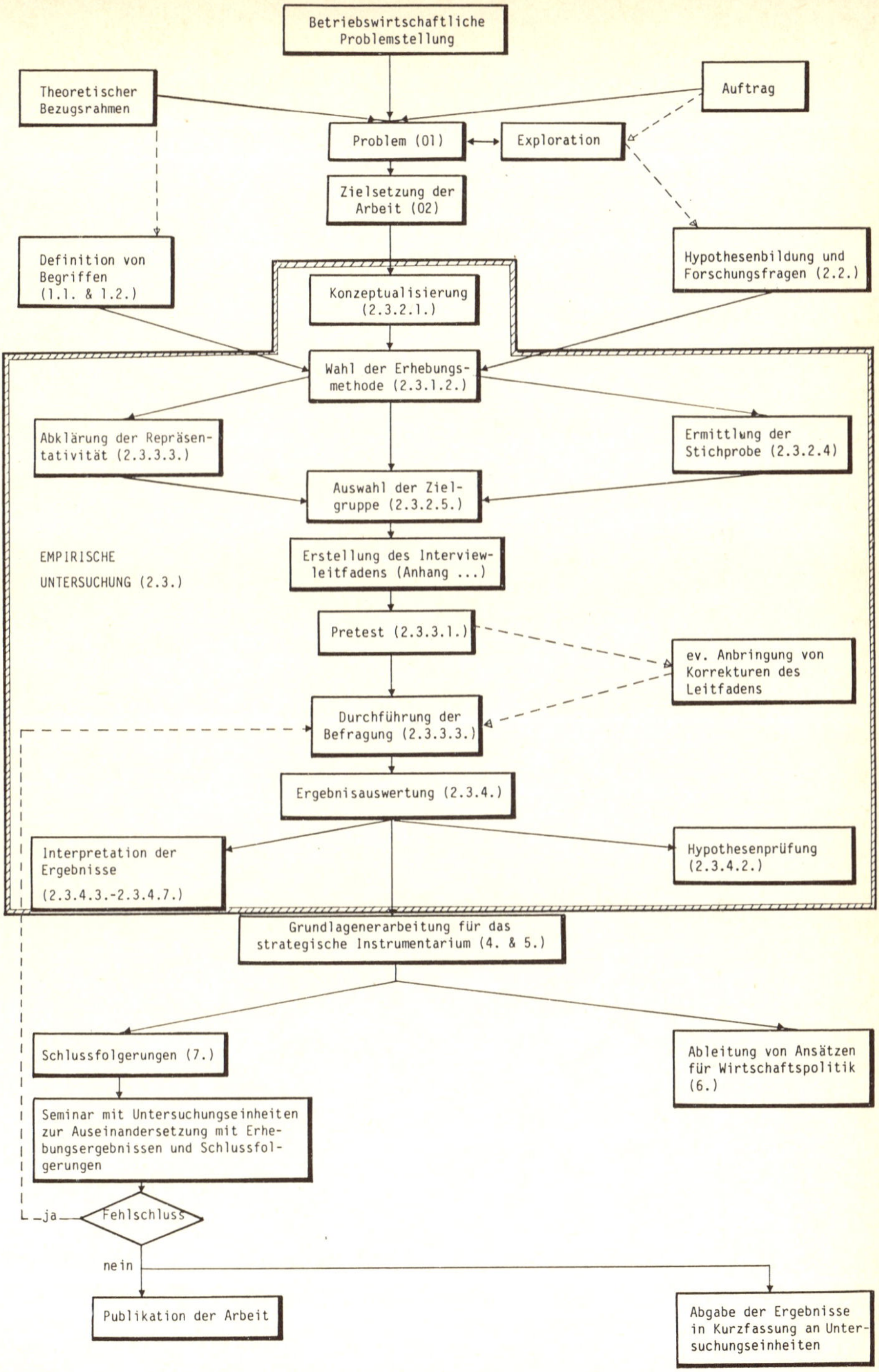


. 2.5.: Der Ablauf der empirischen Untersuchung im Rahmen der vorliegenden Arbeit [57])

wobei sich die Zahlen auf deren Abschnitt beziehen

#### 2.3.2.3. Untersuchungsanordnung

Nach Friedrichs 58) sind neben der Bestimmung der Forschungsmethode auch die folgenden Dimensionen der empirischen Untersuchung zu erläutern:

- Theoriegehalt,
- Zahl der Ebenen,
- Zahl der Methoden,
- Zahl der Zeitpunkte,
- Originalität.

Der **Theoriegehalt** soll darlegen, in welchem Masse eine Untersuchung einen Problembereich beschreibt, erforscht oder Hypothesen testet. Diesbezüglich plant die vorliegende Untersuchung einerseits, die oben erwähnte Arbeitshypothese im empirischen Erhebungsfeld der Ueberprüfung auszusetzen und andererseits, den Problembereich 'Lokalfertigungsstrategie" zu erforschen.

Zur Bestimmung des Theoriegehalts unterscheidet Friedrichs 59) drei Untersuchungskategorien:

- Deskriptive Untersuchungen umfassen eine möglichst vollständige Beschreibung eines Objektbereichs und bilden damit erst die Ausgangsbasis zur Entwicklung der planmässigen und hypothesengeleiteten Forschung.
- Explorative Studien setzen bereits Kenntnisse und Hypothesen zu einem Problem voraus. Wird die Studie statt auf alle möglichen Untersuchungeseinheiten nur auf eine Auswahl davon erstreckt, so handelt es sich um eine Exploration.
- Analytische Studien erbringen den grössten Theoriegehalt. Sie setzen bestehende Theorien voraus und prüfen mehrere Hypothesen an angemessenen Stichproben.

Innerhalb dieser drei Kategorien ist die geplante Untersuchung als explorative Studie zu bezeichnen, da sie weder nur beschreibend ist noch sich mit bereits bestehenden Theorien auseinandersetzt; zudem erstreckt sie sich auf die Auswahl von Untersuchungseinheiten, d.h. hier auf eine Stichprobe der Grundgesamtheit.

Mit der **Angabe der Ebenen** soll nach Friedrichs 60) bekanntgegeben werden, wie viele Aggregationsstufen von Einheiten in einer Untersuchung analysiert werden. Gegenstand unserer Betrachtung sind Unternehmen (keine Individuen oder Gruppen). Da auch keine Zusammenhänge zwischen Kollektiven gesucht werden, bewegt sich die Analyse auf nur einer Ebene.

Friedrichs 61) stellt zur Untersuchung komplexer Probleme die Verwendung von mehr als nur einer **Methode** als angemessen dar. Angesichts der Tatsache, dass die Prüfung einer relativ einfachen Arbeitshypothese und die anzuschliessende Ergründung von Forschungs-

---

58) Friedrichs (Methoden) 155
59) vgl. ebenda 156
60) vgl. ebenda 156
61) vgl. ebenda 157

schwerpunkten noch nicht als komplex bezeichnet werden kann, wäre die Verwendung von nur einer Methode ausreichend.

Aus den ersten Befragungsversuchen zur Ergründung der Lokalfertigungsmotivation eines Unternehmens hat sich jedoch ergeben, dass die Antwort stets zuerst anhand von Einzelfällen aus der Vergangenheit gesucht wird; d.h. anhand von bereits eingegangenen Engagements in Auslandproduktionsstätten werden die gemeinsamen, ausschlaggebenden Hauptmotive ermittelt. Es wird somit versucht, durch das Aufzeigen vergangener Ereignisse zuerst ein grösseres Verständnis der gegenwärtigen Situation zu ermöglichen, bevor auf die zukunftgerichteten Motive eingetreten werden kann.

Für diesen ersten Teil der Untersuchung, von Petersen 62) als empirischhistorische Untersuchung bezeichnet, ist es in älteren Firmen oft nicht möglich, Untersuchungseinheiten (also Auskunftspersonen) zu finden, die noch über alle Hintergründe der Entstehungsgeschichte einer Auslandproduktionsstätte im Bild sind. In solchen Situationen erweist es sich dann als unumgänglich, neben der gewählten Befragung die Methode der Dokumentenanalyse beizuziehen, d.h. in die Dossiers der einzelnen Lokalfertigungsstätten betreffend Engagementmotiven Einblick zu nehmen. Angesichts dieser Tatsachen wird bei der vorliegenden Untersuchung die Verwendung, Kombination von zwei Forschungsmethoden als angemessen erachtet: Primär die Methode der Befragung, sekundär die Methode der Dokumentenanalyse.

Bei der Bestimmung der Zahl von **Erhebungszeitpunkten** geht es in erster Linie darum, festzulegen, ob sich die Untersuchung auf einen oder mehrere Zeitpunkte bezieht.

Die Erhebung von mehreren Zeitpunkten ist etwa in der Psychologie häufig anzutreffen, um Resultate von gezielten Beeinflussungen messen zu können. Im vorliegenden Problembereich jedoch muss man sich zuerst fragen, in welchem Zeitraum eine solche Beeinflussung überhaupt ihre Wirkungen zeigen kann.

Die Stabilität der Einstellung betreffend Lokalfertigungsbereitschaft wird nur bei den folgenden Veränderungen durchbrochen:

- Bei gravierenden, politischen Einflüssen am Ort der potentiellen Lokalfertigung, stets aber nur auf ein Land bezogen,
- bei umwälzenden Veränderungen an der Führungsspitze,
- bei einer starken Vergrösserung der Arbeitslosenkontingente im Land des Stammhauses, die zu einem gewissen Druck seitens der Sozialpartner führen könnte,
- bei entsprechenden technologischen Fortschritten.

Ohne kurzfristige, gravierende Einflüsse im obigen Sinne wird sich eine Einstellung bezüglich Lokalfertigung in einem Zeitraum von 7-20 Jahren ändern, da sich die Beziehung zu Produktionsstätten nach langfristigen Bestimmungsgründen ausrichtet (z.B. Entwicklung des pro Kopf-Einkommens, der Bevölkerungsentwicklung etc.).

Unter diesen Aspekten ist es nicht möglich, einen optimalen zweiten oder dritten Erhebungszeitpunkt festzusetzen und in einer solcherart

---

62) vgl. Petersen (Forschungsprozesse) 54

angelegten Arbeit miteinzubeziehen (Querschnittuntersuchung) 63).

Zur Frage nach der **Originalität** der verarbeiteten Daten ist auf die gewählte Untersuchungsmethode der Primärerhebung hinzuweisen. Die Daten gelangen damit in ursprünglicher, d.h. noch nicht interpretierter oder mehrfach gewerteter Form in diese Arbeit.

### 2.3.2.4. Grundgesamtheit und Stichprobe

Die Erforschung eines Problembereichs zur Erfassung der objektiven Realität 64) kann grundsätzlich auf zwei verschiedene Arten angegangen werden: Durch eine Vollerhebung bei allen Unternehmungen, die der Untersuchungskategorie angehören oder durch eine Stichprobe bei denselben.

In beiden Fällen muss die **Grundgesamtheit** ermittelt werden. Hier betrifft dies die Anzahl der Unternehmen, die zur exportorientierten Investitionsgüterindustrie in der Schweiz gehört und in welcher somit jene Unternehmen zusammengefasst sind, welche die gesuchten spezifischen gemeinsamen Eigenschaften aufweisen 65). Zur Bestimmung dieser Grundgesamtheit werden in einem ersten Schritt die Produktegruppen 66) der Investitionsgüterindustrie aus Kap. 1.1. beigezogen. Im KOMPASS 67) der Schweiz sind insgesamt etwa 20'000 Firmen aufgeführt. Jene Unternehmen, die mit Investitionsgütern einen Umsatz erzielen sind im KOMPASS auch den entsprechenden Produktgruppen zugeteilt.

Aus den Unternehmen, die damit der Investitionsgüterindustrie zugehören, wurden in einem zweiten Schritt jene herausgelesen, die solche Investitionsgüter produzieren und gleichzeitig auch exportieren. Durch mehrere Ueberprüfungen mit einer EDV-Anlage von KOMPASS konnte vermieden werden, dass ein Unternehmen mit dem Erscheinen in mehreren Produktgruppen auch mehrfach gezählt wurde.

Gemäss dieser Ermittlungsart liessen sich per 10.8.1981 als exportierende Investitionsgüterproduzenten in der Schweiz 1'149 68) Unternehmen ermitteln, die in dieser Untersuchung zahlenmässig die Grundgesamtheit darstellen.

Aus diesem Umfang der Grundgesamtheit ergibt sich, dass eine Vollerhebung zur Beantwortung der Forschungsschwerpunkte zu umfangreich und zeitraubend wird, zumal nur die Befragung durch Interview durchgeführt werden kann (vgl. Kap. 2.3.1. und 2.3.2.6.). Wird von einer Vollerhebung abgesehen, so ist der Auswahlumfang innerhalb einer Stichprobe nach gewissen Regeln festzusetzen, damit von den Untersuchungsergebnissen dieser Stichprobe die notwendigen Generalisierungen

---

63) vgl. Friedrichs (Methoden) 157
64) vgl. Petersen (Forschungsprozesse) 54
65) vgl. Friedrichs (Methoden) 128, Mayntz/Holm/Hübner (Methodologie) 68
66) benutzte Produktgruppen aus KOMPASS vgl. Anhang III
67) KOMPASS (Produkteinformation) div.
68) Ermittelt durch die Firma KOMPASS per 10.8.81: Alle Produzenten von Investitionsgütern (gem. Anhang I), die auch exportieren. Entsprechend der Produkteklassifizierung der Fa. KOMPASS sind in dieser Grundgesamtheit folgende Klassennummern eingeschlossen: Klasse 36 (excl. 36-40), Klasse 37 (excl. 37-16/21/22/23/27/28/29), Klasse 38 (excl. 38-32/33/ 35/50/90), Klasse 39 (excl. 39-24 bis 39-98).

auf die Grundgesamtheit zugelassen sind (Repräsentationsschluss) 69).

Eine Stichprobe und damit der Auswahlumfang lassen sich grundsätzlich nach mehreren Verfahren bestimmen. Kellerer unterscheidet z.B. vier Auswahlverfahren:

a) "Monographische Bearbeitung,

b) Auswahl aufs Geratewohl,

c) Bewusste Auswahl,

d) Stichprobenauswahl" 70).

Je nach Ausgangsbedingungen einer bevorstehenden Untersuchung ist das adäquate Auswahlverfahren heranzuziehen. Zur Ermittlung dieser Adäquanz soll hier nach dem Prinzip der negativen Enumeration vorgegangen werden, d.h. es sollen zur Ermittlung des zu verwendenden Auswahlverfahrens zuerst die weniger geeigneten eliminiert werden, bevor die Untersuchungseinheiten nach dem angemessensten Prinzip ausgewählt werden:

ad a) "Die **monographische** Methode bietet für feinere statistische Verfahren kaum Ausgangspunkte; wir gehen daher auf sie nicht weiter ein. Nur ausnahmsweise erbringt sie für die Gesamtheit typische Ergebnisse" 70). Nach dieser zweiten negativen Feststellung von Kellerer verbleiben als erstrebenswerte und echte Alternativen lediglich die von ihm bezeichnete Stichprobenauswahl und die bewusste Auswahl.

ad b) "Der **'Auswahl aufs Geratewohl'** haftet etwas recht Willkürliches und daher Unbefriedigendes an" 70). Nach dieser zweiten negativen Feststellung von Kellerer verbleiben als erstrebenswerte und echte Alternativen lediglich die von ihm bezeichnete Stichprobenauswahl und die bewusste Auswahl.

ad d) Die Teilerhebung nach dem einfachsten Prinzip einer **Stichprobenauswahl** arbeitet mit den Zufallsstichproben, bei welchen definitionsgemäss "jedes Auswahlelement die gleiche Chance hat, in die Teilerhebung einbezogen zu werden" 71).

Soll nun z.B. der Auswahlumfang für diese Untersuchung nach diesem Modell bestimmt werden, dann müssen der maximal akzeptierbare Fehler und der Sicherheitsgrad der zu gewinnenden Aussagen festgelegt werden. Die gewünschte Grösse lässt sich darauf aufbauend rechnerisch ermitteln.

Um eine hohe Genauigkeit zu erzielen, werden als Genauigkeits- und Sicherheitsgrade die folgenden Grössen vorgegeben:

absoluter Fehler e = 1 %,
Sicherheitsgrad 99 %.

Der Stichprobenumfang als gesuchte Grösse kann nun nach folgender Berechnungsformel 72) ermittelt werden:

---

69) vgl. Friedrichs (Methoden) 125
70) Kellerer (Stichprobenverfahren) 9
71) ebenda 13
72) vgl. ebenda 64

$$n \geq \frac{t^2 \cdot N \cdot P \cdot Q}{t^2 \cdot P \cdot Q + (N-1)\, e^2}$$

Bei dem erwünschten Sicherheitsgrad ist t = 2,58 zu setzen (siehe Verteilungsfunktion der Normalverteilung); N ist der Umfang der Grundgesamtheit (N = 1149); P ist der (unbekannte) Anteil derjenigen Firmen in dieser Grundgesamtheit, welcher Lokalfertigungsstätten betreibt. Da keine apriori Informationen bezüglich P zur Verfügung stehen, wird der denkbar ungünstigste Fall angenommen, d.h. es wird P = 0,5 gesetzt, Q = 1-P = 0,5 73).

Mit dieser Vorsichtsvorkehrung ergibt sich:

$$n \geq \frac{2{,}58^2 \cdot 1149 \cdot 0{,}5 \cdot 0{,}5}{2{,}58^2 \cdot 0{,}5 \cdot 0{,}5 + 1148 \cdot 0{,}01^2} \quad n \geq 680$$

Allein die Zahl von 680 besagt, dass ein enormer Erhebungsaufwand bevorsteht, um zu repräsentativen Aussagen zu gelangen. Die Zahl von 680 Untersuchungseinheiten birgt zudem eine nicht unerhebliche Gefahr in sich: Da in diesen 680 schweizerischen Investitionsgüterunternehmen auch eine Vielzahl von Kleinunternehmen enthalten ist, wird die Erreichbarkeit von 680 Interviewpartnern keineswegs gesichert; denn gerade kleinere Betriebe schrecken vom Zeitaufwand solcher Interviews sehr oft zurück. Aus einzelnen Stichproben ist zudem bereits von der umfassenden Untersuchung her bekannt, dass solchen Kleinbetrieben strategische Ueberlegungen oft fremd sind; sie konzentrieren sich bislang auf die Wahrnehmung von sich bietenden Chancen.

Es bleibt zu vermerken, dass komplexere Auswahlverfahren (geschichtete, mehrstufige etc.), hier deshalb nicht berücksichtigt werden können, weil hiezu apriori Informationen über Merkmale der Grundgesamtheit nötig, in unserem Fall aber nicht vorhanden sind.

Um nun ein günstiges Aufwand/Nutzen-Verhältnis erreichen zu können und damit von einer Umfrage bei 680 Investitionsgüterunternehmen mit den erwähnten Bedenken abzusehen, wird ein viertes Auswahlverfahren aktuell und ist deshalb auf die gesuchte Ueberlegenheit hin zu überprüfen.

ad c) Die **bewusste Auswahl** 74) kennt drei Formen 75):

Die Typische Auswahl, die Auswahl nach dem Konzentrationsprinzip und die Auswahl nach dem Quotenverfahren. Sofern sich mit den gegebenen Rahmenbedingungen eine Realisierungsmöglichkeit ergibt, lässt sich mit der Auswahl nach dem Konzentrationsprinzip das als erstrebenswert geltende höhere Aufwand/Nutzenverhältnis am ehesten erreichen.

Es beruht darauf, nur die 'grossen' Einheiten der Gesamtheit, d.h. diejenigen in die Erhebung zu nehmen, die den grössten Beitrag zu den Aufbereitungsmerkmalen liefern, die 'kleinen' Einheiten aber wegzulas-

---

73) gemäss Kellerer (Stichprobenverfahren) 39

74) ebenda 10

75) vgl. Statistisches Bundesamt Wiesbaden (Stichproben) 28

sen" 76). Mit dieser Art von Konzentration ist meist der Nachteil verbunden, dass Sonderentwicklungen bei den kleinen Einheiten nicht erfasst werden. Hiezu kann aus der Sicht der bereits durchgeführten Erhebung und in bezug auf den Untersuchungsgegenstand festgehalten werden, dass die nicht befragten Unternehmen eine sehr geringe Zahl von Lokalfertigungsstätten im Verhältnis zu den 242 77) erhobenen Auslandproduktionen aufweisen. Die 'kleinen' Einheiten errichten zudem sehr selten, oder höchstens mit grossen zeitlichen Abständen eine Auslandproduktionsstätte und benötigen deshalb nicht eine Strategie im umfassenden Sinne. Die Firmen mit weniger als 100 Mio Umsatz müssten erst bei Fragen der Ablehnung ausländischer Lokalfertigungsstätten im grösseren Umfange in die Auswahl einbezogen werden. Diese Fragen stehen hier jedoch nicht im Vordergrund.

Auf welche Art lässt sich nun in der bevorstehenden Untersuchung die Auswahl nach dem Konzentrationsprinzip 78) realisieren? Die Auswahl erfolgt nach dem Umsatz der Investitionsgüterproduzenten. Es wurden die 45 umsatzstärksten schweizerischen Hersteller und Exporteure von Investitionsgütern ausgewählt. Eine erste Aufstellung hat gezeigt, dass die 45 umsatzstärksten (über 100 Mio Fr. per 1980) Investitionsgüterproduzenten, die auch aus der Schweiz exportieren, einen Export-Umsatz von zusammen 10'298 Mio Fr. aufbringen. Im Verhältnis zum Export der gesamten schweizerischen Investitionsgüterindustrie per 1980 mit 16'784 Mio Fr. 79) stellen diese 10'298 Mio Fr. einen Anteil von 61,35 % dar 80).

Die gleiche Anzahl von 45 Untersuchungseinheiten wurde mit einem Auswahlverfahren nach dem Prinzip der Zufallsstichproben (vgl. ad d) lediglich 3,91 % der Grundgesamtheit von 1149 erreichen. Der Vorzug einer Auswahl nach dem Konzentrationsprinzip anstelle einer (stückzahlmässigen) Zufallsstichprobe wird nach dieser Gegenüberstellung offensichtlich. Der Entscheid hin zum Auswahlverfahren nach dem Konzentrationsprinzip wird noch insofern als vorteilhaft unterstrichen, als die damit auszuwählenden Unternehmen der Entscheidung pro und contra Auslandproduktion aufgrund der Exporterfahrung wesentlich näher stehen als Firmen mit bescheideneren Umsätzen und z.T. ohne Exporte und ohne eigene Auslandfertigung.

Allein eine Rücklaufquote von weniger als 100 % könnte den oben erwähnten Prozentsatz noch reduzieren. In der durchgeführten Untersuchung bei 42 interviewten von 45 ausgewählten Unternehmen 81) ist eine diesbezügliche Reduktion auf 60,12 % ($\frac{10092 \; . \; 100}{16784}$) ziemlich unbedeutend ausgefallen.

Zusammenfassend heisst das, dass die Produzenten von 60,12 % des Investitionsgüterexportes aus der Schweiz effektiv befragt wurden.

---

76) Statistisches Bundesamt Wiesbaden (Stichproben) 29/30

77) 242 ist die Anzahl der Lokalfertigungen, über welche die 42 befragten Unternehmen verfügen.

78) vgl. Kellerer (Stichprobenverfahren) 6

79) EVD (Die Volkswirtschaft) 11*

80) Wobei die ausländisch beherrschten Unternehmen nicht mitberücksichtigt sind.

81) Die drei sich nicht beteiligenden Firmen weisen zusammen per 1980 einen Umsatz von 206 Mio Fr. aus.

#### 2.3.2.5. Auswahl der befragten Unternehmen

Die **bewusste** Auswahl der Untersuchungseinheiten (non probability sampling) 82) ist in drei Schritten erfolgt:

- Schweizerische Unternehmen, die Investitionsgüter produzieren
- Schweizerische Unternehmen, die Investitionsgüter exportieren
- Auswahl aller schweizerischen Unternehmen, die Investitionsgüter produzieren und exportieren und gleichzeitig 100 Mio Fr. Umsatz ausweisen.

Mit dem dritten Schritt wurden also aus der erwähnten Firmenzahl von 1149 Investitionsgüterproduzenten die 45 umsatzstärksten Investitionsgüterhersteller ausgewählt. Diese Zahl von Untersuchungseinheiten ergab sich aus dem Vorhaben, mit der Befragung mindestens 50 % des schweizerischen Investitionsgüterexportes zu erfassen. Sollte die Rücklaufquote dieses Vorhaben nicht zulassen, so wäre in einem weiteren Schritt zu bestimmen, wieviele Firmen noch zusätzlich in die Auswahl einzubeziehen sind. Dieser weitere Schritt erweist sich jedoch als nicht nötig (Vgl. Rücklaufquote Kap. 2.3.3.2.). Eine erste Kontaktaufnahme mit den 45 ausgewählten Unternehmen wurde mit der Zusendung eines Briefes, als Anfrage für die Durchführung eines Interviews mit bezeichneter Zielsetzung vorgenommen (vgl. Anhang-Interviewleitfaden). Die weiteren Reaktionen bei den 45 ausgewählten Untersuchungseinheiten werden unter 'Rücklauf' (Kap. 2.3.3.2.) dargelegt.

Es wird hier darauf verzichtet, die Namen der ausgewählten und befragten Unternehmen explizit aufzuführen. Dies geschieht aus Rücksicht auf die interviewten Untersuchungseinheiten, welche bestimmt nicht zuletzt dank dieser Diskretionszusicherung im ersten Kontaktbrief eine äusserst hohe Beteiligungsbereitschaft zeigten.

Das folgende Diagramm soll aufzeigen, inwieweit sich die obengenannten Annahmen nachträglich in kombinierter Form bestätigen lassen, nach welchen bei einem hohen Gesamtumsatz auch mehr Auslandproduktionsstätten alimentiert werden:

---

82) vgl. Kilgus (Teilerhebungen) 63

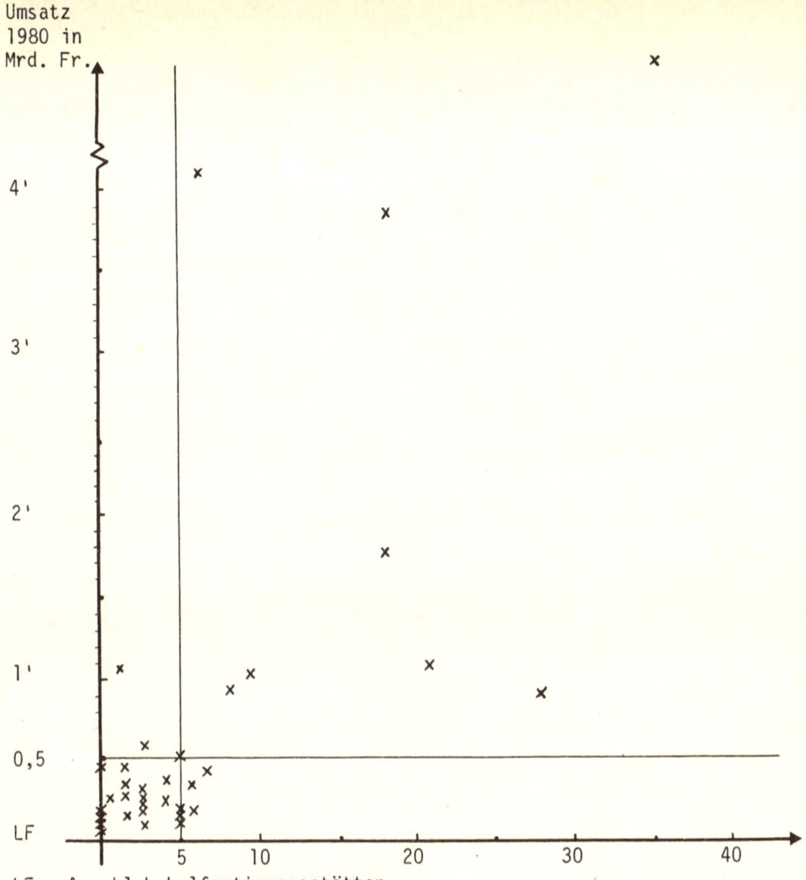


Abb. 2.6.: Die Anzahl Lokalfertigungsstätten in Gegenüberstellung zum Umsatz der befragten Unternehmen 83)

Aus diesem Diagramm lässt sich ablesen, dass Investitionsgüterproduzenten mit weltweiten Umsätzen von weniger als 500 Mio Fr. 0-5 Lokalfertigungsstätten haben und Unternehmen mit Umsätzen von mehr als 500 Mio mehr als 5 Lokalfertigungsstätten unterhalten. Nur 5 von 35 Untersuchungseinheiten liegen ausserhalb dieser Limiten. Es kann deshalb, gestützt auf dieses Diagramm weiterhin die Annahme vertreten werden, dass Unternehmen mit Umsätzen von weniger als 100 Mio, die hier für die Befragung nicht ausgewählt wurden, keine bis wenig Lokalfertigungsstätten errichtet haben und deshalb mit der Lokalfertigungsproblematik kaum vertraut sind.

---

83) Bei 7 von 42 Unternehmen konnte der weltweite, konsolidierte Umsatz nicht in Erfahrung gebracht werden.

### 2.3.2.6. Erhebungsmethode

Ist eine Sekundäranalyse als Erhebungsmethode nicht zweckmässig oder nicht möglich, so verbleiben als Erhebungsinstrument die schriftliche oder telefonische Befragung, das Interview, die Gruppendiskussion und die Inhaltsanalyse. Nach dem Prinzip der negativen Enumeration lässt sich der Weg zum geeignetsten Erhebungsinstrument ebnen:

- Beobachtung und Experiment fallen von vornherein weg, da die Entscheidungsfindung Richtung Lokalfertigung "hinter verschlossenen Türen" stattfindet und deshalb ein Erhebungsinstrument zur Erfassung der retrospektiven oder prospektiven Meinungsäusserung gewählt werden muss.
- Die telefonische Befragung kann nicht in Betracht gezogen werden, weil das Misstrauen des Befragten gegenüber der Interviewperson und der Seriosität einer wissenschaftlichen Erhebung zu gross ist.
- Die Gruppendiskussion fällt weg, weil dabei die Auskunftspersonen bei Wissenslücken nicht auf Dokumente zurückgreifen können, bei komplexeren Zusammenhängen die Erfassung aller Meinungen zu viel Zeit beansprucht und im Anschluss an die Gruppendiskussion bei verschiedenen Fragen die Auswertung unüberwindbaren Hindernissen gegenübersteht, v.a. bei offenen Fragen.
- Die Erhebungsmethode der Inhalts- oder Dokumentenanalyse als alleiniges Instrument muss deshalb abgelehnt werden, weil ausser den Angaben über Motive zur Lokalfertigung die Entscheidungselemente in Konferenzen, Arbeitsgruppen etc. zwar besprochen werden und in die getroffenen Entscheide einfliessen, aber vor der Phase der Feasibility-Studie kaum dokumentiert sind. Als ergänzendes, subsidiäres Erhebungsmittel ist die Dokumentenanalyse jedoch geeignet, die Motive zur Errichtung einer Auslandproduktionsstätte zu ermitteln. Dies erwies sich auch in vereinzelten Fällen von weiter zurückliegenden Gründungen von Auslandtöchtern durch einen seither vielleicht mehrmaligen Wechsel im Managementkader als notwendig. Mittels Geschäftskorrespondenzen und Gutachten aus jener Zeit konnten die damaligen Motive nötigenfalls erforscht werden. Es gilt nun zwischen den noch verbleibenden Erhebungsmethoden der schriftlichen Befragung und des Interviews die Wahl zu treffen. Dabei wird das Instrument der schriftlichen Befragung als weniger geeignet beurteilt:
  - . Das Hauptproblem der schriftlichen Befragung ist die Rücklaufquote. Nach Hafermalz 84) stellen Ablehnungsquoten von 80-90 % keine Seltenheit dar. Da die bewusste Auswahl 85) anstelle der Zufallsstichprobe gewählt wurde, um einen höheren Repräsentativitätsgrad zu erreichen, darf mit der Gefahr der niedrigen Rücklaufquote nicht riskiert werden, dass sich Unternehmen mit hohen Exportumsätzen an der Erhebung nicht beteiligen. Unternehmen werden aber mit Fragebogen geradezu überschwemmt; eine Uebersättigung führt zur mangelnden Kooperationsbereitschaft und damit zu geringen Rücklaufquoten. Auch das mangelnde Vertrauensverhältnis, Vorurteile, Zeitmangel etc. reduzieren die Response-

---

84) vgl. Hafermalz (Befragung) 16 f., 37

85) vgl. Kap. 2.3.2.4.

Bereitschaft.

. Schriftliche Fragebogen können auch nach Pretests nicht vollständig dem Sprachgebrauch der vielfältigen Praxis angepasst werden. Es besteht damit die Gefahr, dass Formulierungen bei den schriftlich Befragten unterschiedlich interpretiert werden, was letztlich zu einer Informationsverzerrung führen kann.

. Die Erhebungssituation ist kaum kontrollierbar 86), d.h. es besteht keine Gewissheit darüber, wer was unter welchen Bedingungen ausfüllt. Kleinere Plausibilitätsüberprüfungen können nicht so leicht eingebaut werden wie bei der Anwesenheit der Interviewperson im Betrieb.

. Schriftliche Befragungen haben den grossen Nachteil, dass es keine Möglichkeit gibt, spontane Antworten zu erfassen und daraus abgeleitete Ergänzungsfragen zu stellen.

Zur Alternative zwischen schriftlicher Befragung und Interview schreiben Machlup und Friedrichs: Nur "detaillierte Diskussionen verschiedener Situationen und Entscheidungen bringen die wirklichen Verhaltensmotive des einzelnen Unternehmens ans Licht" 87).

V.a. im Zusammenhang mit dem Bestreben, eine hohe Repräsentativität zu erreichen 88) wird für die vorliegende Untersuchung als Erhebungsmethode das **Interview** mit mehrheitlich **standardisiertem Fragebogen** gewählt.

Weitere Vorteile der Interviewtechnik gegenüber der schriftlichen Befragung zeigen sich wie folgt:

- Im Interview sind leichter stimulierende Reize 89) zu aktivieren und Reaktionshemmnisse, Misstrauen und Vorurteile abzubauen. Ein solcher Stimulus ist z.B. die 'angepriesene' Bequemlichkeit für den Befragten 90), dass er sich nicht selbst in komplizierte Fragen eines schriftlichen Fragebogens einarbeiten muss, sondern anlässlich des Interviews ohne Vorbereitung aus dem eigenen Erfahrungsschatz auf mündlich erläuterbare Fragen Auskunft geben kann. Ein konkreter Fall hat die Richtigkeit dieser Annahme bestätigt. Ein angeschriebener Interviewpartner verlangte den standardisierten Fragebogen in schriftlicher Form, damit er sich zur gegebenen Zeit damit auseinandersetzen kann, statt sich an eine festgelegte Interviewzeit halten zu müssen. Vier Monate nach der Zusendung des Interviewleitfadens hat er dann doch ein Interview vorgezogen, statt sich mühsam in den noch leeren Fragebogen einzuarbeiten.
- In Interviews kann der unterschiedlichen Herkunft der Interviewpartner (Ingenieure, Kaufleute, Juristen, Betriebs- und Volkswirtschafter) besser Rechnung getragen werden (Kommunikationserleichterung).
- Mit Interviews ist die Gefahr wesentlich kleiner, dass nur ein Sollverhalten ermittelt wird, was bei schriftlichen Fragen durch den fehlenden direkten Kontakt vermehrt vorkommen soll.
- Kleine Plausibilitätsprüfungen können durch Nachfragen eingestreut

86) vgl. Friedrichs (Methoden) 237
87) Machlup (Analysis) 638
88) vgl. Kap. 2.3.3.4.
89) vgl. Stimulus-Response-Theorie, in: Lattmann (Ausbildung) 64 ff.
90) vgl. Interview-Anfragebrief, im Interviewleitfaden-Anhang

werden, wo sich dies als notwendig erweist.

- Spontane Antworten bringen zudem den grossen Vorteil, dass z.B. über Entscheidungselemente gesprochen werden kann, die dem Ersteller des Interviewleitfadens mangels Problemerfahrung sonst entgangen wären.

### 2.3.3. Erhebungsdurchführung

Die Erhebungsdurchführung umfasst drei Etappen:

- Den Pretest zur Prüfung der Praktikabilität des Interviewleitfadens,
- die Durchführung der Hauptuntersuchung, sowie
- die anschliessende Prüfung der durchgeführten Erhebung in bezug auf Repräsentativität, Validität, Reliabilität.

#### 2.3.3.1. Pretest

"Es wird eine Voruntersuchung in einer begrenzten Zahl von Fällen, die strukturell denen der entgültigen Stichprobe entsprechen, durchgeführt" 91). Der entworfene Interviewleitfaden für die standardisierten Interviews wurde in 3 Unternehmungen v.a. im Hinblick auf Verständlichkeit, Vollständigkeit, Zumutbarkeit, auf mögliche, unbeabsichtigte Verzerrungen hin geprüft. Die betreffenden Firmenvertreter waren über die Testsituation nicht informiert.

Als wichtigstes Ergebnis hat der Pretest gezeigt, dass unter den nach Kap. 2.3.2.5. ausgewählten Firmen auch solche miteingeschlossen sein können, die einen Umsatz von mehr als 100 Mio ausweisen und trotzdem keine Lokalfertigungsstätten errichtet haben. Dieses Testergebnis zwang aus Gründen der möglichen Verzerrung zur Ueberlegung, ob solche Unternehmen in der Stichprobe zu ersetzen sind oder nicht. Der Entscheid, sie miteinzubeziehen ergab dann letztlich als Pretest-Resultat, dass für solche Firmen neue, standardisierte Fragen dazukommen und unzutreffende wegfallen müssen.

Daneben mussten nach dem Pretest auch noch die Fragen 2.4.3., I. Teil, 6.4., 6.5., 6.6.5. sowie Frage 9 II. Teil im Erhebungsblatt pro Lokalfertigungsstätte für die Hauptuntersuchung und die Auswertung weggelassen werden, da über diese v.a. finanziellen Grössen aus Diskretionsgründen kaum Aussagen erbracht werden können.

Weitere Abänderungen waren nicht nötig. Die Korrekturen nach dem Pretest betrafen v.a. ein Weglassen von Fragen, so dass die Resultate der Testinterviews in die Ergebnisse der Untersuchung integriert werden konnten.

#### 2.3.3.2. Durchführung der Hauptuntersuchung

In diesem Teil der Erhebungsdurchführung stehen im Vordergrund

- die Bereitschaft der angefragten Unternehmungen zur Teilnahme an dieser Untersuchung, also die Rücklaufquote,

---

91) Friedrichs (Methoden) 153

- der Erhebungsraum in bezug auf Ort und Zeit,
- die Verteilung von Spezifikationen der Untersuchungseinheiten, bei denen die Erhebung durchgeführt werden konnte.

Die Frage nach der **Rücklaufquote** hat zwei Aspekte. Es interessiert das erreichte Verhältnis von anzahlmässig angefragten zu bereitwilligen Firmen sowie auch das Verhältnis der Bezugsgrösse (hier Exportvolumen) der angeschriebenen Firmen zu jener der befragten Unternehmen.

45 Untersuchungseinheiten, ausgewählt gemäss Kap. 2.3.2.5. wurden brieflich angefragt. Bis zum Abschluss der Erhebung erklärten sich davon 42 für eine Befragung bereit, was einer anzahlmässigen Rücklaufquote von 93,33 % entspricht und als sehr hoch bezeichnet werden darf. Bezogen auf die gewählte Bezugsgrösse des Exportvolumens der angeschriebenen Investitionsgüterproduzenten ergibt sich sogar eine Rücklaufquote von 98,33 %; denn die Exporte der drei ablehnenden Unternehmen machen lediglich 1,67 % des Exportvolumens aus, das von den 45 angefragten schweizerischen Investitionsgüterexporteuren per 1980 mit 10'298 Mio Fr. ausgewiesen wird.

Zum zweiten kann der Aspekt interessieren, wieviele Firmen direkt auf die erste schriftliche Kontaktaufnahme reagierten und wieviele ihre Bereitschaft nach telefonischen "Mahnungen" erklärten. Zur ersten Kategorie sind 29 (69 %) Firmen zu zählen, die im vorbereiteten Antwortschreiben ihre Firmenvertreter nannten. Dreizehn Unternehmen (31 %) konnten nachträglich mit Bezug auf das erste Schreiben zur Teilnahme bewogen werden. Die Unterlassung einer schriftlichen Antwort war meistenteils aus Belastungs- und Zeitgründen entstanden. Die drei ablehnenden Unternehmen antworteten mit den folgenden Stellungnahmen:

- Die ausländischen Fabrikationsanlagen seien ihres Erachtens zu klein, weshalb sie sich für die bevorstehenden Fragestellungen als nicht zuständig erachten.
- Das gesamte Unternehmen sei momentan an einer umfassenden Restrukturierung, so dass gegenwärtig keine aufschlussreichen Aussagen gemacht werden können und zudem das Kader zu stark beansprucht sei.
- Die fehlende Teilnahme blieb ohne Begründung.

Die drei Rückweisungen machten keine nachträgliche Erweiterung der Stichprobe notwendig. Mit der Befragung der 42 bereitwilligen Unternehmen sind 60,12 % des schweizerischen Investitionsgüter-Exportvolumens vertreten, was dem gesteckten Ziel einer Erfassung von mindestens 50 % immer noch zu entsprechen vermag.

Der hohe Bereitschaftsanteil war bestimmt auch auf die Diskretionszusicherung, auf die Erhebungsform des Interviews, auf einen in Aussicht gestellten Feedback nach der Befragung (Resultat schriftlich auf wenigen Seiten und Anschlusseminar) und nicht zuletzt auch auf die Tatsache zurückzuführen, dass Investitionsgüterproduzenten durchschnittlich weniger Anfragen für Erhebungen erhalten als andere Branchen, die diesbezüglich vielleicht bereits zu stark belastet wurden. Von den bereitwilligen Firmenvertretern forderten sieben den Interview-Leitfaden an, um sich vor der mündlichen Befragung etwas vorbereiten zu können.

Die Erhebungsdurchführung selbst erstreckte sich zur Hauptsache über die Zeit zwischen Ende Dezember 1981 und anfangs März 1982 und im Raum von Genf bis Arbon, von Losone bis Schaffhausen, mit Schwerpunkt Mittelland von Aarau bis zur Linie St. Gallen-Vaduz.

Die Interviewdauer bewegte sich zwischen minimal einer Stunde und maximal 2,5 Stunden, d.h. durchschnittlich betrug sie 1,5 Stunden. Der Interviewleitfaden erwies sich als Richtungsweiser für die Erhebungssituation als sehr wertvoll und erfüllte somit auch bei der Auswertung der Ergebnisse seinen Zweck als Basis für die vorgesehenen Quantifizierungen. Verständigungs-, Sprachschwierigkeiten ergaben sich während den Interviews keine und zudem war es einfach, eine neutrale Position gegenüber den Firmenvertretern einzunehmen 92). Bei der Suche nach Motiven und Daten, die sich auf weiter zurückliegende Gründungen von Auslandproduktionsstätten bezogen und nicht mehr geläufig waren, zeigte sich in mehreren Fällen die Notwendigkeit, die Dokumentenanalyse innerhalb von Interviews beizuziehen.

Die 42 befragten Unternehmen verteilten sich nach ihren Spezifikationen folgendermassen:

**Umsatzgrössenverteilung der Unternehmungen**

| Umsatzhöhe weltweit in Mio Fr. | weltweit konsolidiert | |
|---|---|---|
| | Anzahl Unternehmungen | in % |
| rund 10'000 | 1 | 2 |
| 5'001 - 10'000 | - | - |
| 3'001 - 5'000 | 2 | 5 |
| 2'001 - 3'000 | - | - |
| 1'001 - 2'000 | 5 | 12 |
| 501 - 1'001 | 3 | 7 |
| 201 - 500 | 13 | 31 |
| 100 - 200 | 11 | 26 |
| keine weltweite Konsolidierung | 7 | 17 |
| **Total** | **42** | **100** |

Tab. 2.5.: Verteilung der Umsatzgrössen der befragten Unternehmen, weltweit

92) vgl. Atteslander (Sozialforschung) 87 ff.

| Beschäftigtenzahl weltweit | Anzahl Unternehmungen | in % |
|---|---|---|
| 100'001 - 200'000 | 1 | 2 |
| 50'001 - 100'000 | - | - |
| 20'001 - 50'000 | 3 | 7 |
| 10'001 - 20'000 | 2 | 5 |
| 5'001 - 10'000 | 5 | 12 |
| 2'001 - 5'000 | 13 | 31 |
| 1'001 - 2'000 | 10 | 24 |
| 501 - 1'000 | 7 | 17 |
| 201 - 500 | 1 | 2 |
| unter - 200 | - | - |
| **Total** | **42** | **100** |

Tab. 2.6.: Verteilung der Beschäftigtenzahl der befragten Unternehmen, weltweit

| Umsätze ab CH in Mio Fr. | Anzahl Unternehmungen | in % |
|---|---|---|
| 2001 - 3000 | 1 | 2 |
| 1001 - 2000 | 1 | 2 |
| 501 - 1000 | 3 | 7 |
| 201 - 500 | 11 | 26 |
| 101 - 200 | 19 | 46 |
| 51 - 100 | 2 | 5 |
| 21 - 50 | 4 | 10 |
| 10 - 20 | 1 93) | 2 |
| **Total** | **42** | **100** |

Tab. 2.7.: Umsatzgrössenverteilung der Stammhäuser in der Schweiz 94)

93) Dieses Unternehmen hat als einziges einen grossen Anteil von Konsumgütern am Gesamtumsatz, fiel aber mit dem Auswahlverfahren gemäss Kap. 2.3.2.5. dennoch unter diese 42 Unternehmen.

94) Im Gegensatz zu den Tabellen 2.5. und 2.6. ist zu den nachfolgenden Tabellen 2.7.- 2.9. sowie 2.11. zu vermerken, dass bei zwei Unternehmen nicht die ganze Unternehmungsgrösse zum Ausdruck kommt, d.h. bei der Firma Oerlikon-Bührle richten sich die Bezugsgrössen auf die Sparte Maschinen und bei der Firma Saurer auf jene der Textilmaschinen; die 'Nutzfahrzeuge' sind hier also nicht eingeschlossen; letzteres erwies sich zwischenzeitlich als Schritt zur Vorwegnahme der Zukunft.

In Tabelle 2.8. wird das Exportvolumen als Bezugsgrösse deshalb speziell herausgehoben, weil dieser Faktor die Basis für die Berechnung der Repräsentativität bildet (vgl. Kap. 2.3.2.5. und 2.3.3.3.):

| Exportvolumen ab CH in Mio Fr. | Anzahl Unternehmungen | in % |
|---|---|---|
| 2001 - 5000 | 1 | 2 |
| 1001 - 2000 | 1 | 2 |
| 501 - 1000 | 2 | 5 |
| 201 - 500 | 9 | 22 |
| 101 - 200 | 13 | 31 |
| 51 - 100 | 10 | 24 |
| 21 - 50 | 2 | 5 |
| 11 - 20 | 1 | 2 |
| unter 10 | 3 | 7 |
| **Total** | **42** | **100** |

Tab. 2.8.: Exportvolumenverteilung der Unternehmungen gemäss Export ab CH

Tabelle 2.9 zeigt im Ueberblick, in welcher Grössenordnung sich die Anzahl der Lokalfertigungsstätten pro schweizerischem Stammhaus bewegt.

| Anzahl LF-Stätten im Ausland auf Dauer | Anzahl CH-Unternehmungen | in % |
|---|---|---|
| 21 - 50 | 3 | 7 |
| 11 - 20 | 2 | 5 |
| 6 - 10 | 7 | 16 |
| 3 - 5 | 15 | 36 |
| 1 - 2 | 10 | 24 |
| 0 | 5 | 12 |
| **Total** | **42** | **100** |

Tab. 2.9.: Verteilung der ausländischen Produktionsstätten pro CH-Unternehmen

Um im Hinblick auf die Behandlung des strategischen Instrumentariums die Komplexität resp. die Unmittelbarkeit der Führungsart abschätzen zu können, soll die Verteilung der Führungsstruktur in den befragten Unternehmen beleuchtet werden:

| Führungsstruktur | Anzahl Unternehmungen | in % |
|---|---|---|
| Konzern | 18 | 43 |
| Holding/Unternehmungsgruppe | 6 | 14 |
| Gesellschaft ohne Konzernstruktur | 18 | 43 |
| **Total** | **42** | **100** |
| Manager-Unternehmung 95) | 27 | 64 |
| Familienunternehmung | 15 | 36 |
| **Total** | **42** | **100** |

Tab. 2.10.: Verteilung der Führungsstrukturen in den befragten Unternehmungen

Innerhalb des Wirtschaftszweiges der Investitionsgüterindustrie teilen sich die befragten Unternehmen folgendermassen nach Branchen auf:

| Branche | Anzahl Unternehmungen | in % |
|---|---|---|
| Maschinen- und Anlagebau | 17 | 41 |
| Elektr. Apparate u. Apparaturen | 13 | 31 |
| Stahlbau | 1 | 2 |
| Befestigungstechnik | 2 | 5 |
| Heizung / Klima | 5 | 12 |
| Büro- u. Lagereinricht. | 1 | 2 |
| Kommunalfahrzeuge | 2 | 5 |
| Feinmechanik u. Optik | 1 | 2 |
| **Total** | **42** | **100** |

Tab. 2.11.: Branchenzugehörigkeit der befragten Unternehmungen

95) 'Managerunternehmen' soll heissen, dass kein Mitglied der Gründerfamilie(n) mehr in der obersten Geschäftsleitung seinen Sitz hat.

Die Untersuchungseinheiten sind nach der Auswahl an sich klar vorgegebene juristische Personen, die aber durch natürliche Personen vertreten werden. Tabelle 2.12. soll nun die weniger vorgegebene Auswahl von natürlichen Personen (Firmenvertretern) aufzeigen, welche für die 42 Unternehmen die Fragen beantworteten:

| Stellung | Anzahl Unternehmungen | in % |
|---|---|---|
| Konzernleitungsmitglied | 3 | 7 |
| Konzerngruppenchef / Generaldirektor | 8 | 20 |
| Konzerngruppenleitungsmitglied | 1 | 2 |
| Geschäftsleitungsmitglied | 10 | 24 |
| Marketingleiter | 1 | 2 |
| Produktionsleiter | 10 | 24 |
| Leiter Finanzwesen | 1 | 2 |
| Leiter Stab der Geschäftsleitung | 1 | 2 |
| Generalsekretär | 2 | 5 |
| Leiter Konzernstab Produktion | 1 | 2 |
| Leiter Unternehmungsplanung | 2 | 5 |
| Leiter Investitions- & Fabrikplanung | 2 | 5 |
| **Total** | **42** | **100** |

Tab. 2.12.: Stellung der befragten Firmenvertreter

In fünf Unternehmen standen neben dem hier in Tabelle 2.12. vermerkten höchstgestellten Firmenvertreter noch 1 - 3 zusätzliche Funktionsinhaber beim Interview Red und Antwort.

### 2.3.3.3. Repräsentativität, Validität, Reliabilität

Aufgrund der hohen Rücklaufquote von 98,33 % resultierte bereits im ersten Anlauf eine Repräsentativität, die über jener zum Ziel gesetzten von 50 % liegt.

Rücklaufquote und Repräsentativität müssen zwar klar auseinandergehalten werden; erstere bildet jedoch für letztere Ausgangspunkt und notwendige Bedingung zugleich. Während sich die Rücklaufquote auf die ausgewählten Untersuchungseinheiten bezieht, wird bei der Repräsentativität das Verhältnis zur gewählten, definierten Grundgesamtheit betrachtet.

Bei der durchgeführten Erhebung repräsentieren nun die befragten Untersuchungseinheiten 60,12 % des Investitionsgüterexportes aus der Schweiz (per 1980). Es wird gleichzeitig angenommen, dass in dieser Anzahl der befragten Unternehmen auch der grösste Anteil Lokalfertigungen enthalten ist.

Wie in Kap. 2.3.2.5. erläutert, würde der im Ausland erzielte Umsatz (Export plus Umsatz der Lokalfertigungen) die qualitätsmässig höchststehende Bezugsgrösse darstellen; ausgehend von der Plausibilität, dass jene Unternehmen mit dem grössten im Ausland erzielten Umsatz auch bezüglich Lokalfertigungsfragen die meisten Erfahrungen positiver und negativer Art mitbringen. Diese umfassende Umsatzgrösse kann jedoch zur Auswahl nach dem Konzentrationsprinzip nicht herangezogen werden, weil diese Zahl statistisch nicht existiert; nicht zuletzt auch deshalb, weil nicht alle Unternehmen In- und Auslandumsatz in der Schweiz konsolidieren. Als Ersatzgrösse dient deshalb das Exportvolumen der schweizerischen Investitionsgüterindustrie, basierend auf der Ueberlegung, dass vor jedem Lokalfertigungsengagement in irgend einer Form ein Export vorausgegangen ist; oder umgekehrt formuliert, ein Unternehmen ohne jegliche Exporterfahrung wird keine Lokalfertigung erwägen.

Die damit gewählte Bezugsgrösse, d.h. das Exportvolumen der befragten Unternehmen macht aufgrund der Auswahl nach dem Konzentrationsprinzip wie erwähnt 60,12 % des gesamten schweizerischen Investitionsgüter-Exportvolumens aus.

Die Repräsentativität der bewussten Auswahl grafisch dargestellt:

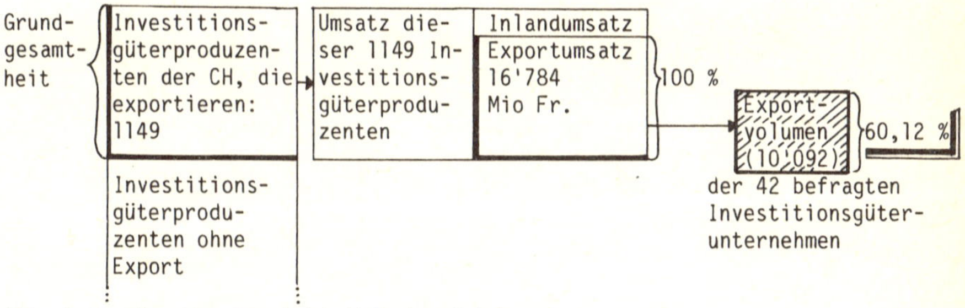


Abb. 2.7.: Zur Repräsentativität der Erhebung

Befragt wurden alle (./. 3) der Investitionsgüterproduzenten, die 1980 einen Umsatz von mehr als 100 Mio Fr. auswiesen.

Abb. 2.6. in Kap. 2.3.2.5. zeigt, dass umsatzkleinere Investitionsgüterhersteller der Tendenz nach wenige bis keine ausländische Produktionsstätten unterhalten; die Gründe hiezu sind naheliegend. Es kann damit die Annahme verbunden werden, dass die 39,88 % des Exportvolumens, zu welchem keine daran teilhabenden Firmenvertreter befragt wurden, dass diese entsprechenden Unternehmen auch unterproportional mit Lokalfertigungsengagements und diesbezüglichen Erfahrungen ausgestattet sind.

Die bezeichnete Repräsentativität lässt demnach folgende Schlussfolgerungen zu:

- Ein systematischer Untersuchungsfehler dürfte nicht mehr vorliegen.
- Von der gewählten Stichprobe kann auf die Grundgesamtheit geschlossen werden.

Bei der zweiten Schlussfolgerung bleibt jedoch zu vermerken, dass die

Resultate auf Fragen in Richtung Motive und Entscheidungselemente zur Errichtung von Lokalfertigungsstätten stimmen. Die Aussagen der befragten Untersuchungseinheiten sind hingegen nicht repräsentativ für Fragen in Richtung der Gründe, weshalb man **nicht** im Ausland fabriziert etc. Hiezu müssten die verbleibenden 39,88 % des zugrundeliegenden Exportvolumens, resp. die daran partizipierenden Unternehmen ebenfalls befragt werden.

Zusammenfassend ist festzustellen, dass aufgrund der bewussten Auswahl die Aussagen der 42 befragten Firmen mit 60,12 % der gewählten Bezugsgrösse 'Exportvolumen' als repräsentativ bezeichnet werden können.

Validität und Reliabilität richten das Augenmerk auf die Qualität der erhaltenen Auskünfte, sowie auf die möglichen Fehlerquellen von empirischen Untersuchungen: Fragenformulierung, Fragenanordnung, Verhalten des Interviewers und Ausfälle in der Stichprobe 96).

Das Anliegen der Fragenformulierung wird nachstehend unter Validität behandelt; jenes der Fragenanordnung kann damit beantwortet werden, dass im Interviewleitfaden eine klare Fragenkapitelbildung besteht, aufgeteilt in Motive, Ist-Daten der bestehenden Lokalfertigungsstätten und eventuellen Lokalfertigungsstrategien, Beurteilung von Entscheidungselementen, Protektionismus, Nationalisierung und Lokalfertigungszukunft. Mit der Einführung dieser Kapitel am Anfang des Interviews und mit dem Vorliegen des Interviewleitfadens auf der Seite des Firmenvertreters während der Befragung ist die Fehlerquelle des Nichterkennens der Fragenanordnung ausgeschlossen. Das Verhalten des Inteviewers als mögliche Fehlerquelle wird nachfolgend unter Reliabilität ausgeführt, während die drei Ausfälle in der Stichprobe bereits innerhalb der Repräsentativität als vernachlässigbare Grösse deklariert werden konnte.

Die **Validität** kreist um das Problem, ob die Befragten die einzelnen Fragen gleich wie deren Verfasser interpretiert haben 97). Die Validitätsprüfung wurde vor der Durchführung der Interviews eingeleitet, aber erst nach der Auswertung des Fragebogens vorgenommen 98).

Atteslander stellt eine Reihe von Kriterien zur Prüfung der Gültigkeit auf 99); von diesen können hier jedoch nicht alle behandelt werden. Die meisten seiner Kriterien hängen zusammen mit persönlichem Verhalten innerhalb einer menschlichen Gesellschaft oder in Sozialprozessen und nicht mit dem Unternehmerverhalten innerhalb der wirtschaftlichen Konkurrenzsituation. Drei Beurteilungskriterien können dennoch herangezogen werden:

- Die Position der Antwortenden (vgl. Tab. 2.12.) in bezug auf das Thema der Fragen ist keineswegs mariginal, so dass sich eine hohe Gültigkeit ergibt.

- Die befragten Firmenvertreter, von den Unternehmen selbst aufgrund ihrer Verantwortungsgebiete ausgewählt, reflektieren häufig über die aufgeworfenen Fragen, was hier zu einer hohen Gültigkeit führen dürfte.

---

96) vgl. Friedrichs (Methoden) 222
97) vgl. Brauchlin (Konzepte) 14
98) vgl. Friedrichs (Methoden) 223
99) vgl. Atteslander (Sozialforschung) 127, spez. behandelt: Pt. 6., 2., 9.

- Die Fragen richten sich hauptsächlich auf Sachverhalte und Beurteilungen aus der Sicht der Gegenwart. Nur Motive und Startjahr bestehender Lokalfertigungsstätten, Ablehnungs- und Abbruchgründe beziehen sich auf die Vergangenheit. Die relativ geringe Anzahl von Fragen über die Zukunft (4.10. und 7.1.-7.3.) lässt deshalb auf eine hohe Gültigkeit der Erhebung schliessen.

Als Methoden zur Prüfung der Validität wurden v.a. beigezogen:

- Vergleich 100) der Interviewdaten mit externen Daten. Bei Fragen zu den 'Motiven' wurden hiezu z.B. andere Erhebungen über Motivforschung, speziell jene von Hollenstein 101) verwendet. Weitere Vergleiche erfolgten also z.B. mit den Angaben im Geschäftsbericht, mit telefonischen Auskünften bei an sich sonst nicht befragten Finanzchefs, mit Daten anderer Firmen gleicher Branche und ähnlicher Grösse.

- Vergleich der Interviewdaten untereinander 102). Als Beispiel soll die Verwandtschaft der Fragen 4.3. und 4.6. gelten, die beide nach dem Einfluss des Protektionismus auf die Reaktion des analysierten Unternehmens fragen, einmal als offene Frage und einmal als geschlossene oder multiple- choise-Frage. Eine einheitliche Beantwortung solch verwandter Fragen erhöht die Gültigkeit der Erhebung.

Friedrichs schlägt zusätzlich drei Verfahren zur Prüfung der Validität vor, wovon hier nur eines angewendet werden kann: Die Vorhersagevalidität 103). Die aufgestellte Hypothese und der Vorvergleich zu ähnlichen, wenn auch nicht branchenspezifischen Motivanalysen ermöglichten es, die Ergebnisse der Erhebung weitgehend vorauszusagen und damit nachträglich zur Gültigkeit einen wesentlichen Beitrag zu leisten.

Ferner war es durch die gewählte Erhebungsmethode des Interviews besser als bei einer schriftlichen Befragung möglich, zu testen, ob angegebene Daten gültig sein können und ob eine Plausibiltät der Aussagen besteht.

**Die Reliabilität**, d.h. die Frage der Zuverlässigkeit andererseits beschäftigt sich mit dem Problem, ob die Unternehmungen kurze Zeit später die gleichen Antworten wie bei der ersten Befragung erteilt hätten oder nicht 104). Unter Zuverlässigkeit versteht man also die Stabilität eines Ergebnisses bei wiederholten Messungen 105).

Analog zu Validität können auch hier nicht alle, sondern nur einzelne Kriterien von Atteslander 106) zur Prüfung der Reliabilität herangezogen werden.

- Es ist anzunehmen, dass sich die Lage des Befragten, respektive des Unternehmens aus den in Kap. 2.3.2.3. unter dem Begriff Erhebungszeitpunkte genannten Gründen zwischen dem ersten Befragungszeitpunkt bis zu einem denkbaren zweiten (z.B. nach einem Jahr) nicht

---

100) vgl. Atteslander (Sozialforschung) 126
101) Hollenstein (Produktionsverlagerung) 21 ff.
102) Atteslander (Sozialforschung) 126
103) Friedrichs (Methoden) 101
104) vgl. Brauchlin (Konzepte) 14
105) vgl. Atteslander (Sozialforschung) 114
106) ebenda 128, speziell Pt. 1., 6., 9.

ändert. Würde eine solche Prüfung der Stabilität angestrebt, müssten zwei Erhebungsdaten gewählt werden, die mindestens 7 - 10 Jahre auseinander liegen, was den Abschluss dieser Arbeit unter der gegebenen Zielsetzung in Frage zu stellen vermöchte.

- Nach Atteslander soll die Stabilität von Angaben am höchsten sein, wenn die 'Ergebnisse' von angenehmer Art sind. Bis auf wenige Ausnahmen ist dies hier der Fall, ist doch die Thematik der Lokalfertigung auch durch das Firmenwachstum, durch die demonstrierbare Finanzkraft und durch die Weltoffenheit stets mit Prestige und Machtdemonstration verbunden. Dies ist letztlich für den Befragten eher angenehm, so dass die Aussagen dadurch eine grössere Reliabilität erhalten. Ausnahmen in diesem Sinne sind lediglich die Fragen 1.2. und 1.4., wenn sie auf ausserökonomische Motive und Abbrüche von Auslandengagements eintreten, worüber man als Befragter weniger gern Auskunft erteilt. Zur Frage 1.4. wurde nach einem Interview dementsprechend durch einen angestellten Quervergleich entdeckt, dass eine Aufhebung eines Lokalfertigungsengagements in Columbien von einem Firmenvertreter unerwähnt blieb. Bis auf diese beiden Fragen 1.2 und 1.4. kann die Erhebung jedoch in diesem Sinne als zuverlässig erachtet werden.
- Qualitative Merkmale scheinen tendenziell stabiler als quantitative Merkmale 107). Die Erhebung hat nur sechs von 82 108) Fragen, die quantitativer Natur sind, so dass auch hiermit nach Atteslander auf eine hohe Reliabilität geschlossen werden kann.

Friedrichs schlägt drei Tests zur Prüfung der Verlässlichkeit vor, wovon hier allein der Re-Test 109) Anwendung finden kann. Es handelt sich dabei um die Wiederholung einer Messung bei den gleichen Objekten mit dem gleichen Erhebungsinstrument. Zu diesem Zweck wurde in einem Unternehmen eine ergänzende Prüfung vorgenommen, indem dieselben Fragen am gleichen Tag, also ohne interne Verständigungsmöglichkeit, von zwei verschiedenen Firmenvertretern (Subjekten) beantwortet wurden. Der Vergleich ergab, ausser bei der Trendfrage 4.10. keine Abweichungen, so dass dieser Test exemplarisch positiv ausfiel. Von weiteren Ueberprüfungen wurde nach dieser Erfahrung aus Zeitgründen abgesehen.

Durch das Zusammenfallen der Arbeiten von Problemexploration, Erstellung des Interview-Leitfadens und Durchführung aller Interviews bei einer Person fielen alle Probleme bezüglich Schulung und Kontrolle von Mitarbeitern weg. Es erhöhte sich dadurch die Reliabilität; denn auch Kontrollfragen an Ort, im Moment der Erhebung und auch vereinzelte nachträgliche telefonische Rückfragen verstärkten die Plausibilität der Aussagen in hohem Masse.

### 2.3.4. Erhebungsergebnisse

In diesem Kapitel geht es darum, die in der empirischen Erhebung erhaltenen Antworten aufzuzeigen und anschliessend kurz zu interpretieren. Es ist vorauszuschicken, dass hier nicht alle Antworten-Aus-

---

107) vgl. Atteslander (Sozialforschung) 129

108) 82 Fragen excl. die Fragen auf S. 18 des Leitfadens, die nur eine Zusammenfassung darstellen von vorher erhobenen Daten, und excl. 6.4. und 6.5., die nicht durch alle Firmen hindurch zu eruiren waren.

109) vgl. Friedrichs (Methoden) 102

wertungen zur Darstellung gelangen, sondern vielmehr eine bestimmte Datengruppe dafür vorgesehen ist:

- Verteilung der Motivkategorien zur Prüfung der Hypothese.
- Daten der bereits errichteten Lokalfertigungen (Datenblatt S. 17 des Interviewblattes), wobei diese Daten in ihren möglichen Korrelationen, Trends, Schwerpunkten und Abhängigkeiten dargestellt werden.

Die Antworten zu allen andern Fragen des Interviewleitfadens sind in den Kapiteln 3. - 6., jeweils themenbezogen, integriert worden.

#### 2.3.4.1. Empirische Evidenz der Motive zur Auslandproduktion

Die empirische Evidenz der Motive zur Auslandproduktion aus der Sicht der exportorientierten, schweizerischen Investitionsgüterindustrie lässt sich auf zweierlei Arten betrachten: Vergangenheitsbezogen und zukunftsbezogen.

Die vergangenheitsbezogene Analyse stützt sich mit der Erhebung auf wesentlich mehr (d.h. 242 existierende ausländische Lokalfertigungsstätten) Untersuchungseinheiten, während sich die zukunftsbezogene Betrachtung lediglich auf 42 Einheiten (Anzahl befragte Unternehmen) beschränken muss.

| | M O T I V E | Anzahl errichteter LF-Stätten | %-Anteil | Motivgruppe (Anzahl) | %-Anteil |
|---|---|---|---|---|---|
| Absatz-orientiert | Markteinstieg (Expansion, Internationalisierung) | 16 | 6,6 | 187 | 77,3 |
| | Marktpräsenz (Teilnahme an wachsenden Märkten) | 36 | 14,9 | | |
| | Marktanteilsvergrösserung | 22 | 9,1 | | |
| | Marktchancenerweiterung durch neue Produkte | 16 | 6,6 | | |
| | Behördengeschäft | 22 | 9,1 | | |
| | Umgehung von Handelsrestriktionen | 29 | 12,0 | | |
| | Anpassung an Bevorzugung lokaler Produkte (z.b. buy american) | 8 | 3,3 | | |
| | Anpassung an Bevorzugung lokaler Produktionsbetriebe im Abnehmerland | 7 | 2,9 | | |
| | Schaffung eines Brückenkopfes für weitere Exporte (Werbewirkung) | 14 | 5,8 | | |
| | Kürzere Lieferzeiten als Verkaufsargument | 2 | 0,8 | | |
| | Kundenkonfektionierung | 6 | 2,5 | | |
| | Ausschaltung von Konkurrenten | 9 | 3,7 | | |
| Ertrags- & Kosten-orientiert | Kostenvorteile des Faktors Arbeit | 16 | 6,6 | 33 | 13,6 |
| | Kostenvorteile der Rohstoff- und Halbfabrikate | 1 | 0,4 | | |
| | Kostenvorteile der Transporte | 6 | 2,5 | | |
| | Kostenvorteile der Einhaltung techn. Normen an Ort | 1 | 0,4 | | |
| | Kostenvorteile durch lokale Finanzierungshilfen | 2 | 0,8 | | |
| | Kostenvorteile durch Steuervergünstigungen | - | - | | |
| | Umgehung des Währungsrisikos | 3 | 1,3 | | |
| | Wahrnehmung besonderer Gewinnchancen (ROI) | 1 | 0,4 | | |
| | Weiterverwendung von obsoleten Anlagen | 1 | 0,4 | | |
| | Kommerzialisierung von bestehendem, modernem Know How | 2 | 0,8 | | |
| Technologie-orientiert | Kontakt zu neuen Problemstellungen durch unmittelbare Nähe | 2 | 0,8 | 7 | 2,9 |
| | Teilnahme an der technischen Entwicklung im Prod.-Land, zur technologischen Verbesserung d. bisherigen Produktesortimentes | 4 | 1,7 | | |
| | Aufnahme von technologischem Know How und neuer Produktekenntnisse | 1 | 0,4 | | |
| Kapazitäts-orientiert | Personalengpass überbrücken | 12 | 5,0 | 12 | 5,0 |
| | Beteiligung an der Entwicklungsförderung anderer Volkswirtschaften | 2 | 0,8 | 2 | 0,8 |
| | Ausserökonomisch, aus persönlichen Beziehungen im entsprechenden Land | 1 | 0,4 | 1 | 0,4 |
| | | **242** | **100,0** | **242** | **100,0** |

Tab. 2.13.: Motivkonstellation zugunsten von Auslandproduktionsstätten, vergangenheitsbezogen.

Aus der obigen, vergangenheitsbezogenen Betrachtung der Motivkonstellation ergibt sich die folgende Motivzuordnung:

| Lokalfertigungserrichtungen der schweizerischen Investitionsgüterindustrie aus: | %-Verteilung (anzahlmässig) |
|---|---|
| Absatz-Motiven | 77,3 % |
| Ertrags-<br>Kosten- Motiven | 13,6 % |
| Technologie-Motiven | 2,9 % |
| Kapazitäts-Motiven | 5,0 % |
| Ausserökonomischen Motiven | 1,2 % |
| | 100,0 % |

Tab. 2.14.: Zusammenfassung der Motivgruppen, vergangenheitsbezogen

Während sich die Motive, vergangenheitsbezogen betrachtet, auf realisierte Lokalfertigungsstätten und damit auf wirkliche 'facts' beziehen, haftet der nachfolgenden zukunftsbezogenen Betrachtungsweise der 'Mangel des Tatsachenbezugs' an. Die geäusserten Motive berufen sich zwar auf eine unternehmerische Beurteilung, sind aber infolge der Zukunftsbezogenheit doch gewissermassen auf hypothetischer Ebene anzusiedeln.

Die nachfolgende Darstellung ist deshalb lediglich als Ergänzung zur obigen, vergangenheitsbezogenen Uebersicht und als Trendaufzeichnung zu werten.

| | MOTIVE | Anzahl Antworten | %-Anteil d.Ant- | Motivgruppe | %-Anteil d. Export- |
|---|---|---|---|---|---|
| Absatzorientiert | Markteinstieg (Expansion, Internationalisierung | 6 | 8 | | |
| | Marktpräsenz (Teilnahme an wachsenden Märkten) | 3 | 4 | | |
| | Marktanteilsvergrösserung | 10 | 13 | | |
| | Marktchancenerweiterung durch neue Produkte | 12 | 15 | | |
| | Behördengeschäft | 1 | 1 | | |
| | Umgehung von Handelsrestriktionen | 11 | 14 | | |
| | Anpassung an Bevorzugung lokaler Produkte (z.B. buy american) | 4 | 5 | 75 | 74 |
| | Anpassung an Bevorzugung lokaler Produktionsbetriebe im Abnehmerland | 10 | 13 | | |
| | Schaffung eines Brückenkopfes für weitere Exporte (Werbewirkung) | - | - | | |
| | Kürzere Lieferzeiten als Verkaufsargument | - | - | | |
| | Kundenkonfektionierung | - | - | | |
| | Ausschaltung von Konkurrenten | 2 | 2 | | |
| Ertrags- & Kostenorientiert | Kostenvorteile des Faktors Arbeit | 11 | 14 | | |
| | Kostenvorteile der Rohstoff- und Halbfabrikate | - | - | | |
| | Kostenvorteile der Transporte | - | - | | |
| | Kostenvorteile der Einhaltung techn. Normen an Ort | - | - | | |
| | Kostenvorteile durch lokale Finanzierungshilfen | - | - | | |
| | Kostenvorteile durch Steuervergünstigungen | - | - | | |
| | Umgehung des Währungsrisikos | - | - | 20 | 24 |
| | Wahrnehmung besonderer Gewinnchancen (ROI) | - | - | | |
| | Weiterverwendung von obsoleten Anlagen | - | - | | |
| | Kommerzialisierung von bestehendem, modernem Know How | 5 | 6 | | |
| Technologieorientiert | Kontakt zu neuen Problemstellungen durch unmittelbare Nähe | 2 | 2,5 | | |
| | Teilnahme an der technischen Entwicklung im Prod.-Land zur technologischen Verbesserung d. bisherigen Produktesortimente | - | - | 2,5 | 1 |
| | Aufnahme von technischem Know How und neuer Produktekenntnisse | - | - | | |
| Kapazitätsorientiert | Personalengpass überbrücken | 2 | 2,5 | 2,5 | 1 |
| | Beteiligung an der Entwicklungsförderung anderer Volkswirtschaften | - | - | | |
| | Ausserökonomisch, aus persönlichen Beziehungen im entsprechenden Land | - | - | | |
| | | **79** [110] | **100,0** | **100,0** | **100,0** |

Tab. 2.15.: Motivkonstellation zugunsten von Auslandproduktionsstätten, zukunftsbezogen

110) Mehrfachnennung war möglich

Von den in Kap. 2.1. aufgeführten Motivkonstellationen kommt unsere Darstellung jener von Wirth 111) am nächsten, die ebenfalls den relativen Schwerpunkt bei den absatzorientierten Lokalfertigungsengagements erfasst hat.

Gerade der Titel seines Buches 'Hilfe ohne Geschenke' zusammen mit unserer Motivkonstellation lässt den Schluss zu, dass von der schweizerischen Investitionsgüterindustrie auch in einer neuen Weltwirtschaftsordnung keine umfassenden Geschenke zu erwarten sind, ebensowenig wie dies in der Vergangenheit der Fall war.

Wohl bleiben gewisse Entgegenkommen seitens der Investoren aushandelbar, letztlich aber muss für ihn doch ein 'Rendement' in Aussicht stehen, auch wenn dies u.U. nur in der Ausweitung des ihm zurechenbaren Absatzes besteht.

### 2.3.4.2. Prüfung der Hypothese

Die in dieser Arbeit aufgestellte Hypothese kann mittels einer Gegenüberstellung von Hypothesenformulierung und Untersuchungsergebnis geprüft werden:

Hypothese aus Kap. 2.2.:

> Entscheidet sich ein schweizerisches Unternehmen der exportorientierten Investitionsgüterindustrie für ein Engagement zugunsten einer Auslandproduktionsstätte, so ist das Stammhaus dazu hauptsächlich motiviert mit dem Ziel der Absatzerhaltung resp. -erweiterung.

In Kap. 2.3.4.1. ist das Untersuchungsergebnis aus der empirischen Erhebung ersichtlich:

> 77,3 % der Auslandproduktionsstätten, die von den Investitionsgüterproduzenten aus der Schweiz errichtet wurden, waren **absatzmotiviert.**
>
> 74 % der angegebenen Motive für zukünftige Auslandproduktionsstätten aus der Sicht der interviewten Investitionsgüterunternehmen waren **Absatzmotive.**

Da die empirische Erhebung gemäss den detaillierten Abklärungen in Kap. 2.3.3.3. mit der notwendigen Repräsentativität, Validität und Reliabilität versehen ist, kann die in dieser Arbeit aufgestellte Hypothese als geprüft, verifiziert bezeichnet werden.

Das Hypothesenelement 'hauptsächlich' hat für den Zeitpunkt nach der empirischen Erhebung danach gerufen, dass dieses starke Absatzmotiv relativiert, d.h. ins Verhältnis zur Ganzheit gesetzt wird. Mit den obigen Werten heisst dies nun, dass 'hauptsächlich' rund 3/4 bedeutet und damit als Grössenangabe in der bestätigten Hypothese seinen berechtigten Platz einnehmen kann.

Diese Relativierung erfährt auch keine massgebende Veränderung durch den Vergleich von Vergangenheitsbetrachtung (77,3 %) und Zukunftsbetrachtung (74 %). Ein Phänomen, das beim kosten- und ertragsorientierten Motiv keinesfalls zutreffen würde, da der Anteil von vergangenheitsbetrachtet mit 13,6 % auf zukunftsbetrachtet mit 24 % sich doch

---

111) vgl. Wirth (Hilfe ohne Geschenke) 65

sehr wesentlich zu verändern scheint.

Der Geltungsbereich dieser bestätigten, derart relativierten Hypothese erstreckt sich auf die schweizerische Investitionsgüterindustrie. Mit der Annahme dieser Hypothese ist eines der Ziele dieser Arbeit erreicht 112).

Mit dieser von der Basis her untermauerten Aussage konnte zudem ein Gegengewicht zur sehr verbreiteten Auffassung geschaffen werden, dass die heutigen schweizerischen Engagements zugunsten von Auslandproduktionsstätten in erster Linie in die Niedriglohnländer führen, um der kostenseitigen Belastung aus dem Hochlohnland Schweiz auszuweichen. Letztere Bestrebungen kommen gerade in der Textilbranche in einer Vielzahl vor und bilden deshalb auch sehr häufig Gegenstand von Untersuchungen 113). Mit der nun durchgeführten, hier vorliegenden Erhebung kann nun aber fundiert dargelegt werden, dass es auch Branchen gibt, in denen andere Motive vorherrschen als das Ausnützen der niedrigeren Löhne und dass wirklich Unterschiede in der Motivkonstellation zwischen den Branchen vorhanden sind. Mit dem Akzeptieren dieser Hypothese wird gleichzeitig auch die Annahme von Abt 114) bestätigt, der zusammen mit einem Dutzend weiterer Wirtschaftsjournalisten von schweizerischen Industriekonzernen nach Brasilien eingeladen wurde und nach dem tieferen Sinn industrieller Direktinvestitionen forschte: "Wo aber liegt, wenn die Randbedingungen beschwerlich, die Durststrecke lang und die Aussichten auf einträgliche Gewinne eher ungewiss sind, letztlich der tiefere Sinn industrieller Direktinvestitionen in Ländern der Dritten Welt? Zu einem guten Teil darin, dass Unternehmen, die eine bestimmte Art von Leistungen anbieten, auf jene Märkte ein besonderes Augenmerk richten müssen, in welchen diese Leistungen nicht nur gefragt sind, sondern die darüber hinaus ein Entfaltungspotential aufweisen und Wachstum erwarten lassen. Wohl nur auf diese Weise besteht hinlänglich Gewähr, die eigene Wettbewerbs- und Weltmarktposition langfristig halten zu können" 115).

Die von den Journalisten vermisste, in der entsprechenden Aufgabenstellung kaum erreichbare 'Tiefenschärfe' konnte nun in bezug auf die Investitionsgüterindustrie mit der vorliegenden Untersuchung erbracht werden.

Mit der Annahme der Hypothese kann nun endlich auch die Suche nach der Zuteilung der Lokalfertigungsstrategie abgeschlossen werden, die in Kap. 1.2.3.3. mangels empirischer Daten unterbrochen werden musste. Mit der nun gewonnenen Erkenntnis lässt sich feststellen, dass

> die **Lokalfertigung** aus der Sicht der schweizerischen Investitionsgüterindustrie **zur Hauptsache als Strategie der Marktbearbeitung, und damit als** Strategie innerhalb der **Absatzpolitik**

zu bezeichnen ist.

### 2.3.4.3. Die Verteilung von Merkmalen bestehender Lokalfertigungsstätten

Eine Istaufnahme der per 1980 bereits bestehenden Lokalfertigungsstätten soll einer Analyse der Korrelationen, d.h. der sich präsentieren-

---

112) vgl. Kap. 02
113) vgl. z.B. Hollenstein (Produktionsverlagerung) 37
114) vgl. NZZ (Schweizer Industriekonzerne) 17
115) vgl. ebenda 17

den Zusammenhänge bei der Errichtung von Auslandproduktionsstätten, vorangestellt werden.

Diese Istaufnahme verfolgt den Zweck, im Ueberblick die erhobenen Auslandengagements gemäss den festgelegten Merkmalen darzustellen, d.h. gemäss der

a) Motive zur Errichtung einer Lokalfertigungsstätte,
b) gewählten Länder,
c) Verteilung der Lokalfertigungserrichtungen auf der Zeitachse,
d) gewählten Engagementsformen,
e) Verteilung der verschiedenen Betriebsgrössen im Ausland,
f) Verteilung der ertragsorientierten zu den nicht ertragsorientierten Auslandproduktionsstätten.

Bei diesen Darstellungen stehen jeweils Merkmal und Anzahl Produktionsstätten einander gegenüber. Eine weitgehende Differenzierung pro Firma lässt sich nicht vornehmen, da sonst die zugesicherte Diskretion gegenüber den beteiligten Unternehmen verletzt werden müsste.

Bei der nachfolgend verwendeten Bezugsgrösse 'Gesamtheit' handelt es sich um die 242 Auslandproduktionsstätten, die nach Aussagen der 42 befragten Investitionsgüterunternehmen im Jahre 1980 von diesen bewirtschaftet wurden.

ad a) Die Verteilung der ausschlaggebenden Motive zur Errichtung der 242 Lokalfertigungsstätten.

Eine detaillierte Aufstellung der Motivverteilung wurde bereits in Kap. 2.3.4.1. vorgenommen. Mit dem Verweis auf jene Darstellung wird hier eine dementsprechende Zusammenfassung in Motivklassen zulässig:

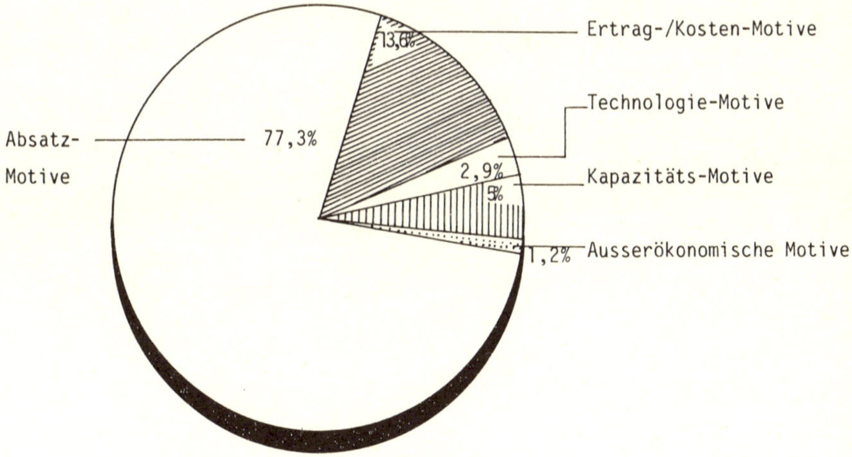


Abb. 2.8.: Verteilung der ausschlaggebenden Motive zur Errichtung von Auslandproduktionsstätten durch die schweizerische Investitionsgüterindustrie

ad b) Ausbreitung der Produktionsstätten in die entsprechenden Investitionsempfängerländer.

Die 242 Auslandproduktionsstätten, die von der schweizerischen Investitionsgüterindustrie bis 1980 allein oder zusammen mit Kooperationspartnern aufgebaut wurden, erstrecken sich wie folgt über die Länder und Kontinente:

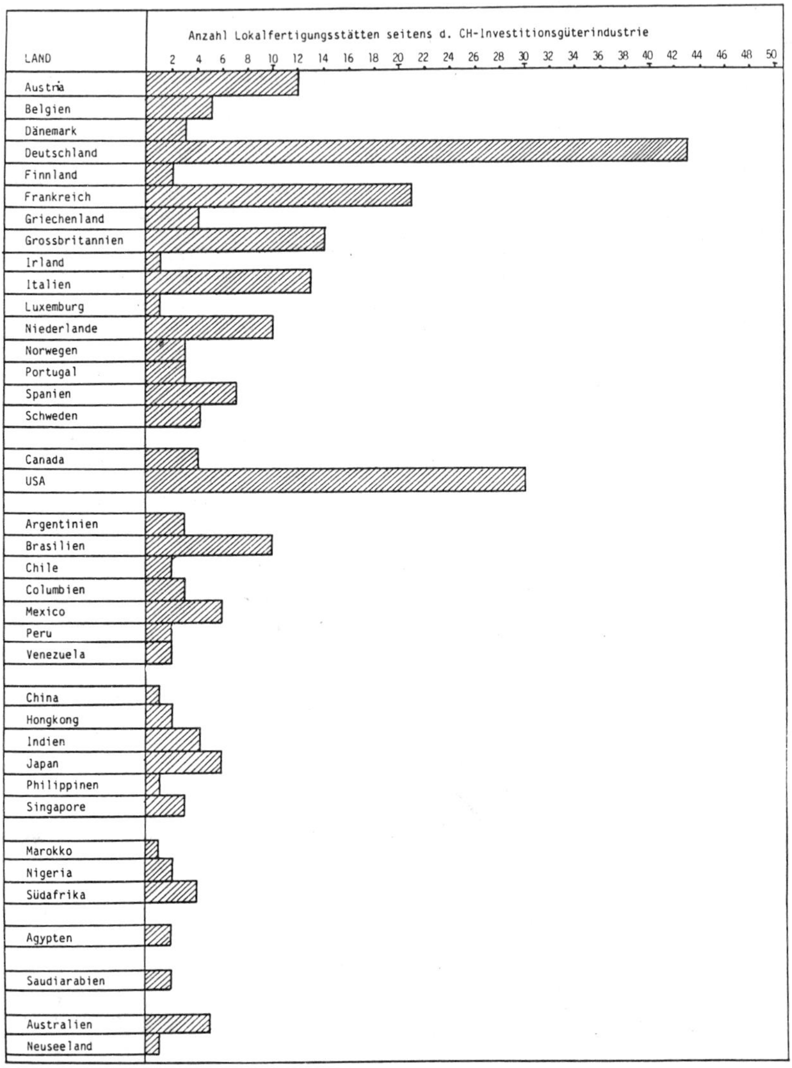


Abb. 2.9.: Geographische Verteilung der 242 Auslandproduktionsstätten

Kontinental betrachtet ergibt sich daraus folgende Verteilung:

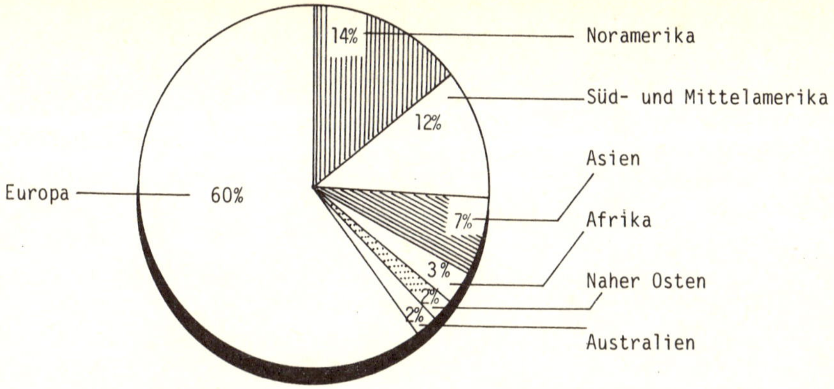


Abb. 2.10.: Verteilung der 242 Auslandproduktionsstätten über die Kontinente

ad c) Errichtung der Lokalfertigungsstätten auf der Zeitachse.

Das Auslandengagement von Investitionsgüterproduzenten in Form von Produktionsstätten zeigt in diesem Jahrhundert folgenden nichtlinearen Verlauf:

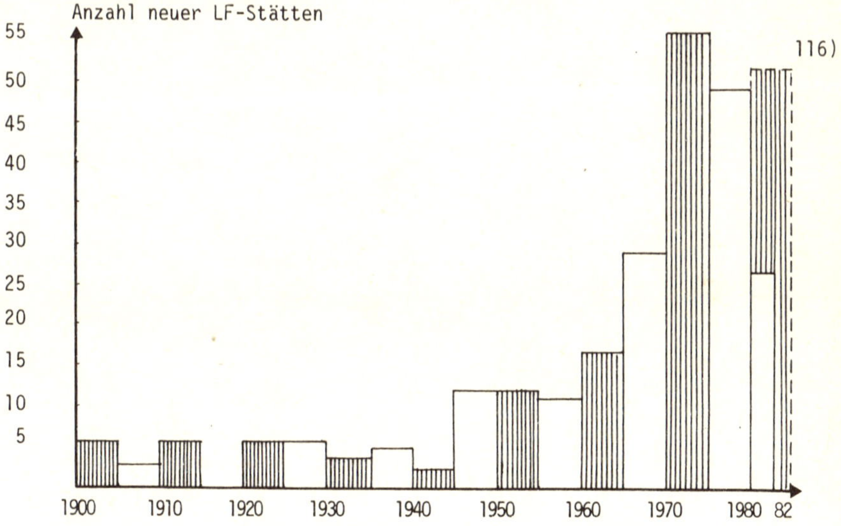


Abb. 2.11.: Neue Lokalfertigungsstätten auf der Zeitachse (in 5-Jahresperioden kumuliert)

---

116) = extrapoliert: 26 neue LF zwischen 80 und Mitte 1982 = 2,5 Jahre, d.h. bis 1985 $\frac{26 \times 5}{2,5}$ = 52 (was allerdings nicht den Tatsachen zu entsprechen braucht, sondern den bis jetzt bekannten Bestand in einen vergleichbaren Trend umsetzen soll).

ad d) Die Verteilung der Engagementformen.

Eine derartige Darstellung gibt einen ersten Einblick über die Schwerpunkte der gewählten Engagementformen, bezogen auf das Stichjahr 1980. Interessant ist auch die Wahl der Engagementformen auf der Zeitachse, um hievon allgemeine Trends abzuleiten (vgl. Kap. 2.3.4.5.5.).

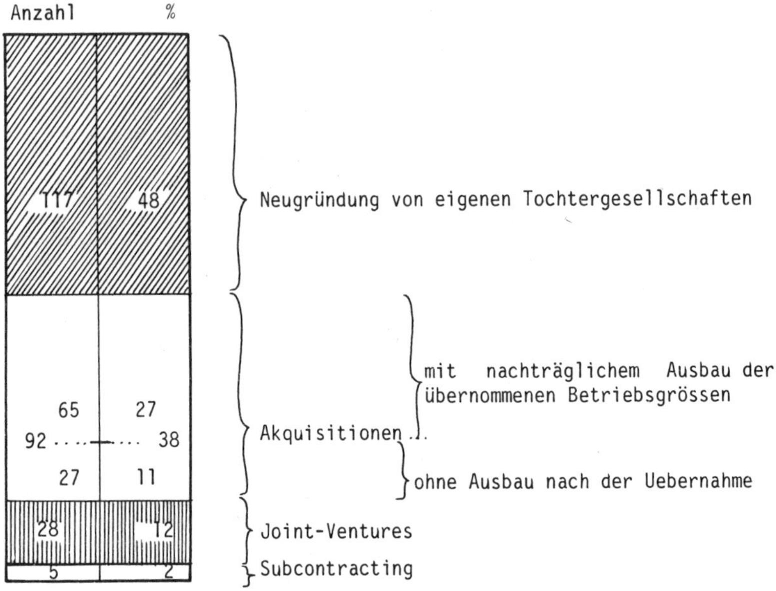


Abb. 2.12.: Verteilung der Engagementformen über die 242 erhobenen Auslandproduktionsstätten

ad e) Die Verteilung der ausländischen Produktionsstätten auf die verschiedenen Unternehmungsgrössen-Kategorien.

Die Einteilung der per 1980 erfassten 242 Auslandproduktionsstätten in Grössenkategorien entspricht lediglich einer Momentaufnahme. Wesentlich interessanter gestaltet sich die Beobachtung, ob grundsätzlich ältere oder neuere Engagements grösser sind. Dies wiederum wird erst in Kap. 2.3.4.5.4. Gegenstand einer Darstellung sein.

Die Firmengrössen lassen sich mindestens nach den Massstäben 'Umsatz' und 'Beschäftigte' vergleichen:

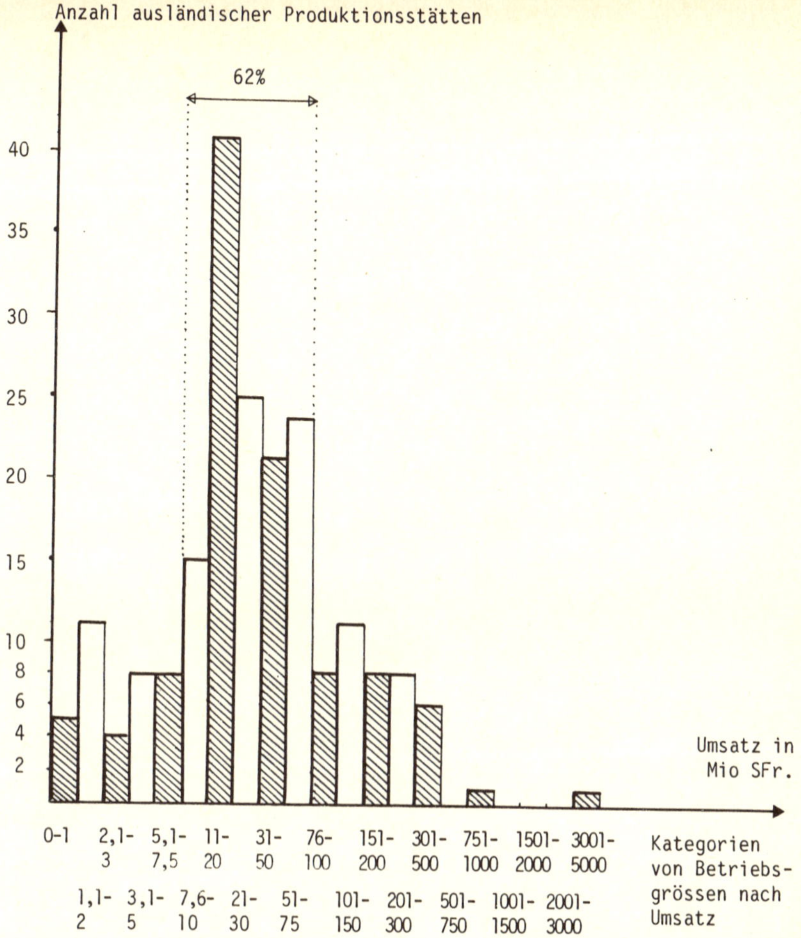


Abb. 2.13.: Verteilung der Auslandproduktionsstätten nach Umsatzkategorien 117)

Diese Grafik zeigt deutlich, dass sich bei den ausländischen Produktionsstätten die Umsatzgrösse schwerpunktmässig zwischen 7,6 und 75 Mio Fr. pro Jahr bewegt. Diese Spanne umfasst 62 % der erhobenen Lokalfertigungsstätten.

Der zweite Vergleich anhand der Anzahl Beschäftigter in diesen ausländischen Betrieben präsentiert sich folgendermassen:

---

117) Für insgesamt 36 Auslandproduktionsstätten gaben drei Firmen keine Umsatzgrössen an, so dass die Gesamtheit der Untersuchungseinheiten 206 statt 242 beträgt.

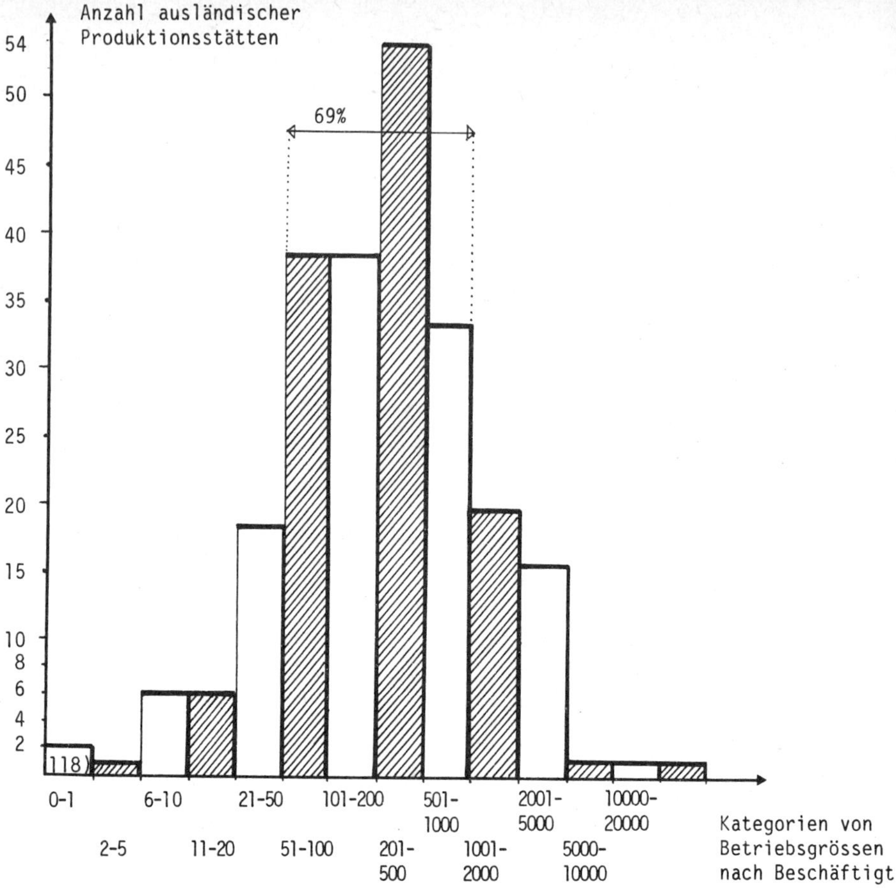


Abb. 2.14.: Verteilung der Auslandproduktionsstätten nach Beschäftigtenkategorien

2/3 der erhobenen Auslandfabrikationen bewegen sich schwerpunktmässig zwischen 51 und 1000 Beschäftigten.

Gemäss der Kategorisierung Grossbetrieb, Mittelbetrieb, Kleinbetrieb 119) ergibt sich die folgende Aufteilung der ermittelten Auslandproduktionsstätten:

| | |
|---|---|
| - Grossbetriebe (mit mehr als 1000 Beschäftigten) | 17 % |
| - Mittelbetriebe (mit 200 - 999 Mitarbeiter) | 37 % |
| - Kleinbetriebe (mit 199 oder weniger Beschäftigten) | 46 % |

ad f) Aufteilung der ausländischen Produktionsstätten nach gewinnori-

118) d.h. diese zwei Produktionsstätten stehen unmittelbar vor der Inbetriebnahme

119) Kategorien gemäss Usanz NZZ, vgl. NZZ (Maschinenbau) 21

entiert / nicht gewinnorientiert sowie nach Betrieben mit und ohne Zulieferungen aus dem Stammhaus und/oder andern Tochtergesellschaften.

Die folgenden Aufstellungen zeigen, dass bei weitem nicht alle ausländischen Produktionsstätten einen Jahresgewinn erwirtschaften oder vom Stammhaus Zulieferungen erhalten. Es wird damit festgehalten, dass ein beträchtlicher Anteil von Lokalfertigungen einem obersten Unternehmungsziel 'Gewinnmaximierung' nicht Genüge zu leisten vermöchten (vgl. Kap. 1.2.2.2.1.).

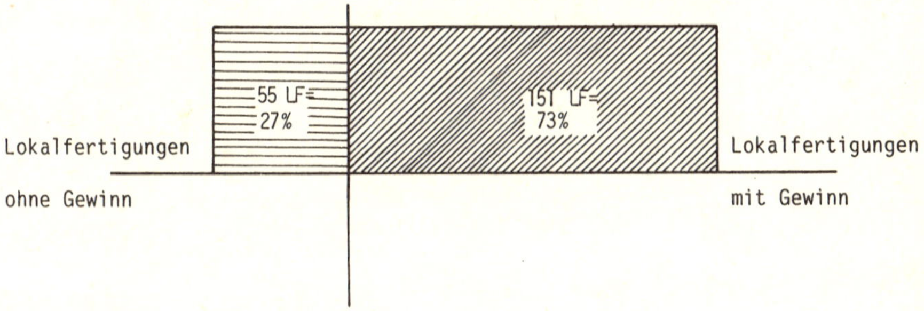


Abb. 2.15.: Verteilung von ertragsorientierten / nicht ertragsorientierten Auslandproduktionsstätten 120)

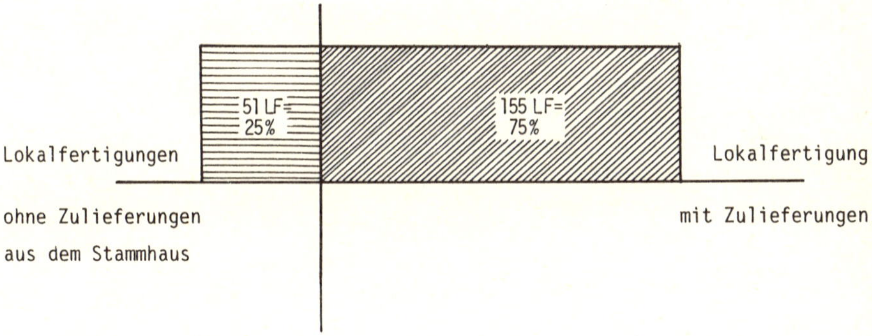


Abb. 2.16.: Verteilung der Lokalfertigungen mit und ohne Zulieferungen aus dem Stammhaus etc.

120) Bei 36 von 242 erhobenen LF-Stätten wurden keine Angaben zu den Gewinnverhältnissen gemacht.

### 2.3.4.4. Korrelationen in bezug auf bestehende Lokalfertigungsstätten

Die hier festgehaltenen Korrelationen sollen lediglich "das Aufeinanderbezogensein von zwei Begriffen" 121) ausdrücken und richten sich demnach nicht nach der mathematischen Definition eines "Zusammenhangs zwischen statistischen Ergebnissen, die durch Wahrscheinlichkeitsrechnung ermittelt werden" 121).

#### 2.3.4.4.1. Der Einfluss der Firmengrösse

Die Anzahl der vorhandenen Produktionsstätten steht, von wenigen Ausnahmen abgesehen, in einer eindeutigen Korrelation zur Grösse des Gesamtunternehmens. Umgekehrt formuliert, umsatzstarke Unternehmen der schweizerischen Investitionsgüterindustrie haben in der Regel entsprechend mehr Auslandproduktionsstätten aufgebaut als kleinere Unternehmen.

Mehr oder weniger zwingend entspricht es in der Investitionsgüterbranche der Schweiz einer Tautologie, dass umsatzstarke Unternehmen einen entsprechend hohen Exportanteil aufweisen, da sie ohne ihn und mit dem relativ kleinen Binnenmarkt Schweiz nie diese Umsatzgrösse erlangt hätten.

Weniger zwingend erscheint, dass grosse Unternehmen zwangsläufig auch mehr ausländische Produktionsstätten haben; die folgende Grafik zeigt aber, dass diese Korrelation dennoch die Regel bildet:

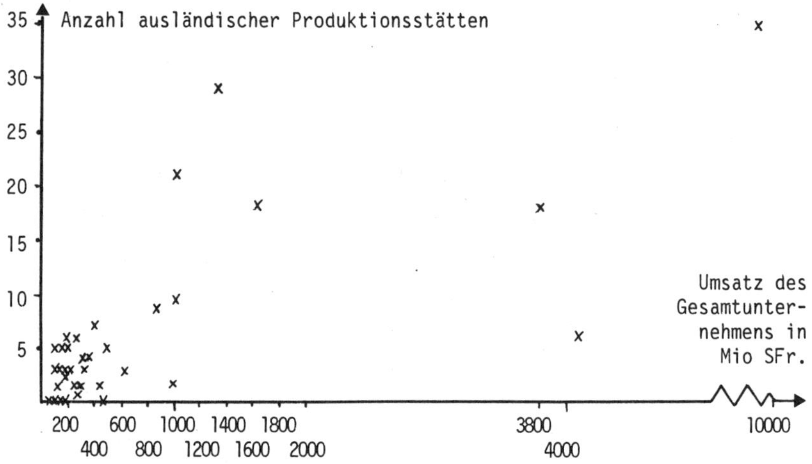


Abb. 2.17.: Korrelation Firmengrösse und Anzahl ausl. Produktionsstätten 122)

Ein zusätzliches Interesse gilt in diesem Zusammenhang der Korrelation von 'Export ab Schweiz' und Anzahl ausländischer Produktionsstätten:

---

121) Müller (Duden) 427

122) Von 7 der 42 befragten Firmen waren keine Gesamtumsatzzahlen erhältlich.

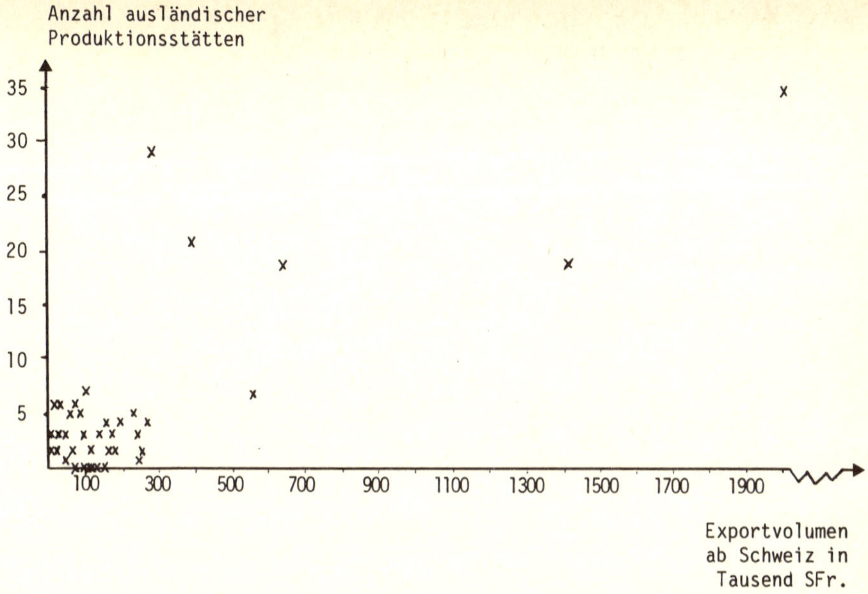


Abb. 2.18.: Korrelation Exporthöhe zu Anzahl ausl. Produktionsstätten 123)

Aus der Gegenüberstellung dieser beiden Korrelationen zeigt sich eine wenig veränderte Ausgangslage, bedingt durch die in der Mehrzahl auftretende Tatsache, dass die frankenmässige Exportgrösse mehr oder weniger parallel zur Gesamtumsatzgrösse zunimmt. Eine eindeutige Ausnahme bildet diesbezüglich ein Unternehmen mit 1410 Mio Fr./1980 Gesamtumsatz, das mit einem relativ kleinen Anteil 'Export ab Schweiz' doch 28 ausländische Produktionsstätten errichtet hat. Wie in diesem Unternehmen offiziell bekannt wurde, entspringt diese Tatsache der ganz bewusst durchgeführten "Weisse Flecken-Politik" in den vergangenen Jahren. Es wurde dabei exportunabhängig darauf geachtet, die gesamte Weltkarte möglichst weitgehend mit Verkaufsstellen, und wenn immer vertretbar, auch mit lokalen Produktionssstätten zu besetzen, ohne Rücksicht auf die heimischen Exportchancen.

Eine weitere Ermittlung gemäss den gewählten Firmengrössen-Kategorien zeigt, dass es vorwiegend die grösseren Firmen sind, die sich nicht gewinntragende Auslandproduktionsstätten leisten. V.a. von Grossfirmen wird diesbezüglich ins Feld geführt, dass dafür die Zulieferungen aus dem Stammhaus und den Tochtergesellschaften gewinnträchtig sind. Ein Vergleich hat sich dementsprechend auf die gewinn- und zulieferungslosen Auslandproduktionsstätten zu konzentrieren:

123) In 3 von 42 Unternehmen konnte keine Exportgrösse erhoben werden.

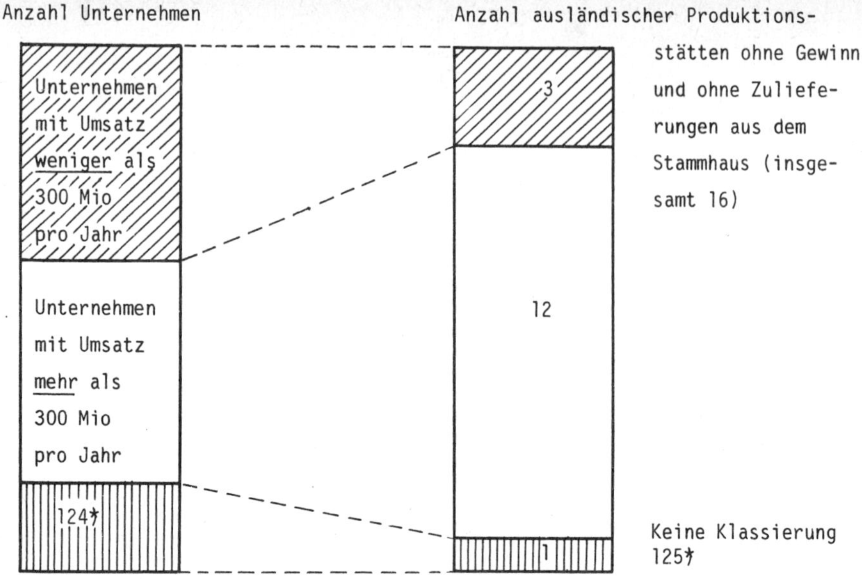


Abb. 2.19.: Korrelation Firmengrösse zu gewinn- und zulieferungslosen Produktionsstätten im Ausland

### 2.3.4.4.2. Der Einfluss der Art von Unternehmungsführung

Bezüglich Unternehmungsführung lässt sich lediglich eine Differenzierung vornehmen nach

- Unternehmen, die noch durch den/die Gründer oder durch seine/ihre Familienangehörigen geführt werden.
- Unternehmen, in welchen keine Familienangehörigen des/der Gründer mehr aus der Unternehmungsleitung heraus führen (Manager-Unternehmen) 126).

Bezogen auf diese beiden Kategorien der Unternehmungsführung sind besonders die beiden Merkmale 'Motiv zur Errichtung einer ausländischen Produktionsstätte' und 'Gründung/Aufrechterhaltung einer Lokalfertigungsstätte ohne Gewinnerzielung' von Interesse. Es sind dies von den erhobenen Merkmalen pro Auslandproduktionsstätte jene beiden Grössen, die in einem Familienbetrieb am ehesten eine spezifische Behandlung erwarten lassen:

---

124* Von 7 der 42 befragten Firmen waren keine Gesamtumsatzzahlen erhältlich.

125* infolge fehlender Angaben des Umsatzes durch das befragte Unternehmen

126) Die drei Grossunternehmen, die zwar in der Unternehmungsspitze noch Familienangehörige haben, aber aufgrund ihres Umsatzes von über 1,2 Mia Fr. eher den Charakter eines Mgtm-Unternehmens aufweisen, sind ebenfalls in dieser Kategorie eingestuft (Bsp. Sulzer).

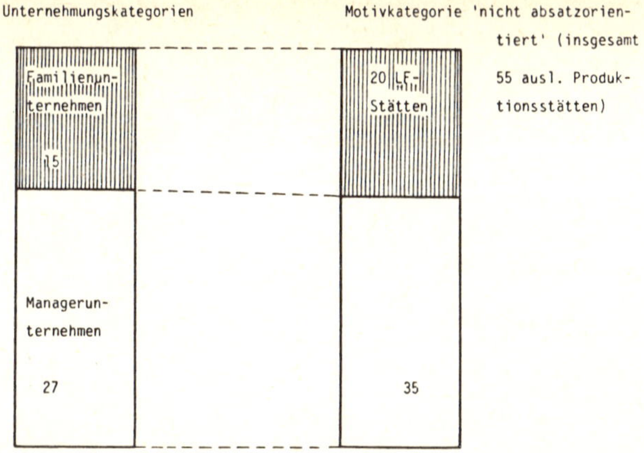


Abb. 2.20.: Familienunternehmen versus nicht absatzmotivierte Ausland-Produktionsstätten

Diese Gegenüberstellung lässt demgemäss keine spezifische Sonderstellung in den Familienunternehmen bezüglich Motivstruktur zur Errichtung von Auslandproduktionsstätten zu.

Die Analyse bezüglich gewinnlosen Auslandfertigungsstätten zeigt hingegen eine Sonderstellung der Manager-Unternehmen:

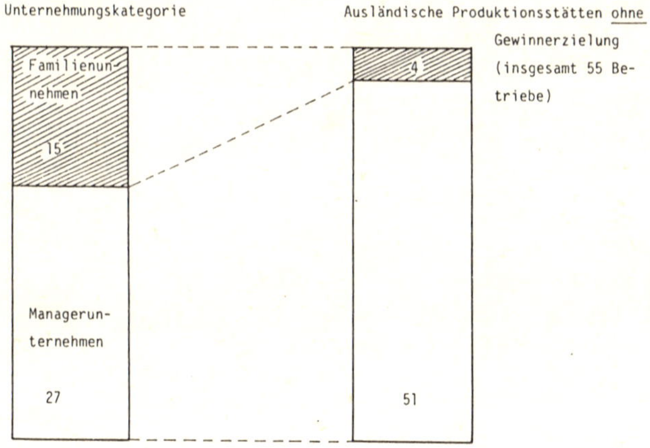


Abb. 2.21.: Familienunternehmen/Managerunternehmen versus gewinnlose Auslandproduktionsstätten

Diese Gegenüberstellung erhärtet die vielfach zu hörende Auffassung, dass Familienunternehmen viel mehr daran setzen, ihre Aktivitäten auf gewinnträchtige Bereiche zu konzentrieren.

### 2.3.4.4.3. Der Einfluss von länderspezifischen Marktbedingungen auf den Impuls zur Errichtung von Lokalfertigungsstätten

Es ist anzunehmen, dass sich die Motive zur Gründung einer ausländischen Produktionsstätte mindestens pro Kontinent, wenn nicht sogar pro Land in unterschiedlichen Massen konzentrieren:

Anzahl errichtete Produktionsstätten

| Region | Länder \ Motive | absatzorientiert | kosten-/ertragsorientiert | technologieorientiert | kapazitätsorientiert | ausserökonomische Orientierung |
|---|---|---|---|---|---|---|
| Europa | Austria | 6 | 1 | | 3 | 2 |
| | Belgien | 4 | 1 | | | |
| | Dänemark | 3 | | | | |
| | Deutschland | 30 | 5 | 2 | 6 | |
| | Finnland | 2 | | | | |
| | Frankreich | 16 | 4 | | 1 | |
| | Griechenland | 2 | 1 | | 1 | |
| | Grossbritannien | 10 | 3 | | | |
| | Irland | 1 | | | | |
| | Italien | 11 | | | 1 | 1 |
| | Luxemburg | 1 | | | | |
| | Niederlande | 9 | | 1 | | |
| | Norwegen | 3 | | | | |
| | Portugal | 2 | 1 | | | |
| | Spanien | 7 | | | | |
| | Schweden | 5 | | | | |
| Amerika | Argentinien | 3 | | | | |
| | Brasilien | 10 | | | | |
| | Canada | 4 | | | | |
| | Chile | 2 | | | | |
| | Columbien | 3 | | | | |
| | Mexico | 5 | 1 | | | |
| | Peru | 2 | | | | |
| | USA | 23 | 5 | 2 | | |
| | Venezuela | 1 | 1 | | | |
| Asien | China | 1 | | | | |
| | Hongkong | | 2 | | | |
| | Indien | 2 | 2 | | | |
| | Japan | 4 | | 2 | | |
| | Philippinen | 1 | | | | |
| | Singapore | | 3 | | | |
| Afrika | Marokko | 1 | | | | |
| | Nigeria | 2 | | | | |
| | Südafrika | 2 | 2 | | | |
| Naher Osten | Agypten | 2 | | | | |
| | Saudiarabien | 2 | | | | |
| AUS | Australien | 4 | 1 | | | |
| | Neuseeland | 1 | | | | |
| | | 187 | 33 | 7 | 12 | 3 |
| | | 242 | | | | |

Tab. 2.16.: Verteilung der Motive zur Errichtung von Lokalfertigungsstätten auf die verschiedenen Länder

Aus dieser Uebersicht lässt sich mindestens ableiten:

- In der Investitionsgüterbranche lässt es sich v.a. in Deutschland, den USA und in Japan an neue technische Problemstellungen und Errungenschaften mittels lokaler Produktionsstätten herankommen.
- Die Ueberbrückung von Personalengpässen wurde in den 70er Jahren ausschliesslich in Europa, vorab in Deutschland, Oesterreich, aber z.T. auch in Frankreich, Italien und Griechenland bewerkstelligt.
- Wie auch in andern Branchen werden die Produktionsstandorte Hongkong und Singapore ausschliesslich dazu gewählt, um kostengünstiger produzieren zu können. Sie sind dementsprechend auch die beiden einzigen Länder, in welchen nicht die absatzmotivierten Lokalfertigungsgründungen überwiegen.
- Erwartungsgemäss konzentrieren sich die Produktionsstandorte aus Gründen der Transportkostenersparnis auf die distanzmässig am weitest entfernt liegenden Gebiete USA, Südafrika und Australien. Eine vielleicht zusätzliche Aussage ist lediglich dahingehend zu sehen, dass auch für die teureren Investitionsgüter diese Transportdistanzen anscheinend zu ausschlaggebenden Kostenanteilen führen können.
- In Europa wurden ausserhalb der direkten Nachbarländer aus Gründen der Arbeitskostenreduktion v.a. England, Griechenland und Portugal anvisiert. Irland konnte bisher trotz umfangreichen Werbekampagnen keine genügend grosse Anziehungskraft ausüben. Grossbritannien erzielte mehr Erfolg mit Finanzierungshilfen für lokal anzusiedelnde Fabrikationsbetriebe als Irland mit seinen weltweit bekannten Kampagnen.
- Eine ausgesprochen hohe Attraktivität als Absatzmärkte erzielten bis heute v.a. Deutschland (30 Lokalfertigungs-Gründungen), USA (23), Frankreich (16), Italien (11), Grossbritannien (10), Brasilien (10). Am ehesten erstaunt die Ablösung des Exportes in direkte Nachbarländer durch dortige Lokalfertigungsstätten, d.h. 63 von insgesamt 242 erhobenen Untersuchungseinheiten = 26 %. Bedenkt man aber, dass davon die Mehrzahl (94 %) mit Gewinn oder mindestens mit Zulieferungen aus dem Stammhaus lebt, dann lassen sich diese Schritte wohl kaum als unvertretbar darstellen.

#### 2.3.4.4.4. Der Einfluss des Lokalfertigungs-Motivs auf die Grösse der Lokalfertigungsstätte

Eine diesbezüglich klare Korrelation besteht dahingehend, dass alle 127) Lokalfertigungsstätten, die per 1980 mehr als 150 Mio Fr. Umsatz und mehr als 2000 Beschäftigte auswiesen aus absatzpolitischen Motiven errichtet wurden. Umgekehrt formuliert führt dies zur Feststellung, dass die aus Absatzorientierung gegründeten Auslandproduktionsstätten am ehesten den Keim für ein überdurchschnittliches Wachstum in sich tragen. Im folgenden Bild wird dies v.a. im Vergleich der Umsatzgruppen 128) 7,6 - 75 Mio und mehr als 75 Mio bestätigt: 129)

---

127) mit nur einer Ausnahme

128) vgl. analoge Gruppierung in Abb. 2.13., Kap. 2.3.4.3., ad e)

129) Weitere Aussagen sind in dieser Hinsicht deshalb wohl nicht möglich, weil sich die Alterskategorien der LF-Stätten hier überlagern und dies doch wohl auch ein wichtiger Faktor der Grössenentwicklung darstellt (vgl. hiezu auch Kap. 2.3.4.5.4.).

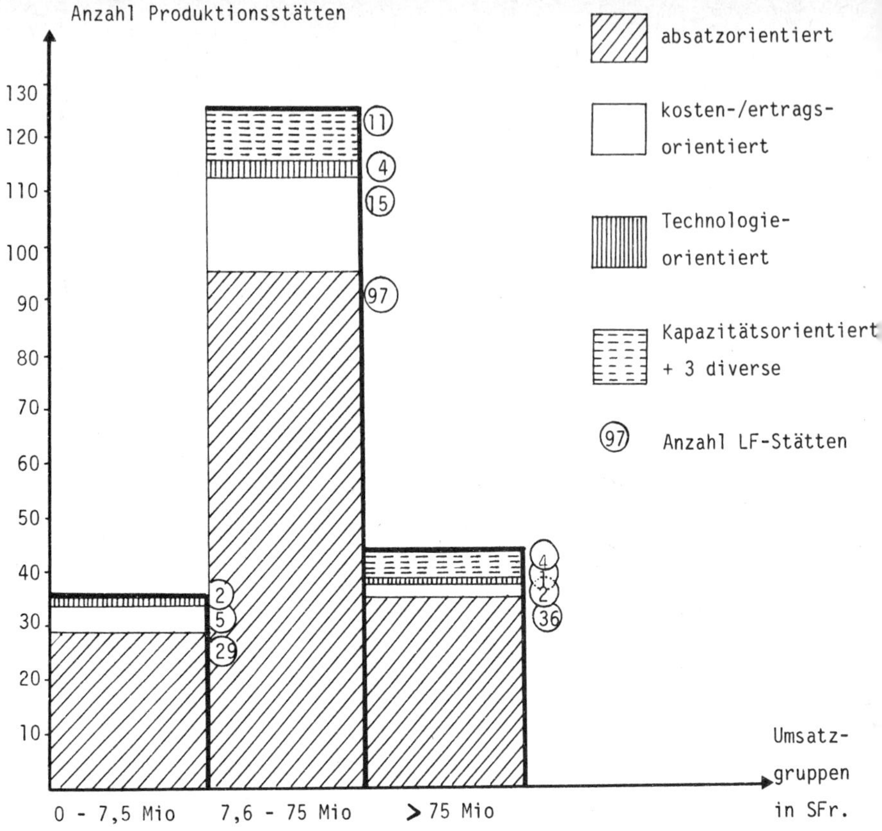


Abb. 2.22.: Korrelation von LF-Erichtungsmotiv und LF-Grösse

### 2.3.4.5. Trends in der Entwicklung der Errichtung von Lokalfertigungsstätten

In diesem Kapitel sollen Zusammenhänge erfasst werden, die sich auf der Zeitachse darstellen lassen. Trends im Sinne von zeitbezogenen Schwerpunkten, d.h. nach Kienle: "Grundrichtung einer wirtschaftlichen Entwicklung über längere Zeiträume" 130).

#### 2.3.4.5.1. Zeitlicher Verlauf der Produktionsstätten-Errichtung

Die rein zeitliche Verteilung der Produktionsstättengründung präsentiert sich anzahlmässig wie folgt:

---

130) Kienle (Fremdwörterlexikon) 461

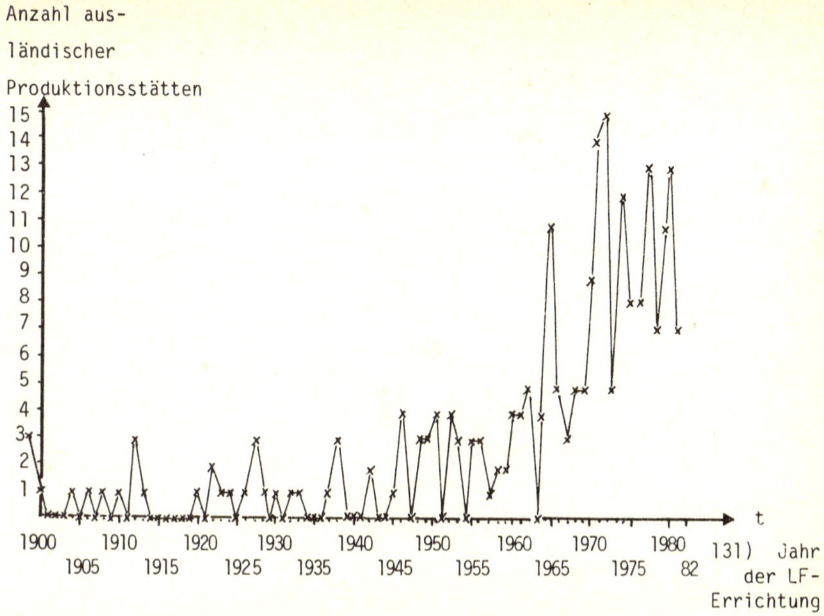


Abb. 2.23.: Die Verteilung der LF-Errichtungen auf der Zeitachse

Diese Trendaufzeichnung bestätigt, dass der grosse wirtschaftliche Aufschwung mit den Sechzigerjahren begonnen hat. Bis 1981, dem letzten Erhebungsjahr, ist die Zahl neuer Auslandfertigungsstätten immer noch in den oberen Reihen, wenn auch nicht mehr in den Spitzenrängen der Hochkonjunktur vertreten.

### 2.3.4.5.2. Veränderung der Beweggründe zur Lokoalfertigungsstätten-Errichtung auf der Zeitachse

Gruppiert nach den vier bisher verwendeten Motivkategorien zeigt sich auf der Zeitachse die folgende Entwicklung:

131) Von den 242 erfassten LF-Stätten sind 5 im Jahre 1982/83 bezugsbereit.

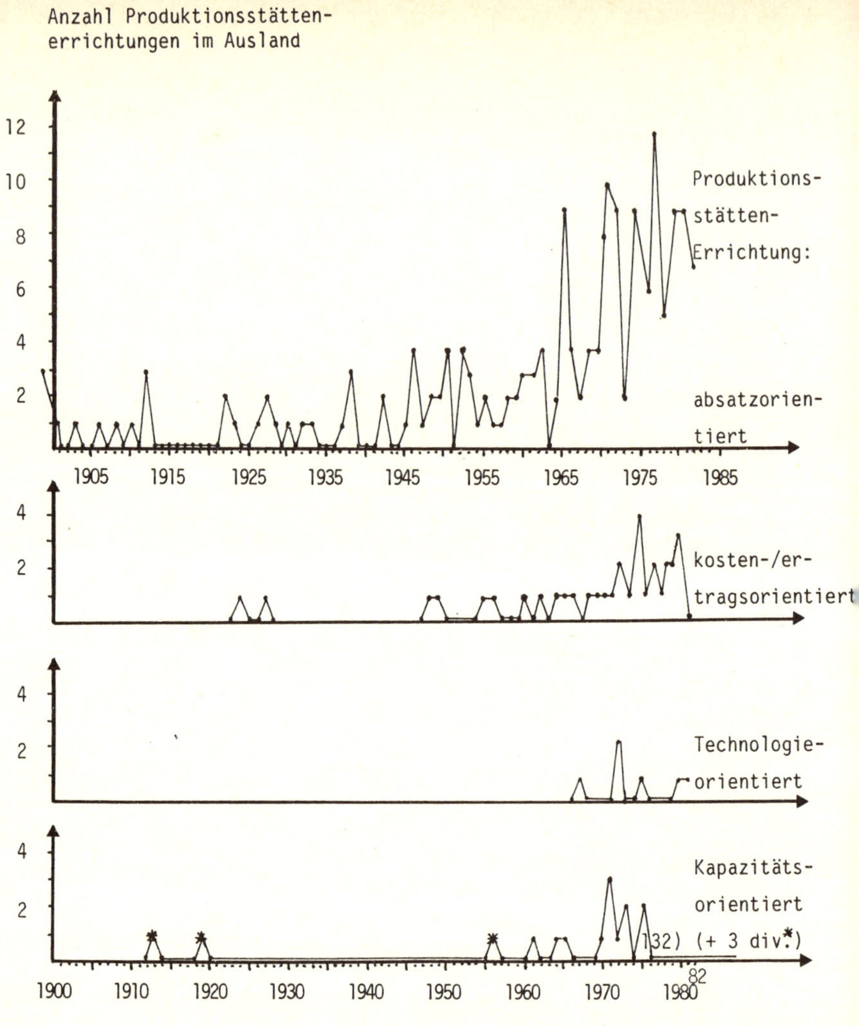


Abb. 2.24.: Die Errichtung von Lokalfertigungsstätten auf der Zeitachse, gruppiert nach Gründungsmotiven

Die Differenzierung nach Motivgruppen bringt zum Ausdruck,

- dass rund um die Weltkriege auch die Initiativen für die Errichtung von absatzorientierten Lokalfertigungsstätten weitgehend gefehlt haben.
- dass der eigentliche Boom für absatzorientierte Lokalfertigungsgründungen 1965 einsetzte.
- dass die kostenorientierten Lokalfertigungserrichtungen erst ab

132) Von den 242 erfassten LF-Stätten sind 5 in den Jahren 1982/83 bezugsbereit.

1972 in der Mehrzahl auftreten.

- dass keine Produktionsstättengründung aus einer bestimmten Technologieorientierung vor 1967 vorgenommen wurde; 1967 ist damit quasi als Beginn der Technologie-Adaption über die Grenzen hinweg zu werten.
- dass sich die Lokalfertigungserrichtungen aus Gründen der Personalknappheit v.a. über den Zeitraum zwischen 1970 und 1975, also über das Ende der Hochkonjunktur erstreckten und jetzt wohl endgültig mit dem angebrochenen Zeitalter der Arbeitslosigkeit der Vergangenheit angehören.

**2.3.4.5.3. Trends von neuen Lokalfertigungsstätten in bestimmten Ländern auf der Zeitachse**

Vor einer länderspezifischen Darstellung soll ein Blick über die Kontinente einen grösseren Bezugsrahmen bilden. Ueber die Abschnitte von Fünf-Jahres-Perioden betrachtet, ergibt sich diesbezüglich folgende Sequenz: 133)

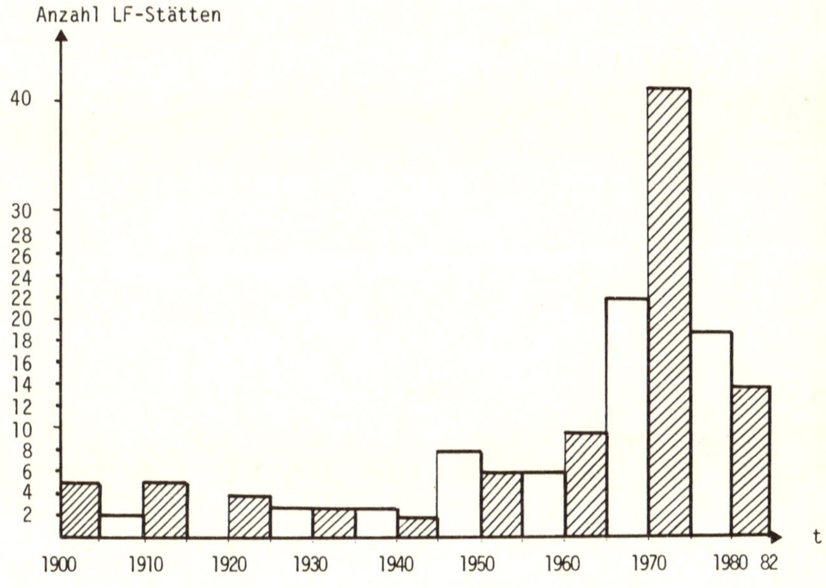


Abb. 2.25.: LF-Errichtungen in Europa auf der Zeitachse

133) Für den Zeitabschnitt 1980 - Mitte 1982 wurden 26 LF-Stätten erfasst. Aufgerechnet auf ebenfalls 5 Jahre wurde der Faktor 2 gewählt (80/81 + ½ 82 = 2,5 Jahre, 5 Jahre = mal 2) um zu einer vergleichbaren Grösse zu kommen. Das Total ist damit 268 statt eff. 242 (=242 + 26).

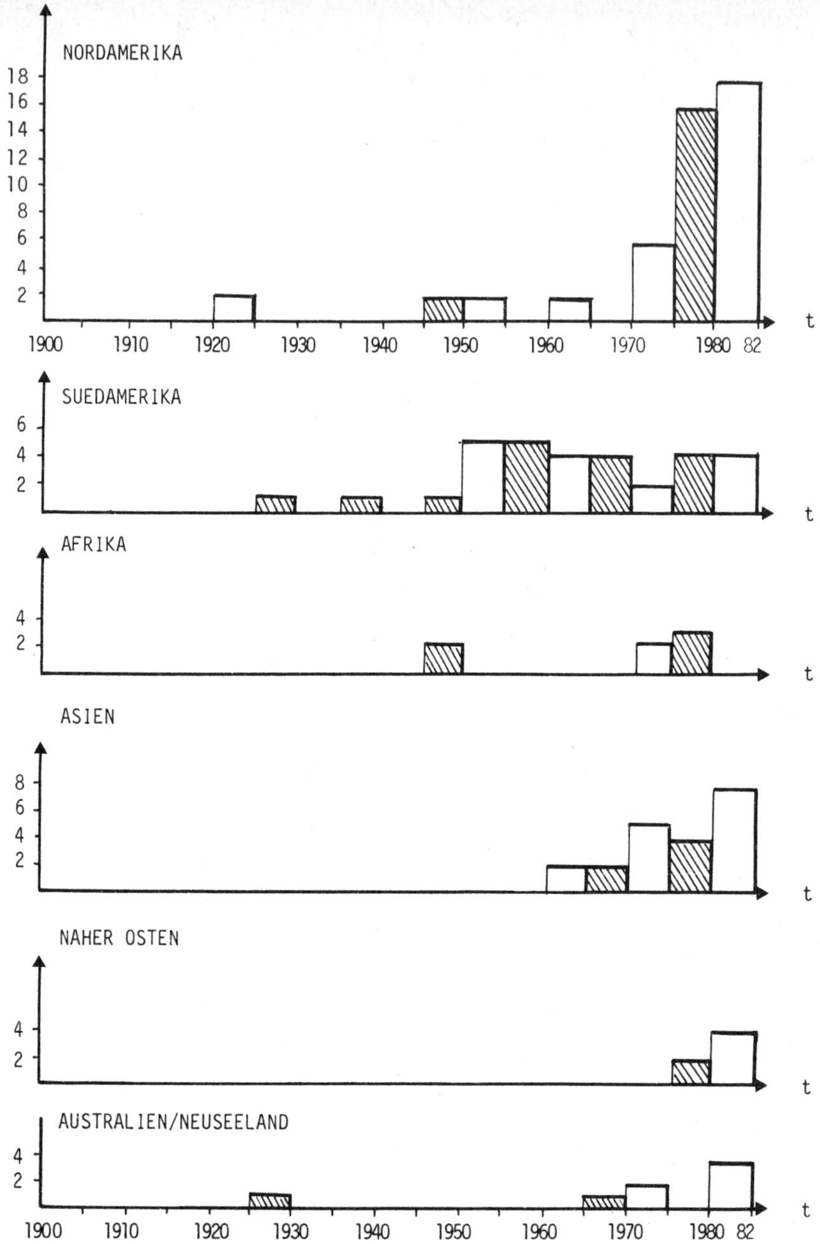


Abb. 2.26.: Aussereuropäische Trends der LF-Errichtungen auf der Zeitachse

Diese Uebersicht führt zu den folgenden Feststellungen:

- Die Errichtung von Auslandproduktionsstätten war bis zum Ende des Zweiten Weltkrieges auf Europa konzentriert (mit nur vier Ausnahmen).
- Eine produktionsmässige Ausdehnung ausserhalb der Schweiz, aber innerhalb Europa hatte ihren eigentlichen Boom wohl zwischen 1965 und 1980.
- Eine bedeutende Konzentration auf Nordamerika zeigt sich ab etwa 1975; ein Abklingen dieses Trends ist noch nicht abzusehen.
- Seit 1950 hat von der schweizerischen Investitionsgüterindustrie ausgehend eine relativ kontinuierliche Ausdehnung auf Südamerika stattgefunden (Ø 3,85 Lokalfertigungsstätten pro Jahr).
- Ein wesentlich weniger kontinuierlicher Verlauf scheint sich bezüglich Asien abzuzeichnen, in einer Marktregion also, die v.a. in den letzten Jahren durch ihr eigenes Wachstum auffiel und damit eine zusätzliche Anziehungskraft auszuüben vermag.
- Afrika erzielte bis jetzt, mit insgesamt 7 von 242 Produktionsstätten auf die schweizerische Investitionsgüterindustrie als Kontinent keine Magnetwirkung. Einzig Südafrika mit 4 von diesen 7 Lokalfertigungsstätten bewegt sich im Rahmen anderer aussereuropäischer Länder.
- Der Nahe Osten wurde von der schweizerischen Investitionsgüterindustrie erst seit 1975 in die Liste der Auslandproduktionsstandorte aufgenommen. Neuerdings verstärkt sich die Anziehung aus dieser Richtung wohl durch das gestiegene Selbstbewusstsein dieser in neuester Zeit sehr devisenträchtigen Region.
- Australien/Neuseeland zeigen als vielleicht einzige Region keinen kategorischen Trend; die Hochrechnung für den Zeitabschnitt 1980-82 mit dem Faktor 2 ist deshalb vielleicht gerade hier am wenigsten zutreffend und mit Vorbehalt aufzunehmen.

In der länderspezifischen Betrachtung fallen mit aussergewöhnlichen Trends v.a. Deutschland, Grossbritannien, Griechenland, Brasilien, die USA, Japan und Singapore/Hongkong auf:

- Deutschland ist einer der ältesten Zielmärkte; trotzdem blieb die Entwicklung nicht kontinuierlich und zeigte auch nach 1965 einen deutlichen Boom.
- Grossbritannien hat für ein europäisches Industrieland seine eigentliche Attraktivität relativ spät entwickelt (auch ab 1965).
- Griechenland wurde nur zwischen 1970 und 1975 als Standort gewählt, v.a. als Folge des Personalengpasses in der Schweiz. Seitdem hat es seine Anziehung gänzlich verloren.
- Brasilien hat innerhalb der Entwicklungs-/Schwellenländer die grösste Konstanz als neugewählter Lokalfertigungsstandort aufzuweisen.
- Die USA geriet erst spät, aber dafür um so intensiver ins Blickfeld der Investoren aus der schweizerischen Investitionsgüterindustrie.
- Japan hat bis heute trotz der enormen Wirtschaftsmacht nicht die Lokalfertigungszahlen aufzuweisen wie die andern grossen Märkte (Deutschland, USA etc.), was wohl eher von Japan bewusst gesteuert

wird als von der Schweiz aus mangelnder Berücksichtigung verursacht wurde.

- Singapore/Hongkong haben naturgemäss erst nach 1970 Lokalfertigungen mit der Unterstützung schweizerischer Investitionsgüterproduzenten aufgebaut. Dies geschah v.a. im Zuge der vermehrten Kostenorientierung bei der Komponentenherstellung zuhanden der Investitionsgüterhersteller.

Ein Ueberblick über die Errichtung von Lokalfertigungen in den einzelnen Standortländern auf der Zeitachse zeigt das folgende Bild:

| | Anzahl errichteter Auslandproduktionsstätten | | | | | | | | | | | | | | | | | |
|---|---|---|---|---|---|---|---|---|---|---|---|---|---|---|---|---|---|---|
| | Zeitachse / Länder | 1900–05 | 05–10 | 10–15 | 15–20 | 20–25 | 25–30 | 30–35 | 35–40 | 40–45 | 45–50 | 50–55 | 55–60 | 60–65 | 65–70 | 70–75 | 75–80 | 80–82 |
| Europa | Austria | | 3 | | | | | | | | | 2 | 2 | | 2 | 2 | 1 | |
| | Belgien | | | | | | 1 | | | | 1 | | | 1 | 1 | 1 | | |
| | Dänemark | | | | | | | | | | | | | | | 2 | 1 | |
| | Deutschland | 2 | 1 | 1 | | 1 | | 1 | | 2 | 1 | 1 | 1 | 4 | 8 | 12 | 6 | 2 |
| | Finnland | | | | | | | | | | | | | | | 2 | | |
| | Frankreich | 1 | | | | 2 | 1 | | 1 | | 1 | 1 | | 2 | 4 | 4 | 3 | 1 |
| | Grossbritannien | | | 1 | | | | 2 | | | | | | 1 | 2 | 2 | 5 | 1 |
| | Griechenland | | | | | | | | | | | | | | | 4 | | |
| | Irland | | | | | | | | | | 1 | | | | | | | |
| | Italien | 1 | | | | 1 | 1 | | 1 | | 2 | 1 | | 1 | 2 | 3 | | |
| | Luxemburg | | | | | | | | | | | | | | | | 1 | |
| | Niederlande | | | | | | | | | | 1 | | 2 | | 1 | 5 | | 1 |
| | Norwegen | | 1 | | | | | | 1 | | | | | | | 1 | | |
| | Portugal | | | | | | | | | | 1 | | | | | | 2 | |
| | Spanien | 1 | | | | | | | | | | 1 | 1 | | 2 | | | 2 |
| | Schweden | | | | | | | | | | | | | 1 | | 3 | | |
| Amerika | Argentinien | | | | | | 1 | | | | | 1 | | | 1 | | | |
| | Brasilien | | | | | | | | 1 | | | 2 | 1 | | 2 | 1 | 2 | 1 |
| | Canada | | | | | | | | | | | | | | | | 2 | 2 |
| | Chile | | | | | | | | | | | | | 1 | | | 1 | |
| | Columbien | | | | | | | | | | | 1 | 1 | 1 | | | | |
| | Mexico | | | | | | | | | | 1 | | 2 | 1 | | | 1 | 1 |
| | Peru | | | | | | | | | | | | 1 | 1 | | | | |
| | USA | | | | | 1 | | | | | 1 | 1 | | 1 | | 5 | 14 | 7 |
| | Venezuela | | | | | | | | | | | 2 | | | 1 | | | |
| Asien | China | | | | | | | | | | | | | | | | | 1 |
| | Hongkong | | | | | | | | | | | | | | | 1 | 1 | |
| | Indien | | | | | | | | | | | | | 1 | 1 | 1 | | 1 |
| | Japan | | | | | | | | | | | | | 1 | 1 | 1 | 1 | 2 |
| | Philippinen | | | | | | | | | | | | | | | | 1 | |
| | Singapore | | | | | | | | | | | | | | | 2 | 1 | |
| Afrika | Marokko | | | | | | | | | | | | | | | | 1 | |
| | Nigeria | | | | | | | | | | | | | | | | 2 | |
| | Südafrika | | | | | | | | | | 2 | | | | | 2 | | |
| Naher Osten | Ägypten | | | | | | | | | | | | | | | | 1 | 1 |
| | Saudiarabien | | | | | | | | | | | | | | | | 1 | 1 |
| AUS | Australien | | | | | | 1 | | | | | | | | 1 | 1 | | 2 |
| | Neuseeland | | | | | | | | | | | | | | | 1 | | |

Tab. 2.17.: Uebersicht über die länderspezifischen LF-Errichtungen auf der Zeitachse

### 2.3.4.5.4. Die Verteilung der Lokalfertigungsstätten-Grösse auf den Industrialisierungszeitraum

Aus der folgenden Grafik soll ersichtlich werden, ob ältere Lokalfertigungsstätten tendenziell grösser geworden sind als solche, die erst in den letzten Jahren errichtet wurden; oder ob hier kein entsprechender Zusammenhang besteht.

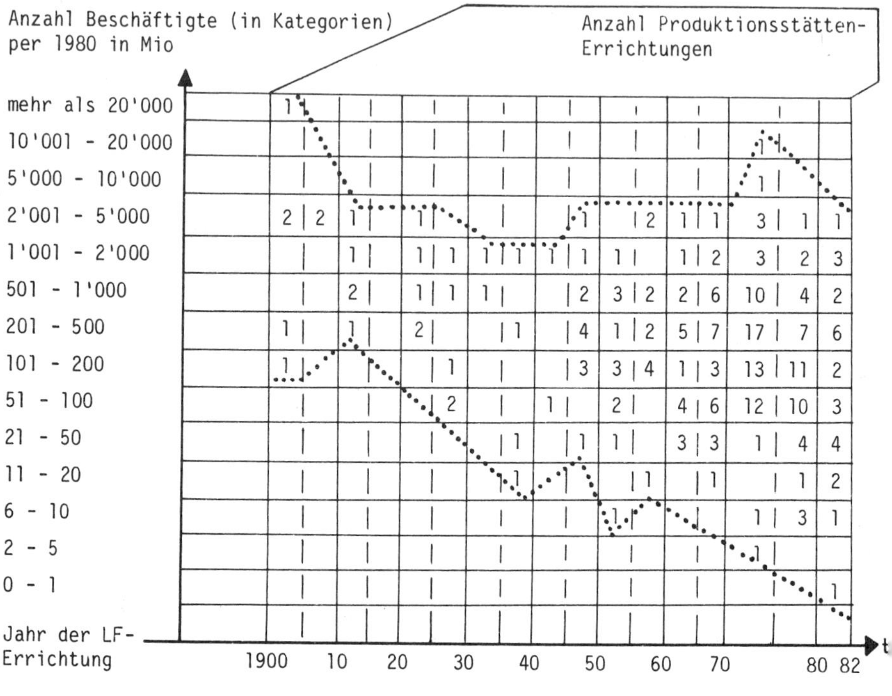


Tab. 2.18.: Grössentrends im Verhältnis zum Alter der LF-Stätten anhand von LF-Beschäftigtenzahlen

Ein Blick v.a. auf den Rand der Bandbreite bestätigt die Vermutung, dass mit dem zunehmenden Alter einer Lokalfertigungsstätte auch ihre Grösse zunimmt, so dass die kleineren Lokalfertigungsstätten eher jüngeren Ursprungs sind. Diese allgemeine Tendenz scheint ihre Gültigkeit v.a. in den letzten Jahren etwas eingebüsst zu haben, als Akquisitionen von bereits bestehenden Betrieben überproportional zugenommen haben (vgl. Kap. 2.3.4.5.5.).

### 2.3.4.5.5. Trends in der Bestimmung der Engagementform

Allgemein bekannt ist die Tatsache, dass die Gesellschaftsform des Joint-Ventures in ihrer Verwendung jüngeren Datums ist. Wie sich jedoch die Bevorzugung der verbleibenden Engagementformen zur Aufnahme einer Produktionsstätte im Ausland gestaltet, wird in der Literatur nicht verfolgt. Diese Lücke soll hier soweit als möglich geschlossen werden: 134)

| Engagementform | Anzahl Produktionsstätten-Errichtungen | | | | | | | | | | | | | | | | |
|---|---|---|---|---|---|---|---|---|---|---|---|---|---|---|---|---|---|
| Neugründung | | 4 | 1 | 4 | | 4 | 5 | 3 | 4 | | 9 | 9 | 8 | 15 | 11 | 22 | 12 | 6 |
| Akquisition<br>- mit Ausbau | | 1 | 1 | 1 | | 1 | | | | 2 | 3 | 1 | 1 | 1 | 11 | 21 | 16 | 5 |
| - ohne Ausbau | | | | | | | | | | | | 1 | 1 | 1 | 4 | 8 | 7 | 5 |
| Joint-Ventures | | | | | | | | | | | | 1 | 1 | | 2 | 4 | 13 | 7 |
| Subcontracting | | | | | | | | | | | | | | | 1 | 1 | | 3 |
| | | 1900 | | 1910 | | 1920 | | 1930 | | 1940 | | 1950 | | 1960 | | 1970 | | 1980 82 → t |

Tab. 2.19.: Die Bevorzugung der einzelnen Engagementformen auf der Zeitachse

Aus der Uebersicht lässt sich ablesen,

- dass der Schweizer Investor solange als möglich die Neugründung und die Akquisition gewählt hat. Gemäss entsprechenden Aussagen wurde damit versucht, das Selbstbestimmungsrecht solange als möglich zu erhalten. Erst die im Protektionismus-Kapitel aufgezeigten Zwangssituationen vermochten hier seit den Siebzigerjahren einzubrechen.
- dass die Form der Neugründung bis 1965 stets in erheblicher Ueberzahl vor allen anderen Engagementformen war.
- dass sich seit 1965 die Anzahl von Neugründungen und die Anzahl von Akquisitionen mit anschliessendem Ausbau stets etwa die Waage zu halten vermochten.
- dass die Gesamtzahl der Akquisitionen seit 1965 die Anzahl Neugründungen überflügelt hat.
- dass ein vermehrtes Eingehen von Joint-Ventures erst ab 1970 einsetzte und noch keineswegs einen abnehmenden Trend eingeschlagen hat.
- dass die Benützung des Subcontracting bis jetzt keine grosse Bedeutung annahm, aber eine Engagementform sein mag, die in Zukunft an Bedeutung noch zunimmt, etwa im Ausmass der Zunahme der 'local content'-Forderung. Mit dieser Form können v.a. kleinere und mittlere Unternehmen grösseren, längerfristigen Verbindlichkeiten ausweichen und trotzdem den gestellten Forderungen nachkommen.

---

134) Die Vergabe von Lizenzen wurde hier nicht erfasst. Das Eingehen von "nur" finanziellen Beteiligungen und das Gründen von "nur" Beratungsgesellschaften im Ausland wurde von der schweizerischen Investitionsgüterindustrie nicht realisiert.

### 2.3.4.5.6. Trendanzeige bezüglich Zielmärkten anhand von Lokalfertigungsprojekten

Eine Trendanzeige bezüglich der Motivkonstellation für zukünftige Lokalfertigungsengagements konnten mit der Tab. 2.14. in Kap. 2.3.4.1. bereits vermittelt werden. Es hat sich dabei gezeigt, dass von den absatzorientierten Erwägungen nur eine unwesentliche Reduktion zu erwarten ist: Bisher 77,3 %, zukünftig 75 %. Bei den kosten-/ertragsorientierten Lokalfertigungsprojekten ist hingegen eher mit einer Zunahme zu rechnen (bisher rund 14 %, zukünftig 20 %); dies zulasten der oben erwähnten absatzorientierten sowie zulasten der kapazitätsorientierten (bisher 5 %, zukünftig 2,5 %) und der ausserökonomisch motivierten (bisher 1,2 %, zukünftig 0).

Von den 43 in der Umfrage geäusserten Projekten wurden 9 nicht lokalisiert. Kontinental betrachtet, verteilen sich die genannten Projekte folgendermassen:

| | | | |
|---|---|---|---|
| Asien | 11 | Projekte | |
| Südamerika | 9 | Projekte | |
| Nordamerika | 8 | Projekte | |
| Westeuropa | 3 | Projekte | (alle in Portugal) |
| Afrika | 2 | Projekte | |
| Osteuropa | 1 | Projekt | |
| | 34 | Projekte | |

Mit einer Mehrzahl von Projekten sind dabei die folgenden Länder vertreten:

| | |
|---|---|
| USA | 7 |
| Japan | 4 |
| Mexiko | 4* |
| Brasilien | 3 |
| Portugal | 3 |
| Korea | 2 |

Die folgenden Länder sind als Projektländer in der schweizerischen Investitionsgüterindustrie mit je einem Projekt vertreten: Ungarn, Canada, Nigeria, Agypten, Indien, Malaysia 135).

Die bereits in Kap. 2.3.4.5.3. geäusserte Vermutung wird mit dieser perspektivischen Ermittlung untermauert, wonach Europa als Ziel und Standort für Lokalfertigungsstätten seine "Boom-Jahre" hinter sich hat. Die oben erwähnte Verschiebung zu vermehrt kosten-/ertragsorientierten Lokalfertigungsprojekten scheint sich in einer ersten Phase z.B. auf die Länder Portugal und Korea zu konzentrieren.

### 2.3.4.6. Schwerpunkte der Errichtung von Lokalfertigungsstätten

Innerhalb der vier hier gewählten Gruppierungen nach Korrelationen, Trends, Schwerpunkten und Abhängigkeiten sind die Schwerpunkte wie

---

* Hier ist nachträglich ein Vorbehalt nötig: Mexiko als Zielmarkt wurde erhoben bevor im Frühling 1983 eine weitestgehende Ueberschuldung dieses Landes bekannt wurde.

135) Fünf Nennungen erfolgen nur mit der Angabe des Kontinentes und nicht mit einer Landesbezeichnung.

folgt zu verstehen: Sie zeigen lediglich Konzentrationen auf, sofern vorhanden, ohne dass direkt ein Kausalzusammenhang vor der Gegenüberstellung von zwei Merkmalen ersichtlich ist. Es gibt also negativ formuliert keine a priori Abhängigkeiten oder Korrelationen; es wird damit eher das Ziel verfolgt, a posteriori aufgrund hervorgetretener Schwerpunkte solche Kausalzusammenhänge zu entdecken.

#### 2.3.4.6.1. Länder-Schwerpunkte bezüglich Lokalfertigungsquantität

Zur Ermittlung diesbezüglicher Schwerpunkte bietet sich das Mittel der Länder-Rangfolge an:

| Land | Anzahl LF-Stätten | %-Anteil von Total 242 |
|---|---|---|
| Deutschland | 43 | 18 |
| USA | 30 | 12 |
| Frankreich | 21 | 9 |
| Grossbritannien | 14 | 6 |
| Italien | 13 | 5 |
| Oesterreich | 12 | 5 |
| Niederlande | 10 | 4 |
| Brasilien | 10 | 4 |
| Spanien | 7 | 3 |
| Mexiko | 6 | 2 |
| Japan | 6 | 2 |
| Belgien | 5 | 2 |
| Australien | 5 | 2 |
| | | = 74 % |

Bezüglich der Länderschwerpunkte lässt sich demzufolge erkennen:

- Die vier unmittelbaren Nachbarländer der Schweiz gehören zu den sechs meistgewählten Ländern für Ausland-Produktionsstandorte. Ohne dass dies in der Motivanalyse zum Ausdruck kam, scheint damit die unmittelbare Nähe des neuen Standortes ausschlaggebend gewesen zu sein. Es mag diesbezüglich die Chance der Bewältigbarkeit nicht unwesentlich mitgespielt haben. Zudem wird kaum ein Unternehmen als ersten Auslandengagement-Versuch einen solchen in Uebersee an die Hand nehmen, ohne vorher mindestens einen erfolgreichen Test in unmittelbarer Nähe hinter sich gebracht zu haben. Eine anzahlmässige 'Bevorzugung' von Europa ergibt sich damit von selbst.
- Auch diese Aufstellung kann gut sichtbar die Priorität der absatzorientierten Lokalfertigungs-Errichtung untermauern: Die Länder mit verheissungsvollen Absatzmärkten sind gegenüber weniger grossen Märkten bevorzugt worden:

| | |
|---|---|
| Deutschland, USA, Frankreich, Grossbritannien | gegenüber z.B. Spanien, Canada, Ungarn, Portugal etc. |
| Brasilien, Mexico | gegenüber z.B. Peru, Columbien, Algerien etc. |
| Japan (in Zunahme begriffen) | gegenüber z.B. Neuseeland, Pakistan, Thailand etc. |

- Die typischen Niedriglohnländer, z.B. Taiwan, Singapore, Malaysia etc., wie sie etwa von der Textilindustrie in starkem Masse anvisiert wurden, sind für die Investoren aus der schweizerischen Investitionsgüterindustrie noch nicht zu Schwerpunktländern geworden.

#### 2.3.4.6.2. Schwerpunkte der umsatzstarken Lokalfertigungsstätten

Als umsatzstarke Lokalfertigungen sollen hier jene bezeichnet werden, die per 1980 einen Jahresumsatz von mehr als 150 Mio Fr. erzielten (insgesamt 24 LF-Stätten). Bezüglich den gewählten Merkmalen Gesamtfirmengrösse, Land des Standortes, Engagementform treffen die folgenden Aussagen zu:

- Bezogen auf die Gesamtfirmengrösse. Nur drei dieser 24 Lokalfertigungsstätten werden von Unternehmen geführt, die insgesamt unter 1 Mia Fr. Umsatz ausweisen. Grosse Lokalfertigungsstätten sind wie vermutet und ermittelt hauptsächlich von Grossunternehmen gehalten.
- Bezogen auf das Land des Produktionsstandortes. 20 der 24 grössten Lokalfertigungsstätten befinden sich in den sechs meistgewählten Produktionsstandorten (vgl. Kap. 2.3.4.5.1.), d.h. in Deutschland, in den USA, in Frankreich, Grossbritannien, Italien und Oesterreich. Es sind damit wiederum die vier Nachbarländer sowie die beiden grössten Marktpotentiale für Investitionsgüter, also Deutschland und die USA in dieser Mehrheit enthalten.
- Bezogen auf die Engagementform lassen sich hingegen keine eindeutigen Schwerpunkte feststellen. Die Neugründungen und die Akquisitionen mit Ausbau halten sich mit je 9 Lokalfertigungen (je 38 %) die Waage, während Akquisitionen ohne Ausbau mit 4 (16 %) und Joint-Ventures mit der Zahl 2 (8 %) vertreten sind.

#### 2.3.4.6.3. Länderspezifische Schwerpunkte in bezug auf die eingegangenen Engagementformen

Die erhobenen 117 Neugründungen von Produktionsstätten im Ausland, die 92 Akquisitionen, die 28 Joint-Ventures und die 5 Subcontractings verteilen sich über die Länder wie folgt:

| Engagementform / LF-Standort-Länder | Neugründung | Akquisition | Joint-Venture | Subcontracting |
|---|---|---|---|---|
| Austria | 7 | 4 | 1 | |
| Belgien | 4 | 1 | | |
| Dänemark | | 3 | | |
| Deutschland | 18 | 25 | | |
| Finnland | 1 | 1 | | |
| Frankreich | 9 | 9 | | 3 |
| Grossbritannien | 8 | 6 | | |
| Griechenland | 3 | 1 | | |
| Irland | 1 | | | |
| Italien | 6 | 7 | | |
| Luxemburg | 1 | | | |
| Niederlande | 5 | 5 | | |
| Norwegen | 1 | 2 | | |
| Portugal | 1 | 1 | 1 | |
| Spanien | 3 | 2 | | 2 |
| Schweden | 1 | 3 | | |
| Canada | 1 | 2 | 1 | |
| USA | 13 | 14 | 3 | |
| Argentinien | 2 | 1 | | |
| Brasilien | 7 | 2 | 1 | |
| Chile | 1 | | 1 | |
| Columbien | 2 | | 1 | |
| Mexico | 4 | | 2 | |
| Peru | 2 | | | |
| Venezuela | 2 | | | |
| Marokko | 1 | | | |
| Nigeria | | | 2 | |
| Südafrika | 4 | | | |
| Agypten | | 1 | 1 | |
| Saudiarabien | | | 2 | |
| China | | | 1 | |
| Hongkong | 1 | | 1 | |
| Indien | 1 | | 3 | |
| Japan | 1 | | 5 | |
| Philippinen / Singapore | - / 2 | | 1 / 1 | |
| Australien | 3 | 2 | | |
| Neuseeland | 1 | | | |
| | 117 | 92 | 28 | 5 |

Tab. 2.20.: Länderspezifische Verteilung eingegangener Engagementformen

In bezug auf die länderspezifische Wahl der Engagementform lassen sich lediglich die folgenden Schwerpunkte erarbeiten:

- Die zwei einzigen Länder, die mehr als zwei Lokalfertigungsstätten, aber nur eine Engagementform aufweisen sind Dänemark (3 Akquisitionen) und Südafrika (4 Neugründungen). Sucht man nach Begründungen hiezu, so mögen sie dahingehen, dass Dänemark bisher zuwenig attraktiv erschien, um dort das Wagnis einer Neugründung auf sich zu nehmen, aber doch interessant und entwickelt genug, um sich ohne grössere Anstrengungen in den bestehenden Markt zu setzen. Südafrika seinerseits hatte zum gegebenen Zeitpunkt wohl nichts Geeignetes zur Uebernahme vorzuweisen, zeigte sich aber andererseits liberal genug, um nicht Joint-Ventures oder Subcontractings zu erzwingen.
- Die Engagementform der Akquisition konzentriert sich v.a. auf die Industrieländer in Europa und in den USA (80 von 92 Lokalfertigungsstätten).
- Mehr Akquisitionen als Neugründungen sind in den Ländern Dänemark, Deutschland, Italien, Norwegen, Schweden, Canada, USA und Agypten anzutreffen, immer bezogen auf die Branche der Investitionsgüterindustrie, bei der ein schweizerischer Hersteller als Investor auftritt.
- Die Form des Subcontracting beschränkte sich bislang auf die beiden Länder Frankreich und Spanien.
- Ein klares Schwergewicht der Engagementform Joint-Venture ist v.a. in Asien festzustellen (12 von 17 Engagements auf jenem Kontinent), wobei Indien und Japan als klare 'Spitzenreiter' hervortreten. Sie setzen anscheinend am konsequentesten durch, dass sich die Industrialisierung nicht ohne ihre Kontrolle entwickelt.
- Das Schwergewicht der Joint-Ventures liegt eindeutig ausserhalb Europas (2 von 28 in Europa) und mehrheitlich in Entwicklungs- und Schwellenländern (17 von 28 Lokalfertigungsstätten).

#### 2.3.4.6.4. Schwerpunkt im Zusammenhang von Gewinnerzielung und Zulieferungen

In der Gegenüberstellung dieser beiden Merkmalsausprägungen ergeben sich die folgenden vier Möglichkeiten:

| | Mit Zulieferungen | Ohne Zulieferungen |
|---|---|---|
| Mit Gewinnerzielung | 116 | 35 |
| Ohne Gewinnerzielung | 39 | 16 |

Die in jedem Feld aufgeführten Ziffern geben die Auslandbetriebe an, die gemäss Erhebung in diese Kategorie fallen 136). In dreien dieser

136) Aussagen über Gewinnerzielung ja/nein waren nur für 206 der 242 LF-Stätten erhältlich.

Felder (116, 39, 35) lassen sich keine spezifischen Schwerpunkte herauskristallisieren. Von besonderem Interesse ist die Zahl der 16 Lokalfertigungsstätten, die ohne lokalen Gewinn und ohne Zulieferungen aus der Schweiz funktionieren und somit jeglicher Ertragsorientierung entbehren. Bestimmt kann sich nicht jedes schweizerische Privatunternehmen solche Töchter leisten, so dass die Natur der damit verbundenen Stammhäuser Aufschluss erheischt:

11 (69 %) dieser 16 gewinn- und zulieferungslosen Auslandproduktionsstätten werden von Grossunternehmen unterhalten, die 1980 einen Umsatz von mehr als 1 Mia SFr. auswiesen. Schwerpunktmässig kann daraus gefolgert werden, dass sich Grossfirmen naturgemäss andere Massstäbe leisten können als mittlere und kleinere Unternehmen.

#### 2.3.4.7. Abhängigkeiten von Entscheidungselementen

In unserer empirischen Erhebung wurden von den 242 bereits bestehenden Auslandproduktionsstätten die folgenden Merkmalsausprägungen erhoben:

- Investierendes Stammhaus,
- Motiv der Errichtung,
- Standortland,
- Jahr der Engagementaufnahme,
- Engagementform,
- Umsatzgrösse per 1980,
- Anzahl Beschäftigter per 1980,
- Lokale Gewinnerzielung,
- Zulieferungen aus der Schweiz.

Abschliessend in diesem Kap. 2.3.4. 'Erhebungsergebnisse' soll noch spezifisch die Frage beantwortet werden, wie sich die von den Investoren beeinflussbaren Grössen nach den gegebenen Bedingungen ausrichten. Zu diesem Zweck ist es notwendig, dass zuerst einmal die abhängigen und unabhängigen Merkmalsausprägungen der Lokalfertigungsstätten auseinandergehalten werden.

##### 2.3.4.7.1. Die Bestimmung der abhängigen und unabhängigen Variablen

Die Unterscheidung nach abhängigen und unabhängigen Variablen wird in diesem unserem Zusammenhang dahingehend getroffen, dass jene Merkmalsausprägungen von Auslandproduktionsstätten, die der Investor nach seinem Entscheid 'to go' direkt noch beeinflussen kann, als abhängige Variablen bezeichnet werden. Demgegenüber gelten die Merkmalsausprägungen die eine Lokalfertigung unabdingbar machen als unabhängige Variable.

Bezogen auf die oben erwähnten acht Merkmalsausprägungen heisst das:

- Investierendes Stammhaus,
- Motiv der Errichtung,
- Standortland,
- Jahr der Engagementaufnahme,

} unabhängige Variable

begründet mit der Tatsache, dass ohne das warum, wo und wann keine Lokalfertigung zustandekommt. Beweggrund, Ort und Zeit werden hier deshalb als unabdingbare Grössen bezeichnet.

- Engagementform,
- Grösse nach Umsatz und Beschäftigten,
- Lokale Gewinnerzielung,
- Zulieferungen aus der Schweiz.

} abhängige Variable

Abhängig sind diese Grössen in zweierlei Hinsicht: Einerseits von den Umweltbedingungen, die z.B. eine Ausprägungsart fordern (Engagementform) oder eine bestimmte Entwicklung zulassen (Umsatzentwicklung, Gewinnerzielung), andererseits vom Investor selbst, der auch nach der Errichtung seiner Lokalfertigungsstätte noch die unternehmerische Freiheit hat, etwas zu gestalten (Grösse, Ausmass der Zulieferungen), je nachdem, wie er seinerseits die Umweltbedingungen beurteilt.

Für die hier aufgeführten abhängigen Variablen soll nun im Anschluss versucht werden, erkennbare wenn-dann-Beziehungen aufzuzeigen.

### 2.3.4.7.2. Die Abhängigkeit der Engagementform

- Im Verhältnis zwischen 'investierendem **Stammhaus**' und den gewählten 'Engagementformen' lassen sich kaum Abhängigkeiten ermitteln. Es ist einzig zu vermerken, dass nur in drei Ausnahmen (3 von 42 Firmen), bei dem ersten Auslandengagement pro Firma eine andere Engagementform als die der Neugründung gewählt wurde.
- Im Zusammenhang '**Motiv** zur Errichtung einer Lokalfertigungsstätte' und 'Engagementform' sticht v.a. hervor, dass die Engagementform 'Akquisition' v.a. dann gewählt wird, wenn es sich um ein absatzorientiertes Motiv handelt: 79 (86 %) von 92 Lokalfertigungen, errichtet in Form von Akquisitionen, sind dem Absatzmotiv zuzuordnen (73 % bei Neugründungen, 69 % bei Joint-Ventures).
- Die 'gewählte Engagementform' ist in mehr als einem 'Standort-**Land**' abhängig von den Bedingungen, welche dieses Land bewusst oder unbewusst gegenüber dem schweizerischen Investor gestellt hat:
  . In Deutschland besteht ein derart liberales Investitionsklima, dass innerhalb der Vielzahl von errichteten Lokalfertigungsstätten nie ein Joint-Venture oder Subcontracting eingegangen werden musste.
  . Südafrika bietet ebenfalls liberale Bedingungen, die stets eine selbst aufgebaute Tochtergesellschaft zuliessen.
  . Wenn der Markt USA im Visier steht, dann ist die Chance beträchtlich, dass zur Realisierung dieser Absichten eine Akquisition möglich ist.
  . In Indien muss mit der Verpflichtung zu einem Joint-Venture gerechnet werden. Ebenso Japan und Saudiarabien scheinen sich in diese Richtung zu entwickeln.
  . Wenn in einem Land in Südamerika oder Asien lokal fabriziert werden will, dann ist die Wahrscheinlichkeit gross, dass einem geforderten Joint-Venture zugestimmt werden muss.
- In der Gegenüberstellung der **'Zeitabschnitte'** von Lokalfertigungsstättenerrichtungen zu den gewählten 'Engagementformen' lässt sich festhalten:

. Je älter die ausländische Produktionsstätte, desto grösser die Wahrscheinlichkeit, dass sie als eigene Tochtergesellschaft gegründet wurde.

. Handelt es sich um eine Akquisition, dann ist sie als im Ausland errichteter 'Stützpunkt' in der Regel nicht älter als momentan 18 Jahre (seit 1965 also).

. Handelt es sich um ein Joint-Venture, dann ist es im Normalfall nicht vor 1974 errichtet worden.

#### 2.3.4.7.3. Die Abhängigkeit der Umsatzgrösse, resp. Beschäftigten-Anzahl errichteter Lokalfertigungsstätten

- Im Verhältnis 'investierendes **Stammhaus**' zur 'Grösse der bestehenden Lokalfertigungen' lässt sich beinahe tautologisch festhalten, dass die ganz grossen Auslandproduktionsstätten ausschliesslich von Grossfirmen unterhalten werden. Je grösser die Lokalfertigung, desto grösser das damit verbundene Stammhaus.

  Bezüglich den umsatzmässig ganz kleinen Lokalfertigungsstätten lässt sich keine entsprechende Folgerung aufzeigen, d.h. auch Grossfirmen betreiben sehr kleine Fabrikationsbetriebe im Ausland.

- '**Motiv**mässig' lässt sich festhalten, dass alle (16) Lokalfertigungen mit Umsätzen über 200 Mio SFr. pro Jahr und mehr als 2000 Beschäftigten (18) aus absatzorientierten Motiven errichtet wurden 137). Es lässt sich daraus folgern, dass jene Lokalfertigungen, die aus absatzpolitischen Gründen in grossen Märkten errichtet wurden den Keim in sich tragen, sich grössenmässig überproportional im Vergleich zu allen andern zu entwickeln.

- Wenn von 'grossen Lokalfertigungen' (z.B. über 200 Mio Fr. Umsatz) gesprochen wird, dann muss, mindestens in der Investitionsgüterindustrie, das **'Standortland'** einen entsprechend grossen Markt bereithalten. In unserer Erhebung haben sich als solche Standortländer v.a. die BRD und USA, aber auch Frankreich, Grossbritannien und Japan herauskristallisiert. Oesterreich und Norwegen mit zusammen drei solcher Lokalfertigungsstätten sind diesbezüglich eher als Ausnahmen zu betrachten.

- Bezüglich Abhängigkeit 'Lokalfertigungsgrösse' vom **'Errichtungszeitpunkt'** einer Lokalfertigungsstätte lässt sich hier lediglich die in Kap. 2.3.4.5.4. gemachte Feststellung wiederholen, dass mit dem zunehmenden Alter einer Lokalfertigungsstätte tendenziell auch ihre Grösse zunimmt, so dass die kleineren Lokalfertigungsstätten eher jüngeren Ursprungs sind (vgl. Grafik in Kap. 2.3.4.5.4.).

#### 2.3.4.7.4. Die Abhängigkeit der Gewinnerzielung

- Zur Abhängigkeit der 'Gewinnerzielung' in Lokalfertigungsstätten von der Art der 'investierenden **Stammhäuser**' lässt sich erfassen, dass die Grossfirmen, absolut gesehen, mehr Lokalfertigungen ohne lokale Gewinnerzielung unterhalten als mittlere und kleinere

---

137) mit einer Ausnahme

Unternehmen. Zahlenmässig heisst das, dass zwei Grossunternehmen mit je mehr als 3 Mia Fr. Umsatz (1980) 23 der insgesamt 55 Lokalfertigungsstätten unterhalten, die ohne Gewinn arbeiten. Die verbleibenden 32 Auslandbetriebe verteilen sich auf 15 schweizerische Stammhäuser, die somit durchschnittlich je zwei verlustbringende Lokalfertigungen aufrechterhalten.

- **Motivmässig** zeigen v.a. die beiden Motive 'Marktpräsenz demonstrieren' und 'das Behördengeschäft wahrnehmen' am meisten Lokalfertigungsbetriebe auf, die keinen lokalen Gewinn erzielen. Wenn also mit diesen beiden Motiven operiert werden will, dann ist die Wahrscheinlichkeit von lokalen Verlustbetrieben in Betracht zu ziehen.

- Die verlustbringenden Lokalfertigungsstätten konzentrieren sich im Moment v.a. auf die **USA**. Dies hängt damit zusammen, dass in neuester Zeit dort verschiedentlich Engagements riskiert wurden, um diesen grossen Markt nicht ohne eigene Aktivität den andern zur Bearbeitung zu überlassen. In diesen Engagements sind hingegen die Anfangshürden mit der starken inneramerikanischen Konkurrenz noch nicht überwunden. Es kann damit für die Gegenwart gefolgert werden, dass ein schweizerischer Investor mit Produktionsplänen in den USA sich mit grösserer als sonst üblicher Wahrscheinlichkeit für einen Betrieb ohne anfänglich lokale Gewinnerzielung einrichten muss.

- Auf einzelne **Fünfjahresperioden** bezogen, konzentrieren sich relativ viele lokale Verlustbetriebe auf die letzten fünf Jahre 1977-82, (17 von insgesamt 55 Lokalfertigungsstätten ohne lokale Gewinnerzielung). Dies ist insofern nicht erstaunlich, als viele Engagements in den ersten Jahren noch keine Gewinne erwirtschaften, was bei den Interviews auch explizit zum Ausdruck kam. Mit an Jahren zunehmender Bewirtschaftung von ausländischen Produktionsstätten steigen somit die Chancen, dass die Anstrengungen für einen gewinnbringenden Betrieb Früchte tragen. Dies wiederum ist aber keineswegs garantiert; es wurden z.B. 7 Lokalfertigungsstätten vor 1950 errichtet, die auch noch im Jahre 1980 ohne Gewinn arbeiteten.

### 2.3.4.7.5. Die Abhängigkeit der Zulieferung aus der Schweiz an die Lokalfertigungsstätten

- Bezüglich 'investierendes **Stammhaus**' und 'Lokalfertigung ohne Zulieferung aus der Schweiz' lässt sich keine Abhängigkeit erkennen. Lediglich die Kombination Lokalfertigung ohne Gewinnerzielung und ohne Zulieferungen lässt gewisse Rückschlüsse zu: 11 (69 %) der insgesamt 16 ermittelten Lokalfertigungsstätten ohne lokale Gewinne und ohne Zulieferungen wurden von schweizerischen Grossfirmen errichtet, die 1980 einen Umsatz von mehr als 1 Mia Fr. auswiesen. Es lässt sich damit eine gewisse Abhängigkeit dahingehend erkennen, dass wenn ein Lokalfertigungsbetrieb weder selbst Gewinne macht noch sich durch Gewinne im Stammhaus aus Zulieferungen behauptet, dass er dann etwa in 2 von 3 Fällen von einem Grossunternehmen aufrechterhalten wird.

- Aus der Relation '**Motiv** zur Errichtung einer Lokalfertigungsstätte' zu 'Lokalfertigung ohne Zulieferungen aus der Schweiz' sticht v.a. das Motiv 'Diversifikation, Suche nach neuen Produkten und

Technologien' hervor, das derartige Lokalfertigungen auf sich konzentiert (10 von 51 Fällen). Diese Erscheinung erstaunt an sich in keiner Weise, da eine solche Suche doch meistens die Hinwendung zum Neuen und damit die Abwendung vom Herkömmlichen, bisher produzierten bedeutet und sich dies in mangelnden Zulieferungen ausdrücken muss. Alle andern Betriebe ohne Zulieferungen verteilen sich auf die übrigen Motive ohne erkennbare Konzentrationen. Es wird damit eine wohl verbreitete Erwartung bestätigt, dass eine Lokalfertigung zum Zwecke der Diversifikation keine allzugrossen Hoffnungen für in kurzer Frist mögliche Zulieferungen zulässt.

- **Länder**spezifisch betrachtet ist ein hoher Anteil der Lokalfertigungsbetriebe ohne schweizerische Zulieferungen v.a. in der BRD und in den USA zu finden. Diese beiden Länder vereinigen 25 der insgesamt 51 solcher Lokalfertigungen. Das sind 49 %, während die BRD und die USA an der Gesamtzahl von Erhebungseinheiten (242) lediglich 30 % (73 Betriebe) halten. Es ist damit zwar eine Konzentration aufgezeigt; eine Abhängigkeit, insbesondere bezüglich Deutschland im Verhältnis zu andern Ländern erscheint mit den vorhandenen Daten kaum plausibel.

- Auf der **Zeitachse** gesehen, datieren die meisten Errichtungen von Lokalfertigungsstätten (37 von 51), die heute ohne schweizerische Zulieferungen funktionieren, aus den Jahren nach 1970. Bis jetzt kann also nicht behauptet werden, dass es den Empfängerländern gelingt, bei zunehmendem Betriebsalter einer Produktionsstätte die Zulieferungen aus der Schweiz 'zu unterbinden'. Eher muss angenommen werden, dass dies einerseits bei jetzt jüngeren Lokalfertigungsstätten gelungen ist.

## 2.4. Zusammenfassung

Eine Mehrzahl von Autoren hat sich mit den Motiven und Zielen von Auslandproduktionen auseinandergesetzt. Theoretische Erklärungsansätze stammen z.B. von Vernons, Dunning, Ricardo, Caves, Knickerbocker, Rugman etc. Als wohl umfassendste Synopse der mit Auslandinvestitionen angestrebten Unternehmungszielsetzungen kann wohl die theoretische Zusammenstellung von Pensel bezeichnet werden. Motivkataloge aufgrund von empirischen Erhebungen wurden beispielsweise von Beuttel, Pfeil, vom Deutschen Industrie- und Handelstag, von Bernkopf, Wirth zusammengestellt (vgl. Kap. 2.1.) 138). Das Studium all dieser Motivkataloge hat alsbald gezeigt, dass die Motivstruktur von der Homogenität des Untersuchungsfeldes abhängt. Als aussagekräftige Untersuchungsfelder wurden dabei ermittelt: Ursprungsland der Investitionen, Empfängerland, Unternehmungsgrösse des Investors, Branche, Zeitabschnitt der Produktionsstättenerrichtung. Für diese Arbeit wurden die beiden Felder Branche (d.h. Investitionsgüterbranche) und Ursprungsland (d.h. Schweiz) fixiert, während die andern als variable Einflussfaktoren weiterverfolgt werden.

In der Folge liess sich zum Hauptmotiv der schweizerischen Investi-

---

138) Keiner dieser Kataloge bezieht sich auf die Motivkonstellation der schweizerischen Investitionsgüterindustrie.

tionsgüterindustrie zugunsten von Auslandproduktionen zuerst eine Hypothese bilden, bevor eine diesbezügliche empirische Erhebung erfolgte. Diese Hypothese lautet:

"Entscheidet sich ein schweizerisches Unternehmen der exportorientierten Investitionsgüterindustrie für ein Engagement zugunsten einer Auslandproduktionsstätte, so ist das Stammhaus dazu hauptsächlich motiviert mit dem Ziel der Absatzerhaltung, resp. -erweiterung".

Die empirische Untersuchung hat gezeigt, dass

77,3 % der Auslandproduktionsstätten, die von den befragten Investitionsgüterproduzenten errichtet wurden, **absatzorientiert** waren und

74 % der angegebenen Motive für zukünftige Auslandproduktionsstätten aus der Sicht der interviewten Produzenten **Absatzmotive** sind.

Die aufgestellte Hypothese kann damit als geprüft, verifiziert bezeichnet werden. In Ergänzung zu Kapitel 1 kann damit von der empirischen Seite her festgehalten werden, dass die **Lokalfertigung** aus der Sicht der schweizerischen Investitionsgüterindustrie zur **Hauptsache als Strategie der Marktbearbeitung**, und damit **als Strategie** innerhalb **der Absatzpolitik** zu bezeichnen ist.

Weitere Ergebnisse der durchgeführten empirischen Erhebung richten sich auf die ermittelbaren Korrelationen, Trends, Schwerpunkte und Abhängigkeiten, die sich aus der Gegenüberstellung der ausgewählten Merkmale bestehender Lokalfertigungsstätten

- Motive für die Errichtung
- Standortland
- Zeitabschnitt der Engagementaufnahme
- Engagementform
- Betriebsgrösse der ausländischen Produktionsstätte
- Ertragsorientierung
- Zulieferumfang

ergeben.

Aus der Vielzahl der dargestellten Untersuchungsergebnisse, stets bezogen auf die schweizerische Investitionsgüterindustrie, lässt sich v.a. herausstreichen:

- Eine sehr deutliche Konzentration neuer Lokalfertigungen zeigte sich nach 1970 in Europa (v.a. Deutschland) und nach 1975 in Nordamerika. Auf die Zukunft bezogen führt gegenwärtig Asien mit 11 Lokalfertigungsprojekten, gegenüber Südamerika mit 9 und Nordamerika mit 8 Projekten.
- Der eigentliche Boom der Lokalfertigungsstätten-Entwicklung hat erst nach 1970 eingesetzt.
- Die am meisten bevorzugte Engagementform ist kumulativ jene der Neugründung; nach 1965 wurde sie, auf die bestimmten Zeitabschnitte bezogen, von jener der Akquisition anzahlmässig überrundet, nach 1975 ebenso von der Engagementform des Joint-Ventures. Das Subcontracting hat bis jetzt noch keine grosse wirtschaftliche Bedeutung erlangt.

- 62 % der ausländischen Produktionsstätten weisen 1980 einen Umsatz zwischen 7,6 und 75 Mio SFr. aus, 69 % beschäftigen zwischen 51 und 1000 Mitarbeiter.

- 73 % der Lokalfertigungen arbeiten mit Gewinn, 75 % mit Zulieferungen aus dem Stammhaus, 16 von 242 Lokalfertigungsstätten weder mit Gewinn noch mit Zulieferungen. Von diesen 16 werden 12 von Unternehmen mit einem Umsatz über 300 Mio Fr. betrieben.

- 55 ausländische Produktionsstätten erwirtschaften keinen Gewinn, 51 davon gehören zu den 27 befragten 'Manager-Unternehmen', 4 davon zu den 15 untersuchten Familienunternehmen. Die verlustbringenden Lokalfertigungsstätten konzentrieren sich im Moment v.a. auf die USA.

Diese und alle weiteren Erhebungsergebnisse basieren auf einer empirischen Untersuchung, die nach den wissenschaftlichen Regeln der Empirie innerhalb der schweizerischen Investitionsgüterindustrie durchgeführt wurde. Innerhalb der 1149 produzierenden und exportierenden Investitionsgüterunternehmen wurde eine bewusste Auswahl vorgenommen, so dass die erhaltenen Antworten der 42 befragten Unternehmungseinheiten 60,12 % des Exportvolumens dieser 1149 Firmen umfasst.

# 3. Strategie zur Bestimmung des Auslandengagements

In einer Zeit,

- als alle Märkte noch Wachstumsmärkte und Ueberkapazitäten noch unbekannt waren,
- als sich noch wenige Lieferländer den Weltmarkt teilen konnten,
- als die neu aufstrebenden Staaten noch keine Ansprüche auf Weltmarktanteile erhoben,
- als die Industrieländer noch nicht mit Arbeitslosigkeit zu kämpfen hatten,

in dieser Zeit also benötigte ein auslandmarktorientierter Investitionsgüterproduzent noch keine Strategie zur Bestimmung seines Auslandengagements.

Er konnte exportieren, solange die Preise seine Transportkosten deckten und im Abnehmerland Bedürfnis und Kaufkraft vorhanden waren und er konnte sich mit dem Bau einer Lokalfertigungsstätte solange befassen, als das Investitionsklima und seine Risikobereitschaft dies ermöglichten.

Die Problematik des Auslandengagements war damit, vereinfacht dargestellt, eine Frage der Wachstums- und Finanzierungsstrategie, die der Unternehmer über eine fallweise Rentabilitätsrechnung hinaus nicht zu systematisieren brauchte. Das bevorstehende Wachstum gab den gutgerechneten Projekten meistens recht; auf ein strategisches Instrumentarium konnte damit auch verzichtet werden. Diese allgemeine Lage hat sich in den letzten Jahren geändert und wird sich noch weiterhin ändern.

Es braucht mehr als den früheren Grundsatz des Wachstumsstrebens, verbunden mit der guten Intuition des Unternehmers. Ein Mangel an relevanter Information kann heute das Risiko eines Lokalfertigungsprojektes bedrohlich erhöhen.

Wenn das Risiko auch nicht vollkommen auszuschalten ist, so soll es doch mit Strategien und einem strategischen Instrumentarium massgeblich reduziert werden.

Die Reaktionsgeschwindigkeit auf Chancen und Gefahren lässt sich damit massgeblich erhöhen. In den Kapiteln 3.1. und 3.2. wird untersucht, wie weit in der exportorientierten Investitionsgüterindustrie Strategien bezüglich Auslandengagement existieren, respektive ob Absichten zu deren Erarbeitung bestehen.

Im Kap. 3.3. wird im Detail begründet, weshalb die Bedeutung von Auslandengagement- / Lokalfertigungsstrategien zunimmt, d.h. weshalb in Zukunft von einem nur wachstumsorientierten Entscheid zugunsten einer Lokalfertigung abzusehen ist.

## 3.1. Existenz von Strategien bezüglich Auslandengagement in schweizerischen Unternehmen der Investitionsgüterindustrie

Eine Studie zugunsten der UNCTAD von Lall and Streeten 1) hat in sechs untersuchten Ländern ergeben, dass "most affiliates were not part of a global strategy" 1).

Aus diesem Untersuchungsergebnis lässt sich zweierlei lesen:

- Es gibt ausländische Produktionsstätten, die Teil einer Strategie des Stammhauses sind, d.h. es gibt diesbezügliche Strategien.
- Die Minderzahl der Auslandtöchter ist Teil einer solchen Strategie.

Bevor hier eine Strategie bezüglich Auslandproduktion entwickelt werden soll, interessieren auch die Fragen:

- Werden heute schon Lokalfertigungsstätten im Zuge einer Globalstrategie des schweizerischen Investitionsgüterproduzenten errichtet?
- Existieren demgemäss Strategien bezüglich des Auslandengagements?

Die Frage 2.1.2. des Interviewleitfadens untersucht die Existenz von Strategien bezüglich des Auslandengagements. Die Antworten der 42 exportorientierten Investitionsgüterproduzenten fielen folgendermassen aus:

| | Anzahl | %-Anteil | |
|---|---|---|---|
| Das Unternehmen hat **keine** formulierte Lokalfertigungsstrategie | 36 | 85 | 92 |
| Die Unternehmungspolitik sieht von zukünftigen Auslandproduktionsstätten ab, hat also auch **keine** diesbezügliche Strategie | 3 | 7 | |
| Das Unternehmen **hat eine** formulierte Lokalfertigungsstrategie, aber kein Instrumentarium | 2 | | 5 |
| Die Lokalfertigungsstrategie ist Bestandteil der Divisionsstrategie | 1 | | 3 |
| | 42 | | 100 |

Tab. 3.1.: Existenz von Strategien bezüglich Auslandengagement

Von den beiden Unternehmen, die ein Bestehen einer eigenen, formulierten Lokalfertigungsstrategie angeben, hat nur eines ein vollumfassendes Konzept, das für jede Situation einen Verhaltensgrundsatz bereithält und damit als Strategie im angestrebten Sinne bezeichnet werden kann. Die zweite Firma umschreibt ihr potentielles Auslandengagement mit nur einem einzigen strategischen Grundsatz, d.h. bezüglich Auslandfertigung kommen nur Akquisitionen in Frage, die vom Produkt her eine Ergänzung zum Sortiment darstellen und von Anfang an einen Gewinn zu versprechen vermögen.

---

1) Lall/Streeten (Foreign Investment) zit. in: Dunning (International Production) 315

Die drei erwähnten Firmen, die über eine formulierte Lokalfertigungsstrategie verfügen (zweimal auf Unternehmungs-, einmal auf Divisions-Ebene), bestätigen zudem, dass diese mit der übergeordneten Unternehmungspolitik abgestimmt ist und dass die entsprechenden Unternehmungsziele davon abgeleitet werden 2). Die Engagementstrategie ist bei den gleichen drei Unternehmen in der Gesamtheit formulierter Unternehmungsstrategien mit allen Abhängigkeiten integriert. Es werden dementsprechend vor einem Entscheid zugunsten eines neuen Auslandengagements die Einflüsse auf die übrigen Unternehmungsstrategien (z.B. Produkte-, Personal-, Finanzstrategie) erfasst 3).

Von Interesse sind im weiteren die Antworten auf die Frage 2.1.6. bei den anderen 39 Firmen, weshalb und ob absichtlich keine Engagementstrategie bestehe. 36 Firmenvertreter erklärten, dass mit Absicht noch keine formulierte Auslandengagement- und damit Lokalfertigungsstrategie bestehe, sei es, dass

- das Unternehmen dies vorläufig nicht nötig hat oder dass
- die aktuelle Unternehmungsgrösse dies nicht verlangt.

Drei der 39 Firmen ohne formulierte Engagementstrategie verfolgen damit keine bewussten Absichten, d.h. zwei erachten deren Schaffung als eine Frage der Zeit; die dritte geht ebenfalls in diese Richtung, indem sie sich vorläufig noch nicht dazu gezwungen sieht, weil allein das Wahrnehmen von Marktchancen den angestrebten Unternehmungserfolg bringt.

Das weitgehende Fehlen von Auslandengagement- / Lokalfertigungsstrategien bedeutet nun umgekehrt betrachtet, dass die über den Export hinausgehenden Auslandaktivitäten im Einzelverfahren in Angriff genommen werden. Statt mit einer systematischen Chancen- / Gefahrenwahrnehmung wird das Engagement eines Unternehmens im Ausland durch personenbezogene Initiativen und abschliessend u.U. mit einer Wirtschaftlichkeitsrechnung bestimmt.

### 3.2. Absichten zur Strategiebildung

Von den in 3.1. erwähnten 39 Unternehmen, die noch keine Engagementstrategie formuliert haben, gaben insgesamt 11 Firmen an, mittelfristig eine Strategie betreffend Auslandfertigung zu entwerfen 4).

---

2) vgl. Interviewfragen 2.1.3. und 2.1.4.
3) vgl. Interviewfrage 2.1.5.
4) vgl. Interviewfrage 2.1.7.

| Antwortgruppen | Anzahl | %-Anteil | Export-volumen (1980) in Mio Fr. | %-Anteil d. Export-volumens | |
|---|---|---|---|---|---|
| Die **Absicht** für eine formulierte Engagementstrategie **besteht mit klaren Vorstellungen** | 5 | 12 | 3'213 | 32 | |
| Die **Absicht** für eine formulierte Engagementstrategie **besteht**, klare **Vorstellungen** diesbezüglich existieren noch **keine** | 3 | 7 | 387 | 4 | 36 |
| Bisher verlautete noch **keine Absicht** für eine spezifische Engagementstrategie | 28 | 67 | 4'913 | 49 | |
| **Keine Absichten** für eine Strategiebildung, da keine Lokalfertigung in Frage kommt | 3<br>39 | 7 | 494 | 5 | |
| Eine Engagementstrategie existiert bereits | 3 | 7 | 1'085 | 10 | |
| | 42 | 100 | 10'092 | 100 | |

Tab. 3.2.: Absichten für/gegen die Formulierung einer Auslandengagementstrategie

Aus dieser Antwortzusammenstellung zur Frage. 2.1.7. ergibt sich, dass neben den drei Unternehmen mit einer formulierten Engagementsstrategie lediglich 8 Unternehmen die Absicht für eine zukünftige Lokalfertigungsstrategie tragen. Anzahlmässig wären dann lediglich 26 %, also rund ein Viertel der 42 grössten Investitionsgüterproduzenten mit einer solchen Strategie ausgerüstet.

Unter dem Aspekt des Exportvolumens (per 1980) betrachtet, gedenken jedoch 46 %, also annähernd die Hälfte der Investitionsgüterexporte aus der Schweiz, sich auf eine umfassende Auslandengagementstrategie zu stützen.

## 3.3. Begründung für die zunehmende Bedeutung einer Lokalfertigungsstrategie

Die empirische Erhebung hat gezeigt, dass die Einführung einer Lokalfertigungsstrategie in der schweizerischen Investitionsgüterindustrie erst am Anfang steht:

Drei Unternehmen haben bereits eine formulierte Lokalfertigungsstrategie 5). Elf Firmen geben an, mittelfristig eine Strategie betreffend

5) vgl. Frage 2.1.3. des Interviewleitfadens

Auslandfertigung zu entwerfen.

Erfahrung, Beobachtung, Beziehungen und Intuition steuern demgemäss bei der Mehrzahl der befragten potentiellen Auslandinvestoren den Engagemententscheid.

Diese Ausgangsituation stellt einen Spiegel der Vergangenheit, nicht aber einen solchen für die Zukunft dar. Eine Anzahl von Fakten weist darauf hin, dass der Nutzen einer expliziten Lokalfertigungsstrategie zunehmen wird. In einen Katalog solcher Fakten sind mindestens aufzunehmen:

- Zunahme der Auslandproduktionsstätten,
- Weltwirtschaftsveränderungen, die
  - . einerseits zur Aufnahme von Lokalfertigungsstätten zwingen,
  - . andererseits die Berücksichtigung von immer mehr Aspekten zur Beurteilung der Engagementabsichten unabdingbar machen,
- Erhöhung der Komplexität durch die zunehmenden Abhängigkeiten und Verknüpfung von Einflussfaktoren,
- Risikoanstieg.

Diese Fakten werden dazu führen, dass immer weniger der erwähnten Unternehmen sich auf die Erfahrung und Intuition werden verlassen können und dass die Bedeutung einer Lokalfertigungsstrategie zunimmt.

### 3.3.1. Zunahme schweizerischer Auslandproduktionsstätten im empirischen Erhebungsfeld

Die Zunahme der schweizerischen Auslandproduktionsstätten lässt sich weniger anhand von einzelnen Jahren beurteilen als vielmehr durch eine Betrachtung in den Zeiträumen von Jahrzehnten; denn die Wahl eines bestimmten, einzelnen Jahres ist nicht zwingend ein Zeichen der Zeit, sondern kann ebenso zufällig sein.

Die Entwicklung innerhalb der Dekaden des 20. Jahrhunderts zeigt die folgende Zunahme von Auslandproduktionsstätten, welche von der schweizerischen Investitionsgüterindustrie errichtet wurden: 6)

| | | | | |
|---|---|---|---|---|
| vor 1910 | : | 8 | Produktionsstätten-Errichtungen | |
| 1911 - 1920 | : | 5 | " | " |
| 1921 - 1930 | : | 10 | " | " |
| 1931 - 1940 | : | 6 | " | " |
| 1941 - 1950 | : | 18 | " | " |
| 1951 - 1960 | : | 23 | " | " |
| 1961 - 1970 | : | 52 | " | " |
| 1971 - 1980 | : | 107 | " | " |

Die Zunahme der Produktionsstätten, die von den Muttergesellschaften

---

6) vgl. Grafik in Kap. 2.3.4.5.3. (+ 13 LF in 81/82 ergänzen auf 242)

im Ausland errichtet wurden, ist nicht nur im empirischen Erhebungsfeld derart offensichtlich; die gleiche Tendenz zeigt sich auch aus andern Blickrichtungen, z.B. anhand von: ".... the rapid growth of international production has occurred at a time, when most governments have become more aware of the need for centralised economic planning" 7). Bei acht der grössten schweizerischen, multinationalen Gesellschaften konnte beobachtet werden, dass sie zwischen 1967 und 1977 ihren Umsatz um das Vierfache von 5,9 auf 25,1 Mia $ erhöhten 8). Diese Steigerung sagt zwar nichts über die zahlenmässige Zunahme der ausländischen Produktionsstätten; andererseits ist jedoch eine derartige Umsatzsteigerung allein durch Export und damit durch eine alleinige Stammhausexpansion kaum realisierbar.

Welche Grössenordnungen die Auslandproduktionen im Vergleich zum Export angenommen haben zeigen die folgenden Hinweise: "Für die elf führenden Industrieländer wird die Auslandproduktion ihrer Multis auf rund 150 % des Gesamtexportes geschätzt" 9).

| Land | geschätzte Auslandsproduktion | Exporte |
|---|---|---|
| | Mrd. $ | |
| USA | 172,0 | 43,5 |
| Großbritannien | 48,0 | 22,4 |
| Frankreich | 19,1 | 20,4 |
| BRD | 14,6 | 39,0 |
| Schweiz | 13,5 | 5,7 |
| Kanada | 11,9 | 17,6 |
| Japan | 9,0 | 24,0 |

Tab. 3.3. : Produktion von Auslandtochtergesellschaften und Exporte wichtiger Industrieländer 1971 10)

Die Entwicklung von Direktinvestitionsbeständen zeigt die folgende Tabelle, wenn auch nicht sehr aktuell, so doch mindestns der Tendenz nach:

7) Dunning (International Production) 414
8) vgl. NZZ (Multis im Wandel) 21
9) Technische Rundschau (Strukturwandel) 1
10) UN, Multinational Corporations in World Development, zit. in: Berg (Wirtschaftspolitik) 230

Mrd. DM.

| Land / Jahr | 1960 | 1967 | 1970 | 1971 | 1972 |
|---|---|---|---|---|---|
| USA | 137,6 | 237,9 | 286,1 | 277,8 | 303,0 |
| Großbritannien | 50,3 | 69,9 | 77,7 | 79,0 | 90,0 |
| Frankreich | n. v. | 33,1 | 33,7 | 30,7 | 32,5 |
| Schweiz | | 19,7 | 28,3 | 32,7 | 38,5 |
| BRD | 3,2 | 12,1 | 21,1 | 23,8 | 26,6 |
| Kanada | 9,6 | 14,8 | 20,4 | 19,1 | 20,4 |
| Japan | 1,2 | 5,8 | 13,2 | 14,4 | 21,6 |

Tab. 3.4.: Entwicklug der Direktinvestitionsbestände von Industrieländern 11)

Ein etwas aktuellerer Vergleich der schweizerischen Direktinvestitionen im Verhältnis zu jenen anderer Industrieländer ergibt sich z.B. aus einer Ermittlung in Lateinamerika: In dieser Aufstellung nach Geberländern werden in Lateinamerika 1981 insgesamt 45,6 Mia $ an Direktinvestitionen angeführt. "Davon stammen 21,8 Mia $ (47,8 %) aus den Vereinigten Staaten und 3,88 Mia $ (8,5 %) aus der Bundesrepublik Deutschland. Die Schweiz nahm unter den Geberländern mit 3,37 Mia $ den dritten Platz ein" 12), vor Japan, Grossbritannien und Frankreich.

Aus einer andern Blickrichtung heisst es für die Schweiz, "... dass die 25 grössten Industriefirmen im Ausland mehr direkt absetzen, als unsere ganze Volkswirtschaft ins Ausland exportiert" 13).

Ein weiterer Ausdruck der Zunahme schweizerischer Auslandproduktion ist die zahlenmässige Steigerung der Schweizer, die als Mitarbeiter von schweizerischen Unternehmen im Ausland eine Arbeit aufnehmen: 14)

| | | |
|---|---|---|
| 1967 betrug diese Zahl insgesamt | 86'790 | |
| 1971 | 100'700 | (= + 13'910 in 5 Jahren) |
| 1976 bereits | 130'266 | (= + 29'566 in 5 Jahren) |

### 3.3.2. Umgehende Weltwirtschaftsveränderungen

"Changes in the world economy and trading patterns are already having an impact on some industries in Europe, and this will continue or even

11) Krägenau, Umfang der multinationalen Investitionen, zit. in: Berg, a.a.O. 231
12) NZZ (Direktinvestitionen Lateinamerika) 19
13) NZZ (Alternde Volkswirtschaften) 37
14) vgl. ICME (Redeplo yment) 132

intensify in the 1980's" 15).

Gegenwärtig sind also verschiedene Weltwirtschaftsveränderungen im Gang, etwelche davon beeinflussen auch die Ausgangs- und Rahmenbedingungen für ein potentielles Auslandengagement. Es gehören dazu

- der beschleunigte Einstieg neuer Abnehmerländer als auch Produktionsländer im Weltmarktgeschehen,
- verstärkter Einfluss staatlicher Institutionen auf den Produktionsapparat,
- sektorale Ueberkapazitäten und Sättigungserscheinungen,
- verschärfte Konkurrenz als Folge beschränkter Wachstumsmöglichkeiten.

Diese Ursachen bewirken wiederum weitere Veränderungen (Arbeitslosigkeit, Preiszusammenbrüche, Bevorzugung nationaler Produkte etc.), die auch dem Investitionsgüterproduzenten am Weltmarkt entgegentreten.

Die vier aufgeführten Veränderungen lassen sich folgendermassen erkennen:

- Der Einstieg neuer Abnehmer- und Produktionsländer und die Ausdehnung ihrer Nachfrage- und Herstellmengen von Investitionsgütern kann wahrgenommen werden anhand der Zunahme der

| | Hinweise: |
|---|---|
| . Handelsaktivitäten dieser Länder | z.B. Export der Entwicklungsländer an verarbeiteten Produkten<br>1970 = 13,2 Mrd US$<br>1976 = 18,5 Mrd US$<br>d.h. jährliche Zunahme 70-76: 23,6 % 16)<br>Für Entwicklungsländer besteht ein indirekter Zwang zur Vergrösserung ihres Handelsvolumens, um sich nicht von der Weltwirtschaft abzukoppeln 17). |
| . industriellen Produktion dieser Länder | z.B. betreffend Realeinkommenssteigerung in der Dritten Welt schreibt UNIDO: "Industry made a major contribution to this growth performance with the total output of manufacturing increasing at annual rates of 7 % in 1960-1970 and 7,8 % in 1970-76, so that the share of manufacturing in GDP rose from 15 % in 1960 to 23 % in 1976" 18). Oder gemäss dieser OECD-Studie verlautet bezüglich Schwellenländern: "Im Zuge der neuen |

15) Business International (1980' s) 113
16) vgl. Menck (Entwicklungsdekade) 254
17) vgl. NZZ (Entwicklungsländer) 37
18) vgl. UNIDO (Industry 2000) 11

Entwicklung ist es den zehn erwähnten Ländern in der Zeit zwischen 1963 und 1977 gelungen, ihren Anteil an den gesamten von den OECD-Staaten importierten Manufakturwaren von 2,6 % auf 8,1 % zu erhöhen" 19).

| | |
|---|---|
| . Importsubstitution zur Steigerung der nationalen Produktion | z.B. die befragten 42 Investitionsgüterhersteller sind in den letzten 20 Jahren v.a. in Brasilien (15 x), Indien (12 x) und Mexiko (6 x) angesichts solcher Bestrebungen als Exporteur zurückgedrängt worden 20). |
| . Direktinvestitionen in solchen Ländern | z.B. Zunahme der Direktinvestitionen der OECD-Länder in Entwicklungsländern von<br>1970 mit 3'689 Mill. US$ auf<br>1978 mit 11'439 Mill. US$ 21). |
| . neuen Schwerpunkte im Industrialisierungsprozess | z.B. werden für Algerien, Argentinien, Brasilien, Griechenland, Jugoslawien, Südkorea und Taiwan bis 1990 weitere Schwerpunkte in der Branche des Maschinenbaus erwartet 22). |

Die Zunahme der Abnehmerländer für Investitionsgüter und die Ausdehnung der Herstellkapazitäten neuer Produzentenländer gehört damit zu einer Rahmenbedingung, welche die Bestimmung des Auslandengagements massgeblich zu beeinflussen vermag.

- Die zunehmende Einwirkung oder gar Uebernahme des Produktionsapparates durch staatliche Institutionen ist in vielen Entwicklungsländern bereits seit längerem zum Faktum geworden und wird nun auch in wesentlichen Industrieländern wie Frankreich als praktizierbar demonstriert. Durch die direkte Verknüpfung von Produzent und Wirtschaftspolitik (z.B. Protektionismus) auf staatlicher Ebene erwachsen auch dem Investitionsgüterproduzenten in solchen Ländern enorme Erschwernisse wenn nicht gar unüberwindbare Hindernisse.
- Weltwirtschaftlich wird für die Achtzigerjahre mit einem Wachstumsverlust gerechnet. Business International fasst die Gründe dafür zusammen mit: Ende des Nachkriegsbooms, stagnierende Bevölkerung, Marktsättigung, strukturelle Ueberkapazitäten und steigende Energie- und Rohmaterialkosten 23).
- Die verschärfte Konkurrenz ist eine der ersten Folgen der drei obgenannten weltwirtschaftlichen Veränderungen. Das Konkurrenzverhalten ist dabei keineswegs nur auf die Anbieter aus Industrieländern beschränkt, sondern erfasst alle Exportstaaten, auch 'jüngere' unter ihnen; z.B. "Taiwan und Südkorea sind die Konkurrenten im Schiffsbau ..." 24).
  Eine besondere Ausgangslage ist gegeben, wenn ein schweizerischer

---

19) NZZ (OECD-Plädoyer) 15
20) vgl. Frage 4.2. des Interviewleitfadens
21) vgl. Menck (Entwicklungsdekade) 234
22) vgl. Oppenländer (Industrialisierung) 9
23) vgl. Business International (1980' s) 16
24) NZZ (Singapur) 17

Investitionsgüterhersteller mit staatlich unterstützten Konkurrenten 25) oder Staatsproduzenten auf dem Weltmarkt im Wettbewerb steht, was sich meist zuungunsten der liberal gehaltenen Investitionsgüterunternehmen aus der Schweiz verhält.

### 3.3.3. Entwicklung des Protektionismus im Welthandel

Eine spezifische Veränderung im System des Welthandels setzt dem schweizerischen Investitionsgüterproduzenten neue Rahmenbedingungen und legt seinen Handelsspielraum in einer neuen Art und Weise fest: Der Protektionismus.

Eine **Auseinandersetzung mit** der Thematik des **Protektionismus** soll **aufzeigen, ob** aktuelle und potentielle **Handelsbehinderungen** sich weltweit derart gestalten, dass sie **als wesentliche Entscheidungselemente in einer Lokalfertigungsstrategie einzubeziehen sind.**

Liberalismus und Protektionismus sind zwei entgegengesetzte Pole, zwischen denen sich ein weites Spektrum von Welthandelsformen verbirgt. Während der Liberalismus Exporteure und schweizerische Produzenten begünstigt, machen zunehmende Protektionismustendenzen den betroffenen Exporteuren zu schaffen. Es ist deshalb auch für den Investitionsgüterproduzenten in bezug auf seine zukünftigen Absatzchancen relevant, dass er laufend über die Bedeutung des Protektionismus v.a. in den von ihm bedienten Märkten informiert ist. "... der internationale Waren- und Kapitalverkehr hat in der Nachkriegszeit ein "Wirtschaftswunder" erlebt. Der Wohlstand, den die westliche Welt errang, ist sicher zum guten Teil der freiheitlichen Grundhaltung zu verdanken, die sich sowohl in der binnenwirtschaftlichen Politik wie auch in den internationalen Wirtschaftsbeziehungen nach einer Periode des Dirigismus und der Beschränkungen wieder durchsetzte. Gerade in neuester Zeit aber gibt es genügend Anlass zum Argwohn, dass es mit dem Liberalismus doch nicht so weit her ist. Ich will nur an einige der spektakulärsten Fakten erinnern, die das Stichwort Protektionismus wieder so brisant werden liessen" 26).

Solche und ähnliche Aeusserungen geben dem Exporteur erst vage Hinweise, in welche Richtung das Pendel des Welthandels ausschlägt, aber noch keine konkreten Vorstellungen. In diesem Kap. 3.3.3. sollen deshalb zuerst die allgemeine Tendenz und anschliessend die Schwerpunkte der aktuellen Welthandelsbeschränkungen aufgezeigt werden, die dem Investitionsgüterexporteur entgegentreten.

Ein entsprechender Exkurs zur Beurteilung von Protektionismus-Tendenzen soll im Zusammenhang dieser Arbeit nicht untersuchen ob und wann Protektionismus 'gut' oder 'schlecht' ist und wie man ihn abschaffen könnte, sondern

- ob er existiert,
- welches seine Ursachen sind,
- ob diese Ursachen weiterhin auf eine Ausdehnung des Protektionismus hinwirken,
- wie man mit oder neben dem Protektionismus als Unternehmen

---

25) Möglichkeiten siehe Müller-Ohlsen (Exportdiversifizierung) 61-70
26) Lipfert (Liberalismus) 41

weiterexistieren kann.

Der Aussenwirtschaftsprotektionismus ist dabei zu definieren als "dasjenige handelspolitische System, das mit Hilfe von Schutzzöllen, Kontingentierung etc. der Abschliessung der heimischen Wirtschaft gegen den Wettbewerb des Auslandes dient," 27) und damit dem ökonomischen Nationalismus entspringt 28).

### 3.3.3.1. Konfrontation der befragten Unternehmen mit Protektionismus-Massnahmen

Die 42 Unternehmen, die sich an der empirischen Untersuchung beteiligten, wurden weltweit gesehen mit den folgenden Formen von Handelshemmnissen konfrontiert: In erster Linie mit überhöhten Zöllen und Importsteuern, in zweiter Linie mit Einfuhrsperren/Importverboten, an dritter Stelle mit Behinderungen durch technische Vorschriften und Verordnungen. In geringeren Ausmassen sahen sich die befragten Exporteure Massnahmen wie Importdepot, Subventionierung der Lokalproduktion im anvisierten Absatzland, Devisenstop oder dann direkt der Auftragsvergabe an lokale Hersteller gegenüber.

Für die Zeitspanne der letzten 20 Jahre geben die befragten Firmen in 23 Ländern insgesamt 64 Fälle an, in denen sie mit Massnahmen der Importverhinderung konfrontiert wurden 29).

| Land | | Nennung von Importverhinderungen | Anzahl erhobene Lokalfertigungsstätten in diesen Ländern, zum Vergleich |
|---|---|---|---|
| Europa | Dänemark | 1 | 3 |
| | Deutschland | 1 | 43 |
| | Frankreich | 4 | 21 |
| | Grossbritannien | 1 | 14 |
| | Italien | 1 | 13 |
| | Portugal | 1 | 3 |
| | Spanien | 4 | 7 |
| Nordamerika | Canada | 1 | 4 |
| | USA | 3 | 30 |
| Südamerika | Argentinien | 3 | 3 |
| | Bolivien | 1 | - |
| | Brasilien | 15 | 10 |
| | Mexiko | 6 | 6 |
| Südafrika | | 1 | 4 |
| Naher Osten | Aegypten | 1 | 2 |
| | Irak | 1 | - |
| | Iran | 2 | - |
| | Saudi-Arabien | 1 | 2 |
| Oststaatshandelsländer | | 2 | - |

27) Definition gemäss Begriffskartei des Instituts für Weltwirtschaft, Kiel
28) vgl. Werner (Produktionsprivilegien) 58
29) anhand der Antworten zur Frage 4.2. des Interviewleitfadens

| | | | |
|---|---|---|---|
| Asien | China | 1 | 1 |
| | Indien | 12 | 4 |
| | Korea | 1 | - |
| | | 64 | 170 |

Tab. 3.5.: Konfrontationen der Untersuchungseinheiten mit Importverhinderungen

Die Gegenüberstellung der Nennungen von Importverhinderungen einerseits und der Anzahl Lokalfertigungsstätten in den gleichen Ländern andererseits kann zwar keine echten Korrelationen aufzeigen, aber mindestens gewisse Hinweise auf die Länder geben, bei welchen die Errichtung von Lokalfertigungen in erster Linie durch den tatsächlichen Protektionismus motiviert sein können. Diese Tabelle verstärkt vor allem für die Länder Argentinien, Brasilien, Mexico und Indien die Vermutung, dass dort von den schweizerischen Investitionsgüterproduzenten aus Gründen der Importsubstitution Lokalfertigungsstätten errichtet wurden (Anzahl Nennungen / Anzahl Lokalfertigungsstätten). Für die Länder wie Spanien und ev. Frankreich ist mindestens zu prüfen, ob sich dort nicht auch eine diesbezügliche Lokalfertigungsmotivation nachweisen lässt.

### 3.3.3.2. Formen von Protektionismusmassnahmen im Welthandel

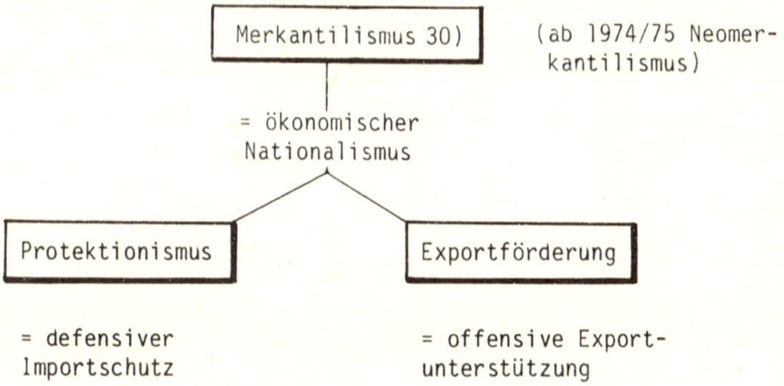


Der Protektionismus ist eine Form des Merkantilismus und interessiert uns im weiteren wesentlich stärker als die komplementäre Form der Exportförderung; denn der schweizerische Hersteller von Kapitalgütern ist in erster Linie von den Importschranken seiner Abnehmerländer betroffen.

Dies ergibt sich auch aus Kap. 2.3.4.1., wonach die Motive für die Errichtung einer Auslandproduktionsstätte zur Hauptsache auf den Absatz im Produktionsland und weniger auf die Reexporte ausgerichtet sind, so dass die schweizerische Investitionsgüterindustrie kaum auf Exportförderungsmassnahmen von Empfängerländern zugunsten ihrer Exporte in Drittländer zu reagieren beabsichtigt; letzteres kommt höchstens in zweiter Priorität in Betracht. Im Zusammenhang dieser Arbeit kann

30) vgl. Woll (Anpassungsprozesse) 13

also innerhalb des ökonomischen Nationalismus eine Einschränkung auf die importseitige Welthandelsbeeinflussung, d.h. auf den Protektionismus vorgenommen werden.

Der Importschutz zeigt eine Vielfalt von Erscheinungsformen "Le protectionisme recouvre tout élément de discriminiation, introduit par la politique économique, ayant pour résultat de rendre moins compétitifs les produits ou les facteurs étrangers, et de favoriser les produits et les facteurs nationaux ou détriment de l'étranger ... bref tous les éléments de distorsions portant sur le produit lui-même, sur les entreprises qui le commercialisent, sur les produits intermédiaires et sur les facteurs de production, font partie de l'arsenal des moyens protectionistes ..." 31).

Im Zusammenhang mit der Beurteilung und Bestimmung des Auslandengagements muss es auch dem Exporteur von Investitionsgütern darum gehen, die Zeichen des Protektionismus frühzeitig zu erkennen. Wie im Erklärungsmodell in Kap. 3.3.3.7. dargestellt, ist von mehreren Stufen der Erkennung von Protektionismustendenzen auszugehen, im mindestens also von

- der auslösenden Basissituation,
- der daraus abzuleitenden Protektionismus-Ursache,
- der Erscheinungsform von bestimmten Ursachen,
- der Wirkung, d.h. den getroffenen Protektionismus-Massnahmen, um eine spezifische volkswirtschaftliche Grösse zu schützen.

Vielfach wird der Protektionismus erst in der letztgenannten Stufe als 'fait accompli' wahrgenommen, obschon bei einer genaueren Analyse bereits vorgelagerte Indikatoren in Richtung Protektionismus erkennbar gewesen wären.

Bevor nun auf diese gesuchten und letztlich auch entsprechend wertvollen Indikatoren eingegangen werden kann, sind die möglichen Formen der Protektionismusmassnahmen, hier deklariert als letzte Erkennungsstufe, im Ueberblick festzuhalten:

<u>Tarifäre Handelshemmnisse</u>

Der Zoll in all seinen Ausprägungen wird als tarifäres Handelshemmnis bezeichnet. "Die bei der Einfuhr einer Ware in das Zollinland zu entrichtende Abgabe, der Einfuhrzoll, ist das klassische Mittel der Handelspolitik" 32) und gleichzeitig der typische Vertreter der protektionistischen Wirtschaftspolitik. Zölle bewirken nicht nur Staatseinnahmen, sondern auch zwei weitere wichtige Effekte, von welchen uns v.a. der zweite interessieren wird: "L'imposition d'un droit de douane sur un produit aura deux effets distincts: un effet sur la consommation de ce produit, et un effet sur sa production à l'intérieur du pays ..." 33).

Aus einer möglichen unendlichen Aufzählung von Beispielen soll ein aktuelles als repräsentatives Exempel angeführt werden: "Korea

---

31) Henner/Lafay (Protection effective) 4
32) Schluep (Aussenhandelsprotektionismus) 24
33) Henner/Lafay (Protection effective) 11

diskriminiert Ausländer aber auch durch seine protektionistische Handelspolitik .... zum andern werden bei vielen 'liberalisierten' Produkten die Zollsätze massiv erhöht .... Danach betragen die neuen Sätze z.B. für interne Telefonapparate 90 (vorher 20) % .... 34).

### Nichttarifäre Handelshemmnisse

"Unter nichttarifären Handelshemmnissen werden solche nationalen Gesetze, Verwaltungsvorschriften und -praktiken verstanden, die neben den Zöllen eine Benachteiligung ausländischer Wettbewerber auf dem Binnenmarkt zur Folge haben" 35). "Non-tariff measures interfere with the operation of the market mechanism by restricting consumer choice and limiting competition between domestic and foreign producers" 36).

Die Erscheinungsformen der nichttarifären Importhindernisse sind nahezu unerschöpflich und so kommen auch laufend neue Formen hinzu: "While the classical forms of protectionism have been rendered obsolete by the GATT, protectionism itself has not been defeated; rather, it has adapted itself to the new international environement through a protean capacity to assume new forms" 37). "Das Arsenal der versteckten Beschränkungen und nichttarifären Handelshemmnisse ist dank des Erfindungsreichtums der heimischen Protektionisten 'reichlich gefüllt', erkannte Bonns Wirtschaftsminister Lambsdorff" 38).

Die Vielfalt der Formen nichttarifärer Handelshemmnisse bringt es dann auch mit sich, dass deren Klassifikation auf verschiedene Arten vorgenommen werden kann. Klassifikationen von UNCTAD und von Heshemi finden sich in Anhang II.

Zur Vermittlung eines Ueberblicks werden die nichttarifären Handelshemmnisse in Anlehnung an die UNCTAD-Aufteilung 39) zusammenfassend dargestellt:

| Formen nicht tarifärer Handelshemmnisse | Varianten und | Erläuterung |
|---|---|---|
| a) Preisbeeinflussende Handelshemmnisse | z.B. Importnebenabgaben | (Einfuhrzuschläge, Importdepot etc.) |
| | - Einfuhrmindestpreisregelung | |
| | - Preisprüfverfahren | |
| | - Preisliche Entlastung von Inlandprodukten | (als Gegenstück zur Mindestpreisregelung) |
| b) Zahlungsmittelbeeinflussende Handelshemmnisse | z.B.<br>- Devisenbewirtschaftung | im Dienste der Zahlungsbilanzpolitik, also z.B. Sondersteuern |

34) NZZ (Koreas Ambivalenz) 23

35) CEPES, die Befreiung, zit. in: Quambusch (Nichttarifäre Handelshemmnisse) 10

36) Balassa (New Protectionism) 422

37) Green (New Protectionism) 2

38) Wirtschaftswoche (Im Griff der Egoisten) 2

39) vgl. UNCTAD (Liberalization) Annex I

| | | |
|---|---|---|
| | | für den Ankauf von Devisen, Devisenzuteilung. |
| | - Wechselkurs-politik | "multiple Wechselkurse, d.h. mehrere Preise für die gleiche Währung zur gleichen Zeit" 40). |
| c) Mengenbeschränkende Handelshemmnisse | | werden als klassisches Instrument bezeichnet 41) und sind ungeachtet der GATT-Regeln stark verbreitet 42). |
| | - Einfuhrkontingentierung | ob Global- oder Länderkontingente, ob Mengen- oder Wertkontingente mit der Wirkung: Güterverknappung, Preiserhöhung, Nachfragerückgang (Konsumationseffekt). |
| | - Einfuhrverbote | wirksamstes Mittel, aber eher ausnahmsweise praktiziert 43). |
| | - Einfuhrbeschränkungsabkommen | z.B. Selbstbeschränkungsabkommen, oft umschrieben mit 'gelenkte Marktwirtschaft', Orderly Marketing 44). Dieses Mittel ist französischen Ursprungs 45) und gegenwärtig bevorzugt. |
| d) Handelshemmnisse durch Erlass qualitativer Vorschriften | z.B.<br>- Technische Prüfvorschriften | sofern das Schutzbedürfnis eine Verzögerungstaktik überdeckt. |
| | - Technische Normvorschriften | Maschinenindustrie trifft z.B. in der BRD auf 1900 Normen 46). Belastend v.a. bei plötzlichen unnötigen Aenderungen. |
| | - Sicherheitsvorschriften | z.B. gesundheitspolizeiliche 47), wenn missbraucht zur verschleierten Importbeschränkung. |
| | - Schutzvorschriften für geistiges Eigentum | |
| | - Verbraucherschutzvorschriften | betr. Kennzeichnung, Vermarktung, Verpackung etc. oder |

40) Schluep (Aussenhandelsprotektionismus) 47
41) vgl. Wenger (Tokio-Runde) 61
42) vgl. Der Monat (Wachsender Protektionismus) 18
43) vgl. Quambusch (Nichttarifäre Handelshemmnisse) 151
44) NZZ (Orderly Marketing) 15
45) vgl. Golt (New Protectionism) 741
46) vgl. Krämer (Technische Hemmnisse) 11
47) Regelung und Behandlung im GATT-Vertrag siehe Page (Protectionism) 21

| | | |
|---|---|---|
| | | Beimischungsvorschriften, sofern diese Ausländer diskriminieren 48). |
| | - Importlizenzverfahren | wenn z.B. statistische Kontrollen von Waren- oder Geldströmen übermässig verzögernd wirken. |
| | - Administrative Kontrollen | z.B. schikanöse Zollabfertigung durch langdauernde Inspektionen, Reduktion der zuständigen Zollämter etc. 49). |
| | - Antidumpingvorschriften | zur Behinderung des Markteintritts. |
| e) Handelshemmnisse durch Bevorzugung inländischer Produkte | z.B.<br>- durch 'buy national' Aufrufe | d.h. Betonung der Herkunft des Produktes vor Qualität und Preis (Einkaufspatriotismus) 50). |
| | - durch öffentliches Vergabewesen | d.h. Organisationen unter Staatseinfluss lassen ausländische Anbieter nicht zum Zuge kommen. |
| f) Handelshemmnisse durch Ermessensentscheide und Willkürakte | - durch unrechtmässige Handhabung von Gesetzen unter Missachtung der Ausländerparität. | |
| g) Handelshemmnisse durch Unsicherheiten | - durch behördliche, gerichtliche, verkehrs- oder bankenmässige Anordnungen mit der Verunmöglichung der Klagenerhebung | so dass potentielle Exporteure vom Export zurückschrecken 51) |

Abschliessend zur Thematik 'Formen des Protektionismus' zeigt eine folgende Aufstellung mit den erwähnten Erscheinungsformen gleichzeitig die Auswirkungen der protektionistischen Massnahmen, einerseits auf das Preisniveau und andererseits auf den Marktmechanismus: 52)

48) vgl. Quambusch (Nichttarifäre Handelshemmnisse) 226

49) NZZ (Schikanen Frankreichs) 23, wonach 1982 alle Tonband Videogeräte über das Zollamt Poitiers abgefertigt werden mussten.

50) Handelsminister Ossala hat z.B. den Italienern vorgerechnet: Der Kauf von zwei ausländischen Autos kostet einen italienischen Arbeitsplatz. Vgl. Süddeutsche Zeitung (Protektionismus) 1

51) vgl. z.B. das komplexe Verteilsystem in Japan, in: Der Monat (wie protektionistisch) 10/11

52) vgl. Der Monat (Wachsender Protektionismus) 18

| Massnahmen des Protektionismus | Auswirkungen auf Preisniveau | | Auswirkungen auf Marktmechanismus | |
|---|---|---|---|---|
| | direkt | indirekt | direkt | indirekt |
| 1. Zölle (gegenwärtig niedriges Niveau) | x | | | x |
| 2. Stabilisierung von Exporterlösen (z.B. Lomé-II-Abkommen der EG) | | x | | x |
| 3. Preisstabilisierung (z.B. à la UNCTAD) | x | | | x |
| 4. Subventionen | | x | | x |
| 5. Feste Quoten | | x | x | |
| 6. Fixierte Wachstumsraten (z.B. Multifaserabkommen) | | x | x | |
| 7. Willkürliche Normensetzung oder -anwendung (z.B. Qualitätsvorschriften, technische Normen usw.) | | x | x | |
| 8. Freiwillige Exportbeschränkungen | | x | x | |
| 9. Kartellartige Absprachen | | x | x | |
| 10.Dumping, Antidumping | x | | | x |

Abb. 3.1.: Erscheinungsformen und Auswirkungen protektionistischer Massnahmen

Dem exportierenden Investitionsgüterproduzenten darf die Kenntnis der nun erwähnten Protektionismusmassnahmen allein nicht genügen. Zur Bestimmung seines Auslandengagements ist er vielmehr darauf angewiesen zu wissen, ob (Kap. 3.3.3.3. und 3.3.3.5.) und wo (Kap. 3.3.3.4.) der Protektionismus zunimmt. Sind ihm zudem die Ursachen und deren Erkennungsmerkmale (Kap. 3.3.3.7.) bewusst, dann sollte es ihm auch gelingen, sein Verhalten im Ausland frühzeitig genug situationsgerecht zu verändern (Kap. 3.3.3.8. und 3.3.3.9.).

#### 3.3.3.3. Allgemeiner Ausdruck des zunehmenden Protektionismus

Bei der Abklärung der Frage ob ein Protektionismus besteht, zeigt sich alsbald die Schwierigkeit, den Protektionismus als Ganzes in Zahlen zu fassen. Welthandelsrückgänge können neben einem Protektionismus auch noch andere Gründe (z.B. Missernten, Embargopolitik, Devisenverknappung etc.) haben.

Infolgedessen ist seine Existenz anhand von Beispielen aus den Handelspraktiken 53) und von punktuellen Beobachtungen der Importströme etc. aufzuzeigen. Mit gegenwärtigen Aeusserungen aus Politik, Wirtschaft, weltwirtschaftlichen Institutionen und Wissenschaft ist

---

53) Ein geeignetes Mittel zur Klarlegung der steigenden Tendenz protektionistischer Bestrebungen sind deshalb die Chronologien von Handelsvereinbarungen (vgl. Anhang III, Chronologie von Strange + Appendix von Nowzad)

der Protektionismustendenz nachzuspüren. Mit je einem Zitat aus diesen vier Quellen soll die Zunahme des Protektionismus dargelegt werden. Pro Quelle bekräftigen Fussnotenhinweise die ausgewählten Zitate.

- Seitens der Politiker äusserte sich z.B. Denman als Aussenhandelsdirektor der Brüsseler EG-Kommission "... denn auf beiden Seiten des Atlantik erhebe sich gnadenlos eine steigende Flut des Protektionismus" 54).
- Seitens der Unternehmervertreter verlautet z.B. "Es besteht jedoch ein zunehmender Trend zum Protektionismus" 55).
- Seitens wirtschaftlicher Institutionen sind entsprechende Feststellungen zahlreich; so werden z.B. die Aeusserungen des Internationalen Währungsfonds an verschiedenen Stellen betitelt mit: "IMF-Warnungen vor Protektionismus" 56) oder "IMF registriert zunehmenden Protektionismus" 57) und "der Trend zum Protektionismus ist anscheinend nicht aufzuhalten" 58).
- Seitens der Wissenschafter und Fachautoren wird im Zeitgeschehen des Welthandels eine hiermit übereinstimmende Richtungsanzeige erkannt: Das HWWA-Institut eröffnet z.B. in einem seiner Berichte im Jahre 1981, es ".... werden sich nach Ansicht des Instituts die protektionistischen Bestrebungen in den Industrieländern eher noch verstärken .... Es besteht allerdings die Gefahr, dass sich damit allmählich der Trend durchsetze, der mehr und mehr vom liberalen zu einem staatlich geordneten Welthandelssystem führt" 59).

Bevor eine unternehmerische Entscheidungsinstanz eine im Zunehmen begriffene Protektionismustendenz in ihr Kalkül aufnimmt, wird sie sich erfahrungsgemäss erst von zahlenmässigen Hinweisen beeindrucken lassen.

Einige der wenigen verfügbaren Daten sollen deshalb über die Ausbreitung des Protektionismus Aufschluss geben:

- Bereits 1978 stellte das GATT-Sekretariat fest "in den zurückliegenden vier Jahren sind 3 - 5 % des Welthandels zusätzlichen protektionistischen Beschränkungen unterworfen worden. Dabei handelt es sich um Handelsströme von bis zu 50 Milliarden Dollar" 60).

---

54) Weitere gleichgerichtete Aeusserungen vgl. z.B. Londoner Gipfelkonferenz westlicher Regierungschefs, vgl. Handelskammer (Protektionismus) 1, von Lambsdorff, vgl. Wirtschaftswoche (Rette sich) 1, von Staatssekretär Jolles, vgl. NZZ (Aussenwirtschaftliche Hauptprobleme) 33

55) Frauenfelder (Freihandel) 10

56) NZZ (IMF-Warnungen) 9

57) Süddeutsche Zeitung (IMF)

58) Die Welt (Der Trend) 1, weitere gleichgerichtete Hinweise werden gegeben von der Weltbank (vgl. World Bank (New Protectionism) 1), GATT-Generaldirektor Dunkel (vgl. NZZ (GATT-Ministerkonferenz) 21)

59) Die Welt (Protektionismus) 1, weitere, gleichgerichtete Hinweise sind z.B. bei den folgenden Wissenschaftern und Fachautoren vorzufinden: Borner (Referat HSG), Küng (Protektionismus) 99, Long (Bedrohung) 21, Strange (Surplus capacity) 303, Balassa (New Protectionism) 411, Saxena (Protectionism) 2, Cassing (Alternatives) 391, Donges (Protektionismus) 2, Wenger (Tokio-Runde) 62

60) Frankfurter Allgemeine (Protektionismus) - und UNCTAD (Protectionism) 4

- Der ehemalige GATT-Generaldirektor Long kommt 1979, wiederum über das ganze Produktesortiment erstreckt, auf höhere Werte des Protektionismus, wenn er die Bedrohung mitkalkuliert: "insgesamt unterliegen heute fast 20 Prozent des Welthandels bereits Einschränkungen oder sind unmittelbar davon bedroht" 61).

- Ein Gradmesser für protektionistische Initiativen sind die eingehenden Klagen bei ITC gegen Importe zum Schutz der einheimischen Industrie, die 1978 festgehalten wurden.

- "The International Trade Commission has become active in its investigation of complaints that imports are harming domestic industries-even if this may involve encroaching on the territory of other governmental origanizations. It issued 42 decisions in 1976 as compared to 15 in 1975, with the amount of imports affected rising from $ 5 billions in 1977" 62).

- 1979 wurden 565 Unternehmen im Bereich der Industrie- und Handelskammer Koblenz zu protektionistischen Praktiken, denen sie als Exporteure begegneten, befragt. Dabei "stellten 35 % in den letzten Jahren eine Zunahme protektionistischer und bürokratischer Regelungen fest. Die Kosten bürokratischer Auswüchse im Exportverfahren belaufen sich auf mehr als 7,5 % des Warenwertes" 63).

- "Ende 1980 liess sich die Feststellung machen: Die offiziellen Freihandelsabkommen werden zunehmends durch inoffizielle Handelshemmnisse und zweiseitige Abkommen mit festgesetzten Höchstmengen unterlaufen. Eine Studie des internationalen Zoll- und Handelsabkommens (GATT) in Genf zählte über 800 nicht tarifäre Schranken" 64).

Solche und ähnliche Schätzungen zeigen, dass der Protektionismus ein beachtliches Mass bereits angenommen hat, noch weiter annehmen wird und deshalb auch zunehmend ins Kalkül des Auslandengagements zu integrieren ist.

### 3.3.3.4. Schwerpunkte von Protektionismustendenzen

Protektionistische Massnahmen sind konzentriert in bestimmten Ländern und schwerpunktmässig vorläufig in spezifischen Produktesparten anzutreffen. Produktegebiete, die v.a. seit 1974 mit Handelsbeschränkungen belegt werden, sind hauptsächlich:

| | |
|---|---|
| - Erzeugnisse der Agrarwirtschaft | Der IWF schätzt über 50 % des Nahrungsmittel-Handelsvolumens als 'managed trade' ein 65) |
| - Textilien | In der Textilbranche sind Handelsschranken effektiv weitverbreitet 66) |

61) Long (Die Bedrohung) 22
62) Balassa (New Protectionism) 416
63) Handelsblatt (Aussenhandel)
64) Stuttgarter Zeitung (Freihandel)
65) Der Monat (Wachsender Protektionismus - schrumpfender Welthandel) 19
66) vgl. hiezu folgende Hinweise: NZZ (Bilaterale Textilabkommen) 17, NZZ (EG-Textilprotektionismus) 9, NZZ (EFTA) 21, NZZ (Australiens Wirtschaft) 9, NZZ (Protektionismus nach Mass) 21, NZZ (Orderly Marketing) 15

- Halbfabrikate der Stahlindustrie — Stahlimportbeschränkungen sind bis heute v.a. in der EG und den USA bekannt, bedingt durch die enormen Ueberkapazitäten in der einheimischen Stahlindustrie 67)

- Automobile — Dauernde Automobilplafonierungen wurden bisher v.a. in Frankreich, Italien, den USA und in Australien durchgesetzt 68)

- Televisionsapparate — gelangten als zweite Kategorie der langfristigen Konsumgüter unter protektionistischen Druck 69)

Protektionistische Beschränkungen bei Rohstoffen und Konsumgütern sind zwar zahlreich geworden und werden auch weiterhin zunehmen, dem Investitionsgüterproduzenten geben sie jedoch erst ein allgemeines Klima an. Ihn interessieren zur Bestimmung seines Verhaltens vielmehr protektionistische Erscheinungen auf dem Sektor der Investitionsgüter. Diesbezüglich sind in erster Linie Hinweise auf den Schiffbau, die Luftfahrt- und Maschinenindustrie von Belang:

**Schiffbau und Luftfahrtindustrie.** Nach Schätzung von Page 70) soll der Anteil des "managed trade" bei Erzeugnissen des Schiffsbaus und der Luftfahrtindustrie mit 80 % an handelsbeschränkten Gütern am höchsten sein.

**Maschinenindustrie.** "The goods controlled most often by all importers have been first food, then textiles and clothing and most recently steel. Machinery and transport goods, including cars and radio and television equipment are starting to increase in importance" 71). Schutzabkommen zugunsten der einheimischen Maschinenindustrie können als Massstab für die Zunahme eines diesbezüglichen Protektionismus herangezogen werden. In der EG wurden bis 1975 keine solchen Schutzvereinbarungen geschlossen, 1976 vier und 1977 deren zwei 72). Im Maschinensektor sieht sich z.B. Deutschland als Exporteur nach Frankreich zunehmenden Hindernissen gegenüber: "So wurden nach Angaben deutscher Industriekreise in der letzten Zeit zusätzliche Hürden für die Einfuhr bestimmter Maschinen und Geräte aus der Bundesrepublik aufgerichtet ... Für Produkte, bei denen der ausländische Marktanteil 40 % übersteigt, sollte nach den Forderungen des (französischen d.V.)

---

67) vgl. hiezu die Hinweise in: NZZ (Orderly Marketing) 15

68) vgl. diesbezüglich: NZZ (Tiefe Krise) 7, NZZ (Importschutzbegehren) 9, Frankfurter Rundschau (Welthandel) 2, Finanz- und Wirtschaft (Welthandel) 2, Finanz- und Wirtschaft (Protektionismus) 21, Wirtschaftswoche (Im Griff der Egoisten) 25

69) vgl. hiezu Baldwin (Pressures) 223

70) vgl. Page S., The increased use of trade control by industrial countries, zit. in: Der Monat (Wachsender Protektionismus) 19

71) Page (Protectionism) 23

72) Leider sind ab 1978 keine diesbezüglichen Zahlen erhältlich, Quelle Nowzad (Protectionism) 31

Senats die Grenze geschlossen werden. Dies würde bedeuten, dass nicht nur Textilerzeugnisse, sondern auch zahlreiche Maschinen und Ausrüstungsgüter, bei denen die ausländischen Produzenten z.T. Marktanteile von 50 % halten, betroffen würden" 73). Sogar Entwicklungs- und Schwellenländer, bei welchen bislang mit unbeschränkten Maschinenimporten gerechnet werden konnte, solange die Zahlungsmittel und Kredite hiefür ausreichten, greifen zu protektionistischen Massnahmen gegenüber Erzeugnissen der ausländischen Maschinenindustrie: "Vertreter des argentinischen Werkzeugmaschinenbaus haben das neue Ministerium für Industrie und Bergbau um Hilfe ersucht und die sofortige Ausrufung des Notstandes gefordert .... Auf der andern Seite fordert man einen wirksamen Zollschutz für Investitionsgüter" 74).

Hat der exportierende Investitionsgüterproduzent einmal festgestellt, dass auch bezüglich seiner Branche mit protektionistischen Beschränkungen zu rechnen ist, dann will er alsbald auch wissen, in welchen Ländern dies zutrifft, d.h. in welchen Ländern solche Massnahmen bereits aktuell sind und sich deshalb auch auf sein Exportgebiet ausdehnen könnten.

Als Schwerpunkte bezüglich erlassener Protektionismusmassnahmen stehen v.a. Frankreich, die USA und Japan, zudem Mexico, Brasilien und Argentinien in Lateinamerika, die DDR und Ungarn im Ostblock im Vordergrund:

| Schwerpunktländer mit Protektionismuserlassen | Hinweise auf die Beschränkungen |
|---|---|
| Frankreich | "Von den sieben wichtigsten westlichen Industrieländern ist Frankreich das Land mit den meisten Importrestriktionen gegenüber Industriegütern" 75). |
| USA | Die USA kommen schon 1977 gemäss der nachfolgenden Abbildung 3.4. auf eine stattliche Zahl ausgelöster Importrestriktionen. |
| Japan | "Nicht mittels Zöllen, sondern mit Hilfe von nicht-tarifären Handelsschranken, sogenannten 'non tariff barriers' (NTB), werde den ausländischen Produkten der Zugang zum japanischen Markt verwehrt, lautet die permanente Klage erfolgreicher und erfolgloser europäischer und amerikanischer Unternehmen" 76). |

---

73) Finanz- und Wirtschaft (Protektionismus) 21

74) NZZ (Werkzeugmaschinenbau) 15

75) VWD (Importrestriktionen)-, weitere gleichgerichtete Hinweise in: Frankfurter Rundschau (Protektionismus)-, NZZ (EG-Uhrenprotektionismus) 17

76) NZZ (Importbehinderungen) 13, weitere gleichgerichtete Hinweise in: NZZ (Japan) 21, Der Monat (Japan) 11

| | |
|---|---|
| Mexico | "... Mexico habe auf der einen Seite seit Jahrzehnten einem erheblichen Importprotektionismus gehuldigt und so den Wettbewerb ausgeschaltet" 77). |
| Argentinien | "... rund 35 % der Einfuhren werden dem Kontingentierungssystem unterliegen" 78). |
| DDR | z.B. "Für die Lieferung einer Serienmaschine in die DDR im Wert von 35'000 DM bedurfte es eines Arbeitsaufwands von genau 364 Stunden für die Erstellung von technischen Beschreibungen, technischen Nachweisen, Probemontage mit Abnahmeprotokoll etc. Dabei lag die komplette Bedienungsanleitung bzw. die Ersatzteilliste vor" 79). |
| Ungarn | "Weil Ungarn immer weniger Kredite bekommt und wegen des 'Protektionismus im Westen' hat die Regierung in Budapest die Importbremse gezogen" 80). |

Ein Ueberblick allein über bilaterale Abkommen im "Orderly Marketing" zeigt, welche Staaten sich mit dieser protektionistischen Massnahme am ausgeprägtesten zu schützen vermochten:

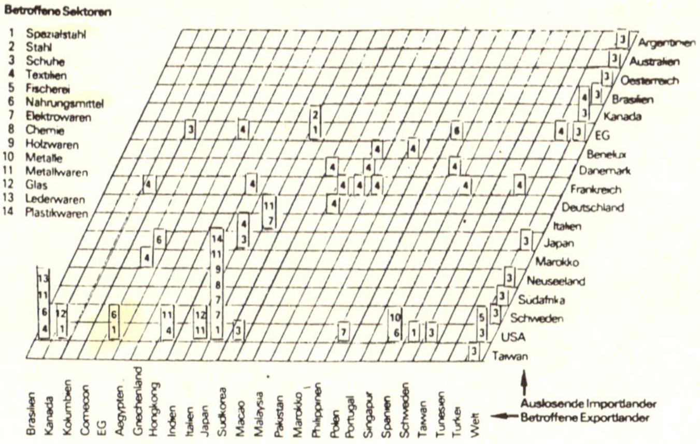


Abb. 3.2.: Orderly Marketing - Auslösende und betroffene Länder 81)

---

77) NZZ (Mexico) 19

78) NZZ (Importquotensystem) 14

79) Handelsblatt (Aussenhandel) -

80) NZZ (Ungarn) 23, weitere gleichgerichtete Hinweise bezüglich Ostblock in: Hasenpflug (Handelshemmnisse) 101

81) NZZ (Orderly Marketing) 15, leider ist seit 1977 keine derartige Uebersicht mehr erschienen.

Aus den erläuterten Schwerpunkten wird klar ersichtlich, dass sich protektionistische Massnahmen dort konzentrieren, wo einerseits

- die Importsubstitution nicht zuviele technische und finanzielle Anstrengungen erfordert, (v.a. in Entwicklungsländern zum Zwecke der Devisenersparnis),

andererseits

- bei Produktekategorien Ueberkapazitäten bestehen oder im Entstehen begriffen sind, so dass ein Kampf um Produktionsprivilegien stattfindet, der zuerst auf immer höhere Kosten im Exportgeschäft hinausläuft und später den Nährboden für protektionistische Vereinbarungen und Erlasse bildet (v.a. in Industrieländern).

#### 3.3.3.5. Entkräftungen zur Protektionismuszunahme

Zur Ausgewogenheit der Beobachtung protektionistischer Tendenzen sind trotz einem quantitativen Unterliegen die Darsteller von Gegenstimmen nicht zu übersehen.

Ein Beispiel der belegbaren Abschwächung protektionistischer Tendenzen hat sich zwischen 1966 und 1967 in Brasilien gezeigt. In diesem Zeitraum ging die Protektion von Kapitalgütern der Maschinenbranche von 35 auf 27 %, jene von Investitionsgütern der Branche elektrischer Ausrüstungen von 70 auf 61 % zurück 82).

Im Zuge der Reprivatisierung wurde auch schon Argentinien als Land genannt, das sich wieder vermehrt dem Wettbewerb öffnen will: "Es gibt immerhin ein paar fortgeschrittene Entwicklungsländer - sogenannte "newly industrialized countries' - die den Sinn des Wettbewerbs und damit der Marktwirtschaft erkannt haben. Zu ihnen gehört das neue Argentinien, das sich nicht nur der Reprivatisierung vieler Staatsbetriebe, sondern auch der Erleichterung des Importhandels verschrieben hat. Es bemüht sich trotz fortbestehenden nationalistischen Widerständen auch nachdrücklich um Auslandkapital, wie es noch andere Länder der südlichen Hemisphäre tun" 83).

Willgerodt sieht in der Zunahme des Welthandels eine Entschärfung der Protektionismuszunahme. "Der Welthandel nimmt trotzdem sowohl dem Werte wie dem Volumen nach bis in die unmittelbare Gegenwart hinein zu, wenn auch neuerdings mit geringeren Zuwachsraten. Es muss also Kräfte geben, die dem nationalistischen Souveränitätsstreben Widerstand leisten. Die Stärke dieser Kräfte wird meist unterschätzt und die Sache des freien Aussenhandels als recht hoffnungslos ausgegeben" 84). Der gleiche Autor zählt zudem auf die Gewerkschaften, die dem Importschutz laufend entgegenwirken werden: "Der 'Reallohnwiderstand', der häufig irrational wirkt, kann im Falle protektionistischer Manöver die Regierung zur Mässigung zwingen. Es sind in diesem Falle weniger die unmittelbaren Konsumenteninteressen, die dem Protektionismus Zügel anlegen, als die Aufmerksamkeit, die die Gewerkschaften dem Konsumstandard der Arbeitnehmer widmen müssen" 85).

---

82) vgl. Bergsman J., Malan P., The structure of Protection in Brazil, in: Balassa (Structure of Protection) 122

83) NZZ (Vexierbilder) 17

84) Willgerodt (Protektion) 282

85) ebenda 292

In einer UNCTAD-Schrift will Helleiner das Phänomen 'ökonomischer Nationalismus' ebenfalls entkräften, wenn er schreibt: "The new protectionism is highly sectorspecific, and therefore cannot at present be described as the product of economic nationalism or neo-mercantilism. The sectors in which it is found are primarily the labour-intensive branches of manufacturing in which developing countries possess a clear comparitive advantage" 86).

Diese qualitative Ausdrucksform der aktuellen Situation im Welthandelsgefüge ist m.E. am zutreffendsten; d.h.

- das Welthandelsvolumen ist zwar im Steigen begriffen,
- gleichzeitig steigt aber auch der Umfang der protektionistischen Massnahmen, so dass von einem globalen Neomerkantilismus gesprochen werden kann.
- Die Protektionismuszunahme findet sektorspezifisch oder mindestens produktspezifisch statt, ist dort also weder von der Hand zu weisen, noch zu verharmlosen.

Den oben erwähnten Entkräftungen der Protektionismuszunahme ist deshalb gemäss der Reihenfolge ihrer Aufführung **zu erwidern**:

- Die Zahlen des Rückgangs des prozentualen Anteils der Protektion in der Maschinen- und Elektrobranche aus Brasilien waren in den Jahren 1966/67 bestimmt nicht gegenstandslos.

  Diese Erscheinung zeigte sich in den Jahren vor der Trendwende 1974/75.

  Sobald sich aber in den Industrieländern ein Protektionismus für gewisse Güterklassen breitmacht, wovon auch Brasilien betroffen wird, dann braucht dieses Schwellenland bei verringerten Exporten weniger Produktionsmittel und wird alsbald zur Erhaltung einer geregelten Zahlungsbilanzentwicklung auch mit Handelsschranken in den erwähnten Branchen reagieren.
- Betreffend Argentinien ist anzunehmen, dass zwar verschiedene Staatsbetriebe reprivatisiert wurden und dass damit eine Zuwendung hin zur Marktwirtschaft anerkannt werden muss; andererseits besteht in diesem Land trotzdem ein sektoraler Protektionismus mindestens solange, als Meldungen über Importquotensysteme zum Zwecke der Devisenersparnisse etc. (vgl. Kap. 3.3.3.4.) ins Ausland gelangen und in Lieferländern zur Kenntnis genommen werden müssen.
- Die Zunahme des Welthandels allein darf nicht als Beweis für die Abnahme oder Nichtexistenz des Protektionismus gewertet werden. Diese beiden ökonomischen Grössen brauchen absolut nicht deckungsgleich zu sein. Während in bestimmten Sektoren das Welthandelsvolumen uneingeschränkt zunehmen kann, solange keine Sättigung eintritt, können parallel dazu auf andern Sektoren mit z.B. weltweiten Ueberkapazitäten weiterhin protektionistische Erlasse und Vereinbarungen aufgestellt werden. Die Sicht auf den Protektionismus darf also durch eine einzige Zahl des zunehmenden Welthandels nicht verdeckt werden; vielmehr ist der Blick in spezifischer Weise auf die gefährdeten Sektoren zu richten.

---

86) Helleiner (Industrial Protectionism) 16

- Die Kraft der Gewerkschaften zur 'Erhaltung des Konsumstandards' und damit zur Reduktion des Protektionismus darf auch nicht überschätzt werden. In der Gegenwart haben sich die Arbeitnehmervertretungen für die Eindämmung der zunehmenden Arbeitslosigkeit stark zu machen, was nicht gleichzeitig mit der Abschaffung des Protektionismus im Inland, d.h. der Oeffnung der Importschranken angestrebt werden kann. Diese beiden Zielsetzungen laufen sich diametral entgegen, die Priorität liegt aber eindeutig bei der Bekämpfung der Arbeitslosigkeit.

Realistisch betrachtet muss es demzufolge dem schweizerischen Exportgüterproduzenten darum gehen, den für ihn relevanten Sektor in seinen aktuellen und potentiellen Absatzländern nach protektionistischen Tendenzen abzutasten, statt sich z.B. von einer globalen Zunahme des Welthandelsvolumens zur Verharmlosung des Protektionismus täuschen zu lassen.

### 3.3.3.6. Das GATT im Umfeld des neuen Protektionismus

Wird gemäss den beiden vorangehenden Kapiteln konstatiert, dass die Protekionismusmassnahmen im Zunehmen begriffen sind, dann besteht doch mindestens von den institutionalisierten Voraussetzungen her die Hoffnung, dass durch das GATT den internationalen Handelsschranken entgegengewirkt werden kann.

Für den exportorientierten Investitionsgüterproduzenten ist dementsprechend die Abschätzung relevant, wieviel er vom GATT in bezug auf die Förderung des Freihandels erwarten darf. Ist das GATT in der Lage, die ihn zunehmend belastenden Handelshemmnisse innert nützlicher Frist abzubauen, dann hat er sich um so weniger für produktionsbezogene Auslandengagements einzusetzen; gelingt dem GATT dieser Abbau hingegen nicht, dann muss er die Protektionismustendenzen um so gründlicher in das Kalkül seiner Absatzchancenbeurteilung einbeziehen.

Die Anstrengungen der GATT-Mitgliedstaaten (GATT = General Agreement of Tariffs and Trade) erstreckten sich bis und mit der Kennedy-Runde auf den Zollabbau.

Seit der Tokio-Runde steht das GATT mitten in der Auseinandersetzung mit den Massnahmen des 'neuen Protektionismus', den nichttarifären Handelshemmnissen. "The Tokyo Round represents an effort to limit the use and misuse of non- tariff measures and to establish international machinery of conflict resolution on their application. This has been done in the framework of codes dealing with subsidies and countervailing measures, customs valuation, import licensing, technical barriers to trade, and goverment procurement" 87). Die Tokyo-Runde hatte also Verhandlungen zum Gegenstand, die neben dem Abbau der Zollmauern, den agrarwirtschaftlichen Sonderbestimmungen und der Behandlung von Exportsubventionen 88) auf die

- technischen Handelshemmnisse, 88)
- Importlizenzierung, 89)
- Problematik der öffentlichen Ausschreibungen, 88)

---

87) Balassa (Tokyo Round) 15
88) vgl. Haferkamp (Tokio-Runde)
89) vgl. US. Department of Commerce (Licensing Procedures) 1

- Schutzklauseln für den Fall von Zahlungsbilanzschwierigkeiten, 90)
- Zollwertbestimmung, 88) und
- spezielle und differenzierte Behandlung der ärmsten Länder 91).

**Technische Handelshemmnisse:** Mit der neuangelegten Kodierung von technischen Normen und Standards wird seit der Tokyo-Runde vom GATT versucht " ... that neither technical regulations nor standards themselves nor their application have the effect of creating unnecessary obstacles to international trade" 92). Diesbezügliche Anstrengungen während der Tokyo-Runde konzentrierten sich auch darauf, Verfahren der Vergabe von Importlizenzen zu vereinheitlichen, zu vereinfachen und zu vermeiden, so dass sie nicht zur Errichtung sektoraler Importhindernisse missbraucht werden.

**Abkommen über öffentliche Ausschreibungen:** Hiezu wurde festgehalten, dass für Anschaffungen von staatlichen Stellen, deren Wert 320'000 Schweizerfranken 93) übersteigt, auch ausländische Lieferanten berücksichtigt werden müssen. Wichtige Marktsektoren wie Transport- und Fernmeldewesen oder Wasser- und die Energiewirtschaft sind davon allerdings ausgeklammert.

**Schutzklauseln für den Fall von Zahlungsbilanzdefiziten:** Nach diesen neuen Regelungen wurde bestimmt, dass "... consultations in the GATT should cover all types of measures used, reaffirmation that trade measures used for balance-of-payments purposes should not be used to protect a particular industry or sector" 94).

**Zollwertbestimmungen:** Diesbezügliche GATT-Regelungen sollen in erster Linie dazu dienen, dass "geringe Abweichungen zwischen angegebenen und tatsächlichen Werten, Massen und Gewichten ... zum Vorwand für eine Zurückweisung der Waren an der Grenze genutzt werden" 95).

Der Abschluss der Tokyo-Runde im Rahmen der GATT-Verhandlungen brachte also den erfolgreichen Abschluss weiterer Zollsenkungen und auch von Regelungen zur Entschärfung des Missbrauches von technischen Normen, Importlizenzen und Zollbewertungen für protektionistische Zwecke. "Die im Ergebnis der jahrelangen Verhandlungen erzielten Kompromisse über präzisere Regelungen bereits bestehender GATT-Bestimmungen konnten jedoch nicht verhindern, dass gleichzeitig neue protektionistische Massnahmen praktiziert werden ..., ist doch in kapitalistischen Industriestaaten eine grosse Anzahl mengenmässiger Beschränkungen, Mindestpreisregelungen und sogenannter 'Orderly Marketing Arrangements', d.h. Selbstbeschränkungen des Exports, neu eingeführt worden" 96).

Protektionistisch gesinnte Länder greifen also zu andern Massnahmen, die noch nicht reglementiert sind oder im GATT-Abkommen nie regle-

---

90) vgl. US. Department of Commerce (Framework on Conduct) 1
91) vgl. O'Leary (Protectionism) 142
92) GATT (Technical Barriers) 6
93) vgl. NZZ (Multilaterale Welthandelsinstrumente) 14
94) US. Department of Commerce (Framework on Conduct) 5
95) Frankfurter Allgemeine (GATT-Kondices)
96) Wenger (Tokio-Runde) 66

mentierbar sein werden. Wenger führt hiezu aus: "Die kapitalistische handelspolitische Praxis zeigt, dass neue GATT-Kodizes für nichttarifäre Handelsregeln faktisch keinen realen Abbau bestehender Importbeschränkungen beinhalten, exaktere Bestimmungen ebenfalls vielfältig interpretationsfähig und auslegbar sind. Es treten sogar zur gleichen Zeit Tendenzen des stärkeren Protektionismus auf, weil diese nicht von multilateralen Regeln verhindert, sondern von den Monopolen kapitalistischer Industriestaaten ausgelöst werden, die ihre Schwierigkeiten auf Kosten der Handelspartner zeitweilig zu lösen suchen" 97). Der Hang mehrerer GATT-Partner, trotz Tokio-Runde den Pfad der multilateral orientierten GATT-Tugend zu verlassen, ist also unverkennbar geworden: "Der Welthandel wird in steigendem Mass konfrontiert mit GATT-fremden Instrumentarien, mit 'freiwilligen' Ausfuhrbeschränkungen, mit 'Orderly-Marketing Arrangements' oder mit einer Hinwendung zum Bilateralismus, zum Selektivismus" 98). Damit ist es den letzten GATT-Kodices nicht gelungen, die subtileren Erscheinungsformen des neuen Protektionismus zu berücksichtigen 99). Quambusch betont den notwendigen politischen Willen, den es für erfolgreichere Verhandlungen braucht: "Wenn der politische Wille vorhanden ist und es gelingt, nationale Interessen um der Freiheit des Weltwirtschaftssystems willen zurückzustellen, ist es möglich, rechtlich und organisatorisch die Voraussetzungen für die Beseitigung nicht-tarifärer Handelshemmnisse zu schaffen" 100). Dieser politische Wille wird aber solange fehlen, als das einzelne Land, das damit angesprochen wird, sich handelspolitisch nicht in einer ausgewogenen Lage weiss. Hohe Arbeitslosen- und "Inflationsraten, Zahlungsbilanzschwierigkeiten und Ungleichgewichte zwischen den kapitalistischen Industriestaaten im Handelsverkehr werden im Zuge dieser krisenhaften Entwicklung für die Auseinandersetzung um protektionistische Massnahmen und um die Realisierung der GATT-Verpflichtungen Bedingungen schaffen, die neue Konflikte bringen" 101). Sogar der GATT-Generaldirektor Dunkel erkennt die grosse Gefahr, dass der angesprochene politische Wille solange nicht zur absoluten Freiheit der Weltwirtschaft führt, als noch diverse Industriesektoren selbst in Bedrängnis sind, in Schwierigkeiten stecken: "Pressures from such industries for protection at home has a powerful impact on their Governments" 102).

Zur Einschätzung der Protektionismus-Abbauchancen durch das GATT ist nicht zuletzt auch die Tatsache zu berücksichtigen, dass im GATT bei weitem nicht alle Staaten gebunden sind. Die UdSSR und die Ostblockländer haben z.B. während der Genfer UNO-Konferenz gegen restriktive Handelspraktiken Kompromissvorschläge für den Kampf gegen handelsschädigende Einrichtungen (Kartelle, Exportabsprachen etc.) abgelehnt mit der Begründung, die geplanten Spielregeln könnten unmöglich für Staatsunternehmen gelten 103). Damit war ein weiterer Versuch, den Ostblock in die weltwirtschaftlich bestimmten Kodices zu integrieren, gescheitert.

Eine grundlegende Problematik des GATT besteht auch darin, dass ihm

---

97) Wenger (Tokio-Runde) 67
98) NZZ (Handelspolitische Flucht) 19
99) vgl. Stecher (Tokio Runde) 16
100) Quambusch (Nichttarifäre Handelshemmnisse) 337
101) Wenger (Tokio-Runde) 70
102) Dunkel (Protectionist Danger)
103) vgl. NZZ (Gescheiterte Konferenz) 7

nur etwas mehr als die Hälfte der UNO-Mitglieder beigetreten sind (Mitgliedstaaten vgl. Anhang IV) und somit eine weltumfassende Handelsregelung ausserhalb des Bereichs des Möglichen liegt.

"GATT is far from embracing all the trading partners of the international community. Its membership is 84 countries, in contrast to the 146 in the United Nations. Many socialist and developing countries are not parties to the Agreement. The economic weight of non-members has considerably increased over time, and it is difficult to conceive of the continuation of a framework which does not integrate all or most of the partners of the international community" 104).

Zusammenfassend ist deshalb festzustellen, dass die völlige Beseitigung nichttarifärer Handelshemmnisse demgemäss einer Utopie gleichkommt. "Zu den Erfolgsaussichten der laufenden Liberalisierungsrunde (1977) ist anzumerken, dass die Erwartungen im nichttarifären Bereich nicht zu hoch geschraubt werden sollten" 105). Der Stellenwert des GATT ist also darin zu sehen, dass es wenigstens durch einen funktionsfähigen Mechanismus des Zollabbaus dazu beiträgt, die Handelshemmnisse in Grenzen zu halten 106). Der Investitionsgüterexporteur hat demgemäss weiterhin mit partiellen Protektionismusmassnahmen zu rechnen, die ihn belasten werden.

### 3.3.3.7. Indikatoren zur Erkennung von Protektionismustendenzen

Aufgrund der aus den Kapiteln 3.3.3.1. - 3.3.3.6. gezogenen Folgerung ist der exportorientierte, schweizerische Investitionsgüterproduzent zur Wahrnehmung seiner Absatzchancen und zur Abwendung von Marktverlusten darauf angewiesen, die ihn betreffenden Protektionismustendenzen frühzeitig zu erkennen.

Ein Protektionismus ist in verschiedenen nachgelagerten Stufen in unterschiedlicher Intensität erkennbar:

- Als Protektionismusmassnahmen (= Mittel) in konkret erfassbarer Form, diesen zeitlich vorgelagert
- als gefährdete, schützenswerte Grösse, d.h. in Form von interpretationsbedürftigen volkswirtschaftlichen Dimensionen (Arbeitsplätze, Staatshaushalt etc.), die potentiell oder effektiv gefährdet sind; dem vorgelagert
- als Ursache oder deren Erscheinungsform, welche später zur Errichtung einer Protektionismusmassnahme führen, dem wiederum vorgelagert
- als auslösende Basissituation, die später Protektionismusmassnahmen verursacht.

Diese Erkennungsstufen sind gemäss einem Erklärungsmodell zu erläutern:

---

104) Fiallo (Protetctionism) 80
105) Hasenpflug (Handelshemmnisse) 101
106) vgl. Quambusch (Nichttarifäre Handelshemmnisse) 338

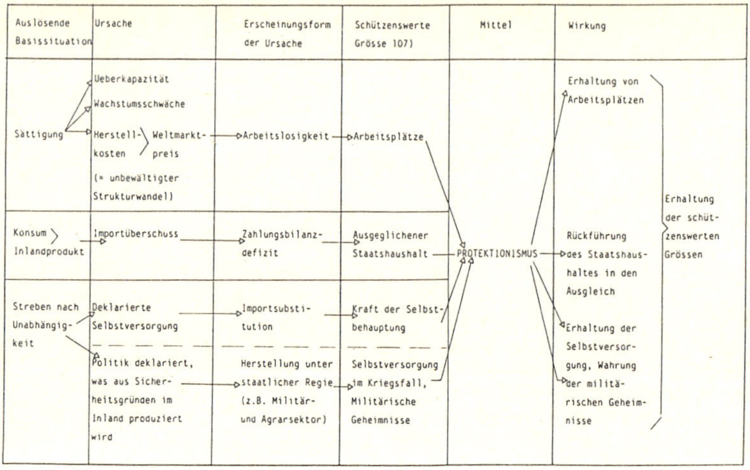


Abb. 3.3.: Durch Protektionismus schützenswerte Grössen

Je weiter links im Erklärungsmodell sich der Exporteur in seinem Beobachterstatus und bei der Informationsbeschaffung bewegt, je grösser ist der zeitliche Vorsprung, den er für seine Reaktionen, seine Vorkehrungen ausnützen kann. Dieses Erklärungsmodell bezweckt somit, dass die an der Entwicklung des Protektionismus interessierten Instanzen die Warngrössen mit dem notwendigen zeitlichen Vorsprung erfassen können, bevor die Einfuhrpraktiken in concreto geändert werden. Auch der schweizerische Investitionsgüterproduzent kann Verlusten vorbeugen, wenn er die schützenswerten Grössen in jedem seiner aktuellen und potentiellen Absatzländer beobachtet, wenn möglich die Entwicklung der Erscheinungsformen der angeführten Ursachen verfolgt oder sich laufend über die Sachlage der möglichen Ursachen und auslösenden Basissituationen informiert. Nimmt sich nun ein exportorientierter Investitionsgüterproduzent vor, zur Optimalisierung seiner Reaktionszeiten den Protektionismus vermehrt im 'status nascendi' statt im 'status quo' zu erkennen, dann muss er einerseits

a) - die Ursachen und deren Zusammenhänge kennen und

andererseits wissen, wie er die

107) Einem der 42 Interviewpartner gelang es während der empirischen Erhebung, all die Ansätze zur Erkennung der Protektionismustendenzen auf einen Nenner zu bringen: "Ein Protektionismus wird nur dort errichtet, wo etwas Schützenswertes vorhanden ist. Um die Protektionismusgefahr in individueller Weise abschätzen zu können, muss pro Land das Schützenswerte gesucht werden".

b) - Informationen betreffend der aktuellen Ursachenkonstellation (= Erscheinungsform der Ursachen, = aktuelle Beschaffenheit der schützenswerten Grösse)

in Erfahrung bringen kann.

ad a) **Die Ursachen des zunehmenden Protektionismus**

Die Ursachen der seit 1974/75 verstärkten protektionistischen Kräfte können nicht einfach mit einem Begriff 'Rezession' begründet werden. "Wollte man aus der zeitlichen Koinzidenz zwischen Oelpreisexplosion 1973/74 und Weltwirtschaftsrezession 1974/75 einerseits und dem Rückgriff auf protektionistische Massnahmen der Industrieländer andererseits eine nur temporäre Unterbrechung des Liberalisierungstrends herleiten, so bliebe der Blick für die eigentlichen Ursachen des Protektionismus verstellt" 108).

Als Grundlage zur Darstellung der Ursachenzusammenhänge und der Ursachenkette sollen vorangehend mögliche

| **Ursachenkomponenten** und | **Erscheinungsformen der Ursache** |
|---|---|
| - Ueberkapazität<br>- Wachstumsschwäche<br>- Strukturwandel | Arbeitslosigkeit |
| - Importüberschuss | Zahlungsbilanzdefizit |
| - Importsubstitution/ Selbstbehauptung<br>- 'Neue Produzenten' | Streben nach Unabhängigkeit |
| - Verknüpfung von Wirtschaft und Politik | |

erläutert werden.

**Ueberkapazitäten:** Kommentare zum Zusammenhang zwischen Protektionismus und Ueberkapazitäten an Produktionsmitteln lautet: "High unemployment and unused capacity in a number of industries of the developed countries have contributed to the emergence of protectionist pressures ..." 109).

Protektionismustendenzen sind denn auch in der Regel zu beobachten, wo solche Ueberkapazitäten offensichtlich sind. "When these are treatened by surplus capacity, restrictive arrangements now have to be international to be effective" 110). Auf alle Fälle, "mit der zunehmenden Normalisierung des Wachstumsklimas, des stärkeren Hervortretens von Käufermärkten und Marktanteils-Konkurrenz wurde der Weltmarkt naturgemäss anfälliger für Reglementierungen" 111).

**Wachstumsschwäche:** "Die Zunahme des Protektionismus in den siebziger Jahren fiel mit dem weltweiten Rückgang des wirt-

---

108) Donges (Protektionismus) 8
109) Balassa (New Protectionism) 414
110) Strange (Surplus capacity) 309
111) Lorenz (Noemerkantilismus) 17

schaftlichen Wachstums zusammen. Es war wohl kein Zufall, dass in dieser Zeit gerade in den Industrieländern vermehrt Wünsche nach aussenhandelspolitischen Interventionen aufkamen" 112). Doch wie hier bereits angetönt wird, ist "die Zunahme des Protektionismus ... mehr als nur statistisch hochkorreliert mit dem weltweiten Rückgang des wirtschaftlichen Wachstums in den siebziger Jahren. Die Wachstumsschwäche deckte Strukturprobleme auf, die in den Zeiten hohen Wachstums weitgehend verborgen geblieben waren" 113).

**Strukturwandel:** "Man kann diese Wurzeln offenlegen, indem man sein Augenmerk auf den Bedarf an Strukturwandel lenkt, den es in wachsenden und offenen Volkswirtschaften zu befriedigen gilt. Zwei Dimensionen dieses Strukturwandels sind in unserem Zusammenhang von besonderer Bedeutung:

- Der Wandel in den internen Faktorproportionen und
- die Exportdiversifizierung der im weltwirtschaftlichen Wachstumsprozess aufholenden Länder" 114).

Bezüglich Faktorproportionen hätte sich für kapital- und forschungsintensive Produktionsstrukturen eine kräftige Erhöhung des Wertschöpfungsanteils ergeben sollen, während arbeitsintensive Produktionsweisen im Wachstumsprozess zurückfallen. Bei einer rein marktwirtschaftlichen Produktionsstruktur müsste dies dazu führen, dass erstere Kategorie steigende Löhne aufweist, während sie in der zweiten Kategorie stagnieren, ev. sogar sinken. Dies wurde jedoch durch die soziale Marktwirtschaft, d.h. durch das egalisierende Denken in den hochindustrialisierten Gesellschaften verhindert, so dass "interindustrielle Lohnrelationen und intersektorale Einkommenrelationen erstarrten, obwohl der Strukturwandel veränderbaren Lohnrelationen nach Massgabe der jeweiligen Nachfrage- und Produktivitätsstruktur verlangte" 115). "Die Nivellierungstendenz steht in deutlichem Widerspruch zu dem erhöhten Differenzierungsbedarf bei den Löhnen aufgrund des aussenwirtschaftlichen Strukturwandels. Sie führt dazu, dass der Standort solcher Branchen, die scharfer Importkonkurrenz ausgesetzt sind, von der Kostenseite her bedroht wird, denn die Löhne, die diese Branchen zahlen, sind dann häufig zu hoch, um die internationale Wettbewerbsfähigkeit zu sichern. Die Nachfrage nach Aussenhandelsschutz wird steigen" 116). Verschiedene andere diesbezügliche Faktoren stellen sich gegen den natürlichen Strukturwandel. Z.B. stieg das

- Reallohnniveau stärker als die Arbeitsproduktivität
- Der Zustrom von Arbeitskräften aus dem Süden brachte Faktorelastizität.
- Die Exportwirtschaft wurde durch die Unterbewertung der Währung subventioniert.

Solche und ähnliche Erscheinungen waren zwar auch schon früher

112) Nunnenkamp (Schwerpunkte) 325
113) Stecher (Tokio-Runde) 17
114) Donges (Protektionismus) 9
115) Donges (Protektionismus) 10
116) Stecher (Tokio-Runde) 18

existent, doch zeigten sie bislang nicht diese Auswirkungen, "weil ein hoher Stand der wirksamen Nachfrage während der sechziger Jahre den ökonomischen Zwang zum Strukturwandel milderte, so dass zahlreiche Unternehmen und Branchen die an sich notwendige Anpassung an die veränderten Faktorproportionen ganz unterlassen oder zumindest vertagen konnten, ohne gleich Gefahr zu laufen, Marktanteile zu verlieren oder Verlust zu machen" 117).

Stagniert nun aber die Nachfrage oder lässt sie in gewissen Branchen nach, so tritt die notwendige Strukturanpassung zutage und es beginnt ein Kampf um Produktionsprivilegien: "Die Ursachen des ökonomischen Nationalismus, der schon verbal in Formulierungen wie 'Kampf um Produktionsprivilegien' zum Ausdruck kommt, liegen in der fast allen Industrieländern gemeinsamen Entwicklung zum Wohlfahrtsstaat, in dem der Widerstand gegen wirtschaftliche Veränderungen wächst" 118). Wird das Angebot grösser als die Nachfrage, so wirkt dies zwar einerseits auf die Preise, aber bei der Erreichung der Preisuntergrenzen heisst es: "The problem is in reality nothing less than deciding who will produce what in the future with all its associated ramifactions, and import controls are only one of a multitude of policy tools being drawn on to implement the decisions" 119).

**Die Arbeitslosigkeit** wird von Bundesrat Honegger betrachtet "als das gefährlichste Gift für den freien Welthandel. Denn sie bewirke auf der einen Seite eine Abschirmung der Heimmärkte vor ausländischer Konkurrenz, auf der andern Seite führe sie zu einem immer rücksichtsloseren Kampf um Marktanteile auf Drittmärkten ..." 120). "Full employment has a high prority among the goals of the policy. The need to create and sustain sufficient job opportunities, particularly for unskilled workers, has become a paramount concern ... of EEC governments as well. A 'new mercantilism' springs from this preoccupation, according to which imports are to be minimized and the strength of export industries to be maximized in order to 'store up' job opportunities" 121). Küng setzt die Arbeitslosigkeit sogar an die erste Stelle der Ursachenkette: "Gerade deshalb fällt es so überaus schwer, dem Ueberhandnehmen des Protektionismus Einhalt zu gebieten ... Der Hauptgrund liegt natürlich darin, dass weitverbreitete Massen- und sogar Dauerarbeitslosigkeit zu verzeichnen ist" 122).

**Importüberschuss / Zahlungsbilanzdefizit:** Die Ursache für ein massgebliches Zahlungsbilanzdefizit liegt naturgemäss bei einem ebenso massgebenden Importüberschuss. An sich ist es nicht erst ein Zeichen der neueren Wirtschaftgeschichte, dass solche Importüberschüsse eine Volkswirtschaft belasten, doch sind die

---

117) Donges a.a.O.
118) Werner (Produktionsprivilegien) 58
119) Sampson (Contemporary protectionism) 104
120) NZZ (Europäisches Management-Forum) 14
121) Pestieau (Non-Tariff Trade Barriers) 95
122) Küng (Protektionismus) 100

Auswirkungen seit 1971 anders als früher. Bis zum Zusammenbruch des Bretton-Woods-System bestand die Möglichkeit, durch Unterbewertungen der Währung Fehlentwicklungen zu überspielen. "Die Bundesrepublik Deutschland hat temporär eine solche Unterbewertungspolitik verfolgt, was einer Subventionierung der Exportindustrie und der mit Importen konkurrierenden Industrie gleichkam" 123). "Following the breakdown of the 1971 Smithsonian agreement on exchange rates, there was considerable concern that, in view of the uncertainties accociated with the absence of effective rules on exchange arrangements and with balance of payments problems, countries might resort to trade restrictions" 124). Seit 1971 kann also keine künstliche Unterbewertung mehr angesteuert werden, die Ungleichgewichte treten jetzt über Zahlungsbilanzdefizite in Erscheinung, welche von Politikern wiederum als Vorwand für protektionistische Massnahmen herangezogen werden können.

**Importsubstitution, Selbstbehauptung:** Im Industrialisierungsprozess von Entwicklungsländern geht dem Aufbau einer Exportwirtschaft meist der Prozess der Importsubstitution voraus. Das heisst, die Bevölkerung eines jeden Landes hat einmal gewisse Grund-, Existenzbedürfnisse, die zuerst befriedigt werden müssen. Werden die diesbezüglichen Güter nicht im Land selbst hergestellt, so müssen sie aus den entwickelten Ländern bezogen werden, was im Anfangsstadium naturgemäss zu Zahlungsbilanzdefiziten und zunehmender Staatsverschuldung führt. Um diesen negativen Effekten entgegenzuwirken, wird ein erster Schritt meist in Richtung Importsubstitution unternommen, d.h. in Entwicklungsländern werden Handelsschranken errichtet für Güter, die auch im Land selbst hergestellt werden können. Bei dieser Art Protektionismus geht es um die Schaffung von Arbeitsplätzen in Entwicklungsländern im Gegensatz zur Situation in den Industriestaaten, wo hinter neuen Handelsbeschränkungen in erster Linie die Erhaltung von Arbeitsplätzen steht. Letztlich wird dieser Aussenhandelsprotektionismus von den Entwicklungsländern ergriffen, um das Ziel einer Wohlstandsangleichung aus eigener Kraft möglichst rasch zu erreichen 125).

Das Mittel zu dieser Zielerreichung stellt die Errichtung einer lokalen Industrie dar. "The policy of import substitution followed by most developing countries since World War II has had the twin objectives of improving the balance-of-payments position of this countries and providing for the development of their manufacturing industries" 126). Diese nach innen gerichtete Industrialisierung ist nicht erst eine Erscheinung der Gegenwart: "The earlier stages of industrial development consist in a large measure, of a spread of importsubstituting activities ... The role of import substitution tends to advanced stages of industrial development" 127). Welche Ausmasse diese Importsub-

123) Stecher (Tokio-Runde) 17
124) Nowzad (Protectionism) 2
125) vgl. Schluep (Aussenhandelsprotektionismus) 61
126) Balassa (Structure of Protection) XV
127) United Nationals World Economic Survey 1961, zit. in: Schmid (Internationaler Handel) 96

stitution im Zuge der Industrialisierung annehmen kann, lässt sich z.B. anhand der brasilianischen Industrie erahnen: "Insgesamt gesehen kann man den Zeitraum 1949-1964 als eine Periode beträchtlicher Importsubstitution bezeichnen. Insbesondere in den Bereichen Eisen- und Stahlindustrie, Maschinenbau, Elektromaschinenbau, Fahrzeugbau und der chemischen Industrie war Importsubstition ein entscheidender Wachstumsfaktor, dem ex post 37 %, 51 %, 47 %, 54 %, bzw. 28 % des Wachstums der betreffenden Industriezweige zugerechnet werden können" 128).

In der Wahl der protektionistischen Massnahmen zum Zwecke der Importsubstitution haben sich die Entwicklungsländer meist für die quantitativen Methoden entschieden.

Diese haben sich den Entwicklungsländern hinsichtlich der Beschränkung der Importe und des Schutzes der heimischen Industrie als sicherer und schneller wirkend erwiesen als die übrigen Massnahmen. Vor allem im Verhältnis zu den über die Kosten wirkenden Massnahmen haben sie den Vorteil, dass sie auch bei unsicherer Kenntnis der Regierung betreffend Angebots- und Nachfrageelastizitäten das Ziel erreichen. Sie vermögen zudem Spekulationen zu verhindern, zeigen auch bei hoher Inflation sicherere Resultate als Zölle, multiple Wechselkurse und Steuern, und wirken auch bei Luxusgüterimporten mit preisuneleastischer Nachfrage 129).

Bei der Importsubstitution in den Entwicklungsländern steht hinter den Importschranken nicht nur das Bestreben zur Einschränkung von Staatsverschuldung und Zahlungsbilanzdefiziten, sondern auch jenes zur Selbstbehauptung, und damit das Unabhängigkeitsbestreben an motivierender Stelle. Diesbezügliche Anstrengungen erscheinen vor dem Hintergrund der noch nicht weit zurückliegenden Dekolonialisierung sogar natürlich. So bezeichnet auch Borner 130) die Abkehr von der Abhängigkeit und die Exportorientierung gemäss LIMA-Deklaration zur Kaufkraftsteigerung als Triebkräfte der zunehmenden Industrialisierung, und des zunehmenden Protektionismus in diesen Ländern.

Zur Erreichung dieser Ziele werden damit in Entwicklungsländern Errungenschaften des Freihandels preisgegeben: "Der Preis für diese wohlstandssteigernde Wirkung des Freihandels liegt darin, dass in der Folge der Freizügigkeit des Verkehrs von Gütern und Produktionsfaktoren international alle von allen abhängig werden. Diesen Preis wollen aber die heutigen Nationalstaaten nicht zahlen" 131).

Für weitere Einzelheiten betreffend Protektionismus zum Zwecke der Importsubstitution wird hier verwiesen auf das Kieler Arbeitspapier Nr. 107 132).: 'Neuere Formen des Protektionismus in Entwicklungsländern - Eine Bestandesaufnahme -', das einer vollständigen Erfassung nahe kommt.

**'Neue Produzenten'**: Eine "Reihe von halbindustrialisierten

---

128) Tyler (Importsubstitution) 61
129) vgl. Schluep (Aussenhandelsprotektionismus) 66/67
130) vgl. Borner (Referat HSG)
131) Dignas (Freihandel)-
132) vgl. Nunnenkamp (Formen des Protektionismus) 1 ff.

Entwicklungsländern ist seit Anfang der sechziger Jahre dazu übergegangen, ihren Industriesektor in die weltwirtschaftliche Arbeitsteilung einzubinden, nachdem dieser zwar im wesentlichen auf Importsubstitution ausgerichtet gewesen war" 133). Dieses Engagement für die eigene Kaufkraftsteigerung und den Auftritt im Weltmarkt gründet geschichtlich, chronologisch auf den folgenden vier Faktoren: a) auf der Dekolonialisierung, b) auf den erfolgreichen Industrialisierungsbemühungen der nun selbständigen Entwicklungsländer, c) auf den immer wohlhabender werdenden OPEC-Ländern und d) auf der zunehmenden Stärke politischer Organisationen und Zusammenschlüsse dieser Länder 134). "Diese Länder (es handelt sich im wesentlichen um Hongkong, Taiwan, Brasilien und Mexico) konzentrierten ihre Exportoffensive, ganz im Einklang mit dem Heckscher-Ohlin-Theorem, auf arbeits- und lohnintensive Produkte unter Einschluss standardisierter Investitionsgüter" 135). Die komparativen Vorteile v.a. die günstigeren Arbeitskräfte waren es denn auch, die zu den sektoralen Exporterfolgen führten und die Industrieländer bedrängten.

Die Gruppe der als Schwellenländer bezeichneten, der 'sogenannten neuen Industrieländer' umfasst die 10 Staaten, Brasilien, Mexico, Hongkong, Singapur, Korea, Taiwan, Griechenland, Spanien, Portugal und Jugoslawien. Diesen Schwellenländern ist es beispielsweise gelungen, zwischen 1963 und 1977 ihren Anteil an den gesamten von den OECD-Staaten importierten Manufakturwaren von 2,6 % auf 8,1 % zu erhöhen. Die Einfuhren aller Industrieländer aus diesen Schwellenländern haben im gleichen Zeitraum von 1,2 Mia $ auf 32,8 Mia $ zugenommen 136).

Die Folge dieser Entwicklungen ist nun gekennzeichnet durch eine Zunahme von Verteilungskämpfen. "International gesehen geht es dabei vor allem um die Verteilung von Einkommen zwischen reichen Ländern (Industrieländern) und armen Ländern (Entwicklungsländern)" 137). Die beiden Wirtschaftsgiganten Europa und Nordamerika sehen sich also wettbewerbsfähigeren Produkten aus Entwicklungsländern gegenüber, so dass bei nur liberaler Marktwirtschaft Arbeitsplätze und damit Teile als Volkseinkommen in die aufstrebenden Länder fliessen würden: "The rapidly rising capacity of a range of nations, hitherto regarded as developing countries, to produce competitively for domestic and export markets very many products once considered the preserve of manufacturers in Western Europe and North America" 138). Vor den Regierungen der Industrieländer ergreifen in solchen Situationen zuerst die Produzenten die Initiative zur Verhinderung von weitergehenden Verlusten an Absatzmöglichkeiten im eigenen Land. "The producers incentive for self-protection through restrictive practices is greatly increased" 139).

---

133) Donges (Protektionismus) 12
134) vgl. World Bank (New Protectionism) 14
135) Donges (Protectionismus) 12
136) vgl. NZZ (OECD-Plädoyer) 15
137) Stecher (Tokio-Runde) 18
138) Winquist (Protection) 7
139) Strange (Surplus Capacity) 308

Es geht bei solchen Produzenteninitiativen um die Sicherung von Produktionsprivilegien und die Erhaltung von Exportkapazitäten und letztlich damit um die Erhaltung der Vollbeschäftigung 140).

**Verknüpfung von Wirtschaft und Politik:** Wirtschaft und Regierungen sind einander nähergerückt, verglichen mit den fünfziger und sechziger Jahren.

In den Entwicklungsländern ergab sich dies als Notwendigkeit, da inländische Industrien ohne Staatsgarantien nicht kreditwürdig genug und zudem auch nicht mit genügend Kapital ausgestattet waren. In den Industrieländern rückten sich Produzenten erst nach einer eigentlichen Hochkonjunktur näher, nach einer erfolgreichen Zeit also, in der sie nicht dringlich auf staatliche Unterstützung angewiesen waren. In den schwierigeren Zeiten hat sich dies schnell geändert als Folge von Exporteinbussen, Arbeitslosigkeit etc.

In den Industrieländern werden viele Firmenkomplexe laufend grösser und Auswirkungen einer Fehlentwicklung werden damit schnell von jeder Seite erkennbar. So können etwa auch Regierungen ihre Augen vor der Höhe der Arbeitslosigkeit nicht verschliessen und deshalb einen Druck der Produzentenvereinigung erleben 141): "... the power of producers interested in their own short-term interests in economic security is unfortunately better organized and thus sometimes able to outweigh the interest of the state and the consumers in the general welfare goal of greater efficency and more vigorous economic growth. Against their own longterm interest, therefore, governments are persuaded to use their power in the market system to protect the producers" 142). Einmal sind also die Produzenten, die Nutzniesser von Importschranken wesentlich besser organisiert als die Konsumenten, die vom Freihandel mehr profitieren. Zudem sind die fein verteilten Kaufkrafteinbussen bei der Vielzahl von Konsumenten kaum erkennbar im Verhältnis zu den wirtschaftlichen Schwierigkeiten, die der geringeren Zahl von Produzenten durch das Weglassen von Handelsschranken erwachsen. Stecher formuliert diese Tatsache mit: Es "ergibt sich daraus, dass im allgemeinen der Pro-Kopf-Nutzen einer Liberalisierung bei den Verbrauchern kleiner als die Pro-Kopf-Nachteile bei den importkonkurrierenden Produzenten ist, ... und dass Verbraucher viel weniger geneigt sind, ihre Interessen organisiert wahrzunehmen als Produzenten. Deren kleinere Zahl impliziert im übrigen geringere Kommunikationskosten, wodurch sich leichter eine hohe Effizienz bei politischen Interventionen ergibt. Dies könnte erklären, warum so wenige so oft so erfolgreich sind, bei Politikern das durchzusetzen, was für so viele so schädlich ist" 143). Die Politiker werden aber nicht nur von den Produzenten, sondern auch von den Volksvertretern und den Wählern selbst abhängig.

---

140) vgl. Pfaller (Industrieexporte) 96-118
141) vgl. hiezu auch Pfaller (Industrieexporte) 127
142) Strange (Surplus Capacity) 304
143) Stecher (Tokio-Runde) 19

Der Nationalökonom Bhagwati sieht in dieser Abhängigkeit der Regierungen von Wirtschaft und Arbeitnehmern eine der Ursachen, weshalb gegenwärtig protektionistische Massnahmen zunehmend an Boden gewinnen: "Der 'neue Protektionismus' lässt sich nach Bhagwatis Auffassung durch die stagflationäre Krise mit hoher Arbeitslosigkeit und geringer Wohlstandszunahme in einem auf Volkswahl beruhenden politischen System erklären" 144). Das Bestreben einer Regierung, sich selbst zu erhalten wird sie dementsprechend eher zur Erlassung von protektionistischen Massnahmen veranlassen als zur Aufrechterhaltung des Freihandels bewegen.

Im Herbst 1982 zeichnete sich paradigmatisch in Amerika ab, dass mit Protektionismus auf einen Stimmenfang spekuliert werden kann, als E. Kennedy und W. Mondale an den protektionistischen Instinkt der Gewerkschaften und der unzähligen Arbeitslosen appellierten: "Politische Beobachter sind davon überzeugt, dass die nächste Legislaturperiode von harten Auseinandersetzungen zwischen den Protektionisten und den Freihändlern beherrscht werden wird und der Ausgang dieses Konflikts noch völlig offen ist" 145).

Die Politiker im Amt bilden die Angebotsseite des Marktes für staatliche Regulierung. Wie auf jedem Markt und vor allem jedem Wettbewerbsmarkt liefern die Politiker als Anbieter ihr 'Produkt', die staatliche Regulierung, den potentesten Käufern. Dazu sind sie im politischen Wettbewerb gezwungen, denn sonst fliegen sie heraus und werden durch andere ersetzt. Das Problem ist nun: Wer ist der potenteste Käufer staatlicher Regulierungsleistungen?" 146).

Nach der Erläuterung dieser diversen Ursachenkomponenten ist auf die Ursachenkette mit ihren Abhängigkeiten in Form einer Darstellung zurückzukommen. Die folgenden beiden Abbildungen 'Ursachenkette' weisen auf zwei verschiedene Sachverhalte hin, je nach Industrie- oder Entwicklungsland. Sie zeigen in beiden Sachverhalten auf, wo die Errichtung des Protektionismus im Zusammenhang als Mittel zur Zielerreichung eingesetzt wird; zudem weist sie darauf hin, wann die Lokalfertigung in der nach Entwicklungsländern orientierten Ursachenkette aktuell wird.

---

144) Bhagwati (Internationalisierung)
145) NZZ (Mit Protektionismus auf Stimmenfang) 17
146) NZZ (Wettbewerb) 23

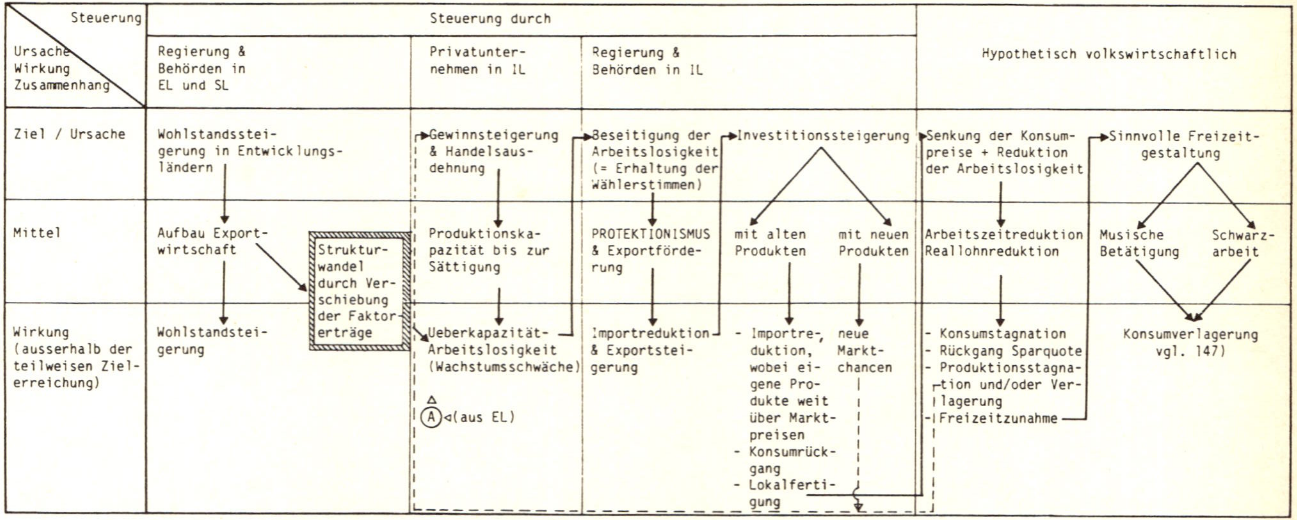


(EL = Entwicklungsland, SL = Schwellenland, IL = Industrieland)

Abb. 3.4. Ursachenkette als Umfeld zur Erscheinung von Protektionismus und Lokalfertigung in Industrieländern

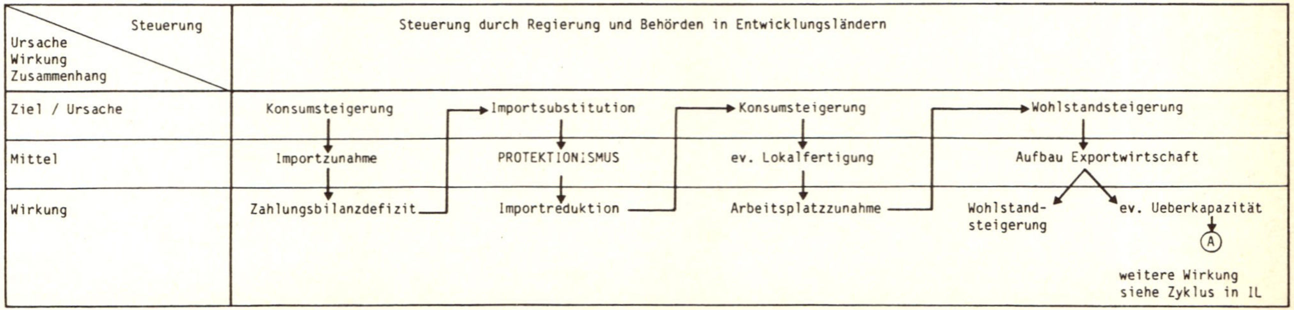


Abb. 3.5. Ursachenkette als Umfeld zur Erscheinung von Protektionismus und Lokalfertigung in Entwicklungsländern

147) optimistische Variante: Hypothetische Konsumverlagerung auf heute noch nicht bekannte Produkte, Technologien und/oder neue Gesellschaftsformen (gesellschaftl. Dezentralisierung. Pessimistisch: Krieg und Wiederbeginn, Repetition

Diese beiden Abbildungen streichen im Ursache/Wirkungsverlauf die beiden ausschlaggebenden Erscheinungsformen der Protektionismusursachen (d.h. Arbeitslosigkeit in den Industrieländern, Zahlungsbilanzdefizite in den Entwicklungsländern) hervor, die dem exportorientierten Investitionsgüterproduzenten als Signale bewusst sein sollen.

ad b) **Informationsbeschaffung betreffend aktueller Ursachenkonstellation**

Anfangs dieses Kapitels wurde darauf hingewiesen, dass der exportierende Hersteller von Investitionsgütern nicht nur die Ursachen des Protektionismus kennen muss, sondern auch im Stande sein sollte, die Informationen in bezug auf die aktuelle Ursachenkonstellation zu beschaffen, um seine weiteren Verhaltensweisen dementsprechend zu gestalten.

In der Folge geht es deshalb darum, zu den drei wichtigsten Erscheinungsformen der Protektionismusursachen, d.h. zu den Indikatoren Arbeitslosigkeit, Zahlungsbilanzdefizite und Streben nach Unabhängigkeit den Weg zur Informationsbeschaffung vorzuzeichnen.

**Arbeitslosigkeit:** Jedes Land verfügt über Statistiken der Arbeitslosen und registriert deren Zu- oder Abnahme. Zeitungsartikel eilen den zugänglichen Statistiken noch voraus, z.B.: "Mit 1,82 (im Vormonat 1,8) Mio Arbeitslosen ist im vergangenen Monat in der Bundesrepublik die höchste September-Arbeitslosenzahl seit 1948 registriert worden ... Die saisonbereinigte Zahl der Arbeitslosen hat mit 2,01 Mio (in Deutschland) erstmals im vergangenen Monat die Marke von 2 Mio überschritten" 148). Solche und gleichartige Meldungen lassen eher auf eine zunehmende als auf eine, global gesehen, abnehmende Protektionismustendenz hinweisen. Wird eine solche Situation am Arbeitsmarkt noch ergänzt mit der Tatsache, dass in einem Land gegenwärtig eine mehr sozialistische Regierung im Amt ist, so muss damit gerechnet werden, dass dem Protektionismus zur Erhaltung der Arbeitsplätze eine höhere Priorität eingeräumt wird als der Verfolgung des reinen Freihandels. Der schweizerische Investitionsgüterexporteur muss von einer global betrachteten Protektionismuszunahmetendenz nicht gezwungenermassen betroffen sein.

Er ist aber jedenfalls im Vorteil, wenn er über die Arbeitslosenziffer hinaus informiert ist, ob einerseits

- sein Produkt im betreffenden Abnehmerland dortigen Ueberkapazitäten in der lokalen Herstellung gegenübersteht und

ob andererseits

- das Produkt der Abnehmer seiner Investitionsgüter im betreffenden Land und auch bezüglich dem Export im Ueberangebot produziert wird.

In solchen Situationen ist auch der Frage nachzugehen, ob für das angebotene Investitionsgut weltweit Ueberkapazitäten exi-

---

148) NZZ (Arbeitsmarkt) 13

stieren, die mengenmässig und an der Preisfront einen Einbruch erwarten lassen. Ist zudem das abzusetzende Produkt gut zu substituieren, müssen diese Daten noch in kürzeren Abständen erhoben werden. Auf der Preisseite sind die eigenen Herstellkosten laufend mit den Weltmarktpreisen zu vergleichen; denn in Zeiten von Ueberkapazitäten gewinnt nur das günstigere Angebot den Kampf um das Produktionsprivileg.

Ist also über die globale Arbeitslosenzahl hinaus die sektor- oder branchenspezifische ermittelbar und sind zudem die produktspezifischen Ueberkapazitäten im Abnehmerland und weltweit bekannt, so sind dies die besten Indikatoren zur Erkennung der Protektionismusgefahr, welche durch Arbeitslosigkeit verursacht wird.

**Zahlungsbilanzdefizite:** Länder mit hohen Zahlungsbilanzdefiziten greifen offiziell oder inoffiziell zu einfuhrbeschränkenden Massnahmen, um einen übermässigen Schuldenberg zu vermeiden. Zunehmende Schwierigkeiten in der staatlichen Kreditbeschaffungspolitik deuten bereits darauf hin, dass in einem Land mehr konsumiert als produziert wird. Geht z.B. eine Mitteilung wie die folgende durch die Presse, so muss ebenfalls mit Importrückgängen in den Abnehmerländern gerechnet werden: "Zum andern ist nicht zu übersehen, dass eine bereits zu beobachtende Tendenz der privaten Finanzinstitute, bei ihrer Kreditvergabe nicht nur im Innern, sondern auch in Richtung der Entwicklungsländer Zurückhaltung zu üben, nicht ohne dämpfende Folgen für die Konjunktur - und zwar via Welthandel - sein kann" 149). Dem schweizerischen Exporteur bleibt dabei noch herauszufinden, ob seine Abnehmerländer auch von einer solchen Massnahme betroffen sein werden. Verschärfte Devisenbewirtschaftungen, hohe Staatsverschuldung, staatliche Bankrotterklärungen (z.B. Polen) sind den sich abzeichnenden Zahlungsbilanzschwierigkeiten verwandte Indikatoren.

**Streben nach Unabhängigkeit:** Bei der Abklärung des Strebens nach Unabhängigkeit kann man sich einerseits auf offenkundige Deklarationen der Abnehmerstaaten zur Selbstversorgung stützen (v.a. bei Staaten in der Nachkolonialzeit). Andererseits ist allein die Natur von gewissen Produkten Hinweis genug. Es handelt sich dabei um Produkte in Branchen, die von den meisten Staaten unter eigener Regie oder innerhalb eines staatsnahen (z.B. subventionierten) Wirtschaftssektors hergestellt werden, (z.B. Erzeugnisse der Agrarwirtschaft, Militärgüter, Produkte der Telefonie, des Fernmeldewesens und anderer Infrastrukturen). Beschaffte Informationen über die Hintergründe derart begründeter Einfuhrschranken sind längerfristig gültig; Indikatoren für Veränderungen sind v.a. Regierungswechsel mit neuen Regierungserklärungen.

Ein spezifischer Indikator für potentielle Protektionismuszunahmen stellt der Nicht-Beitritt eines Landes zum GATT dar. So lehnte z.B. Mexico 1980 den aussenwirtschaftlich überaus notwen-

---

149) NZZ (Weltwirtschaft) 17

digen GATT-Beitritt ab 150). Solchen Ländern ist bezüglich ihrer Importpolitik inklusive Devisenbewirtschaftungspolitik besondere Beachtung zu schenken.

Bis zu einem gewissen Grad kann auch die Anzahl der handelspolitischen Dispute und Streitschlichtungen, die den Genfer GATT-Instanzen pro Land vorgelegt werden 151), ein Indikator für die betreffende Importpolitik ergeben. Ueber diese hängigen Konflikte hinaus sind jedoch von den einzelnen Exporteuren beim GATT nicht allzuviele Informationen in Erfahrung zu bringen. Das GATT bewegt sich mit seinen Daten mehr auf staatlicher volkswirtschaftlicher Ebene; es sind dort auch mehr retrospektive Angaben erhältlich. Kurz und relativ undifferenziert führt ein allgemein zugängliches Jahrbuch des GATT ein Kapitel 'Arresting Protectionism' 152), das jedoch dem interessierten Exporteur nicht genügend Aufschlüsse geben kann. Eine Grafik 153) bezüglich weltweitem Protektionismus und den in diesem Zusammenhang betroffenen Produktgruppen, den auslösenden und betroffenen Ländern, die dem Exporteur auf einer Seite den weltweiten Ueberblick verschaffen könnte, wird vom GATT auch nicht herausgegeben.

Bis zur Zeit eines diesbezüglich umfassenden Informationsmittels können zur erwähnten Informationsbeschaffung die folgenden institutionalisierten Quellen selektiv angegangen werden:

- Banken
- Handelskammern
- Zentrale für Handelsförderung 154)
- Bulletin von Business International "Investing, Licensing & Trading Conditions Abroad, Ziff. 13. (Auszug s. Anhang V)
- Beleuchtende Berichte in Wirtschaftszeitungen.

Diese Informationsquellen in der Schweiz werden von den befragten Unternehmen mit ausländischen Quellen ergänzt; letztere sind im Kap. 5.2.1. gemäss der empirischen Erhebung aufgezeigt und erläutert.

### 3.3.3.8. Alternative Reaktionsmöglichkeiten der Investitionsgüterexporteure auf den weltweiten neuen Protektionismus

Der schweizerische Investitiosgüterproduzent hat verschiedene Möglichkeiten, auf protektionistische Massnahmen in seinen aktuellen und potentiellen Märkten zu reagieren. Es erscheint diesbezüglich unzweckmässig, sich gegenüber allen protektionistisch gesinnten Aeusserungen der Abnehmerländer gleich zu verhalten; eine differenzierte Kenntnis der jeweiligen Situation muss der eigenen Reaktion vorausgehen.

Dem Exporteur aus der Schweiz stehen die grundsätzlichen Alternativen offen, entweder die Protektionismusgefahr als Herausforderung anzuneh-

---

150) vgl. NZZ (Mexico als negatives Lehrbeispiel) 7
151) vgl. NZZ (Handelskonflikte) 17
152) vgl. GATT (International Trade) 10
153) vgl. Kap. 3.3.3.4., aus NZZ ('Orderly Marketing') vom 24.1.77
154) Office Suisse d'Expansion Commerciale, Lausanne

men und auf politischer oder unternehmungsspezifischer Ebene situationsgerecht zu reagieren, zum zweiten einer solchen Tendenz gegenüber eine abwartende Haltung einzunehmen oder drittens den Verlust eines unter Protektion gestellten Marktes in Kauf zu nehmen.

Diese drei Grundstrategien können weiter differenziert werden; eine Uebersicht zeigt die Handlungsalternativen auf, die sich dem Investitionsgüterexporteur anbieten, ohne auf die gegenseitige Prioritätensetzung einzugehen, welche letztlich von der Situation im untersuchten Markt abhängt:

| Grundstrategie | Handlungsalternativen | Geeignete Massnahmen wenn: | | | | |
|---|---|---|---|---|---|---|
| | | Ursache des Protektionismus | | | betroffener Umsatzanteil des Investitionsgüterproduzenten | |
| | | Arbeitslosigkeit | Zahlungsbilanzdefizit | Streben nach Unabhängigkeit | gross | klein |
| Annahme der Herausforderung auf politischer Ebene | 1 Druck auf CH-Regierung um einen Gegenprotektionismus zu erwirken | | | | | |
| | 2 Auslandregierung zur Nichtaufnahme / zum Abbau des Protektionismus zu bewegen versuchen | | | x | x | x |
| | 3 Der Auslandregierung die eigene LF-Bereitschaft aufzeigen, aber gleichzeitig Verzögerungstaktik praktizieren | x | | x | x | x |
| Annahme der Herausforderung auf unternehmungsspezifischer Ebene | 4 Analyse der Ursachen, gezielte situative Gegenmassnahmen treffen | x | x | x | x | x |
| | 5 LF-Errichtung | x | | x | x | |
| | 6 Anschluss bei einem schweizerischen Lokalfabrikanten | x | | x | | x |
| | 7 Angebotsverschiebung | x | | x | x | x |
| Abwartende Haltung | 8 Aufhebung der Importsperre abwarten | | x | | x | x |
| | 9 Konkurrenzverhalten abwarten | x | x | x | | x |
| | 10 Verlassen auf den eigenen technologischen Vorsprung | x | | x | x | x |
| Aufgabe des Marktes unter Protektion | 11 Marktaufgabe --> Umsatzrückgang | x | x | x | | x |
| | 12 Aufsuchen alternativer Märkte | x | x | x | | x |

Abb. 3.6.: Handlungsalternativen des Investitionsgüterexporteurs bei Protektionismusgefahr in seinem Exportmarkt

Die einzelnen Handlungsalternativen sind ihrer Bedeutung entsprechend auszuführen:

ad 1) Die Exportindustrie in der Schweiz, die von einer einschneidenden protektionistischen Massnahme in einem ihrer Märkte betroffen ist, könnte als erste Gegenmassnahme versuchen, Druck auf die schweizerische Regierung auszuüben mit dem Ziel, gegen das betreffende Land ebenfalls Importschranken zu errichten und damit eine Revision der ursprünglichen Massnahme zu erzwingen. Diese Handlungsalternative wurde und wird zwar von andern Staaten ergriffen und z.B. von Pfaller 155) als politische Option der alten Industrieländer zur Diskussion gestellt. Für die Schweiz hingegen stellt sie in mancherlei Hinsicht eine sehr ungeeignete Verhaltenssituation dar. Einmal wird diese Auffassung in offiziellen Stellungnahmen geäussert. Vom schweizerischen Bundesrat für Aussenpolitik verlautete z.B. anlässlich der Mustermesse 1982: "Das Ziel muss sein, auch jene Entwicklungsländer, die nach wie vor diskriminatorische Massnahmen gegen Ausfuhrgüter der Industrieländer ergreifen, für die internationale Zusammenarbeit - beispielsweise im Rahmen der GATT - zu gewinnen. Andererseits sollten die wettbewerbsfähigsten Ausfuhrgüter der Entwicklungsländer nicht durch diskriminatorische Importrestriktionen behindert werden. Die Bedeutung dieses ganzen Fragenkomplexes für uns liegt darin, dass die Exporte der Schweiz in die Dritte Welt bereits 23 Prozent der Gesamtausfuhren ausmachen und unsere Handelsbilanz mit den Entwicklungsländern stark aktiv ist" 156).

Staatssekretär Jolles äusserte sich in der gleichen Richtung: "Die Geldpolitik der Nationalbank sei nach wie vor richtig, und es wäre falsch, selbst Protektionismus zu betreiben, oder die Exportförderung abzubauen" 157).

Diese Haltung kann sich auf die folgenden Argumente stützen:

- Mit Protektionismus kann einem Druck auf die notwendige Strukturanpassung höchstens kurzfristig, keineswegs aber langfristig ökonomisch richtig entgegengesteuert werden.
- Nicht allein Billigimporte, sondern v.a. verlorene Exportchancen führen in der Schweiz zur Arbeitslosigkeit.
- Mit der Vermeidung des eigenen Protektionismus ist umgekehrt die Gefahr von Retorsionsmassnahmen (negative Reziprozität) gebannt als auch eine bessere Ausgangsbasis für alle Schweizer Exporteure im Ausland geschaffen.
- Importhindernisse werden deshalb offiziell beschränkt auf den Agrar- und Militärsektor, in welchem eine Unabhängikeit der Versorgung für den Kriegsfall angestrebt werden muss.

Das erste und das dritte Argument sollen noch weiter unterstrichen werden: Eine im Entstehen begriffene Arbeitslosigkeit als vordringlichster potentieller Protektionismus-Impuls soll ana-

---

155) vgl. die vier politischen strategischen Optionen der alten Industrieländer in: Pfaller (Industrieexporte) 155

156) NZZ (Internationale Zusammenarbeit) 31

157) NZZ (Aussenwirtschaftliche Hauptprobleme) 33

lysiert werden, so dass zu deren Bewältigung andere Mittel gefunden werden können als der Protektionismus. Botschafter Jacobi führt als schweizerisches Beispiel für eine gelungene Strukturanpassung ohne Protektionismus die Textilindustrie an: "Die strukturellen Umwälzungen der letzten Jahre, welche diese typische Exportindustrie durchgemacht hat, dürfen füglich als dramatisch bezeichnet werden. Im Gegensatz zu anderen europäischen Ländern verfügen wir heute über eine Textil- und Bekleidungsindustrie, welche der jungen Konkurrenz aus den neuindustrialisierten Staaten auch ohne Rückenstärkung in der Form staatlicher Unterstützung die Stirn zu bieten vermag" 158).

Das effektive Einfliessen 'negativer Reziprozitäts'- also Retorsions- (Vergeltungs-)praktiken in die handelswirtschaftlichen Erwägungen zeigt z.B.: "The Arab Ministers of Industry have warned developed countries that protectionist measures may give rise to reciprocal, countervailing action" 159). In ähnlicher Weise werden die Staaten auch in den GATT-Verhandlungen gemäss ihrem eigenen Verhalten behandelt: "Wer, wie die meisten Entwicklungsländer, den eigenen Markt für ausländische Erzeugnisse nicht öffnen konnte oder wollte, hatte nur geringe Chancen, seine spezifischen Exportinteressen im Verhandlungsergebnis berücksichtigt zu finden" 160). Für die Schweiz wären die Folgen einer derartig selbstverschuldeten Benachteiligung auf dem Weltmarkt wohl rasch beschäftigungswirksamer als eine spezifische Importrestriktion; dies mindestens solange, als sie die Liste des Exportes pro Kopf der Bevölkerung mit $ 4220 161) anführt. Die Erstellung eines 'Code of good conduct' wird im Rahmen des GATT erwogen. Es sollte nun also das Bestreben der Schweiz sein, bei einem solchen nachmaligen 'Verhaltenskodex' an oberster Stelle zu figurieren.

Den Schweizer Exporteuren wäre eine oberste Stellung in einem solchen Kodex auf alle Fälle ein nützliches Verkaufsargument, v.a. für Staatsaufträge im Ausland.

ad 2) Die zweite Handlungsalternative auf politischer Ebene beinhaltet den Versuch, die entsprechende Auslandregierung von den Plänen eines Aufbaus von Protektionismusmassnahmen abzubringen. Die bei einem solchen Versuch anzubringenden Argumente gehen in folgende Richtung:

- "Bei gesamtwirtschaftlicher Betrachtungsweise wird man zumindest vermuten dürfen, dass eine solche Strategie des Protektionismus der Gesellschaft als Ganzes Wohlstandseinbussen beschert, weil sie zu einer Fehlallokation knapper Ressourcen führt und die Rate des wirtschaftlichen Wachstums verlangsamt" 162).

- "On balance, the industrialized powers stand to gain much from

---

158) Jacobi (GATT) 11
159) Fiallo (Protectionism) 60
160) Donges (Protectionism) 4
161) vgl. Jacobi a.a.O., (Schweiz gefolgt von BRD mit $ 2847, Oesterreich $ 2105, USA $ 1027, UdSSR $ 287)
162) Donges (Protektionismus) 18

liberalized treatment of ... (export from other countries): new employment possibilities, stimulus for export industries, and reduction of domestic price inflation ..." 163).

- "Eine Politik der Importsubstitution - also eine Förderung der einheimischen Industrie zur Verminderung der Einfuhren - sei ein Schritt in die falsche Richtung, und zwar sowohl für die traditionellen wie auch für die technologisch fortschrittlichen Industrien. Eine Korrelation zwischen Intensivierung der Aussenhandelsbeziehungen und Wachstum geht aus verschiedenen empirischen Untersuchungen hervor" 164).

Lassen sich die ausländischen, protektionismuswilligen Behörden mit solchen global formulierten Argumenten nicht umstimmen, dann muss geprüft werden, ob hinter der Importschranke ein Konsumverzicht, resp. ein Verzicht auf die Beschaffung von Investitionsgütern steht oder ob eine neue Industrie zur Importsubstitution im Aufbau begriffen ist. Im erstgenannten Fall kann weiter nichts mehr unternommen werden als zu beobachten, wann diese Verzichte aufgegeben werden, um dann selbst neue Verkaufsinitiativen zu starten. Im zweiten Fall muss der ausländischen Regierung eine grobe Feasibility-Studie vorgelegt werden, die aufzeigt, dass mit allen verbundenen Aufwendungen bis hin zum Produktionsbeginn der neuen Lokalfertigung der Stückpreis höher wird als bei einem weitergehenden Import dieser Güter. Dies muss solange versucht werden als die Herstellkosten in der Schweiz auch wirklich tiefer kalkuliert werden können. Im umgekehrten Fall ist von dieser Handlungsalternative 2 abzusehen und eine der Varianten 5 - 12 in Erwägung zu ziehen.

ad 3) In den vergangenen Jahren hat sich in einigen Ländern (z.B. Griechenland, Jugoslawien etc.) gezeigt, dass die Absicht zur Importsubstitution oder gar zum Aufbau einer Exportindustrie in der Wirtschaftspolitik an vorderster Priorität steht. Dies ist zu beobachten auch ohne dass in diesen Ländern die komparativen Kosten im Endresultat tiefer liegen als im Ursprungsland und ohne dass die Know-how-Ressourcen im Management und bei Betriebspersonal vorhanden sind. Auch ist der Staatsapparat in solchen Fällen zur Ankurbelung eines Projektes oft zu bürokratisch, als dass mit einem erfolgreichen Industriebetrieb gerechnet werden kann. Trotzdem ist die Motivation zu einer eigenen Industrie im Land ungebrochen. In solchen Fällen muss die Konkurrenz daran gehindert werden, aus reinen Expansionszielen heraus in diesem Land eine lokale Fertigung zu begründen. Vielmehr muss der Schweizer Exporteur seine Bereitwilligkeit für eine Lokalfertigung in jenem Land demonstrieren und gleichzeitig die Verzögerungen, die sich im schwerfälligen Staatsapparat ergeben, ausnützen, um das Projekt selbst zu verzögern; mindestens bis zum Zeitpunkt, da sich die Situation zugunsten komparativer Vorteile verschoben hat.

ad 4) Zur Vermeidung von Fehleinschätzungen von Protektionismusmotiven kann es gegebenenfalls wirtschaftlicher sein, die relevanten

---

163) vgl. O'Leyry (Protectionism) 133
164) NZZ (Wirtschaftspolitik) 17

Ursachen zu ermitteln als eine der kostspieligeren Handlungsalternativen 5 - 12 in Angriff zu nehmen.

ad 5) Entscheidet sich ein schweizerischer Exporteur zur Handlungsalternative 'Lokalfertigungsstätte errichten', dann muss vorausgesetzt werden, dass dies die komparativen Vorteile erlauben und dass demnach die grobe Feasibility-Studie entsprechend positiv ausgefallen ist. Solche Entscheidungen sind sehr oft in bilateralen Handelsproblemen begründet, wie dies z.B. bei den japanischen Autoexporten nach USA zum Ausdruck kam: "Die meisten japanischen Autogesellschaften haben sich in den vergangenen zwei Jahren mit einer Produktionsverlagerung in die Vereinigten Staaten befasst. Ursache sind in erster Linie die bilateralen Handelsprobleme .... Um den protektionistischen Tendenzen im amerikanischen Kongress entgegenzutreten und die Restriktionen des bilateralen Abkommens zu umgehen, bietet sich die Möglichkeit einer Produktionsverlagerung in die USA an, von der nun Toyota offenbar Gebrauch zu machen gedenkt" 165). Die Lokalfertigungsalternative steht v.a. dann im Vordergrund, wenn der prüfende Exporteur bisher Marktleader war.

ad 6) Für Anbieter mit kleineren Marktanteilen, für welche sich eine eigene Lokalfertigungsstätte alsbald als ökonomisch schwer verkraftbar herausstellt, bleibt noch die Alternative offen, sich einem schweizerischen Unternehmen mit lokaler Fabrikation in jenem Land anzuschliessen. Diesbezüglich hat sich im Rahmen der empirischen Erhebung die Firma Sulzer bereit erklärt, kleineren Schweizer Exporteuren in etlichen Staaten ihrer weltweiten Präsenz die betriebswirtschaftliche Infrastruktur als Starthilfe zur Verfügung zu stellen.

Gegebenenfalls kann sich aber auch die Beteiligung eines lokalen Partners zur Errichtung einer ausgebauten Montagestätte als geeignete Lösung erweisen, um die vorgesetzten Importschranken umgehen zu können; d.h. 'Interfirm Trade' als Exportmöglichkeit auszunützen, solange dies toleriert wird. "The latest report of the United Nations Centre for Transnational Corporations notes that 46 per cent of total United States imports and 45 per cent of total United States exports have been 'intra-firm'" 166). Auch eine Beteiligung des betreffenden Staates selbst sollte als Alternative mindestens geprüft werden, um den kleineren Unternehmen eine gewisse Risikoverteilung zu ermöglichen 167).

ad 7) Die erwähnte Handlungsalternative 'Angebotsverschiebung' kann verschiedene Formen annehmen. Allen ist das Ziel gemeinsam, den Erlass der Importschranke als Begrenzung des eigenen Exportanteils in dieses Land hinauszuzögern, ev. zu umgehen:

- Neue Preisgestaltung,
- neue Leistungsgestaltung, Produktanpassung,
- Produktofferte mit zusätzlichem Dienstleistungsangebot,

---

165) NZZ (Toyota) 21
166) Helleiner (Industrial Protectionism) 29
167) Auf weitere Einzelheiten der Engagementformen wird in Kap. 4.4.6. hingewiesen.

- Technische Neuerungen anbieten,
- Andere Produkte einführen,

} zur Erschwerung der Substitutionsmöglichkeiten.

ad 8) Wird die Situation hinter der Einfuhrsperre derart interpretiert, dass dieser Erlass nicht von allzulanger Dauer ist, oder scheint das Engagement mit einer Lokalfertigungsstätte unwirtschaftlich zu werden, so kann ein Warten auf den Tag der Wiederöffnung der Grenze sich als die optimalste Lösung präsentieren. Zwischenzeitlich ist ein Umsatzrückgang in Kauf zu nehmen oder ein Ausweichen auf andere Märkte anzustrengen, solange noch keine weltweiten Ueberkapazitäten bestehen.

ad 9) Die Beobachtung des Verhaltens der Konkurrenz sollte in jedem Fall vorgenommen werden, bevor einer der andern Handlungsalternativen im Detail geprüft wird. Ist der Konkurrent zudem noch Marktleader, so soll sein Verhalten sogar als richtungsweisend mitbeurteilt werden.

ad 10)Diese Variante kann v.a. für den hochspezialisierten Investitionsgüterhersteller einen gangbaren Weg darstellen, einmal weil die betreffende Produktion kapitalintensiv ist, und zum andern seine Produkte schwer zu imitieren sind. Indirekt wird damit dem Abnehmer der Entscheid über das eigene weitere Verhalten am Markt überlassen.

ad 11) und 12) Im Gegensatz zur Alternative 8) ist hier mit einem langanhaltenden Protektionismus zu rechnen, so dass die gänzliche Marktaufgabe mit nachfolgendem Umsatzrückgang oder das Aufsuchen alternativer Märkte nicht als vorübergehende, sondern als andauernde Massnahme bestimmt wird.

Zurückkommend auf die drei Grundstrategien

| | |
|---|---|
| a) Herausforderung annehmen | (Alternative 1 - 7) |
| b) Abwartende Haltung einnehmen | (Alternative 8 - 10) |
| c) Aufgabe des Marktes | (Alternative 11 und 12) |

sind abschliessend in diesem Kapitel die Ergebnisse einer diesbezüglichen Frage 168) an die 42 Investitionsgüterproduzenten in der Schweiz festzuhalten: Die Frage lautet: 'In welcher Art reagiert dieses Unternehmen nach Bekanntwerden einer Protektionismustendenz in einem Land?'

---

168) vgl. Fragen 4.3. und 4.6. des Interviewleitfadens

| Grundstrategien \ Antwortverteilung | Anzahl Antworten | % Anteil der Anzahl Antworten |
|---|---|---|
| Herausforderung annehmen, mindestens prüfen und Verhalten nach Marktstellung ausrichten | 25 | 59 |
| Abwartende Haltung einnehmen = Beobachterstatus | 4 | 10 |
| Herausforderung ablehnen und Markt aufgeben oder neue Märkte suchen | 9 | 21 |
| Keine Stellungnahme | 4 | 10 |
| | 42 | 100 |

Tab. 3.6.: Grundstrategie in der schweizerischen Investitionsgüterindustrie gegenüber einer Protektionismusankündigung in einem potentiellen Absatzland

### 3.3.3.9. Folgerungen für den schweizerischen Investitionsgüterproduzenten

Folgerungen für sein Verhalten gegenüber den zunehmenden Protektionismustendenzen kann auch der schweizerische Investitionsgüterexporteur am besten vor dem Hintergrund der künftigen Erwartungen ziehen.

Global betrachtet, kann eine Prognose wie folgt zusammengefasst werden: "Da die meisten Länder Beschäftigungs- und/oder Zahlungsbilanzprobleme haben, trachten sie danach, nicht nur ihre Importe zu drosseln, sondern gleichzeitig ihre Exporte zu fördern .... Wohl aus diesem Grunde nimmt der Welthandel zu, obschon der Protektionismus wächst" 169).

Diese Tendenzrichtung kommt auch in der Befragung der 42 Interviewpartner (Frage 4.10.) zum Ausdruck. Die Fragestellung nach der Tendenzerwartung im Hinblick auf die Entwicklung zur Errichtung von Protektionismus unterschied mit ihren Antwortkategorien lediglich Entwicklungsländer, Schwellenländer und Industrieländer.

---

169) Der Monat (Wachsender Protektionismus) 21

| Grösste Protektionismusgefahr wird erwartet in | Anzahl Zusprüche | %-Anteil der Zusprüche |
|---|---|---|
| Entwicklungsländern | 17 | 41 |
| Industrieländern | 16 | 38 |
| Schwellenländern 170) | 6 | 14 |
| Keine Stellungnahme | 3 | 7 |
| | 42 | 100 |

Tab. 3.7.: Tendenzerwartungen der Protektionismusentwicklung 171)

Vor diesem Hintergrund der allgemeinen Tendenzerwartungen auf dem Gebiet des Protektionismus gilt es nun die spezifischen Gefahren rechtzeitig zu erkennen und die sich noch bietenden Chancen zielgerichtet zu nutzen.

Die Gefahren wurden anhand der Schwerpunkte und Indikatoren des Protektionismus aufgezeigt; ihr Ausprägungsgrad kann anhand der Entwicklung der Protektionismusursachen laufend abgeschätzt werden, wobei abschliessend auf "die zunehmende Neigung der wirtschaftlichen Instanzen, Einfuhrregelungen branchen- oder sogar produktweise auszuhandeln" 172), hingewiesen werden muss. In diesem Zusammenhang ist auch anzufügen, dass nicht erst Behörden auf einen Protektionismus hintendieren, sondern auch von der Arbeitslosigkeit betroffene Produzenten sich mit derartigen Absichten organisieren, was ihnen in der Regel besser gelingt als den Konsumenten. In solchen Situationen wird deutlich, "dass Regierungen Gefahr laufen können, das Produzenteninteresse mit dem Allgemeinwohl zu verwechseln und auf diese Weise der Strategie des Protektionismus sogar noch eine positive Seite abgewinnen" 172). Eine weitere Gefahr in der Weltwirtschaftskonstellation besteht darin, dass bestimmte Länder 'Vergeltungshindernisse' zu errichten bereit sind, wenn ihre Exportprodukte z.B. in einem bestimmten Wirtschaftsblock nicht frei vor Protektionismus auf dem Markt zugelassen werden. Noch heisst es heute nach GATT-Verhandlungen: "Die Industrieländer haben schon während der Tokio-Runde darauf verwiesen, dass für sie die Wiederbelebung des Reziprozitätsgrundsatzes, wonach bei Zollverhandlungen beide Seiten einander in etwa gleichwertige Zollzugeständnisse zu machen hätten, von grosser handelspolitischer Bedeutung sei" 173). Die Zukunft mit noch verbreiteteren Ueberkapazitäten kann es aber mit sich bringen, dass Reziprozität nicht im abbauenden, sondern im aufbauenden Protektio-

---

170) Schwellenländer: Ländergruppe von Brasilien, Mexico, Hongkong, Singapur, Korea, Taiwan, Griechenland, Portugal, Spanien und Jugoslawien (gemäss NZZ OECD-Plädoyer)

171) Auch bei der Stimmverteilung mit 1 = grösste Gefahr, 2 = mittlere Gefahr, 3 = kleinste Gefahr und anschliessender Punktebewertung ergab sich dieselbe Reihenfolge des Erwartungswertes (EL = 33 Pt., IL = 39 Pt., SL = 45 Pt.)

172) Donges (Protektionismus) 17

173) Stecher (Tokio-Runde) 22

nismus geübt wird (= Retorsionshindernisse). Anzeichen in diese Richtung sind bereits vorhanden. Noch heisst es z.B. in der handelspolitischen Grundsatzerklärung der Administration Reagan: "Als ein Hinweis für die liberale Ausrichtung der Administration Reagan mag gelten, dass sie den Leitsatz früherer Administrationen, die für einen freien, aber fairen Welthandel eintraten, modifiziert und nun vom Grundsatz des freien Welthandels spricht, der auf gegenseitig akzeptierten Handelsrelationen und -regeln beruhen müsse; diesem Prinzip fügt sie die Zusicherung bei, dass sie dem protektionistischen Druck starken Widerstand entgegensetzen werde" 174). Diese Grundsatzerklärung wird aber bezüglich Retorsion alsbald relativiert: "Seine (Stv. US-Schatzsekretär Mc Namar) Warnungen vor den wachsenden Gefahren des Neo-Protektionismus untermauerte der zweite Mann im Schatzamt mit der offenen Drohung, die Administration Reagan, die einer Politik der offenen Märkte verpflichtet sei, werde nicht müssig zusehen, falls andere Nationen zu protektionistischen Massnahmen Zuflucht nähmen, amerikanischen Gütern den Marktzugang erschwerten oder künstlich Wettbewerbsvorteile der US-Industrie wettmachten" 175).

Für den schweizerischen Investitionsgüterproduzenten, der weiterhin auf dem Weltmarkt erfolgreich sein will, bedeutet dies, dass er all diesen Gefahren entgegensehen und sie auf seine Ausgangslage hin relativieren muss, um geeignete Gegenmassnahmen früh genug einleiten zu können. Die individuelle Gefahrenbeurteilung ist solange ein Erfordernis, als noch keine internationale Schiedsgerichtsstelle dies zuhanden der interessierten Kreise ermittelt, wozu allerdings bereits schon Anstrengungen unternommen wurden: "An international tribunal on market disruption could now usually be set up, within one of these two organisations (GATT oder UNCTAD), which would establish norms and criteria for deciding whether markets were in fact being disrupted or in danger thereof" 176). Vom GATT kann also bezüglich der Eindämmung nichttarifärer Handelshemmnisse kurzfristig nicht zuviel erwartet werden. Bekräftigt wird dieser Standpunkt durch die Vorbehalte des GATT-Generaldirektors Dunkel 177), dass neben den GATT-Vereinbarungen immer noch Bilateralismus und Ignorierung von GATT-Artikeln möglich sind und unter dem Druck von in Bedrängnis geratenen Industriesektoren auch weiterhin gefördert werden.

Allfällige Zuversichten werden noch dadurch getrübt, dass nicht alle potentiellen Handelspartner dem GATT angeschlossen sind: "Although most developing countries did not actively participate in trade negotiations in the framework of GATT, they enjoyed the benefits of tariff reductions being automatically extended to them under the application of the MFN clause" 178).

Aus der gesamten bisherigen Darstellung der Weltwirtschaftssituation im Rahmen des zunehmenden Protektionismus ergeben sich die dementsprechenden Folgerungen:

a) Der Protektionismus ist global betrachtet im Zunehmen begriffen und wird in steigendem Masse branchen- resp. produktspezifisch ver-

---

174) NZZ (Handelspolitische Grundsatzerklärung) 13
175) NZZ (Amerikanische Warnung) 19
176) Pestieau (Non-Tariff Trade Barriers) 100
177) vgl. Dunkel (Protectionist Danger)
178) Balassa (New Protectionism) 410

schiedene Formen annehmen.

b) Es gibt Branchen, die gefährdeter sind als diejenigen der Investitionsgüter.

c) Jeder Exporteur muss auf seine eigenen Verhältnisse zugeschnitten und anhand seiner aktuellen und potentiellen Abnehmerländer die Ursachen eines möglichen Protektionismus ergründen.

d) Aufbauend auf dieser Ursachenanaylse sind problemspezifische Frühindikatoren zu erarbeiten und deren Ausprägung mit individuell angepasster Periodizität zu beurteilen. Die systematische Informationsbeschaffung 179) ist hiezu eine notwendige Voraussetzung.

e) Die Beurteilung der weiteren Auswirkungen der länderspezifischen Protektionismuszunahme muss gezielt auf die Investitiosgüterbranche, resp. auf das eigene Produkt bezogen werden 180).

f) Pro Frühindikatorenkonstellation sind Handelsalternativen für den Fall eines weiteren Zunehmens des Protektionismus zu entwerfen, um mit einem vorteilhaften Zeitvorsprung die geeigneten Gegenmassnahmen ergreifen zu können (vgl. Kap. 3.3.3.8.).

Die Investitionsgüterbranche hat im Fall von Protektionismus auch gewisse Chancen gegenüber andern Branchen vorzuweisen, solange noch keine Ueberkapazität bei der Herstellung eines Produktionsmittels besteht:

- Spezielle Länder in der Situation der sektorspezifischen Arbeitslosigkeit gelangen in der Regel zur Erkenntnis, dass ein Strukturwandel eingeleitet werden muss. Die notleidenden Industrien sind der modernen Technik (ev. dem gewandelten Modeempfinden) anzupassen, um im Inland und auf dem Weltmarkt wieder wettbewerbsfähiger zu werden.

  Umstellungen auf andere, höher technisierte Produkte werden unausweichlich, um neue, innovative Erzeugnisse auf den Markt bringen zu können. Sie verlangen neue Produktionsmittel, also neue Investitionsgüter, die solange von der Schweiz aus geliefert werden können, als sie einen wettbewerbsmässigen Vorteil (Qualität, Lebensdauer, Preis etc.) gegenüber den im Inland produzierten aufweisen können. "In der Regel ziehen solche Investitionen Exporte (z.B. aus der Schweiz) in Form von Ausrüstungsgütern, Vorprodukten und Teilaggregaten nach sich, die vorher gefährdete Arbeitsplätze eher wieder sicherer machen" 181).

- In Ländern, vorab Entwicklungsländern, die über den Militär- und z.T. Infrastruktursektor hinaus nach unabhängiger Selbstversorgung streben, ist zudem das Bedürfnis stark entwickelt, ebenfalls mit den neuesten technologischen Produktionsmitteln zu arbeiten, um die

---

179) z.B. bei Banken, Handelskammern, Zentrale für Handelsförderung, anhand von Regierungserklärungen, Wirtschaftszeitungen, Importeur, Landesvertreter, eigene Verkaufsabteilung etc.

180) Für die Investitionsgüterbranche stellt analog zur Entwicklung des weltweiten Schiffbaus evtl. die Stahlindustrie ein Wirtschaftssektor mit weltweiter oder mit auf ein spezielles Land bezogener Ueberkapazität dar. Marktaufteilungsabkommen können ebenso wertvolle Hinweise geben, wie dies in den beiden vorgängig erwähnten Branchen der Fall ist (vgl. Strange (Surplus Capacity) 323).

181) Handelsblatt (Aktionsmodelle) -

eigene Rückständigkeit verdecken zu können. In solchen Motivationskonstellationen hat der Anbieter von Produktionsmitteln eine wesentlich bessere Ausgangslage als der Konsumgüterexporteur; denn dieses Land braucht in einer solchen Situation Investitionsgüter die es selbst nicht herstellen kann.

- In den Ländern mit Zahlungsbilanzdefiziten wird sich nach der Normalisierung der Leistungsbilanz auch wieder vermehrt ein Bedarf nach Produktionsmitteln zur Ankurbelung der Exportwirtschaft einstellen, so dass auch hier der Investitionsgüterexporteur mit einem konkurrenzfähigen Produkt zum Zuge kommt.

Aus diesen Chancen heraus wäre in Zeiten starker Protektionismustendenzen die Folgerung zu ziehen, dass für Investitionsgüter die notwendigen Marktlücken zu suchen sind: " ... wären systematisch jene Marktlücken zu schliessen, in denen Japan bisher keine starke Spitzenposition entwickelt habe (Investitionsgüter 182) und Energiesubstitution 183) ).

Andererseits resultiert aus diesen Folgerungen auch die Verantwortung der schweizerischen Investitionsgüterproduzenten gegenüber der schweizerischen Volkswirtschaft, die Herstellungskapazitäten zur Fabrikation von Produktionsmitteln, Ausrüstungsgütern solange als wirtschaftlich tragbar in der Schweiz zurückzubehalten, um diesem Land weiterhin zu Exporterfolgen zu verhelfen, die in andern Branchen sinkende Tendenzen annehmen können.

### 3.3.4. Komplexitätserhöhung

Die in Kap. 3.3.2. aufgeführten Weltwirtschaftsveränderungen und ihre Auswirkungen geben den Ausschlag dafür, dass die Entscheidungssituation zur Bestimmung des Auslandengagements zunehmend komplexer wird: "Komplexe Systeme sind so untrennbar mit Vorstellungen von Veränderung, Anpassung, Entwicklung usw. verbunden, dass eines ohne das andere unvollständig bleiben müsste" 184).

Die Komplexität der Engagement-Entscheidungssituation wird jedoch nicht nur durch die Umweltveränderungen begründet, sondern zu einem kleineren Teil auch durch die unternehmungseigenen Aktivitäten, Vorhaben etc. Trotz den in Kap. 3.3.3. aufgezeigten Zwangssituationen in Richtung Lokalfertigung wird statt eines nur passiven Verhaltens nach wie vor von der Mehrzahl der Investitionsgüterunternehmen (36 von 42) 185) auch eine aktive Suche nach Erfolgspotentialen im Auslandengagement angestrebt.

Die Verflechtung dieses verstärkten unternehmungsinternen Antriebs mit den erwähnten Weltwirtschaftsveränderungen, mit der zunehmenden Zahl bereits bestehender Lokalfertigungsstätten, mit der kumulierten Anzahl von Chancen und Gefahren und mit den zunehmend komplizierteren Organisationen 186) (Unternehmungsgrösse, Kommunikation etc.) führt zu einer laufend schwieriger zu erfassenden Komplexität der Entschei-

---

182) excl. Industrieroboter
183) vgl. NZZ (Strategien) 19
184) Malik/Probst (Evolutionäres Management) 126
185) vgl. Frage 7.3. des Interviewleitfadens
186) vgl. Pümpin (Management SEP) 13

dungssituation im Hinblick auf das Auslandengagement.

Auf der Suche nach Wegen, um aus dieser schwer zu bewältigenden Zukunftsfestlegung herauszufinden, bieten sich lediglich zwei Möglichkeiten an: Entweder die Beurteilungskriterien in einer unverantwortlichen Weise auf ein bewältigbares Mass zu reduzieren, ohne die Folgen dieser direkten Reduktion abzuschätzen; oder aber es ist ein Entscheidungsinstrument zu schaffen, das die Komplexität stufenweise zu reduzieren vermag, ohne dass ein relevantes Entscheidungskriterium dabei unberücksichtigt bleibt.

Letzeres Vorhaben soll dieser Arbeit zugrundeliegen im Sinne der Ausdrucksweise von Business International: "In view of the multifaceted impact of government regulations and pressure groups on the future business environment, some companies are moving toward a closer and more conscious integration between the corporate planning and public-affairs functions. The aim is to set priorities and take a more active approach toward shaping the environment in which business must operate" 187).

Der mit dieser komplexen Ausgangslage gewählte Weg führt über das in Kap. 4. dargestellte strategische Instrumentarium mit dem Zweck, die Entscheidungssituation im Zusammenhang mit potentiellen Auslandengagements in verantwortbarer Weise bewältigen zu können. Letztlich ist es einerseits die Komplexität eben dieser Entscheidungssituation und andererseits das Verantwortungs- und Zielbewusstsein des Entscheidungsgremiums, das über die Verwendung eines strategischen Instruments bestimmen wird.

### 3.3.5. Risikozunahme

Ein zunehmendes Risiko in Bezug auf aktuelle und potentielle Auslandengagements kann nur annähernd bewältigt werden, wenn hiezu ein entsprechendes Mittel, also z.B. eine Lokalfertigungsstrategie, bereitgestellt wird. Weist dieses erwähnte Risiko aber wirklich eine zunehmende Tendenz auf, damit einem solchen Mittel eine wachsende Bedeutung zugesprochen werden kann?

Vor einer Beantwortung dieser Frage ist festzuhalten, was dieses Risiko umfasst.

Der Begriff 'Risiko' bedeutet wirtschaftswissenschaftlich eine "Verlustgefahr, die mit jeder wirtschaftlichen Betätigung verbunden ist" 188).

Die Bewältigung eines wirtschaftlichen Risikos, das 'riskmanagement' lässt sich in drei Stufen erfassen:

- Risikoerkennung
- Risikobeurteilung
- Risikoabsicherung.

187) Business International (1980's) 95
188) Gablers (Wirtschaftslexikon) Spalte 2360

Die **Risikoerkennung** beginnt damit, die möglicherweise eintretenden Risikoarten zu erfassen. Im Zusammenhang mit dem Auslandengagement stehen dabei die folgenden beiden Risikoarten im Vordergrund:

- politisches Risiko (relevant v.a. für den Absatz und die Investition)
- Zahlungsrisiko (betrifft v.a. das Entgelt für jede Art von Auslandengagement)

Das politische Risiko findet dabei verschiedene Ausdrucksformen wie

- politischer Umsturz
- Verstaatlichungen
- staatliche Druckmittel (Vorschriften, Steuern etc.)

Diese Formen 189) beeinflussen v.a. die Direktinvestitionen

- Bildung von Wirtschaftsblöcken 190), Importverlagerungen und damit Beeinflussung des Exportes.

Der Zusammenhang des politischen Risikos bezogen auf den Investitionsbereich wird von Kortüm wie folgt umschrieben: "Das politische Risiko bei Auslandinvestitionen resultiert aus der unantastbaren staatlichen Souveränität der Gastländer, deren Regierungen im Grunde jederzeit zu Eingriffen in das Handeln der ansässigen Unternehmungen in der Lage sind und daran nicht gehindert werden können" 191).

Das Zahlungsrisiko kennt v.a. die Formen wie

- **Kreditrisiko**
- **Moratoriumsrisiko**, "ein Risiko im Aussenhandelsgeschäft, das darin besteht, dass durch gesetzgeberische Massnahmen in einem Schuldnerland ein Zahlungsaufschub oder ein Zahlungsverbot erlassen wird, das dem Zahlungspflichtigen die vertragsmässige Erfüllung seiner Schuld untersagt" 192).
- **Zahlungs-Transfer-Risiko**, d.h. ein Risiko, wonach der Transfer eines erwirtschafteten Gewinns im Gastland oder der Kapitaltransfer unterbunden wird. "Neben dem Verbot, Kapital und Gewinne aus dem Gastland zu transferieren, können auch Zahlungen für Lieferungen der Muttergesellschaft unterbunden werden. Devisenbewirtschaftung, Devisenkontingentierung oder auch die völlige Aufhebung der Konvertierbarkeit kommen als gezielte Massnahmen in Betracht.

Die **Risikobeurteilung** umfasst einerseits die Exportrisikoabschätzung, d.h. also die Einschätzung der Zahlungsaussichten für bereits fakturierte Leistungen und andererseits die Beurteilung des Investitionsklimas, für welche hier auf Kap. 4.4.5. verwiesen werden kann. Der Risikobeurteilung wird heute bestimmt noch nicht die notwendige Aufmerksamkeit geschenkt, was einerseits eine Folge der sich bisher gebotenen Chanceneskalation ist, andererseits aber bei Tendenzen zu Ueberkapazitäten sich zunehmend als nützlich erweisen könnte. Bernkopf vermerkt zu dieser Situation: "Umsomehr verwundert, dass dem politi-

---

189) Erfassung siehe Kap. 4.4.5., Investitionsklima-Analyse
190) vgl. Business International (1980's) 115
191) Kortüm (Zum Entscheidungsprozess) 165
192) Gablers (Wirtschaftslexikon) Spalte 1928

schen Risiko in der Praxis selbst von multinationalen Unternehmen kaum Beachtung geschenkt wird. Als Gründe können fehlende Erhebungsmethoden, ungeeignete Informationen, Zeitdruck und Kosten für solche Untersuchungen gelten" 193).

Die **Risikoabsicherung** im Falle des Auslandengagements lässt sich einerseits z.T. auf dem Wege der Versicherung (Exportrisiko- und Investitionsrisikogarantie) vornehmen, andererseits aber auch in Form einer institutionalisierten Risikountersuchung als Basis für eine Risikokalkulation (Rückstellungen, Preiserhöhung der erbrachten Leistungen. Eine solche Risikountersuchung wird auch Gegenstand unseres strategischen Entscheidungsinstrumentariums im Hinblick auf Auslandengagements sein. Mit einem derartigen Hilfsmittel soll ein weiteres Risiko vermieden werden, jenes der isolierten Betrachtungen.

Diese drei nun erwähnten Stufen der Risikobewältigung sollen der Risikozunahme gegenübergestellt werden. Ist nun aber das Risiko des Auslandengagements auch wirklich im Wachsen begriffen? Allgemein kann diese Frage bestimmt bejaht werden, quantitative Hinweise darauf lassen sich aber kaum heranziehen. Das zunehmende Risiko liesse sich wohl nur an der steigenden Zahl von Schadenfällen erkennen. Solche Zahlen sind aber einerseits bei Versicherungen nicht zugänglich und werden andererseits von betroffenen Industrieunternehmen nicht bekanntgegeben. Für das Erkennen einer Risikozunahme muss deshalb auf 'Ersatzhinweise' zurückgegriffen werden, welche allerdings nicht zahlreich sind.

Als ein solcher qualitativer Hinweis darf die 1983 vorgenommene Gründung eines Informationszentrums von 35 führenden international tätigen Banken aus neun Ländern gelten, bei welcher das Ziel verfolgt wird, "allen interessierten Banken eine bessere Risikoevaluation im internationalen Kreditgeschäft zu ermöglichen. Hauptaufgabe des 'Institute of International Finance' mit Sitz in Washington wird es sein, Daten und Informationen über wichtige Schuldnerländer zu sammeln und den Kenntnisstand über die wirtschaftliche und finanzielle Verfassung der Geldnehmer und die wirtschaftspolitischen Programme zu verbessern" 194).

### 3.3.6. Vermehrte Impulse aus Perspektivstudien

Die Begründung für die zunehmende Bedeutung einer Lokalfertigungsstrategie wurde in den Kap. 3.3.1. bis 3.3.5. mit reellen Ereignissen fundiert. Demgegenüber sind Einflüsse aus angelegten Perspektivstudien mehr hypothetischer Natur.

Auf dem Gebiet der Zukunftsabschätzung findet ein betriebswirtschaftliches Umdenken statt. Mindestens während der Dauer eines Jahrzehnts blieb die Unternehmungsplanung mit einer Extrapolation von Vergangenheitswerten in bezug auf die Zukunft unangefochten. Das Umdenken hat vielerorts nach dem Erdölschock von 1974/75 oder nach dem rapiden Ansteigen der Arbeitslosenzahlen anfangs der Achtzigerjahre eingesetzt. Die Zukunftsaussichten müssen jetzt durch umfangreichere

---

193) Bernkopf (Strategien) 119
194) NZZ (Kreditrisiken) 17

Denkarbeit z.B. mit Hilfe von Szenarien 195) abgeschätzt werden, worauf anschliessend die Unternehmungsstrategien aufgebaut werden können.

Diese Umorientierung bringt es mit sich, dass mehrerorts Perspektivstudien veröffentlicht werden, die auch ein schweizerisches Investitionsgüterunternehmen zu beeinflussen vermögen. Dies um so mehr, wenn solche Zukunftsaussichten von namhaften Quellen stammen, z.B.

- "Scenarios for the Future World Economy" von der UNIDO 196) für das Jahr 2000 mit drei Zukunftsszenarien,
- "Interfutures - Projekt", von der OECD mit der EG initiierte Studie 197), bezogen auf die gesamte Weltwirtschaft,
- "Projektionen der Vereinten Nationen" mit vier Szenarien und Untersuchungen der Weltbank 197).

Diese Liste könnte mit weiteren, auch weniger namhaften Perspektivstudien fortgeführt werden (z.B. Arbeitsweltentwicklungsstudien, Untersuchungen von Banken etc.). Allen ist gemeinsam, dass sie das Kalkül eines Unternehmens zwar nicht direkt, aber mindestens indirekt zu beeinflussen vermöchten, sofern sie von entsprechenden Unternehmungsvertretern gelesen werden.

Nahezu allen diesen Studien ist eigen, dass sie sich auf allgemeine Weltwirtschaftsentwicklungen, ev. noch auf Wirtschaftsblöcke beziehen und deshalb dem sich angesprochen fühlenden Unternehmen nicht direkt, sondern lediglich als Denkanstoss dienen können.

Resultiert jedoch aus diesen Studien wie auch aus andern Impulsen, dass sich ein Unternehmen seine eigenen Zukunftsaussichten zurechtlegt, dann stehen ihm grundsätzlich drei Vorgehensvarianten offen:

- Zurückgreifen auf ev. durchgeführte branchenspezifische Zukunftsstudien des eigenen Wirtschaftsverbandes,
- Auftragserteilung zur Durchführung einer Perspektivstudie an ein dafür eingerichtetes Institut (z.B. Battelle Institute in Genf) 198), welche sich direkt auf das Unternehmen, das Produktesortiment etc. des auftraggebenden Unternehmens bezieht,
- Erarbeitung einer unternehmungsinternen Perspektivstudie zur Ableitung zukunftsgerichteter Strategien 199), sei dies auf dem Weg der Delphi-Methode, eines Brainstormings oder mit anderen Mitteln.

Im Zuge des erwähnten Umdenkens seit dem Erdölschock und mit dem wachsenden Angebot der Perspektivstudien nehmen in der Folge auch die Impulse für die Verarbeitung von Resultaten aus solchen Perspektivstudien zur situationsgerechten Formulierung einer Lokalfertigungsstrategie zu.

---

195) zurückzuführen auf Kahn/Wiener, vgl. Hübl/Oest (Wirtschaftsentwicklung) 237
196) vgl. UNIDO (Industry 2000) 88
197) vgl. Menck (Entwicklungsdekade) 108
198) vgl. Escher (Szenarien) 1-15
199) wird z.B. in der Firma Hoffmann-La Roche periodisch durchgeführt.

## 3.4. Zusammenfassung

In Kap. 3 werden Existenz, Absichten und Notwendigkeiten von Strategien zur Bestimmung des Auslandengagements behandelt. Bezüglich der Existenz einer Lokalfertigungsstrategie hat sich bei den 42 Untersuchungseinheiten gezeigt, dass erst zwei Unternehmen über eine formulierte Lokalfertigungsstrategie, allerdings ohne dazugehöriges Instrumentarium verfügen.

Acht Firmen bekundeten die Absicht, eine solche Strategieformulierung an die Hand zu nehmen. Diese acht Unternehmen haben am untersuchten Exportvolumen einen Anteil von 36 %.

Die zunehmende Bedeutung und Notwendigkeit einer Strategie zur Bestimmung des Auslandengagements ergibt sich aus verschiedenen Gründen:

- Die Zahl der Auslandproduktionsstätten nimmt laufend zu. Die schweizerische Investitionsgüterindustrie hat zwischen 1951 und 1960 deren 23, 1961-1970 deren 52 und 1971-1980 deren 107 errichtet.
- Weltwirtschaftlich gehen verschiedene einschneidende Veränderungen um: Neue Abnehmerländer treten auf, staatliche Institutionen üben vielerorts einen verstärkten Einfluss auf den Produktionsapparat aus, sektoral treten Ueberkapazitäten und damit Wettbewerbsverschärfungen auf, um nur einige zu nennen.
- Besonders einschneidend gestaltet sich dabei der zunehmende Protektionismus, der zur vermehrten Lokalfertigungserwägung geradezu herausfordert.
- Die rascheren Umweltveränderungen und die zunehmend komplexen Entscheidungssituationen in immer grösseren Unternehmungsorganisationen rufen nach neuen Mitteln zur Bewältigung der Auslandengagementproblematik mit den damit verbundenen Risiken.
- Die Existenz von Strategien und die Heranziehung eines strategischen Instrumentariums veranlassen in grösseren Abständen immer wieder die Vornahme von Perspektivstudien. Bereits diese führen zu den immer wieder notwendigen Denkanstössen für eine Zukunftsbewältigung mit weniger Ueberraschungen.

Innerhalb dieser Legitimation für die Schaffung einer Lokalfertigungsstrategie mit einem nützlichen Instrumentarium als Hilfsmittel nahm die Behandlung des Protektionismus einen besonderen und entsprechend umfangreichen Platz ein. Dieser Sonderstatus liegt darin begründet, dass die Zunahme des Protektionismus im Gegensatz zu den anderen hier aufgeführten Aspekten den direktesten, weil unvermeidbaren Einfluss auf die Entwicklung des Auslandengagements mittels Lokalfertigungsstätten hat.

Das Protketionismus-Kapitel behandelt insbesondere:

- Die Konfrontation der befragten Unternehmen mit dem Protektionismus. Sie geben an, in den letzten 20 Jahren in 22 verschiedenen Ländern 64 mal mit massgebenden Importverhinderungen konfrontiert worden zu sein. Heute sind sie in diesen 22 Ländern mit 170 Produktionsstätten vertreten, die allerdings auch aus andern Gründen dort errichtet wurden.

Dieser reale Hinweis auf die Protektionismusvorkommnisse führt automatisch zur Frage nach

- Art und Schwerpunkte des Protektionismus. Eine Erläuterung der Protektionismusformen im tarifären und v.a. im nichttarifären Bereich steht vor der Zusammenfassung der Branchen und Länder, in welchen der Protektionismus bis jetzt hauptsächlich aufgetreten ist.
- Vielerlei Hinweise konnten erbracht werden, die den zunehmenden Protektionismus anzudeuten vermögen. Sobald die Ursachen zur Protektionismuserrichtung aufgedeckt sind (Arbeitslosigkeit, Wachstumsschwäche, Ueberkapazitäten, Zahlungsbilanzschwierigkeiten, Unabhängigkeitsstreben und zunehmende Verknüpfung von Wirtschaft und Politik) wird klar, dass der Protektionismus in der gegenwärtigen und mittelfristigen Weltwirtschaftssituation nur noch zunehmen kann. Trotzdem wurde versucht, auch die
- Stimmen der Entkräftung eines zunehmenden Protektionismus verlauten zu lassen. Doch auch ein bisher zunehmender Welthandel und vereinzelte Beispiele von Importhindernis-Reduktionen (z.B. Brasilien) können nicht darüber hinwegtäuschen, dass der einzelne Unternehmer sich sektoral auf Protektionismusmassnahmen einstellen muss.
- Auch das GATT ist momentan noch nicht in der Lage, dem zunehmenden Protektionismus v.a. im nichttarifären Bereich Einhalt zu gebieten.
- Der exportorientierte Produzent sieht sich deshalb am besten mit einer kontinuierlichen Beobachtung der in Kap. 3.3.3.7. aufgezeigten Protektionismus-Indikatoren vor.
- Die im Zusammenhang mit dem Protektionismus gestellten Fragen an die 42 Unternehmen der schweizerischen Investitionsgüterindustrie haben ergeben, dass 50 % die damit gestellte Herausforderung annehmen, 10 % den Beobachterstatus einzunehmen gedenken und 21 % eine solche Herausforderung ablehnen und nötigenfalls den Markt aufgeben würden.
- Verschiedene Unternehmen haben breits Handlungsalternativen entwickelt, mit welchen sie die Annahme des Zwangs zur Lokalfertigung infolge Protektionismus vermeiden oder doch mindestens hinauszuzögern vermögen: Auf politischer Ebene die Regierung zum Abbau des Protektionismus bewegen, Praktizierung einer Verzögerungstaktik gegenüber der Regierung vor der Aufnahme einer Lokalfertigung und damit fortgeführter Export, Verschiebung des eigenen Angebots, Abwarten der Aufhebung von Importsperren, Ausnützen des eigenen technologischen Vorsprungs.

Aus der Behandlung der Protektionismusproblematik ergibt sich jedenfalls, dass sich das exportierende Unternehmen zum eigenen Vorteil damit befasst, pro Frühindikatorenkonstellation entsprechende Handlungsalternativen zu entwerfen für den Fall eines weiteren Zunehmens des Protektionismus, um mit einem geeigneten Zeitvorsprung die geeigneten Gegenmassnahmen ergreifen zu können.

# ZWEITES KAPITEL: STRATEGISCHES INSTRUMENTARIUM - MITTEL ZUR BESTIMMUNG DES AUSLANDENGAGEMENTS

## 4. Der Entscheidungsprozess als Instrument der Strategieerarbeitung

Die Erarbeitung einer Strategie zur Bestimmung des Auslandengagements kann verschiedene Formen annehmen; ein Verfahren an sich ist nicht gegeben. Sogar innerhalb einer geschlossenen Unternehmungsführung können verschiedene Teilstrategien aus unterschiedlichen Prozeduren resultieren. Es gilt deshalb pro Problemkreis die adäquate Methodik zu wählen, um letztlich die gesamte Unternehmungsführung optimaler zu gestalten.

### 4.1. Auswahl der Methode

Die Strategie wird in Kap. 1.1.1. definiert "als eine zielorientierte Verhaltensweise gegenüber einer sich stetig wandelnden Umwelt .... Unter Ausnützung aller sich bietenden Wettbewerbsvorteile und unternehmungsinternen Synergieeffekte bestimmt sie in einer Kette von langfristig wirksamen Entscheidungen die Mittel und Verfahren und schafft durch die Formulierung eines komplexen Massnahmenbündels die Voraussetzungen zur Erreichung der obersten Unternehmensziele". Abgeleitet aus dieser operationalen Definition würde sich bereits ergeben, dass der Entscheidungsprozess die adäquate Methodik als Instrument zur Strategieerarbeitung sein muss. Bevor diese Methode jedoch weiter ausgeführt wird, ist abzuklären, welchen Alternativen zur Bestimmung von Massnahmen in Richtung Auslandengagement der Entscheidungsprozess gegenübersteht.

Einer Bedingung hat dabei jede mögliche Methode gerecht zu werden: Der gedankliche Bezugsrahmen muss sich innerhalb eines situativen Ansatzes bewegen, damit den laufenden Umweltveränderungen ein zweckmässiges Instrument gegenübergestellt werden kann.

"Die Aufgabenstellung des situativen Ansatzes besteht im pragmatischen Bereich darin, alternative Handlungen und Strukturen zu entwerfen und aus der Fülle der logisch denkbaren Alternativen diejenigen auszuwählen, die unter genau zu spezifizierenden Bedingungen (Situationen) z.B. erfolgreicher (effizienter) sind als andere" 1).

Die Bedingung, dass ein zu entwickelndes strategisches Instrument sich im situativen Ansatz bewegen soll, ermöglicht die Schaffung eines Mittels, das einerseits systematisch genug ist um eine umfassende, problemrelevante Informationsverarbeitung sowie die notwendige Komplexitätsreduktion zu ermöglichen und andererseits anpassungsfähig genug ist, um alle Weltwirtschafts-, Markt- und auch Unternehmungsveränderungen auffangen zu können.

Eine zusätzliche Kondition soll dahingehend erfüllt sein, dass einer einmal entwickelten Methodik nicht ein Eigenleben vorgeworfen werden kann, so dass nachträglich ein ähnliches Urteil gefällt werden müsste:

---

1) Köhler (Forschungskonzeptionen) 112

"Es ist in der Tat nicht zu übersehen, dass die Wirtschaftstheorie in weiten Bereichen sich in den Naturschutzpark des l'art pour l'art zurückgezogen hat und nun 'plötzlich' bemerken muss, dass sie zur Lösung des Problemes der Gegenwart nicht allzuviel anzubieten hat" 2).

### 4.1.1. Mögliche Methoden

Ein Auslandengagement entspringt wie andere Unternehmungsaktivitäten einem Aktivitätspotential, das mit der Gründung einer Unternehmung geschaffen wird:

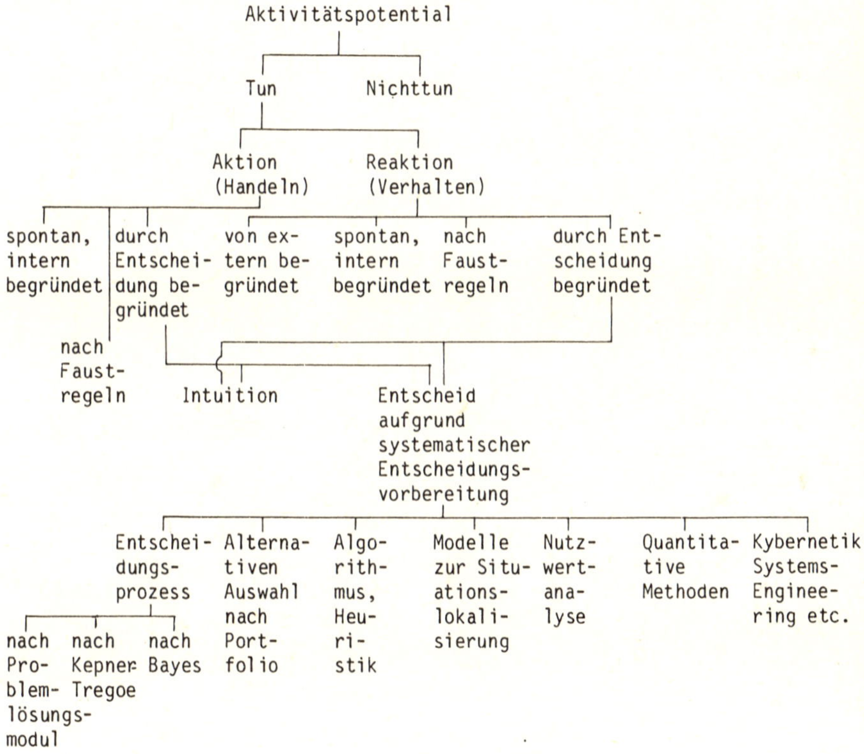


Abb. 4.1.: Der Entscheid im Bezugsrahmen des Aktivitätspotentials

Aus obiger Darstellung ergibt sich, dass letztlich auch die Inangriffnahme eines Auslandengagements / Lokalfertigungsvorhabens allein im Kontex der Entscheidungsfindung behandelt werden kann; denn eine Problembearbeitung in den Bereichen 'spontane Aktion / Reaktion' und Intuition (wie Synektik etc.) fällt ausser Betracht, weil sie mehr im

---

2) NZZ (Durststrecke) 17

psychologischen Wissensgebiet beheimatet ist und sich v.a. im betriebswirtschaftlichen Sinne kaum systematisieren lässt.

Im weiteren geht es demzufolge darum, innerhalb der Vielfalt von Entscheidungsverfahren die zweckmässigste Methode auszuwählen.

Ohne einen Anspruch auf Vollständigkeit zu erheben, werden einige Methoden der Entscheidungsvorbereitung aufgeführt. Jedem Verfahren ist gleichzeitig ein Aspekt beigefügt, der die Verwendbarkeit für unsere weitere Problembehandlung darlegt.

**Die Portfolio-Methode** ist v.a. im Produkt-Markt-Portfolio bekannt geworden 3). Es ist v.a. die Beschränkung auf nur zwei Dimensionen, d.h. auf nur zwei Beurteilungskriterien, die einer Verwendung für eine umfassende Problembearbeitung im Wege steht; denn ein Lokalfertigungsengagement hat sich auf mehr als nur zwei Bedingungen zu beziehen, so dass die Portfolio-Methode höchstens für die Bearbeitung eines zu behandelnden Teilproblems beigezogen werden kann.

**Analytische Verfahren** versuchen, Problemfixierungen durch analytisches systematisches Denken zu überwinden in der Hoffnung, auf neue Ideen zu kommen und so neuartige Alternativen zuhanden zukünftiger Entscheide aufzufinden, ohne an bekannten Konstellationen verhaftet zu sein. Diese Methode ist zwar in der Lage, sich an eine Mehrzahl von Umweltstörungen anzupassen, scheitert aber meistens an der fehlenden Kenntnis der Struktur des Gesamtprozesses. Sie kann hier deshalb höchstens partiell, d.h. im Prozess der Alternativensuche eingesetzt werden 4).

**Der Algorithmus** kennzeichnet primär eine Entscheidungsmethode als Ganzes und kann nur dann angewendet werden, wenn ein Entscheidungsverfahren nur eine Entscheidungsregel umfasst, was m.E. die Erwägung eines Auslandengagements nicht möglich macht.

**Heuristiken** bauen zwar auf einer Vielzahl von Entscheidungsprinzipien auf und weisen zudem durch den Einsatz heuristischer Prinzipien (Erfahrungs-, Entscheidungsregeln, Devisen) den Vorteil eines verminderten Suchaufwandes auf, doch ist durch das Fehlen einer Lösungsgarantie ihr Wert stark reduziert 5).

**Unternehmungsspiele** können zwar auch auf Entscheidungssituationen zugunsten von Auslandproduktionsstätten ausgerichtet sein, doch wird nur mit Teilurteilen, Teilentscheidungen von Mitspielern, Mitarbeitern statt mit reellen Aenderungen der Umwelt gearbeitet, so dass hier von einer Verwendung abzusehen ist.

**Modelle**, d.h. Abbildungen der Wirklichkeit sind sehr zweckmässig zur Reduktion der Komplexität, die vor jeder Entscheidung zwangsläufig früher oder später kommen muss. Sie bergen aber vielfach die Gefahr in sich, zum Zweck der Uebersichtlichkeit sich nur auf den logischen Ablauf zu konzentrieren und dabei die tiefe Detaillierung der

---

3) Wind/Mahajan (Business Portfolios) 153
4) Desgleichen sog. Suchschrittverfahren
5) vgl. Feigenbaum/Feldmann, zit. in: Klein (Heuristische Entscheidungsmodelle) 36

Problembewältigung (z.B. Methode der Alternativenbewertung, finanzielle Konsequenzbeurteilung etc.) ausser acht zu lassen. Unternehmer sind zudem stärker in Prozessabläufen verhaftet als in Modellen. Letzere sollen deshalb aus Gründen der Vermittelbarkeit auf Teilprobleme konzentriert werden.

**Die Nutzwertanalyse** 6) orientiert sich zwar an der Struktur des Grundmodells der Entscheidungstheorie 7), sie ist dabei aber ein Verfahren geblieben, das sich auf die Bewertung von Alternativen konzentriert und damit über die Herleitung von Alternativen keine Aussagen trifft. Für uns bedeutet es, dass wir die Nutzwertanalyse nicht als umfassendes Entscheidungsinstrument einsetzen können, sondern dass wir davon beschränkt bei der Festlegung einer Präferenzordnung Gebrauch machen.

Eine Vielzahl von Praktiken zur Entscheidungsunterstützung ist im Block der Quantitativen Methoden vorzufinden.

**Die Lineare Programmierung**: Für betriebswirtschaftliche, industrielltechnologische und militärische Probleme hat die lineare Programmierung eine ungeahnte Verbreitung gefunden 8). Da sie aber stets quantitativ bewertbare Faktoren zugewiesen erhalten muss, unter der Situation der Gewissheit funktioniert und alle Beziehungen in mathematischen Gleichungen und Ungleichungen fassen will, ist zu befürchten, dass sich dieses Entscheidungshilfsmittel zwar für eine optimale Zuordnung von Mitteln anbietet, aber für die umfassende Bestimmung eines Auslandengagements weniger geeignet ist.

**Die Simulationstechnik** in all ihren Formen (z.B. Monte-Carlo-Technik) findet ihren Stellenwert eher in der Ueberprüfung von bereits gefassten wenn-dann- Beziehungen zur Darstellung der Konsequenzen und zur Ueberprüfung von gefällten Teilentscheiden als in einer umfassenden Entscheidungsfindung 9). Im weiteren existieren diverse sogenannte quantitative Entscheidungsmodelle (z.B. Warteschlangenmodell etc.) 9). Ihnen allen sind der Charakter der Teiloptimierung, die Konzentration auf einen einzigen Engpass und die unzulängliche Verwendbarkeit für die Bearbeitung von Entscheidungen anhand komplexer Zielgebilde gemeinsam.

**Die Bayes-Entscheidungsregel** besagt, dass die 'rational handelnde Person' in einer Entscheidungssituation immer jene Handlung wählt, welche vergleichsweise den grössten subjektiven Wert hat 10). Diese Regel, integriert im Entscheidungsbaumverfahren ergibt die Roll-Back-Analyse, resultierend in der Berechnung des Erwartungswertes des Nutzens einzelner Handlungsfolgen. Da sie letztlich nur bereits entworfene Alternativen unter dem Aspekt der Eintretenswahrscheinlichkeit nach subjektiven Massstäben bewerten kann, ist damit die voranzustellende Situationsanalyse, Ursachenerarbeitung, Mittelbestimmung, Alternativen- und Konsequenzenerarbeitung aber nicht abgedeckt.

---

6) vgl. Zangenmeister, Nutzwertanalyse in der Systemtechnik, zit. in: Bechmann (Nutzwertanalyse) 20
7) vgl. ebenda 20
8) vgl. Menges (Grundmodelle) 104
9) vgl. ebenda 269
10) vgl. Schregenberger (Problemlösen) 62

Zu den **abstrakt formulierten Entscheidungsmethoden** sind exemplarisch hinzuzuzählen: Systems Engineering in der Ausgestaltung des Betriebswirtschaftlichen Instituts der ETHZ und jenes des Department of Systems der University of Lancaster, die Systematische Heuristik, entwickelt am Zentralinstitut für Kybernetik der Technischen Hochschule Karl-Marx-Stadt, sowie Methodiken der zweiten Generation, so die 'sprachorientierte Problemlösungsmethodik', entwickelt am Institut für Betriebswirtschaft der HSG, als auch die Systemmethodik vom gleichen Institut.

Solche Entscheidungsmethodiken sind v.a. dazu geeignet, als Stütze für praktische Entscheidungsprobleme nützliche Dienste zu leisten, können aber nicht direkt zur Bewältigung einer unternehmerischen Entscheidungsvorbereitung eingesetzt werden. Sie stellen vielmehr innerhalb des Wissensgebietes der Entscheidungstheorie die Metasprache dar.

Eine für uns adäquate **Entscheidungsmethodik** muss vielmehr in die Richtung jener von **Kepner/Tregoe** gehen, die eine gesamtheitliche Problemerfassung anstrebt und daraus eine Entscheidung herauszukristallisieren sucht. Sie operiert mit den Stufen Situationsanalyse, Problemanalyse inkl. Ursachenanalyse, Entscheidungsanalyse inkl. Alternativen und Konsequenzenbeurteilung sowie Analyse potentieller Probleme. Der Zuspruch zu diesem Verfahren gründet v.a. in der Verwendbarkeit: "Die Methode von Kepner und Tregoe soll nicht nur zur Lösung von komplexen, neuartigen, sondern ganz allgemein zur Lösung beliebiger Routineprobleme angewendet werden" 11). Diese Methode weist zudem durch die Art des einfachen Phasenmodells mit Weichen, d.h. durch ihren eindeutigen Ablauf eine Denkkategorisierung auf, die auch dem Unternehmer bewusst oder unbewusst vertraut ist. Eine Vertiefung der Problembehandlung ergibt sich daraus, dass bei jedem Schritt zu prüfen ist, welche weiteren, tiefergehenden Entscheidungshilfsmittel einzusetzen sind. Letzere können aus den oben erwähnten Entscheidungsmethoden rekrutiert werden, da sie zum Auffinden von Teilentscheidungen nützliche Dienste anzubieten haben.

### 4.1.2. Gewählte Methode

Die hohen Anforderungen, die an eine zu wählende Entscheidungsmethode zu stellen sind, lauten:

a) ganzheitliche Erfassung externer Bedingungen und interner Absichten

b) Problemvereinfachung als Voraussetzung der Problembewältigung

c) Vorbereitung von vergleichbaren Handlungsalternativen zum Entscheid.

Die Einsicht, dass zuhanden unserer Problembehandlung einer Entscheidungsmethodik gemäss jener von Kepner/Tregoe die grösste Adäquanz zukommt, wird begründet durch deren Möglichkeit, den gestellten Anforderungen gerecht zu werden und jeder notwendigen Disziplin des Wissens 12) in der Behandlung der Teilschritte den Zugang zu verschaffen.

Dieser Entscheid wird unterstützt durch den Befund von Witte: "Wenn ein komplexes, novatives Entscheidungsproblem in mikroökonomischen

---

11) Schregenberger (Problemlösen) 95
12) vgl. Brauchlin (Entscheidungsmethodik) 28

Einheiten gelöst wird, dann vollzieht sich ein Prozess, der aus einer Mehrzahl zeitlich aufeinanderfolgender Operationen besteht" 13). Die Verknüpfung der gewählten Methodik des Entscheidungsprozesses mit der Bestimmung des Auslandengagements wird von Kortüm in unterstützender Weise herausgestrichen: "Die Analyse des Entscheidungsprozesses bei Auslandinvestitionen basiert auf der neueren betriebswirtschaftlichen Entscheidungstheorie, die ..." 14). Zur Vereinfachung des Entscheidungsprozesses hat Witte zu beweisen versucht, dass komplexe, novative Entscheide in vier bis fünf Phasen verlaufen 15).

Als letzter Schritt der Methodenwahl ist demnach der Beizug einer bestimmten Phaseneinteilung als ordnendes Hilfsmittel festzulegen. Es besteht hiezu eine gewisse Auswahl. Die von Witte aufgeführten Phasen-Schema-Autoren 16) beschäftigen sich alle mit etwa fünf Phasen. Unterschiede sind mehr in der Reihenfolge als im Inhalt der Schritte festzustellen.

Im Zusammenhang dieser Arbeit legen wir uns hier, aufbauend auf der Entscheidungsmethodik von Kepner-Tregoe, auf die Phasenbezeichnung von Brauchlin 17) fest. Die weitere Bearbeitung konzentriert sich demgemäss auf die fünf Phasen des 'logischen Grundmoduls' 18), die dem eigentlichen Entscheid vorausgehen:

1. Soll festlegen

2. Ist ermitteln

3. Situation analysieren

4. Alternativen ermitteln

5. Konsequenzen ermitteln und bewerten.

Für den Bereich der Problem-Detailbearbeitung ergeben sich die folgenden weiteren Ausführungen:

- Als Hilfsmittel steht die hierarchische Problem-Zerlegung zur Verfügung, wobei zur Berücksichtigung aller relevanten Aspekte der Zerlegung nach Sachaspekten 19) der Vorzug gegeben wird.

- Es entspricht nahezu einer Selbstverständlichkeit, dass quer durch den ganzen Entscheidungsprozess in allen Phasen und Zerlegungseinheiten die 'Strategie der Informationsverarbeitung' 20) verfolgt wird, d.h. einfacher formuliert, dass bei jedem Schritt des Entscheidungsprozesses in wirtschaftlich verantwortbarer Form die relevante Information beschafft, überprüft und anschliessend zugunsten der Detailbeurteilung verarbeitet, nötigenfalls verdichtet wird 21). Inwieweit in den zu wählenden Teilschritten noch Erklärungsmodelle 22) einzubauen sind, wird die konkrete Detaillie-

---

13) Witte (Phasen-Theorem) 629/630
14) Kortüm (zum Entscheidungsprozess) 7
15) vgl. Witte (Phasen-Theorem) 637
16) wie Brim-Glass-Lavin-Goodman, Allen, Bleicher, Drucker, Jones, Vance, Clough, Gore etc., vgl. Witte (Phasen-Theorem) 626
17) vgl. Brauchlin (Entscheidungsmethodik) 34 ff.
18) ebenda 77
19) vgl. ebenda 92
20) Kirsch (Entscheidungsprozesse) 86
21) vgl. Kortüm (Zum Entscheidungsprozess) 25
22) vgl. Grochla (Modelle) 386

rungsarbeit zeigen; nützlich können solche jedenfalls sein, wenn zusätzlich Prognosedarstellungen zur Alternativenbeurteilung beigezogen werden.

- Allfällige Prognosedarstellungen sind demgemäss ins erläuterte logische Grundmodul einzufügen. Anhand eines Zukunftsscenarios können z.B. die entworfenen Alternativen einer zusätzlichen Kritik, Neubetrachtung ausgesetzt werden (Antizipierung der Zukunft) 23).
- Bevor nun mit der Erarbeitung des Entscheidungsprozesses begonnen werden kann, ist zu eruieren, womit dieser Prozess in Gang gesetzt wird. "Die hiezu notwendige Anregung kann von aussen an die Unternehmung herangetragen werden, sie kann aber auch aus der Unternehmung selbst kommen. Sie resultiert immer aus einer erwarteten, bereits eingetretenen oder gewünschten Veränderung des unternehmerischen Datenkranzes, wobei es sich sowohl um unternehmungsinterne als auch um unternehmungsexterne Datenveränderungen ... handelt" 24).

Bezogen auf den Entscheidungsprozess zugunsten der Bestimmung des Auslandengagements heisst das, dass der Impuls gegeben wird durch

- Umweltveränderungen (z.B. neue Marktzutrittsbedingungen durch Protektionismus, Konkurrenzverschärfung etc.),
- interne Absichten (Akquisition einer Produktionsfirma zur Erweiterung des Produktesortiments, eigene Expansion etc.).

Den Abschluss dieser Erörterungen zur gewählten Entscheidungsmethodik soll die Parallele zu einer allgemeinen Strategieerarbeitung bilden, um damit in berechtigter Weise den darzustellenden Entscheidungsprozess als strategisches Instrument bezeichnen zu können:

23) vgl. Kortüm (Zum Entscheidungsprozess) 29
24) ebenda 40

| Entscheidungsprozess nach Brauchlin | Prozess der Strategieerarbeitung nach Pümpin (= Festlegung strategischer Erfolgspositionen) 25) | Kap. Angabe 5. Kapitel | Entscheidungsprozess-Phasen zur Bestimmung des Auslandengagements |
|---|---|---|---|
| 1. **SOLL-Festlegung** | . Zielsetzung | 3.31 | . Produkt/Markt-Strategie<br>. Definition der Motive zur Auslandproduktion |
| 2. **IST-ANALYSE** | . Unternehumgsanalyse | 3.32 | . Chancen/Gefahren-Analyse und damit Impulsgebung |
| 3. **SITUATIONS-ANALYSE** | . Umwelt-, Branchen-, Markt- und Konkurrenzanalyse<br>. Wertvorstellungen<br>. Informationsverdichtung | 3.33<br>3.34<br>3.35 | . Vergleich zur wirtschaftspolitischen Zielsetzung: Erhaltung der Arbeitsplätze im Stammhausland<br>. Analyse weitergehender Exportmöglichkeiten<br>. Beurteilung der welt- und landesweiten Kapazitätsauslastung<br>. Beurteilung der Ausbaumöglichkeiten eigener Auslandproduktionsfazilitäten<br>. Konkurrenzanalyse<br>. Investitionsklima-Ermittlung |
| 4. **ALTERNATIVEN-ERMITTLUNG** | . Kreation möglicher Primär-SEP<br>. Bewertung der Alternativen<br>. Abschliessende Bewertung | 3.41<br>3.43<br>3.44 | . Variantenbildung nach Produkten und Engagementformen<br>. Bewertung der Alternativen<br>. Prioritätenermittlung der Projekte |
| 5. **KONSEQUENZEN-ERMITTLUNG** | . Management von SEP in Führungsregeln | 4. | . Abstimmung der Alternativen auf eigene Kapital- und Managementkraft<br>. Vorgabe an Feasibility-Studie |

Abb. 4.2.: Die Bezeichnung des Entscheidungsprozesses als strategisches Instrument

25) vgl. Pümpin (Strategische Erfolgspositionen) 11

Die Anlehnung des gewählten Entscheidungsprozesses an den Charakter der Strategieerarbeitung bringt auch deren unübersehbare Vorteile gegenüber der Handlung nach Intuition mit sich. Dittmar/Meyer/Hoyer drücken diese Vorteile folgendermassen aus:

- "Informationen werden regelmässiger und systematischer ermittelt, besser interpretiert und besser verwertet,
- die Entscheidungsfindung wird fundierter und systematischer,
- zukünftige Probleme werden eher erkannt, ihnen kann vorgebeugt werden bzw. einige sind ganz zu vermeiden,
- neue Chancen und Gefahren werden zeitiger erkannt und können in die Unternehmungsstrategie einbezogen werden,
- strategische Planung integriert das Managementteam besser und zielgerichteter,
- die Umwelt und das Unternehmen werden besser aufeinander abgestimmt" 26).

### 4.1.3. Methodik in der Praxis

Die Bestätigung der Richtigkeit des eingeschlagenen Methodenweges wurde in der empirischen Erhebung mit den folgenden drei Fragen gesucht:

- "Wo ist heute die Entscheidung 'pro oder contra Lokalfertigungsengagement' lokalisiert?" 27) Mit der Nennung einer Instanz in allen 42 Unternehmen war indirekt ausgesagt, dass die Erwägung einer Auslandfertigungsstätte auch in der Praxis einem Entscheid entspringt.

  Ohne damit eine weitere Aussage zu bezwecken seien am Rande die Antworten auf den Inhalt dieser indirekten Frage dargestellt:

| Antworten | Anzahl Antwortende | %-Anteil |
|---|---|---|
| Der Entscheid pro/contra Lokalfertigungsengagement wird gefällt von: | | |
| - Konzernleitung | 13 | 32 |
| - Oberste Geschäftsleitung 28) | 24 | 57 |
| - Geschäftsbereichsleitung | 2 | 5 |
| - Holding | 1 | 2 |
| - Verwaltungsrat | 1 | 2 |
| - Verwaltungsrat bei Grossprojekten, Konzerngruppenleitung bei Klein- und Mittelprojekten | 1 | 2 |
| | 42 | 100 |

Tab. 4.1.: Entscheidungsinstanz pro/contra Lokalfertigungsstätte

26) Dittmar/Meyer/Hoyer (Internationale Expansion) 36
27) vgl. Interviewfrage 2.3.1.
28) - in Nichtkonzernen = oberstes Entscheidungsgremium ausser Verwaltungsrat
- in Konzernen = Geschäftsleitung einer Konzerngruppe, z.B. Cerberus-GL innerhalb des Elektrowatt-Konzerns

- "Welche Instanzen sind bei der Entscheidungsvorbereitung beteiligt?" Von den 42 befragten Unternehmen nennen 38 Firmen zwei und mehr Instanzen, die sich an der Entscheidungsvorbereitung beteiligen 29), womit gleichzeitig ausgesagt ist, dass ein nach verschiedenen Aspekten und von diversen Stellen vorbereiteter Entscheid stattfindet, ob in streng systematischer oder auch in weniger systematischer Form; der Intuition allein gehorchend wird somit in 95 % der untersuchten Unternehmungspraxis nicht entschieden.

  Wiederum am Rande vermerkt seien die Antworten auf diese Frage nach den Instanzen, die sich an der Entscheidungsvorbereitung beteiligen:

| Beteiligte Instanzen | in ... von 42 30) Unternehmen | %-Anteil |
|---|---|---|
| Produktbereichsleiter | 20 | 48 |
| Finanzdepartement | 23 | 55 |
| Marketing/Verkauf | 15 | 37 |
| Produktionsleitung | 10 | 24 |
| Juristische Abteilung | 6 | 14 |
| Technik/Engineering | 4 | 10 |
| Stab der Geschäftsleitung | 1 | 2 |
| Diverse Instanzen (Generaldirektion, Exportleiter, Spezialteams, Produktionsplanung, Regionaldelegierter, Personalchef, Fabrikplanungs-Stäbe und Berater im Einzelfall etc.) | 32 | 76 |

Tab. 4.2.: An der Entscheidungsvorbereitung beteiligte Instanzen

- "Besteht in diesem Unternehmen ein solches Entscheidungsinstrument?" 31) Die Antworten fielen keineswegs derart breitgefächert aus wie in 4.1.1. Möglichkeiten hiezu aufgezeigt werden konnten:

29) vgl. Frage 2.3.2. des Interview-Leitfadens
30) Mehrfachnennungen waren möglich, d.h. ein Firmenvertreter konnte mehr als eine beteiligte Instanz angeben.
31) vgl. Frage. 3.1. des Interview-Leitfadens

| Antwortkategorien | Anzahl Unternehmen | | %-Anteil der Anzahl | | % von erhobenen Exportvolumen | |
|---|---|---|---|---|---|---|
| Als Entscheidungshilfen werden lediglich Checklisten ohne festgelegten Entscheidungsprozess verwendet | 7 | | 16 | | 31 | |
| Es besteht das Vorhaben zur Schaffung eines systematisierten Entscheidungsprozesses | 2 | 9 | 5 | 21 | 27 | 58 |
| Es besteht weder ein institutionalisierter Entscheidungsprozess, noch werden Checklisten verwendet, der Entscheid wird von Fall zu Fall vorbereitet | 29 | | 69 | | 36 | |
| Keine Antwort, da keine Lokalfertigungsvorhaben | 4 | | 10 | | 6 | |
| | 42 | | 100 | | 100 | |

Tab. 4.3.: Verwendung und Verbreitung von Entscheidungsinstrumenten

Dieser Tabelle ist beizufügen, dass von den neun Unternehmen mit Ansätzen zu instituitionalisierten Entscheidungsprozessen deren sechs zu den zehn grössten Investitionsgüterproduzenten zählen und zusammen 53 % des schweizerischen Investitionsgüterexportes repräsentieren. Es wird daraus ersichtlich, dass v.a. die umsatzstarken, grösseren Unternehmen den Bedarf nach einer Entscheidungsmethodik aufweisen, was wohl auf die häufigere Konfrontation mit der Lokalfertigungsfrage zurückzuführen ist.

Eine Entscheidungsmethodik, die der zu entwerfenden Form nahekommt, ist in der Praxis der Investitionsgüterindustrie zum gegenwärtigen Zeitpunkt noch nicht anzutreffen.

Auch ausserhalb dieser Branche fiel eine Nachfrage im Herbst 1982 bei vier Grossunternehmen (Alusuisse, Hofmann-La Roche, Holderbank und Nestlé) negativ aus. Dieses Befragungsresultat soll aber keineswegs bedeuten, dass ein derartiges Instrument, wenn es einmal geschaffen ist, nicht zur Optimierung des Mitteleinsatzes wertvolle Dienste leisten wird. Die mit 27 Exportprozenten vertretenen zwei Unternehmen mit einem derartigen Vorhaben und die in Kap. 3.3. aufgeführten Gründe weisen darauf hin, dass die Bedeutung einer entsprechenden Entscheidungsmethodik im Wachsen begriffen ist.

## 4.2. Entscheidungsprozess 80/90 gegenüber 60/70

Das Kap. 4.1.3. hat mit den ihm zugewiesenen Fragen aus 42 Interviews in der exportorientierten Investitionsgüterindustrie und vier telefonischen Erkundigungen in Grossunternehmen ausserhalb dieser Branche ergeben, dass

- die Erwägung einer Auslandfertigung zwar im Rahmen der Entscheidungsvorbereitung bewusst oder unbewusst einem Entscheidungsprozess entspricht,
- dieser Entscheidungsprozess bis jetzt aber nicht eindeutig systematisiert oder institutionalisiert wurde.

Zielt nun das in Kap. 4.3. dargestellte strategische Instrumentarium mit seinem klar strukturierten Entscheidungsprozess darauf ab, eine Aenderung in der unternehmerischen Entscheidungspraxis einzuleiten, so muss auch abgeschätzt werden, was eine solche Aenderung zu rechtfertigen vermag. Zur Klärung einer solchen Abschätzung dient die nachfolgende Gegenüberstellung der beiden Entscheidungsprozess-Uebersichten 60/70 versus 80/90. Sie weist auf die unterschiedlichen Rahmenbedingungen zwischen der Phase der 60er und 70er Jahre und der Phase der 80er und 90er Jahre dieses Jahrhunderts hin:

ENTSCHEIDUNGSPROZESS 60/70 BEZUEGLICH AUSLANDENGAGEMENT

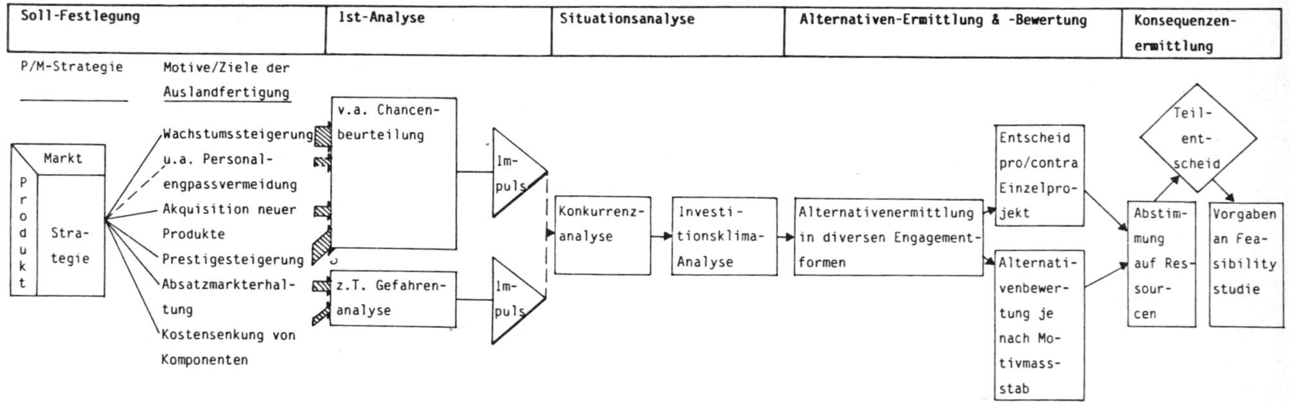


ENTSCHEIDUNGSPROZESS 80/90 BEZUEGLICH AUSLANDENGAGEMENT

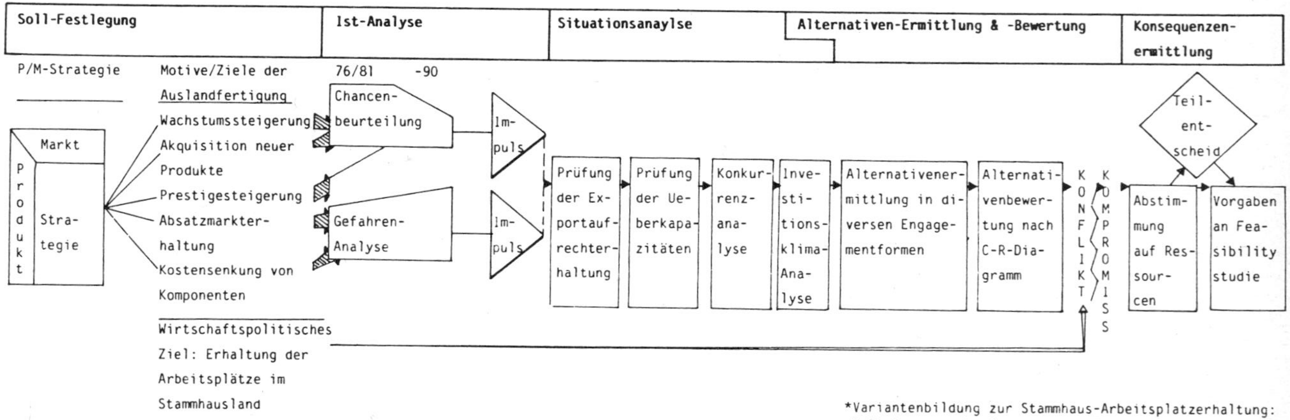


*Variantenbildung zur Stammhaus-Arbeitsplatzerhaltung:
-Zulieferung, -Verlagerung von Fertiganlagen auf Komponenten, -Verlagerung auf Dienstleistungen

Diese Gegenüberstellung zeigt zweimal in der schematischen Form eines Ablaufdiagramms den Entscheidungsprozess zur Bestimmung des produktionsmässigen Engagements im Ausland. Die Unterschiede, die in diesen beiden Darstellungen ausgedrückt werden sollen sind:

a) Die **Motive** zur Errichtung einer Auslandfertigung haben sich verschoben. In der Investitionsgüterindustrie nehmen z.B. die wachstumsorientierten Auslandfertigungen im Verhältnis zu denjenigen aus Gründen der Absatzmarkterhaltung laufend ab. Diese Feststellung ergibt sich aus dem Vergleich der Motive für bereits errichtete Auslandproduktionen (excl. Lizenzen) zwischen den beiden Zeitabschnitten 1960-1975 und 1976-1981

| | Auslandfertigungen zur Absatzerhaltung | | Wachstumsmotivierte Auslandfertigungen | |
|---|---|---|---|---|
| Zeitabschnitt | Anzahl 32) | Verhältniszahl | Anzahl 33) | Verhältniszahl |
| 1960 - 1975 | 13 | 1 | 56 | 4,3 |
| 1976 - 1981 | 11 | 1 | 24 | 2,2 |

Tab. 4.4.: Absatzmarkterhaltung und -ausdehnung 1960 - 1981

Diese Entwicklung wird in der Folge der in Kap. 3.3. aufgezeigten Weltwirtschaftsveränderungen und v.a. der Protektionismuszunahme noch weiter in diese Richtung zunehmen, so dass die zur Verfügung stehenden Ressourcen mehr auf die Projekte zur Markterhaltung als zur Absatzexpansion einzusetzen sind. Das ehemalige Verhältnis der erwähnten Motivgruppen könnte sich von ehemals 1 : 4,3 über jetzt 1 : 2,2 einmal in Richtung 1 : 1 wenn nicht sogar zu umgekehrt proportional lautenden Verhältnissen 1,5 : 1, 2 : 1 etc.) bewegen.

b) **Chancen-/Gefahrenanalyse:** Die erwiesene Entwicklung der Motivverschiebung als Folge der Veränderung der Rahmenbedingungen für Auslandinvestitionen (Markteintrittsverhinderungen durch staatliche Eingriffe im Ausland etc.) bringt es mit sich, dass sich ebenfalls die Basis für den Impuls, d.h. die Auslösung einer Erwägung zur Auslandfertigung verschiebt. Während in den 60/70er Jahren der überwiegende Teil des dauernden Engagements im Ausland einer Wahrnehmung von erfolg-, wachstums- oder prestigeträchtigen Chancen entsprang und der Impuls zur Abwendung von Gefahren in der Investitionsgüterindustrie in wesentlich geringerem Masse ausschlaggebend war, veränderte sich dieses Verhältnis bereits in den Jahren zwischen 1976 und 1981 stark zugunsten des letzteren und wird sich

---

32) Produktionsstätten, die zur Umgehung von Handelsrestriktionen und als Entgegenkommen der Bevorzugung nationaler Produkte errichtet wurden.

33) Umfassend die Produktionsstätten, die mit den Motiven: Bedienung neuer Märkte, Teilnahme an wachsenden Märkten, Ausdehnung in bestehenden Märkten, Suche nach neuen Produkten und Technologien, Verstärkung der Marktpräsenz, Marktanteilsvergrösserung, Ausweichen von Personalengpässen in der Schweiz angegeben wurden.

weiter in diese Richtung bewegen 34).

Die unternehmerischen Ressourcen werden damit in zunehmendem Masse bei der Errichtung einer Auslandfertigung zur Erhaltung der bisherigen Absatzmöglichkeiten beansprucht. Diese Veränderung der Ausgangslage stellt den wichtigsten Grund für den zunehmenden Bedarf nach einem institutionalisierten Entscheidungsprozess dar.

Eine nicht wahrgenommene Chance in den 60/70er Jahren, zurückzuführen auf das Fehlen eines spezifischen Erkennungsinstrumentes brachte dem Unternehmen lediglich weniger Gewinn. Bezogen auf den gleichen Zeitabschnitt muss zudem die verbreitete Meinung akzeptiert werden, wonach zur Wahrung von Chancen die Intuition oder wenig systematische Entscheide genügen und auch zum Erfolg führen.

In einer Zeit jedoch, da die erwähnten Gefährdungen für die Unternehmen zunehmen, ist ein periodisch praktizierter Entscheidungsprozess ein zweckmässiges Erkennungsinstrument; denn nicht erkannte Gefahren führen einerseits zu Verlusten und schmälern zudem die existenzielle Sicherheit des Unternehmens. Es ist aus dieser Verschiebung die Folgerung abzuleiten, dass der Wert eines systematischen Entscheidungsprozesses in Zukunft steigen wird.

c) **Zielsetzung der Arbeitsplatzerhaltung:** Die Szene zwischen den Zeitperioden 60/70 und 80/90 hat sich v.a. auch auf dem Arbeitsmarkt verändert. Während in der 60er Dekade und anfangs der 70er Jahre die Arbeitslosigkeit noch unbekannt oder dann zumindest nicht allgemein belastend war, ist bis Ende 1982 allein in der Europäischen Gemeinschaft die Zahl der Arbeitslosen auf knapp 12 Mio angewachsen 35).

In der Schweiz ist die Situation noch nicht derart gravierend. Gemäss BIGA betrug die Gesamtarbeitslosenzahl im Oktober 1982 16'185. Wird der Blick zudem auf die Investitionsgüterbranche eingeschränkt, dann stehen in derselben Statistik per September 1982 v.a. im Maschinenbau 1'639 Ganzarbeitslosen insgesamt 915 offene Stellen gegenüber, d.h. netto würden rund 720 Arbeitslose verbleiben 36).

Diese Zahl ist zwar im Moment noch nicht alarmierend, zeigt aber doch eine wirtschaftlich unbequeme Tendenz an. Die Situation wird sich jedoch verschlimmern, wenn es andern Industrieländern mit hoher Arbeitslosigkeit gelingt, ihre Arbeitslosenzahlen zu exportieren und zudem Abnehmerländer den Markteintritt und damit Exporte aus der Schweiz verhindern, so dass die Erwerbslosen auch in der schweizerischen Investitionsgüterindustrie zunehmen. Der Präsident des VSM 37) und Sulzer-Konzernchef Borgeaud kann für den ersten Fall das Beispiel anführen, dass das Sulzer-Produkt aus der Produktion in Frankreich rund 25 % billiger zu stehen kommt als das Schweizer Pendant 38), da der französische Staat eine entsprechend

---

34) In Abb. 4.3. angedeutet mit der Grösse der Fläche für Chancenbeurteilung und Gefahrenanalyse
35) vgl. NZZ (Arbeitsmarktprobleme) 7
36) gem. tf.-Auskunft beim BIGA im Nov. 1982
37) = Verein schweizerischer Maschinenindustrieller
38) vgl. NZZ (Maschinenindustrie) 18

günstige Exportfinanzierung anbietet. Damit kann es z.B. Frankreich gelingen, Arbeitsplätze zu erhalten, während in der Schweiz mangels Aufträgen die Arbeitslosenzahl auch in der Investitionsgüterindustrie anwächst.

Man könnte hier von einer 'aufgezwungenen Arbeitslosigkeit' sprechen (analog zur importierten Inflation und im Gegensatz zur selbstverschuldeten Arbeitslosigket); aufgezwungen durch gezielte Wettbewerbsverzerrungen, Staatseingriffe in den Industriestaaten und durch Markteintrittsverhinderungen in Schwellen- und Entwicklungs-, z.T. auch in Industrieländern.

Aus dieser Situation heraus wird das wirtschaftspolitische Ziel der Arbeitsplatzerhaltung auch für die schweizerische Investitionsgüterindustrie an Gewicht zunehmen. Dies bedeutet, dass mit der Erwägung einer Produktionsstätte im Ausland die Verantwortung gegenüber den Arbeitsplätzen in der Schweiz steigen wird und die Frage, ob damit ein Arbeitsplatzexport verbunden ist, mitbeantwortet werden muss.

In der Veränderung des Entscheidungsprozesses zwischen 80/90 zu 60/70 will das heissen, dass zusätzlich bei jedem Auslandsfertigungsprojekt zu prüfen ist

- ob nicht doch eine Möglichkeit zur Aufrechterhaltung des Exportes und damit der Erhaltung von Arbeitsplätzen besteht,
- ob bereits weltweit Ueberkapazitäten existieren, so dass durch das fragliche Projekt die Erfolgsaussicht und die Arbeitsplatzerhaltung gefährdet sind.

Zusammenfassend kann zur Gegenüberstellung der Entscheidungsprozesse 80/90 zu 60/70 festgestellt werden, dass die dargelegte Veränderung der weltwirtschaftlichen Rahmenbedingungen anzeigt, dass der Einfluss der Weltwirtschaftsentwicklungen periodisch überprüft werden muss, um Verluste abzuwenden und die Unternehmungsexistenz zu sichern. Ein diesbezügliches Instrumentarium im Sinne des aufgezeigten Entscheidungsprozesses 80/90 wird dazu dienen, zu einem immer neuen Ueberdenken von Handlungsalternativen anzuregen.

## 4.3. Darstellung des Entscheidungsprozesses als strategisches Instrumentarium

Das strategische Instrumentarium, das in diesem Kapitel zur Darstellung gelangt, bedarf eingangs etwelcher Erläuterungen zur Form:

- Methodisch wurde aus den in 4.1. ersichtlichen Gründen die Form des Entscheidungsprozesses gewählt 39). Es werden damit die gestellten Anforderungen an ein solches Instrument am besten erfüllt.
- In der Art der Darstellung ist eine Anlehnung an die Form einer Checkliste nicht zu übersehen. Die ursprünglich beabsichtigte Gestaltung im Ablaufdiagramm, entsprechend der Abbildung 4.3. in Kap. 4.2. wurde aufgegeben, da im Verlauf der durchgeführten

---

39) vgl. Brauchlin (Entscheidungsmethodik) 43 ff.

Interviews in den Unternehmen der Investitionsgüterindustrie mehrmals die Erwartung hervortrat, als Feedback aus dieser Arbeit eine Checkliste in der Hand zu haben. Checklisten haben nun aber den Nachteil, dass Zusammenhänge und Abhängigkeiten nicht dargestellt werden können. Es wird deshalb nur rein optisch anhand der Uebersichtsabbildung der Eindruck einer Checkliste vermittelt. Dem potentiellen Benützer, dem ein Arbeiten nach Checklisten geläufig ist, soll mit diesem Effekt die Ueberwindung zur periodischen Problembearbeitung erleichtert werden. Die Entscheidungsmethodik bleibt aber in einer dementsprechend angepassten Form bestehen.

- Instrumente zur Bestimmung von Direktinvestitionen im Ausland sind bis jetzt ausnehmend in der amerikanischen Wirtschaftsliteratur erwähnt, so dass sich hier ein kurzer Vergleich aufdrängt.

Das hier entworfene strategische Instrumentarium unterscheidet sich vollumfänglich von irgendeinem Verlauf der amerikanischen Entscheidungsgestaltung. Der Grund hiezu liegt in der anders gearteten Ausgangslage, die sich die amerikanische Unternehmungspraxis gegenüber derjenigen der schweizerischen Investitiosngüterindustrie geschaffen hat.

Die amerikanische Erwägung einer Direktinvestition geht in erster Linie davon aus, für das eingesetzte Kapital auch im Ausland eine möglichst hohe Rendite zu erzielen. Das Profitmotiv hat erste Priorität, gefolgt von der Beurteilung des Investitionsklimas als Risikofaktor. Der Amerikaner baut im Ausland entweder 'Weltfabriken' oder zumindest 'Kontinentalfabriken', von denen aus er seine im weiten Umkreis liegenden Abnehmerländer bedient. Zu lösende Probleme sind für ihn nur noch, wie er die an verschiedenen Standorten hergestellten Komponenten weltweit kombiniert und was an einem zentralen Ort produziert werden soll 40).

Diese Ausgangslage erlaubt es, sich bei der amerikanischen Bestimmung von Direktinvestitionen im Ausland fast ausschliesslich auf zwei Entscheidungshilfsmittel zu stützen:

- Investitionsklima-Vergleiche (BERI-Index etc.)
- Wirtschaftlichkeitsrechnung (z.B. Simulationsmodelle) zur Bewertung von Alternativen.

Unsere empirische Untersuchung hat im Gegensatz zum amerikanischen Ansatz ergeben, dass es der schweizerischen Investitionsgüterindustrie, die im Ausland in einer Fertigung investiert, nicht in erster Linie um den höchstmöglichen Profit geht.

Zur Bestätigung dieser Feststellung werden die erhobenen Motivnennungen der durchgeführten 242 Auslandfertigungsstätten herangezogen.

---

40) vgl. Hood/Young (Development Strategies) 37

| Motivgruppierung | Anzahl ausl. Fertigungsstätten | | % Anteil |
|---|---|---|---|
| Profitorientierte Motive: | | | |
| . Expansion | 16 | 37 | 15 |
| . Ausnützung economics of scale | 18 | | |
| . Ausnützung lokaler Finanzierungserleichterungen | 2 | | |
| . Wahrnehmung besonderer Gewinnchancen | 1 | | |
| Uebrige, nicht primär profitorientierte Motive 41) vgl. Motivkatalog Kap. 2.2.4.1. | | 205 | 85 |
| Gesamtheit erhobener Auslandsfertigungen | | 242 | 100 |

Tab. 4.5. Das Gewicht der Profitmotivierung

Diese Konstellation, d.h. namentlich die vielfältig motivierte Ausgangslage der erwähnten Schweizerinvestoren lässt erkennen, dass man sich für ein Entscheidungshilfsmittel nicht auf die Investitionsrisikoanalyse und die Wirtschaftlichkeitsrechnung beschränken kann.

Ein Instrumentarium für die schweizerische Investitionsgüterindustrie muss differenzierter ausfallen als jene für amerikanische Verhältnisse. Es nimmt in Anbetracht der gestellten Anforderungen die folgende Form an:

41) Es kann nicht bestritten werden, dass auch bei der Mehrzahl dieser 205 ausländischen Betriebsstätten die Rentabilität mitbeurteilt wurde, doch der Profit nahm nicht den Platz 1. Priorität ein.

STRATEGISCHES INSTRUMENTARIUM ZUR BESTIMMUNG DES AUSLANDENGAGEMENTS

| Entscheidungsprozess | Zielsetzungen | Strategisches Hilfsmittel | Strategische Grundsätze |
|---|---|---|---|
| 1. Soll-Festlegung | (2) Definition der eigenen Motive zur Auslandproduktion<br>- Halten von Märkten<br>- Wachstum im Ausland<br>- Neue Technik<br>- Kostensenkung<br>- Prestigesteigerung | (1) Produkt-/Markt-Strategie<br>(Kap. 4.4.1.) | I. Festlegung, ob Auslandproduktion als Auslandengagementform offen steht und welche Einschränkungen zur Wahl der Engagementform allenfalls gemacht werden.<br>II. Festlegung der eigenen Motive für die Erwägung einer Auslandproduktion. |
| 2. Ist-Analyse | | (3) Chancen-/Gefahren-Analyse<br>(Kap. 4.4.2.)<br>z.B. durch Quarterly Reporting der Verkaufsorganisation zur Vermittlung von Exportgefahren | III. Festlegung der Ereignisse, die als Ursache/Impulse zur Erwägung einer Auslandproduktion zu gelten haben. |
| 3. Situations-Analyse | (4) Arbeitsmarktsituation:<br>Zielsetzung: Erhaltung der Arbeitsplätze im Stammhausland | (5) Informationsanalyse bezüglich<br>(Kap. 4.4.3.)<br>z.B. Möglichkeiten der Exportaufrechterhaltung | IV. Festlegung der Reaktionsart bei Gefährdung von Arbeitsplätzen im Stammhausland.<br>V. Festlegung der Aufwandbereitschaft zur Exportaufrechterhaltung, d.h. zur Ueberprüfung von Export contra Lokalfertigung.<br>VI. Festlegung der Reaktion auf landes- resp. weltweiten, produktspezifischen Kapazitätsüberhang. |
| | | (6) Konkurrenzanalyse<br>(Kap. 4.4.4.)<br>z.B. durch Befragung potentieller Abnehmer und Lieferanten | VII. Festlegung des eigenen Mindestmarktanteils, der als Voraussetzung zur Prüfung einer Lokalfertigung gelten soll. |
| | | (7) Investitionsklima-Analyse<br>(Kap. 4.4.5.)<br>z.B. Beurteilung anhand eigener Kontakte im Land etc. | VIII. ev. Festlegung eigener Risikoobergrenzen und der Gefahrenpotentiale, die eine Auslandinvestition verhindern können. |
| 4. Alternativen-Ermittlung | | (8) Alternativen-Ermittlung & -bewertung<br>(Kap. 4.4.6.)<br>z.B. durch Auswahl nach kombiniertem Ansatz Wirtschaftlichkeit gegenüber Umsatzerweiterung | IX. Festlegung, was von der Alternativenerwägung ausgeschlossen sein soll, bezüglich<br>- Fremdbezug/Eigenfertigung<br>- Engagementformen im Ausland<br>- Projektdimensionen. |
| 5. Konsequenzen-Ermittlung | | (9) Feedback-Analyse<br>(Kap. 4.4.7.)<br>z.B. bezüglich Ressourcenpotential | X. Festlegung des Projektmassstabes und der Kompatibilität mit Investitionsprojekten im Inland. |
| | | (10) Vorgaben-Ermittlung<br>(Kap. 4.4.7.)<br>z.B. bezüglich Feasibility-Studie | |

Abb. 4.4. Strategisches Instrumentarium

Das strategische Instrumentarium weist drei unterschiedliche Teile auf, die vom Inhalt her zu erörtern sind, bevor auf die eigentliche Detailbearbeitung eingetreten werden kann:

- **Zielsetzungen:** Auf die eingehende Festlegung der zu verfolgenden Zielsetzungen im Rahmen der vorangehenden Motive zur Auslandfertigung wird grosser Wert gelegt. Ein klares Erkennen der Konstellationen, welche die Verhaltensalternativen begründen, ermöglicht das Vermeiden von diversen Fehleinschätzungen auf den weiteren Wegen des Entscheidungsprozesses. Zudem kann manche allgemeine Beurteilungsarbeit durch die Konzentration auf klare Absichten wesentlich reduziert werden.

- **Strategische Hilfsmittel:** Die gewählten 10 Stufen stellen lediglich ein Gerüst zur Problembearbeitung dar. Methoden zur Informationsverdichtung und z.T. -bewertung dienen als notwendige Instrumente der Problem-Detailbearbeitung. Diese teilweise Offenheit des Entscheidungsprozesses kommt der Forderung des situativen Ansatzes entgegen. Die 10 Stufen müssen in jeder Entscheidungsperiode neu mit Daten materiell gefüllt werden, so dass die strategischen Hilfsmittel als dynamischer Teil des strategischen Instrumentariums zu bezeichnen sind.

  Die Detaillierung des Inhalts jeder dieser 10 Stufen wird in Kap. 4.4. behandelt. Die Art der Informationsbeschaffung zur Anwendung der 10 Hilfsmittel ist Gegenstand der Ausführungen in Kap. 5.

- **Strategische Grundsätze:** Im Gegensatz zum Abschnitt der strategischen Hilfsmittel stellt eine Zusammenfassung der strategischen Grundsätze den mehr statischen Teil des Instrumentariums dar, d.h. nach ihrer Schaffung sind sie nicht für jeden Entscheidungsprozess neu zu formulieren. Sie müssen nur in wirklich zwingenden Fällen abgeändert werden, d.h. bei bedrohlichen Veränderungen der Umweltbedingungen und bei einschneidenden Neuorientierungen in der allgemeinen Unternehmungspolitik. Die strategischen Grundsätze sind als gedanklicher Pfad, als Festlegung der qualitativen strategischen Absichten zu charakterisieren. Ihr Wert liegt einerseits im Zwang zur Bewusstwerdung und Konsensbildung der eigenen strategischen Absichten zum Thema der Auslandfertigung und andererseits helfen sie mit, die Entscheidungsprozess-Bearbeitung zu reduzieren. Letzeres ist dann der Fall, wenn gewisse Varianten aufgrund einmal gefasster Grundsätze von vornherein nicht in Frage kommen und damit keiner weiteren Prüfung bedürfen. Eine mögliche Formulierung solcherart strategischer Grundsätze wird in Kap. 4.4. erläutert; allerdings im Bewusstsein, dass jedes Unternehmen letztlich seine Grundsätze aufgrund seiner Stärken und Schwächen selbst zu prägen hat, da es nach deren Schaffung eine längere Zeit mit ihnen leben muss.

## 4.4. Strategische Hilfsmittel

Die strategischen Hilfsmittel stellen den dynamischen Teil des in Kap. 4.3. aufgezeigten Strategischen Instrumentariums dar. Dynamisch soll hier heissen:

- In jedem periodisch durchgeführten Entscheidungsprozess gestaltet sich der Inhalt dieser Hilfsmittel neu aufgrund der neuen Bedingungen aus Umwelt und Unternehmen sowie aufgrund der damit verbundenen neuen Informationen; lediglich die Grundform der Hilfsmittel erhält eine gewisse Konstanz, abhängig wiederum von den neu verfügbaren Erkenntnissen der Betriebswirtschaftslehre.
- Die Heranziehung dieser Hilfsmittel soll sich bezüglich Notwendigkeit und Vollständigkeit nach dem Typ (Grösse, SEP- 42) Konzept, Internationalisierungsgrad etc.) differenzierter gestalten, um letztlich auch der Durchsetzbarkeit Rechnung zu tragen.

  Die weitere Bearbeitung des strategischen Instrumentariums geht davon aus, den umfassenden Rahmen abzustecken, von dem aus ein Unternehmen mit weniger komplexen Bedingungen auch eine Version in reduzierter Form ableiten kann.

Als strategische Hilfsmittel kommen im folgenden zur Darstellung:

- Produkt- / Markt-Strategie
- Chancen- / Gefahren-Analyse
- Informationsanalyse zur Minimierung des Arbeitsplatzexportes
- Konkurrenzanalyse
- Investitionsklima-Analyse
- Alternativen-Ermittlung & -Bewertung
- Feedback-Analyse
- Vorgabenermittlung

### 4.4.1. Produkt- / Markt-Strategie

Die Produkt-/Markt-Strategie nimmt in jedem international tätigen Unternehmen eine zentrale Stelle ein, ob bewusst oder unbewusst. In ihr konzentrieren sich in bereits verdichteter Form zahlreiche Informationen und funktionale Teilentscheide. In einem Unternehmen, das nach dem Marketingkonzept geführt wird, ist die Produkt-Marktstrategie eine Drehscheibe, die Stellung nimmt zu den komplexen Fragen

- welche Produkte (Marktleistungen) ?

setze ich

- auf welchen Märkten wie ab ?

Diese Produkt- / Marktstrategie ist in unserem strategischen Instrumentarium einerseits der Ausgangspunkt zur Bestimmung des Auslandengagements; andererseits steht die P/M-Strategie selbst auch in einem grösseren Zusammenhang:

---

42) = Strategische Erfolgspositionen vgl. Pümpin (Management SEP) 39 f.

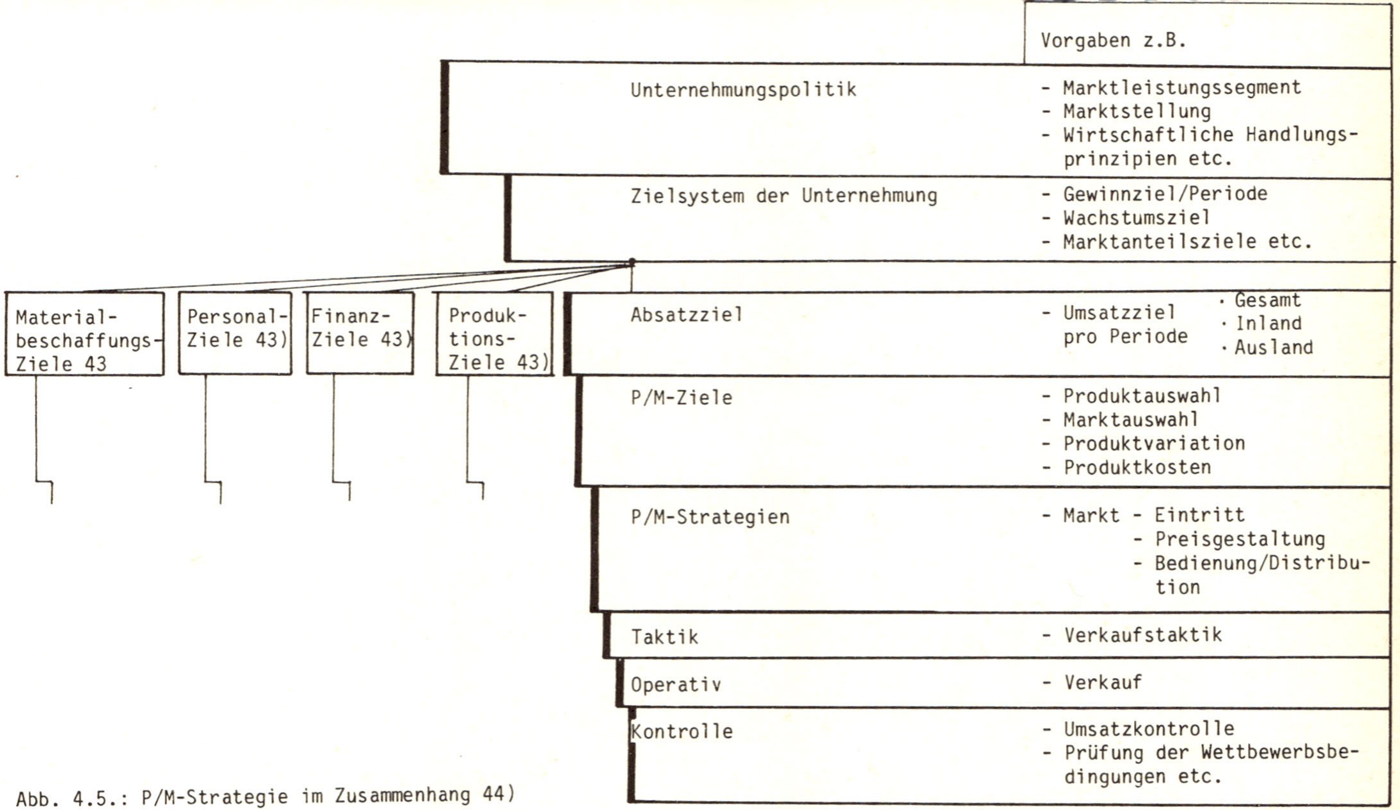


Abb. 4.5.: P/M-Strategie im Zusammenhang 44)

43) unter Prüfung der Voraussetzung zur Erreichung der Absatzziele

44) Nach der Perspektive von Meffert wird jedoch die Konzipierung einer integrierten Marketingkonzeption für Investitionsgüter in den 80er Jahren nicht die Ausnahme bleiben, sondern zur Regel werden (vgl. Meffert (Marketing 80er Jahre) 59, 78).

Vor der Erarbeitung einer P/M-Strategie muss anhand von Zielsetzungen aus der P/M-Matrix ersichtlich sein

- mit welchen Produkten,
- auf welchen Märkten,
- in welcher Stück x Preis-Dimension,

ein Umsatz zu erzielen ist.

Die P/M-Zielmatrix stellt die verkaufsorientierte Auflösung des gesetzten Absatzziels dar:

| Produkte \ Märkte | Markt 1 | Markt 2 | ... | Markt n |
|---|---|---|---|---|
| Produkt 1 | A 11 | A 12 | | A 1 n |
| Produkt 2 | A 21 | A 22 | | A 2 n |
| : | | | | |
| Produkt n | A n 1 | A n 2 | | A nn |

$\sum$P/M = **Absatzziel** = Jahresumsatzvolumen der Unternehmung

$\sum$P/M = (A11+A12+A1n) (m1 . p1) + (A21 +A22...A2n) (m2 . p2) +...+ (An1+ An2+...Ann) (mn . pn)

A = Absatzalternative m = Stückzahl p = Preis pro Stück

Abb. 4.6.: P/M-Zielsetzungsmatrix

Die P/M-Matrix kann sowohl betreffend Zielsetzungs- als auch betreffend Strategien-Bestimmung auf grundsätzlich zwei verschiedene Arten erarbeitet werden:

a) Die Vergangenheits- (Erfahrungs-)werte werden für die Zukunft modifiziert, evtl. variiert. Modifiziert heisst von einer bekannten Produkt/Marktkombination soll mehr oder weniger, zu höheren oder tieferen Preisen abgesetzt werden, je nach Abschätzung der Nachfrage. Variiert heisst, neue Produkte oder Produktvariationen oder neue Märkte werden ins Absatzprogramm aufgenommen, alte Produkte, zu riskante oder unrentable Märkte werden gestrichen. In der empirischen Erhebung haben 35 (von 42) Unternehmen, d.h. 84 % anzahlmässig oder 92 Exportprozente 45) bestätigt, dass sie mindestens über eine P/M-Strategie in dieser Form als Vorgabe für Engagementprojekte verfügen.

b) Die P/M-Matrix wird von Grund auf neu erstellt. Ausgehend von der Stärken-/Schwächenanalyse oder des SEP-Konzeptes der eigenen Unternehmung sowie von der Einschätzung der potentiellen Nachfrage werden alle möglichen Produktvarianten allen potentiellen Märkten gegenübergestellt, im Sinne einer 'Vollerhebung'. In einem zweiten Schritt müssen die Produkte als auch die Märkte in einem iterativen Prozess in der Zahl auf ein realisierbares und auf das Absatzziel

45) vgl. Frage 3.3. des Interviewleitfadens

ausgerichtetes Mass reduziert werden.

Mit dieser Art wird gegenüber a) angestrebt, dass eine vollumfängliche Betrachtung der eigenen Möglichkeiten geprüft wird, losgelöst von den bereits vertrauten Werten; sie ist in der Praxis bis heute noch wenig verbreitet, gewinnt aber an Bedeutung.

Zur Gegenüberstellung von a) und b) ist zu vermerken, dass a) mindestens jedes Jahr zu überdenken ist; b) hingegen kann v.a. in der Investitionsgüterindustrie in grösseren Abschnitten durchgeführt werden (z.B. alle 3-5 Jahre). Der aufwandmässige Unterschied ist entsprechend demjenigen zwischen der traditionellen Budgetierung (= a) und dem Zero-Base-Budgeting (= b). Auch auf diesem Gebiet der Budgetierung wird die zweite Methode, die von Grund auf ohne Vergangenheitswerte arbeitet in den benützenden Firmen kaum jedes Jahr, sondern nur in gewissen Zeitabschnitten angewendet.

Sinn und Zweck der Anwendung von b) formuliert Bernkopf mit: "Die Unternehmung kann einmal alle Märkte der Welt analog einer Vollerhebung untersuchen, in der Absicht, so jene Länder herauszufinden, die zur Zielerreichung am geeignetsten sind. Es liegt klar auf der Hand, dass dieses Vorgehen die sicherste und auch exakteste Methode der Marktauswahl darstellt. Das 'Risiko', ausserordentlich gute Marktchancen nicht genutzt zu haben, wird minimiert und die zu treffenden Entscheidungen sind 'unanfechtbar' und 'gefahrlos' für den Entscheidungsträger" 46).

Von der Detailbearbeitung, innerhalb der P/M-Zielsetzungsmatrix, kann hier in genereller Form lediglich die Auswahl von Produkten und Märkten behandelt werden. Weitergehende Differenzierungen lassen sich nur im Kontex der Unternehmung selbst durchführen.

**Produkt-Markt-Zielmatrix**

Bei jedem Arbeitsschritt innerhalb der P/M-Zielmatrix-Bestimmung ist die Frage zu beantworten: Was können wir besser als ein anderes Unternehmen und woraus könnten sich Synergien ergeben?

Auswahl der Produkte:

Zur Vollerhebung des zu prüfenden Produktespektrums ist eine Liste mit allen Produkten zu erstellen. Diese Liste ergibt sich aus:

- Produkten, die bisher bereits vom Unternehmen produziert oder gehandelt wurden,
- Produkten, die gemäss bisherigen Verkaufsgesprächen den Kundenwünschen entsprechen, v.a. wenn ein Bedürfnis von mehreren Kunden geäussert wurde,
- Produkten, die sich aus der Beobachtung der 'Welt der Abnehmer' ergeben (anlässlich von Betriebsbesichtigungen, Ausstellungen etc.),
- Produkten, die in der eigenen F+E-Abteilung ins Prototyp-Stadium treten,
- Produkten, die als Handelsgüter ins Sortiment aufgenommen werden

46) Bernkopf (Strategien) 64, seine Vollerhebung bezieht sich allerdings nur auf die Erfassung aller Märkte.

könnten,

- Produkten, die im In- oder Ausland auch zwecks eigener Herstellung akquiriert werden könnten,
- Produkten, die von Erfindern und Vermittlern (Patentanwälten, Banken, Engineering-Unternehmen etc.) zur Prüfung der eigenen Herstellung zur Verfügung gestellt wurden,
- Produkten, die sich in der Form von Produktideen aus durchgeführten Zukunftsszenarien ergeben.

Die Auswahl der Produkte aus dieser 'Vollerhebungsliste', welche an die zu entwickelnde P/M-Strategie übertragen werden sollen, erfordert eine bereits eingehende Kenntnis der Stärken und Schwächen des Unternehmens mit seinen Rahmenbedingungen.

Es stehen zur Verfügung als Verfahren zur Auswahl der Produkte:

a) **Konzentration auf** das/die unternehmungseigene(n) **SEP** 47). Nach diesem Konzept ergibt sich in der Regel eine für alle Produkte gleichgerichtete Auswahl, z.B.

   - nach aktuellen und latenten Kundenbedürfnissen einer kaufkräftigen Stammkundschaft,
   - nach der Stärke, Produkt mit hohen Qualitätsanforderungen besser als Konkurrenten herstellen zu können,
   - nach der Stärke, als Produzent von Produkten mit komplexen Problemlösungen auftreten zu können,
   - nach der Stärke, in Produkten mit hohem Finanzierungsbedarf konkurrenzfähig zu sein,
   - nach dem Erfolgsprinzip, das Absatzziel v.a. mit Produkten mit 'Kundenkonfektionierung' zu erreichen,
   - nach der Vorzugsstellung im Markt, auf bestimmten Gebieten als Lieferant eines umfassenden Produktesortimentes bekannt zu sein. etc.

   Auch andere SEP der Unternehmung, die nicht direkt produktbezogen sind (z.B. besondere Beziehungen zu Bezugsquellen von Ressourcen, intensive Kostenbewirtschaftung, hohe Managementfähigkeit etc.) können als Massstab zur Auswahl der Produkte gelten. Voraussetzung ist, dass im Unternehmen das/die SEP bekannt ist (sind) und dass danach geführt wird. In der Führung muss das/die SEP im gleichen Grad bekannt sein wie die 'Treibende Kraft' (= "driving force") 48), jene Kraft also, die das Unternehmen antreibt und die Mehrzahl der Mitarbeiter motiviert und durch die auch geführt werden kann. Zum Vergleich sei festgehalten, dass in unserer Umfrage 49) anzahlmässig 64 % der Investitionsgüterproduzenten (resp. 72 Exportumsatzprozente) ihre Produkte und Technologien als ihre Treibende Kraft bezeichneten. SEP und Treibende Kraft brauchen sich zwangsläufig nicht zu decken, es gibt auch Treibende Kräfte, die

---

47) vgl. Pümpin (Management SEP) 133 ff.

48) vgl. Tregoe/Zimmermann (Management Strategie) 20 ff.

49) vgl. Frage 2.7.1. des Interview-Leitfadens

zwar in der Firma als Stärke betrachtet werden, es aber wirtschaftlich beurteilt nicht unbedingt sind (z.B. Fähigkeit, qualitativ hochstehende Produkte zu entwickeln, die dann aber vom notwendigen Preis her nicht auf dem Markt abgesetzt werden können).

Die SEP, die als Massstab zur Auswahl der Produkte heranzuziehen sind, haben sich jedenfalls nach den unternehmungsspezifischen Bedingungen, v.a. nach wirtschaftlich orientierten Stärken und Schwächen zu richten und differieren deshalb naturgemäss von Unternehmen zu Unternehmen.

b) **Konzentration auf Realisierbarkeit:** Realisierbar heisst in diesem Zusammenhang, dass die anvisierten Produkte technisch herstellbar sind in allen Dimensionen wie Beschaffung der Ressourcen, Herstellkapazität, Handling, Know-how, Qualitätserfordernisse etc., und sich zudem kostenmässig bewältigbar und absetzbar beurteilen lassen.

c) **Konzentration auf Konkurrenzvergleich:** Sind in einem Unternehmen die SEP noch nicht in deklarierter Form vorhanden, so kann ein Konkurrenzvergleich als Massstab zur Auswahl der Produkte beigezogen werden. Anhand eines solchen Vergleichs sind ebenso die eigenen Stärken gegenüber den Konkurrenten richtungsweisend.

d) **Konzentration aufgrund von Tests:** Alte Produkte und Prototypen von neuen Produkten können je nachdem in reeller Grösse oder anhand von Katalogen, Handbüchern Kundentests ausgesetzt werden, z.B. anhand einer Präsentation an Ausstellungen 50), anhand von Panelbefragungen mit einer Gruppe ausgewählter Firmenvertreter.

e) **Konzentration aufgrund von Befragung und Beobachtung:** Zur Auswahl eines zukunftsgerichteten Produktesortimentes werden direkte Kundenbefragungen (Stichprobe nach dem Konzentrationsprinzip) durchgeführt oder Beobachtungssituationen organisiert, z.B. Einsitz in Fachverbänden aus den Abnehmergruppen, Beobachtung anhand von Besichtigungen der Betriebe aktueller und potentieller Abnehmer, Erfassung von Bedürfnissen anhand von firmeneigenen Hauszeitungen aus dem Abnehmerkreis, Fachzeitschriften etc.

f) **Konzentration nach Zukunftseinschätzung:** Auf vereinzelten Produktegebieten (z.B. Umwelttechnik, z.T. Energiesektor) ist es möglich, durch Zukunftseinschätzungen von Forschungsinstituten und aus eigenem Haus festzustellen, welche Produkte der Markt in nächster Zukunft aufnehmen wird. Dieses Verfahren kann jedoch nicht isoliert zur Anwendung gelangen, sondern muss mit den oben erwähnten kombiniert und z.T. durch zusätzliche Abklärungen (Kaufkraft, Bürokratie, politische Konstellation etc.) ergänzt werden.

**Auswahl der Märkte:** Für auslandorientierte Investitionsgüterproduzenten bietet die Erstellung einer vollumfänglichen Liste von Märkten nicht annähernd die Schwierigkeiten wie die 'Vollerhebung' der Produkte. Grundsätzlich handelt es sich dabei um den Weltmarkt. Problematischer ist hingegen die Auswahl der Zielmärkte, die

50) vgl. z.B. Autoindustrie, die Prototypen auf 'Versuchsstand' stellt, um Kundenbedürfnisse und das Ansprechen potentieller Kunden auf neue Produkte abzutasten.

bedient werden sollen.

Als Verfahren zur Bestellung dieser Auswahl der Märkte stehen zur Verfügung:

g) **Konzentration gemäss unternehmungseigener SEP:** Für die Auswahl der anvisierten Zielmärkte kann/können das/die SEP entsprechende Hinweise geben, z.B.:

- Stärke, mit Produktinnovation auf allen bisher bedienten Märkten ausserordentlich schnell hohe Marktanteile zu gewinnen,
- Wettbewerbsvorteil auf den Märkten, die auf konsequente Tiefpreispolitik bei Komponenten/Serienprodukten ansprechen,
- Ausserordentliche Managementvoraussetzungen zur mittelfristigen Betriebsführung von verkauften Anlagen in aller Welt,
- Dichtestes Direktvertriebsnetz, d.h. die Absatzorganisation breitet sich z.B. über 3/5 aller Märkte.

Die unternehmungsspezifischen SEP können zur Auswahl der Märkte, im Gegensatz zur Produkteauswahl, einen nur hinreichenden, kaum aber zwingenden Massstab darstellen. In den meisten Fällen ist eine Ergänzung durch eines der folgenden Auswahlverfahren erforderlich. In einem ersten Schritt hingegen sind die SEP zu berücksichtigen, da sonst die Gefahr besteht, von der Führung nach den SEP abzurücken.

h) **Konzentration aufgrund der eigenen Stärken und Schwächen:** Für die Formulierung der unternehmungsspezifischen Stärken und Schwächen als Basis der Erfolgsaussichten auf potentiellen Märkten ist pro Produktgruppe und möglichem Abnehmerland ein Profil zu erstellen, das mindestens die folgenden fünf Beurteilungskategorien enthält:

| Beurteilungskategorien | | Bewertungskategorien |
|---|---|---|
| - Eigene Entwickung der letzten 5 Jahre (gemäss Absatzstatistik)<br>- Konkurrenzverhalten der letzten 5 Jahre | gemäss eigenem Marketing-Informations-System | keine Aktivität bis stark zunehmende Aktvität |
| - Entwicklungstendenzen des Marktes (Nachfrage) | | Nachfrage abnehmend bis stark zunehmend |
| - Entwicklungstendenzen der Konkurrenz | | Konkurrenzaktivitäten stark abnehmend bis stark zunehmend |
| - Eigene Verbesserungsmöglichkeiten | | keine Verbesserungsmöglichkeiten mehr bis intensive Verbesserungsmöglichkeiten |

Diese Grobanalyse als Kombination von Vergangenheits- und Zukunftsbetrachtung, eigener und konkurrierender Stärken und Schwächen und von Abschätzungen des eigenen Aktivitätspotentials zeigt nach einem Durchspielen aller Märkte, welche als zukunftsträchtig in die

Formulierung von Marktstrategien einzubeziehen sind.

i) **Konzentration nach der Bestimmung von Marktgrössen:** Während die Konzentration nach dem Stärken/Schwächen-Profil einem qualitativen Verfahren entspricht, kommt dasjenige nach Marktgrössen einem quantitativen gleich. Es sind dabei pro Land mindestens die folgenden Dimensionen zu ermitteln:

- Marktkapazität = Aufnahmevermögen des Marktes von der Bedarfsseite her 51). Die Marktkapazität ist aufgrund systematischer Marktforschung 52), und für Investitionsgüter vielfach aufgrund von Bedarfsprognosen internationaler Organisationen wie Weltbank, UNIDO etc. zu ermitteln.
- Marktvolumen = Summe des eigenen Angebots und jenes der Konkurrenten.
- Marktanteil = Teil des Angebots auf dem Markt, den die auswählende Unternehmung mit ihrem Umsatz zu bewältigen vermag 53). Hiezu ist zuerst das Angebot der Konkurrenten annäherungsweise zu erreichen, damit das eigene potentielle Absatzvolumen auf diesem Markt ins Verhältnis gesetzt werden kann.

Aus dem Vergleich Marktkapazität zum jährlichen Marktvolumen kann der Zeitpunkt der Marktsättigung abgeschätzt werden. Aus dem Vergleich Marktanteil zu Marktvolumen und zur Marktkapazität ergibt sich die eigene Marktstellung. Die ausschlaggebende Bedeutung des Marktanteils liess sich v.a. anhand der PIMS-Studien 54) ermessen. Gemäss den Ermittlungen von Marktkapazität und potentiellem Marktanteil sind die Erfolgsaussichten pro Markt abzuschätzen. Anschliessend lässt ein systematischer Vergleich von Marktchancen und Marktgrössen erkennen, welche Länder zuhanden einer Marktstrategiebearbeitung vorgeschlagen werden sollen.

k) **Konzentration gemäss Auswahlkriterien von Bernkopf** 55): Bernkopf schlägt vor, aus der Gesamtheit der Länder eine negative Enumeration nach einem der folgenden Ansätze vorzunehmen 56):

- Geographische Prioritäten
- Gesellschaftspolitische Prioritäten
- Entwicklungspolitische Prioritäten
- Konkurrenzabhängige Prioritäten
- Prioritäten gemäss volkswirtschaftlichen Basisdaten und dem Marktpotential. Entspricht dem oben erwähnten Konzentrationsprinzip nach Marktgrössen, schliesst aber zusätzlich eine

---

51) vgl. Weinhold (Marketing) 45/46, die Marktkapazität wird in der Praxis oft als Marktpotential bezeichnet. Marktpotential = (Marktkapazität x Kaufkraftfaktor), Kaufkraft im Investitionsgütersektor weniger relevant, da v.a. bei Staatskunden kaum ermittelbar (Geldschöpfung, Kredit etc.)

52) vgl. z.B. Grafers (Investitionsgütermarketing) 183 ff.

53) vgl. Weinhold, a.a.O., 48

54) vgl. Hinterhuber (Unternehmungsführung) 88 und Pümpin (Management SEP) 132

55) vgl. Bernkopf (Strategien) 61 ff.

56) vgl. ebenda 75-108

Klassifizierung der Länder nach Wachstumsstadien von Rostow mit ein.

- Prioritätenfestsetzung nach Barquin 57). Potentielle Märkte werden dabei nach folgendem Schlüssel klassifiziert:
  . Gesamtwirtschaftliche Faktoren 60 %
  . Bildungsstand 20 %
  . Technologische Faktoren 20 %

- Prioritätensetzung gemäss Cluster-Analyse von Sethi. Da eine ausführliche Darstellung der Clusterprofilierung hier zu weit führen würde, ist auf die entsprechende Primärliteratur 58) zu verweisen.

l) **Konzentration gemäss Vorgehensvorschlägen von Stahr** 59): Stahr zieht zur Auswahl von Auslandmärkten eine eigene Grobanalyse heran, wobei er jedes Land anhand von 17 Faktoren nach den folgenden Kriteriengruppierungen

- Absatzbedingungen
- Absatzchancen
- Risiken aus dem Umfeld im Ausland
- Marktdynamik
- Importbedingungen

bewertet 60). Stahr schliesst an die Grobanalyse eine Hauptanalyse an, die in einem weiteren Schritt die erfolgversprechendsten Auslandmärkte bestimmt. Er bedient sich dabei folgender Hilfsmittel:

- Break-Even-Analyse
- Cash-Flow Analyse (v.a. für die Markterschliessung mittels Auslandinvestition)
- Sensitivitätsanalyse
- Risiko-Analyse (Abschätzung optimistisch, durchschnittlich, pessimistisch mit Wahrscheinlichkeitsparameter)
- Entscheidungsbaum-Methode 61).

Sind die Zielmärkte nach einem der Konzentrationsverfahren von a) - l) ausgewählt, ist zuerst nachzuprüfen, ob die P/M-Kombinationen 'mit einem neuen Produkt auf einem neuen Markt' auf einem absoluten Minimum gehalten sind; denn ihre Erfolgsaussichten sind bekanntlich am kleinsten. Alsdann kann als Kontrollinstrument vor der Erarbeitung von P/M-Strategien die Portfolio-Analyse eingeschaltet werden (Produkte x Märkte x Gewinn-Prozentsatz), um die Prioritätenliste zu testen:

---

57) Detaillierter Bewertungsprozess siehe Bernkopf (Strategien) 98 ff.

58) vgl. Sethi, S.P.: Comparative Cluster-Analysis for World Markets, in Journal of Marketing Reserarch, Vol. VIII, 1971 Aug., S. 348 ff.

59) vgl. Stahr (Auslandsmarketing-Marktanalyse) 138 ff.

60) Vgl. die Teil- und Subfaktoren dieses Autors in einem Punktbewertungsmodell für Auslandmärkte, in Anhang VI

61) vgl. Entscheidungsbaum zur Marktselektionsentscheidung nach Stahr, Anhang VII

Marktattraktivität z.B. für Markt 1

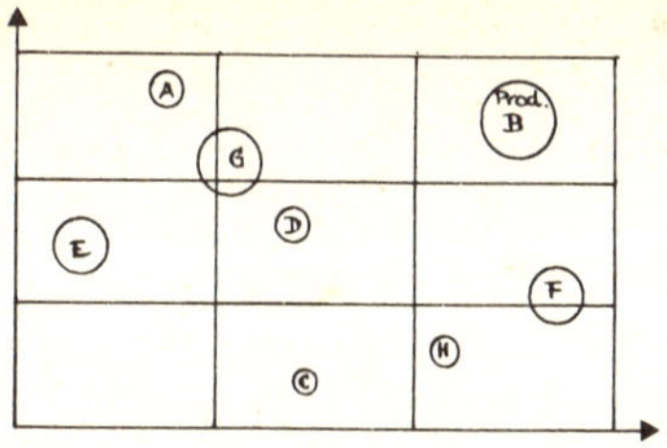


Summe der Fläche = Absatzvolumen (Umsatz)

Absatzvolumen mal Gewinn %-Satz = Erfolgspotential (hier auf Markt I)

Abb. 4.7.: Portfolio 62) pro Produkt und Markt

Der Vergleich der Portfolios der Märkte 1) - n) ergibt die Kontrolle der vorgängig getätigten Auswahl und zudem die Prioritätenliste für den Fall, dass die Märkte infolge knapper Ressourcen zeitlich gestaffelt bedient werden müssen. Eine solche Prioritätenliste nach dem Portfolio-Verfahren entspricht einer sich immer weiter verbreitenden unternehmerischen Denkweise: "... Many companies view product mix decisions as portfolio decisions" 63). Als Kontrollinstrument ist das Portfolio-Verfahren gemäss den Erkenntnissen der Boston Consulting Group geeignet 64), da man sich vorgängig auf andere Zukunftseinschätzungen konzentriert hat, wobei v.a. die realistische Beurteilung der eigenen Stärken z.B. in Form der SEP ausschlaggebend sein muss.

Nach Abschluss der

- Auswahl der Produkte
- Auswahl der Märkte
- Kontrolle durch Portfolio-Analyse

ist die P-/M-Zielmatrix erstellt und als Vorgabe zur Ausarbeitung der P-/M-Strategien zu verwenden.

### Produkt-Markt-Strategiematrix

Die Produkt-Markt-Strategien haben die Fragen des 'wie' zu lösen, d.h. es ist zu bestimmen,

- mit welcher Produktgestaltung und
- mit welcher Marktbearbeitung

die P/M-Ziele und damit das Absatzziel zu erreichen ist.

**Produktgestaltung:** "Die Produktpolitik nimmt im Marketing eine zentrale Stellung ein. Sie umfasst dabei alle an den unternehmerischen Zielsetzungen orientierten Strategien, die darauf gerichtet sind, neue Produkte oder Produktgruppen auf den Markt zu bringen (Produktinnovation), bereits auf dem Markt befindliche Produkte zu modifizieren

---

62) vgl. Hinterhuber (Unternehmungsführung) 96
63) Wind/Mahajan (Business Portfolio) 153
64) vgl. Lochridge (Strategy) -

(Produktvariation) oder bisherige Produkte oder Produktgruppen aus dem Programm herauszunehmen (Produktelimination)" 65).

Das 'ideale Produkteangebot', d.h. die Möglichkeit, ein Produkt in einheitlicher Form auf allen Zielmärkten anbieten zu können, wird durchkreuzt 66), weil gesetzliche Restriktionen, Produktverwendungszweck, produktspezifische Verhaltensmuster, kulturelle Charakteristiken, klimatische Vehältnisse und landesspezifische Distributionsmerkmale eine solche Vereinheitlichung verhindern.

Diese Gründe rufen nach einer abnehmerkonformen Produktgestaltung. Formen der Produktgestaltung sind:

- Im Bereich der Produktinnovation 67)
  . Produktdifferenzierung, d.h. Schaffung neuer zusätzlicher Produkte, um v.a. Sonderwünschen der Nachfrager besser gerecht zu werden.
  . Produktdiversifikation, d.h. Aufnahme neuer Produktkategorien z.B. zur Absicherung drohender Umsatzverluste.
- Im Bereich der Produktvariation 68)
  . Variation der physischen, normmässigen, qualitativen und funktionellen Eigenschaften,
  . Variation der ästhetischen Eigenschaften,
  . Variation der Symbolbedeutung, des Namens, der Marke,
  . Variation durch Gewährung von Zusatzleistungen,
  . Variation zur Kostensenkung.

Die Produktelimination gehört demgegenüber nicht in die Phase der Strategie-Erarbeitung, sondern musste bereits bei der P/M-Zielmatrix vorgenommen werden. Hinweise zum konkreten Vorgehen für die Bestimmung der Produktinnovationen und -variationen werden z.B. gegeben in Bidlingmaier "Planung und Kontrolle von Produktinnovationen und -variationen" 69).

Ein letzter wichtiger Aspekt, in der Produktgestaltung ist die reelle Einschätzung des Produktlebenszyklus 70), der in jedem Markt auf einer andern Entwicklungsstufe stehen kann. Produktinnovation, -variation und -elimination sind darauf auszurichten. Die zutreffende Phase im aktuellen Lebenszyklus kann damit zum Entscheidungshilfsmittel über Zeitpunkt 71) und Notwendigkeit der Produktumgestaltung für all jene Veränderungen werden 72), die nicht von der Umwelt direkt (Normen, Vorschriften, kulturelle Einstellung etc.) aufgezwungen sind.

Abschliessend ist festzuhalten, Ziel jeder Produktgestaltung bleibt die Umsatz-, Ertrags-, Marktanteils-, ev. sogar Marktvolumensbeeinflussung 73), während die bezogenen Informationen die Voraussetzungen zur Erarbeitung von Produktstrategien bilden.

---

65) Bidlingmaier (Marketing) 229
66) vgl. Göbel (Exportmarketing) 32
67) vgl. Bidlingmaier (Marketing) 230
68) vgl. ebenda 231
69) ebenda 231-279
70) vgl. Ringle (Exportmarketing) 138 ff. + Uebleis (Instrumentarium) 28 ff.
71) vgl. Priemer (Produktvariation) 73
72) vgl. z.B. Uebleis (Instrumentarium) 50
73) Priemer, a.a.O., 39 ff.

**Marktbearbeitung:** Die Strategie der Marktbearbeitung umfasst hier die zwei Stufen

- Markterschliessung
- Marketingmixbestimmung

Die Markterschliessung ist in weiten Teilen der Marketingliteratur nicht klar im Prozess zur Bestimmung des unternehmungsspezifischen Marketings integriert. Bei einer allfälligen Erwähnung ist Markterschliessung vielmehr als Umwelt-Bedingungen behandelt 74). Diese Erscheinung mag eine Erklärung darin finden, dass bislang jeder Markt grundsätzlich zugänglich war, sofern der Unternehmer nur wollte und die Mittel dafür hatte.

Gegenbeispiele sind zwar zu finden, bleiben aber in der Minderzahl 75).

Die Ergebnisse unserer empirischen Erhebung geben aber einen klaren Hinweis auf den wichtigen Stellenwert der Marktzutrittsstrategien. Von den ausgezählten 242 Auslandproduktionsstätten der schweizerischen Investitionsgüterproduzenten wurden deren 187 (77,3 %) aus absatzorientierten Motiven 76) errichtet gegenüber 55 (22,7 %), die aus Gründen der Technik, der Verbesserung der Kostenbasis oder zur Umgehung des Personalengpasses bei anvisiertem Wachstum gegründet wurden. Diese 187 Produktionsstätten im Ausland waren beim Entscheid intuitiv oder aufgrund systematischer Informationsbeschaffung von der Erwartung getragen, sich gegenüber der Erschliessungsstrategie Export zusätzliche Marktzutrittsvorteile zu verschaffen.

Die Auswahl der zu praktizierenden Erschliessungsstrategie kann sich anhand verschiedener Kriterien orientieren:

- Motiv für eine Auslandfertigung
- Stadium der unternehmungsspezifischen Internationalisierung 77)
- Grösse des eigenen Marktanteils. Zu den Marktanteilsüberlegungen gehört: - Wer ist der Leader, - was macht der Nicht-Leader, - bei hohem Marktanteil eher zu Lokalfertigung neigen als bei kleinem
- v.a. Marktanteil in protektionistisch gefährdeten Ländern beobachten etc.

---

74) vgl. z.B. Grafers (Investitionsgütermarketing) 12 und Bernkopf (Strategien) 111

75) vgl. Stahr (Auslandsmarketing-Marktanalyse) 160 ff. (Auslandmarketing-Marktanalyse und Marketingstrategie) Inhaltsverzeichnis; vgl. Backhaus (Investitionsgütermarketing) 143

76) betrifft teils direkt den Marktzugang, teils Wachstumsinvestitionen. Die Wachstumsinvestitionen im Ausland waren solche, bei denen sich der Entscheidungsträger im Abnehmerland-Produktionsland ein zusätzliches Verkaufsargument, also einen leichteren Marktzugang versprach. Müsste dies verneint werden, so wäre die Antwort der Firmenvertreter 'Kostenorientierung' oder 'Umgehung des Personalengpasses' etc. gewesen, oder die zusätzliche Kapazität hätte auch in der Exportbasis Schweiz errichtet werden können.

77) vgl. Mason et al (The Economics) 252, v.a. seine diesbezügliche Grafik Ressourcen versus Grösse des anvisierten Auslandmarktes des Investors

- Anhand einer speziellen Methodik aus eigenem Haus oder aus der Fachliteratur die sich anhand einer Minimalzahl von Indikatoren orientiert 78).

Aus einem solchen erweiterbaren Katalog möglicher Vorgehen in einer Grobanalyse wird für das zu entwickelnde strategische Instrumentarium jenes nach dem Spektrum der Motive für eine Auslandfertigung bevorzugt. Zum einen ist dieses Vorgehen auf ein optimales Aufwand/Nutzen-Verhältnis ausgerichtet und zum andern ist damit am besten sichergestellt, dass die klare Ausrichtung auf das Zielsystem der Unternehmung mitberücksichtigt wird.

Nach der Erarbeitung der möglichen Erschliessungsstrategien 79) sieht der Stand der P/M-Strategie-Matrix folgendermassen aus:

| Märkte / Produkt | Markt I | | | | Markt II | | | | | Markt X | |
|---|---|---|---|---|---|---|---|---|---|---|---|
| Erschliessungs-strategie-Möglich-keiten / Produktstrategie | Lizenz | Export | Subcon-tracting | LF-100 % | Lizenz | Export | Subcon-tracting | LF-100 % | | Lizenz | Joint Venture ... |
| Produkt A Produktvariante $A_1$ | x | x | x | - | - | - | - | - | | - | - |
| $A_2$ | x | x | x | x | - | - | x | x | | - | x |
| $A_3$ | x | x | x | - | - | - | - | - | | - | - |
| Produkt B Produktinnovation | - | x | - | - | - | x | - | - | | - | - |
| Produkt N = Bisheriges Produkt<br>⋮ | x | x | - | x | x | - | x | x | | x | x |

Abb. 4.8.: Erschliessungsstrategien innerhalb der P/M-Strategie-Matrix

Eine starke Annäherung an eine solche P/M-Strategiematrix wurde 1979/80 in der Firma Brown Boveri & Cie. AG erstellt. Eine diesbezügliche 'Potentialmatrix' zeigt neben andern Marktbeurteilungskriterien die geplante - Lizenzvergabe, - Lokalfabrikation in Ausführung begriffen, - Lokalfabrikation geplant oder in Diskussion, sowie die Prioritäten für diese Erschliessungsstrategien, für 52 Produktegebiete und mehr als 30 Länder auf.

Die zweite Stufe der Marktbearbeitung, d.h. die 'Bestimmung des Marketing-Mix' gehört zwar begrifflich ebenfalls zur P/M-Strategie; als Arbeitsschritt ist die Definition des Marketing-Mix aber an dieser

78) vgl. z.B. Juhl (Direktinvestitionen) 17 ff.

79) Detaillierte Erläuterung der Erschliessungsstrategien im Kap. 4.4.6.

Stelle noch verfrüht; denn er müsste im Moment noch auf zu zahlreiche Erschliessungsstrategien ausgerichtet werden. Erst der Entscheid über das/die durchzuführende(n) Auslandengagement(s) gemäss Kap. 4.4.6. bringt die notwendige Reduktion der Alternativen, die in der Folge die Arbeit der Marketing-Mix-Definition an ein vertretbares Mass heranführt.

Diese zweite Stufe der Marktbearbeitung wird demzufolge nach dem Engagement-Entscheid, d.h. also in der Feedback-Analyse (Kap. 4.4.7.) wieder aufgenommen.

Das Resultat aus der P/M-Strategie-Matrix muss darauf hinweisen,

- mit welchen Produkten und Produktvarianten dem Weltmarkt zu begegnen ist,
- für welche Märkte es sich lohnt, die eigenen Absatzmöglichkeiten einer weiteren Prüfung zu unterziehen,
- welche Markterschliessungsstrategien pro Produkt-Markt-Kombination einer detaillierteren Untersuchung zugewiesen werden können.

### 4.4.2. Chancen- / Gefahren-Analyse

Im Entscheidungsprozess zur Bestimmung des Auslandengagements wurde das Soll durch die P/M-Matrix entworfen. Ergänzt wird diese Soll-Bestimmung noch durch die Festlegung der strategischen Grundsätze (vgl. Kap. 4.5.).

In diesem gleichen Entscheidungsprozess schliesst nun die Ist-Analyse 80) an. Der Zweck der Ist-Analyse liegt darin, dem Entworfenen, Geplanten, Beabsichtigten die Realität gegenüberzustellen, damit anhand von Abweichungen zwischen Absicht und Umweltbedingungen die durchzuführenden Strategien und Operationen realistisch angepasst werden können.

Die Realität, die Umweltbedingungen treten in zwei grundsätzlich verschiedenen Formen auf, in positiven und negativen, d.h. als Chancen und als Gefahren.

Eine Chancen-/Gefahrenanalyse ist als Umweltanalyse im Prinzip darauf gerichtet, Möglichkeiten, welche die Umwelt bietet zur Nutzung zu erkennen und Risiken zu deren Vermeidung zu erfassen 81). In jeder systematischen Unternehmungsführung ist die Chancen-/Gefahrenanalyse der Umwelt ebenso Bestandteil einer Beurteilung der unternehmerischen Ausgangslage, wie die Stärken-Schwächen-Analyse der Unternehmung. In der Regel sind beide Ermittlungen von allen Unternehmungsfunktionen zusammenzutragen. Im Rahmen unserer Problemstellung kann hier jedoch nur auf die Chancen-/Gefahrenanalyse eingegangen werden, die auf eine mögliche, resp. notwendige Veränderung des Auslandengagements hinweist.

Die Chancen-/Gefahren-Analyse kann auf zwei verschiedene Arten durchgeführt werden, als

- Statische Analyse; d.h. es werden zu einem oder mehreren Zeitpunkten, die z.B. mehrere Jahre auseinanderliegen, die dann aktuellen Zustände erfasst.

---

80) Brauchlin (Entscheidungsmethodik) 46
81) vgl. Ulrich (Unternehmungspolitik) 85

- Dynamische Analyse; d.h. es werden Entwicklungen, Veränderungen im Vergleich zur letzten Zustandsaufzeichnung laufend bei deren Erkennungszeitpunkt erfasst.

Es ist offenkundig, dass die Statische Analyse einer 'Vollerhebung' gleichkommt, einen grossen Aufwand erfordert und dennoch schnell 'obsolet' ist, so dass eine rasche Reaktion auf neue Bedingungen zwischen den Analysenzeitpunkten gefährdet ist. Die Dynamische Analyse entspricht einer permanenten 'Ueberwachung' der Umweltentwicklung, bringt weniger Aufwand, erfordert aber zur Durchsetzung eine stärkere Disziplin. Sie bringt den Vorteil, dass die Informationen aktuell sind und damit eine grössere Beweglichkeit gewährleisten können. Bei genügender Durchsetzungskraft ist deshalb die Dynamische Analyse zu wählen, da ihre Vorteile eindeutig überwiegen. Der Wert dieses Instrumentes kann erhöht werden, wenn die relevanten Informationen an zentraler Stelle gesammelt und systematisiert werden und wenn zudem die 'Leute von der Front' die Meldepflicht haben, alle erkennbaren und bereits eingetretenen Veränderungen an diese zentrale Stelle weiterzugeben. Es ist hier die Vorstellung vom (sonst nur militärischen) Nachrichtenbüro nicht von der Hand zu weisen. Es kann damit eine Annäherung an ein Frühwarnsystem erreicht werden.

Von den 42 befragten Unternehmen unserer Erhebung unterhalten bis jetzt erst deren 8 82) ein hinreichend systematisches Frühwarnsystem zur laufenden Verfolgung der Chancen und Gefahren in Richtung Auslandengagement. Entsprechen diese 8 Investitionsgüterhersteller anzahlmässig lediglich 19 % 82), so ist doch festzuhalten, dass sie in Prozenten des Exportumsatzes immerhin 41 % 82) vertreten und damit zu den grösseren Investitionsgüterexporteuren zählen. Auf die Art, wie die befragten Unternehmen an die Informationen für die Chancen-/Gefahrenanalyse herankommen, wird in Kap. 5.1.2. eingetreten. Es bleibt dabei vorwegzunehmen, dass die Beurteilung der Eintretenswahrscheinlichkeit 83) von ermittelten Chancen und Gefahren mithilft, den Umfang der weiter folgenden Analysen geringer zu halten.

Eine einmal abgeschlossene Chancen-Gefahrenanalyse weist automatisch auf eine Anzahl potentieller Lokalfabrikationsländer hin, die gegenüber jener aus der P/M-Strategie-Matrix kleiner geworden ist.

Als Arbeitsschritt der Chancen-Gefahrenanalyse können zusammenfassend festgestellt werden:

A) Beschaffung/Mitteilung der Informationen von Chancen und Gefahren in ausländischen Märkten, wenn möglich permanent und zentral erfasst.

B) Reduktion der Informationsmenge auf Veränderungen
   - der Chancen auf allen ausländischen Märkten,
   - Gefahren der bereits bedienten Märkte,
   - Gefahren in Märkten, die einen in Frage kommenden, späteren Markteintritt verhindern könnten.

C) Selektion der Informationen auf ein Mass an Relevanz, das von Absichten und getätigten Auslandengagements abhängt.

---

82) gemäss den Antworten zur Frage 3.5. des Interviewleitfadens
83) vgl. Ulrich (Unternehmungspolitik) 85

D) Abschätzung der Eintretenswahrscheinlichkeit relevanter Chancen und Gefahren.

E) Bestimmung der bisher festgelegten Auslandengagementstrategien, die unter dem Einfluss relevanter Chancen und Gefahren abgeändert werden müssen; zudem Festlegung der Länder, für welche die Alternative 'Fabrikationsstätte' geprüft werden soll.

Ein Hilfsmittel für diese fünf Arbeitsschritte kann ein Katalog sein, welcher im voraus eine gedankliche Stütze zur Beobachtung und zur Konzentration auf die Veränderung derjenigen Faktoren gibt, die das Auslandengagement beeinflussen können 84).

Die Ausarbeitung des Kataloges in ein 'Profil' erlaubt es zudem, die eigene Standortbestimmung in einem relativ einfachen Hilfsmittel vorzunehmen. Solche Profile sind den unternehmungs- und branchenspezifischen Rahmenbedingungen anzupassen:

---

84) In der Literatur werden diesbezügliche Ausführungen kaum oder nur andeutungsweise bereitgehalten, vgl. Dittmer et al (Internationale Expansion) 80, und Czakainski (Marketing Konzeption) 117

| CHANCEN | | | | | | | | | | | | Marktland |
|---|---|---|---|---|---|---|---|---|---|---|---|---|
| | | | | | | Chancen für | | | | | | |
| Veränderung | 1 gross | 2 | 3 mittel | 4 | 5 klein | Export | Lizenz | Subcontract. | JV | Akquisition | 100% Beteiligung | |
| . Neues Produkt, neues Segment | | | | | | | | | x | | | |
| . Akquisitionsangebot eines begehrten Produktes | | | | | | | | | | x | | |
| . Angebot ) neuer<br>) Absatz-<br>Auffinden ) mittler | | | | | | x | | | | | | |
| . Angebot zur Errichtung einer Lokalfabrikation | | | | | | | | | x | | x | |
| . Angebot eines Partners für ein Joint-Venture | | | | | | | | | x | | | |
| . Angebot eines Staates für Nähe zu einer Problemstellung mittels Subcontracting | | | | | | | | x | | | | |
| . Auffinden einer Anschlussmöglichkeit an bereits präsente Schweizerproduzenten | | | | | | | | | | | x | |
| . Hinweis auf sehr günstigen Produktionsstandort | | | | | | | | | | | x | |
| . Kursrückgang des SFr. | | | | | | x | | | | | | |
| . Lösung von Importhindernissen | | | | | | x | | | | | | |
| . Lockerung des Transferverbotes von Royalty, Gewinn und Zins | | | | | | | x | | x | | x | |
| ⋮ | | | | | | | | | | | | |
| . Ausscheiden von Konkurrenten | | | | | | x | x | x | x | x | x | |
| . Aussichten auf oligopolistische Stellung | | | | | | x | x | x | x | | x | |

| GEFAHREN | | | | | | | | | | | | Marktland |
|---|---|---|---|---|---|---|---|---|---|---|---|---|
| | | | | | | Gefahren für | | | | | | |
| Veränderung | 1 kritisch | 2 | 3 Ø | 4 wenig | 5 kritisch | Export | Lizenz | Subcontract. | JV | Akquisition | 100% Beteiligung | |
| . Aufkommen von Arbeitslosigkeit | | | | | | x | x | | | | | a) |
| . Zahlungsbilanzdefizit | | | | | | x | x | | | | | b) |
| . Landesweite Ueberkapazität | | | | | | | | x | x | x | x | c) |
| . Protektionismus | | | | | | 1)<br>x | | | | | | d) |
| - preisbeeinflussende Massnahmen | | | | | | x | | | | | | |
| - Devisenbewirtschaftung | | | | | | x | | | | | | |
| - Importkontingent | | | | | | x | | | | | | |
| - Qualitätsvorschriften | | | | | | x | | | | | | |
| - Administration/ Kontrollen | | | | | | x | | | | | | |
| - Aufruf 'buy national' etc. | | | | | | x | | | | | | |
| . Aenderung Warenverkehrsvorschriften | | | | | | x | | | | | | e) |
| . Direkte Vorschrift für local content, sobald mehr als 1 Auftrag | | | | | | x | | | | | | f) |
| . Verbesserung der Investitionsbedingungen (Incentives) zieht produzierende Konkurrenten an | | | | | | x | x | x | x | x | x | g) |
| . Rückzug von bisher beanspruchten Incentives im Investitionsland | | | | | | | | | x | | x | h) |
| . Kostenverteuerung für Investitionen | | | | | | | | | | | x | i) |
| . Weltweiter Preisdruck zwingt zur günstigeren Produktion | | | | | | x | | | | | | k) |
| . Nationalisierungsgefahr | | | | | | | | | x | | x | l) |
| . Kriegsgefahr | | | | | | | | | x | | x | m) |
| . Währungsrisiko | | | | | | x | | | | | | n) |
| . Im Behördengeschäft: Regierungsumsturz | | | | | | | x | x | | | x | o) |
| . Verbot des Transfers von Royalty und Gewinn | | | | | | | x | | x | | x | |
| . Zunahme von Konkurrenz | | | | | | x | x | x | x | x | x | |
| . Streben nach monopolistischer Stellung der Konkurrenten | | | | | | x | x | x | x | x | x | |

Abb. 4.9.: Chancen- / Gefahren-Profil bezüglich Auslandengagement

1) ev. nach Produkt differenziert

Als Hilfsmittel zur Unterstützung dieser Chancen-/Gefahren-Analyse kann die Szenario-Technik beigezogen werden. Die Entwicklung der Szenario-Technik wurde v.a. am Battelle-Institut in Genf stark vorangetrieben 85). Es wird dabei mittels Szenarien versucht, die Zukunft in verschiedenen Bildern zu entwerfen. Aus solcherart entworfenen Zukunftsperspektiven werden auch verschiedene Chancen und Gefahren erkennbar, bleiben aber hypothetischer Natur. Der grosse Wert der Szenario-Technik liegt darin, dass sich das hiezu aufgerufene Gremium zwingen muss, sich die mögliche Zukunft vorzustellen und danach die eigenen langfristigen Perspektiven zu entwickeln. Es wird damit ein Loslösen vom Herkömmlichen erleichtert und die Suche nach 'Neuem' gefördert, womit letztlich dem strategischen Charakter dieses Instrumentes entsprochen wird.

Das Resultat jeder Art von Chancen-/Gefahrenanalyse muss darauf hinweisen,

- welche Chancen
- welche Gefahren
- in welchen Ländern
- mit welchem Dringlichkeitsgrad

die weiteren Analysen zu unterziehen sind und damit die Bildung einer zu bewertenden Alternative begründen. Aus der Chancen-/Gefahren-Analyse kommen also die ersten Impulse zur Erwägung von Veränderungen des bisherigen Auslandengagements.

Ein solches Resultat einer C/G-Analyse kann z.B. lauten:

- In Brasilien soll innerhalb von 3 Monaten eine Importkontingentierung gegen ausländische Elektromotoren erlassen werden.
- Aus Südkorea hat sich die Firma Xin als Kooperationspartner für die Herstellung von Windmühlen und Wasserkraftwerken anerboten.
- Nigeria verlangt für abzusetzende Förderbandanlagen einen local content von mindestens 80 %.
- In den Niederlanden bestünde die Möglichkeit einen sanierungsbedürftigen Produzenten von Windmühlen zu übernehmen. Das technische Know-how würde für das südkoreanische Projekt genügen.

### 4.4.3. Informationsanalyse zur Minimierung des Arbeitsplatzexportes

Die dritte Arbeitsphase umfasst zwei verschiedene Problemkreise, d.h. die Arbeitsplatzerhaltung im Stammhausland sowie die produktionsmässigen Ueberkapazitäten. Die hiezu befürwortete Informationsanalyse hat den Zweck, genügend Informationen zu diesen beiden Problemkreisen für die Beurteilung bereitzustellen, bevor weitere umfangreiche Arbeitsschritte mit erheblichem Kostenaufwand in die Wege geleitet werden.

Die Gründe, weshalb eine solche Informationsanalyse an dieser Stelle eingeflochten wird, sind pro Problemkreis verschieden:

---

85) vgl. z.B. Escher (Szenarien) 1 ff.

| Problemkreis | Gründe für Einflechtung |
|---|---|
| a) Arbeitsplatzbetrachtung<br>. Abschätzung des **Arbeitsplatzverlustes** in der Schweiz pro Projekt, das zur Weiterbearbeitung gelangen soll.<br>. Suche nach Möglichkeiten zur **Exportaufrechterhaltung** im Umfang der Arbeitsplatzgefährdung.<br>. Vergleich der aktuellen Situation mit einer Arbeitsweltprognose.<br>. Abtasten von Zusammenarbeitsmöglichkeiten mit **staatlichen** Institutionen zur **Minimierung** dieser Beschäftigungsprobleme. | Die zunehmende Arbeitslosigkeit zwingt zur Betrachtung der Arbeitsplatzkonsequenzen. Die Zielsetzung 'Arbeitsplatzerhaltung' hat ein bisher nicht bekanntes Gewicht erhalten. Diese vorzeitige Einflechtung verhindert, dass unnötig zu stark arbeitsplatzgefährdende Alternativen weiterverfolgt werden. |
| b) Verlustgefahr durch Ueberkapazität<br>. Abschätzung der **weltweiten** Kapazitätsverhältnisse.<br>. Erfassung der **landesweiten** Kapazitätsauslastung.<br>. Vermeidung von **Doppelspurigkeiten** im Projektland. | Erfahrungen haben gezeigt, dass von Anfang weg 'übergangene' nicht ausgelastete Kapazitäten und Nichtbeachtung bereits bestehender Lokalfertigungsfazilitäten zu hohen finanziellen Belastungen führen. |

ad a) Abgeleitet aus den Resultaten der Chancen-Gefahrenanalyse lassen sich Projekte für eine Veränderung des Auslandengagements erkennen, ohne dass dessen Dimensionen (z.B. Stückzahl, Preise, Ertragsaussichten, Anzahl Beschäftigter im Ausland, Managementaufwand, Finanzierungsbedarf etc.) schon klar fassbar wären. Bevor der breite Katalog an Dimensionsberechnungen eine umfangreiche Arbeit in Gang setzt, ist eine Arbeitsplatzbetrachtung anzustellen. Der strategische Grundsatz IV 86) unseres strategischen Instrumentariums gibt bei jeder anzusetzenden Arbeitsplatzbetrachtung die notwendige Auskunft darüber, welcher Aufwand für diesen Teil der Informationsanalyse aufzubringen ist. Die Arbeitsplatzbetrachtung als a)-Teil der Informationsanalyse zeigt folgenden Ablauf an problemrelevanten Fragenbeantwortungen:

86) Grundsatz zur Festlegung der Reaktionsart bei einer Gefährdung von Arbeitsplätzen im Stammhausland

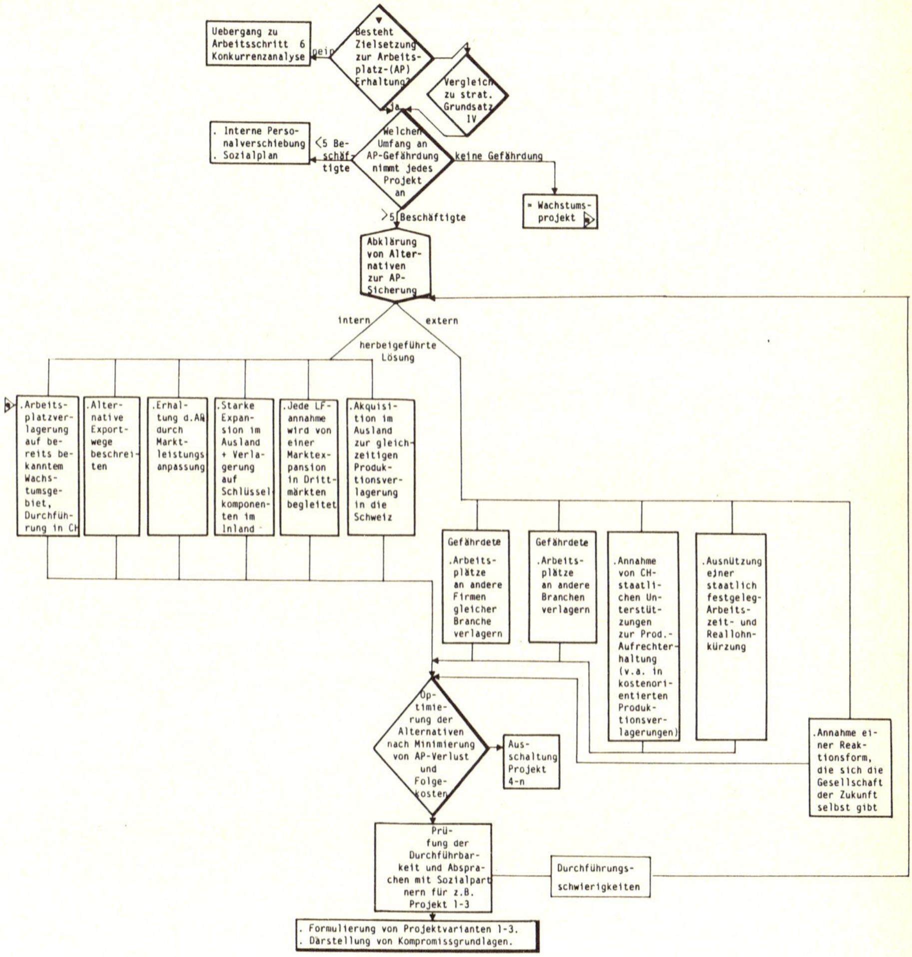


Abb. 4.10.: Arbeitsplatzbetrachtung im Rahmen potentieller Auslandengagements

Eine solche Analyse zur Beurteilung der Konsequenzen für die Arbeitsplatzproblematik weist bei genauer Betrachtung den Charakter einer Arbeitsplatzkalkulation auf. Diese Denkweise ist an sich nicht neu, wird sie z.B. heute schon angewendet innerhalb von Overhead-Analysen (Analysen zum Abbau der Kosten im Gemeinkostenbereich). Es ist offensichtlich, dass im Zusammenhang dieser Arbeitsplatzbetrachtung das Zentralisieren von Informationssammlung und -verarbeitung sich als Vorteil erweisen wird. Es können auf diese Weise z.B. Wachstums- oder Akquisitionsprojekte mit positiven Beschäftigungswirkungen den Lokalfertigungsvorhaben mit negativen Arbeitsplatzkonsequenzen gegenübergestellt werden, um so die Zielsetzung 'Arbeitsplatzsicherung' besser zu erfüllen. Eine solche Arbeitsplatz-'Kalkulation' ist als Teil eines 'Social-Accounting' zu betrachten.

Am Rande ist darauf hinzuweisen, dass bei obiger Abklärung von Alternativen zur Arbeitsplatzsicherung eine spezifische interne Variante nicht aufgezeigt wurde: Es handelt sich dabei um die im eigenen Betrieb durchzuführende Arbeitszeit- und Reallohnkürzung, verteilt entweder auf die gesamte Belegschaft, auf den betroffenen Berufszweig oder auf die betroffenen Organisationseinheiten. Diese Varianten zur Behebung der Arbeitslosigkeit wurde jedoch anhand der Erstellung eines Arbeitswelt-Szenarios der Zukunft verworfen. In Kap. 5.2.3. wird dieses Szenario in einem Exkurs etwas weiter ausgeführt.

ad b) Der Zweck dieser Kapazitätsbetrachtung soll darin bestehen, gut erkennbare Verlustquellen aufzuzeigen, um nachträglichen Detailbearbeitungsaufwand für solche Projekte mindestens in Frage stellen zu können oder zu verhindern.

Die Kapazitäts-Analyse umfasst die folgenden Abklärungen:

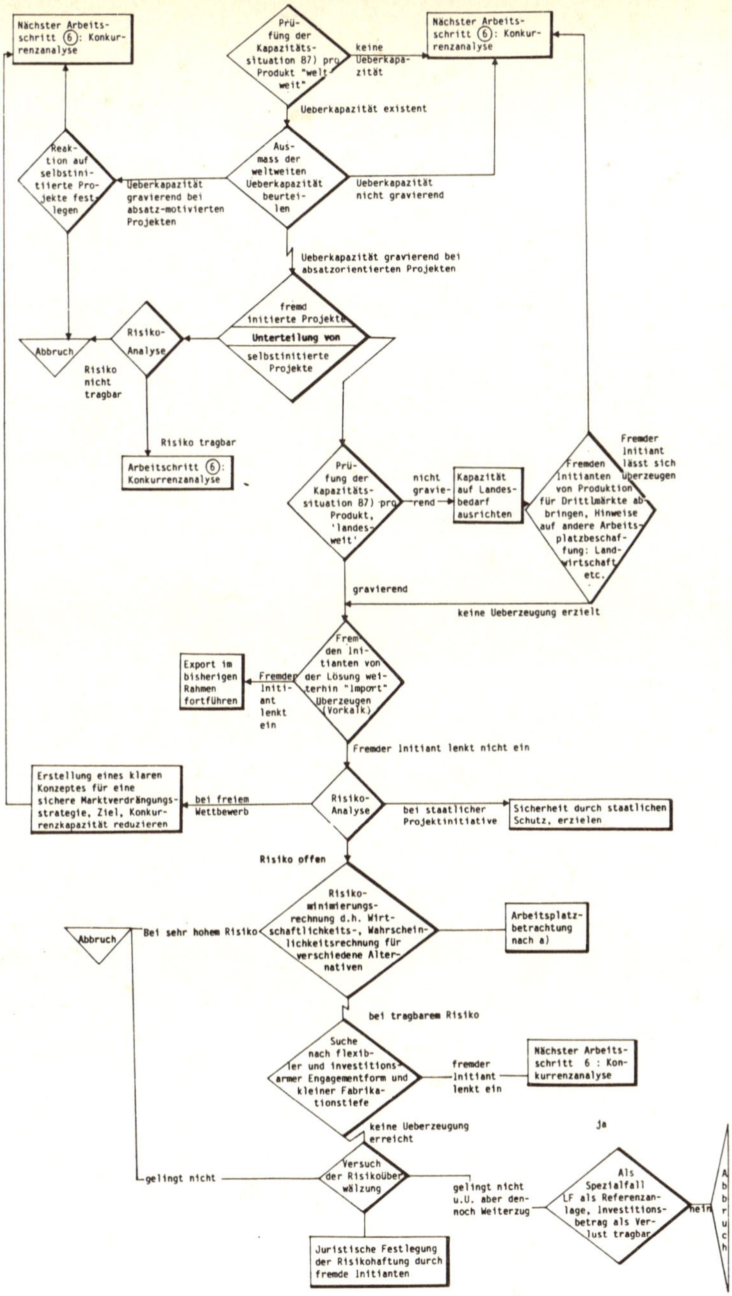


Abb. 4.11.: Kapazitäts-Situations- und Risikoanalyse

87) Kapazitätssituation sowohl für aktuelle und geplante Produktionskapazitäten (vgl. Konkurrenzabsichten)

Innerhalb der Risikenanalysen, die in obiger Abbildung erwähnt sind, kann ergänzend geprüft werden, ob an eigene, bereits bestehende Produktionsanlagen zur Minimierung des finanziellen Aufwands 'angebaut' werden könnte oder ob mit andern Produzenten auf dem Markt vorteilhafte Kooperationen möglich wären. Ersteres trifft vor allem für bereits stark internationalisierte Unternehmen zu (z.B. BBC hat 1982 annähernd 220 Lizenzabkommen im Ausland), letzteres v.a. für kleinere bis mittlere Betriebe. Für den zweiten Fall hat sich z.B. die Firma Sulzer bereit erklärt, kleinere schweizerische Firmen mit Lokalfertigungsabsichten mit einer Kooperation auf den von Sulzer bereits bearbeiteten Absatzmärkten zu unterstützen.

Allgemeinhin betrachtet hat das Denken in weltweiten, resp. landesweiten Kapazitäten, Ueberkapazitäten im unternehmerischen Kalkül noch nicht das ihm gebührende Gewicht erhalten. Eine Sensibilisierung in diese Richtung wird jedoch bestimmt noch folgen auf jenen Produktegebieten, die nicht immer wieder mit technischen Neuheiten aufwarten können; die momentane Weltwirtschaftsentwicklung wird dafür die entsprechenden Voraussetzungen bereitstellen. Das diesbezügliche Zusammenspiel von Ursache/Wirkung wird dann an Nachdrücklichkeit gewinnen, wenn die Produktpreise unter die Preisuntergrenze fallen, eine bisherige Ertragssituation verschwindet, die Grenzproduzenten aufgeben müssen und damit eine unvermeidliche Konzentrationsbewegung stattfindet. Zum 'Umdenken' ist eine gewisse Lehre und Erfahrung die notwendige Voraussetzung.

Abschliessend bleibt zu vermerken, dass beide Problemkreise der Informationsanalyse, d.h. a) und b) mit den strategischen Grundsätzen IV - VI abzustimmen sind.

Das Resultat aus dieser Informationsanalyse muss darauf hinweisen,

- welchen Auslandengagementprojekten unter dem Aspekt der Arbeitsplatzerhaltung in der Schweiz der Vorzug zu geben ist,
- mit welchen Auslandengagementprojekten Verluste infolge von Ueberkapazitäten vermieden werden können.

### 4.4.4. Konkurrenzanalyse

In Zeiten, in denen der Markt enger wird und die Nachfrage konjunkturbedingt nachlässt, wird die Konkurrenz noch aktiver. Neben der Kenntnis der aktuellen Konkurrenzverhältnisse ist auch das Abschätzen der Konkurrenzabsichten relevant 88), um eigene Aktivitäten mit einem hinreichenden Vorlauf vor der Konkurrenz planen und entfalten zu können. "Darüber hinaus interessiert zu wissen, wie die Konkurrenz auf die eigenen Massnahmen, das heisst Planungen, reagieren wird. Aus diesem Grunde ist es eine vorrangige Führungsaufgabe, die Konkurrenzanalyse und -beobachtung systematisch und regelmässig durchzuführen, um auf dem Markt konkurrenzbedingten (möglicherweise vermeidbaren) Fehlschlägen zu entgehen. Das erfordert es, ständig zu wissen, ob man gegenüber der Konkurrenz überhaupt einen Vorsprung hat und wie gross dieser ist" 89). Kotler formuliert die Notwendigkeit einer Konkurrenzanalyse folgendermassen: "In einer langsam wachsenden

---

88) vgl. Gomez (Frühindikatoren) 36

89) Dreger (Konkurrenzanalysen) 411

Wirtschaft ist Erfolg nur auf Kosten der Mitbewerber möglich. Daher wird es, allein um den eigenen Marktanteil zu schützen, wichtig sein, die Strategien der Mitbewerber zu kennen. Vor allem, wenn es darum geht, den eigenen Marktanteil zu vergrössern, wird es notwendig sein, die Schwachstellen der Mitbewerber genau zu kennen" 90).

Das Wissen um die Notwendigkeit von Konkurrenzanalysen auf Märkten, die für eine Lokalfabrikation anvisiert werden, ist unter den Investitionsgüterproduzenten bereits stark verbreitet und wird in folgender Form vorgenommen:

| Form der Konkurrenzanalyse | Anzahl Antworten | % Anteil |
|---|---|---|
| . Analyse von Lizenzverhältnissen, Lokalfertigungen und des Konkurrenten-Images | 1 | 2 |
| . Analyse der Lizenzverhältnisse und Lokalfertigungen von Konkurrenten | 33 | 78 |
| . Analyse der Lizenzverhältnisse von Konkurrenten | 4 | 10 |
| . Analyse der Lokalfertigungen von Konkurrenten | 2 | 5 |
| . Keine Analyse, da keine Lokalfertigungsabsichten | 2 | 5 |
| | 42 | 100 |

Tab. 4.6.: Konkurrenzanalyse auf potentiellen Lokalfertigungsmärkten

Die sich ergebenden Detailabklärungen sind innerhalb des analysierenden Unternehmens klar einer bestimmten Instanz zuzuordnen.

| Detailfragen der Konkurrenzanalyse | Erhebende Instanz im Unternehmen |
|---|---|
| . Angebotene Produktvarianten<br>. Produkt-Vor- und Nachteile<br>. Angebotspreise | Verkaufsorgansiation 'country-representative' |
| . Marktanteil im Land<br>. Marktanteilsabsichten<br>. Image im Land<br>. Regierungsnähe<br>. Verbindungen von Konkurrenten unter sich<br>. Aktuelle Lokalfertigungsverhältnisse (Lizenzen etc.), Produktionskapazitäten 91)<br>. Lokalfertigungsabsichten<br>. Reaktion der Konkurrenz auf eigene Stärkung im Lokalmarkt<br>. Reaktion der Konkurrenz auf das Fallenlassen einer Stärkungschance im Lokalmarkt | zentrale Marketing-Stelle in Zusammenarbeit mit 'country-representative' |

90) Kotler P., Meeting the marketing challenges of the 1980's, zit. in: Halek (Verkaufsstrategien) 79

91) Wurden u.U. bereits in der Informationsanalyse, Teil b) erhoben.

Eine anschliessende Ueberprüfung der Plausibilität der erhaltenen Informationen ist nicht zu vernachlässigen, um zu wissen, ob es sich um echte Konkurrenzdaten oder um gezielte Störungen und Irreführungen handelt.

Um die eigene Position abschätzen zu können, ist ein Vergleich anzustellen, welcher durch eine Bewertung der Daten zu erreichen ist. Die Heranziehung eines Bewertungsverfahrens anhand von Messziffern (Ausprägung x Gewichtung = , 1 2 3 .... --- Rangverteilung) erscheint als zweckmässigste Form zur Erreichung eines Vergleichs von Konkurrenzdaten. Dreger drückt dies aus mit: "Schliesslich sollte man dem untersuchten Markt eine Messziffer geben können, die bestimmt und in kurzer und knapper Form darlegen soll, wie stark die Konkurrenz auf diesem Markt einzuschätzen ist. Nur auf diese Weise lassen sich verschiedene Märkte, die sich unter Umständen für eine Diversifikation einer Unternehmung eignen, miteinander im Hinblick auf die Schärfe ihrer Konkurrenzsituation vergleichen" 92).

Als strategisches Hilfsmittel bildet die folgende Zusammenstellung die unternehmungsunabhängige Grundvorstellung einer Konkurrenzanalyse:

---

92) Dreger (Konkurrenzanalysen) 412

| Märkte | | Markt 1 | | | | | | | | | | | | | | | | | | Markt 2 | | | | | | | | | | | |
|---|---|---|---|---|---|---|---|---|---|---|---|---|---|---|---|---|---|---|---|---|---|---|---|---|---|---|---|---|---|---|---|
| Beurteilungskriterien / Konkurrenzausprägungen | | eigene Ausgangslage | | | | | | Konkurrent A | | | | | | Konkurrent B | | | | | | eigene Ausgangslage | | | | | | Konkurrent C | | | | | |
| | Gewichtung | 1 | 2 | 3 | 4 | 5[93] | $\Sigma_E$ | 1 | 2 | 3 | 4 | 5 | $\Sigma_A$ | 1 | 2 | 3 | 4 | 5 | $\Sigma_B$ | 1 | 2 | 3 | 4 | 5 | $\Sigma_C$ | 1 | 2 | 3 | 4 | 5 | .. |
| **Aktuelle Lage** | **7,5** | | | | | | | | | | | | | | | | | | | | | | | | | | | | | | |
| . Angebotene Projektvarianten | 0,5 | | | | x | | 2,0 | | | x | | | 1,5 | | | x | | | 1,5 | | | | | | | | | | | | |
| . Produktvorteile | 0,5 | | | | x | | 2,0 | x | | | | | 0,5 | | | x | | | 1,5 | | | | | | | | | | | | |
| . Produktnachteile | 0,5 | | | | x | | 2,0 | x | | | | | 0,5 | | | x | | | 1,5 | | | | | | | | | | | | |
| . Angebotspreise | 0,5 | x | | | | | 0,5 | | | | | x | 2,5 | | | | x | | 2,0 | | | | | | | | | | | | |
| . Marktanteil im Land | 4,0 | | | x | | | 12,0 | | x | | | | 8,0 | | x | | | | 8,0 | | | | | | | | | | | | |
| . Aktuelle Lokalfertigungsverhältnisse | 1,5 | | x | | | | 3,0 | x | | | | | 1,5 | | x | | | | 3,0 | | | | | | | | | | | | |
| **Absichten** | **2,5** | | | | | | | | | | | | | | | | | | | | | | | | | | | | | | |
| . Marktanteilsabsichten | 1,0 | | | | | x | 5,0 | | x | | | | 2,0 | | | | x | | 4,0 | | | | | | | | | | | | |
| . Lokalfertigungsabsichten | 1,5 | | | | | x | 7,5 | x | | | | | 1,5 | | x | | | | 3,0 | | | | | | | | | | | | |

| | | Markt 1: eigene Ausgangslage | Konkurrent A | Konkurrent B | Markt 2: eigene Ausgangslage | Konkurrent C |
|---|---|---|---|---|---|---|
| **Punktetotal** | **10,0** | **34,0** | **18,0** | **24,5** | | |
| **Rang** | | 1. | 3. | 2. | ... | |
| **Reaktionen**<br>. Reaktion der Konkurrenz auf eigene Stärkung im Lokalmarkt durch LF | | | Keine Veränderung der Aktivitäten, da anderer Kundenkreis bedient wird (Tiefpreispolitik). | B könnte versuchen, mit einer Lizenz ein Gegengewicht zu schaffen. | ... | |
| . Reaktion der Konkurrenz auf das Fallenlassen einer Stärkungschance im Lokalmarkt durch LF | | | Konkurrenz A hätte Chancen der Marktanteilserhöhung da Tiefpreiskunden überlaufen könnten. | Zieht dann auch B nicht nach mit Lizenz, da Marktanteilsgrössen ziemlich konstant bleiben. | ... | |
| **Vergleich** | | | | | | |

Abb. 4.12.: Konkurrenzanalyse 94) zuhanden einer Auslandengagementbeurteilung

Aus einer solchen beispielhaften Konkurrenzanalyse liessen sich mindestens zwei Folgerungen ableiten:

- Die eigene Unternehmung steht auf Markt I im Hinblick auf ein zusätzliches, dortiges Engagement am besten da, auf Markt II ....
- Realisiert das eigene Unternehmen auf dem Markt I ein zusätzliches

93) 1 = schwache Stellung gegenüber den Mitbewerbern, 5 = starke Stellung gegenüber den Mitbewerbern

94) Konkurrenzanalyse hier in problemspezifischer Form als Teil eines Frühwarnsystems, vgl. allgemeinere Form: Gomez (Frühwarnung) 37

Auslandengagement so ist vor allem Konkurrent B in seinen weiteren Aktivitäten auf diesem Markt I spezifisch zu beobachten, um wieder eigene Gegenmassnahmen zu entwerfen (z.B. Neuerungen im Marketing-Mix etc.); betreffend Markt II ....

Um den Entscheidungsträgern später einen raschen Ueberblick über die vorbereiteten Entscheidungsunterlagen zu ermöglichen, kann das Hilfsmittel der Profilziehung (d.h. geradlinige Verbindung zwischen zwei Beurteilungskriterien) verwendet werden.

Bei einer Festlegung der Schlussfolgerungen aus der Konkurrenzanalyse ist der strategische Grundsatz VII miteinzubeziehen.

Das Resultat der Konkurrenzanalyse muss darauf hinweisen,

- welche Ausgangslage das eigene Unternehmen im Vergleich zu seinen Konkurrenten auf jedem für Lokalfertigungen anvisierten Markt hat.

### 4.4.5. Investitionsklima - Analyse

Der Arbeitsschritt der Investitionsklima-Analyse ist innerhalb des strategischen Instrumentariums wohl derjenige, der auf die grösste Anzahl bereits bestehender Hilfsmittel zurückgreifen kann. Seine Darstellung wurde auch dementsprechend umfangreicher, da ein Vergleich zu vorhandenen Investitionsklima-Analysen miteinzuschliessen ist.

Die Behandlung dieses Arbeitsschrittes ist dementsprechend aufgeteilt in:

- Abgrenzungen und Unterschiede
- Methoden und Darstellungsformen
- Integrierter Ansatz zur Investitionsklima-Analyse
- Abdeckung von Investitionsrisiken.

**Abgrenzungen und Unterschiede:** "There is no certainty, it seems, except uncertainty" 95). Dieser Satz wird oft mit Investitionsklima-Analysen in Zusammenhang gebracht und hat hier wohl auch seine Berechtigung ebenso wie bei der Abschätzung der Marktchancen in der P/M-Matrix.

Beide Untersuchungen sind auf eine Auswahl hin ausgerichtet, einmal auf jene von Investitionsländern, zum andern auf jene von Absatzländern.

Die Unterschiede zwischen den beiden Ermittlungen sind:

- Die Marktauswahl konzentriert sich auf die Chancen, während sich die Investitionsklimaanalyse v.a. mit den Gefahren, Risiken zu beschäftigen hat. Bei der Marktauswahl stehen deshalb v.a. Marktanteil, Marktpotential, Kaufkraft, Marktwachstum etc. im Vordergrund, bei der Investitionsklima-Analyse werden Politisches Risiko, Investitionsgesetze, Gewinntransfer etc. beurteilt.
- Die Marktauswahl hat als Auswahlmenge den Weltmarkt vor sich; die Investitionsklima-Analyse beurteilt eine wesentlich kleinere Zahl von Ländern, bereits selektioniert durch die Marktauswahl, die

---

95) Rummel (Political Risk) 67

bisherigen strategischen Grundsätze bezüglich Verantwortbarkeit der zu verfolgenden Motive, Arbeitsplatzkonsequenzen sowie durch die Kapazitätsbeurteilung und die Resultate der Konkurrenzanalyse.

Aus dieser Unterscheidung wird ersichtlich, dass es sich bei der Investitionsklima-Analyse in diesem strategischen Instrumentarium nicht um eine 'Vollerhebung', bezogen auf alle Länder des Weltmarktes, handelt, sondern um eine Analyse von Investitionsrisiken von bereits ausgewählten Ländern.

Eine analoge Unterscheidung ergibt sich aus der Gegenüberstellung der Investitionsklima-Analyse nach amerikanischem Ansatz und dem Ansatz der schweizerischen Investitionsgüterhersteller. Amerikanische Auslandinvestoren suchen in erster Linie für das zur Verfügung stehende Kapital die gewinnträchtigste Anlagemöglichkeit. Dementsprechend werden die Investitions-Empfängerländer aus der Gesamtheit 'interessierter' Länder ausgewählt. Erst im Zusammenhang mit der ROI-Abschätzung werden Lohnunterschiede, Marktpotential etc. zum Vergleich erfasst. Einen wesentlichen Hinweis auf diese Tatsache des amerikanischen Ansatzes gibt die Herkunft von all den käuflichen Investitionsklima-Indizes (BERI-Index, Business-International etc.).

Im Gegensatz zum amerikanischen Ansatz ist der investitionsbereite Hersteller von Produktionsgütern aus der Schweiz nicht in erster Linie auf eine möglichst hohe Rendite seiner Auslandinvestition ausgerichtet; er verfolgt vielmehr andere Motive und sucht deshalb zuerst durch Investitionen im Ausland Märkte zu erhalten/erschliessen, Technologien zuzukaufen oder kostengünstiger zu produzieren 96).

Auch für die Auswahl aus mehreren Lokalfertigungsprojekten hat sich gezeigt, dass nicht die Erzielung eines hohen Gewinnbeitrages dem ersten Primat entspricht 97):

| Auswahlpriorität | %-Verteilung der 42 Untersuchungseinheiten | %-Verteilung des Exportvolumens |
|---|---|---|
| - Primat des Absatzes | 55 | 64 |
| - Primat des Gewinnbeitrages | 26 | 19 |
| - Primat des Wachstums | 7 | 10 |
| - Kein deklariertes Primat | 12 | 7 |

Tab. 4.7.: Auswahlprioritäten bei mehreren Projekten gemäss Erhebung

Diese Aeusserungen zeigen, dass in der schweizerischen Investitionsgüterindustrie die Erzielung einer möglichst hohen Rendite im Gegensatz zum amerikanischen Investitionsansatz nicht an erster Stelle steht. Das Denken ist also schweizerischerseits weniger "banking-nah" als vielmehr produkt-/marktnah. Je nach Motiv hat der schweizerische Investor deshalb von Anfang weg ganz bestimmte Länder im Auge, für die es an dieser Stelle "nur" noch um die Abschätzung des Risikos und

---

96) vgl. Kap. 2.3.4.1.
97) vgl. Frage 3.8. des Interviewleitfadens

damit weniger um die Chancen geht. Diese Risikoanalyse führt zu einer Auswahl von einem oder wenigen Investitionsempfängerländern aus einer bereits von Anfang an übersichtlichen Anzahl solcher Länder und nicht wie beim amerikanischen Ansatz aus z.B. mehr als hundert Staaten. Der Katalog der zu analysierenden Länder in bezug auf das Investitionsklima ist also in der schweizerischen Investitionsgüterindustrie um ein Vielfaches kleiner als in der Breite der amerikanischen Wirtschaft.

Eine weitere Unterscheidung zeigt sich bei der Investitionsklima-Analyse durch die verschiedenen Motive, nach welchen ein Investitionsprojekt initiiert wird. Jedes Projektmotiv (Markterschliessung, Kostensenkung etc.) schafft automatisch eine zu analysierende Ländergruppe.

Inwieweit sich diese Unterscheidung nach Investitionsmotiven in der Investitionsklima-Analyse auswirkt, wird im nachfolgenden integrierenden Ansatz zur Investitionsklimabeurteilung weiter ausgeführt.

Eine vierte Unterscheidung ist zur Abgrenzung von Investitionsrisiko-Analyse und Feasibility-Studie vorzunehmen. Einerseits wird in beiden Bearbeitungsstufen auf Länder bezogen beurteilt, wie Investitionsrisiko und Standortvorteile ein Projekt ins gute oder schlechte Licht rücken lassen. Andererseits zeigen sich die folgenden Unterschiede und Abgrenzungen:

| Unterscheidungsmerkmale | Investititionsklima-Analyse | Feasibility-Studie (FS) |
|---|---|---|
| . Funktion der Analyse | Auswahl der Länder aus einem Katalog von Alternativen. | Prüfung pro ausgewähltem Land, ob die Bedingungen des Landes im Detail ein Projektrisiko tragbar erscheinen lassen. Bei Kooperationspartnern zusätzliche Funktion der FS als Prospekt, Planungsgrundlage, Basis für kooperative Detailverhandlungen. |
| . Umfang der zu prüfenden Länder | Alle Länder, die von der P/M-Matrix bis zur Konkurrenzanalyse und nach bisherigen strategischen Grundsätzen prüfenswert erscheinen. | 1 Land pro Feasibility-Studie. |
| . Lokalisierung der Analyse im Ablauf des Entscheidungsprozesses | Nach Auswahl der Länder aufgrund der Produkt- und Markterschliessungsstrategien, der Chancen/Gefahrenanalyse, der Informations-Analyse und der Konkurrenzanalyse.<br>Vor der Formulierung und Bewertung von Alternativen, dem grundsätzlichen Entscheid zur Projektbearbeitung und der Feasibility-Studie. | An letzter Stelle, d.h. nach dem Entscheid, welche Alternativen im Detail zu bearbeiten sind und vor dem definitiven Durchführungsentscheid. |

| | | |
|---|---|---|
| . Erstellungsinstanz | Zentral mit Hilfe von spezifischen Vor-Informationen aus den betreffenden Profit-Centers. | Dezentral, ev. zentral, am besten unter Führung der Profit-Center-Leitung mit Hilfe der Informationen der vorbearbeitenden Zentralstellen. |
| . Adressat | Geschäftsleitung und Profit-Center. | Geschäftsleitung, Profit-Center je nachdem Kooperationspartner, in Entwicklungsländern häufig Ministerien für 'Industrialisierung" etc. |
| . Analysefaktoren | . Politische Faktoren (Stabilität, Nationalisierung etc.)<br>. Investitionsgesetzgebung und Wirtschaftsförderung<br>. Arbeitsmarkt (bei kostenorientierten Projekten v.a. Lohnniveau etc.)<br>. Entwicklungsstand (Industrialisierung) | . Politische und wirtschaftliche Risiken<br>. Investitionsgesetzgebung und Wirtschaftsförderung<br>. Absatzmarkt- (potential, anteil, wachstum, ziel)<br>. Beschaffungsmarkt (für Rohmaterial, Halbfabrikate, Energie, Entsorgung, Arbeitskräfte, Finanzen, Dienstleistungen, Informamation)<br>. Infrastruktur und div. Standortfaktoren<br>. Produktesortiment und Fertigungstiefe<br>. Produktions-Layout-, und Ablauf<br>. Organisationsform<br>. Spezifische Faktoren bei Kooperationen z.B. Lizenzgebühren, Sicherheitsvereinbarungen etc.<br>. Wirtschaftlichkeitsrechnungen (Kapitalfluss-, RIO-, Planerfolgsrechnung) |

Abb. 4.13.: Unterscheidung der Merkmale von Investitionsklima-Analyse und Feasibility-Studie

**Methoden und Darstellungsformen:** Zur Durchführung einer Investitionsklima-Analyse sind grundsätzlich verschiedene Methoden denkbar 98). Grundsätzlich besteht einmal die Alternative, eine Analyse im eigenen Haus zu produzieren oder sie z.B. in der Form von Länderindices von aussen zu beziehen. Bei weniger umfangreichen Vorhaben wird tendenziell ersteres, bei Grossprojekten u.U. beides gewählt. In der schweizerischen Produktionsgüterindustrie ist der Index-Fremdbezug allerdings nicht weitverbreitet; nur drei von 42 Unternehmen beziehen regelmässig den gleichen Investitionsklimaindex oder einen Risikoindex

98) vgl. z.B. Rummel (Political Risk) 68-70

pro Projektland 99).

Bei quantitativen Methoden zur Investitionsklimabeurteilung zeigt sich in der Breite der entsprechenden Literatur, dass alle Versuche auf eine Bewertung nach Punkten mit Gewichtung, Relevanzzahlen und anschliessender Rangierung gemäss Punktetotal hinauslaufen 100). Die Darstellung der daraus abgeleiteten Prioritätenlisten erfolgt meist in Tabellenform. Einzig Business International wählte eine eigene Form mit einer grafischen Plazierung der Länderanalysenresultate zwischen die beiden Koordinaten 'Opportunity Assessment' und 'Risk-Assessment' 101).

Für unsere Weiterführung des strategischen Instrumentariums ist jetzt eine Form zu bestimmen, die in den gewählten Entscheidungsprozess einzubauen ist. Diese Form, welche die Vorteile möglichst vieler Analysenverfahren aufzuweisen versucht, soll hier als 'integrierter Ansatz zur Investitionsklima-Analyse' bezeichnet werden.

**Integrierter Ansatz zur Investitionsklima-Analyse:** "But success is more likely when these subjective and objective are brought together in an integrated fashion" 102).

Der integrierte Ansatz zur Investitionsklima-Analyse weist verschiedene Arbeitsschritte auf. Je nach Motiv für eine Investition im Auslandproduktionsgeschäft und je nachdem ob Klein- oder Grossprojekt 103) sind alle oder nur ein Teil dieser Arbeitsschritte an die Hand zu nehmen.

---

99) vgl. Frage 3.7. des Interview-Leitfadens

100) vgl. z.B. Bernkopf (Strategien) 99 und 135

101) vgl. Business International (Country Risk) 7

102) Rummel (Political Risk) 67 ff.

103) Unterscheidung Klein/Grossprojekt muss je nach Ressourcen unternehmungsspezifisch festgelegt werden.

| Arbeitsschritte | Kurzbeschreibung | Motiv absatz-orientiert | Motiv kosten-orientiert | Motiv technologieorientiert | Lizenz, Subcontracting | Für Produktionsstättenbeteiligung oder 100% eigene Tochter | Grossprojekte | Kleinprojekte |
|---|---|---|---|---|---|---|---|---|
| a) Faktorendefinition, unternehmungsspezifisch | Festlegung, welche Beurteilungsfaktoren<br>- allgemein gültig<br>- unternehmungsspezifisch<br>- motivabhängig<br>- abhängig von Engagementform<br>- Projektgrössenabhängig<br>- laufend<br>- projektspezifisch<br>zu erfassen sind | | | | | | | |
| b) 'Old Hand'-Empfehlung | Einholen von Empfehlungen, Prognosen, Szenarien von<br>- lokalen Consultants<br>- lokalen Handelskammern | | | nur für "Nähe an Problemstellung" | | | | |
| c) Einstufung nach Industrialisierungsgrad | Abschätzen, ob für das Projekt im entsprechenden Land das Ausbildungsniveau und die Nachfrage nach dem Technologiestandard gegeben sind | | | nur für "Nähe an Problemstellung" | | | | |
| d) Länderstudien | Risikobeurteilungen werden, nicht unternehmungsspezifisch, von mehreren schweizerischen Informanten erstellt:<br>- Schweizerische Zentrale für Handelsförderung<br>- Hausbanken<br>- Price Waterhouse etc.<br>- eigene Infosammlung über Zeitschriften | | | | | | | |
| e) Erfahrungsberichte schweizerischer Auslandproduzenten | Produzenten, wenn möglich aus gleicher oder ähnlicher Branche, können ein Engagement in einem bestimmten Land empfehlen oder davon abraten | | | nur für "Nähe an Problemstellung" | | | | |
| f) Landes - Visiten | Im geplanten Investitionsland an Ort einen Augenschein nehmen durch Kadermitglieder | | | | | | | |
| g) Länder - Index - Zukauf | Laufendes Länderindex-Abonnement oder Länderindexvergleiche der Projektländer mit einem Referenzland | | | nur für "Nähe an Problemstellung" | | | wenn z.B. mindestens 2 Projekte mit Produktionsstätten pro Jahr zu entscheiden sind | |

Abb. 4.14.: Integrierter Ansatz zur Investitionsklima-Analyse

(schraffiert) Zur Verwendung geeignet

(leer) nicht zur Verwendung geeignet

Die Reihenfolge der Arbeitsschritte a) - f) entspricht einem Ablauf, der darauf abzielt, sich nachfolgende Schritte zu ersparen falls ein vorangehender Schritt ein negatives Resultat aufgezeigt hat. Mitberücksichtigt ist die Zunahme der Exponiertheit der investitionsbereiten Unternehmung von a) nach f). Bei den Ausgangsbedingungen der schweizerischen Investitionsgüterindustrie ist der Arbeitsschritt g) v.a. für jene Firmen empfehlenswert, die häufiger mehrere und nicht nur kleine Investitionsprojekte im Ausland einer Prüfung unterziehen möchten.

ad a) **Faktordefinition und Investitionsklima-Analyse in zwei Teilen:**
In einer ersten Stufe sind die allgemeingültigen und unternehmungsspezifischen Beurteilungsfaktoren zu definieren und auseinanderzuhalten. Diese Unterscheidung ergibt den Vorteil, dass Fragen zu allgemein gültigen Faktoren jederzeit an Consultants, und an Lieferanten von Länderstudien etc. weitergeschickt werden können.

Der Umfang der allgemeingültigen Beurteilungsfaktoren ist wesentlich kleiner als dies z.B. bei bekannten Länder -Indices üblich ist. Dies ist die Folge davon, dass bei den absatz- und technologieorientierten Auslandproduktionsprojekten aus der P/M-Matrixerarbeitung die Fragen betreffend Marktpotential, -wachstum, Kaufkraft etc. bereits geklärt und bei Kostenorientierung nicht ausschlaggebend sind, da für Reexporte der Binnenmarkt nicht im Vordergrund steht.

In jedem Fall wichtig, und deshalb ausschlaggebende Beurteilungsfaktoren bleiben:

- Politische und volkswirtschaftliche Risiken
- Investitionsgesetzgebung.

Politische Risiken nehmen an dieser Stelle der Auslandprojektbeurteilung eine Vorrangstellung ein: "In diesem Sinne ist das Länderrisiko immer ein politisches Risiko" 104). Diverse Autoren haben sich der Ermittlung des politischen Risikos, wenn auch mit stark unterschiedlicher Vertiefung, angenommen: Robinson, Russett, Stobaugh, Feierabend und Feierabend 105), Frost und Sullivan 106), BERI etc. Dies zeigt, dass es verschiedene Wege gibt, diese Analysearbeit anzugehen. Innerhalb unseres strategischen Instrumentariums wird die folgende Form gewählt, um allgemeingültige Investitionsrisiken von mehreren Ländern vergleichbar zu machen:

---

104) Hauser (Aussenwirtschaftliche Tagung) 4
105) vgl. alle zit. in: Bernkopf (Strategien) 131-138
106) vgl. Frost & Sullivan (Political Risk) -

| RISIKOFAKTOR | Gewichtung | | Land A | | | | | | Land B | | | | | | Land C | | | | | | Land D |
|---|---|---|---|---|---|---|---|---|---|---|---|---|---|---|---|---|---|---|---|---|---|
| | Gruppe | Einzel | 5 | 4 | 3 | 2 | 1 | Σ | 5 | 4 | 3 | 2 | 1 | Σ | 5 | 4 | 3 | 2 | 1 | Σ | 5 4 3 .. |
| **Politisches Risiko** | 50 | | | | | | | | | | | | | | | | | | | | |
| - Politische Stabilität | | 25 | | | | | | | | | | | | | | | | | | | |
| . Stärke radikaler Parteien | | 5 | x | | | | | 25 | | x | | | | 20 | | x | | | | 20 | |
| . Risiko ungünstiger Partei-Verschiebungen | | 7 | | | | x | | 14 | | x | | | | 28 | | | x | | | 21 | |
| . Soziale Konfliktgefahren | | 3 | | | x | | | 9 | | x | | | | 12 | | x | | | | 12 | |
| . Kriegsgefahr | | 8 | | | x | | | 24 | | | x | | | 24 | | | | x | | 16 | |
| . Abhängigkeit von kontraproduktiver Grossmacht | | 2 | x | | | | | 10 | | | x | | | 6 | | | | x | | 4 | |
| - Kulturelle Einstellung | | 10 | | | | | | etc. | | | | | | etc. | | | | | | etc. | |
| . Ausländerfeindlichkeit | | 7 | | | | | | | | | | | | | | | | | | | |
| . Ausländerdiskriminierung | | 3 | | | | | | | | | | | | | | | | | | | |
| - Nationalisierungsgefahr | | 15 | 15 | | | | | | | | | | | | | | | | | | |
| **Wirtschaftliche Risiken** | 20 | | | | | | | | | | | | | | | | | | | | |
| - Inflation | | 2 | | | | | | | | | | | | | | | | | | | |
| - Abwertung | | | | | | | | | | | | | | | | | | | | | |
| . In den letzten 10 Jahren | | 2 | | | | | | | | | | | | | | | | | | | |
| . als Gefahr | | 2 | | | | | | | | | | | | | | | | | | | |
| - Währungskonvertibilität | | 2 | | | | | | | | | | | | | | | | | | | |
| - Währungsreserven | | 2 | | | | | | | | | | | | | | | | | | | |
| - Aussenverschuldung | | | | | | | | | | | | | | | | | | | | | |
| . aktuell | | 3 | | | | | | | | | | | | | | | | | | | |
| . Gefahr | | 3 | | | | | | | | | | | | | | | | | | | |
| - Importbeschränkungen (für Zulieferungen) | | 4 | | | | | | | | | | | | | | | | | | | |
| **Investitionsgesetzgebung** | 20 | | | | | | | | | | | | | | | | | | | | |
| - Vorschriften d. Kapitalverhältnisse Ausland/Inland | | 5 | | | | | | | | | | | | | | | | | | | |
| - Kapital- + Gewinntransferbestimmungen | | 4 | | | | | | | | | | | | | | | | | | | |
| - Wachstumsbeschränkungen für Ausland-Engagement | | 1 | | | | | | | | | | | | | | | | | | | |
| - Staatseingriffe (z.B. staatl. fix. Verkaufspreise) | | 4 | | | | | | | | | | | | | | | | | | | |
| - Bürokratische Hemmnisse | | 3 | | | | | | | | | | | | | | | | | | | |
| - Durchsetzbarkeit von Verträgen | | | | | | | | | | | | | | | | | | | | | |
| - Gefahr der Aenderung von Investitionsgesetzen | | 3 | | | | | | | | | | | | | | | | | | | |
| **Standortfaktoren (z.T.)** | 10 | | | | | | | | | | | | | | | | | | | | |
| - Versorgung, Energie | | 4 | | | | | | | | | | | | | | | | | | | |
| - Transportwege, Nachrichtenwesen vorhanden | | 3 | | | | | | | | | | | | | | | | | | | |
| - Entsorgung organisiert | | 3 | | | | | | | | | | | | | | | | | | | |
| | | | | | | | | | | | | | | | | | | | | | **Total & Rang** |

Abb. 4.15.: Unternehmungsunabhängige Investitionsrisikoanalyse (1. Teil) (1 = kleine Gefahr, 5 = grosse Gefahr)

Mit dieser unternehmungsunabhängigen Investitionsrisikoanalyse wird eine Rangfolge erstellt: Das Land mit dem kleinsten Investitionsrisiko erreicht die tiefste Gesamtpunktzahl, das Land mit den grössten Risiken weist die höchste Gesamtpunktzahl auf.

Können in einem Unternehmen ressourcenmässig nicht alle angestossenen Auslandinvestitionsprojekte (aus P/M-Matrix etc.) realisert werden, dann ist diese Hürde ein weiteres Hilfsmittel, um aus einer Mehrzahl von Projekten die realisierbaren Vorhaben herauszukristallisieren. Für den Fall, dass die vorhandenen Ressourcen alle bis hierher verfolgten Projekte ermöglichen, muss dem Resultat aus obiger Abbildung ein Referenz-Land gegenübergestellt werden, das aufgrund von Erfahrungen und eigener Grobeinschätzungen an der Grenze der Attraktivität liegt. Für alle Länder, die eine tiefere Gesamt-Punktzahl als das Referenzland erreichen, kann dann eine Investition riskiert werden.

Der zweite Teil der Investitionsrisikoanalyse hat im Vergleich hiezu eine etwas andersgeartete Funktion. Grundsätzlich wird bei diesem Arbeitsschritt kein Bevorzugungsmechanismus verfolgt, sondern lediglich eine Prüfung der Risikotragbarkeit vorgenommen, was im Bedarfsfalle auch als Ausschlussmechanismus verwendet werden kann.

In diesem Teil der Analyse werden die unternehmungsspezifisch wichtigsten Beurteilungskriterien im Hinblick auf eine Investition im Ausland betrachtet. Unternehmungsspezifisch soll in diesem Zusammenhang heissen, dass der Umfang der Beurteilungsfaktoren abgestimmt wird auf die Motive zum Auslandengagement, auf den Projektumfang, auf mögliche Engagementformen und auf die Erfahrungen aus eigenem Haus oder auf jene nahestehender Auslandinvestoren. Ein solches Basisgerüst ist jederzeit ergänzbar durch Kriterien, die einem Unternehmen zur Abschätzung des Investitionsklimas als unumgänglich erscheinen.

| B E U R T E I L U N G S K R I T E R I U M | Ausschlaggebend für: | | | | Land A | | | | | | Land | |
|---|---|---|---|---|---|---|---|---|---|---|---|---|
| | Absatz-orientierte Projekte | Kosten-orientierte Projekte | Technologie-orientierte Projekte | Bei Verwendung als Ausschluss-mechanismus Gewicht 107) | 5 | 4 | 3 | 2 | 1 | Σ | 5 | 4 ~ |
| **Wirtschaftsförderung** | | | | | | | | | | | | |
| . Investitionsstarthilfen (Grundstücke etc.) | x | x | - | | | | | | | | | |
| . Lokale Kreditaufnahme | ev. | x | ev. | | | | | | | | | |
| . Steuererleichterungen | x | x | - | | | | | | | | | |
| . Zollfreiheiten | x | x | - | | | | | | | | | |
| . diverse Erleichterungen | ev. | x | ev. | | | | | | | | | |
| **Korporativismus** 108) | | | | | | | | | | | | |
| . Allgemeine Ausprägung | nur bei behördennahen Produkten | x | nur bei behördennahen Produkten | | | | | | | | | |
| . Unternehmungsspezifische Kontakte | | x | | | | | | | | | | |
| **Entwicklungsstand** | | | | | | | | | | | | |
| . Vergleich Produktestandard-Industrialisierungsgrad | x | x | - | | | | | | | | | |
| . Verfügbarkeit von Experten & Dienstleistungen | x | x | x | | | | | | | | | |
| **Arbeitsmarkt** | | | | | | | | | | | | |
| . Lohn(stück-) Kosten | z.T. | x | z.T. | | | | | | | | | |
| . Produktivität | z.T. | x | z.T. | | | | | | | | | |
| . Verfügbarkeit lokaler Fachkräfte | x | x | ev. | | | | | | | | | |
| . Verfügbarkeit lokaler Führungskräfte | x | x | ev. | | | | | | | | | |
| **Kooperationen** | | | | | | | | | | | | |
| . Möglichkeiten, sofern gesucht | ev. | ev. | - | | | | | | | | | |
| . vorhandene Partner | ev. | ev. | - | | | | | | | | | |
| | | | | 100 | | | | | | | | |
| | | | | Gesamtpunktzahl | | | | | | | | |
| | | | | Rang | | | | | | | | |

Abb. 4.16.: Unternehmungsspezifische Investitionsklima-Analyse (II. Teil) 108)

107) Auf eine Gewichtung wurde hier bewusst verzichtet; sie kann hier nur im Kontext der Unternehmung vorgenommen werden.

108) "Korporativismus, verstanden als der prozessuale Versuch, im gegenseitigen Gespräch der am wirtschaftlichen Geschehen Beteiligten die Probleme der Wirtschaft anzugehen." NZZ (Zentrale Plaunung) 23

ad b) **'Old-Hand' - Empfehlung:** Die in a) aufgestellten Beurteilungskriterien sind bis jetzt einer internen Einschätzung unterzogen worden. Zur Absicherung einer realistischen Einschätzung durch externe Instanzen stehen mindestens drei Wege offen:

- Die Einholung von Empfehlungen lokaler Stellen,
- die Einholung von Empfehlungen anderer schweizerischer Auslandproduzenten (gem. e),
- die eigene Beobachtung anlässlich von Landesvisiten (vgl. f).

Die 'Old-Hand'-Empfehlungen 109) können von verschiedenen Stellen eingeholt werden:

- Am besten von lokalen Consultants,
- von lokalen Handelsbanken,
- von lokalen Geschäftsleuten (weniger von lokalen Banken, da diese durch potentielle Geschäfte eine andere Optik bekommen können),
- ev. von lokalen Journalisten und Diplomaten.

Als Beispiel solcher 'Old-Hand'-Informationen können etwa in Entwicklungs- und Schwellenländern die Motive des Empfängerlandes aufgeführt werden. Vielfach werden solche Motive nicht in Verordnungen etc. gefasst, sondern kristallisieren sich mit der Zeit aus Staat-Investor-Kooperationen heraus. Die Vermittlung solcher Beobachtungen, Erfahrungen bringen einen wertvollen Informationsvorsprung 110).

ad c) **Einschätzung des Industrialisierungsgrades:** Dieser unternehmungsspezifische Analyseteil soll darüber Auskunft erteilen, ob die Produkte des untersuchenden Investors in die anvisierte Industrielandschaft passen, bevor weitere, teurere Hilfsmittel zur Klimabeurteilung eingesetzt werden 111).

Ursprünglich war geplant, mit dieser Arbeit eine Art 'Stufentheorie' zu entwickeln. Anhand von 'Produkt-Reihen' sollte darin festgestellt werden können, wann ein Land 'reif' ist für die dortige Herstellung des eigenen Produktes. Zur Informationsbeschaffung war geplant, eine Mehrzahl der Botschaften von Entwicklungsländern anzuschreiben, um sich ein Bild über deren Industrialisierungsreihenfolge machen zu können. Die Kongregation von den erhaltenen 'Produkteinführungs-Zeitreihen' sollte einen typischen, vielleicht sogar gesetzmässigen Verlauf einer Industrialisierung ergeben, als wertvolles Hilfsmittel für die zeitlich optimal definierte Einführung eines Produktes, markt-

---

109) Mehr für eigene Produktionsstätten/Kooperationen als für Lizenzen und Subcontracting.

110) Von den 42 befragten Unternehmen würden sich 22 Firmen (52 % oder 79 Exportumsatzprozente) von den Motiven des Empfängerlandes für die Gewährung von Auslandinvestitionen beeinflussen lassen. Vgl. Frage 2.4.4. des Interviewleitfadens.

111) vgl. Kortüm (Zum Entscheidungsprozess) 129

mässig und herstellungsmässig. Dieser richtige Zeitpunkt hat mindestens folgende Dimensionen:

- Nachfrage / Bedarf nach diesem Produkt,

- vorhandene Kaufkraft,

- bei der Herstellung im Land:
  . Ausbildungsniveau der Arbeitnehmerschaft,
  . Technisches Verständnis für das Produkt,
  . Für Investitionsgüter die Bereitschaft, menschliche Arbeitskraft durch maschinelle Fertigung ganz oder teilweise zu ersetzen.

Nach der Idee für eine solche 'Stufentheorie' folgten die Nachforschungen nach Ansätzen hinzu. Das Ergebnis dieser Nachforschungen fiel negativ aus; in Forschungsinstituten 112) und in der Literatur war kein entsprechend vertretbarer Ansatz aufzufinden oder es wurde sogar direkt von einer solchen 'Stufentheorie' abgeraten. Letzteres wurde von Prof. Hauser 113) dahingehend begründet, dass ein solcher 'Lehrpfad' von zuvielen unberechenbaren Faktoren abhängen würde, so dass es ihn als Gesetz gar nicht geben kann 114).

Diese Ergebnisse der erwähnten Voruntersuchungen lassen den Entschluss zu, auf die geplante 'Stufentheorie' als Gesetz zu verzichten und sich dafür mit einem weniger präzisen 'Ersatz-Hilfsmittel' zu begnügen, wonach die drei folgenden Fragengruppen zur Einschätzung des Entwicklungsstandes eines Landes miteinzuschliessen sind:

- Ausbildungsniveau der Arbeitnehmerschaft
  . Hat es Arbeiter mit dem Ausbildungsstand, der für den Produktionsprozess notwendig ist?
  . Hat es genügend Arbeitnehmer (skilled workers) aus den entsprechenden Berufsgattungen?
  . Hat es Führungskräfte, die nach einer Einführungszeit die Betriebsleitung übernehmen können?
  . Hat es Kräfte, welche die betriebsinterne Ausbildung auf lange Sicht übernehmen können?

- Technisches Verständnis für das Produkt
  . Genügt der Ausbildungsstand der zukünftigen lokalen Fachkräfte zum Verständnis der Produkteherstellung und dessen Ingangsetzung?
  . Besteht bei der Abnehmerschaft das technische Verständnis für die eigenen Produkte?
  . Ist das technische Anspruchsniveau des Produktes im Vergleich zu Substitutionsprodukten nicht zu hoch?

- Bereitschaft für Investitionsgüter im Produktionsprozess, d.h. Bereitschaft, menschliche Arbeitskraft durch maschinelle Fertigung ganz oder teilweise zu ersetzen.

Zur Vereinfachung der Abklärung eines solchen Fragenkataloges

---

112) Institut für Weltwirtschaft Kiel, HWWA-Institut für Wirtschaftsforschung Hamburg, SIASM St. Gallen

113) vgl. Hauser H., unveröffentlichtes Manuskript, St. Gallen, 1982

114) vgl. hiezu auch Bernkopf (Strategien) 110

soll von einer Modellvorstellung ausgegangen werden. Dieses Modell beruht auf einer Hintereinanderreihung der wichtigsten technischen Produkte nach zunehmendem Technologisierungsgrad. Das eigene Produkt/Produktesortiment ist in dieser Reihe einzutragen. Für jedes potentielle Investitionsland ist anhand von Quellen gemäss Kap. 5.2.5. herauszusuchen, auf welchem Technologisierungs-/Industrialisierungsniveau sich das Land befindet. Es muss ersichtlich werden, ob das eigene Produkt 'more or less sophisticated' ist als die zehn letztentwickelten Produkte, die im anvisierten Markt hergestellt werden. Diese Modellvorstellung mit dem angedeuteten Produktevergleich erlaubt nun die Fragen aus den drei Fragengruppen zu bejahen oder zu verneinen. Die Ausprägung, dass Ausmass steht damit noch nicht fest. Der letzte Arbeitsschritt der Investitionsklima-Analyse, d.h. f) Landes-Visite soll über die Dimension von Ja oder Nein Auskunft geben können.

Die Modellvorstellung des zunehmenden Technologisierungsgrades, anhand welcher das Industrialisierungsniveau eines Landes zu beurteilen ist, erhält folgende Ausdrucksform:

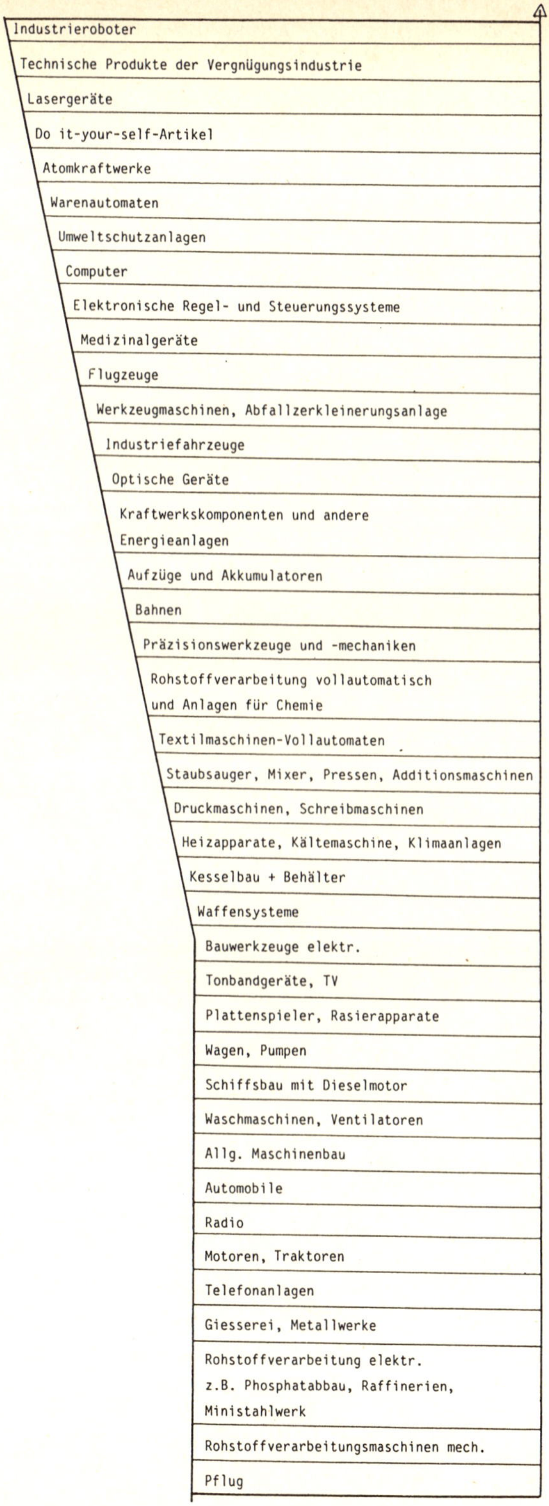


Industrialisierungsgrad
Technolgisierungsgrad bezogen auf technische Produkte

Abb. 4.17.: Modellvorstellung Technologisierungsgradentwicklung in der Lokalfertigung

Solche Modellvorstellungen, d.h. das Orientieren an Entwicklungsstufen lässt sich am ehesten noch mit den Stadien des wirtschaftlichen Wachstums von Rostow 115) oder mit der Produktreihenfolge von Fayerweather 116) vergleichen. Unterstützt als Form der Auslandrisiko-Abschätzung werden solche Orientierungshilfen z.B. von Dunning 117).

Mögliche Quellen zur Informationsbeschaffung betreffend Einstufung eines Landes in der Technologisierungsreihe werden in Kap. 5.2.5. angegeben. Es soll hier nur eines der möglchen Vorgehen zur Informationsverarbeitung herausgegriffen werden: Business International veröffentlicht z.B. jedes Jahr pro Land eine Broschüre (IL + T), die im betreffenden Kap. 1.07. angibt, welche Firmen sich in diesem Land mit einem Herstellungsbetrieb neu etabliert haben. Die angegebene Produktbezeichnung ergibt die Voraussetzung für die Beurteilung, für welches Technologisierungsniveau dementsprechend Arbeitskräfte eingegestellt werden könnten 118). Eigene Auslandengagementpläne lassen sich danach orientieren.

ad d) **Länderstudien:** Die wohl kostengünstigste Form der Informationssammlung über länderspezifische Investitionsklimata stellt der Bezug von Länderstudien dar. Länderstudien helfen voher in a) - c) durchgeführte Analysen auf Plausibilität, Vollständigkeit hin zu testen, somit Vergleiche und Ueberprüfungen anzustellen.

Länderstudien pro Land, d.h. ohne einen anschliessenden Vergleich der Länder untereinander, sind in der Schweiz an mehreren Orten erhältlich, z.B.:

- Schweizerische Zentrale für Handelsförderung, Office Suisse d'Expansion Commerciale, Lausanne,
- Schweizerische Grossbanken, Büros für Wirtschafts-(Länder)-Studien,
- Beratungsfirma Price Waterhouse, Zürich,
- UNIDO, Büro Zürich, für Entwicklungsländer.

Als Unterstützung zu solchen Länderstudien, v.a. zu deren Untermalung mit aktuellen Meldungen kann eine eigene Artikelsammlung aus Zeitschriften, Wirtschaftszeitungen etc. dienen. Solchen Sammlungen ist allerdings der Vorbehalt gegenüberzustellen, dass sie stets den Charakter einer Vergangenheitsbetrachtung tragen. Der Leser muss sich die Folgerungen für die Zukunft demzufolge selber machen. Mindestens aber kann anhand solcher Artikelsammlungen aus Erfahrungen gelernt werden, wie z.B. aus dem Artikel "Mexiko als negatives Lehrbeispiel" 119).

---

115) vgl. hiezu Rostow, Stadien des wirtschaftlichen Wachstums, zit. in: Bernkopf (Strategien) 95

116) vgl. Fayerweather J. Management of International Operations, zit. in: Kortüm (Zum Entscheidungsprozess) 149. Bei Fayerweather geht es allerdings nur um die Marktaufnahme.

117) vgl. Dunning (International Production) 316

118) Ausschlaggebend v.a. in Schwellen- und Entwicklungsländern

119) NZZ (Bankrott) 19

ad e) **Erfahrungsberichte**: Dieses Hilfsmittel ist in der Schweiz noch weit davon entfernt, ein übliches Instrument zur Beurteilung des Investitionsklimas zu sein. Es geht dabei um ein Befragen von schweizerischen Auslandinvestoren nach Erfahrungen aus ihren Fertigungsstätten im Ausland. Die Erkundigung konzentriert sich selbstverständlich auf das bestimmte Land, für welches das analysierende Unternehmen Lokalfertigungsabsichten zeigt, aber selbst kaum genügend eigene Erfahrung zur Beurteilung des Investitionsrisikos hat. Der bereits in diesem Land etablierte Hersteller mit Stammhaus in der Schweiz gibt bestimmt solange Auskunft, als die anfragende Unternehmung auf jenem Lokalmarkt nicht direkter Konkurrent sein wird. Seine Auskunft kann sich für solche Fälle auch über Indikatoren des Investitionsklimas hinaus erstrecken und bereits Anhaltspunkte für eine später folgende Feasibility-Studie ergeben. Umgekehrt hat die anfragende Unternehmung bei der Auswahl des 'Erfahrungs- Partners' darauf zu achten, dass er sich mit seinen Rahmenbedingungen nicht zu weit weg von den eigenen bewegt, da sonst zu grosse Unterschiede, z.B. bezüglich Arbeitsmarkt, Umweltschutz, Regierungskontakten etc. den Vegleich verunmöglichen.

Es ist auch hier von Vorteil, wenn man den Besuch beim auskunfterteilenden Informationspartner mit einem festgelegten Katalog von Fragen vorbereitet, damit nachträglich die angegebenen Daten wiederum vergleichbar werden. Diese Form der Informationsbeschaffung wird man sich aus Gründen der Exponiertheit nicht für allzukleine Projekte vornehmen, ebensowenig für zukünftige Lizenzabkommen, da bei solchen kein hoher Kapitaleinsatz auf dem Spiele steht. Für den Fall einer Akquisitionsmöglichkeit einer neuen Technologie wird dieser Erfahrungsbericht auch kaum eingeholt, denn solche Innovationen werden ausschliesslich in hochindustrialisierten Ländern hergestellt (z.B. USA, Japan, BRD), in denen nach wie vor das Investitionsklima annehmbar erscheint. Eine Ausnahme könnte diesbezüglich Frankreich mit seinen stets neuen Bedingungen bilden, (z.B. Nationalisierungsgefahr, administrativer Protektionismus etc.).

Eingangs wurde erwähnt, dass diese Art von Informationsbeschaffung in der Schweiz erst schwach verbreitet ist, wahrscheinlich weil es dem schweizerischen Charakter entspricht, sich nicht zu stark zu exponieren und damit eigene Unsicherheiten sichtbar werden zu lassen. Diesbezüglich kann sich hingegen bei immer grösseren Vorschriftsansammlungen in der Investitionsgesetzgebung ein Umdenken ergeben, wenn erkannt wird, dass solche Informationen von der Seite eines Betroffenen einen sehr viel höheren Stellenwert gewinnen als schriftliche Gesetzestexte allein. Empfehlungen oder Warnungen von Betroffenen sind wohl praxisnaher als solche von Banken, Handelskammern etc. Die Beschaffung eines solchen Erfahrungsberichtes ist bis jetzt in der schweizerischen Investitionsgüterindustrie allerdings nicht ganz unberücksichtigt geblieben, was die Initiative eines Produzenten aus der Branche der Befestigungstechnik zeigt, der z.B. bei einem Hersteller der Heizungsbranche Informationen über das Investitionsland Frankreich eingeholt hat.

ad f) **Landesvisite:** "Quite often multinational corporations considering investing in a particular country or region will do some preliminary research and then dispatch an executive or a team of people on an inspection tour. Local leaders are contacted and conferences held with government officials and businessmen. After surveying the political landscape for several days, company representatives return home to apprise senior management of their impressions. This grand tour technique tends to suffer from an overdose of selective information" 120).

Solche Landesvisiten sollen dazu dienen, bereits eingeholte Informationen an Ort bestätigen zu lassen und somit nicht zur Beschaffung von Erstinformationen, was mit Bestimmtheit unnötige Informationskosten bringen würde. Hier, wie auch beim Schritt e) werden zusätzlich zu den Investitionskriterien auch Informationen aufgenommen werden können, die bereits als Vorgaben für eine Feasibility-Studie zu verwenden sind.

ad g) **Länder-Index:** Je mehr Projekte pro Entscheidungsprozess-Zyklus zu beurteilen sind, um so wertvoller wird der Bezug eines Länderindexes. Länderindices können verwendet werden, als Einstieg in die Arbeit der Investitionsklimabeurteilung, am Schluss zur Ueberprüfung der bereits formulierten Schlussfolgerungen und je nach Bedarf auch als Ausschlussmechanismus (siehe ad a)). Obschon sie auf amerikanische Investitionsrisikobeurteilungen, d.h. auf das Heraussuchen der gewinnträchtigsten Investitionsländer ausgerichtet sind, können sie dennoch eine wertvolle Unterstützung, v.a. zur Vollständigkeitskontrolle anbieten.

Soll die Beurteilungssicherheit erhöht werden, dann ist jede Klimaeinschätzung noch einer Wahrscheinlichkeitsbeurteilung zu unterziehen. "Die Quantifizierung der Risiken kann durch explizite Schätzungen erfolgen, indem jedes mögliche Ereignis mit einer Eintrittswahrscheinlichkeit versehen wird. Zur Analyse dieser Wahrscheinlichkeiten wird die Form des Entscheidungsbaumes gewählt, der alle möglichen Ereignisse für den Beobachtungszeitraum zeigt" 121). Derselbe Autor stellt im Anschluss an diese Aussage ein Beispiel eines solchen Entscheidungsbaumes mit den beiden Risiken 'Regierungsumsturz' und 'Enteignung' dar (Bsp. vgl. Anhang VIII).

Kortüm beurteilt solche Hilfsmittel wie folgt: "Der Wert solcher Schätzungen hängt ab von der Qualität seiner Informationen und seiner (des Entscheidungsträgers d.V.) Fähigkeit, Entwicklungen zu erkennen. Die Anfertigung von schematischen Uebersichten, Skalierungen und graphischen Wahrscheinlichkeitsverteilungen trägt zur Objektivierung des Schätzvorgangs bei, vor allem wenn sie von verschiedenen Individuen oder Gruppen getrennt durchgeführt werden und anschliessend einer vergleichenden Analyse unterliegen (Delphi-Methode)" 122).

---

120) Rummel (Political Risk) 68/69
121) Bernkopf (Strategien) 140
122) Kortüm (Zum Entscheidungsprozess) 171

Welches die Lieferanten von Länder-Indices sein können, wird in Kap. 5.1.3. ausgeführt. Betreffend Bezüger ist in diesem Zusammenhang zu vermerken, dass bis jetzt in der schweizerischen Investitionsgüterindustrie erst drei von 38 Unternehmen 123), einen solchen Investitionsklima-Index abonniert haben. Diese drei Firmen gehören zu den fünf umsatzstärksten oder zu den vier exportstärksten Investitionsgüterproduzenten der Schweiz. Von der Warte dieser Arbeit aus, d.h. vom Standpunkt des Vergleichs in der Breite dieser Branche kann nun folgender Vorschlag erhoben werden: Die mittleren und kleineren Unternehmen sollten nicht davor zurückschrecken, mit einem dieser Index-Bezüger Kontakt aufzunehmen. Solange es sich bei den Index-Abonnenten nicht um direkte Konkurrenten handelt, wären sie gegen eine entsprechende Benützungsentschädigung bestimmt bereit, den Einblick zu verschaffen in ein Beurteilungshilfsmittel, das vom Informationslieferanten nicht unternehmungsspezifisch gestaltet wurde.

**Abdeckung von Investitionsrisiken:** Die Schlussfolgerungen, die aus einer Investitionsklima-Analyse gezogen werden, hängen auch stark von der Abdeckungsmöglichkeit der Risiken ab; denn eine gewisse Restunsicherheit bleibt in unterschiedlichem Masse immer bestehen. Das Verhalten dem verbleibenden Risiko gegenüber kann verschieden aussehen:

- Möglichst rasche Risikoabwälzung über die Preise, d.h. die erzielbare Bruttogewinnmarge erlaubt es, dass das eingesetzte Kapital möglichst rasch wieder 'hereingeholt' werden kann.
- Abwartende Haltung, d.h. ohne grosse Risikoabschätzung wird versucht, was im Bereich des Möglichen liegt, in der Hoffnung, dass ein allfälliger Verlust sich mit anderen Gewinnchancen letztlich mindestens aufhebt. Diese Einstellung ist wohl am weitesten verbreitet.
- 'Gambling', d.h. das eingesetzte Kapital wird von Anfang weg als verloren betrachtet. Das Unternehmen kann darauf ohne Gefährdung verzichten. Jeder noch so kleine Ertrag kann dann als Gewinn gewertet werden, auch wenn gesamthaft betrachtet ökonomisch keine rentable Lage besteht. Das Prinzip heisst 'Alles oder Nichts'; auch das Nichts kann akzeptabel werden. Der eingesetzte Betrag wurde vorher erarbeitet und stellt dann kein ausgeliehenes Kapital dar. Diese Auffassung drückt sich z.B. aus in einer Erklärung einer bad. württ. Regierungsdelegation nach einem Brasilienbesuch: "..., dass ein Unternehmen im Zweifelsfalle die Kraft besitzen müsse, sein in Brasilien eingesetztes Kapital ohne Kollaps in Deutschland abschreiben zu können" 124).
- Investitionsrisiko-Versicherung. Für gewisse Investitionsprojekte ist es auch in der Schweiz möglich, das Risiko zu versichern.

Von diesen vier Verhaltensmöglichkeiten können die ersten drei nur

---

123) vgl. Frage 3.7. des Interviewleitfadens, 38 entspricht der Anzahl befragter Unternehmen, für die ein weiteres Auslandengagement in Frage kommen kann.

124) Fischer (Standortwahl) 8

konkret auf ein Unternehmen bezogen und deshalb hier nicht weiter ausgeführt werden.

Betreffend Investitionsrisiko-Versicherung existiert in der Schweiz seit 1970 ein Bundesgesetz über die Investitionsrisiko-Garantie mit einer entsprechenden Zentralstelle in Zürich: "Der Bund kann die Vornahme von Investitionen im Ausland durch Garantien gegen besondere Risiken erleichtern" 125). Gemäss diesem Bundesgesetz sollen grundsätzlich nur Investitionen in Entwicklungsländern 126) garantiert werden. Zudem müssen die folgenden Bedingungen erfüllt werden:

- Beitrag zur Förderung der Wirtschaft der Entwicklungsländer muss ersichtlich sein. Solche Beiträge sind:
  . Schaffung von Arbeitsplätzen,
  . Schaffung betriebsinterner Ausbildungsmöglichkeiten,
  . Schaffung einer Voraussetzung zur Integration dieses Landes in die Weltwirtschaft,
  . Diversifikation der Produktion des Anlagestaates.
- Aufbau einer engen Beziehung zur schweizerischen Wirtschaft; d.h. die Investition muss geeignet sein, die Position der schweizerischen Wirtschaft auf dem Markt in dauernder Weise zu stärken.
- Uebereinstimmung mit dem schweizerischen Gesamtinteresse, z.B. mit der Neutralitätspolitik.
- Gute zwischenstaatliche Beziehungen zwischen der Schweiz und dem Anlagestaat, d.h. am leichtesten fällt der IRG ein Gesuch für ein Anlageland, mit dem bereits eine Vereinbarung über den Schutz von Investitionen besteht.

Die deckungsfähigen Risiken und die Garantiesummen werden in Art. 5 ff. dieses Bundesgesetzes festgelegt.

Diese Einrichtung der Investitionsrisiko-Versicherung zeigt zwar bedeutende Vorteile für eine unsichere Investition, verliert aber in der Schweiz an Attraktivität durch den hohen Gebührensatz. Auf der garantierten Summe sind 1,25 % als jährliche Gebühr zu entrichten, d.h. bei einer Investition von 1 Mio Fr. sind im ersten Investitionsjahr Fr. 8'750.- zu entrichten (1,25 % von 70 % von 1 Mio Fr.). Der schweizerische Gebührensatz weist international betrachtet für eine Versicherung des Investitionsrisikos den höchsten Prozentsatz auf mit 1,25 % und liegt damit vor Kanada (0,9 %), USA (0,875 %), Niederlande (0,8 %), Australien (0,75 %), Schweden (0,7 %) und z.B. Japan mit 0,55 % 127).

Die IRG wird wohl, verursacht durch diesen hohen Satz, nicht allzuhäufig in Anspruch genommen. Aus der Interviewrunde bei 42 Investitionsgüterproduzenten hat sich herausgestellt, dass nur ein Unternehmen sie in einem Entwicklungsland beansprucht 128) hat.

In Ermangelung einer IRG-Statistik muss man sich auf eine mündliche Stellungnahme der IRG stützen, die besagt, dass durchschnittlich nur sechs Gesuche für eine IRG-Deckung pro Jahr eingehen, die durch-

---

125) Bundesgesetz (Investitionsrisikogarantie) 1
126) gemäss der OECD-Entwicklungsländerliste
127) vgl. Schmidheiny (Investitionsrisikogarantie) 112/113
128) vgl. Frage 5.2. des Interviewleitfadens

schnittlich jährlich neu aufgenommene Deckungssumme 25,4 Mio Fr. beträgt und die IRG-versicherte Summe per Ende 1981 lediglich 49 Mio Fr. ausmachte 129).

Abschliessend ist zu vermerken, dass auch für den Arbeitsschritt der Investitionsklima-Beurteilung gilt: Je besser die Entscheidungsvorbereitung, desto zielgerichteter kann der Entscheid formuliert werden. Die Investitionsklima-Analyse muss sowohl positive und negative Entscheide gut begründen können. Ein beispielhafter, negativer Entschluss wurde aufgrund der Investitionsrisiko-Beurteilung von Nissan gefällt, als aus Angst vor schlechten Sozialpartnerbeziehungen in England trotz finanziellen Anreizen aus der britischen Staatskasse in Grossbritannien keine Autofabrik erstellt wurde 130).

Das Resultat der Investitionsklima-Analyse muss letztlich darauf hinweisen,

- in welchen Ländern das Unternehmen eine Investition riskieren kann und wie das Restrisiko abzudecken ist.

### 4.4.6. Alternativen-Ermittlung und -Bewertung

Im Arbeitsschritt der Alternativenermittlung und -bewertung ist nun festzustellen, welche Informationen noch fehlen, wieviele Alternativen noch als realistisch eingestuft werden können und wie zwischen mehreren Alternativen zuhanden eines Entscheids auszuwählen ist.

Die erste Frage lautet deshalb: a) Welche Informationen stehen bereits zur Verfügung, und b) welche sind noch zu beschaffen?

a) Bis jetzt steht fest:

- mit welchem Produkt/Produktesortiment
- auf welchem Markt
- mit welchen möglichen Formen der Markterschliessung
- unter welchem Motiv

ein entsprechendes Auslandengagement aufgenommen werden könnte. Im weiteren wurde nach Lösungen gesucht, damit

- eine ev. Gefährdung von Arbeitsplätzen minimiert werden kann,
- eine vermeidbare Ueberkapazität als Verlustquelle eliminiert wird,
- bestehende Auslandengagements in Richtung Synergien ausgenützt werden können.

Für die im weiteren verantwortbaren Investitionsvorhaben wurde zudem die Tragbarkeit geprüft in bezug auf die

- Konkurrenzsituation im Bereich der Produktion und das
- Investitionsklima.

Die bisherigen Ermittlungen und Problemeinschränkungen mit den aufgezeigten Hilfsmitteln lassen sich grafisch etwa wie folgt darstellen:

---

129) gemäss telefonischer Stellungnahme von Herrn Wiskemann per 15.12.82

130) vgl. NZZ (Nissan-Autofabrik) 7

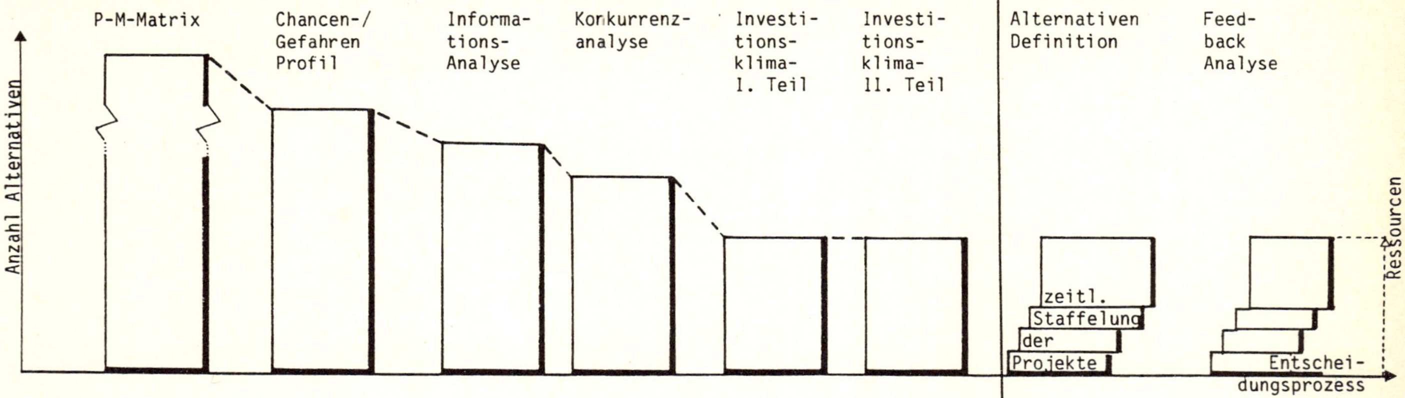


| | bis hierher getätigte Arbeitsschritte | | | | | nächste Arbeitsschritte | |
|---|---|---|---|---|---|---|---|
| **Funktion** | | | | | | | |
| Aufzeigen aller marktorientierten Aktivitäten | Konzentration auf zu prüfende Projekte | Reduktion der Projektzahl aus .Arbeitsmarkt .Kapazitätsgründen | Reduktion der Projektzahl aus der Konkurrenzsituation | Reduktion der Projektzahl aus Investitionsrisikogründen | Prüfung, ob alle verbleibenden Projekte annehmbare unternehmungsspezifische Investitionsrisiken aufweisen | Abstimmung, Variierung der verbleibenden Alternativen zum optimalen Einsatz der Ressourcen | Rückkoppelung und Abstimmung auf die tatsächlich vorhandenen Ressourcen |

----- = Reduktion der Auslandengagement-Alternativen

Abb. 4.18.: Bisherige und nächste Arbeitsschritte im strategischen Instrumentarium

b) Damit bleibt die Frage noch unbeantwortet, was zur Formulierung und Bewertung von Alternativen noch fehlt.

Bevor eine Alternativenbewertung vorgenommen werden kann, ist bezüglich Alternativenermittlung abzuklären:

- Ist die Uebereinstimmung der bisher verfolgten Projektvarianten mit den strategischen Grundsätzen betreffend Engagementform und -dimension gewährleistet?
- Sind alle entworfenen Engagementformen mit den verfügbaren Ressourcen (Finanzen, Technologie, Management) realisierbar?
- Mit welchem Projekumfang ist pro Engagementform zu rechnen (inkl. Eigen-/Fremdfertigung resp. Fertigungstiefe)?
- Nach welchem Massstab sind die Alternativen zu bewerten?

**Alternativenermittlung**

Die sukzessive Reduktion der Projektanzahl aufgrund

- der Auswahl durch Rangfolge oder
- der Elimination nach Anspruchsniveau 131)

wurde, wie vorangehend erwähnt, in den Arbeitsschritten der Informations-, Konkurrenz- und Investitionsklima-Analyse vorgenommen.

Gemäss einem dieser beiden Mechanismen der Projektreduktion stehen nun x Alternativen für chancenreiche oder notwendige Auslandengagements offen. Als erste grobe Basis ist für alle Engagementformen mindestens eine stück- oder wertmässige Dimension anzugeben, mit welcher das Engagement im Endausbau zu realisieren ist, so dass beispielsweise folgende Entscheidungslage einen Vergleich erfordert:

| Projektalternativen / Projektdimensionen | Projekt A | | | Projekt B | | Projekt C | |
|---|---|---|---|---|---|---|---|
| | Export | Lizenz | Subcontracting | Export | 100% Eigenfabrik. + Verk. | JV | 100% Eigenfabrikation |
| Exportvolumen, Stück pro Jahr | 100000 | | | 250000 | | | |
| Produktionsvolumen p. Jahr im Ausland | | 70000 | 70000 | | 160000 | 85000 | 85000 |
| Lizenznehmer/Partner Inlandabsatz | | X Y 100000 (inkl. 30000) | X 100000 Import | | 160000 | Z 45000 | 45000 |
| Reexport | | | | | | 40000 | 40000 |
| Kapitalbeteiligung | | | | | 100 % | 51 % | 100 % |
| Anteil Fremdbezug an Endprodukt | | 60 % | 60 % | | 45 % | 25 % | 65 % |

Abb. 4.19.: Dimensionen-Grobabschätzung der Projektalternativen

131) wonach ein bestimmtes Land mit im äussersten Fall annehmbaren Bedingungen als Referenzgrösse gewählt wird; Länder mit schlechteren Bedingungen als jene der Referenzgrösse werden eliminiert.

Diese Basis gewählter Projektalternativen und -dimensionen ist jetzt einem Vergleich mit den strategischen Grundsätzen I-X zu unterziehen. Zu berücksichtigen sind dementsprechend z.B. Vorgaben über das Verhältnis von Fremdbezug/Eigenfertigung, über den maximalen finanziellen Einsatz pro Projekt, über eine Devise, nur Montagestätten im Ausland aufzubauen, über die Vermeidung oder Bevorzugung des Joint-Ventures als Engagementform etc. Solche und ähnliche strategische Grundsätze werden in Kap. 4.5.5. weiter ausgeführt.

Der nächste Arbeitsschritt besteht in der Abstimmung der vorhandenen Ressourcen mit den noch verbleibenden Projektvarianten.

Befindet sich eine Unternehmung in der vorteilhaften Lage, dass sie aufgrund der Ressourcen alle Projekte des Auslandengagements nebeneinander weiterverfolgen kann, so ist dieser Zwischenschritt der Alternativenermittlung zu überspringen. Es ergibt sich in solchen Fällen ein direkter Uebergang von der Investitionsklima-Analyse zur Alternativenbewertung, welche zwischen mehreren möglichen Projektvarianten pro Projektland auswählt und damit die Vorgaben für die Feedback-Analyse und die Feasibility-Studie erbringt.

Für alle andern Situationen, in denen die Ressourcen kleiner als die Projektanträge sind, ist ein zusätzliches Hilfsmittel beizuziehen, mit welchem die Projektvarianten bis zur endgültigen realisierbaren Auswahl variiert und kombiniert werden können, um ein Optimum der Chancenwahrnehmung und Gefahrenabwendung zu erreichen.

Das Hilfsmittel bedient sich der Einteilung aller Ressourcen in zwei Kategorien:

- **Fixe Ressourcen:** In diese Gruppe gehört z.B. die äusserste Limite der möglichen Kreditaufnahme, die höchste Zahl an ausgebildeten, für das Ausland anstellbare Techniker für ein bestimmtes technisches Problem etc.

- **Variable Ressourcen:** Zu dieser Kategorie sind etwa zu zählen: Bei zeitlicher Staffelung der Projektrealisierung kann die Kreditlimite bei Projekterfolgen ausgedehnt werden, bei sehr hoher Entlöhnung können mehr Techniker für das bestimmte technische Problem der sog. 'Engpassmaschine' im Ausland engagiert werden etc.

  Variabel sind aber auch etwa Fertigungstiefe und das Verhältnis von Fremdbezug zur Eigenfertigung im projektierten Auslandbetrieb.

Mit Hilfe der in fix und variabel aufgeteilten Ressourcenzumessung sind die folgenden Fragen zu klären:

- Können alle aufgestellten Projekte nebeneinander in mindestens je einer Engagementform realisiert werden?

- Schliessen sich gewisse Projekte gegenseitig aus?

- Mit welcher zeitlichen Staffelung lassen sich allenfalls alle Projekte hintereinander durchführen?

Zur weiterführenden Klärung dieser Fragen sind bei einer Mehrzahl von Projekten Engagementformen und Projektdimensionen zu variieren. Während sich die Projektdimensionen in Zahlen (Umsatz, Beschäftigte etc.) relativ leicht verändern lassen, ist für die Variation,

Abstimmung der Engagementformen eine genauere Kenntnis ihrer Charakterisierung erforderlich.

Ein Exkurs soll deshalb die Klarheit betreffend der möglichen Engagementformen erhöhen:

Es stehen in der Reihenfolge der abnehmenden finanziellen Risikoübernahme folgende Engagementformen zur Auswahl:

a) 100 % eigene, neue Fertigungsstätte,

b) Akquisition eines bestehenden Betriebes,

c) Joint-Venture mit Empfängerstaat oder privaten Partnern,

d) Subcontracting 132), d.h. Fertigung von eigenen Produkten bei lokalen Unterlieferanten,

e) Finanzielle Beteiligung (ohne technischen Know-how-Transfer),

f) Lizenvergabe,

g) Beratung (nur Know-how, ohne Risikoübernahme).

Diese Engagementformen zeigen bezüglich Charakterisierung, bezüglich den Motiven zur Errichtung von Lokalfertigungen und bezüglich ihren Formenmerkmalen das folgende Bild:

ad a) **Eigenfertigung**

**Charakterisierung:** Unter diesen Begriff fallen nur Neugründungen, die vom Stammhaus in einem Drittland gemacht werden, ohne dass sich ein Partner an dieser ausländischen Fertigungsstätte mitbeteiligt.

**Motive zur Errichtung von Eigenfertigungen:** Kostenorientierte Gründungsinvestitionen werden getätigt, wenn gegenüber dem Land des Stammhauses Faktorkostenvorteile auftreten, deren Nutzung in eigener Regie sich lohnt oder/und sich im Absatzland zur Partnerschaft keine Produktionsfirmen finden lassen.

Absatzorientierte Gründungen von Eigenfertigungen (statt Beteiligungen) werden gemacht, wenn

- dadurch monopolistische Vorteile entstehen,
- die Marke, das Image, PR etc. dadurch stimuliert werden oder
- Produkt- und Prozessinnovationen zu erwarten sind.

Technologierorientierte Gründungen von eigenen Produktionsstätten müssen dann anvisiert werden, wenn im Ausland ein technisches Know how zu schützen ist. Zudem motiviert in allen Fällen die Möglichkeit der Selbstbestimmung über dieses Auslandunternehmen zur Wahl dieser Engagementform.

**Formen von Eigenfertigungsstätten:** Tochtergesellschaften (subsidiaries) entsprechen rechtlich selbständigen Gründungsinvesti-

---

132) in Form der "verlängerten Werkbank" vergleichbar mit Joint-Ventures, jedoch ohne gesellschaftlich bindenden Vertrag. Basiert vielmehr auf der Rechtsnatur eines Werkvertrages.

tionen. Dabei werden nahezu ausschliesslich Kapitalgesellschaften (statt Personengesellschaften) gewählt. Juristisch gelten Tochtergesellschaften als nationale Unternehmen der Investitionsempfängerländer.

Betriebsstätten (Zweigniederlassungen, Filialen, foreign branches) besitzen keine rechtliche Selbständigkeit und erscheinen deshalb im Investitionsland a priori als Teil eines ausländischen Unternehmens.

ad b) **Akquisition**

**Charakterisierung:** Akquisitionen im Ausland entsprechen grenzüberschreitenden Mehrheitsbeteiligungen. Sie bezeichnen Ansprüche kapitalgebender Unternehmen auf Majoritätsanteile des Kapitals oder sogar auf das Gesamtkapital rechtlich selbständiger Auslandunternehmen.

**Motive zur Mehrheitsbeteiligung:** Die Uebernahme einer Mehrheitsbeteiligung hat mit der Gründung einer neuen, ausländischen Eigenfertigungsstätte gemeinsam, dass von seiten des Investors die unternehmerischen Entscheide durch Beherrschung vom Mutterhaus aus gesteuert werden können. Gegenüber der Neugründung hat eine Akquisition die Vorteile fehlender anfänglicher Zeit- und Reibungsverluste. Mit zumeist geringerem Kapitalbedarf können schnellere Markteintritte, Marktbeeinflussungen sowie Konkurrenzeliminierungen oder -behinderungen erreicht werden. Horizontale Wachtumsbeteiligungen helfen weitere Kostenprogressionen vermeiden und können oligopolistische Marktstrukturen begünstigen und so dem Investor zu weiteren Wettbewerbsvorteilen verhelfen. Vertikale Akquisitionen werden meist vorgenommen, um notwendige Produktionsfaktoren und -mittel für nachfolgende Stufen zu sichern oder um die Gesamtkosten zu senken.

**Bedeutung von Akquisitionen:** Innerhalb eines Systems entwickelter Volkswirtschaften sind derartige Beteiligungen die bedeutendste Anlageform direkter Auslandinvestitionen 133). Form und Umfang der Beteiligungsverhältnisse können nicht weiter kategorisiert werden; ihre Festlegung obliegt den Vertragsparteien.

ad c) **Joint-Ventures**

**Charakterisierung:** Das Merkmal von Joint-Ventures liegt darin, Verbindungen verschiedener Kapitalgeber aus mehreren Staaten zu unternehmerischen Beziehungen aufzuwerten. Den am Kapital beteiligten Einheiten wird dadurch ermöglicht, ihre spezifischen komparativen Vorteile den neugegründeten gemeinschaftlichen Unternehmen oder untereinander zugänglich zu machen, um so einen insgesamt grösseren synergetischen, ökonomischen Wirkungserfolg durch die Beteiligungen zu erzielen.

**Motive für Joint-Ventures:** Joint-Ventures zwischen privatrechtlich organisierten Partnern suchen fast ausschliesslich den erwähnten, grösseren synergetischen Wirkungserfolg für die

---

133) vgl. Hemberger (Direkte Auslandinvestitionen) 47

Beteiligten zu erzielen. Verschiedene Stärken/Ressourcen sollen zur Nutzung von neuen Chancen zusammengelegt werden. Unternehmerische Partnerschaften in entwickelten Marktwirtschaften werden gebildet, um Zugang zu den verfügbaren Mitteln und Vorsprüngen der Partner zu erhalten, die von den einzelnen Einheiten im Alleingang schwer bzw. überhaupt nicht zu erreichen sind. Solche Joint-Ventures werden aus Gründen der Minderung des Risikos ausländischer Produktionstätigkeiten, der Gewinnung von Informationen (z.B. für Forschung) bzw. Kontakten mit Personen und Institutionen, zum Aufbau von Absatzorganisationen im Ausland sowie zur Zulieferungssicherung von Rohstoffen (v.a. wenn vorgelagerte Märkte oligopolistisch strukturiert sind) eingegangen.

Ansteigende nationale Zulassungsbeschränkungen führen mit einem gewissen Zwang insbesondere in Entwicklungsländern zur Bildung von Partnerschaften, sofern der ausländische Produzent am nationalen Markt auftreten will.

Zulassungsschwierigkeiten üben aber nicht nur in Entwicklungsländern, sondern auch in Industrieländern einen zunehmenden Zwang zur Bildung von Partnerschaften aus; die Kooperationsabsichten von Toyota und General Motors für eine gemeinsame Produktion in den USA zur Förderung des Absatzes japanischer Autos sind ein Beispiel dafür 134).

**Formen von Joint-Ventures:** Bei Gründungspartnerschaften können in- und ausländische privatwirtschaftliche und öffentlich-rechtliche Kapitalgeber auftreten. Mischformen von privaten und öffentlichen Direktinvestitionen führen dann zu privatwirtschaftlichen, gemischtwirtschaftlichen oder öffentlich-rechtlichen Joint-Ventures.

ad d) **Subcontracting**

**Charakterisierung:** Das Subcontracting (oder contract manufacturing) umfasst eine Vertragsform, nach der ein Stammhaus (contractor) im Ausland bei einem selbständigen ausländischen Unternehmen (subcontractor) Produkte herstellen lässt und dabei Risiko und Erfolg selbst zu tragen gewillt ist 135). Die Marketingaktivitäten im entsprechenden Ausland bleiben weiterhin dem Stammhaus in eigener Verantwortung vorbehalten. Solche Produktionsverträge bieten gegenüber Lizenzverträgen intensive Einflussmöglichkeiten auf ausländische Partner und auf jene Märkte. Einzig die Sicherheit des alleinigen Know-how Besitzes wird riskiert.

**Motive für Subcontracting:** Ein Produzent kann in einem potentiellen Absatzland zur Ausnutzung komparativer Vorteile (z.B. weniger Transportkosten, niedrigere Fertigungslöhne, made in ...) eine lokale Fertigung bevorzugen, ohne dass hiezu grosse Investitionen notwendig werden und ohne dass bezüglich Produkte-

---

134) vgl. NZZ (Kooperationsabsichten) 17
135) vgl. Definition nach UNIDO: United Nations (Subcontracting) 6

herstellung seine Dispositionsfreiheit eingeschränkt werden muss.

Will ein Produzent nach gewonnenen Marktanteilen und -erfahrungen sowie nach der Einrichtung eines Distributionsapparates Auslandinvestitionen in Form einer eigenen Produktionsstätte durchführen, so lässt sich dies im Anschluss an ein Subcontracting leichter durchführen als bei Lizenzverträgen. Nach den letzteren sind die Anfangsverluste höher, d.h. dem Lizenznehmer und seinen Imitationen kann man erst zum Zeitpunkt des unmittelbaren Markteintritts begegnen, beim Produktionspartner jedoch schon auf der Werkbank.

- Kostengründe, die Ausnützung von spezifischen Fabrikations-/Material Know-how beim Subcontractor, Kapazitätsgründe und die Ausnützung der Flexibilität des Partners, nennt UNIDO als die vier Hauptmotive zur Aufnahme eines Subcontracting 136).

Vom Empfängerland her kann für ein Subcontracting die Initiative ergriffen werden, um den sukzessiven Aufbau von kleineren Industriebetrieben, die Errichtung von Arbeitsplätzen zu fördern und allmählich zu einem Produktions-Know-how zu gelangen.

**Formen des Subcontracting:** Für das Subcontracting ergeben sich grundsätzlich zwei Formen der Zusammenarbeit:

- Produktionsvertrag nach Vorgabe und Resultat. Hier wird vom ausländischen Unternehmen die Herstellungsvorlage (Pläne, Materialzusammensetzung etc.) und evtl. der Produktionsablauf vorgegeben. Der Subcontractor wird dann nach dem Resultat beurteilt und entschädigt. Diese Form wird v.a. bei der Herstellung von Serienerzeugnissen gewählt.

- Produktionsvertrag nach Regie (= verlängerte Werkbank). Der Auftraggeber bestimmt hier das zu verwendende Material, den Produktionsprozess und die Art des Fertigproduktes in jedem Einzelfall oder auch für kleinere Stückzahlen. Das Unternehmen der Produktionsstätte ist dabei vollständig vom Know-how des Auftraggebers abhängig und stellt lediglich Produktionsart, Hardware, Arbeitskraft und evtl. Verbindung zu vorgelagerten Märkten zur Verfügung. Die Form des Produktionsvertrages nach Regie wird vorwiegend bei technologisch hochwertigen Produkten, bei Einzelanfertigungen oder beim Fehlen von Fachkräften im Produktions- und Absatzland gewählt.

ad e) **Finanzielle Beteiligung**

**Charkaterisierung:** Hier steht eine reine Kapitalanlagemöglichkeit im Ausland im Vordergrund.

**Motive zur finanziellen Beteiligung:** Im Vordergrund stehen Rendite- oder Risikoausgleichsziele. Unter Umständen lassen auch Gesetzesrestriktionen keine Mehrheitsbeteiligungen zu, so dass ein Unternehmen zur Diversifizierung der Beteiligungen und der allmählichen Einflussnahme auf artverwandte Konkurrenten den Weg

---

136) vgl. United Nations (Subcontracting) 6

über die Minderheitsbeteiligung beschreiten muss.

**Form der finanziellen Beteiligung:** Die Beteiligung am Fremdkapital allein entspricht noch keiner Minderheitsbeteiligung. Es bedarf hiezu der Beteiligung am Gesellschaftskapital, ob zu Nominal- oder Marktwerten.

ad f) **Lizenzverträge**

**Charakterisierung:** Durch grenzüberschreitende Lizenzverträge werden vom Lizenzgeber an den ausländischen Lizenznehmer Verfügungsrechte übertragen oder produktspezifische Faktoren (Muster-, Modell-, Marken-, Namensrechte etc.), über Produktionsverfahren bzw. firmenbezogenes Spezialwissen (v.a. Patentrecht), oder über firmenbezogenes, nicht speziell geschütztes Allgemeinwissen.

**Motive für Lizenzverträge:** Grundsätzlich können zur Aufnahme von Lizenzverträgen vier Motive vorliegen:

- Kleine und mittlere Unternehmen errichten einen Lizenzvertrag als erste Stufe ihrer Internationalisierung, z.B. bei (noch) nicht ausreichenden Ressourcen für ausländische Kapitalanlagen.
- Erscheint grösseren, kapital- und investitionskräftigen Unternehmen das Risiko der Kontrolle, Beschränkung oder Enteignung von Kapitalanlagen im Ausland zu gross, das Marktpotential des Investitionslandes für Kapitalanlagen zu gering, die technologische Absorptionsfähigkeit der lizenznehmenden Unternehmen jedoch hinreichend oder fördert die Wirtschaftspolitik der Investitionsländer Lizenzabkommen über tarifäre und nicht-tarifäre Handelshemmnisse einerseits, durch günstige Steuerbedingungen andererseits, so bieten sich Lizenzen als Alternative zu Auslandinvestitionen an.
- Gehen im Extremfall Volkswirtschaften so weit, privates Eigentum nicht anzuerkennen, so sind Lizenzabkommen (evtl. neben Joint-Ventures) die einzig zulässige Form internationaler unternehmerischer Aktivitäten.
- Aus der sich stetigen Verkürzung des technologischen Lebenszyklus von Produktinnovationen erscheinen Lizenzverträge als grundsätzlich geeignetes Mittel zur schnelleren Verwertung und Amortisation der Forschungs- und Entwicklungskosten.

**Form der Lizenzverträge:** Durch Lizenzverträge wird dem Lizenznehmer technologisches Know-how in bezug auf Materialverwendung, Zusammensetzung, Konstruktion, Herstellung von Erzeugnissen vermittelt. Es handelt sich also um einen produktionsspezifischen Vertrag, wobei die resultierende Abhängigkeit von den vertragsschliessenden Parteien bestimmt wird.

Marktspezifisch können die Vertragsparteien festlegen, wer die Fertigprodukte auf den Markt bringt:

- Der Lizenzgeber unter eigenem Namen und auf eigenes Risiko,
- der Lizenznehmer im eigenen Namen (abhängig vom nationalen

Markenrecht), aber auf das Risiko des Lizenzgebers,

- der Lizenznehmer auf Namen und Risiko des Lizenzgebers.

ad g) **Managementverträge (Beratung)**

**Charakterisierung:** Managementverträge sehen als Leistung eine Vermittlung von administrativem, kaufmännischem und technologischem Allgemeinwissen firmenspezifischer Art vor. Solche Verträge werden vornehmlich zwischen Partnern geschlossen, die durch ein allgemeines Entwicklungsgefälle gekennzeichnet sind. Auf der Empfängerseite stehen somit private oder meist staatliche Instanzen als Kapitalaufbringer, denen es an notwendigen Managementressourcen fehlt. Auf der anderen Seite stehen private Unternehmen mit entsprechendem Managementwissen, die entweder bereits schon am Kapital beteiligt sind, oder monetär nicht über genügend Ressourcen für ein eigenes Projekt verfügen, oder eine Auslandinvestition zu risikoreich beurteilen oder aus unternehmungspolitischen Gründen davon absehen (z.B. Vermeidung eines Konglomerats).

**Motive für Managementverträge:** Meistens ergreift eine Institution eines Entwicklungslandes die Initiative zum Abschluss eines Managementvertrages. Es ergibt sich daraus der Vorteil, dass einerseits Managementwissen übertragen wird, während gleichzeitig eine relativ gute Kontrolle über Entwicklungen in der nationalen Volkswirtschaft erhalten werden kann.

Andererseits ist ein Unternehmen durch einen Managementvertrag u.U. von der Absicht getragen, in einem kapitalfremden Unternehmen eine intensive funktionale Kontrolle auszuüben, und damit das eigene Know-how zu vergrössern oder damit einen eigenen, für später geplanten Markteintritt langfristig vorzubereiten.

**Form der Managementverträge:** Heute gibt es noch keine Rechtsvorschriften zur Form von Managementkontrakten. Rechtlich handelt es sich also um einen Vertrag sui generis und materiell werden Wesen und Gegenstand der Vereinbarung von den Vertragsparteien im Einzelfall festgelegt. Die Häufigkeit dieser Engagementform nimmt zu 137).

Die nun behandelten Engagementformen werden in den folgenden beiden Abbildungen direkt miteinander verglichen:

---

137) vgl. z.B. NZZ (Multis im Wandel) 21

| Engagementform rechtl. / Ausprägung | Hauptmotiv zur Errichtung | Art der Kapitalbindung | Marktbeeinflussung | Risikointensität | Beherrschungsverhältnis | Steuern-Relevanz | Spezielle Rechtsformen |
|---|---|---|---|---|---|---|---|
| Eigenfertigung: Tochtergesellschaft | - Kostenorientierung<br>- Wettbewerbsvorteil<br>- Know-now-Schutz<br>- 100% Beherrschung | 100% an Eigenkapital und Vorleistungen | Stärke durch Erscheinung in einer nationalen Rechtsform | Begrenzung durch Anteil am Nominalkapital | Rechtl. zwar selbständige führungsmässige Beherrschung möglich | Tochtergesellschaft = selbständiges inländ. Steuersubjekt | Als Personen- oder Kapital-Gesellschaftsvertrag |
| Eigenfertigung: Betriebsstätte | | | | Keine haftungsrechtliche Trennung vom Stammhauskapital | Rechtliche Einheit mit Muttergesellschaft | Gefahr der Vorteil, vor Doppelbe- Gewinntrans-steuerung fer kein Stammhaus Quellen-Sitzstaat+ steuerabzug (Invest.Land) | |
| Akquisition 100%ige Uebernahme oder Mehrheitsbeteiligung | - Schneller Markteintritt<br>- Integration + Kontrolle<br>- Sicherung von Prod. faktoren (economic of scale) | Mehrheitsbeteiligung mehr als 50% des AK (+ materielle und immaterielle Werte) | Schneller Marktzugang, abhängig vom Imgage des akquirierten Unternehmens | Durch Anteil am Nominalkapital bestimmt | - Mehrheit bis 100% Eigentum<br>- Geschäftsführungs-Mehrheit | -ev.Quellensteuerabzug im Investitionsland<br>-Kapital- und Ertragssteuerpflicht im Umfang der Mehrheit | Kapitalübernahmevertrag und Geschäftsführungsvertrag |
| Joint-Venture | - Ausnutzung komparativer Vorteil durch Partner<br>- Als Förderungsmassnahme zum Know-how-Transfer (Nord-Süd) | Wird materiell, immateriell und monetär im Einzelfall geregelt | Rascher Zugriff des Auslandinvestors über Regierung oder Inlandpartner | Kann mit Joint-Venture-Vertrag geregelt werden | Hängt vom Joint-Venture-Vertrag ab (flexibel) | Hängt vom Beteiligungsverhältnis im Joint-Venture-Vertrag ab | - Kapitalbeteiligungsvertrag<br>- Know-how-Verträge<br>- Geschäftsführungsverträge |
| Subcontracting | - Ausnutzung komparativer Vorteile des Vertragspartners ohne grosse Investitionen<br>- Als risikovermindernder Einstieg in neue Märkte | Grundsätzlich keine | Ist von Subcontracting unabhängig | Risiko nur im Umfang des individuellen Vertrages | Beherrschung auf Produktion bezogen bei Arbeit in Regie quasi 100%, sonst Resultatbeurteilung | keine | Werkvertrag |
| Finanzielle Beteiligung | - Renditeziel<br>- Risikoausgleichsziel | Gewählter Anteil am Nominalkapital | Keine direkte Marktbeeinflussung | - Kursrisiko<br>- Gewinntransferrisiko (div.)<br>- Risiko am Nominalkapital | Keine dominierende Beherrschung | ev. Quellensteuerabzug im Investitionsland | Kapitalbeteiligungsverträge z.B. nach Aktienrecht |
| Lizenzen | - Als Alternative zur Auslandinvest. bei ungenügenden Ressourcen<br>- Bei zu risikoreichen Auslandinvest.<br>- Bei Aberkennung priv. Eigentums durch Empfängerland<br>- Zur schnelleren Amortisation von F+E Kosten | Meist keine (ev. in Form von Maschinenpark) | Kann ev. miteinbezogen werden | Kann auf Uebernahmeverpflichtung der Fertigprodukte beschränkt werden | Nur auf Produktion und ev. Absatz bezogen | -v.a. in Schwellen- u. Entwicklungsländern gut (besser als Direktinv.)<br>-keine Kapitalsteuerrelevanz | Lizenzvertragsrecht als Innominatskontrakt |
| Beratung, Management Contract | - Entwicklungsland will Mangel an Managementwissen beseitigen<br>- Für ausl.Unternehmung .Einnahmequelle .Erhöhung eig.Know-how<br>- Als Vorbereitung d.eigenen Markteintritts | keine | Im Umfang der wahrzunehmenden Entwicklungstätigkeit | gering | Nur im Umfang der Entscheidungsvorbereitung und der festgelegten Kompetenzen | keine | Vertrag sui generis |

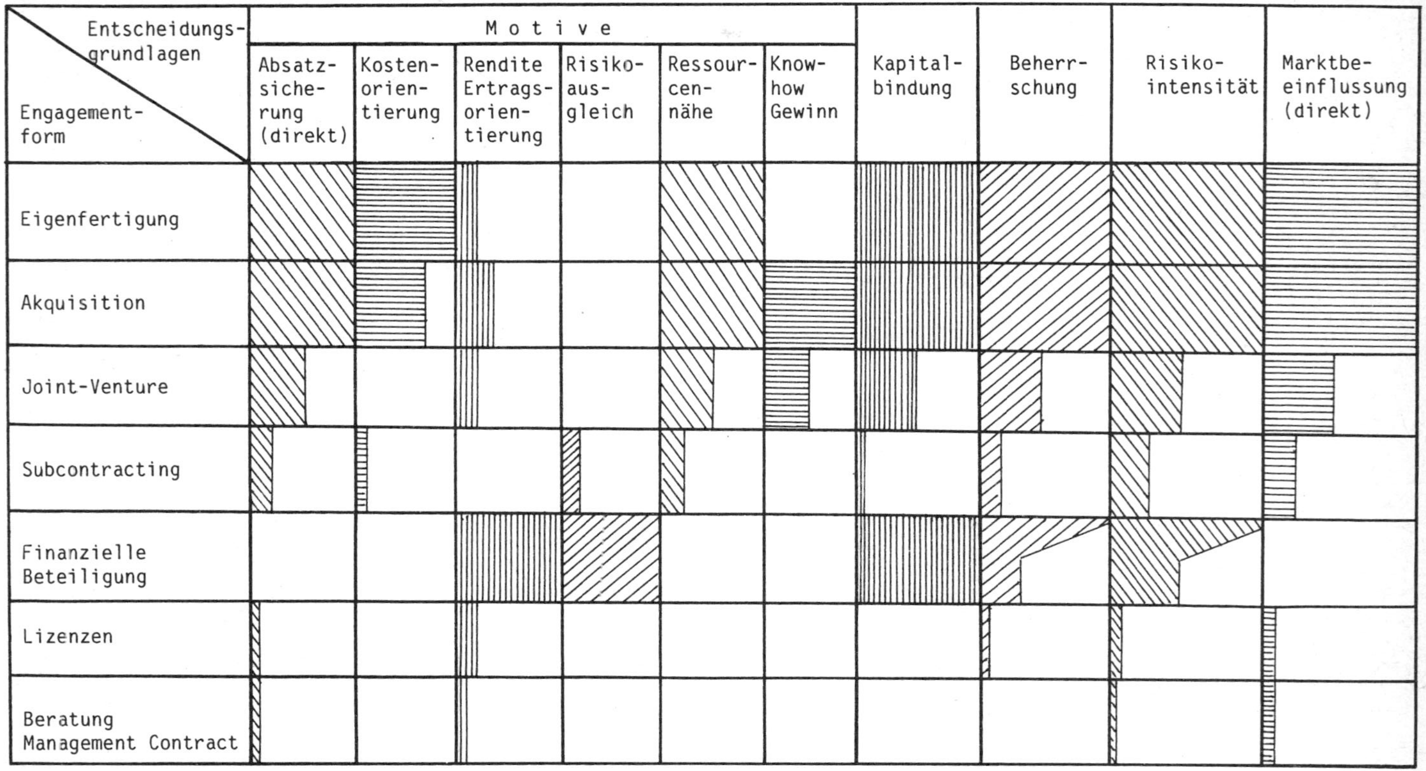


Abb. 4.21.: Uebersicht über die Entscheidungsgrundlagen pro Engagementform

Relative Grösse z. Vergleich

Mit der aktiven oder passiven Bestimmung der realisierbaren Engagementformen pro Projekt und mit der groben Festlegung der Projektdimensionen, entsprechend den verfügbaren Ressourcen und den strategischen Grundsätzen, ist die Alternativenermittlung abgeschlossen.

**Alternativenbewertung**

Der vorliegende Entscheidungsprozess hat als nächsten Arbeitsschritt die Alternativenbewertung zum Inhalt.

Sie umfasst von Unternehmung zu Unternehmung oder von einem früheren zu einem späteren Entscheidungszyklus unterschiedliche Aufgaben:

- Steht pro Produkt/Markt-Kombination mehr als eine Realisierungsvariante bezüglich Engagementform und Projektdimension offen, dann übernimmt die Alternativenbewertung die Aufgabe der Variantenauswahl pro P/M-Kombination.
- Sind an sich alle aufgestellten Projektalternativen attraktiv, von Ressourcen her aber in ihrer Anzahl zu beschränken, dann übernimmt die Alternativenbewertung zudem noch die Aufgabe, einer angepassten Projektelimination mit der Aufstellung einer Projektrangfolge.
- Werden dem investitions- oder kooperationsbereiten Unternehmen Engagementformen und/oder Projektdimension von der Empfängerseite her aufgezwungen, dann übernimmt die Alternativenbewertung das erste Mal die Aufgabe, die Wirtschaftlichkeit oder Vorteilhaftigkeit eines mehr oder weniger aufgezwungenen Engagements zu errechnen.
- Reichen die Ressourcen für alle Projektanträge, dann übernimmt die Alternativenbewertung wie bei den vorangehenden drei Situationen die Funktion, die Projekte in ihrer weiterzuziehenden Grösse zu dimensionieren und damit die ersten quantitativen Angaben für die Feedback-Analyse und die Vorgabe für die einzelnen Feasibility-Studien zu liefern.

Mit der Alternativenbewertung wird zudem erreicht, dass ungeeignete Strategien ausgesondert, zurückgestellt oder zum Ueberdenken vorgeschlagen werden können.

Die Alternativenbewertung soll mittels eines Bewertungsverfahrens, so entworfen werden, dass Alternativen rechnerisch vergleichbar werden, sei dies in Ertragsfranken, Ertragszinssätzen, Umsatzfranken etc. Es bedarf deshalb einer objektiven Messgrösse, die in jedem Engagementprojekt vorkommt. Innerhalb dieses strategischen Instrumentariums kommen in dieser Phase des Entscheidungsprozesses zwei Bewertungsmassstäbe sowie deren Kombinationen in Frage:

- Bewertung nach dem Gewinnbeitrag (Rentabilität, Wirtschaftlichkeit),
- Bewertung nach dem Umsatzvolumen (jährliche oder auf eine bestimmte Periode kumulierte Umsatzzahlen),
- Kombinierte Rangierung der gewichteten Grössen 'Gewinnbeitrag' und 'Umsatzvolumen'.

Alle drei Bewertungsverfahren gelangen im Folgenden zur Darstellung.

**Alternativenbewertung aufgrund einer ROI-Rechnung:** Für diesen Zweck stehen verschiedene Methoden zur Verfügung: Primär ist zwischen einer statischen und einer dynamischen Investitionsrechnung zu wählen: "Die statischen Investitionskalküle sind hinsichtlich ihrer Eignung zur Beurteilung von Auslandinvestitionen a priori abzulehnen, weil sie den Einfluss des Faktors Zeit vernachlässigen. Dieser wird bei den dynamischen Kalkülen berücksichtigt, indem die in der Zukunft anfallenden Einnahmen und Ausgaben entsprechend ihres zeitlichen Auftretens diskontiert, bzw. abgezinst werden. Dynamische Investitionsrechnungsverfahren sind die Kapitalwert-Methode, das interne Zinsfuss- (discounted cash flow-) -Verfahren sowie die Annuitätenrechnung" 138).

Sekundär ist demgemäss eine der letzten drei Methoden als zweckmässig zu bestimmen. Auch dieser Schritt wird nach dem Prinzip der negativen Auslese vorgenommen.

Die Annuitätenrechnung kann v.a. deshalb nicht berücksichtigt werden, weil Annuitäten unterschiedlicher Dauer nicht unmittelbar miteinander vergleichbar sind 139). Die Regelmässigkeit der Erträge, die der Annuitätenrechnung eigen ist 140), kann nun aber ausser vielleicht bei Lizenzabkommen mit umsatzunabhängigen Lizenzgebühren bei Auslandengagements keineswegs vorausgesetzt werden, so dass diese Berechnungsmethode abzulehnen ist.

Die Kapitalwertmethode 141) weist für dieses strategische Instrumentarium gegenüber der discounted cash-flow-Methode zwei wesentliche Nachteile auf. Jede Alternative, die einen Kapitalüberschuss von mehr als 0 verspricht, kann als positiv bezeichnet werden; die Chancen zur Realisierung steigen mit zunehmendem Kapitalüberschuss. Damit werden Projekte zwar untereinander vergleichbar, gegenüber den Kapitalmarktverhältnissen aber nicht. Weder die Untergrenze 0 noch eine andere festzulegende Limite stützt sich auf einen Vergleich mit den Verhältissen am Kapitalmarkt.

Im äussersten Fall kann also die Situation auftreten, dass das/die ausgewählte(n) Projekt(e) zwar noch einen positiven Kapitalüberschuss aufweisen, verglichen mit dem marktüblichen Zinsfuss aber einen Ertrag erbringen, der unterhalb einem vergleichbaren Zinssatz für Fremdgelder liegt.

Zum Nachteil ist zu vermerken, dass bei einem fixierten Kapitaleinsatz z.B. die drei grössten Projekte ausgewählt werden, weil sie zusammen absolut betrachtet den grössten Kapitalüberschuss erbringen. Relativ gesehen kann aber eines der zurückgestellten Projekte die höhere Rendite pro eingesetzte Kapitaleinheit aufweisen, bringt aber in einem absoluten Betrag gemessen einen kleineren Kapitalüberschuss und hat nach Erreichen der Kapitaleinsatzgrenze 'über die Klinge' zu springen.

Diese beiden erwähnten Fälle sollen nun dadurch vermieden werden, dass zur Alternativenbewertung die Methode der internen Zinsfussberechnung statt die Kapitalwertmethode herangezogen wird.

---

138) Hemberger (Direkte Auslandinvestitionen) 250

139) vgl. Hax (Investitionstheorie) 28, vgl. auch Hemberger, a.a.O., 254

140) vgl. Weilenmann (Planungsrechnung) 104

141) vgl. auch Hax a.a.O. 29, Weilenmann a.a.O. 94

Die discounted cash-flow-Methode ist zwar bis zur Feststellung des effektiven Zinssatzes etwas umständlicher zu errechnen, z.B. durch stufenweise Annäherung 142), andererseits zeigt sie aber für unsere Belange folgende Vorteile: Es können unendlich viele Projekte miteinander verglichen werden, auch unter der Restriktion eines festgelegten Kapitaleinsatzes. Ebenso wird damit eine Gegenüberstellung von Zinsfussgrösse und Umsatz/Kapitaleinheit in einem Koordinatensystem ermöglicht. Zudem wird mit dem internen Zinsfuss ohne Umwege offensichtlich, wie sich die Ertragsaussichten im Verhältnis zum marktüblichen Zinsfuss verhalten. Ein vierter Vorteil zeigt sich daraus, dass die ROI-Rechnung nach dem discounted cash-flow in der Praxis bereits stark verbreitet ist 143) und damit als bekannt vorausgesetzt werden darf.

Ein möglicher Projektvergleich nach der internen Zinsfussberechnung stellt Hax anhand eines Beispiels dar:

Ordnet man die Projekte nach der Höhe des internen Zinsfußes, so ergibt sich folgende Übersicht:

| Projekt | Interner Zinsfuß | Kapitalbedarf | Kumulierter Kapitalbedarf |
|---|---|---|---|
| 8 | 40% | 20 | 20 |
| 2 | 25% | 20 | 40 |
| 10 | 20% | 10 | 50 |
| 1 | 18% | 100 | 150 |
| 7 | 15% | 80 | 230 |
| 4 | 10% | 40 | 270 |
| 6 | 8% | 50 | 320 |
| 9 | 6% | 50 | 370 |
| 3 | 5% | 60 | 430 |
| 5 | 4% | 150 | 580 |

Die vierte Spalte (Kumulierter Kapitalbedarf) gibt jeweils an, wie groß der Kapitalbedarf wird, wenn alle Investitionen durchgeführt werden, deren interner Zinsfuß mindestens gleich dem in der zweiten Spalte angegebenen Satz ist. Die Entscheidung über das Investitionsprogramm hängt nun davon ab, wieviel Kapital insgesamt zur Verfügung steht. Bei einem verfügbaren Kapitalbetrag von 270 z. B. können alle Projekte realisiert werden, deren interner Zinsfuß mindestens 10% ist, also die Projekte 8, 2, 10, 1, 7 und 4.

142) vgl. Weilenmann (Planungsrechnung) 103
143) vgl. z.B. Brown Boveri & Cie. AG., KLG-Weisung Nr. 4 Einführungsseite

Der Zusammenhang zwischen internem Zinsfuß und kumuliertem Kapitalbedarf läßt sich graphisch darstellen.

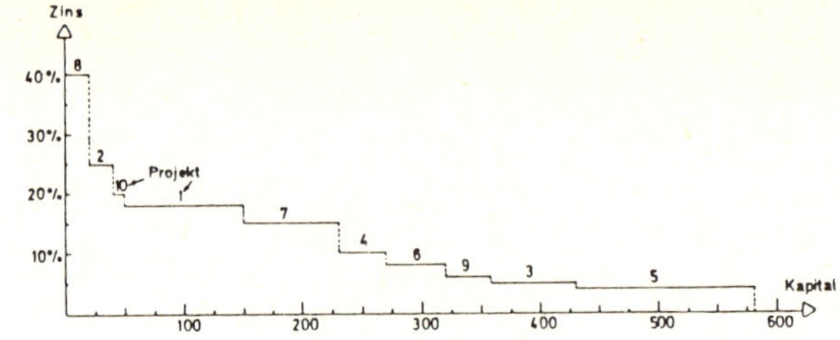


Abb. 8: Kapitalnachfragekurve

Auch aus der Abbildung ist zu ersehen, welche Projekte bei gegebenem verfügbarem Kapital durchzuführen sind.

Abb. 4.22.: Projektvergleich aufgrund des internen Zinsfusses, nach Hax 144)

Die grafische Darstellung von Hax 145) ist für unsere Zwecke zu erweitern um die Eintragung eines Zinsfusses i min, der den aktuellen Marktgegebenheiten entspricht (hier wird dafür der Wert 7 % angenommen). Zudem ist der maximal verfügbare Kapitaleinsatz mit K max zu kennzeichnen (hier mit der Grösse 300).

Damit wird erkennbar, dass die Projekte (8,2,10,1,7,4,6 z.T.,) im Quadrat i min - K max i min - K max i max - i max aufgrund der vorhandenen kapitalmässigen Ressourcen und den Gegebenheiten am Kapitalmarkt mit einem vergleichsweise überschiessenden Ertrag zur Realisierung vorzuschlagen sind.

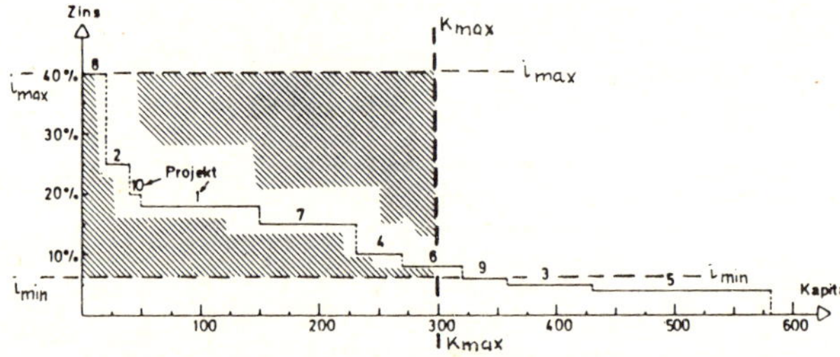


Abb. 4.23.: Projektauswahl aufgrund des internen Zinsfusses mit begrenztem Kapitaleinsatz 146)

---

144) Hax (Investitionstheorie) 47, als Ein- und Ausgabengrösse "werden gewöhnlich nur die unmittelbar nach aussen wirksamen Geldströme berücksichtigt", Hemberger (Direkte Auslandinvestitionen) 255, d.h. interne Verrechnungen werden nicht erfasst, da sonst die Möglichkeiten für subjektives 'window-dressing' seitens der PC-Leiter unbeschränkt waren.

145) vgl. Hax (Investitionstheorie) 47

146) Projekte, die im Zeitablauf in mehreren Stufen realisiert werden sollen, sind in diese Uebersicht nur mit dem Kapitalanteil aufzunehmen, der auch in dieser Entscheidungsperiode relevant ist, aber mit dem Zinssatz der für das gesamte Projekt berechnet wurde. Restwerte müssen dann als Vorgabe in spätere Evaluationen aufgenommen werden.

Diese Darstellungsweise als Hilfsmittel zur Projektauswahl eignet sich für Unternehmen, die sich nach der Einschätzung aller ersichtlichen Gefahren, Risiken von der Erfolgsträchtigkeit im Sinne einer Rendite leiten lassen.

Solche Unternehmen stellen z.B. in den USA die Mehrheit dar, in der schweizerischen Investitionsgüterindustrie hingegen sind sie z.Z. in der Minderheit. Nur 11 von 42 befragten Firmen handeln bei der Projektevaluation nach dem Primat des Gewinnbeitrags 147), d.h. anzahlmässig 26 % und in Exportprozenten gar nur 19 %.

55 % der Firmenvertreter, die zusammen 64 % des Exports der 42 Unternehmungseinheiten vertreten, orientieren sich nach dem Primat des Absatzes bei der Evaluation von Auslandengagementprojekten.

Dieses Verhältnis von Gewinn- zur Absatzorientierung wird sich zwar in den kommenden risikoreichen, margengefährdeteren Jahren bestimmt zugunsten der Rentabilitätsbevorzugung verändern; die Firma von Roll ist hiefür ein klassisches Beispiel und tut dies auch offiziell kund. Dennoch muss sich ein strategisches Instrumentarium von den aktuellen Gegebenheiten leiten lassen, so dass den mehr absatzorientierten Unternehmen auch eine Alternativenbewertung nach dem Primat des Absatzes zur Verfügung zu stellen ist.

**Alternativenvergleich aufgrund von Umsatz-Vergleichen:** Analog zum internen Zinsfuss

$$i = \frac{\text{Ertrag} \cdot 100}{\text{Kapital}}$$

soll ein Umsatzfaktor

$$a = \frac{\text{Umsatz} \cdot 100}{\text{Kapital}}$$

als Massstab zum Projektvergleich eingesetzt werden. Entsprechend der Methode des internen Zinsfusses sind die in unregelmässiger Grösse anfallenden Jahres-Umsätze mit den gleichen Berechnungstabellen abzu-'zinsen' auf den Zeitpunkt des Kapitaleinsatzes.

Die Projekte können dann ebenso in einer Uebersicht nach aufsteigendem Umsatzfaktor aufgeführt und verglichen werden.

| **Projekt** | **Umsatzfaktor** | **Kapitalbedarf** | **Kumulierter Kapitalbedarf** |
|---|---|---|---|
| ⋮ | ⋮ | ⋮ | ⋮ |

Eine analoge graphische Darstellung zeigt folgenden Zusammenhang:

147) vgl. Frage 3.8. des Interviewleitfadens

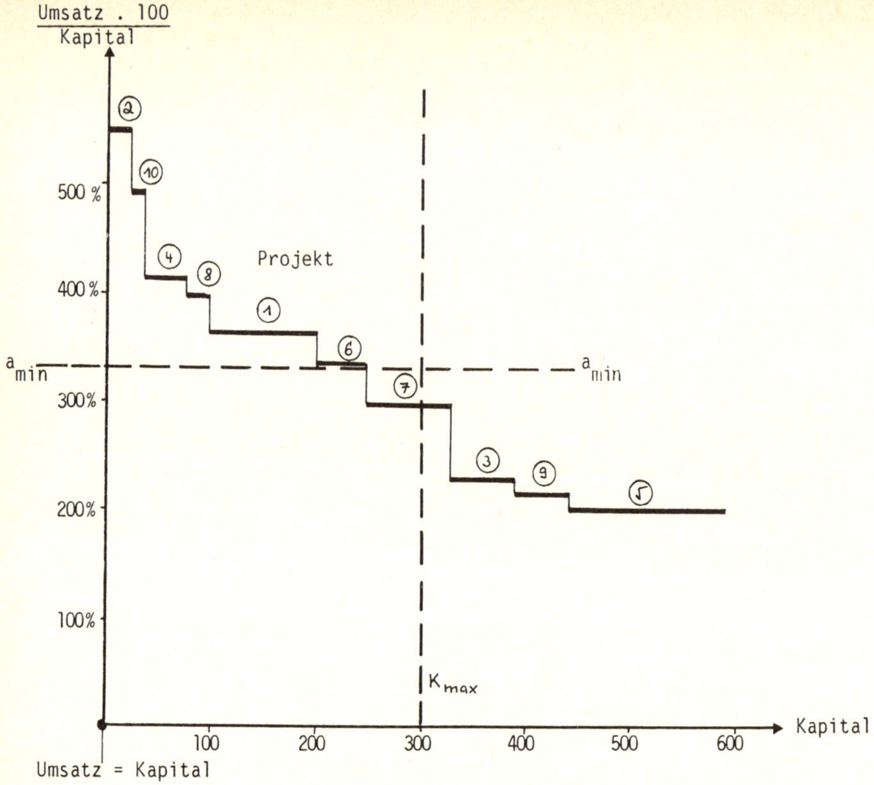


Abb. 4.24.: Projektauswahl aufgrund der Umsatz/Kapital-Relation

Analog zur Alternativenbewertung nach der Methode des internen Zinssatzes ist auch hier ausser K max noch eine Marktbedingung als Richtgrösse einzubauen.

Möglich sind hier sogar deren zwei. Einmal sind zwischen dem Koordinatenkreuz und K max nur solche Projekte aufzunehmen, die auch zugleich dem i min, also dem marktüblichen Zinsfuss mindestens entsprechen oder ihn übersteigen.

Zum zweiten kann ein a min als Untergrenze in die Darstellung integriert werden, das die Absatzuntergrenze kennzeichnet. Das a min ergibt sich dadurch, dass jene potentielle Investition im Stammhausland betrachtet wird, welche den höchsten a verspricht. Damit steht ein Auslandengagementprojekt in Konkurrenz zu einem Inlandprojekt, das allerdings erst dann als Massstab aufgenommen werden darf, wenn die Absatzchancen auch wirklich vorhanden sind 148).

Mit dieser zweiten 'Marktbedingung' sind wir auf eine zusätzliche

148) damit werden indirekt die strategischen Grundsätze IV und V mitberücksichtigt (vgl. Kap. 4.5.3.)

Problematik gestossen, d.h. auf die Frage, ob zu den Auslandengagementprojekten auch stammhausinterne Investitionsprojekte konkurrieren sollen. Konkret würde das z.B. bei der Methodik des internen Zinsfusses heissen, dass der Kapitaleinsatz von 2 Mio in einem Joint-Venture in Brasilien mit dem Kapitaleinsatz von 2 Mio für ein Hochregallager in der Fabrik im zürcherischen Stammhaus auf die Rendite hin 149) zu vergleichen ist.

Diese Frage kann an dieser Stelle nicht für jedes Unternehmen gleich beantwortet werden. Sie ist unternehmungsspezifisch mit dem strategischen Grundsatz X zu lösen. Es bedarf hiezu eines Entscheides der Unternehmungsleitung, die dafür den Massstab festlegt.

Dieser erwähnte Bedarf an zusätzlicher Vergleichsmöglichkeit weist darauf hin, dass auch Umsatz-Kennziffern mit Rentabilitätskennziffern sollten verknüpft werden können. Die in Aussicht gestellte Kombination dieser beiden Ansätze ist demgemäss auszuführen.

**Alternativenbewertung aufgrund eines kombinierten Rentabilitäts-Umsatz-Vergleichs:** Bei diesem Bewertungsverfahren geht es darum, sowohl Rentabilität als auch den zu erzielenden Umsatz zu valutieren.

Diese kombinierte Methodik besteht aus zwei Etappen. In einer ersten Etappe sind die beiden Massstabgrössen i und a einander gegenüberzustellen, sowie i min und a min einzusetzen:

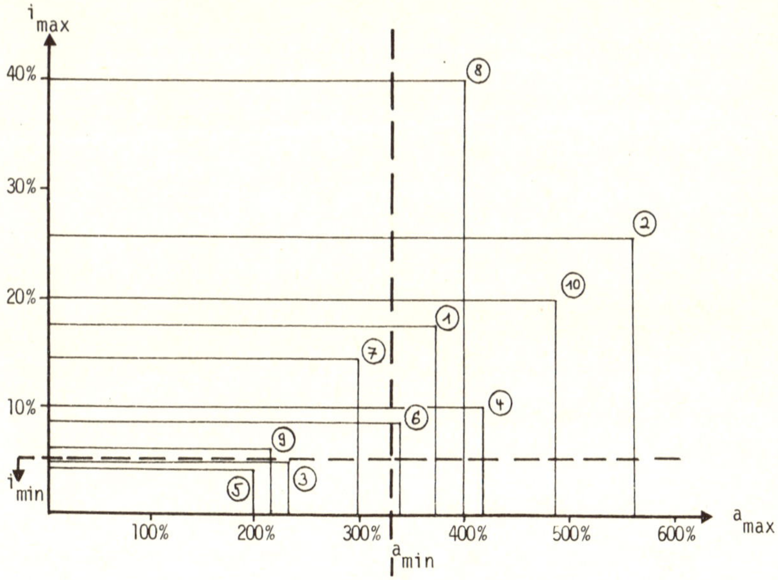


Abb. 4.25.: Kombinierte Rentabilitäts-Umsatz-Bewertung von Alternativen

149) 'Einnahmen' sind beim JV die Verkaufsgewinne, beim Hochregallager die eingesparten Personalkosten etc.

Diese Abbildung verlangt folgende Erklärungen:

- Durch die Wahl des Massstabes wird die Gewichtung zwischen Gewinn und Umsatz festgelegt. In obigem Beispiel wird die 3malige Umsetzung des eingesetzten Kapitals gleich gewichtet wie ein interner Zinsfuss von 20 % etc.
- Diese graphische Gewichtung spielt deshalb eine ausschlaggebende Rolle, weil die Fläche $i_n$ mal $a_n$ den Rang im Projektvergleich festlegt 150).

In einer zweiten Etappe sind die Kapitalbedarfszahlen der vorrangigen Projekte zu kumulieren bis zur Grenze von K max.

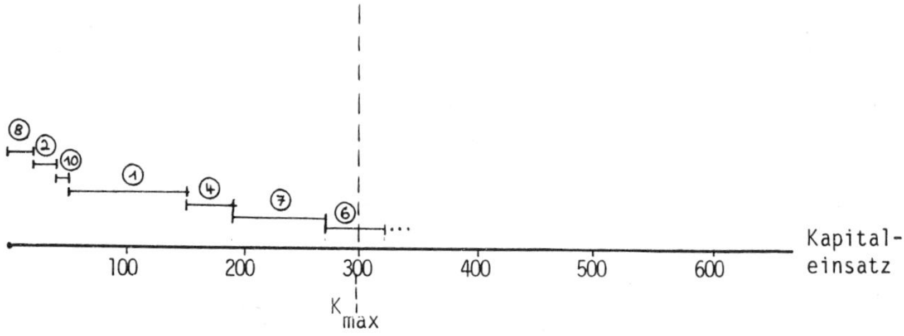


Abb. 4.26.: Der Kapitalbedarf als Plafond für die Projektrealisierung 151)

Aus der kombinierten Bewertungsmethode mit der angegebenen Gewichtung von Gewinn und Umsatz ergibt sich im gewählten Beispiel der Projekte zur Realisierung bei K max von 300 : 8, 2, 10, 1, 4, 7, 6 z.T.

Das grösste Problem bei diesem kombinierten Ansatz ist zweifellos die Frage nach der Gewichtung. Um hier ein möglichst realistisches Urteil zu erhalten, wird angestrebt, diverse Experten in und ausserhalb des Unternehmens z.B. mittels Interview oder schriftlicher 'Stimmabgabe' um ihre Gewichtung zu bitten und daraus den entsprechenden Mittelwert zu bestimmen.

Die Alternativenbewertung nach diesen drei Bewertungsmassstäben entspricht einem Quervergleich durch alle Engagementformen, was auch gemäss empirischer Erhebung 152) gegenüber einer Evaluation pro Engagementform bevorzugt wird.

---

150) In dieser exemplarischen Darstellung weisen die Flächen als Multiplikation von i n mal a n die gleiche Reihenfolge der Projekte auf wie in der Berechnung nach dem internen Zinssatz, mit der Ausnahme, dass die Plätze 7 und 4 vertauscht sind.

151) Die y-Achse kann nicht mit einem Index (Zins, Umsatz etc.) versehen werden. Es handelt sich hier lediglich um eine Gegenüberstellung der Kapitalbedarfszahlen pro Projekt gegenüber den verfügbaren Kapitalressourcen. Lediglich aus Uebersichtsgründen wurde dabei keine geradlinige Darstellung gewählt.

152) vgl. Frage 3.8., 2. Teil, im Interviewleitfaden

Das Resultat der nun behandelten Alternativen-Ermittlung und -Bewertung muss letztlich darauf hinweisen,

- mit welchen Projektvarianten und
- mit welchen Projektdimensionen

bei gegebenen Kapitalressourcen

- welchen Projekten 153) nach ökonomischer Beurteilung der Vorzug zu geben ist.

Basierend auf dieser Entscheidungsvorbereitung hat nun die Unternehmungsleitung den Realisierungsentscheid vorzunehmen. Bezogen auf eine noch durchzuführende Feedback-Analyse und eine u.U. notwendige Feasibility-Studie entspricht dieser Entscheid einem Vorentscheid.

### 4.4.7. Feedback - Analyse

Eine Feedback-Analyse in diesem Zusammenhang soll auf vier Ebenen die Konsequenzen 154) eruieren, welche sich nach der Auswahl der zur Realisierung vorgeschlagenen Auslandengagementprojekte ergeben.

Die angedeuteten vier Ebenen dieser Feedback-Analyse werden bezeichnet mit:

| | |
|---|---|
| - Zielerreichung<br>- Konsequenzen auf die verschiedenen Unternehmungsstrategien<br>- Ressourcenbeanspruchung | unternehmungs-intern |
| - Konsequenzen, Reaktionen in der Unternehmungsumwelt | unternehmungs-extern |

**Zielerreichung:** In dieser Ebene der Feedback-Analyse ist einmal der Bogen zurückzuspannen zu den Zielsetzungen. Die ausgewählten Projekte sind also einzeln dahingehend zu untersuchen, ob sie sich nach all den durchlaufenen Modifikationen noch nach den ursprünglichen Zielen und dem dahinterstehenden Motiv zur Aufnahme des Auslandengagements richten, oder ob ev. übergeordnete Ziele angepasst werden müssen 155).

Bei den übergeordneten Zielen handelt es sich in aufsteigender Reihenfolge gemäss Kap. 4.4.1., Abbb. 4.4. um:

- Absatzziele im Gesamtzusammenhang
- Unternehmungsziele (Multi-Ziel-System, hinreichende Gewinnerzielung etc.)
- Unternehmungspolitik

jeweils bezogen auf den gleichen Zeitabschnitt wie die errechnete Zeitperiode der ROI-Berechnung.

---

153) Bei Einzelprojekten pro Entscheidungsperiode bringt der bis hierher erläuterte Entscheidungsprozess, immerhin die Sicherheit der vollständigen Erfassung aller Einflussfaktoren.

154) vgl. z.B. Brauchlin (Entscheidungsmethodik) 49 und Kühn (Rationaler Entscheid) 22

155) vgl. z.B. Kortüm (Zum Entscheidungsprozess) 195-200

**Konsequenzen auf die verschiedenen Unternehmungsstrategien:** Innerhalb der Marketing-Strategie wurde die zweite Stufe der Marktbearbeitung bis jetzt zurückgestellt. Die Gründe hiezu wurden in Kap. 4.4.1. erläutert. Nach dem nun aber erfolgten Entscheid für ein bestimmtes Auslandengagement ist die Bestimmung des Marketing-Mix an die Hand zu nehmen. Jedes Unternehmen hat schon vor einer allfälligen Bearbeitung eines strategischen Instrumentariums einen eigenen Marketing-Mix, sei er nun das Ergebnis einer systematischen Untersuchung oder sei er aus dem Lauf des Unternehmungsgeschehens herausgewachsen.

In der Feedback-Analyse geht es nun darum, die Konsequenzen des vorher gefällten Engagement-Entscheides auf den bereits bestehenden Marketing-Mix zu eruieren.

Nach Weinhold 156) sind dabei insbesondere 157) die Rückwirkungen zu ermitteln betreffend:

- Preisstrategien 158)
- Distributionsstrategien, in denen Vertriebskanal, Verkaufsform, Transportart, Verpackung etc. für jeden Markt individuell festgelegt werden 159)
- Marktbearbeitungsstrategie, in welcher z.B. Image- und Werbungsfragen, Fragen der Verkaufskonditionen ausserhalb der Preisfestsetzung, z.B. Zahlungsbedingungen, Garantieleistungen, Finanzierungen zu klären sind 160).

Ansätze zur Optimierung dieser Elemente des Marketings werden beispielsweise in Bidlingmaier (Marketing 1) 165 und in Ringle (Exportmarketing) 240-248 behandelt.

Eine vertiefte Behandlung der Marketing-Mix-Bestimmung drängt sich hier deshalb nicht auf, weil sie rein praktisch jedem aktiv absatzorientierten Unternehmen bereits bekannt ist und durch die Aspekte des strategischen Instrumentariums nicht verändert wird. Das Unternehmen muss u.U. den Umfang der bisherigen Bearbeitung ausbauen, kann aber ansonsten auf ein ihr bekanntes Vorgehen zurückgreifen.

Ausserhalb des Marketing- und Absatzbereichs hat die Feedback-Analyse

---

156) vgl. Weinhold (Marketingstrategie) 23

157) Die von Weinhold in diesem Zusammenhang als vierter Teil des Marketing-Mix erwähnte Marktleistungsstrategie (Bestimmung Produktmix, Qualität etc.) fällt hier weg, da dieses Gebiet im strategischen Instrumentarium bereits in der Produktstrategie (P/M-Strategie) vorgenommen wurde.

158) vgl. Ausführungen von Bidlingmaier (Marketing 2) 279-327, Hinterhuber (Unternehmungsführung) 163-169, Ringle (Exportmarketing) 145-191 und Uebleis (Instrumentarium) 54-72. Die speziellen Probleme der Preisfindung im industriellen Anlagengeschäft: Vgl. Diehl (Probleme) 177

159) vgl. z.B. in Bidlingmaier (Marketing 2) 327-376, Ringle (Exportmarketing) 79-120, Stahr (Auslandmarketing-Marketingstrategie) 41-85, Uebleis (Instrumentarium) 99-114

160) vgl. z.B. Bidlingmaier (Marketing 2) 377-450, Ringle (Exportmarketing) 173-236, Stahr (Auslandmarketing-Marketingstrategie) 86-174, Uebleis (Instrumentarium) 72-98

die Konsequenzen zu ermitteln, die sich aus dem Engagement-Entscheid ergeben in bezug auf die vorhandenen Finanz-Strategien, z.B. (Liquidität, Kreditbedarf, bei Akquisitionen die Börsenkapitalisierung etc.), die Personalstrategien (z.B. Personalbeschaffungsstrategien), Materialbeschaffungs- und Informationsstrategien, aber z.T. auch die Forschungs- und Entwicklungsstrategien (Strategie der Modernität, des technischen Know-hows), die Produktionsstrategien und die Risikostrategien, sofern ein Risk Management institutionalisiert ist.

**Ressourcenbeanspruchung:** In Kap. 4.4.6., Abschnitt 'Alternativenermittlung' wurde eine Abstimmung mit den verfügbaren Ressourcen erstmals vorgenommen, bezogen auf die bis dort noch breitere Palette von Auslandengagementprojekten. In der Feedback-Analyse geht es auf der Ebene der Ressourcenbeanspruchung darum, die benötigten Ressourcen für die nun ausgewählten Projekte zu ermessen und sie auf den Zeitpunkt der Inanspruchnahme zu 'reservieren'.

Dieses Vorgehen ist heute in der Praxis verbreitet 161), weil es als absolut notwendig erscheint.

Welche Ressourcen durch die ausgewählten Projekte betroffen sind, kann hier nicht generell behandelt werden, da deren Beanspruchung zu fallspezifisch ist. Es können deshalb lediglich exemplarisch einige Hinweise gegeben werden:

- Finanzstruktur und Kreditlimiten-Beanspruchung
- Vorhandene Produktions-Kapazitäten
  - maschinell
  - personell
- Verkaufsorganisation
- Kapazitäten der Zulieferanten
- Informationsquellen und Management-Informations-System
- Belastung der gesamten Unternehmungsorganisation etc.

Zeigt sich bei dieser zweiten Ressourcenabstimmung, dass die ausgewählten Projekte infolge einer spezifischen Ressourcenknappheit nicht in der evaluierten Form realisiert werden können, oder dass mindestens ein letztes Projekt nur durch eine zeitliche Staffelung miteinbezogen werden kann, so sind in einem iterativen Prozess nochmals die Alternativenermittlung und die Ressourcenzuteilung aufeinander abzustimmen.

**Konsequenzen, Reaktionen in der Unternehmungsumwelt:** Die beschlossene Inangriffnahme von neuen Auslandengagements kann in der Unternehmungsumwelt zu Reaktionen führen, die wiederum Rückwirkungen auf das ursprüngliche Unternehmen mit sich bringen.

Diese Reaktionen sind zu ermitteln, um in belastenden Fällen nächste Schritte, d.h. Gegenmassnahmen einleiten zu können. Nehmen solche Reaktionen gar einen Umfang an, der wiederum von einer Gefahr sprechen lässt, dann ist letztere zugleich eine Input-Information für ein neuerliches Chancen/Gefahren-Profil.

---

161) vgl. Brown Boveri & Cie. AG, KLG-Weisung Nr. 4, S. 2

Auch hier können nur exemplarische Hinweise auf mögliche Reaktionen gegeben werden:

- Konkurrenzreaktionen,
- Reaktionen ev. in der Region des Stammhauses bei Bekanntwerdung der Absichten,
- Kundenreaktionen,
- Reaktion der Zulieferanten,
- Reaktionen bei Kapitalgebern, d.h. Banken, Aktionären, bei Publikumsgesellschaften, nicht geschäftleitenden Familienmitgliedern einer Familiengesellschaft,
- Reaktionen von andern Abnehmerstaaten, sofern es sich bei einem Vorhaben um ein Grossprojekt handelt etc.

Die Konsequenzen auf allen aufgeführten Ebenen sind in der Feedback-Analyse einmal zu ermitteln und abzuschätzen. Es nun damit bewenden zu lassen, würde bedeuten, dass ein Aufwand ohne Wirkungen getätigt wurde.

Die Wirkungen müssen sich mindestens in zwei Formen äussern:

- Massnahmen für Gegenreaktionen sind einzuleiten, sofern dazu eine Notwendigkeit besteht.
- Eine permanente Kontrolle 162) über das wirkliche Eintreten und das Ausmass der Konsequenzen ist einzuführen, falls diese nicht sofort erkennbar sind. Die Grundlagen für ein marketingmässiges Kontrollsystem können dem Marketing-Management-System von Meffert 163) entnommen werden.

Das Resultat der Feedback-Analyse muss letztlich darauf hinweisen,

- ob sich der getroffene Projektrealisierungsentscheid mit den gesetzten Zielen deckt,
- ob übergeordnete Zielsetzungen u.U. anzupassen sind,
- inwieweit der Entscheid die Gesamtheit der Unternehmungsstrategien tangiert,
- ob die verfügbaren Ressourcen in jeder Hinsicht ausreichen,
- ob belastende Reaktionen im Umfeld des Projektentscheides zu erwarten sind.

### 4.4.8. Vorgaben - Ermittlung

Aus den aufgezeigten Arbeitsschritten 1 - 9 resultiert eine Vielzahl von Informationen, die für die nachfolgenden Arbeitsetappen nutzbar gemacht werden können. Bezüglich nachfolgenden Informationsinstrumenten ist in erster Linie zu denken an die:

- Feasibility-Studie bei Grossprojekten

---

162) Bezüglich Sicherheit dieser Kontrolle vgl. Kortüm (Zum Entscheidungsprozess) 200/201

163) vgl. Meffert (Informationssysteme) 16 ff.

- Unternehmungsplanung
- Direkten Anweisungen zuhanden der übrigen Unternehmungsfunktionen, sofern es sich um weniger umfangreiche Projekte (z.B. Lizenzabkommen) handelt.

Eine Liste der Daten, die aus dem strategischen Instrumentarium als Vorgaben für die Feasibility-Studie herauszukristallisieren sind, kann auch nicht abschliessend sein.

Es soll deshalb ein Beispiel die Richtung der Vorgaben-Ermittlung angeben. Zu diesem Zweck wird das Inhaltsverzeichnis einer durchgeführten Feasibility-Studie 164) verwendet. Das Inhaltsverzeichnis dieser Studie soll als 'Anforderungsprofil' für eine Vorgaben-Ermittlung gewertet werden. Es wird in diesem Beispiel vermerkt, aus welchen Arbeitsschritten 1 - 9 Vorinformationen erwartet werden können.

| Informationsblöcke einer Feasibility-Studie | Die Vorgaben sind zu entnehmen aus: | Keine Vorgaben aus Arbeitsschritten 1-9 |
|---|---|---|
| A Summary | - | - |
| 1 Market Analyses | P/M-Matrix | |
| 2 Preliminary Product Range | P/M-Matrix | |
| 3 Historical Records of Optimal, Feasible Production Levels | Alternativenbewertung (Fertigungstiefe-Qual.) | |
| 4 Phasing for Product Manufacture | | x |
| 5 Local Added Value for Each Product Group | | x |
| 6 Costing | | |
| 7 Target Sales Volume and Cost Comparison for Each Product Group in Each Phase | Alternativenbewertung (Fertigungstiefe-Qual.) | |
| 8 Common Criteria in the Range of Products | | x |
| 9 Organization Chart and Major Department Functions | | x |
| 10 Planning Organization Chart and Evolution of Phases | | x |
| 11 Training Program | | x |
| 12 Raw Materials | | x |
| 13 Parts Imported and Locally Available | Alternativenermittlung Abb. Dimension Grobabschätzung | |
| 14 Preliminary List of Items Suitable for Buying-Out | | x |
| 15 Site Selection Criteria | | x |
| 16 Preliminary General Layouts of Buildings and Manufacturing Facilities on the site | | x |
| 17 List of the Main Machines (Capital Investments) | Alternativenbewertung | |
| 18 Facilities Outside the Area of the Complex | Alternativenbewertung | |
| 19 Licencing Arrangements, Types of Licence, Fees, Territory, Obsolescence and Innovations | Alternativenbewertung | |
| 20 Proposed Final Product Range | Alternativenermittlung | |
| 21 Financial Analysis of the Project over 15 Years | Alternativenbewertung | |
| 22 Concluding Remarks | | x |

Abb. 4.27. Vorgabenermittlung aus den Arbeitsschritten 1-9

164) Projekt der Firma Brown Boveri & Cie. AG, für ein Projektland im Nahen Osten

Mit einem solchen Hilfsmittel sollen in erster Linie Doppelspurigkeiten und damit ein doppelter Bearbeitungsaufwand vermieden werden.

Zusätzliche notwendige Informationen sind nicht mehr geeignet, die Grundlagen für eine zweite Projektauswahl zu liefern; vielmehr verfolgen sie den Zweck, die Basis für die Unternehmungsplanung und für Anweisungen zur Durchführung, zur Operationalisierung zu erbringen.

Für die Unternehmungsplanung sind die erarbeiteten Daten noch nicht in einer endgültigen Form vorhanden, da in der Phase der Feasibility-Studie noch diverse Ergänzungen und Anpassungen vorgenommen werden müssen, aber annäherungsweise ist eine erste Abschätzung der bereitzustellenden Ressourcen zeitperiodengerecht z.B. im fünfjährigen Unternehmungsplan zu integrieren. Dieser Vorgang kommt quasi einer Reservierung von Ressourcen auf den Beanspruchungszeitpunkt gleich, damit andere Pläne auf dieselbe Zeit hinaus in Einklang gebracht werden können.

Das Resultat der Vorgaben-Ermittlung muss letztlich darauf hinweisen

- welche Daten für Feasibility-Studien etc. aus den Arbeitsschritten 1-9 entnommen werden können,
- welche Daten für Feasibility-Studien, Unternehmungsplanung und direkte Durchführungsanweisungen noch zu ermitteln sind.

## 4.5. Strategische Grundsätze

Der Begriff des strategischen Grundsatzes lässt sich heute noch nicht abschliessend wissenschaftlich untermauern. Andere Bezeichnungen mit gleichem Sinn lauten etwa Entscheidungsmaxime 165) oder Entscheidungsregeln, internationale Grundsätze für internationale Aktivitäten 166), Algorithmen 167) etc.

Strategische Grundsätze verfolgen den Zweck, dass Vorgaben, Richtlinien für eine Aufgabenerfüllung einmal entschieden werden und für mehrere Male gelten sollen, solange dies als tragbar erscheint. Sie erleichtern damit den Entscheidungsprozess wesentlich, indem gewisse Grundsatzentscheide, die für eine Vielzahl von Projekten Gültigkeit haben können, nicht für jede Alternativenbeurteilung durch ein Zusammenrufen der Entscheidungsträger immer wieder neu und mit viel Aufwand festgelegt werden müssen. Diese Arbeitserleichterung unterstreicht Dittmar: "Die Grundsätze oder Leitlinien für die tägliche aber auch strategische Handlungsweise erleichtern die laufenden Entscheidungen und sind als 'basic believes' gleichzeitig Richtschnur und Rahmen für die Führung nach dem Prinzip des 'management by exception'. Diese Methode, konsequent und detailliert eingeführt, zeigt ihre besonders nützliche Wirkung in der Effizienz und verbesserten Kommunikation eines international expandierenden Unternehmens"

165) vgl. Kühn (Rationaler Entscheid) 24
166) vgl. Dittmar et al (Internationale Expansion) 82
167) vgl. Pümpin (Strategische Führung) 15

168). Zur Frage nach der Dauerhaftigkeit von derartigen strategischen Grundsätzen weist Pümpin darauf hin: "Bei der Durchsicht dieser Grundsätze muss jedoch berücksichtigt werden,

- dass deren Bedeutung in Abhängigkeit von der jeweiligen Umweltsituation sich verändern kann;
- dass sich somit deren Wirkungsweise im Zeitablauf verändert" 169).

Die Dauer ihrer Gültigkeit wird somit am zweckmässigsten umschrieben mit der Zeitspanne ihrer Tragbarkeit.

Die empirische Umfrage hat gezeigt, dass die Form von strategischen Grundsätzen in der Mehrzahl der 42 grössten Produktionsgüterunternehmen der Schweiz bekannt ist. Die Frage nach vorhandenen Engagement-Strategie-Direktiven bejahten 27 Firmen (= 64 %, oder 72 % des Exportvolumens), während 26 % der Befragten (=22 % des Exportvolumens) dies verneinen mussten 170).

Dieses an sich positive Ergebnis kann aber nicht darüber hinwegtäuschen, dass die als vorhanden deklarierten Engagement-Strategie-Direktiven vielfach nur zwei bis drei Grundsätze umfassen und deshalb für unser strategisches Instrumentarium als nicht hinreichend beurteilt werden müssen.

Wenige Beispiele aus den befragten Unternehmen unterstreichen die letzte Aussage:

- Ziel von Lokalfertigungen: Minimierung der Konkurrenz.
- Eine Lokalfertigung wird nur in der Form von Akquisitionen/Kooperationen aufgenommen.
- Lokalfertigung nur mit maximalem Wachstum von 3 Umsatzprozenten mitmachen.
- Möglichst viel in der Schweiz behalten.
- Neue Produkte/neue Märkte zur gleichen Zeit sind verboten.
- Eine Tochtergesellschaft muss nach 3-4 Jahren rentieren.

Die strategischen Grundsätze in unserem Instrumentarium sind demgegenüber in umfassenderer Form vorgesehen, weil sie in allen Arbeitsschritten 1-8 den notwendigen Halt, die erforderlichen Grundsatzentscheide als Arbeitshilfe zur Verfügung stellen sollen und somit stufengerecht sein müssen.

Die strategischen Grundsätze stellen also den mehr statischen Teil des strategischen Instrumentariums dar und erleichtern die Arbeitsschritte 1-8 durch unternehmungsspezifische Leitlinien. Sie gelten als Ausdruck von Grundsatzentscheiden im unternehmungspolitischen Sinne, unterstützen die Vollständigkeit der Informationserfassung als auch die Vergleichbarkeit von Auslandfertigungsprojekten.

---

168) Dittmar et al (Internationale Expansion) 82
169) Pümpin (Strategische Führung) 15
170) Vier Firmen zeigten keine Stellungnahme, da sie keine Lokalfertigungsvorhaben erwägen (= 10 % oder 6 Exportvolumenprozente) vgl. Frage 3.2. (des Interviewleitfadens)

### 4.5.1. Ermittlung der relevanten strategischen Grundsätze

Das strategische Instrumentarium sieht zehn strategische Grundsätze vor. Jedes Unternehmen hat vor einer Formulierung derselben zu ermitteln, ob auch wirklich alle zehn Gebiete der Grundsatzentscheidungen für die eigenen Rahmenbedingungen relevant sind. Die zehn Bereiche betreffen in der Reihenfolge des Entscheidungsprozesses:

| | Grundsatzgebiet | Arbeitsgebiet |
|---|---|---|
| I. | Festlegung der Einstellung zur Auslandproduktion und ihrer Formen | ① P/M-Strategie |
| II. | Festlegung der eigenen Motive für eine Erwägung von Auslandproduktionen | ② Definition der Auslandfertigungsmotive |
| III. | Festlegung der Ereignisse, die als Impulse für Auslandproduktionen akzeptiert werden | ③ Chancen/Gefahren-Analyse |
| IV. | Festlegung der Reaktion bei Gefährdung von Arbeitsplätzen im Stammhausland | ④ Arbeitsmarkt-Zielsetzungen |
| V. | Festlegung der Aufwandbereitschaft zur Exportaufrechterhaltung | ⑤ Informationsanalyse (V.–VI.) |
| VI. | Festlegung der Reaktion auf landes-, resp. weltweiten produktspezifischen Kapazitätsüberhang | |
| VII. | Festlegung des Mindestmarktanteils als Bedingung zur Lokalfertigung, sowie von Konkurrenzangriffsstrategien | ⑥ Konkurrenz-Analyse |
| VIII. | Festlegung bezüglich eigener Investitions-Risikobereitschaft | ⑦ Investitionsklima-Analyse |
| IX. | Festlegung von auszuschliessenden Varianten bezüglich Fremd-/Eigenfertigung, Ressourcenbeanspruchung, Projektdimensionen | ⑧ Alternativen-Ermittlung und -Bewertung (IX.–X.) |
| X. | Festlegung des Projekt-Prioritätenmassstabes und der Kompatibilität mit inlandorientierten Investitionsvorhaben | |

Jedes Unternehmen hat nun vor dem Abfassen von derartigen strategischen Grundsätzen zu prüfen:

- Bestehen Bedingungen, die gewisse Grundsätze erübrigen könnten? Ist letzteres der Fall, dann ist daraus nicht ein gänzliches Weglassen von Grundsätzen abzuleiten, sondern die Aufnahme einer negativ formulierten Kurzfassung zu jedem kritischen Gebiet, v.a. zur Ersparung stetiger Neubearbeitungen dieser einzelnen Gebiete vorzusehen.
- Wie gross soll pro Grundsatz I-X der Freiheitsgrad, das Entscheidungsspektrum belassen werden? Wo sollen also strategische Grundsätze als absolut verbindlich und wo ev. als nützlicher Hinweis formuliert werden?
- Wo ist in jedem Gebiet die äusserste Grenze der Tragbarkeit

späterer Belastungen?

Weitere Fragen in dieser Richtung ergeben sich naturgemäss bei der eingehenden Bearbeitung des strategischen Instrumentariums im Kontext des eigenen Unternehmens, das erst das Mass für die Relevanz solcher Grundsätze erbringen kann.

Die Grundsätze I-X sind in dementsprechend allgemein gehaltener Form zu erläutern.

### 4.5.2. Grundsätze der Impulsgebung für Auslandengagements (I, II, III)

Zur Auslösung eines Impulses in der Richtung einer Auslandproduktion sind drei Elemente erforderlich

- Die Bereitschaft zur Aufnahme einer Produktion im Ausland,
- Ein ausschlaggebendes Motiv für deren Erwägung,
- Eine unternehmungsexterne Ursache zur Konkretisierung eines Projektes.

Für jedes dieser Elemente hat das Unternehmen einen strategischen Grundsatz als Ausdruck des bestehenden Konsens zu formulieren.

#### I. Festlegung der Einstellung zur Auslandproduktion und ihrer Formen

**Problemcharakterisierung der strategischen Ausgangslage:** Die Ausgangslage zur Aufnahme eines Auslandengagements ist bei den Investitionsgüterproduzenten recht unterschiedlich.

Die Frage 2.2.1. der empirischen Erhebung hat die erwähnte Unterschiedlichkeit aufgezeigt:

| | Einstellung 171) zur Lokalfertigungsproblematik | Anzahl Antworten | %-Verteilung der Antworten |
|---|---|---|---|
| positive Einstellung | Die Bereitschaft zur Lokalfertigung gestaltet sich im Rahmen der Expansionspolitik | 14 | 24 |
| | Die Bereitschaft für eine Lokalfabrikation ergibt sich bei der Aussicht auf einen finanziellen Erfolg | 11 | 19 |
| | Die Bereitschaft für eine Lokalfertigung hat der Exporteur dann, wenn er damit konkurrenzfähiger werden kann | 4 | 7 |
| | Die Bereitschaft für eine Auslandfertigung besteht nur im Zusammenhang mit einer Diversifikation | 1 | 2 |
| positive Einstellung hängt vom externen Druck ab | Die Bereitschaft besteht bei externen Anfragen, wenn mit einer Lokalfertigung der Konkurrenz zuvorzukommen ist | 13 | 22 |
| | Die Bereitschaft besteht erst dann, wenn gegen den Export die 'local content'-Bedingung erhoben wird | 2 | 4 |
| | Die Bereitschaft zur Lokalfertigung besteht nur im Kampf gegen die Wirtschaftsmacht Japan | 1 | 2 |
| Einstellung ohne unternehmungsspezifische Wertung | Die Bereitschaft zur Lokalfertiung besteht im Rahmen der zunehmenden internationalen Arbeitsteilung | 2 | 4 |
| negative Einstellung | Die Zurückhaltung gegenüber der Lokalfertigung ist gross, da die Auslandproduktion immer auch Gefahr für den weiteren Export bedeutet | 8 | 14 |
| | Die Herausforderung zur permanenten Lokalfabrikation wird abgelehnt, nur die auftragsgebundene wird akzeptiert | 1 | 2 |
| | | 57 172) | 100 |

Tab. 4.8.: Einstellung zur Lokalfertigungsproblematik

171) Einstellung ≠ Motiv. Einstellung allein genügt nicht für die Aufnahme einer Auslandfertigung. Es braucht zusätzlich ein aktives Element, das Motiv und dann den Impuls. Einstellung ist mehr ein passives Element; ein entsprechend grösserer oder kleinerer Widerstand muss bei einer Projektaufnahme überwunden werden.

172) Eine Mehrfachnennung war möglich.

Nach der allgemeinen Bereitschaft zur Produktionsvergabe des eigenen Produktesortimentes befragt, zeigt sich bei den 42 Untersuchungseinheiten das folgende Bild 173):

| Grenzen der Bereitschaft für eine Vergabe des eigenen Produktesortiments bei: | Anzahl Antworten | % Anteil der Antworten | % Anteil am Exportvolumen |
|---|---|---|---|
| . bereits vorhandenem Produktionskapazitäts-Ueberhang im gleichen Land | 10 | 21 | 22 |
| . einem gegenwärtigen oder absehbaren weltweiten Kapazitätsüberhang | 4 | 9 | 5 |
| . Vorhandensein einer Lizenz im gleichen Land für ein aquivalentes Produkt | 4 | 9 | 5 |
| . einer Nachfrage nach einem zu hohen Technologisierungsgrad, so dass die Vergabe von noble-parts riskiert wird | 7 | 15 | 35 |
| . einer Divergenz zu einer eigenen, bereits existierenden Freigabeliste, ohne Detailangabe | 5 | 11 | 19 |
| . einem Fehlen eines entsprechend aufnahmefähigen lokalen Absatzmarktes | 5 | 11 | 4 |
| Keine a priori Beschränkung der Bereitschaft | 6 | 13 | 4 |
| Keine Aussage, da momentan keine Lokalfertigungsabsichten | 5 | 11 | 6 |
| | 46 174) | 100 | 100 |

Tab. 4.9.: Grenzen der Vergabebereitschaft des Stammhaus-Produktesortimentes

Die mit diesen Tabellen unterstrichene Unterschiedlichkeit in bezug auf die Einstellung zur Auslandproduktion weist direkt darauf hin, dass diesbezüglich auf einen strategischen Grundsatz nicht verzichtet werden kann. Die Einstellung ist erst die Grundtendenz zur gesamten Problematik. Sie muss zuerst bewusst gemacht werden, ist zu formulieren und den potentiellen Projektinitianten bekannt zu geben. Jedes Vorhaben, welchen Motivs und mit welchem Impuls auch immer, hat sich dieser Grundeinstellung unterzuordnen; deren Missachtung schafft vermeidbaren Aufwand.

**Allgemeine Richtung dieses Grundsatzes:** Der strategische Grundsatz I hat einleitend festzulegen, ob die Auslandproduktion als Form des Engagements im Ausland überhaupt in Frage kommt, d.h. prinzipiell offen steht.

In zweiter Linie macht er allenfalls Einschränkungen zur Wahl der Engagementform. Dieser Grundsatz ist also entscheidend dafür, wieviele

173) vgl. Frage 3.4. des Interviewleitfadens
174) Mehrfachnennung war möglich

Varianten an Markterschliessungsstrategien oder wieviele Gesellschaftsformen nach dem ersten Arbeitsschritt der P/M-Strategie weiterverfolgt werden dürfen. Dieser Grundsatz ist in jedem Fall mit der Unternehmungspolitik 175) abzustimmen.

Beispiele: Für alle Beispiele der strategischen Grundsätze I-X muss hier gesamthaft vermerkt werden, dass Beispiele solche bleiben und deshalb nicht erschöpfend alle Möglichkeiten behandeln können.

Exempel des ersten strategischen Grundsatzes können etwa sein:

- Auslandengagements können prinzipiell unter den Bedingungen aller nachfolgenden Grundsätze II-X aufgenommen werden. Dabei sind die Engagementformen Lizenz, Subcontracting und Joint-Venture für Schlüsselkomponenten zu vermeiden, um damit innovationsintensive Produkte nicht zu vergeben und Zuliefermöglichkeiten aufrechtzuerhalten. Die Forschungs- und Entwicklungsarbeiten sind in der Schweiz zu belassen.

oder

- Die Auslandproduktion steht offen für alle Produkte ausser für Z. Die Wahl der Engagementform hat sich danach zu richten, wie mit minimalem Kapitaleinsatz ein hoher Umsatz erzielt werden kann. Für staatliche Projekte, die mit relativ grosser Unsicherheit verbunden sind, muss die Bindung des Staatskunden durch eine Kooperation erwirkt werden, damit Staatsinteresse und Risikoeinschätzung offensichtlicher werden. Bei einem Industriekundenkreis ist eine Tochtergesellschaft mit mindestens eigener Mehrheitsbeteiligung und eigener Lizenz anzustreben. Projekte, für die noch nach fünf Jahren Verluste einzuplanen sind, werden vorläufig zurückgestellt.

## II. Festlegung der Motive, die für eine Auslandproduktionsstätte akzeptiert werden

**Problemcharakterisierung der strategischen Ausgangslage:** Die Ausgangslage ist auch bei den Motiven recht unterschiedlich. Unbestritten bei allen steht hinter jedem Motiv die Ergebnisverbesserung (Gewinn oder Umsatz oder beides). Die daraus folgenden Motive können bei einer weiteren Fächerung mindestens in die folgenden fünf Gruppen 176) eingeteilt werden.

A: Absatzmarkterhaltung

B: Erschliessung neuer Arbeitsmärkte

C: Akquisition neuer Produkte und Technik

D: Kostensenkung und damit Verbilligung der Produkte

E: Prestigesteigerung

---

175) Eine solche unternehmungspolitische Ueberlegung lautete z.B. bei einem Interviewpartner aus der Werkzeugmaschinenbranche: Auslandengagements soweit als möglich minimieren, da eine Imitationsgefahr damit wächst und früher oder später ein Imitator als Produzent und Konkurrent am Weltmarkt auftritt.

176) Die Kategorie Kapazitätssteigerung kann hier weggelassen werden. Sie war ein Ausdruck der 70er Jahre, ist aber in den absehbaren Arbeitsmarktverhältnissen nicht mehr relevant.

Es ist zu berücksichtigen, dass sich die Motive im Verlaufe der Zeit verändern können. Ein Beispiel dafür gibt die Wandlung der Einstellung zum Motiv des Wachstums (B). Drei der 42 befragten Firmen äusserten sich anlässlich des Interviews dahingehend, dass für sie früher das Motiv 'Umsatz-Wachstum durch Erschliessung neuer Märkte' absolut im Vordergrund stand. Heute hingegen, da die allgemeine wirtschaftliche Lage dieser drei Unternehmen mindestens vorübergehend prekär geworden ist, kann als Motiv für eine Auslandfertigung nur noch das Ziel der Ertragsverbesserung, ob durch Akquisition oder durch Kostensenkungsbetriebe, akzeptiert werden.

**Allgemeine Richtung dieses Grundsatzes:** Der strategische Grundsatz II hat einmal festzulegen, welche Motive für Auslandfertigungsprojekte akzeptiert werden. Es kann sich um ein einzelnes Motiv oder um eine Mehrzahl handeln.

Motive, die nicht im Einklang mit der allgemeinen Unternehmungspolitik stehen, sind zu eliminieren.

Beispiele

- Als Motiv für Lokalfertigungen hat die Herstellung von sperrigen Anlageteilen im Vordergrund zu stehen, deren Materialwert im Verhältnis zum Anlagenwert relativ tief ist und andererseits hohe Transportkosten verursacht.

oder

- Alle Motive ausser jenes der ausserökonomischen Prestigesteigerung werden akzeptiert. Der Verhinderung von Marktverlusten infolge Protektionismus ist soweit als möglich der Vorzug zu geben.

### III. Festlegung der Ereignisse, die als Impulse für Auslandproduktionen akzeptiert werden

**Problemcharakterisierung der strategischen Ausgangslage:** Die Einstellung zur Lokalfertigung/Auslandproduktion und die akzeptierten Motive für ein Auslandengagement stehen fest. Damit ist jedoch noch kein diesbezügliches Projekt in Gang gesetzt. Es braucht dazu einen Impuls; d.h. ein Ereignis muss eintreten, welches der potentielle Auslandinvestor als seine Chance oder seine Gefahr erkennt. Zur Frage nun, welche Chancen und Gefahren als Impuls für eine Engagementaufnahme zu behandeln sind, zu dieser Frage hat der strategische Grundsatz III Stellung zu nehmen.

**Allgemeine Richtung dieses Grundsatzes:** Dieser strategische Grundsatz lässt sich am besten dadurch erfassen, dass er vorgibt, was für Chancen- und Gefahren-Elemente in die Tabelle der Chancen- und Gefahrenanalyse (Kap. 4.4.2.) aufzunehmen sind. Praktisch kann bei der Erarbeitung des strategischen Grundsatzes III so vorgegangen werden, dass Ereignisse, die nicht als Impulse gelten sollen, vor der 'Checkliste' eliminiert werden. Eliminierte Ereignisse reduzieren in der Folge die Anzahl potentieller Projektvarianten.

Beispiele erhalten somit hier den Charakter von ausschlagenden

Impulsen:

- Durch Reexportunterstützung seitens des Empfängerlandes allein 177) lässt sich kein Projekt zur Auslandfertigung rechtfertigen

oder

- Neue Industriestandorte, die nicht mindestens eine Kosteneinsparung von 33 1/3 % (Produktivitätsunterschiede miteinkalkuliert) garantieren, können nicht zu Projektländern erhoben werden.

### 4.5.3. Grundsätze zum Antagonismus von Auslandproduktion und Export

**Problemcharakterisierung der strategischen Ausgangslage:** Die strategische Ausgangslage kann für alle drei Grundsätze IV bis VI gemeinsam erläutert werden.

Die Hauptfrage, die bei allen drei Grundsätzen im Vordergrund steht, lautet: Wird mit der Ablösung des Exports durch Auslandproduktionsstätten nicht die Beschäftigung im Land des Stammhauses aufs Spiel gesetzt?

Zu dieser Hauptfrage ist es notwendig, wenigstens die folgenden Teilfragen eingehender zu prüfen:

a) Welche Grössenordnungen haben Auslandinvestitionen- und -beschäftigung bereits angenommen?

b) Inwiefern vernichten Auslandinvestitionen heimische Arbeitsplätze 178)?

c) Inwiefern nimmt der schweizerische Investitionsgüterproduzent den externen 'Zwang zur Lokalfertigung' an und inwieweit kennt er diesebezügliche Alternativen?

d) Würde eine Zusammenarbeit mit dem Staat eine Arbeitsplatzvernichtung in der Schweiz verhindern helfen?

ad a) Gesamthaft betrachtet, liegen für die Direktinvestitionen der Schweizer Industrie- und Handelsunternehmen im Ausland folgende Zahlen 179) vor: 48,5 Milliarden SFr., also 7'698 Fr. pro Kopf der Bevölkerung (im Jahre 1977). Dies ist rund siebenmal mehr als in den USA mit 1'100 Fr./Kopf. Die Schweiz investiert pro Kopf der Bevölkerung am meisten von den Industriestaaten an gewinnbringendem Geld in den armen Ländern 180).

Angaben in Beschäftigungsgrössen lauten: "1979 hatten die 100 grössten Schweizer Industrieunternehmen 64 % ihrer Gesamtbelegschaft im Ausland" 181).

---

177) vgl. z.B. Uebersicht von Nunnenkamp (Formen des Protektionismus) 30

178) vgl. diese Fragestellung mit den als verbreitet bezeichneten Befürchtungen in diese Richtung, vgl. NZZ (Qualitatives Wachstum) 53

179) vgl. Fürer, BWI (Arbeitsplatz Schweiz) 27

180) vgl. UNO (Statistik) 33

181) Hummel (Schweiz als Industriestandort) 26, für weiteres, gleichgerichtetes Zahlenmaterial vgl. Borner (Strukturepoche) 19 ICME (Produktionsverlagerung) 5 + 18, Schweizer Illustrierte (Job Export) 28, NZZ (Bomer's Sechste Schweiz) 14

Es lässt sich damit feststellen, dass die schweizerischen, industriegebundenen Auslandinvestitionen und die damit verknüpfte Auslandbeschäftigung ein äusserst beachtliches Mass angenommen haben.

ad b) Zur Frage, inwiefern Auslandinvestitionen heimische Arbeitsplätze vernichten, sind die Stellungnahmen nicht eindeutig, d.h. es gibt optimistische wie pessimistische Stimmen.

Stellvertretend für die optimistischen Stimmen 182) kommt Hollenstein zum Wort. Er schreibt in seiner Untersuchung über die sozialen Auswirkungen von Produktionsverlagerungen auf die Schweiz: "Aufgrund der für die Schweiz völlig ungenügenden Datenlage muss vorwiegend auf Ergebnisse für die BRD zurückgegriffen werden. Diese zeigen, dass Produktionsverlagerungen in der Vergangenheit das gesamtwirtschaftliche Beschäftigungsniveau erhöht haben, demgegenüber kann für die Zukunft per Saldo bestenfalls noch mit neutralen Beschäftigungswirkungen gerechnet werden 183). Er kommt anhand eines Modells zum Schluss, dass namentlich absatzpolitisch motivierte Produktionsverlagerungen dazu geeignet sind, positive Beschäftigungseffekte auf die verlagernde Branche hervorzurufen 184). Dies kann auf vielfältige Weise geschehen:

- Durch die Realisierung von zusätzlichen Investitionsgüterverkäufen 185)
- durch die Lieferung von Vor- und Zwischenprodukten
- durch die Lieferung von Ersatzteilen und Dienstleistungen
- durch die Ausdehnung von Geschäftsbeziehungen infolge stärkerer Marktpräsenz.

Zu den pessimistischen Stimmen: Die Befürchtungen, dass mit Auslandproduktionen die Arbeitsplätze in der Schweiz gefährdet werden, sind beinahe so alt wie die Auslandproduktionen selbst. So schreibt Masnata bereits 1924: "La diminuation l'exportation, comme conséquence de l'émigration est naturellement suivie d'un realentissement dans la production. Des sommes considérables de salaires échappent aux ouvriers suisses. Les ouvriers restés au pays sont souvent réduits au chômage" 186). Das 'Bedrohungsbild' wird aus der Sicht der achtziger Jahre gesamtschweizerisch folgendermassen dargestellt:

---

182) Optimistisch hier aus der Sicht der Industrieländer

183) vgl. Hollenstein (Produktionsverlagerung) 19, vgl. auch Frankfurter Allgemeine (Exportieren oder investieren) -, Stobaugh, Multinational Enterprise and the U.S. Economy, zit. in: Hollenstein (Produktionsverlagerung) 20, Agrawahl (Direktinvestitionen) und Baumann et al (Aussenhandel) zit. in: Hollenstein, a.a.O. 24, vgl. NZZ (OECD-Plädoyer) -

184) Hollenstein, a.a.O. 24

185) Dieses Thema wird wieder aufgenommen in d) in diesem Kap. 4.5.3.

186) Masnata (L'émigration suisse) 146, vgl. auch ebenda 9, 141

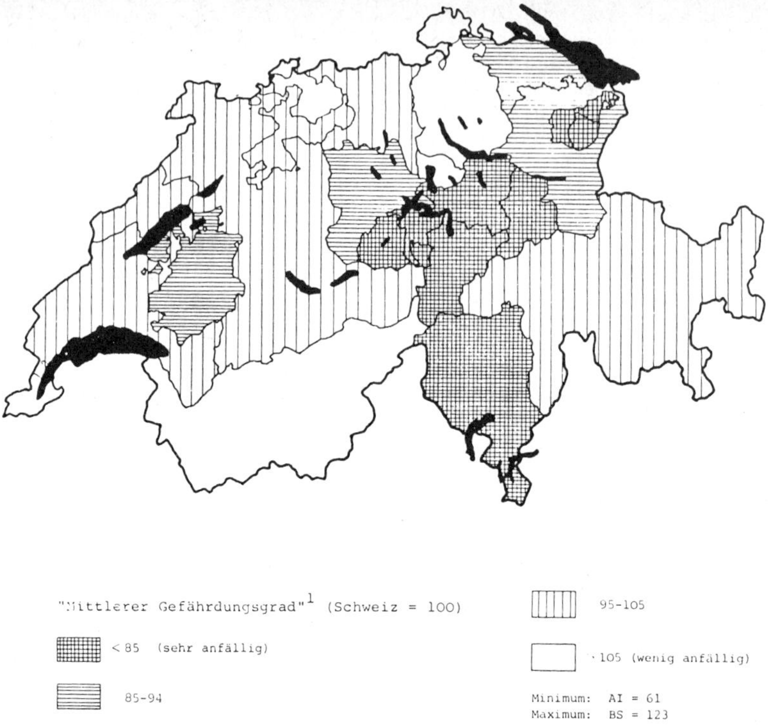


Abb. 4.28. 187): Die Anfälligkeit der kantonalen Industriestruktur (1978) auf die Konkurrenz durch Entwicklungsländer

Derselbe Autor verleiht auch seinen Vorstellungen Ausdruck betreffend Gefahrenverteilung über die verschiedenen Produktesegmente, die in der Schweiz hergestellt werden (vgl. Anhang IX, Verteilung der Produktionseinrichtungen). Diese und andere 'Befürchtungsäusserungen' bleiben ausser in der Textilindustrie 188) alle im Stadium der Behauptung ohne Zahlenbeweise 189). Eine allgemein gültige Schlussfolgerung darüber, ob Auslandproduktionen die heimischen Arbeitsplätze vernichten oder nicht, kann offensichtlich nicht gezogen werden; denn während die positiven Stimmen zwar überwiegen und sich v.a. zahlenmässig besser auszudrücken vermögen, sind auch die negativen Stimmen nicht zu überhören. Es kann lediglich angeregt werden, dass untersucht wird, wo die Optimisten ev. belastende Aspekte zu übersehen geneigt sind und was an relevanten Befürchtungen der Pessimisten in 'Auffangmassnahmen' zu fassen ist, die dann im Bedarfsfall zur Verfügung stehen.

---

187) Hollenstein (Industrialisierung) 274
188) vgl. Hesse (Redeployment) 232
189) vgl. z.B. Juhl 28 und Deitmers (Auslandinvestitionen) 343-346

ad c) Nimmt nun der Unternehmer 'den Zwang zur Lokalfertigung' an, auch wenn dadurch negative Beschäftigungseffekte auftreten können? Dass eine gewisse Annahmebereitschaft gegenüber den von Abnahmeländern gestellten Bedingungen vorhanden ist, zeigen die Antworten zur Frage 01 der empirischen Erhebung bei den schweizerischen Investitionsgüterproduzenten. Während sie in den Industrieländern noch durchwegs liberale Absatzbedingungen erwarten, sind 25 von 42 Befragten (57 % anzahlmässig, gar 80 % am Exportvolumen gemessen) 190) bereit, in Entwicklungs- und Schwellenländern mit Anpassungsinvestitionen zu reagieren, sofern hiezu angemessen grosse Märkte auf dem Spiele stehen.

Ein weiterer Hinweis auf die Bereitschaft der Unternehmer, Herausforderungen anzunehmen, wird ersichtlich aus den Antworten zur Interviewfrage 2.7.1. Sie betrifft das Gebiet des Zwangs zum Wachstum, ebenfalls ein Gebiet also, in dem der Unternehmer nach der Ansicht Aussenstehender die Freiheit zum Wachstum 191) hat, er sich selbst intern jedoch zur Expansion gezwungen sieht. Die Hauptgründe, weshalb der Zwang zum Wachstum angenommen wird, lauten 192):

| | Gründe für Wachstum | Anzahl Antworten | Antwortanteil in % | |
|---|---|---|---|---|
| 'Zwang zum Wachstum' | - Zunehmende, absolute F+E.-Aufwendungen erfordern mehr Stückzahlen | 9 | 17 | 58 |
| | - Mitwachsen und Marktwachstum = Marktanteilserhaltung = eine kritische Grösse | 8 | 15 | |
| | - Erfahrungskurve und Boston Consulting Group zwingen zu höheren Stückzahlen | 7 | 14-43 % | |
| | - Härterer Wettbewerb --> tiefere Preise --> tiefere Kosten --> höhere Stückzahlen --> Wachstum | 6 | 12 | |
| 'Freiheit' zum Wachstum | - Kommerzialisierung des Know Hows, Ertragssteigerung | 6 | 12 | 35 |
| | - Mit Wachstum ist das Kader besser zu führen | 4 | 7 | |
| | - Wachstum aus Prestigegründen | 3 | 6 | |
| | - Diverse | 5 | 10 | |
| keine Annahme des Zwangs | - Es wird kein Wachstum (keines mehr) angestrebt | 4 | 7 | 7 |
| | | 52 193) | 100 | 100 |

Tab. 4.10.: Freiheit oder Zwang zum Wachstum

190) vgl. Frage 01. des Interviewleitfadens
191) vgl. Aurich/Schroeder (Wachstumsplanung) 27
192) vgl. Antworten zur Fragen 2.7.1. des Interviewleitfadens
193) Mehrfachnennung war möglich

Könnte man denselben Unternehmervertretern die Frage stellen 194), ob und weshalb sie den 'Zwang zum local content' annehmen, dann würden die Antworten diesbezüglich in die gleiche Richtung gehen; denn gegen aussen hin besteht die Freiheit zur Annahme des Zwangs, intern hingegen muss dem Zwang in einer möglichst wirtschaftlichen Form entsprochen werden.

Aus diesen Ueberlegungen abgeleitet muss nun die Frage anders gestellt werden: Bis zu welcher Grenze ist der Unternehmer bereit, negative Beschäftigungseffekte zu vermeiden?

Die 'Reizschwellen' zur Aufgabe seiner Rücksichten auf negative Beschäftigungswirkungen können m.E. in vier Grenzen gefasst werden:

1) Der Unternehmer ist aufgrund seiner betriebsinternen Verantwortung bereit, seine Mitarbeiter möglichst lange beschäftigen zu können. Diese Reizschwelle wird solange nicht tangiert, als Ertragslage und Konjunktur dies ohne Probleme erlauben.

2) Unternehmer der Investitionsgüter-Grossindustrie sind auch noch bei angespannter Ertragslage bereit, Arbeitsplätze zu erhalten, obschon sie ökonomisch betrachtet nicht mehr tragbar erscheinen. Aus sozialer Verantwortung heraus, begründet v.a. auch im Firmenansehen in der Region des Betriebes, werden auch unwirtschaftliche Arbeitsplätze erhalten. Die recht zahlreichen Sozialfälle in Grossbetrieben sind lebendiger Ausdruck dieser sozial positiven Einstellung.

3) Der Unternehmer mit gefährdeter Ertragslage sieht sich gezwungen, zur Sicherung seines Unternehmens der sozialen Einstellung Abbruch zu leisten. Er ist aber immer noch bereit, unausweichlich Massnahmen hinauszuzögern, sofern eine andere Kraft (Staat, ev. Gewerkschaft, Auffanggesellschaft der Arbeitnehmer etc.) ihm entgegentritt und zu milderen Lösungen Hand bietet.

4) Der Unternehmer verfolgt bei angeschlagener Ertragslage nur noch wirtschaftliche Ziele mit minimaler Rücksicht auf soziale Folgen, wenn ihm keine externe soziale Kraft entgegen kommt. Verzögerungen von an sich unausweichlichen Massnahmen erscheinen dann auch nicht mehr erstrebenswert.

Die Uebergänge zwischen den einzelnen Reizschwellen sind als kritisch zu bezeichnen, wird doch die folgende Verhaltensänderung auch in der Unternehmungsumwelt wirksam. Der Uebergang von der zweiten zur dritten Reizschwelle fand in weiten Teilen der Maschinenindustrie im Herbst 1982 statt. Als Beispiel kann dazu BBC aufgeführt werden, wo bislang ein ausgesprochen hohes Verantwortungsgefühl für die Region Baden bestand, solange dies nur irgendwie tragbar erschien. Im Dezember 1982 schien die Ertragslage hingegen für die nächste Zukunft derart stark gefährdet, dass auch mit jahrelangen Prinzipien der Arbeits-

---

194) Gegenwärtig noch nicht möglich, da Erfahrungen mit Zwang zum 'local content' noch nicht genügend gefestigt sind, auf alle Fälle nicht so wie beim Wachstumsdenken.

platzsicherung trotzdem 500 Entlassungen angekündigt werden mussten 195). Der Uebergang von Reizschwelle zwei auf drei oder zwei auf vier lässt sich z.B. darstellen mit: Nach Rückbildung des schweizerischen Uhrenweltmarktanteils von über 40 % anno 1970 auf nur mehr 17 % im Jahre 1981 ist die schweizerische Uhrenindustrie, wenn auch 'schweren Herzens' bereit, den Schritt zur vollautomatisch produzierten Quarzuhr zu vollziehen; auch im Bewusstsein, damit eine Vielzahl von Entlassungen zu verursachen 196). Die Aussicht auf eine umfangreiche Arbeitslosigkeit als Folge der Automatisierung lässt den Unternehmer mit Auslandinvestitionsneigungen zur Aussage verleiten, dass seine potentielle Gefährdung von Arbeitsplätzen demzufolge auch nicht mehr den ausschlaggebenden Faktor in die zunehmende Arbeitslosigkeit bedeutet. Ist der Bann einmal gebrochen, d.h. sind neue Arbeitslose einmal etwas 'alltäglicher' geworden, dann hält auch den bislang eher zögernden Unternehmer nichts mehr davon zurück, wenn nötig wieder vermehrt seine wirtschaftliche Lage zu verbessern. Auch die gewerkschaftliche Seite kann diesen Prozess, hat er einmal eingesetzt, nicht aufhalten 197), sondern höchstens zu lindern versuchen.

Auf die staatlichen Kooperationsmöglichkeiten soll, wie erwähnt, in ad d) eingetreten werden.

Vorerst ist noch zu untersuchen, ob der Unternehmer selbst nicht Alternativmöglichkeiten hat, um beträchtliche Beschäftigungseinbussen zu verhindern.

Die Interviewfrage 2.4.1. war dazu geeignet, herauszufinden, wie sich die Investitionsgüterunternehmen bis heute der Frage negativer Beschäftigungseffekte durch die Aufnahme von Auslandproduktionsstätten stellten:

---

195) vgl. NZZ (Leistungsbild BBC) 13

196) vgl. NZZ (Technologiesprung) 17, weiteres Beispiel vgl. Bilanz (Report 3/81) 31

197) Dies wurde z.B. vom Vertreter des Schweiz. Gewerkschaftsbundes, B. Kappeler anlässlich eines Interviews am 17.12.1982 bestätigt.

| | Anzahl Antworten | | %-Anteil der Antworten | | %-Anteil am Exportvolumen | |
|---|---|---|---|---|---|---|
| Argumente, Fakten, die zeigen, dass trotz Auslandfertigung bis jetzt im eigenen Betrieb **keine negativen** Beschäftigungseffekte resultierten | | | | | | |
| - Anhand der Grössenentwicklung des Unternehmens im In- und Ausland wird demonstriert, dass Lokalfertigung stets Expansion bedeutete | 13 | | 23 | | 13 | |
| - Arbeitskräfte, die durch eine Lokalfertigung frei würden, können mit der Herstellung von Zulieferprodukten in diese LF beschäftigt werden | 16 | | 27 | | 24 | |
| - Es findet eine kontinuierliche Verlagerung auf die noble-parts-Produkte statt, so dass trotz LF die Angestelltenzahl im Inland konstant bleibt | 8 | 47 | 13 | 80% | 19 | 66% |
| - Neue Produkte aus der Forschung werden die Weiterbeschäftigung garantieren | 8 | | 13 | | 8 | |
| - Ueberzeugung, dass Lokalfertigung neue markt- und kundengerechte Produkte mit positiven Beschäftigungseffekten auch im Stammhausland bringt | 1 | | 2 | | 1 | |
| - Unternehmungspolitisch wurde festgelegt, dass nur auftragsgebundene Lokalfertigung aufgenommen wird, so dass keine dauerhafte Arbeitsplatzgefährdung resultiert | 1 | | 2 | | 1 | |
| Argumente, welche eine Arbeitsplatzsicherung in Situationen der angeschlagenen Konkurrenzfähigkeit **negativ** beeinflussen können | | | | | | |
| - Die Lokalfertigung wird nur aufgebaut, wenn die eigene Konkurrenz stark gefährdet ist und damit wieder hergestellt werden kann, auch wenn damit ev. die Kapazität in der Schweiz reduziert werden muss | 4 | | 7 | | 15 | |
| - Die Kapazität wird vom entsprechenden Staat in jedem Fall aufgebaut. Ist es nicht dieses Unternehmen, das sich engagiert, so wird es die Konkurrenz tun. Es ist also besser, nur die Arbeitsplätze als Markt und Arbeitsplätze zu verlieren | 8 | 12 | 13 | 20% | 19 | 34% |
| | 59 198) | | 100 | | 100 | |

Tab. 4.11.: Argumente zum Beschäftigungseffekt getätigter Lokalfertigungen

198) Mehrfachnennung war möglich

Die 80 % der Antworten, die bislang Lokalfertigungen auch ohne negative Beschäftigungseffekte realisieren konnten, weisen nicht auf eigentliche Alternativen, sondern vielmehr auf ein 'sowohl als auch'-Verhalten hin. Die damit aufgeführten Aktions-/Reaktionsweisen bilden den eigentlich positivsten Teil der Lokalfertigungsproblematik unter dem Aspekt der Arbeitsplatzgefährdung, welcher als Umstrukturierungsprozess bezeichnet werden kann und für die weitere Weltwirtschaftsentwicklung **das** erstrebenswerte Vorgehen verkörpert.

Was aber, wenn diese Umstrukturierung nicht gelingt? Stehen Alternativen zur Lokalfertigung offen?

Borner stellt der Auslandfertigung als alternative Anpassungsstrategien v.a. den freiwilligen Marktaustritt und die Anlehnung an eine multinationale Gesellschaft gegenüber 199).

Werden die Investitionsgüterproduzenten selbst nach Alternativen befragt, dann werden differenziertere Reaktionsmöglichkeiten geäussert.

**Alternativen** 200) d.h. anstelle einer Lokalfertigung wird dann angestrebt:

- Technisch-qualitative Lösung:
  . Der technologische, qualitative Vorsprung des eigenen Produktes wird als Verkaufsargument ausgenützt.
  . Der Exportmarkt soll mit Spezialisierungen aufrecht erhalten werden, ev. verbunden mit Geschäftsverlagerungen. Durch Herbeiführung von Exklusivitäten (ev. Monopolsituationen) kann künstlich eine konkurrenzarme Situation geschaffen werden, wobei die Spezifikation auf einen vorhandenen Bedarf ausgerichtet sein muss 201).
  . Konzentration auf eine technische 'Umgehungsmöglichkeit' bei Importbehinderungen in Richtung schikanöse Abnahmevorschriften.

- Preispolitische Lösung: Solange als möglich ist durch eigene preispolitische Massnahmen (Kosteneinsparungen etc.) der Export aufrecht zu erhalten.

- Kompensations-Lösung: Kompensationsgeschäfte werden als Gegenleistung angenommen.

- Verhandlungs-Lösungen:
  . Die Absichten des Abnehmerlandes zur Lokalfertigung werden verzögert, durch Aufzeigen von Chancen und Bedingungen oder durch Ausnützen von Fehlern des Abnehmerlandes, derweil weiter dorthin exportiert werden kann.
  . Die Absichten des Abnehmerlandes zur Lokalfertigung werden negativ beeinflusst, indem bewiesen wird, dass die potentiellen Absatzstückzahlen solch hohe Investitionen nicht rechtfertigen.

- Umstrukturierungs-Lösung: Der Umsatzrückgang durch das Unterlassen

---

199) vgl. Borner (Produktionsverlagerung) 18
200) vgl. Frage 2.2.2. des Interviewleitfadens
201) Untersuchungen des Instituts für Weltwirtschaft, Kiel, zu solchen Chancen vgl. Borner a.a.O. 111

einer Lokalfertigungskooperation wird einmal hingenommen. Zur Weiterbeschäftigung der damit gefährdeten Arbeitnehmer wird nach Möglichkeiten der Umstrukturierung gesucht.

. Intensive Suche nach neuen Bedürfnissen, die mit Produkten aus dem eigenen Unternehmen befriedigt werden könnten.
. Umstellung auf die Fabrikation von Gütern, die bisher importiert wurden (Importsubstitution).
. Suche nach Akquisitionen von Unternehmen im Ausland, deren Güter oder Güterkomponenten auch ergänzend in der Schweiz hergestellt werden können 202).
. Umstellung im Stammhaus mit einer Neuregelung von Arbeitszeit mit Reallohnanpassung. Es werden dem Umsatzrückgang angepasste Teilzeitjobs angeboten und damit flexiblere Anstellungsbedingungen geschaffen.

Statt Alternativen : Annahme des Zwangs mit Bedingungen:

- Vermeidung einer dauerhaften Verpflichtung:
  . Für know-how-ärmere Teile höchstens Aufnahme eines Subcontracting im Spektrum von Auftragsbezogenheit bis Kapazitätsreservierung.
  . Eingehen von Konsortialabmachungen von Auftrag zu Auftrag.
- Zwar dauerhafte, aber reduzierend wirkende Lösung:
  . Aushandlung eines bestimmten Prozentsatzes, zu dem im späteren Absatzland Anlageteile zugekauft werden.
  . Aushandlung der Zulieferungsmöglichkeit von Zwischenprodukten zur Endmontage im Abnehmerland.
  . Lokal werden nur sperrige Güter gefertigt.
  . Lokalfertigung nur im Kooperationsverhältnis mit dem anfragenden Staat als Partner, damit Risikoreduktion.
  . Nur Projekte mit positivem ROI akzeptieren, also keine Geschenke machen 203).
  . Konkurrenzabsprachen zur Länderaufteilung, damit nicht jeder in jedem Land eine Betriebsstätte errichtet 204).

Aus den vorgängig aufgeführten Alternativen zu erzwungenen Lokalfertigungen wird zwar ersichtlich, dass sich der Weg ohne Zwang zeigen kann. Ein Mittelweg, wie aufgezeigt, kann auch damit beschritten werden, dass der 'Annahme des Zwangs' Bedingungen gestellt werden. In der Aufzählung erscheint eine beachtliche Zahl von Möglichkeiten für beide Wege. Wie aber ist die Bereitschaft für das Beschreiten eines dieser beiden Wege in der schweizerischen Investitionsgüterindustrie?

---

202) Unter Beachtung von Protektionismusgefahren und Ueberkapazitäten bei allfälligem Reexport.

203) vgl. auch Wirth (Hilfe ohne Geschenke) 7

204) Allerdings sind dabei Kollosionen mit dem Kartellrecht möglich, was auch schon Gegenstand von UNCTAD-Kontrollmassnahmen war, vgl. NZZ (Unctad-Beschluss) 13

| Verhalten gegenüber dem Zwang zur Lokalfertigung | Anzahl Antworten | % Anteil Antworten | % Anteil am Exportvolumen |
|---|---|---|---|
| Alternativen, die eine Ablehnung des Zwangs zur Lokalfertigung ermöglichen, ohne direkt auf den entsprechenden Markt zu verzichten | 13 | 23 | 37 |
| In Ermangelung von Alternativen wird der Zwang zur Lokalfertigung unter Bedingungen angenommen, mit der Absicht, die Grössenvorstellungen der anfragenden Staaten zu reduzieren | 30 | 53 | 54 |
| Der Zwang wird vorbehaltlos angenommen | 2 | 3 | 1 |
| Der Zwang wird nicht angenommen, auch wenn daraus ein Marktverlust resultiert | 12 | 21 | 8 |
| | 57 205) | 100 | 100 |

Tab. 4.12. 206): Alternativen zur Lokalfertigung, in Relation zu andern Verhaltensweisen

An dieser Stelle kann im Sinne eines Zwischenresultates festgehalten werden, dass dem Investitionsgüterunternehmer einerseits die zunehmende Notwendigkeit von Umstrukturierungen im Zusammenhang mit dem Wandel der Weltwirtschaft bewusst ist und er diesbezüglich auf einige Rezepte zur Dämpfung des Arbeitsplatzexportes zurückgreifen kann, dass aber andererseits auch dem Unternehmertum Grenzen zur Verhinderung der Arbeitsplatzgefährdung gesetzt sind.

ad d) Zur Erweiterung dieser Grenzen kommt nun die Frage auf, inwieweit nicht staatliche Instanzen in der Lage wären, Umstrukturierungen unterstützend zu begleiten, v.a. im Bereich von mittleren und Kleinunternehmen, damit nach einer gewissen Startphase der umstrukturierte Produktionsprozess in den privaten Händen zu neuen Erfolgen geführt werden kann.

Es ist dabei von der Ueberlegung auszugehen, dass gemäss den erwähnten Annahmen der 'Reizschwellen für Unternehmer' die Möglichkeiten der Arbeitsplatzsicherung solange weiterverfolgt werden, als dies für ihn tragbar erscheint. Ist die letzte Schwelle einmal überwunden, dann sind die Arbeitslosen von der Allgemeinheit zu tragen, d.h. sie stellen volkswirtschaftliche Kosten dar, so dass staatliche Unterstützungsmassnahmen 207) nicht von der Hand gewiesen werden können.

Ein spezifischer, hier zu entwickelnder Vorschlag staatlicher Unterstützung orientiert sich am Stellenwert der Investitionsgü-

---

205) Mehrfachnennung war möglich

206) Relationen gemäss den Antworten zur Frage 2.2.2. des Interviewleitfadens

207) vgl. Beispiel in NZZ (Frankreich Elektronikmacht) 23 oder z.B. regional- sektorale Bildungsprogramme in der CH-Uhrenindustrie.

terindustrie in einem entsprechenden Umstrukturierungsprozess.

In diesem Zusammenhang kommt der Investitionsgüterindustrie eine Doppelstellung zu.

Auf der einen Seite stellt sie gesamtwirtschaftlich betrachtet die Hoffnung dar, d.h. man rechnet damit, dass ein Umstrukturierungsprozess immer auch in einer Vegrösserung des Anteils der Investitionsgüterindustrie am Brutto-Sozialprodukt resultiere, da die Schweiz zusammen mit andern Industriestaaten auf diesem Gebiet vielen potentiellen Abnehmerländern gegenüber die notwendigen Vorteile aufzuweisen hat 208).

Auf der anderen Seite werden, wie erwähnt durch die Annahme des Zwangs zur Lokalfertigung in der Investitionsgüterindustrie heimische Arbeitsplätze riskiert. Diese bipolige Stellung der Investitionsgüterindustrie, gepaart mit dem Vorhaben, eine 'Staatsintervention' auf das notwendige Minimum zu reduzieren, führt zum Vorschlag, eine überregionale, intersektorale 'Clearinginstanz' zu errichten. Es geht dabei darum, in erster Linie ein Forum zu schaffen für die Ideen- und Chancenvermittlung zur Aufnahme von Komponenten- und Anlagenfertigungen im Bereich der Investitionsgüterindustrie; in zweiter Linie sollen den Unternehmern, welche eine neue Herausforderung anzunehmen bereit sind, wenn nötig Starthilfen ermöglicht werden. Konkrete Beispiele kann man sich in der folgenden Art vorstellen:

- Das Grossunternehmen A nimmt den Zwang zur Errichtung einer Lokalfertigung im Lande X an. Vorteilhafterweise gelingt es ihm, die vertragliche Zusicherung für Zulieferungen aus der Schweiz im Umfang von 2/3 der Herstellkosten auszuhandeln. Die zusätzliche Herstellmenge erlaubt Zulieferungsmöglichkeiten, welche neue Herstellkapazitäten von den Komponenten P 1 bis P n ermöglichen. Was A nicht selbst zur Erhaltung der eigenen Arbeitsplätze abzuschöpfen gedenkt, wird dieser Clearingstelle gemeldet. Letztere kann solche Offerten an arbeitsplatzgefährdete, z.B. mittlere und kleine Unternehmen vermitteln. Mit einer solchen Vermittlung kann verhindert werden, dass die Komponenten P 1 - P n entweder im Land X selbst hergestellt werden oder von dort aus einem anderen Industrieland bezogen werden.
- Das Unternehmen B lieferte bis jetzt in die Länder Y 1 - Y n ein Produkt, in welchem eine Komponente aus dem Lande Z eingebaut wird. B kann der Clearingstelle vorschlagen, dass diese Komponente in der Schweiz hergestellt werden soll und verpflichtet sich sogleich zur Abnahme einer gewissen Stückzahl.
- Das Unternehmen C hat aufgrund von Marktumfragen herausgefunden, dass seine Maschine vom Typ M langfristige Absatzchancen hätte, wenn ihr Preis um 15 % reduziert werden könnte. Zuerst erwägt dieses Unternehmen, eine neue Fabrik in einem benach-

---

208) vgl. diesbezügliche Hinweise in Schluep (Aussenhandelsprotektionismus) 120, Donges (Protektionismus) 22/23, Rettig (Strukturveränderungen) 320

barten Land zu errichten, in dem die Löhne ca. 23 % tiefer liegen als in der Schweiz 209). In letzter Minute erhält es von extern den Anstoss, seine Situation dieser Clearingstelle darzulegen. Dort wird eine Lösung gefunden, dass mit verschiedenen Massnahmen diese Preisreduktion von 15 % erreicht werden kann, auch ohne Auslandfertigung, u.a. mit der Bereitstellung einer leerstehenden Fabrik und günstigeren Arbeitskräften im Kanton Neuenburg.

Eine solche Clearingstelle umfasst eine staatliche Hilfe und keine Intervention. Es muss also vermieden werden, dass erkannte Chancen dann von staatlichen Betrieben wahrgenommen werden, wie dies heute z.B. in Oesterreich geschieht.

Der Form nach kann eine Claringstelle dem Bedürfnis entsprechen, das im Zusammenhang mit der bereits bekannten regionalen Wirtschaftspolitik festgestellt wurde: "Zunehmender Beliebtheit erfreut sich die staatliche Beratung von Unternehmungen im Zusammenhang mit Ansiedlungs-, Erweiterungs- und Diversifikationsproblemen; hier zeichnet sich so etwas wie ein 'kantonales Marketing' ab" 210).

In analoger Weise muss man sich den Stellenwert solcher Clearing-Instanzen vorstellen 211).

Chancen zur Realisierung eines solchen Vorhabens bilden offensichtlich wesentlich kritischere Zeiten und Wirtschaftsbedingungen als die aktuellen 212).

Erst eine empirisch fundierte Analyse der Konsequenzen von Produktionsverlagerungen ins Ausland könnten glaubhafte Hinweise zum Nutzen der entworfenen Clearingstelle erbringen 213).

---

209) Dieser erste Teil der Schilderung entspricht einem tatsächlichen Fall im Jahre 1982 in einem Unternehmen der Investitionsgüterindustrie in der Ostschweiz.

210) NZZ, Bieri (Wirtschaftspolitik) 19, weitere unterstützende Hinweise vgl. NZZ, Mühlemann (Strukturerneuerung) 23, vgl. NZZ, Bieri (Wirtschaftspolitik) 19

211) Zwar wäre auch eine private Clearingstelle zu begrüssen, doch wird einer solchen die letzte Motivation deshalb fehlen, da eine Koppelung mit der staatlichen Arbeitslosenversicherung fehlt.

212) Dass letzteres zutrifft, kann anhand einer Begebenheit im Zusammenhang mit dieser Arbeit erklärt werden. Ursprünglich war geplant, aus den Erkenntnissen dieser Arbeit Schlussfolgerungen und Vorschläge zugunsten einer schweizerischen Wirtschaftspolitik in einem 7. Kapitel zu verfassen, auch ohne dass diese direkt zum Thema dieser Dissertation gehörte. Die Resultate eines solchen Kapitels würden dem Nationalfondsprojekt Nr. 9, "Mechanismen und Entwicklung der schweizerischen Wirtschaft und deren soziale Auswirkungen", unter der Leitung von Prof. Schelbert, Zürich, am nächsten kommen. Auf die Anfrage beim Nationalfonds in Bern wurde in keiner Weise ein Interesse bekundet an solchen Schlussfolgerungen, basierend auf einer empirischen Umfrage. Dies bestätigt die Annahme, dass ohne grösseren äusseren Zwang prophylaktische Ueberlegungen noch keine Chancen haben. Das Projekt für dieses 7. Kapitel wurde demzufolge fallengelassen.

213) vgl. Casetti (Zukunftsperspektiven) 31

Gegenwärtig führt aber noch kaum ein Unternehmen Buch über die Konsequenzen von neuen Auslandproduktionen. Dies überrascht an sich nicht, wenn man aus der Interviewfrage 2.5.2. erfährt, dass auch für betriebswirtschaftlich noch näher liegendere Konsequenzen die Mehrheit der Befragten zahlenmässig keine Nachprüfung durchführt:

| Die Frage 214) lautet: Wird in diesem Unternehmen zahlenmässig erfasst, welchen Betrag die Aufträge ausmachen, welche letztlich durch das Lokalfertigungsengagement zustande kommen? | Anzahl Antworten | % Anteil der Antworten | % Anteil des Exportvolumens |
|---|---|---|---|
| Ja, dies wird zahlenmässig erfasst | 15 | 36 | 17 |
| Nein, keine Erfassung dieses Zusammenhangs | 23 | 55 | 80 |
| Keine Stellungnahme, weil keine Lokalfertigungen, sondern nur Export | 4 | 9 | 3 |
| | 42 | 100 | 100 |

Tab. 4.13.: Zahlenmässige Erfassung der Aufträge, die ohne Lokalfertigung verloren gegangen wären

Bei der Frage nach einer Nachkalkulation von allfälligen Exportverlusten durch die Errichtung einer Lokalfertigung sind die Verhältnisse ziemlich analog: 15 Unternehmen mit einem Exportvolumenanteil von 30 % rechnen die Konsequenzen nach, 21 Produzenten mit einem Anteil am 'befragten Exportvolumen' von 63 % führen keine Nachkalkulation 215).

Solange jedes Unternehmen ein jährliches Wachstum auch bei den Beschäftigten in der Schweiz ausweisen konnte, genügte ein einfacher Vergleich: "Eindrücklich ist das Beispiel von BBC Brown Boveri, wo in den letzten fünf Jahren auf je zwei Arbeitsplätze, die die Firma ausserhalb der westlichen Industriestaaten geschaffen hat, ein zusätzlicher Arbeitsplatz in der Schweiz kam" 216). Sobald jedoch auch die BBC 1983 die ersten 500 Entlassungen vorzunehmen hatte, genügt auch hier eine derartige Globalrechnung nicht mehr; denn sie vermag keine Ursache-Wirkungs-Relationen aufzuzeigen. Eine projektspezifische Arbeitsplatzkalkulation wird dann erforderlich.

Derart aufbereitete Daten könnten an eine staatliche Stelle gemeldet werden 217), so wie dies heute z.B. mit der Mitteilung der offenen Stellen an das KIGA 218) und BIGA geschieht. Solche Daten haben dann auch als Arbeitsgrundlage der oben entworfenen 'Clearingstelle' zu dienen.

---

214) vgl. Frage 2.5.2. des Interviewleitfadens
215) vgl. Frage 2.5.1. des Interviewleitfadens
216) Wild (Lebensraum) 7
217) in den USA nicht mehr unbekannt, vgl. hiezu Stobaugh (Impact) 150
218) Kantonales Amt für Industrie, Gewerbe und Arbeit

Die branchen- und projektmässige Erfassung von Beschäftigungseffekten würde damit nötigenfalls den Impuls für wirtschaftspolitische Massnahmen zur Arbeitslosenbekämpfung auch in der Schweiz darstellen 219).

Nachdem die Problemcharakterisierung der strategischen Ausgangslage für die Grundsätze IV bis VI gemeinsam erfolgt ist, werden die Ausführungen von Richtung und Beispielen wiederum pro Grundsatz weitergeführt.

**Allgemeine Richtung des Grundsatzes IV:** Bei diesem Grundsatz zur Festlegung der Reaktion gegenüber einer Gefährdung von Arbeitsplätzen im Stammhausland geht es darum

- die Punkte der obengenannten Reizschwellen
- die Bereitschaft zur Zusammenarbeit mit staatlichen Stellen und
- die konkrete Weisung für die Situation des 'entweder hier / oder dort'

im voraus zu umschreiben.

Zur Formulierung der Gründsätze IV hat jedes Unternehmen von seiner eigenen Stellung im Weltmarkt auszugehen, so dass keine allgemein gültigen Rezepte möglich sind. Wichtige Variable in diesem Zusammenhang sind dabei Produkteart bezüglich Substituier- oder Kopierbarkeit, Marktanteile und strategische Ausgangsposition in den enptsprechenden Märkten. Dementsprechend verschiedene Fixierungen sind vorzunehmen. So kann z.B. die Reizschwelle, d.h. die Bereitschaft für ein Riskieren heimischer Arbeitsplätze abhängig gemacht werden von

- der Festlegung des Umsatzanteils, der mit Annahme oder Nichtannahme des Zwangs zur Lokalfertigung auf dem Spiel steht,
- dem Vorhandensein genügender Marktreserven und offener Marktnischen, weltweit betrachtet,
- dem Ausbildungsniveau, der Mobilität, Flexibilität der riskierten heimischen Arbeitnehmer
- den Möglichkeiten zum Eingehen von Alternativen gegenüber einer Lokalfertigung (wie oben erwähnt).

Je nach der eigenen Situation werden dann verschiedene Bedingungen an eine Annahme des Lokalfertigungszwangs gestellt.

Beispiele

- Sind alle Alternativen gegenüber der Aufnahme einer von extern angefragten Lokalfertigung ausgenützt worden, dann wird sie auch bei Gefährdung heimischer Arbeitsplätze angenommen, sobald der Marktanteil im Land grösser als 25 % ist oder im entsprechenden Land bisher durch Export mehr als 15 % des Stammhausumsatzes

---

219) Weitergehende Ausführungen zum Entwurf von wirtschaftspolitischen Massnahmen zur Arbeitsplatzsicherung in der Schweiz würde den Rahmen dieser Arbeit sprengen, sie wären vielmehr Gegenstand einer selbständigen Studie.

abgesetzt werden konnten. Für die gefährdeten heimischen Arbeitnehmer sind neue Beschäftigungsgelegenheiten zu verschaffen, nötigenfalls sind hiezu Offerten der staatlichen Clearingstelle einzuholen.

- Die Lokalfertigung wird angenommen, wenn damit eine Expansion des Absatzvolumens erreicht werden kann, auch bei einer Gefährdung der heimischen Arbeitsplätze. Dieser harte Grundsatz kommt deshalb zustande, weil in der eigenen Produktsparte der 'Effekt der Kühlschrankherstellung' befürchtet wird, d.h., dass mit der Zeit nur noch z.B. fünf Produzenten alle Märkte teilen. Die Expansion ist somit ein Mittel zur Unternehmungssicherung.

**Allgemeine Richtung des Grundsatzes V:** Der strategische Grundsatz zur Festlegung der Aufwandbereitschaft für die Aufrechterhaltung des Exportes hängt direkt vom Grundsatz IV ab. Wird dort auf die Gefährdung von Arbeitsplätzen sehr empfindlich reagiert, dann folgt daraus eine hohe Aufwandbereitschaft. Wird hingegen jede Lokalfertigungsmöglichkeit zur Expansion des Gesamtunternehmens genützt, solange sich dies auch ertragsmässig vertreten lässt, dann wird die Aufwandbereitschaft zur Aufrechterhaltung des Exports gering sein. Dieser Grundsatz soll aber nicht nur über entweder/oder Auskunft geben, sondern auch Formen zur Exportaufrechterhaltung entwerfen. Der Grundsatz V steht selbstverständlich auch in einem gewissen Abhängigkeitsverhältnis zu den strategischen Grundsätzen I, II und III.

Für die weitere Ausführung der Möglichkeiten von Grundsatz V wird hier angenommen, dass die Aufrechterhaltung des Exportes, abgeleitet aus Grundsatz IV, hohe Priorität erlangt 220).

In diesem Zusammenhang sind z.B. die folgenden Abklärungen zu treffen:

- Welche Alternativen können eingesetzt werden, um den Export auch bei einem Zwang zur Lokalfertigung aufrechtzuerhalten?
- Welche Taktiken sind vorzunehmen, um die Lokalfertigung solange als möglich hinauszuzögern und den Export weiter zu führen?
- Welche Bedingungen müssen ausgehandelt werden im Fall eines Nachgebens hin zur Lokalfertigung, damit trotzdem ein anteilmässig hoher Export möglich bleibt?
- Welche Differenzierung nach Produkten und/oder Märkten ist bei der Festlegung von Alternativen, Taktiken und Bedingungen vorzunehmen?
- Wer trägt die Verantwortung zur Festlegung des Aufwandes, damit ein Export trotz anderslautender Entwicklung aufrecht erhalten werden kann?
- Welches sind die Grenzen, die Grössenordnungen des Aufwandes, die für die Aufrechterhaltung des Exportes gelten sollen?

Der Inhalt dieses Grundsatzes V ist den Veränderungen der Wirtschaftslage anzupassen.

---

220) Ist dies einmal nicht der Fall, kann dieser Grundsatz u.U. fallengelassen werden.

Beispiele

- Der Export wird solange, ev. auch in reduziertem Umfang, aufrechterhalten, als die Bedingungen für eine Lokalfertigung nicht mindestens folgendes umfassen:
  . Die weiteren Zulieferungen müssen mindestens 66 2/3 % des bisherigen wertmässigen Umfanges betragen.
  . Das Fabrikland und die Hälfte des Gebäudes ist vom anfragenden Land gratis zur Verfügung zu stellen.
  . Maschinen und Ausrüstung müssen zu mindestens 80 % mittels lokaler Kredite bezahlt werden können.
  . Für die Angestellten gibt es kein Kündigungsverbot, sondern nur eine Kündigungsdauer von max. sechs Monaten.
  . Führungskräfte aus dem Ausland werden zugelassen, wenn der Bedarf/Qualität lokal nicht gedeckt werden kann.

- In Einklang mit Grundsatz I wird die Lokalfertigung nicht aufgenommen und damit der Export in jedem Fall als einzige Engagementform solange als vertretbar weiterverfolgt für
  . kapitalintensiv herzustellende Güter (d.h. mind. 75 % der Wertschöpfung sind Kapitalkosten)
  . Hochpreisprodukte (d.h. Produkte P 1, P 3, P 12, P 17, P n).

  Für alle weiteren Produkte wären zur Aufrechterhaltung des Exportes die folgenden Taktiken zu praktizieren:
  . Bei Lokalfertigungsabsichten eines Abnehmerlandes muss man immer aufs Neue versuchen, im Gespräch zu bleiben, nötigenfalls als potentieller Partner (window dressing).
  . Es sind alle Mittel der Hinhaltetaktik auszunützen, z.B. Denkaufgaben an Staat stellen, sporadisch eine auftragsorientierte Untervergabe akzeptieren etc., um eine Lokalfertigung mindestens solange hinauszuzögern, bis gefährdeten heimischen Arbeitskräften z.B. mit einer Erweiterung des Produktesortiments neue Beschäftigungsmöglichkeiten angeboten werden können.
  . In jedem Fall hat als Bedingung einer schrittweisen (lokale Verkaufsgesellschaft, 2 Jahre Montage und Service, 2 Jahre ....) Aufnahme von Lokalfertigungsaktivitäten ein erfolgreicher Export von fünf Jahren in das betreffende Land voranzugehen. Mit einer solchen 'Stufenpraxis' soll erreicht werden, dass in der heimischen Fabrikation ab Anfrage des produktionsbereiten Abnehmerlandes mindestens fünf, im Maximum 12 Jahre zur Verfügung stehen, um eine Umstrukturierung vorzunehmen.
  . Unter Einhaltung dieser Grundsätze ist allein der Profit-Center-Leiter für Aufrechterhaltung, Hinauszögerung und stufenweise Vergabe der Exportmöglichkeiten verantwortlich.

**Allgemeine Richtlinie für Grundsatz VI:** Der Grundsatz zur Festlegung der Reaktion auf landes- resp. weltweiten produktspezifischen Kapazitätsüberhang trägt nicht nur den Aspekt der unnötigen Gefährdung heimischer Arbeitsplätze in sich, sondern darüber hinaus auch den Aspekt der Unwirtschaftlichkeit.

In vereinzelten Produktesparten hat sich mit der Entwicklung der letzten Jahre gezeigt, dass weiterhin Kapazitäten aufgebaut wurden, obschon die bereits bestehenden Produktionskapazitäten nicht ausgelastet waren; so z.B. auf dem Sektor des Turbinen- und Generatorenbaus. Es entspricht zwar vielfach den wettbewerbspolitischen Bestrebungen, dass man in einem wachstumsträchtigen Land der Konkurrenz nicht den Vortritt mit einer Lokalfertigung lassen will, um sich damit alle Chancen der Zukunft auf diesem Markt entgehen zu lassen.

Andererseits ist die Analyse der produktionsspezifischen Kapazitätsverhältnisse doch eine Ueberlegung wert, sofern man einen zwar späteren, aber mit grosser Wahrscheinlichkeit eintretenden Verlust zu vermeiden gewillt ist. V.a. Entwicklungs- und Schwellenländer mit ihrem oft überdosierten Prestigedenken sollten davon abgebracht werden, sich mit Vorzeige-Projekten zu befassen, für die bereits weltweit eine Ueberkapazität existiert. "Bemühend wird diese Entwicklung für die Industrieländer erst dann, wenn die Entwicklungsländer den vom GATT zugebilligten Sonderstatus dazu benützen, Industrien aufzubauen, die der langfristigen Entwicklung des Landes eher schaden als nützen, dass also Fehlleitungen der Produktivkräfte entstehen, die sich nicht rechtfertigen lassen und zugleich andere Volkswirtschaften in Schwierigkeiten bringen" 221).

Die Hauptfragen dieses Grundsatzes lauten z.B.:

- Wird in absehbarer Zeit eine Sättigung der zur Diskussion gestellten Produkte eintreten?
- Besteht heute oder in absehbarer Zukunft eine Ueberkapazität auf dem untersuchten Produktegebiet?
- Vorausgesetzt die Lokalfertigung wird in XY errichtet, bestehen dann auf anderen Märkten für die heimischen Produktionskapazitäten langfristig noch genügend Absatzmöglichkeiten? Kann im Falle einer negativen Antwort das Abnehmerland XY nicht z.B. mit preislichen Konzessionen zur Weiterführung des Imports anstelle der Lokalfertigung bewogen werden?

Gegenwärtig haben solche Ueberlegungen in den befragten Unternehmen der Investitionsgüterindustrie noch nicht durchwegs Eingang (d.h. erst bei 30 %) gefunden:

- Zehn Unternehmen 222) (= 21 % von 42 Untersuchungseinheiten mit 22 % des befragten Exportvolumens) zeigen keine Bereitschaft für eine Lokalfertigung, wenn bereits im Lande selbst ein Kapazitätsüberhang besteht.
- Vier Unternehmen 222) (= 9 % von 42 Untersuchungseinheiten mit 22 % des befragten Exportvolumens) zeigen bei einer bereits bestehenden weltweiten Ueberkapazität keine Kooperationsbereitschaft mehr für eine zusätzliche Lokalfertigung.

Für den grösseren verbleibenden Anteil der Firmen hingegen, der sich mit seinen Produktionskapazitäten im Bereich möglicher Ueberkapazitäten bewegt, ist dieser strategische Grundsatz VI ein vorteilhaftes Mittel zur Erkennung des Unternehmungsrisikos.

Beispiele

- Wird mit der Errichtung einer Auslandproduktionsstätte weltweit eine neue Kapazität bei bereits bestehenden Ueberkapazitäten geschaffen, dann muss mindestens eine Bedingung erfüllt sein: Der

---

221) Schluep (Aussenhandelsprotektionismus) 189
222) vgl. Frage 3.4. des Interviewleitfadens

Verkaufspreis beim Endabnehmer muss dadurch mindestens um 25 % gesenkt werden können. Ein denkbarer Fall in diese Richtung wäre eine Fabrik in Singapore, wo mit drei Schichten und an sieben Tagen produziert werden kann. Zum Kostenvergleich sind jedoch alle relevanten Kostenfaktoren einzukalkulieren (z.B. Produktivitätsvergleich, Transportkosten, zusätzliche Führungskosten etc.).

- Zur Vermeidung von Verlusten zufolge von Ueberkapazitäten wird folgendes angeordnet: Bestehen konkrete Hinweise, dass ein Konkurrent trotz weltweiter Ueberkapazitäten die Herausforderung annehmen wird, dann haben folgende Verhandlungsrichtlinien Vorrang: Kapazität nur auf Inlandnachfrage ausrichten. Verlangt das Empfängerland weitergehende Kapazitäten, dann muss eine rechtliche und finanzielle Trennung dieser beiden Kapazitätsblöcke erreicht werden. Für das Auslandprojekt ist in einer solchen Situation 75 % des Kapitalbedarfs auf dem lokalen Kapitalmarkt zur Reduktion des eigenen Risikos aufzunehmen.

### 4.5.4. Grundsätze der Risikobereitschaft

Ist der Entschluss für die Prüfung eines Auslandfertigungsprojektes einmal gefallen, ist anschliessend das potentielle Risiko abzuschätzen. Dieses Risiko drückt sich neben der nie ganz berechenbaren Nachfrage mindestens auf zwei Ebenen in der Umwelt aus:

- In der Konkurrenzsituation. Die Konkurrenten können den Erfolg der erstellten Lokalfertigungsstätte durch eigene Gegenmassnahmen verhindern.
- Das Investitionsklima ist mitbestimmend für den Erfolg eines Projektes.

Für diese beiden Risikogebiete sind in diesem Kapitel die strategischen Grundsätze VII und VIII festzuhalten.

#### VII Festlegung des Mindestmarktanteils als Bedingung zur Lokalfertigung sowie Festlegung von Konkurrenzangriffstrategien

**Problemcharakterisierung der strategischen Ausgangslage:** Für die Engagementmotive Absatzmarkterhaltung und Absatzmarkterschliessung ist es äusserst wichtig zu wissen, wie das eigene Unternehmen auf dem anvisierten Markt im Verhältnis zur Konkurrenz steht. Massgebend sind dabei die jeweiligen Grössen der Marktanteile auf dem zu bearbeitenden Markt.

Relevant ist diese Marktanteilsgrösse deshalb, weil es dem Marktleader am besten gelingt, die Angebotsverhältnisse zu steuern und Mitkonkurrenten mit geringeren Marktanteilen in die Enge zu treiben. Ueber seine höheren Stückzahlen kann er die 'Manövrierkosten' besser überwälzen als der kleinere Konkurrent.

Die Marktanteilsbetrachtung hat 223) in diesem strategischen Grundsatz

---

223) Die Wichtigkeit der Marktanteilsgrösse wurde ganz allgemein von der Bosten Consulting Group erkannt und vermittelt und ist in knapp einem Drittel der befragten Unternehmen auch in den unternehmerischen Ueberlegungen verankert, vgl. Antworten c) und d) der Interviewfrage 2.7.2.

Eingang zu finden, um die Gefahr von Fehlinvestitionen durch Unterschätzung der Konkurrenz zu reduzieren.

**Allgemeine Richtung dieses Grundsatzes:** Dieser strategische Grundsatz VII hat für jeden Grundtypus der Konkurrenzsituation bezüglich Auslandengagement eine entsprechende Verhaltensrichtung anzugeben, d.h. für

- den Monopolisten im Markt sind solange als möglich keine Lokalfertigungserwägungen zu empfehlen, da er den Markt auch ohne zusätzlichen Kapitaleinsatz beherrscht und das Kapital auf anderen Märkten ertragreicher einsetzen kann. Er muss aber dann sein Verhalten überprüfen, wenn ein zweiter Lieferant am Lokalmarkt ins Gespräch kommt.
- dem Marktleader sind beispielsweise unter Minimierung des Kapitaleinsatzes in Schwellenländern kleinere Lokalfertigungsanlagen (Montagebetriebe) zu empfehlen, um seinen Goodwill gegenüber dem Land zu demonstrieren. Vorsicht ist zudem geboten betreffend potentieller Uebernahmen von produktverwandten Herstellerunternehmen im gleichen Land durch irgend einen Konkurrenten.
- die beiden Marktanführer (z.B. Marktanteil X = 31 %, Marktanteil Y = 30 %, Marktanteil Z = 18 % etc.) ist zu empfehlen, dass sie sich gegenseitig überwachen, damit der andere nicht z.B. durch eine Akquisition, 1. Lokalfertigungsstätte etc. in einem uneinholbaren Sprung sich den grössten Marktanteil in jenem Land sichert. Die Aufnahme von Verhandlungen mit dem grössten Konkurrenten für ein Joint-Venture kann u.U. von Vorteil sein, mindestens um stets die Absichten und Aktionen des grössten Gegners kennen zu lernen 224).
- der Nummer 2 am Markt ist die Aufnahme einer Produktionsstätte oder einer Akquisition für den Sprung von Nummer 2 zum Marktleader zu empfehlen, auch wenn in den ersten fünf Projektjahren der ROI um 3 % tiefer liegt als beim nächsthöher rentierenden Vorhaben.
- der Nummer 3, 4 etc. am Markt ist zu empfehlen, in Entwicklungsländern nur dann eine grössere Lokalfertigungsinvestition zu riskieren, wenn damit die Schliessung der Grenzen für die übrigen Konkurrenten verbunden ist. Ohne Importstop sollen Lokalfertigungsprojekte ebenso wie andere Investitionsprojekte in Funktion des ROI stehen. In Märkten mit sehr ausgeprägtem 'buy-national'-Kaufverhalten sind mindestens im Rahmen der marktüblichen Kapitalverzinsung Lokalfertigungsstätten zu errichten und dabei derart klein zu bemessen, dass die Bezeichnung als Nationalprodukt noch zugelassen ist.

Der Grundsatz VII liesse sich über diese Kategorisierung hinaus mit den drei Ländergruppen Entwicklungsländer, Schwellenländer und Industrieländer weiter differenzieren.

Beispiele

- Lokalfertigungen zur Markterhaltung oder -erschliessung werden erst

---

224) Eine Kooperationsform also, die auch bei namhaften Weltfirmen im Entscheidungskalkül mitspielt; vgl. z.B. die Zusammenarbeit von VW und Nissan zur Herstellung des VW-Modells Santana in Japan.

aufgenommen, wenn damit das Erreichen der Stellung des Marktleaders verbunden ist. In den übrigen Fällen werden höchstens auftragsgebundene Lokalfertigungen akzeptiert. Auslandproduktionen in Niedriglohnländern und zum Zukauf neuer Technologien richten sich einmal nach dem Weltmarktpreis-Konkurrenzverhältnis und zum andern nach dem innovativen Vorsprung gegenüber den gefährlichsten Konkurrenten auf dem Weltmarkt.

oder

- Die Berücksichtigung der Konkurrenzverhältnisse hat bei jedem Auftreten auf einem Markt mit Lokalfertigung entsprechend der Differenzierung des obigen Abschnitts 'allgemeine Richtung des Grundsatzes VII' zu geschehen.

### VIII Festlegung der eigenen Risikobereitschaft bezüglich Investitionen

**Problemcharakterisierung der strategischen Ausgangslage** 225): Die Investitionsbedingungen, die das Empfängerland stellt, sind genauestens zu prüfen und deren Konsequenzen für das eigene Unternehmen abzuschätzen. Für jeden potentiellen Auslandinvestor gibt es auch Grenzen der Investitionsbereitschaft 226). Naturgemäss kann nicht jede belastende Investitionsbedingung akzeptiert werden. Die Antworten zu den beiden Fragen im Interview-Block 2.4.3. weisen darauf hin, dass über die Annahme von Investitionsbedingungen mindestens z.T. klare Vorstellungen bestehen:

- So ist für 20 (48 %) der 42 Investitionsgüterproduzenten die Erlaubnis der Gewinnrepatriierung ein ausschlaggebendes Entscheidungselement für oder gegen die weitere Förderung eines Auslandfertigungsprojektes.
- 28 (67 %) der 42 Untersuchungseinheiten haben klare Vorstellungen über die Grenzen einer allfälligen Verlustbereitschaft gegenüber Lokalfertigungsprojekten, v.a. gegenüber Verlusten aufgrund von ungünstigen Investitionsbedingungen.

Im weiteren gehört zur strategischen Ausgangslage, dass die Schäden aufgrund von politischen Ereignissen keineswegs von der Hand zu weisen sind, was z.B. die Statistik der Exportrisikogarantie nachzuweisen imstande ist. Die ERG-Rechnung der Schweiz zeigt politische Schäden von 43 Mio im 1978, 117 Mio Fr. im Jahre 1979, 97 Mio für 1980 und 109 Mio Fr. im 1981 und verspricht damit keine Risikoabnahme.

---

225) Relevant nur für die Engagementformen 100 %-ige Tochter, Akquisition, Joint-Venture und rein finanzielle Beteiligung.

226) Beispiele dafür geben Coca Cola (Fabrikationsgeheimnis) und IBM, vgl. Attisani (Dritte Welt) 32

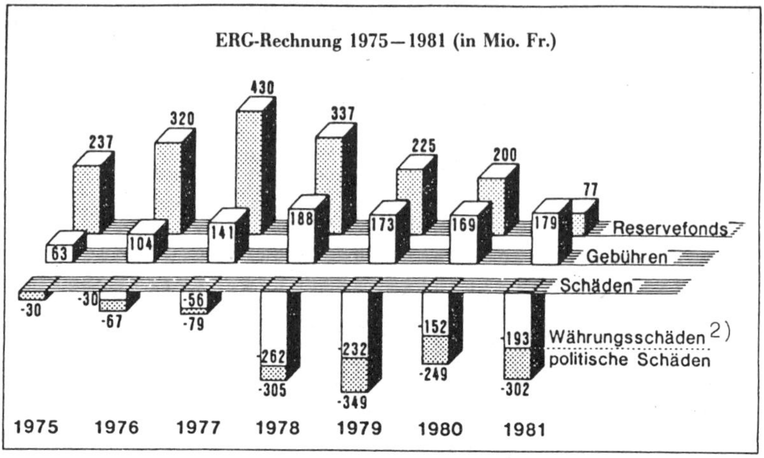


Abb.4.29.: ERG-Rechnung 1975 - 1981 (in Mio Fr.) 227)

Die Realität des Schadeneintritts durch Bedingungen der Abnehmer- und damit potentiellen Investitionsländer wird auf diese Weise offensichtlich. Eine gewisse Relativierung erhält die Investitionsrisikobeurteilung erst durch bilaterale oder multilaterale Investitionsschutz-Konventionen 229), welche doch auch sehr stark die Einstellung von potentiellen Investitionsempfängerländern ihren Auslandinvestoren gegenüber zum Ausdruck bringt.

**Allgemeine Richtung dieses Grundsatzes:** Die Richtlinien zu diesem strategischen Grundsatz entsprechen einer negativen Enumeration. Es geht dabei um das Aufzeigen der Limiten, unterhalb welchen ein Investitionsprojekt nicht mehr akzeptiert wird.

In der Praxis ist die Festlegung solcher Limiten nicht in jedem Fall einfach. Trotzdem muss mindestens versucht werden, in einer Annäherung die Grenze der Tragbarkeit von Risiko und Verlustbereitschaft zu setzen, um damit den notwendigen Beitrag zur Ergebnisverbesserung als hinreichende Bedingung innerhalb der Unternehmungspolitik leisten zu können.

---

227) NZZ (ERG) 17

228) Die Schäden der IRG (Investitionsrisikogarantie) in der Schweiz können kaum als Massstab herangezogen werden, da schon ihre Beanspruchung relativ gering ist: Durchschnittlich sechs Gesuche pro Jahr, durchschnittlicher Garantiesummenzuwachs pro Jahr 25,4 Mio Fr. Ausstehende Garantiesumme per Ende 1981 40 Mio Fr. Eingetretene Schäden seit 1970 werden dementsprechend mit drei beziffert.

229) vgl. Ammann (Schutz ausländischer Privatinvestitionen) 139

Ohne einen solchen Vorsatz wird eine Verhaltensweise zur Regel, die von einem Interview-Partner als 'Hockey-Stick-Effect' 230) bezeichnet wurde.

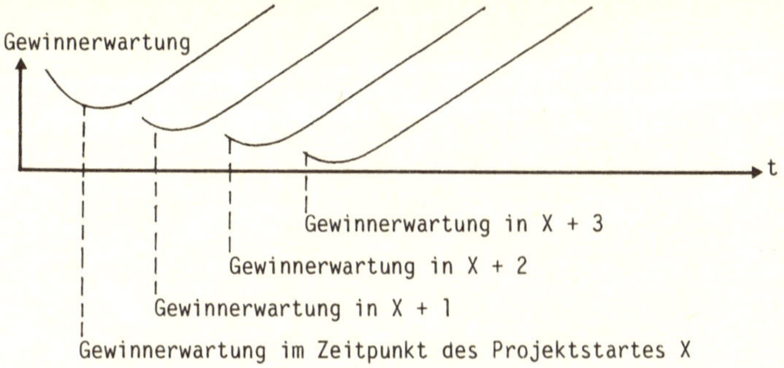


Abb. 4.30.: "Hockey-Stick-Effect", d.h. hinausgeschobene Gewinnerwartung

Beispiele

- Das in eine Lokalfertigungsstätte zu investierende Kapital muss allenfalls zu 100 % als Verlust vom Unternehmen verkraftet werden können 231). Damit ist die Unternehmungssicherung nie gefährdet und die Verhandlungsbasis wird stärker.

oder

- Ein Land, dessen sozialistische Regierung eine Nationalisierung von Produktionsbetrieben als möglich erscheinen lässt, kann als Investitionsland nicht berücksichtigt werden.

### 4.5.5. Grundsätze zur Bestimmung der Projekt-Dimension und -Evaluation

Für die Auslandfertigungsprojekte, welche die Hürden der Arbeitsschritte 1-7 und der strategischen Grundsätze I-VIII erfolgreich durchlaufen haben, sind abschliessend noch Richtlinien für Projektdimensionen und Projektevaluationen festzulegen.

**IX Festlegung von auszuschliessenden Projektdimensionen**

**Problemcharakterisierung der strategischen Ausgangslage:** Auf die Frage nach der Projektdimensionierung antworteten die 42 Untersuchungseinheiten folgendermassen 232):

---

230) Dieser Effekt kann selbstverständlich auch für das Nichteintreten eines Absatzerfolges verwendet werden.

231) Ein Vertreter der IRG vertritt die Ansicht, dass die Mehrzahl der schweizerischen Maschinenproduzenten, die im Ausland eine Produktion aufnimmt, diesen Grundsatz bewusst oder unbewusst befolgt. Nur so kann er sich erklären, dass die IRG nicht mehr benützt wird.

232) vgl. Frage 2.6. des Interviewleitfadens

| Art der Projektdimensionierung | Anzahl Antworten | %-Anteil | %-Anteil des vertretenen Exportvolumens |
|---|---|---|---|
| Lokalfertigungsstätten sind möglichst klein zu halten, d.h. nur gerade gross genug, um als Verkaufsargument, Wettbewerbsvorteil dienen zu können | 12 | 29 | 22 |
| Bestimmung der Grösse durch Break-Even-Punkt = kritische Grösse in der Produktion | 8 | 19 | 28 |
| Lokalfertigungsgrössen-Bestimmung ausgerichtet auf das Wachstum des Absatzvolumens | 5 | 12 | 10 |
| Dimensionierung in jedem Fall nach der Höhe des Ergebnisbeitrags | 5 | 12 | 4 |
| Die Dimensionierung ergibt sich aus der Anfrage des jeweiligen Kooperationspartners und seinen Vorstellungen | 3 | 7 | 21 |
| Da nur Akquisitionen als Lokalfertigungen in Frage kommen, ist die Dimensionierung von extern gegeben | 2 | 5 | 3 |
| Keine einheitliche Haltung von Projekt zu Projekt | 1 | 2 | 3 |
| Dimensionierung parallel zur Importentwicklung im entsprechneden Land | 1 | 2 | 2 |
| Es werden nur Markterhaltungs-Investitionen getätigt. Zur Grössenbestimmung der Lokalfertigungsstätte wird der Ertrag aus dem potentiellen Marktverlust in Konkurrenz gesetzt zu anderen Anlagemöglichkeiten | 1 | 2 | 1 |
| Keine Antwort da keine Lokalfertigungsprojekte erwogen werden | 4 | 10 | 6 |
| | 42 | 100 | 100 |

Tab. 4.14.: Ansätze zur Projektdimensionierung

Zur abschliessenden Formulierung eines Auslandengagementprojektes fehlen also pro Projektvariante noch mindestens die folgenden Dimensionen:

- Das Verhältnis von Fremdbezug/Eigenfertigung beim geplanten Umsatz (Kapital, Personal, Hard- und Software).
- Der Umfang der Ressourcenbeanspruchung als vielleicht letzte Hürde

vor der Projektevaluation und als Basis für die nachfolgende Feedback-Analyse.

- Die Projektdimension im engeren Sinne, d.h. geplanter Umsatz auf der Zeitachse, geplante ROI-Entwicklung.

Erst nach der Formulierung dieser Dimensionen können die bis hierher verbliebenen Projektvarianten als eigenständige, in sich geschlossene und evaluierbare Vorhaben einander gegenübergestellt werden.

**Allgemeine Richtung dieses Grundsatzes:** Für alle drei Dimensionen ist zuerst der geplante Umsatz als Basisgrösse zu fixieren, sofern dies nicht bereits vorgängig geschehen ist. Anschliessend ist pro Produkt, das im Ausland hergestellt werden soll, das Verhältnis Fremdbezug/Eigenfertigung festzulegen. Mit dieser Relation kann Ausstossmenge und Eigenfertigungsanteil als Berechnungsgrundlage für die Ressourcenbeanspruchung ermittelt werden. Bezüglich der bereitzustellenden Ressourcen ist deren Menge (Mio Fr., Beschäftigungszahl pro Berufsgruppe, Maschinenanzahl etc.) zu erkunden. Etwelche Grenzen der Durchführbarkeit einer Projektvariante werden damit erkennbar; Einschränkungen von bisher verfolgten Engagementformen werden u.U. nötig oder zweckmässig.

Stellt sich bei einer Ermittlung heraus, dass die resultierende ROI-Entwicklung keineswegs den eigenen Vorstellungen entspricht, ist ein iterativer Prozess zur Ziel- und Ressourcenanpassung einzuleiten und solange durchzuführen, bis das Projekt sowohl finanzielle Haltbarkeit als auch Machbarkeit verspricht.

Beispiele

- Die Projektdimension ist entsprechend dem Projektmotiv für die Produkte X und Y ganz darauf auszurichten, dass damit die Verhinderung des japanischen Markteintritts am besten garantiert wird. Können einmal mehrere Projektvarianten diese Anforderung erfüllen, ist die Projektdimension und Engagementform nach der Minimierung des Kapitaleinsatzes auszuwählen. Der Umsatz hat sich auf die Ausstossmenge von X-Einheiten ab dem vierten Jahr auszurichten.

- Der Fremdbezug aus dem Lokalmarkt hat sperrige Anlagenteile von geringer Wertschöpfung und aus Imagegründen einige Kleinwaren aus dem lokalen Gewerbe zu umfassen. Die lokale Eigenfertigung lässt sich bemessen durch den vom Staat vorgeschriebenen Mindest-Lokalanteil des Produktes, damit es als nationales Produkt auf dem Markt erscheinen kann. Schlüsselkomponenten sind weiterhin aus der Schweiz zuzuliefern. Das erste Investitionspaket darf 20 Mio Fr. nicht übersteigen. Ein zweites Paket darf erst bewilligt werden, wenn die ersten lokal gefertigten Produkte auch lokal abgesetzt wurden.

### X Festlegung des Projekt-Evaluations-Massstabes

**Problemcharakterisierung der strategischen Ausgangslage:** Dieser strategische Grundsatz X lässt von allen Richtlinien den grössten Anteil an personen- statt nur sachbezogener Wertung zu. Die Zustimmung zu einem Evaluationsmassstab wird sicher auf der einen Seite durch die Rahmenbedingungen des Unternehmens bestimmt, so dass er z.B. in regressiven Zeiten anders lauten mag als in der Phase der Hochkonjunktur. Auf der anderen Seite kommen in der Festlegung des Prioritätenmassstabes auch die Werthaltungen der Entscheidungsträger zum Ausdruck. Am besten lässt sich dies daran erkennen, inwieweit der Massstab dem Prestigedenken der Unternehmungsleitung entspricht.

Zur Ausgangslage ist weiter zu erwähnen, dass es mehrere Möglichkeiten des Projektvergleichs gibt. Diese Möglichkeiten werden bestimmt auch durch die

- Periodizität des Entscheidungsprozesses,
- Einbeziehung/Nichteinbeziehung auch von inlandorientierten Investitionsprojekten.

Die Anzahl der Projekte, die zur Durchführung vorgeschlagen werden sollen, hängt auch stark von der unternehmungspolitischen Grundhaltung, d.h. von den 'maximizing'- oder 'satisfying'-Bestrebungen ab. Im ersten Fall sucht er den höchsten Rückkaufswert, im zweiten Fall sucht er möglichst viele Projektanträge zufriedenzustellen; womit der Boden wieder zurück zur Wertung geschlagen ist.

**Allgemeine Richtung dieses Grundsatzes:** Dieser strategische Grundsatz X hat den Massstab zur Evaluation der Projekte festzulegen und damit insbesondere zu entscheiden, welcher der drei Ansätze, dargestellt in Kap. 4.4.6., zur Anwendung gelangen soll. Dieser Grundsatzblock hat zudem klar festzuhalten, ob die Projekte zugunsten von neuen Auslandengagements in Konkurrenz zu den inlandorientierten Investitionsprojekten in einem Verfahren zu evaluieren sind. Es würden damit für ein jährlich festgelegtes Investitionsvolumen inländische wie ausländische Projekte zur Auswahl stehen 233).

Beispiele

- Projekte für zusätzliche Auslandengagements sind kompatibel mit inländischen Investitionsprojekten zu evaluieren. Ein Kapitaleinsatz für die Beteiligung in einem Joint-Venture im Lande X kann damit z.B. in Konkurrenz gesetzt werden zum Hochregallager-Vorhaben im Werk B in der Schweiz. Als Auswahlmassstab gilt allein die Höhe des diskontierten Zinssatzes, bezogen auf das Ende des Entscheidungsjahres.

oder

- Der jährlich verfügbare Investitionsbetrag ist auf Inland- und Auslandprojekte derart aufzuteilen, dass letzteren im Maximum die Hälfte dieses Betrages zustehen.

  Die Projekte für Auslandengagements sind einem kombinierten Massstab zu unterziehen: Ueber 10 Jahre ist der diskontierte Zinsfuss mit 30 %, der abge'zinste' Umsatz/Kapitaleinheit mit 70 % zu gewichten. Die Projekte sind demgemäss in der Reihenfolge der abnehmenden Multiplikation dieser beiden Faktoren auszuwählen.

---

233) Es sei dazu vermerkt, dass die Kompatibilität von inland- und auslandorientierten Investitionsprojekten im selben Evaluationsverfahren nicht etwa nur theoretisch besteht, sondern bei einem Interviewpartner aus der Maschinenbranche eingesehen werden konnte.

### 4.6. Die Gestaltung des Entscheides

"The editors of Modern Business Reports believe that a decision must involve a rational choice amoung alternatives, each of which has potential impacts that cannot be exactly measured or predicted at the time the decision is made and must have a measurable effect on the activities of the business" 234).

Die 'rationale Auswahl zwischen Alternativen' ist mit der Verwendung des strategischen Instrumentariums, d.h. mit der dargestellten Durchführung des Entscheidungsprozesses abgeschlossen.

Der Entscheid wird mit den Mechanismen der Problemdefinition, der Variantenbildung, der verschiedenen Ausschliessungsmittel und den vorgenommenen Bewertungen in den Arbeitsschritten 1-10 und unter den Voraussetzungen der strategischen Grundsätze I-X kontinuierlich gestaltet. Der Entscheid wird eigentlich mit der Entscheidungsvorbereitung gestaltet, aber nicht gefällt. Was fehlt demnach noch zum Entscheid?

Es ist dies die Entschlussfassung, die dem Entscheidungsträger obliegt. Er hat durch die bisherige Entscheidungsvorbereitung Projektdefinitionen erhalten, die unter Verwendung aller relevanten und verfügbaren Informationen und mit den beschafften Wertungen aus Unternehmersicht formuliert sind und als beste Lösung präsentiert wurden. Der Entscheidungsträger hat nun den Entschluss herbeizuführen, ob und welche Projekte zur Realisierung gelangen. Nach Brauchlin 235) gehört zur Entschlussfassung:

- Zuständigkeit überprüfen 236)
- Vorgehen überprüfen 237)
- Konsequenzen überprüfen: Zwar wurden in der Feedback-Analyse bereits Konsequenzen gesucht und abgeschätzt. Im Rahmen der Entschlussfassung erhält nun die Konsequenzenbeurteilung ein anderes Gewicht, jenes der Durchführbarkeit und namentlich jenes der Durchsetzbarkeit, also: "Ist das In-Gang-Setzen möglich und wo werden die Widerstände auftreten? Was ändert bei Rückweisung des Lösungsvorschlages oder bei Aufschub des Entschlusses?
- Eigene Verpflichtung überprüfen: Bin ich als Entscheidungsträger bereit, mich auf die Lösung, auf den getroffenen Entscheid zu verpflichten?

Mit der eigentlichen Entschlussfassung eng verbunden sind die ersten Vorkehrungen für die spätere In-Gang-Setzung; denn ein Entscheid ohne Realisierungsverfügungen (was, wann, wer, wie, wo) würde nur schlechte Projektvoraussetzungen verheissen.

Eine interne Information über die getätigte Entschlussfassung und/oder die ersten Vorkehrungen zur In-Gang-Setzung beschlossener Projektrealisierungen bilden den Abschluss der Gestaltung eines Entscheides zugunsten einer neuen Auslandproduktion.

---

234) Modern Business Reports (Make Decisions) 1

235) vgl. Brauchlin (Entscheidungsmethodik) 81

236) d.h. Zuständigkeit der Personen, die den Entscheidungsprozess bearbeitet haben und dafür verantwortlich zeichnen.

237) d.h. Urteil über Informationsbeschaffung, über Auswahl der wertenden Personen, über Folgerungen.

Es verbleibt damit noch die Gelegenheit, auf Einflüsse der Entscheidungsgestaltung, auf deren Nutzen und Gefahren hinzuweisen und auf eine kurze Gegenüberstellung mit andern Möglichkeiten der Entscheidungsgestaltung einzutreten.

**Einflüsse auf die Entscheidungsgestaltung:** "Their approaches may vary and the sequence of events leading to a decision may differ. But the fundamentals are the same" 238). Alle Ausführungen des Kap. 4. wurden so gewählt, dass der aufgezeigte Entscheidungsprozess lediglich das Gerüst zur Entscheidungsgestaltung darstellt und die Möglichkeit von individuellen Anpassungen pro Unternehmung zulässt.

Von welchen Faktoren wird nun die konkrete Entscheidungsgestaltung abhängen?

- Von der Unternehmungsgrösse. Zum Vergleich: Von den neun (von 42) Firmen, die das Vorhandensein eines Entscheidungshilfsmittels in der Form einer Checkliste oder das Vorhaben zur Schaffung eines Entscheidungsinstrumentariums ausdrückten, gehören sieben zu den umsatzstärksten Investitionsgüterunternehmen mit mehr als 500 Mio Fr. / 1980) 239). Unterschiede nach Unternehmungsgrösse ergeben sich auch aus der Periodizität der Benützung des Entscheidungsprozesses. Die Periodizität wird bestimmt durch die Chancen und Gefahren als auch von der Kraft des Unternehmens, also von unternehmungsspezifischen Faktoren, die letztlich die Anzahl der Projekte pro Zeiteinheit bestimmen.
- Von der Unternehmungsorganisation. Auch die Organisationsform des Unternehmens nimmt Einfluss auf die Entscheidungsgestaltung. Der Entscheidungsprozess wird in einem funktional organisierten Unternehmen anders verlaufen als in einer divisionalen oder regionalen Organisation. Um Unklarheiten zu vermeiden 240), ist ein vorgezeichnetes Ablaufdiagramm, abgestimmt auf die Organisationsform, ein nützliches Hilfsmittel, z.B. in folgender Art:

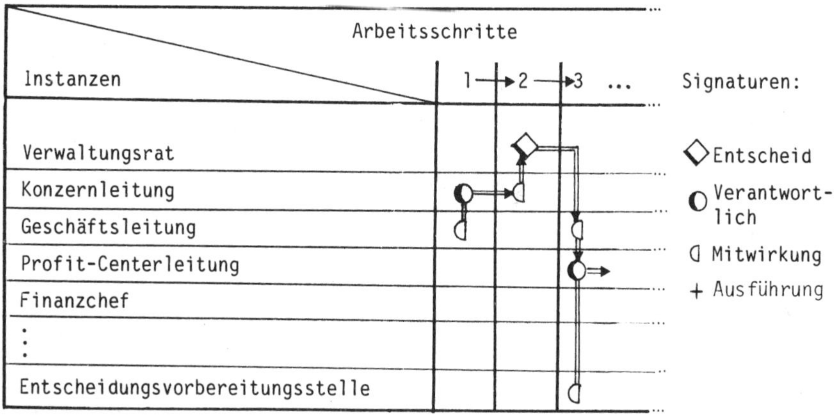


Abb. 4.31.: Die Arbeitsschritte innerhalb einer bestimmten Organisationsform

238) Modern Business Reports (Make Decision) 11
239) vgl. Frage 3.1. des Interviewleitfadens
240) vgl. Modern Business Reports a.a.O. 76

- Vom Führungsstil. Vielerorts steht folgender Führungsstil im Vordergrund: "Managers have five media at their command - documents, telephone calls, scheduled and unscheduled meetings, and observational tours" 241). Behält ein solcher Führungsstil die Oberhand, dann hat ein Instrument wie der dargestellte Entscheidungsprozess wenig Chancen, seinen Nutzen zu beweisen. Bietet der Führungsstil hingegen systematischere Ausgangsbedingungen, dann steht das Instrumentarium in Abhängigkeit von der Integrationsfähigkeit: "Managers have the informations and the authority, analysts have the time and the technology" 242).

  Wird in einem Unternehmen mehr zentral als dezentral geführt, ist das strategische Instrumentarium leichter durchzusetzen. Bei einer dezentralen Führung mit einem Profit-Center-Konzept ist die Anwendung analog dem Investitionsantragsverfahren zu gestalten, bei einem Profit- & Investment-Center-Konzept müssen wesentliche Teile des Instrumentes in die Geschäftsgebiete hinaus verlegt werden.

**Nutzen dieser Art von Entscheidungsgestaltung:** Zwar führt die Anwendung eines derartigen Instrumentariums zu mehr Aufwand als dies mit dem Führungsstil der erwähnten 'Fünf-Medien' der Fall ist. Ist der unternehmungsspezifische Entscheidungsprozess zur Beurteilung der Auslandfertigungsproblematik hingegen ein erstes Mal praktiziert, so dass die strategischen Grundsätze und die Erfahrung vorhanden sind und hinhalten, dann ist die Verwendung dieses Instrumentes wenig umfangreicher als das im Unternehmen bereits bekannte Investitionsantragsverfahren für im Inland zu tätigende Investitionen. Es ist nicht nur die Ueberzeugung, die analytische Hilfsmittel wertvoller machen, "because we believe that anaytical tools will become more important to sound decision making in the future" 243), sondern es sind auch Fakten, die zu diesem Schluss führen: "the executive must make assessments of probabilities of certain events occurring. He must give his best estimates of the results of certain actions and quantify them, that is, assign numerical values to possible consequences" 244). Als Vorteile der Verwendung eines Entscheidungsprozesses als analytisches Hilfsmittel stehen vor allem im Vordergrund:

- Vollständigkeit der Informationsbeschaffung kann besser angenähert werden.
- Vergleichbarkeit von Alternativen und Projekten wird gewährleistet.
- Chancen- und Gefahrenbeurteilung wird nicht mehr dem Zufall überlassen.
- Ziele und Vorgaben werden auch ausserhalb des Entscheidungsträgers erkennbar gemacht und können damit untergeordnete Stufen zu einem Handeln in seinem Sinne besser veranlassen und motivieren.
- Synergien können erfasst und genutzt werden.
- Konsequenzen werden in der Breite besser verstanden.
- Die Abhängigkeit von unausgesprochenen Gedanken eines Einzelnen wird vermindert.

---

241) Mintzberg (manager's job) 52
242) ebenda, 60
243) Modern Business Reports (Make Decisions) 55
244) ebenda 56

Die zuletzt erwähnte Abhängigkeit wird solange kaum als Problem beachtet, als sich der Geschäftsablauf offensichtlich 'reibungslos' präsentiert. Dies kann sich aber ändern, wenn man an folgendes denkt: "There are great dangers in centralizing the organization's data bank in the minds of its managers. When they leave, they take their memory with them" 245).

**Gefahren dieser gewählten Entscheidungsgestaltung:** Eine Gefahr ist allerdings bei diesem strategischen Instrumentarium auch zu erwähnen: V.a. im Fall einer zentralen Investitionsvergabe mit zentralem Instrument und dezentraler Geschäftsführung: Für viele Profit-Center-Leiter besteht die Versuchung, ihr(e) Projekt(e) besser, d.h. wirtschaftlicher, rentabler und die Umweltgefahren prekärer als realistisch darzustellen, um bei der Alternativen-Evaluation die eigenen Vorhaben gegenüber jenen der anderen Profit-Center-Leiter in die vorderen Prioritätenränge zu befördern.

Zur Beseitigung dieser Gefahr ist im Bedarfsfalle ein Mittel auszuarbeiten, welches verhindern hilft, dass ein Profit-Center-Leiter ein Vorhaben zum Zeitpunkt der Projektevaluation durch eine vorteilhaftere Bewertung von einzelnen Faktoren in den Vordergrund zu schieben vermag, obschon er aufgrund vorhandener Informationen hätte zurückhaltender kalkulieren müssen.

Bekanntlich wird der Profit-Center-Leiter an seinem kurzfristigen Gewinn, z.B. aufgrund der Jahresrechnung beurteilt und ist dementsprechend mit langfristigen Erfolgen weit weniger konfrontiert. Es fällt ihm in einer solchen Situation relativ leicht, zukünftige Ereignisse günstiger darzustellen als sie tatsächlich angenommen werden dürfen, da er an deren Eintreten nicht gemessen wird.

Ein Bonus-System, auf kurz- wie auch auf langfristige Erfolge ausgerichtet kann diese Gefahr eindämmen. Stata/Maidique haben ein solches mit folgender Umschreibung entworfen: "With both ROA and sales growth as measures of perfomance, this bonus plan encourages executives to balance long- and short- term results" 246). Die beiden stellen hiezu eine Matrix auf, die Kombinationen von kurzfristigen und langfristigen Erfolgen zulässt. Auf jeder Achse werden die vom Profit-Center-Leiter in verpflichtender Form geäusserten Ziele angegeben. Erreicht er sowohl die kurzfristige Vorgabe z.B. einen Bruttogewinn von 23 % gemessen an den eingesetzten Aktiven als auch die Verkaufssteigerungsrate, die er vor drei Jahren mit 25 % in Aussicht gestellt hat, dann erhält er den vollen vereinbarten Bonus mit dem Faktor 1,0. Erreicht er z.B. nur 17 % Bruttogewinn und eine Umsatzsteigerung von 15 % in drei Jahren, dann werden ihm nur 29 % des vereinbarten Bonus vergütet (Faktor 0,29). Umgekehrt wird er bei besseren als vorgegebenen Resultaten über den vereinbarten Bonus hinaus belohnt (z.B. '27 % return on assets' und 30 % als 12 quarter average sales growth ergibt einen Bonus-Faktor 2,12).

---

245) Mintzberg (manager's job) 60
246) Stata/Maidique (Bonus system) 156

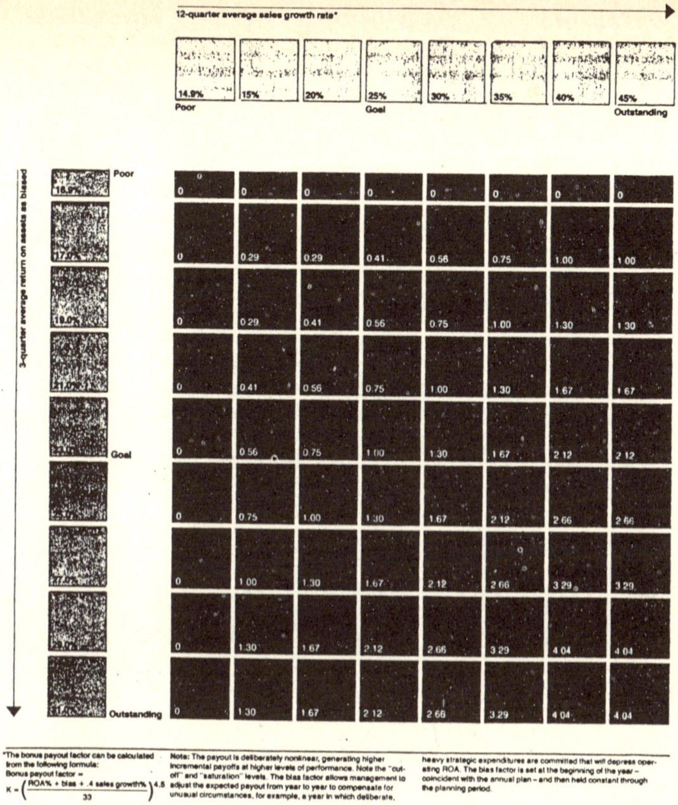


Abb. 4.32.: Bonus-Plan für den Ausgleich kurz- und langfristiger Strategien 247)

Ein solches Bonus-System lässt sich unternehmungsspezifisch modifizieren. Der Profit-Center-Leiter kann z.B. am ROI 248) im Jahre 07 des Projektes ebenso gemessen werden, wie am kurzfristigen Erfolg seiner übrigen Tätigkeiten im laufenden Jahr. Mit einem solchen Steuerungsmittel lässt sich vermeiden, dass sonst kurzfristig orientierte Profit-Center-Leiter das strategische Denken und Handeln unterbewerten.

**Gegenüberstellung zu andersartigen Entscheidungsgestaltungen:** Welche Methoden würden neben derjenigen des gewählten Entscheidungsprozesses zur Auswahl stehen? An dieser Stelle kann nicht auf alle Möglichkeiten und ihre Wesensmerkmale eingetreten werden; es muss auf die jeweilige Literatur verwiesen werden. Lediglich eine globale Gegenüberstellung zu mathematischen Entscheidungsverfahren und zur Computerverwendung dürfen hier als angemessen gelten.

- **Mathematische Entscheidungsverfahren:** In diesem Block von Methoden zur Entscheidungsfindung gibt es eine Vielzahl analytischer

247) vgl. Stata/Maidique (Bonus system) 159

248) z.B. marktüblicher Zinsfuss für Kapitalanlagen: Bonus = 0

249) vgl. z.B. Gritzka (Heuristische Systemanalyse) 58, für weitere Unterteilungen vgl. Menges (Grundmodelle) 9/10

Verfahren 249). "... zur Lösung von Standortproblemen wird neben der Differentialrechnung vor allem die lineare Planungsrechnung benutzt. Zur Lösung dieser lineraren Optimierungsmodelle wird meist die Simplex-Methode benutzt. Aber auch die nichtlineare Planungsrechnung und die ganzzahlige Planungsrechnung werden für Standortprobleme angewandt" 249).

Vielfach wird dabei mit deterministischen Modellen gearbeitet. Hier liegt jedoch genau das Problem der mathematischen Verfahren zur Herbeiführung einer Entscheidung für oder gegen die Aufnahme einer Auslandproduktion.

"Das Modell eines Systems heisst 'deterministisch', wenn die von den Hypothesen eingeführten unkontrollierbaren Grössen alle bekannt sind" 250). Viele Grössen der von uns zu erarbeitenden Entscheidung sind jedoch nicht bekannt, können nur abgeschätzt werden, z.B. die Absatzchancen eines modifizierten Produktes, Stärke der Konkurrenz, Eintreten einer Protektionismusmassnahme, Beschäftigungslage im Stammhausland etc. Gerade weil derart viele Grössen bis zur abschliessenden Definition eines Projektes vage, z.T. unbekannt bleiben, können die mathematischen Verfahren 251) in dieser Stufe der Problembehandlung 'Auslandengagement' kaum in nutzbringender Weise angewendet werden. Erst in der Phase der Feasibility-Studie, wo es um die Standortentscheidung im herkömmlichen Sinne geht, sind solche Verfahren wertvoll; denn dort ist die Mehrzahl der Grössen, bezogen auf ein bestimmtes Land und ein Produktegebiet bekannt oder sie lassen sich nachträglich quantitativ definieren.

- **Computerverwendung:** "Computers help managers monitor results by feeding back comparisons of actuel results to projected results, thus giving them second chances to change decisions before they have gone too far wrong" 252). Es bleibt unwidersprochen, dass ein Computer mit seiner ganzen Verarbeitungskapazität zu Lösungen gelangen kann. Der Weg zur Informationsverarbeitung, und damit der Entscheidungsprozess sind ihm aber vorzugeben. Auf der Basis des entworfenen strategischen Instrumentariums, mit einem solchen Gerüst also lassen sich deshalb bei der Annahme eines beträchtlichen Projektumfangs in Anzahl, Dimension und Informationsfülle Computerkapazitäten mit Vorteil beiziehen. Ein Datenzugriff wird damit beschleunigt und rationalisiert, sobald der Entscheidungsprozess ein erstes Mal praktiziert wurde. Die Ueberwindung zur laufenden Anpassung der relevanten Daten wird damit ebenfalls erleichtert. Zudem wird durch den erleichterten Datenzugriff die Interaktion zwischen verschiedenen Departementen eines Unternehmens begünstigt.

  Der Computer kann bei der Bestimmung und Entwicklung des Auslandengagements deshalb nicht als alternatives, sondern als ein ergänzendes Mittel zur Entscheidungsfindung bezeichnet werden und wird mit zunehmender Grösse des Unternehmens und der Projektanzahl seinen entsprechenden Stellenwert erfahren: "In short, we see

---

250) Kaufmann (Entscheidungstechnik) 103

251) Mit Ausnahme des Bayeschen Informationskalküls, vgl. Niggemann (Optimale Informationsprozesse) 41

252) Modern Business Reports (Make Decisions) 65/66

computers as a working tool .... The computer simply increases or extends the executive's mind. It is powerless without it" 253).

Dieses Kapitel 4.6. hat gezeigt, dass ein strategisches Instrumentarium gemäss Kap. 4.3. bis 4.5. ein Gerüst darstellt, welches zur unternehmungsspezifischen Entscheidungsgestaltung noch genügend Freiraum für Anpassungen, Modifikationen in jede Richtung offen lässt.

## 4.7. Zusammenfassung

Das strategische Instrumentarium als Mittel zur Bestimmung des Auslandengagements umfasst im wesentlichen die folgenden zwei Hauptgebiete:

- Das strategische Hilfsmittel, bestehend aus acht Arbeitsschritten, verwendbar als Gerüst der Auslandengagementbeurteilung in jedem Investitionsgüterunternehmen,
- die strategischen Grundsätze, die aufzeigen, welchen strategischen Inhalt das Instrumentarium, bezogen auf ein spezifisches Unternehmen, erhalten soll.

Zur Gestaltung des strategischen Instrumentariums wurde aus 13 möglichen Methoden jene der Entscheidungsmethodik nach Kepner/Tregoe ausgewählt. Sie erfüllt im Vergleich zu den andern am besten die gestellten Anforderungen bezüglich ganzheitlicher Erfassung von Bedingungen und Absichten, Problemvereinfachung und Vorbereitung vergleichbarer Handlungsalternativen zum Entscheid. Mit dem logischen Grundmodul, umfassend Sollfestlegung, Ist-Ermittlung, Situationsanalyse, Alternativen- und Konsequenzenermittlung steht sie von vornherein auch der Gedankenwelt des Unternehmers sehr nahe.

Der Entscheidungsprozess wird als Ablauf in Kap. 4.2. dargestellt. Das eigentliche, stets wieder verwendbare strategische Instrumentarium präsentiert sich in Kap. 4.3. Es schliesst der Reihe nach die folgenden Arbeitsschritte ein, die aus einer Vielzahl von Projekten pro Untersuchungsperiode eine Reduktion auf ein realisierbares, erfolgträchtiges Mass bezwecken:

- Aus der Konzeption einer Produkt-/Markt-Strategie sind jene Produkt-Markt-Kombinationen abzuleiten, für die eine weitergehende Auslandmarkt-Bearbeitung ins Auge zu fassen ist. In den Fällen, in welchen eine 'Vollerhebung' durchgeführt werden kann, ist anschliessend eine Konzentration auf die besten Chancen vorzunehmen, sei dies auf die unternehmungseigenen SEP, auf die Realisierbarkeit, auf Ergebnisse aus einem Konkurrenzvergleich, auf die Zukunftseinschätzung, auf ein Stärken-/Schwächenprofil, auf Marktanteilchancen oder sei dies auf weiteren Auswahlkriterien, wie sie z.B. Bernkopf und Stahr aufführen. In diesen Arbeitsschritten ist eine provisorische Festlegung der Markterschliessungsstrategie (Engagementform) und des Marketingmix einzuschliessen. Dies alles hat im Rahmen der Unternehmungszielsetzungen zu erfolgen.
- Eine Chancen-/Gefahren-Analyse als zweiter Arbeitsschritt verarbei-

---

253) Modern Business Reports (Make Decisions) 66

tet laufend alle eingehenden Informationen aus Umwelt und Unternehmung, die im Hinblick auf ein Auslandengagement relevant sein können. Ein hier entworfenes (Kap. 4.4.2.) und pro Firma ev. noch zu ergänzendes Chancen-/Gefahrenprofil bildet die Basis zur Erfassung und Auslösung von Lokalfertigungsimpulsen. Es wird damit der Anstoss dafür gegeben, bisher potentielle Produkt-Markt-Kombinationen aus der Produkt-/Markt-Strategie ins Projektüberprüfungsstadium zu führen.

- Die anschliessende Informationsanalyse verfolgt den Zweck, alles zu unternehmen, um den Arbeitsplatzverlust im Stammhausland im Zusammenhang mit der Schaffung neuer Arbeitsplätze im Ausland zu minimieren und Verluste aus Ueberkapazitäten zu vermeiden. Zu diesem Zweck ist für beide Problemkreise ein Ablaufdiagramm entwickelt worden (vgl. Abb. 4.10. und 4.11.).

- Eine Konkurrenzanalyse gibt darüber Auskunft, welche Ausgangslage das eigene Unternehmen im Vergleich zu seinen Konkurrenten auf jedem für Lokalfertigungen anvisierten Markt hat. Hiezu wurde ein Hilfsmittel geschaffen (vgl. Abb. 4.12.), das pro Markt die eigenen Vorteile und Nachteile mit jenen der stärksten Konkurrenten vergleicht und letztlich mit einer Rangierung einen aufschlussreichen Wettbewerbsvergleich zulässt.

- Die Investitionsklima-Analyse, für alle Firmen gleichbleibend, empfiehlt zuerst verschiedene Formen der diesbezüglichen Informationsbeschaffung (vgl. Abb. 4.14.), d.h. die 'Old Hand'-Empfehlung, die Industrialisierungsgrad-Einstufung, die beschaffbaren Länderstudien, die Erfahrungsberichte schweizerischer Auslandproduzenten, Landesvisiten und ev. den Länder-Index-Zukauf. Es wurde zudem eine zweiteilige Investitionsrisiko-Analyse entwickelt: Eine unternehmungsunabhängige (vgl. Abb. 4.15.) mit den Risikofaktoren Politik, Volkswirtschaft, Investitionsgesetzgebung und drei Standortfaktoren, sowie eine unternehmungsspezifische (vgl. Abb. 4.16.) mit den Beurteilungskriterien Wirtschaftsförderung, Korporativismus, Entwicklungsstand, Arbeitsmarkt und möglichen Kooperationen. In diesem Zusammenhang wird auch darauf eingegangen, wie die Investitionsrisiken abgedeckt und reduziert werden können.

- Die Alternativen-Ermittlung und -Bewertung. In diesem Arbeitsschritt wird zuerst festgelegt, welche bislang provisorischen Projekte nach den bis jetzt erfolgten Analysen noch für ein zu erstellendes Bewertungsverfahren zugelassen werden können. Für die verbleibenden Projekte erfolgt deshalb eine Dimensionen-Grobabschätzung, stets auch abgestimmt auf die unternehmungsspezifischen, strategischen Grundsätze. In einem Exkurs werden an dieser Stelle auch die zur Verfügung stehenden Engagementformen erläutert und verglichen, welche zur Dimensionierung der Projekte den notwendigen Spielraum eröffnen. Für die anschliessende Alternativenbewertung werden drei Möglichkeiten angeboten, herleitend aus der in den Interviews erhobenen Uneinigkeit, ob der Gewinnbeitrag oder das Umsatzvolumen die Projektpriorität festlegen soll: Die Bewertung nach dem Rentabilitätsaspekt, die Bewertung nach dem zu erzielenden Umsatzvolumenplus (resp. vermeidbaren Umsatzvolumenverlust) oder die kombinierte Rangierung der unternehmungsspezifisch gewichteten Grössen Gewinnbeitrag und Umsatzvolumen. In Anlehnung an Hax wird dabei eine Projektrangierung grafisch dargestellt, die nach dem Prinzip des internen Zinsfusses gegenüber dem zur Verfügung stehenden Kapital die Projektauswahl in den drei oben erwähnten Varianten (vgl. Abb. 4.22. - 4.26.) ermöglicht. In der Variante des Umsatzvolumenvergleichs wird der interne Zinsfuss durch die Grösse (Umsatz mal 100 dividiert durch das Kapital) ersetzt (vgl. Abb. 4.24.).

- Feedback-Analyse als erster Arbeitsschritt nach der Projektrangierung übernimmt die Abstimmung der ausgewählten Projekte in ihren Dimensionen mit den im Unternehmen vorhandenen und beschaffbaren Ressourcen (Finanzen, Personal, Management-Kapazität etc.) und schätzt auch schon die Konsequenzen und Reaktionen der Unternehmungsumwelt ab, um allfällige Hindernisse frühzeitig zu erkennen.
- Der letzte Arbeitsschritt der Vorgaben-Ermittlung übernimmt die Funktion, die in den bisherigen Arbeitsschritten erarbeiteten Daten für allfällige Feasiblity-Studien bereitzustellen.

Während die erwähnten Arbeitsschritte mehr instrumentalen Charakter haben und letztlich der Informationsbewältigung dienen, sind die strategischen Grundsätze dazu angetan, pro Arbeitsschritt die unternehmungsspezifischen Verhaltensweisen und Handlungsrichtungen festzulegen. Es werden in dieser Arbeit zehn Grundsatzgebiete behandelt, für welche die Formulierung von strategischen Grundsätzen im Zusammenhang mit der Bestimmung des unternehmungsspezifischen Auslandengagements zu empfehlen ist.:

| | **Grundsatzgebiet** | | **Arbeitsschritt** |
|---|---|---|---|
| I. | Festlegung der Einstellung zur Auslandproduktion und ihrer Formen | (1) | P/M - Strategie |
| II. | Festlegung der eigenen Motive für eine Erwägung von Auslandproduktionen | (2) | Definition der Auslandfertigungsmotive |
| III. | Festlegung der Ereignisse, die als Impulse für Auslandproduktionen akzeptiert werden | (3) | Chancen/Gefahren-Analyse |
| IV. | Festlegung der Reaktion bei Gefährdung von Arbeitsplätzen im Stammhausland | (4) | Arbeitsmarkt-Zielsetzungen |
| V. | Festlegung der Aufwandbereitschaft zur Exportaufrechterhaltung | (5) | Informationsanalyse |
| VI. | Festlegung der Reaktion auf landes- resp. weltweiten produktspezifischen Kapazitätsüberhang | (5) | Informationsanalyse |
| VII. | Festlegung des Mindestmarktanteils als Bedingung zur Lokalfertigung, sowie von Konkurrenzangriffstrategien | (6) | Konkurrenz-Analyse |
| VIII. | Festlegung bezüglich eigener Investitions-Risikobereitschaft | (7) | Investitionsklima-Analyse |
| IX. | Festlegung von auszuschliessenden Varianten bezüglich Fremd-/Eigenfertigung, Ressourcenbeanspruchung, Projektdimensionen | (8) | Alternativen-Ermittlung und -Bewertung |

X. Festlegung des Projekt-Prioritätenmassstabes und der Kompatibilität mit inlandorientierten Investitionsvorhaben ⑧ Alternativen-Ermittlung und -Bewertung

Alle diese Grundsatzgebiete werden im Einzelnen ausgestaltet mit der Vermittlung der strategischen Ausgangslage, der allgemeinen Richtung des betreffenden Grundsatzes und mit entsprechenden Beispielen.

Den Abschluss dieses 4. Kapitels bildet die Erläuterung zur Gestaltung des Engagemententscheids nach erfolgter Entscheidungsvorbereitung. Es kommt dabei zur Sprache: Zuständigkeits- und Vorgehensüberprüfung für die Phase der Entscheidungsvorbereitung, Ueberprüfung der Konsequenzen im Gesamtzusammenhang und Abklärung der eigenen Verpflichtungsmöglichkeit auf einmal getroffene Entscheidungen. Als Einflüsse auf die Entscheidungsgestaltung werden erläutert: Unternehmungsgrösse und -organisation, Führungsstil. Abschliessend wird mit einem Bonus-Plan eine Möglichkeit aufgezeigt, wie bisher mehr kurzfristig orientierte Führungskräfte auch den Ausgleich zur Verfolgung langfristiger Strategien finden können (vgl. Abb. 4.32.).

## 5. Informationsbedarf und -beschaffung zur Gestaltung der strategischen Hilfsmittel

Entscheidungen können nur so gut sein, wie die dazu verfügbaren Informationen es erlauben. Nach diesem Prinzip wird deutlich, dass nicht nur die instrumentalen Aspekte, sondern ebenso die informellen Aspekte zur wesentlichen Tragsäule eines jeden Entscheidungsprozesses werden. Bevor nun auf eine themenspezifische Optimalisierung der Informationsbeschaffung eingetreten wird, soll die heutige Verwendung von Informationsquellen zum Vergleich herangezogen werden.

Die empirische Erhebung bei den 42 Investitionsgüterunternehmen hat auf die Frage nach den Informationslieferanten für ein aktives und rechtzeitiges Erkennen der Lokalfertigungschancen und -gefahren folgendes Bild ergeben 1):

| Als Informationsquellen werden benutzt 2) | Anzahl 3) Antworten | %-Anteil der Antworten | %-Anteil des Exportvolumens |
|---|---|---|---|
| Verkaufsgesellschaften und Vertriebsstellen, lokal | 28 | 67 | 75 |
| Aufenthalte von Verkaufsdirektoren in den entsprechenden Ländern | 4 | 10 | 39 |
| Länderverantwortliche berichten an Quartalsrapporten; (ihre Erstinformationensammlung ist individuell verschieden) | 2 | 5 | 16 |
| Lokale Consultants | 2 | 5 | 16 |
| Wirtschaftsverbände / Handelskammern | 5 | 12 | 10 |
| Tageszeitungen | 5 | 12 | 9 |
| Marketingstab mit verschiedenen Informationshilfsmitteln | 2 | 5 | 8 |
| Bezug von Statistiken im entsprechenden Land | 1 | 2 | 7 |
| Kunden | 5 | 12 | 5 |
| Banken | 3 | 7 | 5 |
| Politische Absichtserklärung, mit unterschiedlicher Herkunft | 1 | 2 | 5 |
| Akquisitionspartner (wenn nur Firmenakquisition angestrebt wird) | 2 | 5 | 4 |
| Qualitätssicherungsinstitutionen | 1 | 2 | 1 |
| Persönliche Kontakte des Kaders im Land | 1 | 2 | 1 |
| Keine Nennung von Informationsquellen, da keine momentanen Absichten für Auslandengagement | 5 | 12 | - |
| | 67 | 160 | 201 |

Tab. 5.1.: Informationsquellen für Lokalfertigungschancen und -gefahren

1) vgl. Frage 3.5. des Interviewleitfadens
2) Reihenfolge der Antworten nach dem Gewicht anhand des "antwortenden Exportvolumens".
3) Mehrfachnennung war möglich (67 Antworten = 160 % von 42, also durchschnittliche Quellenanzahl pro Unternehmen 1,6). Der Vergleich der Prozentsätze beim "antwortenden Exportvolumen mit 201 % zum antwortenden Anteil der Firmenvertreter mit 160 % zeigt, das Grossunternehmen tendenziell mehr Informationsquellen benützen als mittlere Unternehmen).

Naturgemäss kommen andere Untersuchungen zu anderen Ergebnissen. Die Erhebung von Beuttel 4) zeigt die drei grössten Unterschiede bei den Informationsquellen Verkaufs- & Vertriebsorganisation, Banken und Wirtschaftsfachverbände.

| Informationsquellen im Vergleich | % Anteil Antworten der 42 befragten Investitionsgüter-produzenten | % Anteil deutscher Produzenten div. Branchen nach Beuttel 5) |
|---|---|---|
| Verkaufs- & Vertriebsorganisation | 67 | 21 |
| Banken | 7 | 49 |
| Wirtschaftsverbände | 12 | 37 für Branchen Elektrotechnik, Feinmechanik, Optik |

Tab. 5.2.: Vergleich Infoquellen CH-Investitionsgüterproduzenten- und BRD-branchenunabhängige Befragung 6)

Weshalb die Investitionsgüterindustrie sich weniger auf Banken stützt, beantwortet Beuttel mit seiner spezifischen Informationsquellenkritik: "Speziell für IHK- (Industrie- und Handelskammern, d.V.) und Bankinformationen galt die Kritik der fehlenden Absatzmarktrelevanz. Ein Unternehmen fasste dies in die Worte, dass Kammern und Banken 'kein Ohr am Markt' hätten" 7).

Das Ziel der erwähnten Optimalisierung einer problemorientierten Informationsbeschaffung soll es sein, die Verfügbarkeit, Aktualität, Genauigkeit und Vergleichbarkeit der Informationen 8) zur Beurteilung des zukünftigen Auslandengagements mit vertretbarem Aufwand zu gewährleisten. Zur Erreichung dieses Ziels ist es vorteilhaft, in einem ersten Schritt eine unternehmungsspezifische, matrixförmige Uebersicht zu erstellen, welche die

- Fragenkomplexe,
- Informationsquellen,
- verantwortlichen internen Stellen zur Informationsbeschaffung

umfasst, eventuell abgeleitet aus einer bestehenden Matrix der

---

4) vgl. Beuttel et al (Auslandaktivitäten) 57-62
5) Ebenfalls bei Mehrfachnennung,so dass total % grösser als 100
6) Ein wesentlicher Unterschied bei diesem Vergleich liegt darin, dass im einen Fall allein die Investitionsgüterbranche, im andern Fall quer durch alle Branchen Informationsquellen für Chancen und Gefahren zum Auslandengagement untersucht wurden.
7) Beuttel et al, a.a.O., 65; Haben Banken in einem Unternehmen namhafte Kapitalanteile und damit finanzielles Risiko übernommen, dann wird die von ihnen zur Verfügung gestellte Information v.a. zur Erkennung von Gefahren sehr fundiert, v.a. wenn es sich dabei um unternehmungsunabhängige, gesamtwirtschaftliche Informationen handelt.
8) vgl. Bernkopf (Strategien) 160 ff.

Informationsquellen für das gesamte Unternehmungsgeschehen. Die hauptsächlichen Vorteile einer solchen Uebersicht 9) liegen einmal in der Verpflichtung, nach allen möglichen Informationsquellen zu suchen und die nicht relevanten wieder auszuscheiden. Zum andern wird damit offiziell die Verpflichtung der Informationsbeschaffungsstellen gegenüber allen möglichen internen Informationsbenützern festgelegt.

Informationsquellenübersichten können auf drei Ebenen abgebildet werden, d.h. gesamtwirtschaftlich, branchenspezifisch 10) und firmenbezogen.

Hier soll exemplarisch nur letzteres nach dem Muster von Bidlingmaier 11) zur Darstellung gelangen:

| FIRMEN-bezogene Informationen / Informationsquellen / Informationsart | Adreßbücher, Firmen- u. Branchenhandbücher | Aktienhandbücher | Auskunfteien | Bankauskünfte | Börsenberichte | Börsenhandbücher | Fachzeitschriften (Anzeigen u. redakt. Texte) | Geschäftsberichte | Handelskammerauskünfte | Handelsregister | Kataloge u. Preislisten | Messen und Ausstellungen | Messekataloge | Prospekte | Tageszeitungen (Anzeigen u. redakt. Texte) | Verbandsauskünfte | Verbandsmitgliederverzeichnis | Verflechtungs-Kataloge (Hoppenstedt Verlage, Darmstadt) | Werbeaufwand-Erhebungen v. Kapferer & Schmidt, Hamburg | Wirtschaftszeitschriften | Zeitungsausschnittdienste |
|---|---|---|---|---|---|---|---|---|---|---|---|---|---|---|---|---|---|---|---|---|---|
| Abnehmer | x | x | x | x | | | x | x | x | x | | x | | x | x | x | x | x | | x | x |
| Absatzorganisation | x | | | | | | x | | | x | x | | | x | x | | | | | x | x |
| Absatzwege | x | | | | | | x | | | | x | | | x | x | | | | | x | x |
| Adresse | x | x | | | | | | | x | | x | x | x | x | | x | x | | | | |
| Auftragslage | | | x | x | | | | x | | | | | | | x | | | | | x | x |
| Auslandsniederlassungen | x | | | | | | x | x | | | x | x | | | x | | | | | x | x |
| Bankverbindung | x | x | | | | | | x | | | x | | | | | | | | | | |
| Beschäftigte | x | x | | | | | | x | | | | | | | x | x | | | | x | x |
| Beteiligungen | | x | | | | | | x | | | | | | | x | | | x | | x | x |
| Börsenkurs | | x | | | x | x | | | | | | | | | x | | | | | x | x |
| Branchenzugehörigkeit | x | x | | | | | x | | x | | | | | | x | x | | | | x | x |
| Dividende | | x | | | x | x | | x | | | | | | | x | | | | | .. | x |
| Export | x | | | | | | | x | | | | | | | x | | | | | x | x |
| Fertigungsstätten u. -verfahren | x | | | | | | x | x | | | x | | | | x | | | | | x | x |
| Finanzierung | | | x | x | | | | x | | | | | | | | | | | | | |
| Geschäftsleitung | x | x | | | | | | x | | x | | | | | x | | | | | x | x |
| Gewinn | | x | | | | | | x | | | | | | | x | | | | | x | x |
| Investitionen | | x | | | | | | x | | | | | | | x | | | | | x | x |
| Jahresabschluß | | x | | | | | | x | | | | | | | x | | | | | x | x |
| Kapitalstruktur | x | x | x | | | | | x | | x | | | | | x | | | x | | x | x |
| Konkurrenz | x | | | | | | | x | | | | x | | | | x | | | | x | x |
| Lieferbedingungen | | | | | | | | | | | x | | | | | | | | | | |
| Liquiditätsstatus | | | x | x | | | | x | | | | | | | | | | | | | |
| Marktstellung | | | | | | | | x | | | | | | | x | | | | | x | x |
| Preise | | | | | | | | x | | | x | x | | x | x | | | | | x | x |
| Produktion (Ausstoß) | | | | | | | x | x | | | | | | | x | | | | | x | x |
| Produktionsprogramm | x | x | | | | | x | x | x | | x | x | x | x | x | x | x | | | x | x |
| Rechtsform | x | x | | | | | | x | x | x | x | | | | x | x | | | | x | x |
| Umsatz | x | x | x | | | | | x | | | | | | | x | | | | | x | x |
| Verbandszugehörigkeit | | | | | | | | | | | | | | | | x | | | | | |
| Verflechtungen | | x | | | | | x | x | | | | | | | x | | | x | | x | x |
| Verkaufsbüros | | | | | | | x | x | | | x | x | | x | x | | | | | x | x |
| Vermögensstruktur | | x | x | | | | | x | | | | | | | x | | | | | x | x |
| Werbung | | | | | | | x | | | | | | | x | x | | | | x | x | x |

Abb. 5.1.: Firmenbezogene Informationen und externe Informationsquellen 12) zur Beurteilung eines Unternehmens

---

9) vgl. z.B. Grafers (Investitionsgütermarketing) 209

10) vgl. Anhang X

11) vgl. Bidlingmaier (Marketing I) 79; seine Darstellung hält sich noch nicht an die Bedürfnisse für die Behandlung der Auslandengagement-Problematik. Letztere soll erst im Verlauf dieser Arbeit entwickelt werden.

12) Bidlingmaier (Marketing) 79

Einer derartigen Festlegung der Informationsbeschaffung ist die Unterteilung der Informationsaufbereitung in eine permanente und eine periodische Kategorie anzuschliessen. Permanent ist aufzuarbeiten, was zu Impulsen für neue Auslandengagements oder deren Veränderungen führen könnte und was im Moment drängender Projektrealisierung nicht ohne entsprechende Vorbereitung aufgearbeitet werden kann.

Periodisch ist an Informationen all das aufzuarbeiten, was pro Projektevaluation-Prozedere benötigt wird und nicht schon aus der permanenten Informationssammlung bereitgestellt werden kann. Die Häufigkeit dieser Aufbereitung, also die Periodizität, wird dabei als erstes festgelegt (Kap. 5.2.1.).

Die nicht ganz unproblematische Frage der Informationsverantwortung löst Dittmar folgendermassen: "Sowohl für die laufenden Beobachtungsinformationen als auch für die Signalinformationen gilt, dass diejenigen Funktionsbereiche bzw. Stelleninhaber mit der Sammlung betraut werden sollen, die am häufigsten diese Informationen brauchen, erhalten oder am besten ermitteln können. Sie sollten auch für die adäquate, komprimierte Informationsvermittlung an alle dafür bestimmten Stellen verantwortlich sein" 13).

## 5.1. Permanente Informationsaufbereitung

In 5.1.1. bis 5.1.3. geht es um Informationen, die deshalb permanent aufzubereiten sind, weil sie je nachdem für ein verändertes Auslandengagement den Ausschlag geben können. Kap. 5.1.4. zeigt auf, welche Informationen permanent bereitzuhalten sind für den Fall, dass ein neues Engagement im Ausland zusätzliche Ressourcen in Anspruch nehmen wird.

### 5.1.1. Ableitung aus der Produkt- / Marktstrategie in Richtung Auslandproduktion

Von erstrangiger Bedeutung in bezug auf die Behandlung der Auslandengagementproblematik ist die Uebernahme von Informationen aus der Produkt-/Marktstrategie, welche auch für die Auslandaktivitäten eines Unternehmens letztlich die Koordinationsfunktion inne hat. In dieser Forderung ist miteingeschlossen, dass durch die vorhandene, aktualisierte P/M-Strategie nicht nur stets die neuesten Produktmodifikationen vermerkt sind, sondern dass auch die gesamtwirtschaftlichen Daten aus den Märkten, die für dieses Unternehmen von Interesse sind, laufend dem neuen Stand angepasst werden.

Je nach Unternehmen und den von ihm anvisierten Märkten werden solche P/M-Strategien laufend korrigiert und angepasst oder in regelmässigen Abständen (z.B. alle 2 Jahre) aktualisiert. Zudem sind sie, abgestimmt auf entsprechende Umweltturbulenzen, in unregelmässiger Folge neu zu überarbeiten. Um die laufende Aktualisierung der Marktbedingungen einerseits zu gewährleisten und andererseits dafür den Erhebungsaufwand im Rahmen zu halten, haben zwei der befragten Unternehmen ein 'Quarterly-Reporting' entwickelt. Dazu kommen alle obersten Länderverantwortlichen pro Quartal einmal zusammen, um nach den Veränderungen

---

13) Dittmar et al (Interntionale Expansion) 40

der Marktbedingungen von der Geschäftsleitung und einer Zentralstelle ausgefragt zu werden. Es kommen damit Nachfrageveränderungen ebenso zum Vorschein wie neue Chancen und Gefahren in den Ländern. Die Zentralstelle verdichtet diese Informationen zu möglichen Massnahmenpaketen, die von verschiedenen Instanzen beurteilt werden. Damit kann der Input gegeben werden für die Veranlassung eines erneuten Entscheidungsprozesses mit nachfolgenden Projektevaluationen und ev. einer neuen Feasibility-Studie.

Nach einer notwendigen Informationsverdichtung sind im Minimum die Märkte bekannt, die auch im Hinblick auf die Auslandproduktion beobachtet werden müssen. Hier kann nun anhand einer unternehmungsspezifischen Checkliste vorgegangen werden, dass z.B. halbjährlich stets auf's Neue ein bestimmter Fragenkatalog zur Erfassung der Nachfrage beantwortet wird, z.B. mit Fragen folgender Art:

- Wie hat sich die Nachfrage pro Produkt entwickelt
  - quantitativ?
  - qualitativ?
- Können neue Investitionsprojekte das Auslandengagement verändern?
- Zeigen sich Verschiebungen in der Auftragsvergabepolitik?
- Sind Präferenzen/Abneigungen gegenüber Inland- resp. Auslandprodukten festzustellen?
- Können neue Bedürfnisse im Produktespektrum des eigenen Unternehmens erkannt werden?
- Werden die eigenen Produkte im Land zunehmend besser/schlechter verstanden?
- Sind neue Marktanteilsentwicklungen festzustellen? etc.

Für Märkte, die für eine Auslandfertigung von äusserst aktuellem Interesse sind, ist die Veranlassung einer Marktforschung prüfenswert, sei es über lokale Marktforschungsinstitute bei mehr serienmässigen Produkten, sei es über die eigene Verkaufsgesellschaft durch Befragung, über Consultants oder ev. über Marktanalysen in Fachzeitschriften. Eine britische Publikation kann u.U. auf eine bereits vorhandene und trotzdem aktuelle Marktstudie hinweisen: "The International Directory of Published Market Research, of the British Overseas Trade Board" 14).

Erarbeitung von und Ableitung aus P/M-Strategien haben zwangsläufig permanent zu erfolgen; denn in einer ungewissen Situation des Drucks sind keine zuverlässigen Informationen, Marktstudien etc. kurzfristig verfügbar. Dies bestätigt auch eine Untersuchung des Instituts für Mittelstandsforschung in Köln: "Fast 83 % aller bereits im Auslandgeschäft tätigen, befragten Unternehmen kommen zu dem Ergebnis, dass internationale Marktforschung als ein Kernproblem anzusehen ist" 15) und führt weiter aus: "Eine wesentliche Schwachstelle für das in Zukunft immer wichtiger werdende, internationale Geschäft ist in der Informationssammlung und Informationsverarbeitung über ausländische

---

14) BOTB (International Directory) 1 ff.
15) Bufe (Auslandsmarketing) 21

Märkte zu sehen" 16).

Aus den verarbeiteten Marktinformationen, aus den Ableitungen und Verdichtungen der P/M-Strategien resultieren latente, neue Auslandengagementvorhaben, die ohne eine spezielle Chance oder eine akute Gefährdung und ohne Impuls zwar latent bleiben, gedanklich jedoch bereits entworfen und für Situationen des Druckes kurzfristig verfügbar sind.

Eine Bestätigung dafür, dass solch 'latente' Projekte in der Wirtschaftspraxis existieren, zeigten die Antworten auf eine entsprechende Frage anlässlich der empirischen Erhebung bei den 42 erwähnten Investitionsgüterproduzenten. Dementsprechend bestehen mindestens Vorstellungen über die Länder, in welchen in absehbarer Zukunft eine Auslandproduktion in Betracht gezogen werden könnte:

| Latente Projekte in: | Anzahl | Kontinent | Anzahl |
|---|---|---|---|
| Indien<br>Japan<br>Korea<br>Malaysia<br>Südostasien (ohne nähere Bezeichnung) | 1<br>5<br>2<br>1<br>2 | Asien | 11 |
| Brasilien<br>Mexiko<br>Venezuela<br>Südamerika (ohne nähere Bezeichnung) | 3<br>4<br>1<br>2 | Südamerika | 10 |
| USA<br>Canada | 7<br>1 | Nordamerika | 8 |
| Portugal | 3 | Europa | 3 |
| Aegypten<br>Iran | 1<br>1 | Naher Osten | 2 |
| Nigeria | 1 | Afrika | 1 |
| Nicht lokalisierte, latente Projekte | 9 | | 9 |
| | 44 | | 44 |

Tab. 5.3.: Latente Auslandfertigungsprojekte der 42 Investitionsgüterproduzenten, (Stand März 1981) 17)

Latente Projekte für neue Auslandengagements oder eine sukzessive Engagement-Rücknahme sind eine erste Voraussetzung für ein gezieltes Erkennen von Chancen und Gefahren als Impulse für Auslandfertigungen.

---

16) Bufe (Auslandmarketing) 23

17) Diese Aufstellung gibt nur Grössenordnungen an, erhebt kein Anspruch auf Vollständigkeit oder Repräsentativität, da mehrere Firmenvertreter aus Geheimhaltungsgründen keine Projekte nennen wollten. Ueber latente Engagementabbrüche waren keine Zahlen erhältlich.

### 5.1.2. Erkennen von Chancen und Gefahren als Impulse für Auslandfertigungen

Jedes mit der Informationsbeschaffung beauftragte Gremium, ob Profit-Center-Leitung, Marketingstab oder Quartals-Rapport-Sitzungsteilnehmer etc., hat sich laufend die Frage zu stellen: Welches sind neue Chancen und Gefahren auf dem angestammten und angrenzenden Produktegebiet oder in ev. Diversifikationsbereichen? Zur Beantwortung dieser Frage hat sich jede dieser Stellen einen Katalog an Informationsquellen zu erarbeiten, welcher zur Beantwortung dieser Fragen herangezogen werden kann. Der kontinuierliche Bezug von Informationen von den als nützlich und relevant beurteilten Informationslieferanten und deren Durchsicht zwingt automatisch, Chancen und Gefahren permanent zu überwachen.

Als diesbezügliche Grundlage werden in erster Linie Zusammenstellungen von Informationsquellen dienen, z.B. eine Aufstellung von Instituten, die sich mit internationalen Untersuchungen, internationalen Fragen des Zusammenlebens, der Technologie, der sozialen Entwicklung, der demographischen und wirtschaftlichen Entwicklung 18) befassen:

- OECD, Paris,
- EG, Brüssel,
- Weltbank, Washington D.C., USA,
- The Rand Corporation, Santa Monica, Kalifornien, USA,
- Standford Research Institute, Menlo Parc, Kalifornien, USA,
- Battelle Institut, Frankfurt/Genf,
- Internationales Institut für angewandte Systemanalyse, Wien,
- Prognos AG, Basel,
- Hudson Institute Europe, Paris,
- Internationales Institut für Umwelt und Gesellschaft, Berlin-W.,
- Max-Planck-Institut zur Erforschung der Lebensbedingungen in der wissenschaftlichen und technischen Welt, Starnberg,
- European Cultural Foundation, Amsterdam,
- Mens en Ruimte, Brüssel,
- Science Politcy Research Institute, Broghton, Sussex,
- Chase Econometric Associates, Inc. Bala Cynwyd, Pennsylvania, USA,
- Strategic Planning Institute, Cambridge, Mass., USA,
- u.a. 19)

Zur diesbezüglichen Informationsverarbeitung ist mit Kortüm zu vermerken: "Wie richtiges Informieren, so hängt auch richtiges Verarbeiten der Informationen von der Fähigkeit objektiven Erkennens ab. Derjenige, der die Informationen auswertet, muss daher versuchen, 'sich von der eigenen Vorstellungswelt weitgehend freizumachen, um sich in die fremde Mentalität besser hineindenken zu können'" 20).

**Chancenbeurteilungsinformationen:** Hat ein Unternehmen ein verbleibendes Investitionspotential, das noch nicht zur Bannung von Gefahren eingesetzt ist, und steht dieses ebenso im Ausland als auch im Inland

---

18) solche Zusammenstellungen können weder hier noch in folgenden Ausführungen den Anspruch auf Vollständigkeit erheben.
19) vgl. Dittmar et al (Internationale Expansion) 46
20) Kortüm (Zum Entscheidungsprozess) 29

zur Wahrnehmung von Chancen zur Disposition, dann geht der Weg für Informationen für entsprechende Chancen mehr über unternehmungsspezifische als firmenunabhängige Quellen. Im Vordergrund stehen dabei v.a. persönliche Geschäftsbeziehungen von im Ausland tätigen Kadermitgliedern, Offerten von Banken oder Brokern, das systematische Aufsuchen von zu akquirierenden Unternehmen. Offerteneinreichungsmöglichkeiten können vereinzelt auch von unternehmungsunabhängigen Institutionen bezogen werden, z.B. von der Weltbank oder von der UNIDO für Entwicklungsprojekte, in welchen auch Rubriken der Investitionsgüterindustrie figurieren. UNIDO veröffentlicht zu diesem Zweck z.B. eine Broschüre über Projekte in Entwicklungsländern: "Industrial Investment Project Proposals" 21) die in regelmässigen Abständen neu erscheint.

Einen Hinweis zur Chancenbeurteilung lässt nicht zuletzt auch unsere empirische Untersuchung zu, nach welcher als besonders vielversprechende Länder erscheinen 22): Deutschland mit 43 Produktionsstätten von schweizerischen Investitionsgüterunternehmen, USA mit 30, Frankreich mit 21 ebensolchen, daneben weist England 14, Italien 13, Oesterreich 12, Brasilien 10, Niederlande 10, Spanien 7 und Japan 6 von insgesamt 242 22) erfassten Auslandproduktionsstätten aus.

**Gefahrenbeurteilungsinformationen:** Informationen zur Gefahrenbeurteilung werden für zwei Blöcke von Auslandengagements benötigt, einerseits für die Exporte, andererseits für die bereits getätigten Auslandfertigungen. Für letzteres legen die 40 erfassten Auslandfertigungsabbrüche im Vergleich zu 242 erhobenen, noch bestehenden Produktionsstätten Zeugnis ab; auf Erläuterungen hiezu wird jedoch erst in Kap. 5.3.3. eingetreten. Die Herkunft der Gefahren für den Export kann gemäss dem Ueberblick Chancen-Gefahren-Profil für Auslandengagements 23) in drei Kategorien gefasst werden: Nachfragerückgang bei den Abnehmern (vgl. Kap. 5.1.1.), Konkurrenz (vgl. Kap. 5.1.3.) und beschränkende Bedingungen des Abnehmerlandes (z.B. durch Protektionismus-Massnahmen).

Nachdem diese Arbeit den Zusatz 'mit spezieller Berücksichtigung von Protektionismustendenzen' erhielt 24), wird eine diesbezügliche Informationsbeschaffung auch ausgedehnter berücksichtigt: Die Informationsquellen, welche die 42 interviewten Untersuchungseinheiten benützen, um Informationen für Protektionismusgefahren in Erfahrung zu bringen, verteilen sich prozentual wie folgt: 55 % über den Weg des Absatzes, 27 % über institutionalisierte Informationsstellen und 18 % durch Beobachtungen 25).

---

21) UNIDO (Project Proposals) 1-58
22) vgl. Kap. 2.3.4.3.
23) vgl. Abb. 4.9.
24) vgl. auch Kap. 3.3.3.
25) vgl. Frage 4.1. des Interviewleitfadens

| Informationsquellen, um die Protektionismusgefahren in Erfahrung zu bringen | | Anzahl Antworten | %-Anteil der Antworten | | % des Exportvolumens | |
|---|---|---|---|---|---|---|
| über Absatzweg | - eigene Verkaufsorganisation | 15 | 17 | 55 | 25 | 59 |
| | - Vertretungen | 22 | 26 | | 22 | |
| | - Importeure | 2 | 2 | | - | |
| | - lokale Kunden | 9 | 10 | | 12 | |
| über Infostellen | - staatliche Infostellen | 4 | 5 | 27 | 2 | 32 |
| | - Handelskammern | 4 | 5 | | 9 | |
| | - Arbeitgeberverbände | 2 | 2 | | 2 | |
| | - andere Wirtschaftsinfo-Institutionen | 4 | 5 | | 11 | |
| | - Banken | 6 | 7 | | 5 | |
| | - lokale Consultants | 3 | 3 | | 3 | |
| Beobachtung | - Reisen des oberen Kaders | 4 | 5 | 18 | 2 | 9 |
| | - Beobachtung der Tendenz Auftragsvolumen/Land | 1 | 1 | | - | |
| | - Beobachtung bei Firmen mit ähnlichen Produkten, mit gleichen Abnehmerkategorien | 1 | 1 | | 1 | |
| | - Beobachtungen der Tätigkeit von Verwaltungsstellen | 1 | 1 | | - | |
| | - Beobachtung durch Studium von Regierungserklärungen | 1 | 1 | | - | |
| | - Beobachtung durch Studium der Zeitung | 8 | 9 | | 6 | |
| | | 87 26) | 100 | | 100 | |
| | - Diese Info hat keine Relevanz, da nur in nicht protektionistisch gefährdeten Märkten operiert wird | 5 | | | | |

Tab. 5.4.: Die Verteilung der benützten Informationsquellen zur Erkennung der Protektionismusgefahr

Bei Unternehmen der Investitionsgüterbranche würde es auf der Hand liegen, dass vereinzelte besser Regierungs-/Behördenkontakte ausnützen können, um Protektionismusgefahren frühzeitig und direkter in Erfahrung zu bringen. Von den befragten 42 Firmen konnten 13 Untersuchungseinheiten diese Annahme bestätigen, 26 haben bislang keine solche Kontaktstellen aufgebaut 27).

Solche unternehmungsspezifischen Informationsquellen zur Abschätzung von Protektionismusgefahren sind mit Vorteil durch weitere unternehmungsunabhängige, allgemein zugängliche Quellen zu ergänzen:

---

26) Mehrfachnennung war möglich

27) Bei drei Stimmenthaltungen, vgl. Frage 4.1., 3. Teilfrage, des Interviewleitfadens

- Betr. Einfuhrbedingungen z.B.:
  - . Exporter's Encyclopaedia von Dun & Bradstreet 28), Trade Regluations,
  - . Ratschläge für die Ausfuhr, von Commerzbank, BRD 29), Einfuhr- und Devisenvorschriften,
  - . Länderdokumentationen der Schweizerischen Zentrale für Handelsförderung jeweils Rubrik V jeder Landeszusammenstellung: Importbestimmungen 30),
  - . Länderdokumentation der Solothurnischen Handelskammer 31), Einfuhrbestimmungen,
  - . Trading Conditions Abroad von Business International Corp. 32), Rubrik 13, übrige Informationen 1-12,
  - . div. Speditionsbulletins, die von verschiedenen internationalen Spediteur-Unternehmen zuhanden ihrer Kunden herausgegeben werden.

- Betr. Protektionismusmassnahmen:
  - . Zusammenstellung neuer Fälle von Wirtschaftsprotektionismus durch das Sekretariat des GATT 33), einmal pro Trimester, pro Land,
  - . Inventar von 619 Protektionismusklagen beim GATT, (Inventory of non tariff measures Oct. 81), herausgegeben vom GATT, zugänglich jedoch nur im Eidg. Volkswirtschaftsdepartement, Abt. für auswärtige Angelegenheiten in Bern. Dieses Inventar vermerkt z.B. Klageland, Protektionismusform, Produkt (Branchenzugehörigkeit). Gemäss Inventar wurden beim GATT mehr als 10 mal eingeklagt: Italien 29, Canada 28, Brasilien 27, Griechenland 25, Australien und USA je 22, Indien und Japan je 18, Oesterreich 17, Südafrika 16, Frankreich, Norwegen und Spanien je 14, Finnland und Neuseeland je 12, EG, Grossbritannien, Pakistan und Peru je 11.

Um ein Vielfaches an Aufwand zur Informationsaufbereitung zu vermeiden, sollte es ein Anliegen der entsprechenden Wirtschaftsverbände sein, Informationen des GATT branchen- und ev. produktorientiert zu verarbeiten und den Mitgliederfirmen zur Marktbeurteilung zuzustellen. Letzteres z.B. in einer übersichtlichen Form, wie dies das European Management Forum in Genf mit der Darstellung der weltweiten 'Orderly Marketing'-Massnahmen graphisch gelöst hat 34).

Zur Aufbereitung von Informationen für die Protektionismusbeurteilung ist eine Uebersicht der Gefahrenindikatoren ein wertvolles Unterstützungsmittel. Die erhaltenen Informationen können anhand eines Rasters, einer Stufenübersicht des Fortschreitens des Protektionismus mittels Indikatoren zugeordnet werden, so dass damit gleichzeitig ein Mass, ein Gefühl für die Dringlichkeit von einzuleitenden Gegenmassnahmen entsteht.

In dem folgenden Exkurs wird entsprechend Kap. 3.3.2.7. 'Indikatoren zur Erkennung von Protektionismustendenzen' hier ebenso eine Dreiteilung zur Indikatorendarstellung vorgenommen; denn sie verhalten sich unterschiedlich, je nachdem ob Protektionismus aufgrund von Arbeitslosigkeit oder von untragbaren Zahlungsbilanzdefiziten oder von Unabhängigkeitsbestrebungen einzelner Länder verursacht wurde:

---

28) vgl. Dun & Bradstreet (Export's Encyclopaedia) jährliche Ausgabe
29) Commerzbank (Ausfuhr) jährliche Ausgabe
30) vgl. Schweizerische Zentrale für Handelsförderung (Länderdokumentationen) jährliche Neuauflage
31) vgl. Solothurnische Handelskammer (Länderdokumentation) Einmalige Ausgabe + laufende Erneuerungsblätter
32) vgl. Business International (ILT), jährliches Erscheinen
33) vgl. GATT (Commercial Policy) pro Trimester, Genf, 1982
34) vgl. Kap. 3.3.2.4. Schwerpunkte von Protektionismustendenzen

Im Sinne einer erstrebenswerten Frühwarnung sind nun die notwendigen Anstrengungen zu unternehmen, um die Informationen über die zuerst auftretenden Indikatoren von Protektionismustendenzen zu erhalten. In unserem Fall würde dies heissen über die Entwicklung der Arbeitslosigkeit, den Stand der Zahlungsbilanzdefizite und über ev. aktuelle Bestrebungen nach Unabhängigkeit.

- Zahlen über Umfang und branchenmässige Arbeitslosigkeit können, auf den aktuellen Stand gebracht, in den Handelskammern der anvisierten Länder bezogen werden. Sie sind dort verfügbar, weit bevor sie das Unternehmen über irgendwelche Statistiken erreichen.

- Grössenordnungen von Zahlungsbilanzdefiziten pro Land, pro Jahr und die kumulierte Auslandverschuldung sind z.T. ebenfalls über die entsprechenden Handelskammern einzuholen. Wenn nicht, dann sind mindestens zwei Länderdokumentationsquellen sehr aussagekräftig, natürlich mit dem ca. einjährigen 'time lag':
  . Schweizerische Zentrale für Handelsförderung, Lausanne, Länderdokumentationen Rubrik IV und VI, welche zudem auch Einfuhrzahlen in jedem Land für schweizerische Güter ausweist, nach Branchen geordnet (Rubrik VII).
  . Business International Corp., New York, Filiale in Genf, Rubrik 1.03 'Market forecast'. Zudem werden in dieser Länderdokumentation die wirtschaftlichen Ereignisse der letzten 12 Monate zusammengefasst und ein Ausblick soweit möglich, auf die nächsten 12 Monate vermittelt.

- Das Streben nach Unabhängigkeit kommt wahrscheinlich am besten im politischen Journalismus zum Ausdruck, da die politische Unabhängigkeit der wirtschaftlichen meist vorangeht. Die Tagespresse bringt diesbezügliche Informationen bestimmt vor allen Landesstudien, da letztere ja stets eine Zusammenfassung über einen bestimmten Zeitraum darstellen und deshalb in der Aktualität etwas zurückstehen.

Eine Informationsaufbereitung ganz besonderer Art zum Erkennen von Gefahren für den Export ist der folgende Vorschlag. Das Besondere daran ist, dass diese Art Informationsverarbeitung im Gegensatz zu allen andern bisher erwähnten Formen noch nicht existiert. Der Vorschlag visiert einen Informationsverbund z.B. zwischen den schweizerischen Investitionsgüterproduzenten an 35). Unter den 42 befragten Unternehmen figurieren Firmen, die 'das Ohr näher bei der zukünftigen Importpraxis' haben. Ganz generell formuliert heisst dies, dass Hersteller von Produkten mit staatlichen oder staatsähnlichen Abnehmern mehr und v.a. früher etwas von geplanten Veränderungen der Einfuhrbestimmungen erfahren. Speziell können hiezu einige Beispiele erwähnt werden:

- Hersteller von Aufzügen, von Kesseln, von Anlagen für die Landwirtschaft etc. werden laufend mit neuen staatlichen Vorschriften und Bewilligungen konfrontiert. Oft sind sie sogar in Gremien zur Erlassung solcher Vorschriften vertreten. Den entsprechenden Firmenvertretern obliegt aufgrund des Eindruckes an Ort die

---

35) Die Chancenbeurteilung eines solchen Informationsverbundes wird Gegenstand einer in Aussicht stehenden Tagung zum Thema Lokalfertigung auf der Basis dieser Arbeit sein.

Beurteilung, ob hinter solchen Vorschriften z.B. echte Sicherheitsbestrebungen oder eher Schikanen zum Zweck der Importreduktion stehen.

- Exporteure mit Staatskundschaft (Energiesektor, Brandbekämpfung, Telefon und Funk etc.) erfahren mehr als z.B. Hersteller von Heizkörpern, Stahlschränken etc.
- Firmen, deren Vertreter im Abnehmerland an Fachkongressen eingeladen werden, können von geäusserten Ideen ev. manch protektionistisches Gedankengut ableiten.
- Es gibt auch schweizerische Unternehmen der Investitionsgüterindustrie mit Weltruf, die es fertigbringen, Firmenvertreter mit genügend Prestige auszustatten, damit ihnen die Aufnahme von Regierungskontakten möglich wird.
- Die 13 erwähnten Investitionsgüterhersteller 36), denen eine frühzeitige Informationsbeschaffung auf Regierungs- und Behördenebene möglich ist, haben bestimmt den 26 andern interessierten Firmen und allen nichtbefragten Unternehmen gegenüber einen beachtlichen Informationsvorsprung.

Der Vorschlag besteht nun darin, dass solche 'informationsbegünstigte' Exporteure über einen Informationspool diese frühzeitigen Informationen, Frühwarnungen an die weniger begünstigten Firmen weitergeben, damit auch letztere die Gefahren erkennen und darauf rechtzeitig reagieren können. Noch ungelöst ist diesbezüglich die Zuordnung, Lokalisierung eines solchen Informationspools. An der in Aussicht gestellten Tagung werden bestimmt verschiedene Vorschläge eingehen. Im Moment wird von all den denkbaren Möglichkeiten diese Erweiterung des Informationspotentials bei der Schweizerischen Zentrale für Handelsförderung, gekoppelt mit den entsprechenden Informationshilfsmitteln als eine reelle Lösung zu beurteilen sein.

Diese Ausführungen stehen unter dem Titel 'Erkennen von Chancen und Gefahren als Impulse für Auslandfertigungen'. Abschliessend ist deshalb darzulegen, inwieweit erkennbare Veränderungen der Exportchancen, z.B. durch die Ankündigung von Protektionismusmassnahmen, einen Impuls, Anstoss für ein entsprechendes Verhalten begründen:

---

36) vgl. Frage 4.1. des Interviewleitfadens

| Die Ankündigung einer Protektionismusmassnahme gegen den Import von Investitionsgütern wird im untersuchten Unternehmen zum Impuls für: | Anzahl 37) Antworten | %-Anteil der Antworten | %Anteil des Exportvolumens |
|---|---|---|---|
| Orientierung der obersten Geschäftsleitung | 15 | 31 | 38 |
| Orientierung der Profit-Center-(Geschäftsbereichs)-Leitung | 15 | 31 | 38 |
| die Durchführung einer Grobstudie im Hinblick auf eine Lokalfertigung | 8 | 16 | 9 |
| einen Auftrag an Exportleiter/Marktverantwortlichen zur Suche nach Alternativen | 4 | 8 | 3 |
| eine Feasibility-Studie | 1 | 2 | 5 |
| einen Auftrag an Konzernstab zur Massnahmensuche | 1 | 2 | 2 |
| eine Befragung von Banken und Consultants | 1 | 2 | - |
| keine spezielle Reaktion | 4 | 8 | 5 |
| | 49 38) | 100 | 100 |

Tab. 5.5.: Die Ankündigung von Protektionismus als Impuls für entsprechende Reaktionen

Abgesehen von diesen mehr formellen Reaktionen im ersten Moment einer solchen Ankündigung ist von Interesse, wie sich die Untersuchungseinheiten langfristig gegenüber der Errichtung eines Protektionismus in einem Land verhalten. Bei der Befragung kam zum Ausdruck 39), dass

- 27 von 42 die Herausforderung anzunehmen beabsichtigen,
- 2 von 42 solange als vertretbar eine Beobachterstellung einnehmen wollen,
- 13 von 42 solchen Ländern gegenüber eine ablehnende Haltung einzunehmen gedenken.

30 von 42 Unternehmen haben sich dahingehend geäussert, dass sie gemäss ihren dargelegten Reaktionsweisen auf frühzeitige Informationen aus ihren Abnehmerländern angewiesen sind, für den Fall, dass für sie ein Exportverlust durch staatliche Massnahmen auf dem Spiele steht.

### 5.1.3. Informationssammlung über Konkurrenz und Investitionsklima in potentiellen Fertigungsländern

Das Einholen von Informationen über die Konkurrenz und ihre Absichten in potentiellen Fertigungsländern erweist sich als viel schwieriger als über das entsprechende Investitionsklima. Ein wesentlicher Grund für diese Diskrepanz liegt darin, dass Informationen über Konkurrenten

37) vgl. Frage 4.5. des Interviewleitfadens
38) Mehrfachnennung war möglich
39) vgl. Frage 4.6. des Interviewleitfadens

einmal nicht standardisierbar sind und zum andern auch nie einen Abnehmerkreis finden würden, der eine Kommerzialisierung der Informationsverarbeitung zuliesse.

Eine interne Weisung eines befragten Unternehmens zu diesem Thema vermag denn auch keine andern Hinweise zu geben, als dass wenigstens die vorhandenen Publikationen (Geschäftsberichte, Unternehmensbroschüren, Kataloge, Mitteilungen in der Wirtschaftspresse sowie Aeusserungen der Kundschaft mit den eigenen Branchenkenntnissen zu ergänzen sind. Soll die Informationsbeschaffung über Konkurrenzabsichten nicht den Status von Spionage annehmen, können ausserhalb der obigen Anleitungen kaum weitere Hinweise zur Konkurrenzinformationsbeschaffung gemacht werden. Am ergiebigsten bleibt dabei wohl die Beobachtung des Konkurrentenverhaltens gegenüber den Kunden, wobei in zähflüssigen Verhandlungszeiten sich auch zwischen den Verkäufern der konkurrierenden Firmen ein Gespräch entwickeln kann, dessen Verlauf mehr verrät als manch vorhandene Publikation, v.a. bezogen auf ein ganz spezifisches Land.

Die Informationsbeschaffung über Investitionsklimata erweist sich als weniger hindernisreich. Dies ist eine Folge davon, dass eine solche Informationszusammenstellung einen weiten Abnehmerkreis findet, zudem branchenunabhängig erstellt werden kann und deshalb relativ leicht zu kommerzialisieren ist.

Die empirische Erhebung bei den 42 Investitionsgüterproduzenten hat gezeigt, dass eine laufende Beobachtung des Investitionsklimas momentan nicht einen hohen Stellenwert einnimmt:

Von den 42 Untersuchungseinheiten verfolgen 40)

- nur 2 Unternehmen permanent die Entwicklung der Investitionsklimata,
- 35 Firmen die Entwicklung des Investitionsklimas keinesfalls permanent, sondern informieren sich darüber erst zum Zeitpunkt einer Projektevaluation,
- 5 Investitionsgüterexporteure keine Investitionsklima-Daten, da in absehbarer Zukunft keine Auslandinvestitionsvorhaben in Frage kommen.

Dieses Beziehungsgefüge zum Informationsblock 'Investitionsklima' ergibt sich in der Schweiz ganz offensichtlich daraus, dass ein hervorstechendes Investitionsklima allein bei 95 % der Untersuchungseinheiten zu keinem Impuls für eine Auslandinvestition in jenem Land führt. Das beste Investitionsklima wird damit nicht als eine Chance beurteilt, so wie Absatzchancen, Chancen zur Kosteneinsparung etc. Das Investitionsklima bleibt damit in der erwähnten Mehrzahl stets nur eine hinreichende Bedingung, welche vor einer Projektrealisierung zu prüfen ist und gewisse Mindestanforderungen an Sicherheit, Entscheidungsfreiheit etc. zu genügen hat.

Aus dieser Feststellung ergibt sich, dass Informationen über die Entwicklung des Investitionsklimas und Quervergleiche zwischen verschiedenen Ländern nicht auf dem Gebiet der permanenten Informationsaufbereitung anzusiedeln sind, sondern vielmehr für den Bereich der

---

40) vgl. Frage 3.7. des Interviewleitfadens

periodischen Informationsverarbeitung zum Zeitpunkt der Projektevaluation (Kap. 5.2.5.) vorzusehen sind.

Für den Fall, dass sich in Zukunft mehr als nur zwei Investitionsgüterproduzenten dazu entschliessen sollten, eine permanente Ueberwachung der Investitionsklimaentwicklung vorzunehmen, sind von der Auswahl der Informationsquellen besonders die folgenden Informationslieferanten herauszuheben:

- Investitionsklimavergleich von Business International Corporation
- BERI-Index
- ev. Investitionsklimavergleich aus dem deutschen Manager Magazin.

Diese Informationsquellen erlauben es dem Informationsbezüger, sich auf einen Blick zu informieren, ohne selbst umfangreiche Analysen einzuleiten. Im Gegensatz zu mehreren anderen Informationslieferanten zum Thema Investitionsklima präsentieren diese drei einen fertigerstellten Ländervergleich mit möglichst allen zu berücksichtigenden Faktoren. Ist der Informationsbezüger einmal mit der Informationszusammenfassung vertraut, dann kann er sich unter minimalem eigenen zeitlichen Aufwand ein Bild über den Stand der Investitionsklimata machen. Mit einem Beizug von älteren Ausgaben des gleichen Indexes kann er sich zudem schnell eine Uebersicht über die Entwicklung des Investitionsklimas in bestimmten Ländern verschaffen.

Eine kurze Charakterisierung dieser drei Investitionsklima-Vergleiche wird im Zusammenhang mit den andern Quellen über Länderinformationen in Kap. 5.2.5. behandelt, anhand der periodischen Informationsbeschaffung betreffend Investitionsklima zum Zeitpunkt der Projektevaluation.

### 5.1.4. Informationen über Ressourcen zum potentiellen Transfer ins Ausland

Ein letzter Teil der permanenten Informationsaufbereitung betrifft die Ressourcen. Es handelt sich dabei um die Inputfaktoren einer potentiellen zukünftigen Produktionsstätte im Ausland. Der industrielle Produktionsprozess kennt überall die Faktoren

- Personal
- Material
- Finanzen
- Anlagen
- Informationen.

Der Bereitstellung von geeignetem **Personal** zum entscheidenden Zeitpunkt kommt innerhalb dieser fünf Inputfaktoren die grösste Bedeutung zu. Einerseits hängt dies damit zusammen, dass entsprechend ausgebildetes und erfahrenes Personal ohne ein Mindestmass an Vorkehrungen selten kurzfristig beschafft werden kann; andererseits hängt der Erfolg auch eines Auslandfertigungsprojektes sehr stark von kompetenten Mitarbeitern an Ort ab.

Sowohl Facharbeiter wie auch Kaderleute haben zum Zeitpunkt des Projektstartes in genügender Zahl verfügbar zu sein, ohne dass noch viel Zeit bleibt, um nichtvorhandene Einsatzbedingungen den Vorgesehenen zu vermitteln. Es gehören dazu

- die Landes- und Geschäftssprache,

- die Gesundheit,
- die Mobilität, d.h. Einstellung und Familienverhältnisse,
- die Flexibilität und Umgänglichkeit mit den Einheimischen und den Landesvorschriften,
- das Durchsetzungsvermögen unter erschwerten Bedingungen.

Ein kleineres oder mittleres Unternehmen hat in diesem Zusammenhang den Vorteil, dass man in der Geschäftsleitung die Personen, die u.U. für einen solchen Auslandeinsatz in Frage kommen, ebenso kennt wie ihre Veranlagungen, Fähigkeiten und Familienverhältnisse. Massnahmen zur Förderung geeigneter Mitarbeiter können dann im Hinblick auf irgend ein Projekt individuell gestaltet werden, was sich bei einer geringeren Projektanzahl auch einfacher ausnimmt.

In Grossunternehmen hingegen ist ein derart direkter Ueberblick nicht mehr möglich. Damit trotzdem zum kritischen Zeitpunkt der Auslandeinsatz gewährleistet ist, empfiehlt sich der Aufbau eines Informations- und Speichermediums, das in Fachkreisen auch als Management-Development (-System) bezeichnet wird.

Mit diesem Medium, ob als Handkartei oder in einer EDV-Anlage gespeichert, kann nach Bekanntwerten von Stellen-Anforderungsprofilen festgestellt werden, wer diese vorgegebenen Bedingungen erfüllt und damit zum Einsatz gelangen könnte.

Ein solches Instrument zur Bereithaltung mitarbeiterbezogener Daten kann seinen Zweck selbstverständlich nur dann erfüllen, wenn die Informationsaufbereitung permanent erfolgt, d.h. ein- und austretende Angestellte laufend nachgetragen und Veränderungen von Ausbildungsstand, Mobilität etc. vermerkt werden.

Die permanente Informationssammlung im **Materialbereich** zuhanden einer neuen Auslandfertigungsstätte nimmt sich weit weniger umfangreich aus als im Personalsektor. Auf diesem Gebiet sind lediglich Ausnahmesituationen zu erfassen, für den Fall, dass irgendwelche Rohstoffe, Halbfabrikate im Fremdbezug für die Zulieferung an die ausländische Produktionsstätte Hindernisse mit sich bringen. Solche Fälle sind z.B. denkbar, wenn Zulieferprodukte nicht die chemischen oder sicherheitsmässigen Bedingungen des Produktionslandes erfüllen oder wenn das schweizerische Stammhaus auf der einen Seite local-content-Vorschriften zu erfüllen hat, auf der andern Seite aber durch langfristige Abnahmeverträge, Patente etc. in der Schweiz gebunden ist. Solche und ähnliche Informationen sind v.a. im Einkauf permanent zu sammeln und in einer Form aufzubereiten, dass bei Ausland-Projektevaluationen ein rascher Zugriff gewährleistet ist, um Reaktionszeiten auch auf dem Materialsektor kurz halten zu können.

Im Bereich der **Finanzen** ist es v.a. wichtig, dass man sich über die Kapitalbeschaffungsmöglichkeiten und -bedingungen im eigenen Land auf dem Laufenden hält. Bereits vorhandene Informationen über Kredithöhe, Absicherungsmodalitäten, über Investitionsrisikogarantien, Reservevorschriften etc. helfen zum Zeitpunkt einer Projektevaluation, von Anfang weg über eine Verhandlungsbasis mit im Ausland lokalen Behörden, Kooperationspartnern etc. zu verfügen. In der Regel bietet die laufende Informationsaktualisierung auf diesem Gebiet keine Schwierigkeiten, da sie in den meisten Unternehmen ohnehin zentral vorgenommen wird. Zudem sind die Banken als Kapitallieferanten selbst aus Gründen ihrer eigenen Absatzförderung daran interessiert, dass ihre Kunden informiert werden.

Auf dem Gebiet der **Anlagen**beschaffung ist mit Vorteil vom Einkauf eine Informationssammlung anzulegen, die über Spezifikationen von Werkzeugmaschinen, Betriebsmitteln, Transportanlage etc. in bezug auf den Versand ins Ausland Auskunft geben kann. Wird möglichst wenig Aufwand angestrebt, dann sind nur jene Anlagenteile einer Produktionsstätte zu erfassen, die erfahrungsgemäss den Engpass darstellen, sei es in terminlicher, technologischer, vorschriftsmässiger oder einer anderen Hinsicht.

Für den Spezialfall, dass ähnliche Auslandprojekte im Interesse des Stammhauses mehrere Male offeriert werden sollen, ist die Erstellung einer werbewirksamen Referenzanlage anzustreben. Diese soll geeignet sein, dass alle Projektanforderungen in drei Dimensionen besichtigt und beurteilt werden können, um damit der Konkurrenz gegenüber einen Wettbewerbsvorteil zu haben.

Bezüglich Inputfaktor **'Informationen'** ist permanent bereitzustellen, was insgesamt in Kap. 5.1. zum Ausdruck kommt. Lediglich zu ergänzen bleiben zwei Informationshilfsmittel für Unternehmen, die relativ häufig eine Auslandfertigung im Projektstadium haben. Für Situationen, in denen eine Auslandproduktionsstätte in erster Linie im Interesse des schweizerischen Stammhauses steht, bringt eine auf aktuellem Stand basierende Informationssammlung u.U. die benötigte Ueberlegenheit. Sie soll dokumentarisch eine Referenzanlage festhalten, um mit den Behörden des Produktionslandes in kompetenter Weise ins Gespräch zu kommen. Es versteht sich, dass auch hier ein Aufwand nicht maximiert wird, sondern wenigstens dem Mindestrahmen entsprechen soll, der den Werbeeffekt noch eben zu erreichen vermag.
Das zweite Hilfsmittel ist ein solches der Informationsverarbeitung. Für Projekte, die zu einer Feasibility-Studie weitergezogen werden, ist die einmalige Schaffung eines Rechnungsmodells für die EDV-Anlage zu erwägen, das Simulationen zulässt und somit die immer wieder neuen Anforderungen von Partnern und Umweltbedingungen rechnerisch berücksichtigen kann und zum Zeitpunkt von Projektevaluationen in kurzer Zeit zu verarbeiten vermag.

## 5.2. Periodische Informationsaufbereitung zum Zeitpunkt der Projektevaluation

Als ersten Schritt in diese Richtung wird die Beantwortung der Frage von Interesse sein, welche Periodizität für die Benützung des strategischen Instrumentariums und damit der periodischen Informationsaufbereitung gewählt werden soll.

### 5.2.1. Festlegung der Periodizität

Diesbezüglich kann es keine allgemeingültige Antwort geben.

Die Wahl der Periodizität hängt ab von

- der Projektanzahl, und damit von
  - der Unternehmungsgrösse
  - der eigenen internen Initiative, welche sich in der Intensität der P/M-Strategieerarbeitung, in der Suche nach Diversifikationen etc. äussert,

  . dem Ausmass der Umwelt-Turbulenzen, im positiven wie im negativen Sinn.

- der Entscheidung, ob die Beurteilung von Auslandfertigungsprojekten simultan, gekoppelt mit inländischen Investitionsprojekten in einem Verfahren vorzunehmen ist (vgl. strategischer Grundsatz X) oder ob beides getrennt voneinander in separaten Investitionsentscheidungen behandelt werden soll. Im ersterwähnten Fall ist die Periodizität gegeben mit dem jährlich angelegten Investitionsbeurteilungs-Prozedere, im zweiten sind eigene Weisungen zu erlassen, die sich z.B. an den nachfolgenden Richtlinien orientieren können.

Mögliche Richtlinien zur Festlegung der Periodizität sind:

- In Unternehmen, die einen fixierten Rhythmus zur Neu-Erstellung einer eigenen P/M-Strategie kennen, ist das strategische Instrumentarium bei mehr als zwei Projekten aus dieser P/M-Strategie in Gang zu setzen.

- In Unternehmen ohne regelmässige P/M-Strategie-Erarbeitung ist das In-Gang-Setzen des strategischen Instrumentariums jeweils dann vorzunehmen,
  . wenn in einem Jahr mehr als zwei Projekte mit den Engagementformen Neugründung, Akquisition, Joint-Venture, von Umweltveränderungen her aktuell werden,
  . wenn ebenfalls von extern her eine Anfrage für eine Kooperation oder eine Uebernahme eines Grossprojektes eingeht. In diesem Fall sind für den Entscheidungsprozess zum Vergleich eigene Projekte aus Chancen- und Gefahrenbeurteilungen mitaufzunehmen, um nicht ein unvorteilhaftes Projekt im Haus zu haben, bevor ev. erfolgsträchtigtere mindestens geprüft wurden,
  . wenn eigene Projektchancen seit ca. drei Jahren nicht mehr einem Entscheidungsprozedere unterzogen worden sind. Je nach Durchlaufzeit der Produkte eines Unternehmens lassen sich diese drei Jahre auf eine Periode von zwei bis fünf Jahren anpassen.

### 5.2.2. Formulierung von Projekten anhand von Impulsen aus Chancen und Gefahren

Aus erkannten Chancen und Gefahren entwickeln sich Impulse zur Formulierung von Projekten, so auch von Auslandfertigungsprojekten. Das Erkennen von Chancen und Gefahren kann resultieren aus:

- Der Szenarien-Technik. Im eigenen Unternehmen werden u.U. zusammen mit externen Beratern, verschiedene Szenarien entwickelt. Aus den sich abzeichnenden Konsequenzen können für optimistische und pessimistische Fälle Chancen und Gefahren abgeleitet werden. Je nach der internen Wahrscheinlichkeitsbeurteilung ihres Eintretens werden daraus auch Auslandfertigungsprojekte 'reif' für eine Formulierung (internes Erkennen).

- Der Beobachtung von reell sich einstellenden Umweltveränderungen (externes Erkennen). Solcherart erkannte Chancen und Gefahren werden erstmals anhand der P/M-Matrix als Projekte formuliert.

Der Unterschied dieser beiden Formen des Erkennens liegt darin, dass erstere vom Aufwand her nicht derart häufig vorgenommen werden kann (z.B. alle 5-7 Jahre) wie die zweite, die mehr oder weniger permanent zu erfolgen hat. Projekte werden demgemäss einmal formuliert im gewählten Rhythmus der Praktizierung einer Szenarientechnik und zum andern laufend mit den von extern her erkennbaren Chancen und Gefahren, die sich für den Investitionsgüterexporteur auf dem Weltmarkt präsentieren, verglichen. Die Formulierung von Auslandfertigungsprojekten hat bis zur Aufnahme in den Entscheidungsprozess Mindestangaben zu umfassen über das

- Wo,
- Weshalb (Motive),
- Wann spätestens,
- Wie (Projektdimensionen),
- Wer (Verantwortung über das Projekt).

### 5.2.3. Informationsanalyse bezüglich Exportalternativen, Kapazitätsauslastung und bestehenden Auslandfertigungsstätten

Gemäss den zeitlichen Intervallen einer Bearbeitung des Entscheidungsprozesses sind auch die Informationen aufzubereiten, welche

- die Arbeitsmarktsitutation / Exportalternativen,
- die produktspezifischen Kapazitätsauslastungen und
- den Bestand der im anvisierten Produktionsland vorhandenen Auslandfertigungsstätten

betreffen, um einerseits das Weiterverfolgen von unwirtschaftlichen Projekten noch rechtzeitig verhindern und um andererseits die Arbeitsplatzentscheidung auf die sozial- und regionalpolitische Umgebung des Stammhauses abstimmen zu können.

Im Bereich der **Exportalternativen**beurteilung richtet sich die Art der Informationsaufbereitung nach

- der unternehmungsspezifischen Einstellung gegenüber der Frage "Annahme des Zwangs zur Lokalfertigung oder nicht?" (vgl. Ergebnisse der Umfrage Kap. 4.5.3., Tab. 4.12. Alternativen zur Lokalfertigung, in Relation zu andern Verhaltensweisen).

- dem Stand und der Beurteilung des heimischen Arbeitsmarktes und der aktuellen Arbeitsweltüberlegungen.

Zur Thematik der Arbeitsweltentwicklung gehört die Informationsbeschaffung über den Stand der betrieblichen, regionalen, branchenmässigen, berufskategorieorientierten und schweizerischen Arbeitslosigkeit.

Der Weg zu dieser Information führt über:

- Arbeitslosen-Statistiken auf betrieblicher, regionaler, branchenmässiger, berufskategorieorientierter schweizerischer Ebene,

- Statistiken der offenen Stellen und Erfassung der Umschulungsmöglichkeiten auf denselben Ebenen,

- ein eigenes Szenario der Arbeitsweltentwicklung, z.B. alle 5-7 Jahre,

- Bezug von Arbeitsmarktprognosen, auch zwischen den Szenarien,

- Einschätzung der Arbeitsplatzentwicklung im eigenen Unternehmen auf 5 Jahre hinaus,

- Gespräche mit den Sozialpartnern, ebenfalls auf den erwähnten

Ebenen, zur Suche von Handlungsalternativen.

Von diesen fünf Informationsquellen zur Beurteilung der Arbeitsweltentwicklung sind die ersten beiden weniger problematisch, da es sich dabei um den Bezug von Informationen handelt, die von unternehmungsexternen Institutionen zusammengetragen werden.

Anders verhält es sich beim **Szenario der Arbeitsweltentwicklung.** Solche Szenarien sind schwerlich beziehbar, müssen also dementsprechend unternehmungsintern erarbeitet werden. Szenarien sind naturgemäss mit vielen Hypothesen, Annahmen verbunden und werden aus Gründen des Verantwortungsrisikos nicht zwischen den Institutionen ausgetauscht. Ein Exkurs wird im Schlussteil dieses Kapitels aufzeigen, wie ein Szenario der Arbeitsweltentwicklung erstellt werden kann und welche Folgerungen aus einem derartigen Szenario abgeleitet werden können.

Muss aus den erwähnten fünf Informationsquellen der Schluss gezogen werden, dass auch bei den momentan zu evaluierenden Lokalfertigungsprojekten alle Möglichkeiten zur Verhinderung von Arbeitsplatzexporten auszuschöpfen sind, dann ist auf folgenden Wegen nach Exportalternativen zu suchen:

- Eigenes Brainstorming über mögliche Alternativen, wie der Export aufrechterhalten werden kann 41).
- Befragung von internationalen Spediteurfirmen nach ihren Erfahrungen in jenem oder ähnlichen Abnehmerländern.
- Befragung der schweizerischen Zentrale für Handelsförderung, der schweizerischen Handelskammer und ev. der lokalen Banken, verbunden mit der Aufnahme von Bankbeziehungen.
- Orientierung am Markt des Abnehmerlandes, d.h. untersuchen, welche Produkte immer noch aus dem Ausland eingeführt werden. Die Lieferanten, v.a. bekannte Weltfirmen und ihre lokale Verkaufsorganisation / ihr Vertriebsnetz nach ihren Wegen der Importaufrechterhaltung befragen. Anschliessend, wenn möglich, dieselben Alternativen in Angriff nehmen und, wenn notwendig, die Behörden für eine Gleichbehandlung angehen.
- Orientierung am Markt eines gut vergleichbaren Landes. Beobachten, welche Exportmöglichkeiten die ausländischen Firmen dort praktizieren und daraus eigene Verhaltensänderungen ableiten.

Das bereits erwähnte zweite Augenmerk innerhalb der Informationsanalyse gilt der Abklärung der produktspezifischen **Kapazitätsauslastung.** In diesem Bereich sind je nach der gesuchten Aussage verschiedene Informationsbeschaffungsarten vorzusehen:

- Für den Umfang der weltweiten, produktspezifischen Herstellungskapazitäten und ihre Auslastung:
  . Fachverbände befragen, die sich in direkter oder indirekter Art auch auf Länderstudien stützen,
  . Rückschlüsse aus der Erfassung verlorener Aufträge und sinkender Preise,
  . Ermittlung der Konkurrenzabsichten bezüglich ihrer Produktions-

---

41) für ein mögliches Resultat vgl. Abb. 3.6., Kap. 3.3.3.8.

kapazitätspläne aus Wirtschaftszeitschriften.

- Für die Kapazitätsverhältnisse im anvisierten Produktionsland:
  . Lokale Handelskammern, den Handelsregisterämtern entsprechende Instanzen, lokale Fachverbände, sofern vorhanden,
  . Informationssammlung der schweizerischen Zentrale für Handelsförderung (Lausanne),
  . Befragung der Kunden, um herauszufinden, wer alles Güter der gleichen Art produziert,
  . Direktbefragung bei den bereits vorhandenen Produktionsstätten,
  . Befragung bei potentiellen Komponentenlieferanten, sofern die erwähnten Quellen nicht hinreichen.

Diese aufgeführten Informationsquellen sind spezifisch zur Ermittlung der produktbezogenen Kapazitätsbelastung ausgewählt worden. Sollten diese spezifischen Informationsressourcen im ungünstigsten Fall nicht zu den gewünschten Angaben führen, dann ist der allgemeinere, meist auch mühsamere und nicht mit Sicherheit erfolgreiche Weg zu beschreiten, d.h. zu allgemein zugänglichen Informationsquellen zu greifen. Rühle von Lilienstein versteht darunter: Tageszeitungen (Wirtschaftsteil), Wirtschaftsberichterstattung am Fernsehen, institutionalisierte Informationsdienste, Zeitschriften der Wirtschaftspolitik, Fachzeitschriften, Fachinformationen der Wirtschaftverbände, Analyse-Resultate beauftragter Beratungsfirmen 42).

Den Daten, die über vorhandene und geplante Produktionskapazitäten in Erfahrung gebracht werden konnten, sind zur Abschätzung von Ueberkapazitäten Zahlen über das Nachfragevolumen gegenüberzustellen. Als Quellen hiezu stehen zur Verfügung:

- Fachverbände
- Zentrale für Handelsförderung mit all ihren internationalen Informationsquellen (Business International Corp. etc.)
- Marktforschung durch Institution
- eigene direkte Kundenbefragung und Hochrechnungen
- Auskünfte aus Regierungsprogrammen bei staatlicher Kundschaft etc.

Bei eruierten massiven Ueberkapazitäten hat sich der Ermittlungsaufwand gelohnt; denn damit können Projekte gestoppt werden, die mit den in Ueberkapazitätsverhältnissen zu erzielenden Preisen kaum je das angestrebte Ergebnis zu erreichen vermögen.

Der dritte Aspekt der Informationsanalyse betrifft die Frage nach bereits **vorhandenen Produktionsstätten**, sowie für kleinere und mittlere Unternehmen nach ev. vorhandenen Chancen von Betriebskooperationen zur Minimierung der Investitionsbeträge. Es gilt hier, mindestens die folgenden Informationsquellen beizuziehen:

- Lokale Consultants,
- lokale Handelskammern,
- Handelsregister und ihnen ähnliche Institutionen im anvisierten Ausland,
- Regierungsstellen in Entwicklungs- und Schwellenländern,
- Schweizerfirmen aus der eigenen Branche, die bereits im anvisierten Land mit einer Produktionsstätte präsent sind,
- Branchenverzeichnisse im Land, die auf eine Herstellung von

---

42) Rühle v.L. (Konkurrenzfähiger) 32-34

Konkurrenzprodukten im Land hinweisen können (in Industrieländern z.B. das KOMPASS-Verzeichnis),
- Kundenbefragung, wenn der Endabnehmer selbst bereits eine eingehende Angebotsanalyse vorgenommen hat.
- Befragung potentieller Zulieferanten, die Komponenten bei möglichen Konkurrenzprodukten absetzen können.

Aus den gewonnenen Informationen betreffend bereits vorhandenen Produktionsstätten im anvisierten Absatz- und potentiellen Produktionsland lassen sich wenigstens die beiden Rückschlüsse ziehen:

- Die bereits existierenden Produktionsstätten, identisch mit den ermittelten aus der Kapazitätsauslastungsabklärung für das gleiche Produkt belasten ein eigenes Projekt in die gleiche Richtung ja/nein.

- Es existieren noch keine parallelen Produktionsstätten im anvisierten Ausland, so dass einerseits die Chancen des eigenen Vorhabens steigen, andererseits aber ganz allgemein das Investitionsrisiko profunder abzuklären ist.

- Als kleineres oder mittleres Unternehmen mit einem entsprechenden Lokalfertigungsprojekt ist von den bereits vorhanden Produktionsstätten von schweizerischen Investitionsgüterproduzenten im gleichen Land zu profitieren; mit ihnen ist eine Betriebskoordination anzustreben, um die eigene Wirtschaftlichkeitsrechnung zu verbessern.

- Unter Umständen ist in einem überseeischen Land sogar eine Kooperation mit einem europäischen Produktionspartner zu prüfen, um auch das Risiko zu minimieren, solange aus Geheimhaltungsgründen einer solchen nichts im Wege steht.

In den drei Informationsgebieten Exportalternativen, Kapazitätsauslastung und vorhandene Produktionskapazitäten ist allen gemeinsam eine Informationsquelle, die in keiner Art je systematisierbar sein wird: Die Quelle persönlicher Kontakte im anvisierten Produktionsland.

Als Schlussteil dieses Kapitels wurde ein **Exkurs** in Aussicht gestellt, der zugehörig zur Informationsanalyse für Exportalternativen (Verhinderung von Arbeitsplatzexporten) aufzeigen soll, wie ein Szenario der Arbeitsweltentwicklung erstellt werden kann und welche Folgerungen aus einem solchen Szenario beispielsweise abgeleitet werden können.

Der Aufbau eines **Szenarios** basiert stets auf wenn-dann-Beziehungen, unabhängig davon, wie eine Szenariodarstellung in der Endausführung aussieht. Diejenige Reihenfolge solcher wenn-dann-Beziehungen, welche am wahrscheinlichsten 43) beurteilt wird, kann als Basis verwendet werden für die Formulierung einer Zukunftsvorstellung und damit als Grundlage für unternehmungsspezifische Massnahmen der Zukunft. In diesem Kapitel würde im Exkurs die modellhafte Darstellung von arbeitsweltorientierten wenn-dann-Beziehungen unverhältnismässig viel Raum beanspruchen; für eine mögliche Darstellung sei deshalb auf Anhang XI verwiesen. An dieser Stelle findet somit eine Beschränkung

---

43) vgl. Bestimmungsgrösse der objektiven Prognosenwahrscheinlichkeit in: Kramer (Prognosen) 118

auf die Szenariostufen Annahme, mögliche Entwicklungen und Auswirkungen sowie Folgerungen statt.

**Annahmen und Grundüberlegungen** zur Arbeitsweltentwicklung

- **1. Stufe**
  . Der Umfang der Auslandfertigung wird zunehmen (Protektionismus, Kostensenkungsprogramme etc.),
  . Die Ausdehnung der Auslandproduktion wird auch Arbeitsplätze in der Schweiz gefährden,
  . Die Arbeitslosigkeit wird begründet durch eine Automation der Arbeitsplätze, Arbeitsplatzexport und zunehmende Sättigung,
  . In der Schweiz besteht weiterhin das Bestreben, die Unterbeschäftigung zu minimieren.
- **2. Stufe**
  . Die sozialen Kosten der Arbeitslosigkeit werden steigen,
  . Die zunehmende arbeitslose Zeit sucht sich eine neue Beschäftigung, ob bezahlt oder unbezahlt,
  . Gewisse Branchen zeigen noch eine längerfristige Absorptionsfähigkeit, (z.B. EDV, Bau von Automationen, Banken, allg. Dienstleistungen wenig) können aber nicht alle Arbeitslosen aus dem sekundären Bereich auffangen.
- **3. Stufe**
  . Soziale Kosten der volkswirtschaftlichen Unterbeschäftigung und arbeitslose Zeit müssen verteilt werden,
  . Weiterbildung und Forschung sind die wichtigsten Voraussetzungen für ein Niedrighalten der Unterbeschäftigung,
  . Anpassungsprozesse, Flexibilität werden an Bedeutung zunehmen.

**Potentielle Entwicklung:** Solche und ähnliche Annahmen, die lediglich einer Vorstellungswelt entspringen, sind mit Fakten, Beobachtungen aus der Umwelt der Unternehmung zu vergleichen, um zur Darstellung von potentiellen und wahrscheinlichen Entwicklungen zu gelangen.

Hinweise aus der Umwelt, die ein Szenario untermauern können sind z.B.:

- Zunahme der Produktionsstätten im Ausland: Allein jene, die von der Investitionsgüterindustrie initiiert wurden, nahmen in der Dekade 1971-1980 anzahlmässig mit 107 neuen Lokalfertigungen stärker zu als zwischen 1960-70 mit 56 ausländischen Produktionsstätten 44).
- Erfordert es die Wettbewerbswirtschaft auf dem Weltmarkt, dann werden mangels anderer Alternativen auch in der Schweiz Arbeitsplätze aufs Spiel gesetzt. Dies geht aus der Initiative betreffend Uebergang zur vollautomatisierten Quarz-Uhrenherstellung in der Schweiz zulasten der bisherigen Arbeitsplätze hervor 45).
- In Oesterreich werden gegenwärtig aus Wahlkampfgründen die Kürzungsmöglichkeiten der Wochenarbeitszeit pro Branchen diskutiert 46).
- Die Vorstellung von Arbeitlosigkeit einerseits und von Ueberbe-

---

44) Gemäss der Produktionsstättenauswertung in unserer Erhebung
45) vgl. NZZ (Technologiesprung) 17
46) vgl. NZZ (Arbeitszeitverkürzung Oesterreich) 23

schäftigung von hochqualifizierten Fachkräften und Generalisten andererseits wird von der Wissenschaft gegenwärtig auch als Zukunftsvision aufgenommen 47).

- Die Einsicht, dass Arbeitsreduktion und eine gleichgerichtete Lohnreduktion aneinander zu koppeln sind, fasst ebenso sukzessive Fuss 48) wie die Auffassung, dass der Vorrat an Arbeit auf mehr Köpfe aufzuteilen ist 49).
- Von gewerkschaftlicher Seite ist zu vernehmen, dass z.B. eine sukzessive Arbeitszeitverkürzung parallel zu Produktivitätszunahmen vorschwebt, um Lohnkürzungen zu vermeiden. Nach Erreichen der 40 Std.-Woche soll die Arbeitszeitverkürzung in Form von Ferienverlängerungen vorgenommen werden 50). etc.

Solche Hinweise können je nachdem mit eigenen Nachforschungen ergänzt werden, z.B. durch

- Befragung von jüngeren Erwerbstätigen über ihre Zukunftsvorstellungen im Erwerbsleben (z.B. Reduktion der Arbeitszeit auch bei Lohnreduktion),
- Beobachtung der Tendenz zum 'Aussteigen',
- Ermittlung der Situation in Ländern mit umfangreicheren Sozialvorsorgen und höheren Arbeitslosenquoten. etc.

Solche Hinweise aus der Umwelt, zusammen mit eigenen Vorstellungen über die Zukunft der Arbeitswelt und die Beurteilung der unternehmungseigenen Rahmenbedingungen ergeben den notwendigen Hintergrund, um in einem nächsten Schritt eine Utopie der zukünftigen Arbeitswelt und ein betriebsrelevantes Massnahmenpaket bei Arbeitsplatzgefährdung entwerfen zu können.

Eine allgemeine **Utopie** kann z.B. lauten:

- Die Vollbeschäftigung kann nicht mehr aufrechterhalten werden; Sättigung, Automation infolge Kostendruck/Wettbewerbsfähigkeit und zum kleineren Teil der Arbeitsplatzexport bewirken eine Zunahme der Arbeitslosigkeit.
- Die Arbeitslosigkeit wird verteilt, indem von staatlicher Seite eine allgemeine Arbeitszeitreduktion zuerst bezüglich Wochenarbeitszeit, dann durch Ferienverlängerung angeordnet wird.
- Die volkswirtschaftlichen Kosten werden zuerst in Form von Produktivitätsabschöpfung und anschliessend, wenn nötig, mit einer Reallohnreduktion getragen. Die nicht eliminierbare Zahl von Arbeitslosen wird je hälftig getragen von Arbeitnehmer- und Arbeitgeberbeiträgen an die Arbeitslosenversicherung.
- Freizeit, Weiterbildung und Selbstversorgung werden als volkswirtschaftlich relevante Grössen zunehmen.

---

47) vgl. NZZ (Arbeitslosigkeit Automation) 21
48) vgl. NZZ (Durststrecke) 17
49) vgl. Weltwoche (Phantasie) 1
50) vgl. Interview beim Schweizerischen Gewerkschaftsbund vom 17.12.1982.

- Die zunehmende Selbstversorgung einerseits und die neuen anderweitigen Freizeitbetätigungen andererseits werden neue Ansprüche an die Bodennutzung und -verteilung stellen.

Derartige Zukunftsszenarien müssen, um für die Unternehmung einen Nutzen aufzuweisen, **Rückschlüsse für** ein problemadäquates **Massnahmenpaket** zulassen. Letzteres kann z.B. in bezug auf die Thematik des Auslandengagements folgende Punkte einschliessen:

- Die grösste Arbeitsplatzgefährdung in der Industrie geht von den Bestrebungen zur Automation aus. Der Verlust von Arbeitsplätzen durch einen Arbeitsplatzexport in der Investitionsgüterindustrie kann demgegenüber nur einen Bruchteil davon annehmen, ist aber nicht zu vernachlässigen.
- Es ist vom eigenen Unternehmen solange eine Vermeidung des Arbeitsplatzexportes anzustreben, als dies wirtschaftlich vertretbar erscheint, d.h. solange die Wettbewerbsfähigkeit auch auf Weltmärkten dadurch noch nicht gefährdet ist. Massnahmen hiezu gehen in Richtung Rückbehalt der Schlüsselkomponenten und der technologisch hochstehenden Anlagenteile.
- Die volkswirtschaftlichen Negativauswirkungen von Arbeitsplatzexporten werden im Zuge der allgemeinen Entwicklung in Richtung Arbeitslosigkeit auf Bundesebene behandelt. Es sind aber vorgängig betriebsintern alle Möglichkeiten der Arbeitsplatzerhaltung auszuschöpfen.
- Gegenwärtig sind vom Bund noch keine Massnahmen ergriffen worden, um speziell die technologieintensive Investitionsgüterbranche zu fördern (F+E-Unterstützung, Clearingstelle zum Betriebsaufbau von Komponenten für den weltweiten Vertrieb aufgrund von Verkaufsinformationen von multinationalen Gesellschaften etc.). Dementsprechend ist noch keine Rücksicht auf staatliche Bestrebungen zu nehmen. Aendert sich das Verhalten auf Bundesebene, dann ist dieses Konzept neu zu überdenken und sind adäquate Massnahmen zu entwerfen.

Weitere Folgerungen in einem anvisierten Massnahmenpaket können nur mehr im Kontext eines Unternehmens formuliert werden, so dass der gewählte Exkurs 51) hier als abgeschlossen zu betrachten ist.

### 5.2.4. Zusatzinformation zur Abschätzung von Konkurrenzabsichten

Die Konkurrenzverhältnisse werden zwar permanent 'überwacht', soweit diese Informationen zugänglich sind (vgl. Kap. 5.1.3.). Der aktuelle Stand von Konkurrenzunternehmen im potentiellen Investitionsland ist also auch bezüglich lokaler Fertigung mindestens über Branchenverzeichnisse und Handelsregistereinträge mit Neueintragungen bekannt.

Zum Zeitpunkt einer Projektevaluation ist aktualisiert herauszufinden, ob die Konkurrenz ähnliche Projekte plant und damit die eigenen Chancen durchkreuzen wird. Als Quellen für diesbezügliche Informationen sind ins Auge zu fassen:

- Kundenbefragung,

---

51) vgl. detaillierten Gedankenablauf im Annex XI

- Nachfrage bei Behörden und ev. Ministerien, ob von der Konkurrenz Eingaben für solche Lokalfertigungsprojekte gemacht wurden (v.a. in Industriebauzonen),
- Befragung von Consultingfirmen und Bauunternehmen, welche von der Grösse her in der Lage wären, die Interessen der Konkurrenz im Lande zu vertreten.
- Handelskammern und lokale Firmen, die potentielle Zulieferanten für solche Produktionsstätten werden könnten.
- Gespräche mit der Konkurrenz selbst, ob auf der Ebene der Verkäufer, die im Land agieren, ober auf der Ebene der Geschäftsleitung, sofern dies möglich ist.

Auch auf diesem Gebiete sind persönliche Kontakte im Lande selbst zu knüpfen, um die Informationsbeschaffung möglichst rationell gestalten zu können.

### 5.2.5. Informationsbeschaffung zur Beurteilung des Investitionsklimas

Die Tatsache, dass ein gutes Investitionsklima für schweizerische Investitionsgüterproduzenten als potentielle Auslandinvestoren mehr eine hinreichende Bedingung denn eine Chancenbegründung darstellt (vgl. Kap. 5.1.3.), hat zur Folge, dass schweizerische Informationsquellen zu diesem Thema anzahlmässig spärlich geblieben sind. Die Mehrzahl von kommerzialisierten Investitionsklima-Uebersichten ist amerikanischer Provenienz. Dies steht im Zusammenhang mit dem bereits erwähnten 52) unterschiedlichen Angehen von Auslandinvestitionen zwischen amerikanischen Investoren mit dem vorrangigen Ziel der Rentabilitätserhöhung und z.B. europäischen Investoren mit der Verfolgung eines Multi-Ziel-Systems.

Eine Liste von Informationsquellen über Investitionsklimata hat mindestens die folgenden Informationslieferanten zu enthalten:

a) - Schweizerische Zentrale für Handelsförderung,
b) - Price Waterhouse,
c) - BERI-Index des College of Business and Economics University of Delaware,
d) - Business International Corp.,
e) - Manager Magazin,
f) - Frost & Sullivan,
- DEG Deutsche Entwicklungsgesellschaft,
- CECI Centre Europeen de Cooperation Internationale,
- Euromoney Publications,
- Institutional Investor,
- UNIDO (für Entwicklungsländer),
- Regierungen mit ihren 5, 10-Jahres-Investitionsplänen.

Die Auswertung der Publikationen dieser Informationslieferanten präsentiert sich in unterschiedlichen Formen und wird auch verschiedenen Informationsbedürfnissen gerecht. Mit sechs 53) Publikations-

52) vgl. Kap. 4.3. und 5.1.3.
53) Die obengenannten Dokumentationen a) und b) sind jeweils auf ein bestimmtes Land bezogen und präsentieren keine Quervergleiche.

Charakterisierungen soll auf die Unterschiede hingewiesen werden:

ad a) Die 'Fiches documentaires' der Schweizerischen Zentrale für Handelsförderung (Office Suisse d'Expansion Commerciale), Lausanne enthalten pro politischen Staat ein breites Spektrum an Länderinformationen, welche auch ein Bild der Investitionsbedingungen zu vermitteln vermögen. Solche Informationen kommen zum Ausdruck z.B. in den Rubriken 54): 1.2. Régime politique II. 6g) Industrie des machines et appareils, II. 7) Energie, II. 9 Plan de développement, III. 4) Régime des investissements, VI. 2) Prix et salaires, VI. 4) Quelques considérations sur le marché, Annex I, présence suisse et concurrence étrangère. Diese Publikation wird jedes Jahr neu aufgearbeitet.

ad b) Der 'Information guide' von Price Waterhouse "has been prepared for the assistance of those interested in doing business in M...." 55). In diesen Länderstudien, die alles Wissenswerte in einer ca. 200-seitigen Broschüre pro Land darlegen, werden die landesspezifischen Bedingungen für den Investor detailliert abgehandelt. Diese Publikation wird alle ein bis zwei Jahre neu erstellt.

Die Informationskonzentrationen ad c) bis ad e) machen zwar dem Leser nicht mehr derart viele Detailinformationen pro Investitionsland zugänglich wie a) und b), andererseits können sie aber seine Nachfrage nach einem internationalen Ländervergleich im Gesamtüberblick befriedigen. Hat sich der Informationsbezüger einmal mit der Herleitung einer solchen Uebersicht befasst, dann ist jeder spätere Einblick mit einem Minimum an Zeitaufwand verbunden.

ad c) Der BERI (Business Environment Risk Index) wird vom College of Business and Economics University of Delaware erstellt. "Ein ständiges Gremium von über 100 Fachleuten, aus diversen Ländern, das sog. Panel, beurteilt dreimal jährlich das Investitionsklima in insgesamt 45 Ländern mit Hilfe von 'Noten' für 15 einzelne Beurteilungskriterien. Diese Noten werden dann entsprechend gewichtet" 56). Im Prinzip entspricht diese Vorgehensweise der Dephi Methode. Die 15 Beurteilungskriterien lauten: Politische Stabilität (Gewicht 12 %), Einstellung gegenüber ausländischen Investitionen und Gewinnen (6 %), Verstaatlichung (6 %), Geldentwertung (6 %), Zahlungsbilanz (6 %), Bürokratie (4 %), Wirtschaftswachstum (10 %) 57) , Währungskonvertibilität (10 %), Durchsetzbarkeit von Verträgen (6 %), Lohnkosten und Produktivität (8 %), Verfügbarkeit von Experten und Dienstleistungen (2 %), Nachrichtenwesen und Transport (4 %), Oertliches Management und Partner (4 %), Kurzfristiger Kredit (8 %), Langfristige Kredite und Eigenkapital (8 %) 58).

---

54) vgl. SZH (fiches documentaires) -
55) Price Waterhouse (Doing business) Vorwort
56) Benz (Schema-F-Check-List) 13
57) Hier gesamtwirtschaftlich, in der Produkt-Marktstrategie war es produktspezifisch.
58) vgl. Hake (Beri-Index) 283

Jedem dieser Beurteilungskriterien sind für die Zumessung des Gewichtes genaue Vorgaben zugrundegelegt, welche bei der Vergabe der Punkte zu beachten sind. Auf diese Weise kann von jedem der rund 100 Panel-Mitglieder das gleichgerichtete Verständnis aller Beurteilungsfaktoren erwirkt werden.

"Die Erfahrungen mit dem BERI-Index zeigen, dass sich mit diesem Verfahren marktsegmentbezogene Risikoklassen bilden lassen:

- mehr als 71 Punkte beschreiben stabile, risikoarme Märkte.
- 71 bis 56 Punkte kennzeichnen Märkte mit mässigem Risiko" 59) etc.

ad d) "Business International's Country Assessment Service beurteilt zweimal jährlich das Investitionsklima in 70 Ländern" 60). Im BI-System werden 55 strukturelle Faktoren für jedes der 70 Länder mittels Szenarien für vier aufeinanderfolgende Jahre prognostiziert und in drei Kategorien unterteilt: Solche die Risiken erzeugen, solche die Chancen schaffen, und solche, die den laufenden Geschäftsablauf direkt beeinflussen. Die von BI benutzte Gewichtung stellt den Durchschnitt der von 100 internationalen Unternehmen tatsächlich verwendeten Gewichtungskalender. Die beiden hervorstechenden Charakteristiken des BI-Systems liegen zum einen darin, dass ein Investitionsklima nicht nur auf die Gegenwart bezogen bleibt, sondern mittels eines Szenario-Verfahrens sich auch in die nähere Zukunft richtet: "Such classification has been done for 1980 and for 1984. Companies may use this system to evaluate their own overseas investment mix, both currently and in the future" 61). Zum andern sticht die Uebertragung der Analysen-Resultate in einer Grafik hervor, die es dem Betrachter ermöglicht, anhand der Achsen 'Opportunity' und 'Risk', Stand als auch wahrscheinliche Entwicklung jedes Landes, auf einen Blick vergleichend zu erfassen. Grafiken der möglichen Entwicklungen werden auch für jede einzelne der drei oben genannten Kategorien erstellt. Aus der Fülle der präsentierten Informationsgrundlagen soll nur ein Beispiel herausgegriffen werden:

---

59) Backhaus (Investitionsgütermarketing) 137

60) Benz (Schema-F-Check-List) 13

61) Business International Corp. (Country Assessment Service) 8

Europa : Risiken und Chancen
● 1981 - ● 1984

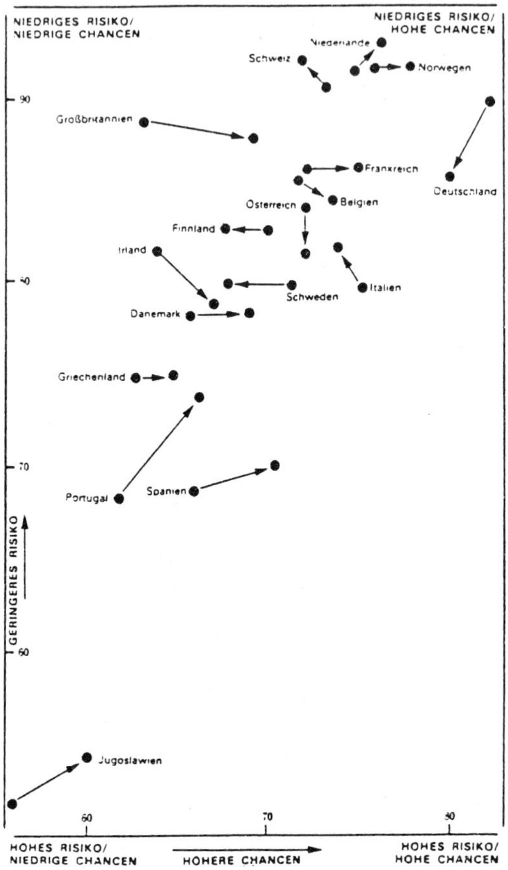


Abb. 5.3.: Investitionsklimavergleich Europa 1981-1984 von Business International Corporation 62)

"Nun, es besteht kein Zweifel, dass jeder Methode die hauptsächlich auf die Erstellung von Listen, graphischen Darstellungen und Tabellen ausgerichtet ist, oft mit Skepsis begegnet wird. Andererseits ist aber die Zusammenfassung der Erkenntnisse einer

---

62) Linton (Europa 1984) 4

zuverlässig durchgeführten Analyse in Form einer prägnanten Tabelle wertvoll, solange sie als Ausgangspunkt für entscheidungs-orientierte Debatten dient. Solch einen Ausgangspunkt möchte die BI-Methode liefern" 63).

Hat ein Informationsbenützer nach einem Ländervergleich das Bedürfnis, die detaillierten Investitionsbedingungen einzelner Länder kennenzulernen, dann kann er vom gleichen Informationslieferanten länderindividuelle Länderstudien beziehen: 'Investing, Licensing and Trading Conditions Abroad'. Im Jahre 1982 wurden solche Länderinformationen für 54 Länder zusammengestellt 64), ausgestattet mit einem kurzen Ausblick auf die nächsten 12 Monate. Sie visieren die gleichen Abnehmer an wie die erwähnten Länderstudien von der Schweizerischen Zentrale für Handelsförderung und jene von Price Waterhouse.

ad e) Der mm-Ländertest des Manager Magazins bringt 'Country-Ratings' aus deutscher Sicht (gemeinsam entwickelt mit dem Hamburger Forschungsinstitut ITE, Institut zur Erforschung Technischer Entwicklungslinien. Die Bewertung des Geschäftsklimas von 53 Staaten erfolgt durch 225 Führungskräfte und Experten nach 30 qualitativen und quantitativen Indikatoren 65).

Die 30 Indikatoren sind in drei Gruppen zusammengefasst, d.h. in politische und wirtschaftliche Rahmenbedingungen, in Binnenwirtschaft und in Aussenwirtschaft 66).

Durch den prognostischen Charakter der Kriterien erhält der mm-Ländertest den Charakter eines Frühwarnsystems zur Erkennung von Marktrisiken" 67). Für ein Beispiel der resultierenden Länderrangfolge wird auf Anhang XII verwiesen.

Zu den erwähnten Länderrisiken-Uebersichten ad a) bis ad e) machen sich allerdings mit Benz auch kritische Stimmen bemerkbar: "Die Aufführung einzelner Indikatoren und Ratios geben einem Länderbericht zwar einen wissenschaftlichen Anstrich, haben aber nur eine kurzfristige Aussagekraft, und je älter das Zahlenmaterial, desto geringer der Aussagewert. Hingegen gibt das Zusammenspiel aller Faktoren wertvolle Hinweise, welche die Wirtschaft befähigen sollte, in der Mehrzahl der Fälle richtungsweisende Risikoeinschätzungen zu erzielen" 68).

In ad f) werden Möglichkeiten der Länder-Informationsbeschaffung aufgezeigt, die nur gewisse Aspekte berücksichtigen und nicht derart umfassend sind wie a) bis e). Diesbezügliche Spezifikationen sind das politische Risiko (Frost & Sullivan) oder der Industrialisierungsgrad (diverse).

ad f) Frost & Sullivan bieten den 'World Political Risk Forecasts' an.

---

63) Linton (Europa 1984) 5
64) vgl. Business International Corp. (ILT) 1
65) vgl. Benz (Schema-F-Check-List) 13
66) vgl. Jaegeler et al (Auslandrisiken) 38. Alle 30 Indikatoren sind aufgeführt in: Backhaus (Investitionsgütermarketing) 139
67) Backhaus (Investitionsgütermarketing) 138/139
68) Benz a.a.O., 13

"Frost & Sullivan publishes a family of Political Risk products that analyse and forecast the probability of political turmoil and change in each of sixty countries" 69). Der Service wird in verschiedenen Detaillierungsgraden präsentiert: F & S Political Risk Letter, World Summary, Executive Summary. Es gibt auch verschiedene Perioden der Vorschau, z.B. 18 Monate, 5 Jahre etc.

Der Informationsbezüger wählt einen solchen auf das politische Risiko beschränkten Index v.a. dann, wenn er alle andern Faktoren des Investitionsklimas selbst zu kennen glaubt, sei es aufgrund eigener Aufenthalte im Land, sei es durch seine Verkaufsorganisation im Land oder auf andere Weise. Die Verarbeitung eines solchen politischen Risiko-Indexes bedeutet für ihn dann Zeit- und Kostenersparnis.

Für Unternehmen, die einen solchen Service bevorzugen, steht auch der Informationslieferant des BERI-Indexes mit einem besonderen PRI (political risk index) zu Rate. Jener "politische Risikoindex wird ermittelt auf der Basis von Urteilen eines Panels, das 55 Politologen aus Europa, Amerika und Asien umfasst" 70). Zwei Warnsignale werden dabei als Vorlaufindikatoren für Stabilitätsverluste angesehen:

- Ausmass der sozialen Konflikte (Demonstration, Aufruhr, Streiks),
- Ausmass politischer Bedrohung (Staatsstreiche, politische Mode, Guerillakämpfe).

Zum Thema der Investitionsklima-Analyse verbleibt noch ein spezieller Hinweis auf Informationsquellen, die eine Einschätzung des Industrialisierungsgrades im entsprechenden Land ermöglichen (vgl. Kap. 4.4.5., ad c). Die Abb. 4.17. 'Modellvorstellung Technologisierungsgradentwicklung in der Lokalfertigung' hat die Produkte nach zunehmender technologischer Komplexität hintereinandergereiht. Der Zweck einer solchen 'Stufentheorie' wurde damit bezeichnet, in Entwicklungs- und Schwellenländern herauszufinden, welcher Industrialisierungsgrad bereits erreicht ist. Anders formuliert heisst das, es ist zu ermitteln, welches technisch höchstentwickelte Produkt in diesem Land selbst bereits produziert wird. Es soll danach abgeschätzt werden können, welches Ausbildungsniveau, welches technische Produkteverständnis und welcher Grad des Akzeptierens eines Produktionsmittels im potentiellen Auslandfertigungsland im Maximum vorausgesetzt werden kann.

Als Informationsquellen zur Abklärung dieser Frage können herangezogen werden:

- Statistisches Bundesamt, Wiesbaden 71), Verlag Kohlhammer Stuttgart:

  Länderkurzberichte. Diese Studien zeigen pro Land, in welchem Umfang welche Produkte im Land selbst hergestellt werden mit Flächen- oder Volumenzahlen für mindestens 4 Jahresproduktionen, z.B. Wechselstrommotorenfabrikation in der UdSSR 1976: 8'551'000,

---

69) Frost & Sullivan New York Political Risk, Umschlag einer Informationsbroschüre

70) Backhaus (Investitionsgütermarketing) 137

71) vgl. Statistisches Bundesamt, Wiesbaden (Sowjetunion) 28

1977: 8'903'000, 1978: 9'170'000 Stück 71). Ebensolche Angaben werden darin über die Verteilung der Beschäftigten in den verschiedenen Branchen recht detailliert gemacht.

- Schweizerische Zentrale für Handelsförderung:

  Länderdokumentationen. Die Rubrik 'Industrie des machines et appareils-production' enthält die Hinweise, die für einen potentiellen Investor der Investitionsgüterindustrie zur Beurteilung des Industrialisierungsgrades wertvoll sind. Mit einer Verzögerung von ca. zwei Jahren werden auch hier Flächen-Volumen- oder Stückzahlen festgehalten, was für den Zweck der Stufenabschätzung genügt.

- Business International Corp., New York:

  Länderstudien. 'Investing, Licensing & Trading Conditions Abroad'. In der Rubrik '1.07 Examples of foreign investment' werden die Firmen erwähnt, die vor kurzem im untersuchten Land in Produktionsstätten investiert haben. Sind Weltfirmen in dieser Aufzählung enthalten, kann in einem ersten groben Ansatz anhand der von ihnen bekannten Produkte das Technologisierungsniveau eines Landes abgetastet werden.

- Weltbank, Washington:

  Weltentwicklungsbericht. Zahlentabellen über 'Industrialisierungsgrad', 'Produktionsstruktur', 'Erwerbspersonen' geben nur sehr grobe Hinweise, weil die zugrundeliegende Unterteilung von Wertschöpfungsveränderung, Verteilung des Bruttoinlandproduktes und %-Anteil der Erwerbspersonen nur in drei bis fünf Wirtschaftszweigen gemacht wird. Mindestens aber eine Verschiebung zwischen diesen Zweigen und damit z.B. eine Verlagerung von der Landwirtschaft zu Maschinen- und Transportausrüstungen ist möglich.

Mit dem hauptsächlichen Blick auf systematisierte, kommerzialisierte Informationsquellen sind drei Arten der Informationsbeschaffung zu finanziell günstigeren Bedingungen unerwähnt geblieben. Als Nachteil weisen sie aber alle auf, dass eben die Systematik fehlt, dass der Zufall somit um so stärker vertreten ist, dass sie auch subjektiver gefärbt sind und dass Quervergleiche über mehrere Länder damit keineswegs leicht oder vollständig sein können:

- Wirtschafts-Tagespresse. Wird in einem Unternehmen eine Person als 'Artikelempfangsstelle' bezeichnet und verpflichtet, um alle Hinweise auch über Investitionsklimata pro Land geordnet zu sammeln, dann können für einen ersten Einblick bei Bedarf doch schon etwelche Informationen kurzfristig an zentraler Stelle eingesehen werden 72).

- Handelskammern der potentiellen Investitionsländer können ebenfalls als Informationsquellen berücksichtigt werden. Davon nehmen aber viele Unternehmen aus verständlichen, denn parteiischen Gründen Abstand. Bernkopf hat diese Bedenken folgendermassen formuliert: "Handelskammern, Aussenhandelskammern, Handelsmissionen oder Botschaften können zwar die zusätzlichen Angaben zu den vielfältigen Veröffentlichungen liefern, jedoch wird es gerade für die Grauzonen der Beeinträchtigung von ausländischen Unternehmen im Gastland sehr

---

71) vgl. Statistisches Bundesamt, Wiesbaden (Sowjetunion) 28
72) vgl. BBC (Econews) -

schwierig, diese zu erhalten, denn Schikanen werden von den Gastländern nicht publiziert und heftig bestritten" 73).

- Befragung in schweizerischen Unternehmen, die in einem anvisierten Investitionsland produktionsmässig bereits tätig sind. Zur Kenntnisnahme der tatsächlichen Verhältnisse in einem Land ist dies ein nahezu sicherer Weg. Problematisch gestaltet er sich nur deshalb, weil in der Schweiz der Informationsaustausch noch unberechtigten Hemmungen gegenübersteht, statt dass sich z.B. schweizerische Investitionsgüterproduzenten zur Stärkung der gemeinsamen Position gegenüber der ausländischen Konkurrenz zusammenfinden.

### 5.2.6. Informationsverdichtung zur Formulierung von Alternativen

Für eine Beurteilung von Alternativen und zu deren Evaluation sind im Minimum vier Grössen erforderlich:

- Engagementform
- Dimension des Projektes (mit groben Angaben)
- zeitlicher Anfall der Projektrealisation
- Gewichtung für die Arbeitsschritte innerhalb des strategischen Instrumentariums.

Für die Bestimmung der **Engagementform** ist zu Beginn einer Informationsbeschaffung über die rechtlichen Vorschriften, Bedingungen und Begünstigungen je Engagementform einzuleiten. Im Extremfall geben allein diese landesspezifischen Voraussetzungen den Ausschlag für die Intensität des Engagements und die Ausgestaltung der juristischen Person.

Als diesbezügliche Informationsquellen sind zu berücksichtigen:

- Gesetze und Vorschriften im Investitionsland,
- Auskünfte vom Handelsregisteramt, den Banken,
- Befragung von lokalen Consultants,
- Orientierung bei schweizerischen Unternehmen, die im gleichen Investitionsland präsent sind.

Besteht aufgrund der beschaffbaren Informationen kein Hinweis auf zwingende Voraussetzungen zur Bestimmung der Engagementform, dann gestaltet sie sich entsprechend der unternehmungsinternen Gewichtung von Absatz- oder Gewinnziel oder einer Kombination aus beiden.

Gewisse Hinweise in Richtung der zu wählenden Engagementform kann auch die empirische Umfrage vermitteln, basierend auf den 242 Auslandproduktionsstätten, die von der schweizerischen Investitionsgüterindustrie errichtet wurden:

- Die Beziehung von Engagementform und Errichtungszeit 74)
  . Die Form der Neugründungen im Ausland ist am ältesten, d.h. seit 1898 bekannt, und hat sich anzahlmässig seit 1960 relativ kontinuierlich entwickelt.
  . Die Firmenakquisition mit anschliessendem Betriebsausbau ist

73) Bernkopf (Strategien) 162
74) vgl. Tab. 2.19., Kap. 2.3.4.5.5.

seit 1904 bekannt, setzt aber in bemerkenswerter Grösse erst 1965 ein und könnte im Moment als die 'beliebteste' Auslandengagementform der Investitionsgüterindustrie bezeichnet werden: 1965-1980 wurden deren 50 (von 242 = 21 %) errichtet.
. Die Form des Joint-Ventures ist hier erst seit 1953 bekannt und erlangte erst seit 1974 einen Aufschwung, der über Einzelfälle pro Jahr hinausgeht.
. Das Subcontracting, erstmals 1968 gewählt, blieb bis jetzt mit vier realisierten Projekten weit zurück hinter den soeben erwähnten Engagementformen.

- Die Beziehung von Engagementform und Investitionsempfängerland 75): Allzuviele eindeutige Aussagen können pro Land nicht gemacht werden. In der Mehrzahl der Länder sind verschiedene Engagementformen nebeneinander eingegangen worden.
  . In Europa erhielt das Joint-Venture bis jetzt kaum ein Gewicht (2 von 242).
  . In Europa ist Subcontracting quasi nur für Frankreich und Spanien gewählt worden (5 von 242).
  . Irland wurde trotz grossen Investitionsanreizen nur einmal mit einer Neugründung berücksichtigt.
  . In Südamerika, Afrika, Asien, Naher Osten mit ihren Entwicklungs- und Schwellenländern konnten natürlicherweise kaum Akquisitionen realisiert werden (6 von 242), andererseits erfreuen sich dort Joint-Ventures (mit 17 von 242) im Verhältnis zu den Industrieländern (Europa, Japan, USA) (10 von 242) einer relativ grossen Beliebtheit.
  . Auffallend ist, dass Nigeria und Saudiarabien nur Joint-Ventures kennen, was wohl aus einem gewissen Selbstwertgefühl (Mitspracherecht, Unabhängigkeitsstreben) heraus erklärt werden muss.
  . In Indien und Japan sind Joint-Ventures übermässig vertreten (1 Neugründung, 3 Joint-Ventures in Indien, 1 Neugründung und 5 Joint-Ventures in Japan).

- Die Beziehung von Engagementform und ausländischer Betriebsgrösse: Auch hier ergaben sich relativ wenig eindeutige Hinweise anhand der untersuchten 242 Auslandproduktionseinheiten.
  . Die Mehrzahl der Neugründungen wies 1980 einen Umsatz zwischen 10 und 75 Mio SFr. und zwischen 100-1000 Beschäftigten auf (67 von 117 Neugründungen).
  . Die Grösse der Akquisitionen mit Ausbau bewegt sich relativ konzentriert zwischen den Umsatzzahlen 7,5 und 75 Mio SFr., auf alle Fälle kaum unter 7,5 mio SFr., beschäftigungsmässig bewegt sie sich zwischen 50 und 1000 Mitarbeitern, und beträgt nur einmal weniger als 50 Auslandangestellte.
  . Betriebsstätten mit der Engagementform des Joint-Venture wiesen 1980 mehrheitlich 30-100 Mio SFr. Jahresumsatz aus, während im Subcontracting der Tendenz nach und erwartungsgemäss kleinere Einheiten, z.B. 1-2 Mio SFr. Umsatz ausgewiesen wurden. Bei Joint-Ventures bewegte sich die Zahl von Beschäftigten mehrheitlich zwischen 20 und 500, bei Subcontracting tendenziell unter 20.

---

75) vgl. Tab. 2.20., Kap. 2.3.4.6.3.

Für die Bestimmung der **Dimensionen** eines Auslandengagementprojektes sind nicht dieselben Informationsquellen relevant wie für das Auffinden der Engagementform. Informationen zum Zweck der Dimensionenabschätzung sind vielmehr abzuleiten aus:

- Marktpotential,
- Marktprognosen,
- Break-Even-Point,
- ev. angebotenen Kapazitäten (bei Akquisitionen)
- ev. aus eigenen Prestigevorstellungen,

und nur sehr beschränkt aus Bedingungen, die das Investitionsland stellt. Dass letzteres zutreffen muss, kann indirekt aus der Umfrage abgeleitet werden, da sich spezifisch keine eindeutige Betriebsgrösse für ein bestimmtes Investitionsland für 1980 gezeigt hat. Eine gewisse Konzentration einer Betriebsgrösse zeigt sich höchstens in Deutschland und in den USA 76): Deutschland weist 1980 mit Abstand am meisten Betriebsstätten mit Umsätzen zwischen 15 und 75 Mio SFr. und die USA solche zwischen 10 und 50 Mio SFr. aus. Rückschlüsse können nur dahingehen, dass grosse Marktpotentiale in der Regel grössere dimensionierte Lokalfertigungen zulassen.

Ein dritter Bereich von Informationen zur Formulierung von Alternativen betrifft den **zeitlichen Ablauf der Projekte**, v.a. bezogen auf die zu beanspruchenden Produktionsfaktoren (Finanzen, Personal etc.). Je nachdem lassen sich mehrere Projekte gleichzeitig beginnen und nebeneinander realisieren, wenn die Realisierung stufenweise erfolgt. Sie haben dann mit Teilbeträgen in jährlichen Investitionsbudgets mehr Chancen für einen befürwortenden Entscheid. Diese Informationen sind aufzubereiten vom Projekt-"schöpfer", also z.B. vom Profit-(Investment)-Centerleiter. Er orientert sich zur Abschätzung der zeitlichen Staffelung anhand

- der Absatzchancen,
- der Kreditaufnahmemöglichkeiten,
- der verfügbaren Ressourcen an Mensch und Maschine,
- der Devisenvorschriften im Investitionsland,
- der eigenen Risikoüberlegungen.

Der vierte Informationsbereich bezieht sich vielmehr auf den **Massstab der Projekt-Evaluation**. Entweder kann das Evaluationsverfahren von der letzten Benützung des strategischen Instrumentes wiederverwendet werden oder es ist zur Konsensbildung eine Sitzung einzuberufen, in welcher sich die massgebenden Unternehmungsleitungsmitglieder mit der Festlegung dieses Massstabes auseinandersetzen. Insbesondere geht es dabei um die Bevorzugung eines Absatz- oder eines Gewinn-Massstabes oder um die Wahl der Gewichtung aus Absatz und Gewinn (vgl. Kap. 4.4.6., Alternativenbewertung), um von den Projektanträgen zu einer Projektrangierung zu gelangen.

---

76) vgl. Kap. 2.3.4.6.2.

### 5.2.7. Informationsbeschaffung zur Ermittlung der Ressourcen- und Vorgabenbeeinflussung

Die Projekte, die der Alternativenevaluation entspringen, sind grob formuliert nach Personal-, Kapital- und Informationsbedarf. Der Material- und Werkzeugmaschinenbedarf ist von den Verantwortlichen und Erfahrenen für Fabrikplanungen festzulegen, ebenso der Bedarf an Immobilien.

Die Informationsbeschaffung zur detaillierten Abschätzung des **Ressourcen**bedarfs und der Beeinflussung von im Stammhaus verbleibenden Ressourcen (Infrastruktur, Zuliefereinheiten, Management) ist

- durch interne Informationssitzungen mit den Funktionsinhabern, oder
- durch Informationssitzungen des Projektleiters mit den externen Beratern und dann schrittweise mit den unternehmungsinternen Funktionsinhabern

vorzunehmen. Letzteres Vorgehen ist zu befürworten, wenn im projektierenden Unternehmen nicht genügend erfahrene Fabrikplanungsleute vorhanden sind, wenn das Unternehmen sehr selten ein Projekt in Bearbeitung hat oder wenn das Unternehmen relativ klein ist und diese Zusatzkapazität im Moment der Projektevaluation noch nicht vorhanden ist.

Der Ist-Bestand an Informationen über Ressourcen und deren Beeinflussung ergibt sich aus

- den bis hierher gesammelten Projektdaten,
- den bereits vorhandenen Informationen aus der permanenten Sammlung betr. Ressourcen zum Transfer ins Ausland (Kap. 5.1.4.),
- den aufzunehmenden Informationsbeschaffungssitzungen zwischen dem Projektinitianten und den angestammten Funktionsinhabern im Stammhaus.

Die noch nicht vorhandenen Informationen sind zu beschaffen über:

- Die interne Finanzabteilung und die Hausbanken, um die kapitalmässigen Belange abklären und die Beziehungen der Banken im Ausland wenigstens auf der Finanzierungsseite ausnützen zu können.
- Das Personalwesen, um Zugang zu den Informationen über potentielle Mitarbeiter für den Transfer ins Ausland zu finden.
- Die Fabrikplanungsabteilung, lokalen Consultants, Produktionsfachleute, um die Informationen über Produktionsprozess, -apparat, -gebäude und -standorteigenschaften zu beschaffen.
- Den Einkauf, die Zulieferanten, die Werkzeugmaschinenhersteller, um die Zuliefer-, Material- und Anlagendefinition zum Transfer ins Ausland zu bewerkstelligen.

Die vollständige Informationssammlung über die Ressourcenbeeinflussung im Stammhaus ist nach Festlegung der zur Durchführung gelangenden Projektvariante einerseits dem zuständigen Projektteam und den betroffenen Funktionen im Stammhaus zukommen zu lassen und andererseits für zukünftige, auch noch nicht definierte Projekte bereitzuhalten.

Die vollzogene Auswahl der zu realisierenden Projekte aus einer

Mehrzahl potentieller Projektvarianten stellt den Ausgangspunkt dar für eine Feasibility-Studie. Die Zusammenstellung in Kap. 4.4.8. zeigt auf, welche Informationen aus der groben Projektdimensionierung direkt in eine solche Feasibility-Studie übernommen werden können. Da die Rahmenbedingungen für eine Wirtschaftlichkeitsrechnung erst grob gegeben sind, ist nun eine Verfeinerung vorzunehmen, um eine mehrjährige Gewinn- und Verlustrechnung, eine Kapitalflussrechnung, die exakte Break-Even-Berechnung etc. (z.B. auf 15 Jahre hinaus) möglich zu machen. Aus diesen Berechnungen ergeben sich gleichzeitig die **Vorgaben** an das Team der Mitarbeiter, welches das Projekt zu realisieren und auf z.B. 15 Jahre hinaus zu betreiben hat.

Für die folgenden neun Teilgebiete können aus den Arbeitsschritten 1-9 des strategischen Instrumentariums meist keine Informationen für die Feasibility-Studie übernommen werden 77). Es sind dafür zusätzliche Informationsquellen ausfindig zu machen:

| **Teilgebiete einer Feasibility-Studie** | **Zusätzliche Informationsquellen** |
|---|---|
| - Produktionsprozess | . Produktionssachverständige aus dem Stammhaus plus Arbeitsweltsachverständige aus dem Investitionsland. |
| - lokaler Wertschöpfungsanteil | . Teamarbeit aus Einkauf, Produktion, Personal- und Rechnungwesen und lokalen Produktionsfachleuten. |
| - Betriebsorganisation und Projektplanungsorganisation | . Organisationsfachleute intern und Fachkräfte aus lokalen, ausländisch beherrschten Betrieben aus dem Investitionsland. |
| - Personalschulungsprogramme | . Personalfachleute intern und Arbeitswelt-Kenner aus lokalen Verhältnissen. |
| - Rohmaterial | . Einkauf, ev. Produktionsfachleute und Behörden des Investitionslandes für spezielle Voraussetzungen in Entwicklungsländern. |
| - Materialfremdbezug | . Einkauf, Produktionsvertreter aus dem Stammhaus, lokale Zulieferanten und lokale Behörden in Entwicklungsländern. |
| - Produktionsstandort im Land | . Lokale, regionale Behörden, unabhängige Geologen und lokale Consultants sowie Vertreter von bereits im Land präsenten Schweizerfirmen. |
| - Produktions-Layout | . Fabrikplanungsbüro, sofern vorhanden, sonst schweizerische Berater, die auf solche Layouts spezialisiert sind, plus eigene Leute aus der Stammhausproduktion. |

Mit den Informationen aus dem durchgeführten Entscheidungsprozess und

77) vgl. Kap. 4.4.8.

mit den Zusatzinformationen aus diesen nun erwähnten Quellen zuhanden der zur Realisation geplanten Auslandfertigungsprojekte kann nach Projektierungsabschluss noch die letzte Wirtschaftlichkeitsrechnung gemacht werden. Sie gilt dann, vielleicht mit gewissen Vorbehalten, als Vorgabe für die Projektrealisierung und als ein Massstab zur Beurteilung der verantwortlichen Personen der Auslandfertigungsstätte und, sofern vorhanden, der Kooperationspartner.

Die Verdichtung von Informationen im Sinne von positiven und negativen Lerneffekten aus dem ganzen Informationsverarbeitungsprozess stellt einen willkommenen Zusatznutzen aus der umfangreichen Informationsaufbereitung zuhanden zukünftiger Projekte dar.

## 5.3. Informationsbedarf nach der Projektevaluation

In Kap. 03 wurde diese Arbeit abgegrenzt auf die Fragen der Auslandproduktion/Lokalfertigung, die sich in der Projektentwicklungsphase zwischen Projektidee und Projektfeasibility-Studie bewegen. Eine solche Abgrenzung verleitet zum Schluss, dass nach der Durchführung einer Projektevaluation auch jegliche Informationsaufbereitung abgeschlossen sei.

Eine derartige Schlussfolgerung vernachlässigt aber den Nutzen, den Erfahrungen aus bestehenden Auslandfertigungen für zukünftige Projekte erbringen können. Die Nichtbeachtung von Lerneffekten birgt die Gefahr in sich, dass dieselbe negative Erfahrung mehr als einmal teuer zu stehen kommt, oder dass positive Erfahrungen nicht so gut als möglich genutzt werden.

Ein minimaler Informationsbedarf besteht auch nach der Projektevaluation für bereits realisierte Auslandproduktionsstätten, um deren Chancen und Gefahren laufend zu erkennen und rechtzeitig problemadäquate Massnahmen ergreifen zu können.

### 5.3.1. Projektspezifische Informationsaufbereitung

Die Informationsaufbereitung kann in drei Hauptgebiete unterteilt werden:

a) Allgemeine Lerneffekte der Projekterrichtung,
b) Absatzentwicklung,
c) Wirtschaftlichkeitsentwicklung.

ad a) Lerneffekt der Projekterrichtung.

In der empirischen Untersuchung der 42 schweizerischen Investitionsgüterproduzenten waren v.a. die beiden Fragen 2.4.5. und 3.10. auf dieses Interessensgebiet hin ausgerichtet.

Die Antworten auf die Frage: "Werden Lerneffekte aus dem Verlauf vorgängiger Projekte bei der Entscheidungssuche systematisch berücksichtigt?" 78) lauteten:

---

78) vgl. Frage 2.4.5. des Interviewleitfadens

| | Anzahl Antworten | %-Anteil d. Antworten | %-Anteil am Exportvolumen |
|---|---|---|---|
| Die Lerneffekte aus realisierten Auslandfertigungsprojekten werden **systematisch** erfasst und für die Entscheidungsfindung neuer Projekte mitberücksichtigt | 7 | 17 | 33 |
| Lerneffekte werden bis jetzt **nicht** systematisch erfasst und berücksichtigt | 29 | 69 | 60 |
| Eine Berücksichtigung von Lerneffekten ist nicht möglich, da zu selten ein Lokalfertigungsprojekt zu prüfen ist | 1 | 2 | 1 |
| Keine Lerneffekte, da keine neueren Projekte oder realisierte Auslandfertigungen | 5 | 12 | 6 |
| | 42 | 100 | 100 |

Tab. 5.6.: Systematische Berücksichtigung von Lerneffekten vorgängiger Projekte

Aus diesem Erhebungsresultat wird ersichtlich, dass Erfahrungen noch nicht in der Breite der Investitionsgüterbranche genutzt werden; andererseits zeigt sich aber dennoch, dass sich einige Firmen zu einem gewissen informationsmässigen Mehraufwand bekennen und dass sie den Nutzen von Lerneffekten zur Vermeidung von Fehlbeurteilungen einzusetzen verstehen. Diese Unternehmen können bestätigen, dass der zeitliche und damit kostenmässige Aufwand zur systematischen Erfassung von Lerneffekten weit unter die potentiellen oder effektiven Kosten einer entsprechenden Fehlbeurteilung zu stehen kommen. Kostenmässig ins Gewicht fallen auch erfasste Lerneffekte bei abgelehnten Projekten. Dies ergibt sich bei manchen Unternehmen daraus, dass relativ häufig z.B. Banken und Beratungsgesellschaften neue Auslandfertigungs- oder Akquisitionschancen an das Unternehmen herantragen und sich damit eine kurzfristige Beurteilung aufdrängt. Sind systematische Erfassungen von Lerneffekten abgelehnter Projekte sofort verfügbar, dann reduziert sich der zeitliche und kostenmässige Aufwand zur Beantwortung von solchen Bank- und Consultinganfragen in starkem Masse. Kostenmässig betrachtet macht sich also der Aufwand der Lerneffekterfassung in solchen Unternehmen rasch dadurch bezahlt, dass bei stets wiederkehrenden Chancenbeurteilungen gegenüber Banken etc. auf solche erfasste Erfahrungen zurückgegriffen werden kann statt stets wieder neue, kostspielige Analysen in die Wege leiten zu müssen. Ein Informationsbedarf über Lerneffekte ist damit gegeben.

Vorbildlich in dieser Beziehung ist eines der 42 befragten Unternehmen mit der Grössenordnung von 1,4 Mia Weltumsatz im

Jahre 1980 und 18 realisierten Auslandproduktionsstätten: In diesem Unternehmen wird für jede Erwägung von Auslandfertigungen derselbe Verantwortliche aus einer Zentralstelle beigezogen, so dass sich positive und negative Lerneffekte personell konzentrieren und damit das Know-how bezüglich Auslandproduktion konzentriert und ausgenützt werden kann.

ad b) Projektspezifische Absatzentwicklung.

Die Veränderung des Absatzes kann kurzfristig beobachtet werden anhand der in der Investitionsgüterindustrie üblichen Richtgrösse 'erhaltene und verlorene Aufträge und Bestellungen', anzahl- wie auch wertmässig.

Wird informationsmässig aufbereitet, wieviele Aufträge, Bestellungen mit dem Bestehen einer Lokalfertigung zusammenhängen, dann existiert auch laufend ein Beurteilungskriterium darüber, ob die ausländische Produktionsstätte verkaufsnotwendig, -fördernd ist und ev. verkleinert oder vergrössert werden sollte.

Diese Informationsbeschaffung, orientiert an den Aufträgen, wird bis jetzt zwar in einer beachtlichen Anzahl von Investitionsgüterunternehmen durchgesetzt, aber noch nicht in deren Mehrzahl 79):

| | Anzahl Antworten | % Anteil Antworten | %-Anteil am Exportvolumen |
|---|---|---|---|
| Im Unternehmen wird zahlenmässig erfasst, wieviele und welche Aufträge letztlich dank einem Lokalfertigungsengagement zustandekamen und somit gegenüber der Markterschliessung durch Export als zusätzliche Aufträge zu zählen sind | 15 | 36 | 17 |
| Keine derartige zahlenmässige Erfassung | 23 | 55 | 80 |
| Keine Stellungnahme, da keine Lokalfertigungen | 4 | 9 | 3 |
| | 42 | 80 | 100 |

Tab. 5.7.: Verkaufsförderungseffekt von lokalen Fertigungen

Mit der vorgeschlagenen Analyse der Auftrags-/Bestellungsverluste auf das Kriterium 'Verkaufsförderung durch Lokalfertigung' hin kann der Stellenwert der betreffenden Produktionsstätte im Ausland innerhalb des Gesamtunternehmens ermittelt werden. Alle andern Kenngrössen im Bereich des Absatzes beziehen sich auf das Absatzland, nicht aber spezifisch auf eine Produktionsstätte. Eine laufende Beobachtung mit dem Blick auf Lokalfertigungspro-

79) vgl. Frage 2.5.2. des Interviewleitfadens

jekte der Konkurrenz gehört deshalb ebenso zur Informationsaufbereitung nach der Projektevaluation, da diese die eigenen Wettbewerbsvorteile rasch zu mindern vermögen.

ad c) Projektspezifische Wirtschaftlichkeit.

Zur Erlangung eines objektiven Ergebnisses ist eine lokale Gewinn- und Verlustrechnung nach Ablauf der im voraus bestimmten Einführungszeit zu erstellen. Zudem sind aber auch die Informationen über Erträge aus Zulieferungen vom Stammhaus und andern Tochtergesellschaften aufzubereiten. Letzteres trifft um so mehr zu, wenn die ausländischen Betriebe selbst keinen Gewinn ausweisen können, deren Existenz aber durch Zulieferererträge gerechtfertigt erscheint. Wird in vereinigter Rechnung dieser beiden Ertragszentren über mehrere Jahre hinweg ein weiterhin unhaltbarer Verlust ermittelt, dann gibt diese Wirtschaftlichkeitsrechnung den Ausschlag für eine nachfolgende Desinvestition, verbunden mit den notwendigen Ressourcenverschiebungen.

Der Mentalität des schweizerischen Unternehmens entspricht es wohl weit weniger, bereits nach einem ersten Verlustjahr oder gar nach einer 'ungenügenden' Gewinnsituation eine Auslandproduktionsstätte sofort aufzugeben, wie dies aus amerikanischen Verhältnissen bekannt ist. Doch auch eine höhere Verlustbereitschaft, die in der Schweiz schwer fassbar erscheint 80), kann in äusserst gravierenden Fällen nach Engagementabbrüchen rufen. Die Erhebung bei den 42 umschriebenen Investitionsgüterproduzenten hat 40 Engagementabbrüche excl. Lizenzen hervorgebracht:

| Engagementabbrüche 81) aufgeteilt nach: | | Anzahl Antworten | %-Anteil d. Anzahl Antworten | Anzahl Antworten | %-Anteil d. Anzahl Antworten |
|---|---|---|---|---|---|
| **Engagementform** | **Produktionsland** | | | | |
| 100 % eigene Tochtergesellschaften | | 20 | 50 | | |
| Joint-Ventures | | 15 | 37 | | |
| Subcontracting | | 5 | 13 | | |
| | Frankreich | | | 6 | 15 |
| | Italien | | | 5 | 12,5 |
| | BRD | | | 4 | 10,0 |
| | USA | | | 4 | 10,0 |
| | Dänemark | | | 3 | 7,5 |
| | Japan | | | 3 | 7,5 |
| | England | | | 2 | 5,0 |
| | Argentinien | | | 2 | 5,0 |
| | Südostasien | | | 2 | 5,0 |
| | div. Länder je 1 | | | 9 | 22,5 |
| | | 40 | 100 | 40 | 100 |

Tab. 5.8.: Die Engagementabbrüche nach Engagementform und Länder

80) vgl. Frage 2.4.3. des Interviewleitfadens
81) vgl. Frage 1.4. des Interviewleitfadens

Die laufende Informationsbeschaffung auch nach In-Gang-Setzung eines Auslandprojektes hilft, potentielle Desinvestitionsverluste so tief als möglich zu halten.

### 5.3.2. Produktionslandspezifische Informationsbeschaffung

Ist einmal der Entscheid gefällt, in einem bestimmten Land bis auf weiteres zu produzieren, dann ist im Verlauf der Betriebsdauer das an Informationen aufzuarbeiten, was neue Chancen und Gefahren dieser Unternehmungseinheit im Produktionsland betrifft. Auf kleinem Raum zusammengefasst heisst dies, mindestens in folgenden Gebieten die relevanten Informationen beschaffen:

<table>
<tr><td rowspan="2">Info-Beschaffung über:</td><td>Chancen</td><td>Gefahren</td></tr>
<tr><td colspan="2">im Produktionsland</td></tr>
<tr><td rowspan="2">Produktspezifische Informationsgebiete</td><td colspan="2">. Absatz und Bedürfnisentwicklung im Land<br>. Kostenentwicklung im Land</td></tr>
<tr><td>. Firmenimage<br>. Produkteimage<br>. Einstellung gegenüber Inlandprodukten im Vergleich zu Auslandprodukten</td><td>. Aktivitäten der Konkurrenz im Land</td></tr>
<tr><td rowspan="2">Produktunabhängige Informationsgebiete</td><td>. Firmenimage<br>. Incentives</td><td>. Einstellung zu Auslandproduzenten<br>. Protektionismus für Zulieferungen<br>. Nationalisierungsabsichten<br>. Weitere Belastungen des Investitionsklimas</td></tr>
<tr><td colspan="2">. Währung und Inflation</td></tr>
</table>

Abb. 5.4.: Informationsbeschaffung im Produktionsland nach Projektstart

Die Informationsquellen für diese Chancen- und Gefahrengebiete sind im wesentlichen:

| **Informationsgebiete** | **Informationsquellen** |
| --- | --- |
| Firmen- und Produkteimage<br>Einstellung gegenüber Inlandprodukten<br>Einstellung gegenüber Auslandproduzenten<br>Bedürfnisentwicklung in der Investitionsgüterindustrie | Kundenbefragung |
| Absatz- und Kostenentwicklung im Land | Unternehmungsinterne Verkaufs- und Kostenstatistik |
| Konkurrenzverhalten | Beobachtung der Konkurrenz, Befragung von Kunden und Behörden |
| Incentives und Belastungen des Investitionsklimas | Kontakte zu entsprechenden Behördeinstanzen |
| Währung und Inflation | Wirtschaftliche Tagespresse |
| Protektionismusentwicklung | siehe Kap. 5.1.2., --> Gefahrenbeurteilungs-Informationen |
| Nationalisierungsabsichten | siehe nachfolgende Hinweise |

Abb. 5.5.: Informationsquellen zur Chancen und Gefahrenbeurteilung

Nachdem die Informationsquellen zu allen andern Informationsgebieten bereits vorgängig tangiert worden sind, verbleibt hier lediglich die Notwendigkeit von Erläuterungen zur Informationsbeschaffung betreffend Nationalisierungsgefahren.

Von den 42 befragten Firmenvertretern wurden die folgenden Wege der Frühwarnung zum Erkennen von Nationalisierungsgefahren angegeben 82):

- 34 % auf dem Absatzweg:
  - . eigene Verkaufsorganisation,
  - . lokale Fertigungs- und Vertriebsgesellschaften,
  - . lokale Konsortialpartner und Kunden,
- 22 % über Institutionen:
  - . Banken,
  - . Wirtschaftsverbände,
  - . Anwälte,
- 24 % durch eigene Beobachtungen:
  - . Analyse von Regierungserklärungen,
  - . Regierungskontakte,
  - . Zeitungslektüre,
  - . zuerst schauen, was mit den Grossen geschieht,
- 20 % keine Aufnahme von Frühwarnung: da bis jetzt keine Konfrontationen mit dieser Frage stattfand.

82) vgl. Frage 5.1. des Interviewleitfadens

Von den antwortenden Unternehmen können sich 28 % prophylaktisch schützen vor Nationalisierungsverlusten. Drei der zehn grössten Investitionsgüterproduzenten verfolgen je eine bewusste Taktik, um das Risiko aus Verlusten anlässlich von Nationalisierungen so tief als möglich zu halten. In nationalisierungsgefährdeten Staaten wird von einem Unternehmen eine Kapitalbeteiligungsform angestrebt, die einen Auslandbetrieb nicht als schweizerisch domizilierte Gesellschaft erscheinen lässt. Die direkte schweizerische Beteiligung wird in solchen Fällen unter 50 % angelegt. Die restlichen Anteile werden auf fiduziarischem Weg erworben, so dass in der Unternehmungsführung dennoch eine schweizerische Beherrschung erhalten bleibt.

Im zweiten dieser drei Unternehmen wird in nationalisierungsgefährdeten Staaten ein möglichst kleines Engagement angestrebt; so ist z.B. Frankreich für diese Firma kein Investitionsland mehr; das diesbezüglich weitestgehende Engagement führt noch über ein Subcontracting.

Der dritte Investitionsgüterproduzent lässt in nationalisierungsgefährdeten Ländern eine viel stärkere Beteiligung der lokalen Banken zu, um das finanzielle Risiko auf ein tragbares Mass zu reduzieren und im Land selbst zu lokalisieren.

40 % der befragten Unternehmen kennen mindestens eine Massnahme, um sich im Moment der Nationalisierung weitgehend schadlos zu halten. Zur Wahrnehmung dieser Risikominderungschancen ist die Informationsbeschaffung über Nationalisierungsgefahren unerlässlich. Zwar ist die Nationalisierung einer ausländischen Tochtergesellschaft kein sehr häufiges Vorkommnis, doch ganz von der Hand gewiesen werden kann diese Gefahr auch nicht, sind doch immerhin 5 solche Nationalisierungen von Auslandtöchtern aus der schweizerischen Investitionsgüterindustrie bekannt geworden 83): Je eine in Kolumbien, Ostdeutschland und Grossbritannien und zwei in Frankreich.

Die Indikation für potentielle Nationalisierungsbestrebungen drückt sich auf zwei Arten aus:

- Bevorstehende Regierungswechsel mit möglichem Links- oder Rechtsradikalismus,
- Ankündigung bestehender Regierungen, mehr unter ihre Kontrolle zu bringen, was sich auch noch früh genug in Wirtschaftszeitungen 84) äussert.

"... there are certain basic similarities in the reasons for nationalization. The two most important reasons are: (1) political change in the host country, and (2) the desire of host governments to control their own basic industries and not to permit them to remain under the ownership or direct control of foreigners" 85).

In den entwickelten Staaten mit grösseren Lokalfertigungen und entsprechenden Wirtschaftseinsichten kann nach Nationalisierungsbeschlüssen beobachtet werden, dass nicht die ganze lokale Industrie auf einen Schlag verstaatlicht wird, um nicht einen kompletten Wirt-

---

83) vgl. Frage. 5.4. des Interviewleitfadens
84) vgl. z.B. NZZ (Kanadischer Wirtschaftsnationalismus) 23
85) Basche (Nationalization) 10

schaftsstillstand zu provozieren. In den vorderen Prioritäten einer Verstaatlichungsinitiative, und damit auf eine möglichst lückenlose Informationsbeschaffung angewiesen sind v.a.

- grosse Unternehmen und Tochtergesellschaften,
- Hersteller lebensnotwendiger Güter,
- Unternehmen der Energiewirtschaft (Oelförderung, Raffinerien, Elektrizitäts-Uebertragung etc.).

### 5.3.3. Ermittlung der Auswirkungen auf Stammhauserträge und -belastungen

Kenntnisse über die Rückwirkungen einer errichteten Produktionsstätte auf das Stammhaus werden spätestens dann interessant, wenn dieses Auslandengagement Gegenstand von Desinvestitiontsdiskussionen wird. Diese Feststellung steht wiederum im Zusammenhang mit der tendenziell unterschiedlichen Unternehmungsmentalität zwischen den USA und der Schweiz. Während amerikanische Unternehmen auch eine Auslandfertigungsstätte gerne als Profit Center führen und deshalb zu ihrer Rechenschaftsablegung den rückwirkenden Aufwand und Ertrag des Stammhauses etc. miteinschliessen, sind die schweizerischen Unternehmer mehr darauf eingestellt, die Auslandtöchter solange als tragbar zu erhalten.

In kritischen Fällen muss jedoch auch ein schweizerischer Auslandinvestor eine Gewinn- und Verlustrechnung erstellen über alles, was das Tochterunternehmen an positiven und negativen Effekten im Ausland wie im Stammhaus auslöst.

Zu einer solchen Vergleichsrechnung sind wenigstens die folgenden Beurteilungsgrössen heranzuziehen:

- Gewinn und Verlust der Unternehmungseinheit im Ausland,
- Aufwand- und Ertragswirkungen im Stammhaus und in Töchtern (Zuliefereinheiten) bezogen auf:
  - Bruttoerträge auf zugelieferten Komponenten,
  - Lizenzerträge, Royalties etc.,
  - Koordinationsaufwendungen des Management, der Disposition, der Verkaufsorganisation bei Reexportverpflichtungen,
  - Kapital- und ev. Beratungskosten,
  - ev. Risikosicherungskosten.

Unternehmungsindividuell z.T. nur qualitativ in die Betrachtung miteinzubeziehen sind die:

- Auswirkungen auf die Beschäftigung im Stammhaus und bei Töchtern, d.h. ob
  - positiver Effekt durch erhöhte Komponentenherstellung
  - negative Effekte durch Stimulierung der Exportablösung
  - ev. positiver Beitrag, indem diese Auslandtochter als Referenzanlage für Kooperationsanfragen verwendet werden kann.

Werden in einem schweizerischen Unternehmen solche auslandtochterorientierten Kalkulationen, Wirtschaftlichkeitsrechnungen auch oft erst in kritischen Fällen vorgenommen, dann ist doch mindestens die Unterlagenerstellung bereits in wirtschaftlich besseren Zeiten derart vorzubereiten, dass in einer ungünstigen Lage auch kurzfristig eine

Aufstellung dieser Rechnungsgrösse möglich ist.

## 5.4. Uebersicht zur Informationsaufbereitung

Ein nicht zu vernachlässigendes Problem einer umfangreicheren Informationsaufbereitung wie sie in diesem Kapitel 5 aufgezeigt wurde, besteht darin, diese Information zu bewirtschaften. Das heisst, ein Wissen um die Notwendigkeit der Information allein genügt nicht. Vielmehr muss für die Gewährleistung einer wirkungsvollen Informationsaufbereitung institutionalisiert sein, wer für welche Informationsbeschaffung verantwortlich ist und welche Informationsquellen beizuziehen sind. Gelingt dies in einem Unternehmen, dann geschieht das zugunsten jener Instanz, die für die Beurteilung neuer Auslandengagementanfragen in einer angemessenen Frist mit vertretbarem Aufwand kompetente Resultate zu liefern hat.

Eine entsprechend vorteilhafte Ausgangsbasis zur Bewirtschaftung der notwendigen Informationen kann eingeleitet werden durch die Erstellung einer Uebersicht, die darüber Auskunft erteilt, wer welche Information woher beschafft. Eine solche Uebersicht würde, zusammen mit den unternehmungsspezifischen Anpassungen, etwa die folgende Darstellung annehmen:

Informations-Beschaffungsverantwortung (WER) / WANN / Informationsbereiche (WAS)

| WAS | WANN | PC-Leiter der neuen LF | Marketingabteilung | einstiger Projektleiter | lokale Verkaufsorganisation | Personalabteilung | Finanzabteilung | Quartalssitzung | Szenariogremium | Geschäftsleitung |
|---|---|---|---|---|---|---|---|---|---|---|
| Marktanteilsentwicklung | permanent | | ○ | | | | | | | |
| Nachfrageentwicklung<br>. Auftragsvergabepolitik | | | | | ○ | | | | | |
| . Produktepräferenzierung | | | | | ○ | | | | | |
| . Firmenimage | | | | | ○ | | | | | |
| Chancen & Gefahren<br>. Auslandengagement | | | | | | | | ○ | | |
| . spez. Protektionismus | | | | | | | | ○ | | |
| . Konkurrenz | | | | | | | | ○ | | |
| . Investitionsklima | | | ○ | | | | | | | |
| Datenaufbereitung intern<br>. Personal f. Transfer | | | | | | ○ | | | | |
| Chancen & Gefahren<br>. Erfassung durch · Szenario | periodisch vor Projekt evaluation | | | | | | | | ○ | |
| · Beobachtung der Umwelt | | | | | | | | ○ | | |
| . Vergleich zu Kapazitätsauslastung und Arbeitswelt | | | ○ | | | | | | | |
| . Anlehnung an bestehende Produktionsstätten | | | | | | | | | | ○ |
| . Konkurrenzabsichten | | | | | | | | ○ | | |
| . Aktuelles Investitionsklima | | | ○ | | | | | | | |
| . Ressourcenbeeinflussung | | | ○ | | | | | | | |
| . Zusammenfassung der Vorgaben | | | ○ | | | | | | | |
| pro Projekt:<br>. Lerneffekte | nach Projekt-evaluation | | | ○ | | | | | | |
| . Absatzentwicklung durch LF | | ○ | | | | | | | | |
| . Wirtschaftlichkeit | | ○ | | | | | | | | |
| pro Investitionsland:<br>(während der Betriebsdauer)<br>. Einstellung gegenüber | | | | | ○ | | | | | |
| Auslandproduzent | | | | | ○ | | | | | |
| . Firmenimage | | | | | ○ | | | | | |
| . Incentives | | | | | | | ○ | | | |
| . Nationalisierungstendenz | | | ○ | | | | | | | |
| Auswirkungen auf Stammhaus | | | | ○ | | | | | | |

extern

| WAS | . Lokaler Verkauf | . Kundenbefragung | . Marktforschung | . Wirtschaftsverbände | . lokale Handelskammern | . Banken | . Regierungskontakte | . Consultants | . lokaler Augenschein (Reisen) | . Wirtschaftszeitungen | . Schweizerische Zentrale für Handelsförderung | . Business Intern. Corp. | . BERI-Index | . Price Waterhouse | . Manager Magazin | . andere Länderdokumentationsstellen - Commerzbank - Dun & Bradstreet |
|---|---|---|---|---|---|---|---|---|---|---|---|---|---|---|---|---|
| Marktanteilsentwicklung | ● | | | ● | ● | | | | | | | | | | | |
| Nachfrageentwicklung<br>. Auftragsvergabepolitik | ● | ● | | ● | | | ● | | | | | | | | | |
| . Produktepräferenzierung | ● | ● | ● | | | | | | | | | | | | | |
| . Firmenimage | | ● | | ● | ● | | | ● | | | | | | | | |
| Chancen & Gefahren<br>. Auslandengagement | | | | | | ● | ● | ● | ● | ● | ● | | | | | |
| . spez. Protektionismus | ● | | | ● | ● | | | | | ● | | | | | | ● |
| . Konkurrenz | ● | ● | ● | ● | ● | ● | ● | ● | ● | | | | | | | |
| . Investitionsklima | | | | | | ● | ● | ● | ● | ● | ● | ● | ● | ● | ● | |
| Datenaufbereitung intern<br>. Personal f. Transfer | | | | | | | | | | | | | | | | |
| Chancen & Gefahren<br>. Erfassung durch · Szenario | | | | | | | | | | | | | | | | |
| · Beobachtung der Umwelt | ● | ● | ● | ● | ● | ● | ● | ● | ● | ● | | | | | | |
| . Vergleich zu Kapazitätsauslastung und Arbeitswelt | | | | ● | ● | | | | | ● | | | | | | |
| . Anlehnung an bestehende Produktionsstätten | | | | | | ● | | ● | ● | | | | | | | |
| . Konkurrenzabsichten | | ● | | | | | ● | | | | | | | | | |
| . Aktuelles Investitionsklima | | | | | | ● | ● | ● | ● | ● | ● | ● | ● | ● | ● | |
| . Ressourcenbeeinflussung | | | | | | | | | | | | | | | | |
| . Zusammenfassung der Vorgaben | | | | | | | | | | | | | | | | |
| pro Projekt:<br>. Lerneffekte | | | | | | | | | | | | | | | | |
| . Absatzentwicklung durch LF | ● | | | | | | | | | | | | | | | |
| . Wirtschaftlichkeit | | | | | | | | | | | | | | | | |
| pro Investitionsland:<br>(während der Betriebsdauer)<br>. Einstellung gegenüber | | | | | | | | | | | | | | | | |
| Auslandproduzent | ● | ● | ● | ● | ● | ● | ● | | ● | | | | | | | |
| . Firmenimage | ● | ● | ● | ● | ● | ● | ● | | ● | | | | | | | |
| . Incentives | | | | ● | | ● | ● | | | | | | | | | |
| . Nationalisierungstendenz | | | | ● | ● | ● | ● | ● | ● | ● | | | | | | |
| Auswirkungen auf Stammhaus | | | | | | | | | | | | | | | | |

| WAS | . OECD | . Weltbank | . UNIDO | . Landesgesetze | . Branchenverzeichnisse | . offizielle Statistiken | . Geschäftsberichte | . Gespräche mit Sozialpartnern | . Gespräche mit Konkurrenzverkäufern | . Beobachtung von Verhalten von Grossunternehmen | . Beobachtung von andern Firmenerfolgen | . Informationsverbund mit CH-Produzenten |
|---|---|---|---|---|---|---|---|---|---|---|---|---|
| Marktanteilsentwicklung | | | | | | ● | | | | | | |
| Nachfrageentwicklung<br>. Auftragsvergabepolitik | | | | | | | | | ● | | | |
| . Produktepräferenzierung | | | | | | | | | ● | | | |
| . Firmenimage | | | | | | | | ● | | | | |
| Chancen & Gefahren<br>. Auslandengagement | | ● | ● | ● | | | | | | ● | ● | ● |
| . spez. Protektionismus | | | | ● | | | | | | | | |
| . Konkurrenz | | | | | ● | ● | | | ● | | | |
| . Investitionsklima | | | | ● | | | | | | ● | ● | ● |
| Datenaufbereitung intern<br>. Personal f. Transfer | | | | | | | | | | | | |
| Chancen & Gefahren<br>. Erfassung durch · Szenario | | | | | | | | | | | | |
| · Beobachtung der Umwelt | | ● | ● | ● | | | | | ● | ● | ● | ● |
| . Vergleich zu Kapazitätsauslastung und Arbeitswelt | | | | | | | | ● | | | | |
| . Anlehnung an bestehende Produktionsstätten | | | | | | ● | | | ● | | | ● |
| . Konkurrenzabsichten | | | | | | | | | | | | |
| . Aktuelles Investitionsklima | | | | ● | | | | | | ● | | ● |
| . Ressourcenbeeinflussung | | | | | | | | | | | | |
| . Zusammenfassung der Vorgaben | | | | | | | | | | | | |
| pro Projekt:<br>. Lerneffekte | | | | | | | | | | | | |
| . Absatzentwicklung durch LF | | | | | | | | | | | | |
| . Wirtschaftlichkeit | | | | | | | | | | | | |
| pro Investitionsland:<br>(während der Betriebsdauer)<br>. Einstellung gegenüber | | | | | | | | | | | | |
| Auslandproduzent | | | | | | | | | | | | |
| . Firmenimage | | | | | | | | | | | | |
| . Incentives | | | | | | | | | | | | |
| . Nationalisierungstendenz | | | | ● | | | | | ● | ● | | |
| Auswirkungen auf Stammhaus | | | | | | | | | | | | |

intern

| WAS | . Fabrikplanungsbüro | . Verkaufsabteilung | . Exportdep. | . Spediteure | . Personal, Finanzabt., Produktion | Szenarien |
|---|---|---|---|---|---|---|
| Marktanteilsentwicklung | | | | | | |
| Nachfrageentwicklung<br>. Auftragsvergabepolitik | | | | | | |
| . Produktepräferenzierung | | | | | | |
| . Firmenimage | | | | | | |
| Chancen & Gefahren<br>. Auslandengagement | | | ● | ● | | ● |
| . spez. Protektionismus | | | ● | ● | | ● |
| . Konkurrenz | | | | | | |
| . Investitionsklima | ● | | | | | ● |
| Datenaufbereitung intern<br>. Personal f. Transfer | | | | | | |
| Chancen & Gefahren<br>. Erfassung durch · Szenario | ● | | | | | ● |
| · Beobachtung der Umwelt | | | | | | |
| . Vergleich zu Kapazitätsauslastung und Arbeitswelt | | | | | | ● |
| . Anlehnung an bestehende Produktionsstätten | | | | | | |
| . Konkurrenzabsichten | | | | | | |
| . Aktuelles Investitionsklima | | | | | | |
| . Ressourcenbeeinflussung | ● | | | | ● | ● |
| . Zusammenfassung der Vorgaben | ● | | | | ● | |
| pro Projekt:<br>. Lerneffekte | ● | | | | | |
| . Absatzentwicklung durch LF | | ● | | | | |
| . Wirtschaftlichkeit | ● | | | | ● | |
| pro Investitionsland:<br>(während der Betriebsdauer)<br>. Einstellung gegenüber | | | | | | |
| Auslandproduzent | | | | | | |
| . Firmenimage | | | | | | |
| . Incentives | | | | | ● | |
| . Nationalisierungstendenz | | | | | | |
| Auswirkungen auf Stammhaus | ● | ● | ● | | ● | |

Abb. 5.6.: Informationsbereiche und -quellen zur Steuerung des Auslandfertigungs-Engagements

## 5.5. Zusammenfassung

Die Praktizierung des in Kap. 4. entworfenen strategischen Instrumentariums schafft einen entsprechenden Informationsbedarf. Zeitpunkt und Zeitspanne für die Beschaffung dieser Informationen fällt unterschiedlich aus; teils ist sie permanent, teils periodisch und teils spezifisch nach einer Projektevaluation vorzunehmen.

Eine permanente Informationsaufbereitung ergibt sich einerseits daraus, dass aus jeder neu auftauchenden Produkt-Marktkombination deren Auswirkung auf das Auslandengagement zu erfassen ist, andererseits aus den laufend sich präsentierenden Chancen und Gefahren im weltwirtschaftlichen Geschehen. Sie bildet die Voraussetzung dafür, dass keine Gelegenheit zugunsten des Unternehmens ungeprüft verstreicht.

Die kontinuierliche Informationsbeschaffung über Protektionismus (vgl. Tab. 5.4. und Abb. 5.2.) Konkurrenz und Informationsklima in potentiellen Fertigungsländern lässt die aufkommenden Gefahren erkennen. Momentan informieren sich von den befragten Unternehmen erst deren zwei permanent über die Entwicklung der Investitionsklimata; dies zweckmässigerweise anhand von allgemein zugänglichen Investitionsklima-Indices.

Eine periodische Informationsaufbereitung innerhalb einer vorher festgelegten Periodizität umfasst vor allem: Jene zur Erkennung von Chancen und Gefahren mittels Szenario-Technik, jene zur Beobachtung reell sich einstellender Umweltveränderungen, jene zur Abschätzung von möglichen Exportalternativen und zur Vermeidung von Ueberkapazitäten, jene zur Ermittlung der Konkurrenzabsichten, des Investitionsklimas und der Ressourcenbeanspruchung. Bei dieser Themenbearbeitung nehmen v.a. die Behandlung der Arbeitswelt-Entwicklung im Rahmen der Umweltentwicklung und die Behandlung der Investitionsklimaindex-Beschaffung einen besonderen Platz ein.

Weniger ausgedehnt wird auf den Informationsbedarf nach der Projektevaluation eingegangen. Es kommen dabei insbesondere zum Ausdruck, dass aus der Phase der Projektrealisierung die Lerneffekte zugunsten zukünftiger Projekte zu erfassen sind, was heute von 17 % der befragten Investitionsgüterunternehmen systematisch berücksichtigt wird; dass nach der Projektrealisierung die Absatzentwicklung ab Lokalfertigung und ab Stammhaus zur weiteren Legitimierung der ausländischen Produktionsstätte beachtet wird und dass laufend die Wirtschaftlichkeit, nötigenfalls nur das Rendement dieses zusätzlichen Auslandengagements stets wieder aufs Neue geprüft wird. Letzteres hat mit Vorteil auch die Auswirkungen auf die durch eine Lokalfertigung verursachten Stammhauserträge und -belastungen miteinzubeziehen.

Den Abschluss dieses 5. Kapitels bildet eine Gesamtübersicht zum Thema Informationsaufbereitung. Sie stellt den Informationsbedarf den zur Verfügung stehenden Informationsquellen gegenüber und hält exemplarisch die Informationsverantwortung fest (vgl. Abb. 5.6.). Eine derartige Uebersicht bildet die günstige Voraussetzung zur In-Gang-Haltung des Informationswesens rund um die Auslandengagement-Beurteilung.

# DRITTES KAPITEL: ANSAETZE ZU FOLGERUNGEN FUER EMPFAENGERLAENDER UND ALLGEMEINE SCHLUSSFOLGERUNGEN

## 6. Folgerungen zum Verhältnis 'Empfängerland-Investitionsgüterproduzent'

Die Thematik der Lokalfertigung wurde in den fünf vorangehenden Kapiteln aus der Sicht potentieller Investoren der Investitionsgüterbranche beleuchtet.

Die Betrachtungsweise seitens der Empfängerländer blieb dabei höchstens am Rande vermerkt. Als Kontrahenten hegen sie jedoch in diesem Zusammenhang auch ihre Absichten, bevor sie zur Errichtung einer Lokalfertigungsstätte Hand bieten.

Die optimale Themenbearbeitung bezüglich der Lokalfertigung müsste somit darin bestehen, nach der Behandlung der Investoreninteressen die Erwägungen der Empfängerländer als Gegenpartei vollumfänglich zu erforschen und abschliessend die Möglichkeiten der Synthese, d.h. der Interessenkongruenzen herauszukristallisieren.

Eine solche Gegenüberstellung müsste nach eingehenden Untersuchungen z.B. in einer Zielvergleichstabelle resultieren, wie sie Baumer am Beispiel von Kolumbien erarbeitet hat:

| Colombian government / Foreign Companies | Modernisation | Colombianisation | Economic Equilibrium and National Integration: monetary | Employment | regional | ecological | Balance of Payments[1] | Control |
|---|---|---|---|---|---|---|---|---|
| Profit (for repatriation) | (−) | − | (0) | 0 | 0 | (−) | − | − |
| Turnover (+ growth and investment) | + | − | (0) | + | 0 | (−) | 0 | − |
| Profitability | + | − | 0 | − | (−) | (−) | 0 | 0 |
| Liquidity | + | − | 0 | 0 | 0 | 0 | 0 | 0 |
| Company potential (substance) | + | − | 0 | (+) | 0 | 0 | 0 | 0 |
| Independence | 0 | − | 0 | 0 | 0 | 0 | 0 | − |
| Prestige / power | 0 | − | 0 | 0 | (−) | 0 | 0 | − |
| Social aims | (+) | 0 | 0 | + | + | + | 0 | + |
| Cheaper production | 0 | 0/− | 0 | + | (+) | 0 | + | 0 |
| Securing of raw materials | 0 | − | 0 | 0 | + | (−) | + | + |
| International diversification of risk | 0 | 0 | 0 | + | 0 | 0 | 0 | 0 |
| Goodwill | 0 | 0 | 0 | 0 | 0 | 0 | 0 | 0 |
| Other comparative advantages | + | 0 | 0 | (+) | (+) | 0 | + | 0 |

Abb. 6.1.: Nation - State Targets and Company Goals 1)

Aus der Gewissheit heraus, dass ein solches Vorhaben den Rahmen dieser Arbeit sprengen würde, soll an dessen Stelle eine weniger umfangreiche Erörterung von Zielen, Mitteln und Verfahren der Empfängerländer treten, die zur Förderung der Lokalfertigung bekannt sind. Im

1) Baumer (Transnational) 33

Anschluss daran sollen Ansätze gesucht werden, wonach ein Vertreter eines Empfängerlandes aus der vorangehenden Untersuchung bei schweizerischen Investitionsgüterproduzenten Schlüsse zur gezielten Beeinflussung potentieller Investoren ziehen kann.

## 6.1. Förderung der Lokalfertigung durch Empfängerländer

Im Rahmen der Errichtung von Lokalfertigungsstätten sind die Empfängerländer 2) ebenso mit Absichten getragen wie potentielle Auslandinvestoren. Auch sie kennen Ziele, die mit der Aufnahme eines Produktionsengagements durch ausländische Unternehmen realisiert werden sollen.

Als **Ziele** der Empfängerländer zugunsten der Lokalfertigung sind zu beachten:

a) Sozialproduktsteigerung / Erhöhung des Volkseinkommens,
b) Wachstum der Industrieproduktion / Industrialisierung,
c) Beschäftigungszunahme,
d) Wertschöpfungssteigerung,
e) Zahlungsbilanzverbesserung,
f) Erhöhung der Wettbewerbsfähigkeit durch Innovation.

Je nachdem, ob es sich beim Investitionsempfänger um ein Entwicklungs-, Schwellen- oder Industrieland handelt, präsentieren sich die Hauptgewichte der Zielvorstellungen unterschiedlich.

**In Entwicklungsländern** können ausländische Direktinvestitionen einen wesentlichen Beitrag zum Entwicklungsprozess leisten, so dass hier v.a. die folgenden Zielsetzungen der Gastländer 3) im Vordergrund stehen:

ad a) **Sozialproduktsteigerung / Erhöhung des Volkseinkommens**

In der Zielsetzungsformulierung von Entwicklungsländern steht in Anbetracht von Lokalfertigungserrichtungen die Erhöhung des Volkseinkommens wohl an erster Stelle. In einem Anfangsstadium der Entwicklungspolitik heisst das in einer klareren Sprache, dass die Armut 4) zu überwinden sei: "To what extent should production cater to 'basic needs' of the majority of the population, taking account of their life-style and purchasing power ..." 5). Ist in einer ersten Entwicklungsphase dem Ernährungsproblem sukzessive beizukommen, so stellen sich alsbald die andern Elemente der Lebensstandardverbesserung ins Blickfeld der anvisierten Zielsetzungen: Gesundheit, Bildung/Erziehung, Wohnverhältnisse, Kleidung, Beschäftigung, soziale Sicherheit etc. 6)

Wie Hemmer 7) richtigerweise aufzeigt, kann es bei der Erhöhung des Volkseinkommens nicht nur um eine quantitative Steigerung

---

2) Das Ausmass ist allerdings von Land zu Land unterschiedlich, allein schon Entwicklungsländer engagieren sich anders als Industrieländer.
3) vgl. Kebschull (Privatinvestitionen) 154
4) vgl. NZZ (Entwicklungsansätze) 19
5) World Bank (Industrial Strategy) 5
6) vgl. Hemmer (Zielfunktion Entwicklungsländer) 115
7) vgl. ebenda

gehen; vielmehr muss eine gleichmässigere Verteilung des Volkseinkommens in der Zielsetzung miteingeschlossen sein.

In entwicklungspolitischen Auseinandersetzungen wird zwar kaum direkt von einer Volkseinkommenserhöhung gesprochen, als vielmehr vom Wirtschaftswachstum. Dies obschon das Wachstum per se für ein Entwicklungsland nicht **die** sinnvolle Zielsetzung sein kann, ohne dass dabei das Volkseinkommen steigt.

Bezüglich Sozialproduktsteigerung wurde zur Formulierung der Zielsetzung davon abgerückt, von einer jährlichen BIP-Wachstumsrate auszugehen, da die Zunahme des Bevölkerungswachstums dann trotzdem pro Einwohner eine Neutralität, schlimmstenfalls eine Negativ-Einkommensentwicklung bewirken kann. Es wurde deshalb dazu übergegangen, eine BIP-pro-Kopf-Steigerung von 3,5 % pro Jahr zu verfolgen 8). Die Berechnungen verschiedener internationaler Organisationen zeigen, dass das globale Wachstumsziel für das Bruttosozialprodukt annähernd erreicht wurde. Weltbank: Durchschnittliche jährliche Wachstumsrate des BSP der Entwicklungsländer mit Ausnahme der OPEC-Länder von 1971 bis 1977 6,1 %; ECOSOC: Durchschnittliche jährliche Wachstumsrate des BIP aller Entwicklungsländer im Zeitraum 1971 bis 1977 6,0 %; UNCTAD: Durchschnittliche jährliche Wachstumsrate des BIP aller Entwicklungsländer von 1973 bis 1977 5,4 % 9).

Ein weniger befriedigendes Ergebnis erhält man für die Gruppe der ärmsten Entwicklungsländer, wo für den Abschnitt 1971 - 1977 BIP-/Kopf- Wachstumsraten von real um 4 % gemessen wurden (Weltbank 3,8 %, ECOSOC 3,6 %; UNCTAD 3,3 %) 10).

ad b) **Wachstum der Industrieproduktion / Industrialisierung**

Als Teil des Wirtschaftswachstums steht mit der Umwerbung/Zulassung von Lokalfertigungsvorhaben das Wachstum der Industrieproduktion im Vordergrund. In einem Entwicklungsland ist mit dem Neuaufbau der Industrieproduktion anstelle von Landwirtschaft oder endloser Unterbeschäftigung der Begriff Industrialisierung zu verwenden. "Generally speaking, most developing countries see their best chance for prosperity in industrialisation" 11).

Die Zielfestlegung der Industrieproduktionserhöhung erfolgte "bei der zweiten Generalkonferenz der UNIDO im Jahre 1975 in der peruanischen Hauptstadt Lima in der Schlussresolution: ... im Jahre 2000 sollen die Entwicklungsländer einen Anteil von 25 % an der Industrieproduktion der Welt erreicht haben. Gegenwärtig sind es erst 9 %" 12).

---

8) vgl. Menck (Entwicklungsdekade) 19
9) ebenda 20
10) ebenda 21
11) Dunning (International Production) 305
12) NZZ (Generalkonferenz) 17

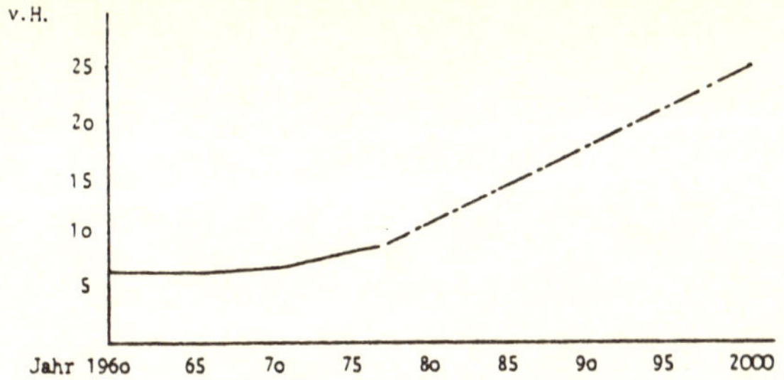


Abb. 6.2.: Anteil der Entwicklungsländer an der Weltindustrieproduktion 1960 - 1977 und Lima-Zielvorstellung 13)

Dieses Ziel gilt als sehr hochgesteckt, wenn nicht unrealistisch, was sich auch u.a. in einzelnen Bedingungen zur diesbezüglichen Zielverwirklichung äussert:

- "Der totale Zustrom ausländischen Kapitals müsste bis auf 750 Mia $ jährlich zunehmen, fast 6 % des BSP der Industriestaaten" 14).
- "Ausländische Direktinvestitionen müssen das Zehnfache des jetzigen jährlichen Volumens ausmachen" 15).

Wurde das Ziel 'Industriewachstum' verschiedentlich stark kritisiert, so wird "doch auch in der nächsten Dekade Wachstum notwendig sein, um die Unterschiede zwischen armen und reichen Ländern zu verringern und um die Ressourcen für die Verfolgung sozialer Ziele bereitzustellen. Für die dritte Dekade bleibt wirtschaftliches Wachstum (und die Industrieproduktionssteigerung als Teil davon, d.V.) somit ein vorrangiges Ziel" 16).

ad c) **Die Beschäftigungszunahme**

Im Zusammenhang mit der Förderung von Lokalfabrikationen ist die Beschäftigungszunahme eine direkte Ableitung aus dem übergeordneten Ziel der Volkseinkommens-/BSP-Erhöhung: "Dort, wo die Aktivitäten multinationaler Unternehmen zur Steigerung des Sozialproduktes der Gastländer beitragen, lassen sich dafür vor allem folgende Gründe anführen:

- Vorhandene, aber brachliegende Ressourcen wurden einer Nutzung zugeführt (Beschäftigungseffekt),
- durch Andersverwendung vorhandener Ressourcen wurde die

13) Kebschull (Industrialisierung) 33
14) NZZ (Generalkonferenz) 17
15) Kebschull a.a.O. 34
16) Menck (Entwicklungsdekade) 107

gesamtwirtschaftliche Effizienz erhöht,

- mit der Durchführung von Direktinvestitionen erfolgte eine Uebertragung von Ressourcen in die Volkswirtschaft des Gastlandes" 17).

Die positive Korrelation Direktinvestition/Beschäftigungszunahme in Empfängerländern wird auch vom Entwicklungsdirektorat der OECD im Artikel 'Direktinvestitionen als Motor der Entwicklung' aufgezeigt: "Zu den möglichen weiteren Vorteilen für das Gastland gehören u.a. Erhöhung der Beschäftigungsrate und des relativen Arbeitseinkommens (Verteilungseffekt)" 18).

Zahlreiche "Oekonomen 19) sehen in den ausländischen Direktinvestitionen eine Lösungsmöglichkeit für die bestehenden Beschäftigungsprobleme in Entwicklungsländern. Ausländische Investitionen führen nach ihrer Ansicht zur Errichtung zusätzlicher Arbeitsplätze, in denen vor allem einheimische Arbeitssuchende beschäftigt werden. Ausserdem werden durch die Verflechtung mit den einheimischen Industrien in den Entwicklungsländern über Zulieferer oder beim Absatz durch die ausländischen Direktinvestitionen neue Beschäftigungsmöglichkeiten geschaffen" 20).

"Fast alle aufgezeigten empirischen Analysen wiesen positive Beschäftigungseffekte von Direktinvestitionen auf, nur über das Ausmass ist man sich nicht einig" 21).

Eine spezifische Art, das Beschäftigungsziel auszudrücken, liegt in der Festlegung einer

ad d) **Wertschöpfungssteigerung**

Es gibt Beispiele, wonach eine Bewilligung einer Exportproduktion von der in Aussicht gestellten Wertschöpfungssteigerung abhängig gemacht wurde:

"A substantial employment effect arises from the commitment to export only if the following conditions are fulfilled:

- The export prescribed to foreign firms must increase the overall export volume of the country, since no additional jobs are created by outstanding domestic competitors.
- The exported products must increase the aggregate value added in the country itself, a process which besides the use of know-how (technology) implies a labour input. In the case of a high import content this condition can hardly be fulfilled" 22).

Aehnlich weist Prestieau auf die Interessen der Entwicklungsländer hin: "The developing nations want to concentrate progressively more of their export effort in the production of goods

---

17) Grünärml (Multinationale Unternehmen) 6
18) NZZ (Motor der Entwicklung) 17
19) vgl. z.B. Enke, Rostow, Leibenstein, Rosenstein-Rodan, Hirschman
20) Kebschull (Privatinvestitionen) 55/56
21) ebenda
22) Baumer (Transnational) 83

with the highest possible value added and for which demand is strong" 23).

Zur Verwirklichung einer Zielsetzung, die auf eine Wertschöpfungssteigerung ausgerichtet ist, kann die Investitionsgüterindustrie als Partner für Lokalfertigungen einen wesentlichen Beitrag leisten. Gemäss einer Aufstellung von Donges 24) erbringt die Investitionsgüterindustrie in bereits stark entwickelten Ländern, die sich an der Grenze zwischen Entwicklungs- und Schwellenland bewegen, gegenüber der Herstellung nichtdauerhafter Konsumgüter die folgenden Beiträge zur Wertschöpfung, z.B.:

| | Wertschöpfungsanteil der Investitionsgüterindustrie | Wertschöpfungsanteil der nicht dauerh. Konsumgüter |
|---|---|---|
| Brasilien (1972) | 21,8 % | 16,2 % |
| Jugoslawien (1973) | 20,9 % | 13,8 % |
| Indien (1970) | 21,2 % | 12,5 % |
| Singapore (1971) | 36,0 % | 7,7 % |

Tab. 6.1.: Ausgewählte Branchen/Länder-Wertschöpfungsanteile

ad e) **Verbesserung der Zahlungsbilanz-Bedingungen**

"The equilibrium of balance of payments is an independent politico-economic aim, but is also instrumental with regard to the handling of foreign capital, ..." 25).

"Die aussenwirtschaftliche - in der Zahlungsbilanz zum Ausdruck kommende - Situation der meisten Entwicklungsländer ist vor allem durch knappe Devisenreserven und eine hohe Verschuldung gekennzeichnet" 26). Aus dieser Ausgangslage heraus waren also die Entwicklungsländer auch grundsätzlich mit der Absicht getragen, ihre Zahlungsbilanz mindestens auszugleichen, z.B. mittels Importsubstitution oder einer Exportförderung, was wiederum die Notwendigkeit von Lokalfertigungen offenlegt. Abgeschwächt wird dieses Vorhaben jedoch vielfach dadurch, dass "die permanenten Zahlungsbilanzdefizite dieser Länder als 'entwicklunsbedingt' und damit unausweichlich" 27) angesehen werden.

Ueber die positiven oder negativen Wirkungen von Direktinvestitionen auf die Zahlungsbilanzen der Niederlassungsländer stehen sich in der entwicklungspolitischen Diskussion allerdings auch gegensätzliche Meinungen gegenüber 28). Unabhängig vom jeweiligen Standpunkt sind auf alle Fälle die folgenden beiden

---

23) Pestieau (Non-Tariff Trade Barriers) 93
24) vgl. Donges (Industrialisierung) 31
25) Baumer (Transnational) 79
26) Kebschull (Privatinvestitionen) 75
27) Schmid (Internationaler Handel) 95
28) vgl. Kebschull, a.a.O. 75/76

Wirkungsrichtungen zu berücksichtigen, um ein objektives statt emotionales Bild über die entsprechende Sachlage zu erhalten:

"Die ausländische Investition kann sich in der Zahlungsbilanz des Empfängerlandes folgendermassen ausdrücken:

1. Günstig
   a) Als Devisenzufluss im Augenblick ihres Eingangs,
   b) als Beitrag eines Exportanstiegs,
   c) als Beitrag der Importsubstitution.

2. Ungünstig
   a) Wegen des Devisenausgangs für die Wiederausfuhr von Kapital oder Ueberweisungen von Einnahmezahlungen, Dividenden, Zinsen, Regalien, technischer Hilfe etc.,

   b) wegen des Importanstiegs von Rohstoffen oder Zwischenprodukten zur Endproduktherstellung" 29).

Die Gewichtung der oben aufgezeigten Ziele, d.h. die Prioritätensetzung bei der Zielverwirklichung bleibt letztlich jedem einzelnen Entwicklungsland anheimgestellt, nachdem auch für die dritte Entwicklungsdekade noch kein in sich geschlossenes, allgemeingültiges und diskussionsreifes Konzept vorliegt 30). Als Einsicht liegt bislang vor, dass nicht allein Wachstum, sondern vermehrt auch die Schaffung von menschenwürdigen Lebensbedingungen in den Entwicklungsländern im Vordergrund stehen sollte. Dies liegt von der Bariloche- Gruppe als Grundbedürfnisstrategie auf der Basis sozialer Ziele 31) modellartig entworfen vor: "In der Strategie für die dritte Dekade sollten die Verbesserungen der allgemeinen Lebensbedingungen und die Beseitigung der absoluten Armut in den Entwicklungsländern stärker als bisher im Vordergrund der internationalen Entwicklungszusammenarbeit stehen. Es gilt vor allem die beobachteten negativen Folgen einer in der Vergangenheit einseitig auf wirtschaftliches Wachstum ausgerichteten Politik auf die weniger leistungsfähigen Bevölkerungsschichten zu mildern und soziale Ungerechtigkeiten abzubauen" 32).

Eine Erhöhung der Wettbewerbsfähigkeit durch Innovation (gemäss f) kann in den Entwicklungsländern noch nicht im Vordergrund stehen.

Abschliessend soll ein Beispiel aus einem Entwicklungs-/Schwellenland solche Zielformulierungen im besprochenen Sinne aufzeigen:

Die nationale Kommission für ausländische Investitionen in Mexico liess 1973 ein Gesetz "zur Förderung der mexikanischen und zur Regelung ausländischer Investitionen" 33) in Kraft treten.

Anhand der darin aufgeführten Investitionsbeurteilungskriterien lassen sich leicht die damit verbundenen Zielsetzungen dieses Investitionsempfängerlandes erkennen:

"Danach soll die ausländische Investition nach Möglichkeit

---

29) Sharef (Politik) 142
30) vgl. Menck (Entwicklungsdekade) 128
31) vgl. ebenda 124
32) ebenda 123
33) Bethke (Multinationale) 225

- die nationale Investition ergänzen,
- einen Beitrag zur Entwicklung der Regionen mit relativ geringem wirtschaftlichem Entwicklungsstand leisten,
- nicht zur Verdrängung von Unternehmen führen, die zufriedenstellend arbeiten,
- keine Monopolstellung auf dem Markt einnehmen,
- positive Auswirkungen auf die Zahlungsbilanz und den Export zeitigen,
- Arbeitsplätze schaffen und zur Hebung des Lohnniveaus führen,
- zur Ausbildung mexikanischer Techniker und mexikanischen Verwaltungspersonals beitragen,
- einen Beitrag zur Forschung und Entwicklung der einheimischen Technologie leisten,
- die sozialen und kulturellen Werte des Landes wahren" 34).

In **Industrieländern** weichen die Ziele im Zusammenhang mit der Begünstigung der Produktionsaufnahme durch Auslandinvestoren von jenen der Entwicklungsländer weniger in ihrer Art als vielmehr in der damit verbundenen Schwergewichtsbildung ab. Momentan steht bei den Industrieländern auch im Kontakt mit potentiellen Investoren aus dem Ausland das Ziel der Beschäftigungszunahme (ad b)) im Blickpunkt. Stegemann 35) nennt es die 'Beschäftigungskonkurrenz der Staaten'. V.a. die nicht führenden Industrieländer versuchen, Auslandproduzenten anzuziehen, um dem Vollbeschäftigungsziel näherzukommen: "This chapter recommends the various initiatives Scotland needs to take to achieve the strategic employment objectives discussed in the last chapter" 36).

Um in den entwickelten Ländern die heutige Arbeitslosenrate in etwa halten zu können, müssten gemäss einer Berliner Perspektive 37) beispielsweise bis 1990 rund 53 Mio Arbeitsplätze geschaffen werden. Auf dem Weg zu einer derartigen Zielrealisierung sind u.a. bestimmt auch Auslandinvestoren willkommen. In der aktuellen Sorge um die Zahl der Arbeitsplätze in der Zukunft sind die Industrieländer v.a. auch auf die Schaffung, Ansiedlung von Industrien ausgerichtet, die dank ihrem innovativen Charakter solche Arbeitsplätze für die Zukunft garantieren können. Die Erhöhung der Wettbewerbsfähigkeit durch Innovation (gemäss f) strebt nicht nur Frankreich mit seiner Vision der ersten europäischen Elektronikmacht an; stellvertretend für alle andern Industrieländer sei hiezu Holland erwähnt: "Die Neugründung einer Gesellschaft zur Förderung von Industrieprojekten wird gegenwärtig in den Niederlanden vorbereitet. Aufgabe der Aktiengesellschaft mit staatlicher Mehrheitsbeteiligung soll die planerische Vorbereitung

---

34) Bethke (Multinationale) 226
35) vgl. Stegemann zit. in: Berg (Wirtschaftspolitik) 55
36) Aus einer schottischen Werbeschrift von Booz/Allen (The Electronics Industry) 83
37) vgl. Berliner Institut (Industrialisierung) 67

industrieller Vorhaben mit Innovationscharakter sein" 38).

Ebenfalls im Zusammenhang mit der Problematik der Beschäftigungslage in den Industrieländern steht das Bestreben einer zunehmenden Wertschöpfung pro Kopf (ad d), um bei ev. verlustig gehenden Arbeitsplätzen letztlich mehr Volkseinkommen verteilen zu können und so das Pro-Kopf-Einkommen möglichst zu erhalten. Für den Einsatz des Kapitals werden deshalb Vergleiche zur Ermittlung der höheren Wertschöpfungschance auch im Zusammenhang mit Direktinvestitionen angestellt 39).

Ein sehr deutlicher Hinweis in der vorrangigen Bedeutung der Zielsetzung 'Wertschöpfungssteigerung' stammt aus einem Formular des Berlinförderungsgesetzes 40), wonach pro Unternehmen die zu erzielende Wertschöpfung erhoben wird.

Die gemäss obigem Katalog verbleibenden Ziele der Empfängerländer von Auslandinvestitionen, d.h. die Sozialproduktsteigerung, das Industriewachstum und die Zahlungsbilanzverbesserung bleiben gegenwärtig in den Industrieländern eher im Hintergrund, da diese Ziele hier auch mit andern Strategien als jener der zunehmenden Produktionsinvestitionen aus dem Ausland erreicht werden können. Es erstaunt deshalb wenig, wenn in Industrieländern über Investitionsgesetze hinausgehend die Haltung gegenüber Auslandinvestoren weit weniger Gegenstand von Diskussionen und neueren Deklarationen ist als in Entwicklungsländern. Regierungen in Industrieländern zeigen sich denn auch oft interessierter gegenüber den eigenen Direktinvestitionen zugunsten von Produktionseinrichtungen im Ausland 41).

Einer Erörterung der Ziele von Empfängerländern im Zusammenhang mit der Produktionsstättenerrichtung folgen im logischen Ablauf die Mittel zur Zielerreichung. Auf eine spätere Behandlung der entsprechenden Verfahren muss hier verzichtet werden, da diese nur anhand von länderspezifischen Richtlinien, Praktiken dargestellt werden können, was in dieser Arbeit wiederum zu weit führen würde.

Als **Mittel** der Empfängerländer im Hinblick auf die Gestaltung von ausländisch geförderten Herstellungskapazitäten kommen die für diesen Zweck bezeichneten Industrialisierungsstrategien dieser Länder zum Ausdruck.

Es werden grundsätzlich zwei Industrialisierungsstrategien 42) unterschieden:

- Importsubstitutionsstrategie,
- Exportdiversifizierungsstrategie.

"Die politische Attraktivität der Importsubstitutionsstrategie hatte je nach geschichtlichem Zeitpunkt unterschiedliche Wurzeln. Jenen Entwicklungsländern (vor allem in Lateinamerika), in denen die Industrialisierung - spontan - schon anfangs dieses Jahrhunderts

---

38) NZZ (Niederländische Förderung) 19
39) vgl. Scharrer (Förderung) 37
40) vgl. Dreher (Massnahmen) 55
41) vgl. z.B. Scharrer a.a.O. 340 ff.
42) Begriff vgl. Menck (Entwicklungsdekade) 187

begonnen hatte, schien die Importsubstitution eine geeignete Möglichkeit, wirksam auf den Zerfall der Weltwirtschaft in der grossen Depression der dreissiger Jahre zu reagieren und darüber hinaus den Protektionisums und die Autarkiepolitik der Industrieländer zu konterkarieren. Für jene Entwicklungsländer, die erst in der Nachkriegszeit aus dem Kolonialstatus entlassen wurden (insbesondere in Asien und Afrika), galt die Importsubstitution als geeigneter Weg, auch die wirtschaftliche Unabhängigkeit vom Ausland zu erreichen" 43).

"Mit Importsubstitution wird - in einer evolutorischen Wirtschaft - ein Prozess bezeichnet, in dem ein Land die heimische Produktion von Gütern, die mit tatsächlichen oder potentiellen Importen konkurrieren, stärker ausdehnt, als es der internen Nachfrageexpansion bei diesen Gütern entspricht. Dadurch vermindert sich der Anteil der Einfuhren am Gesamtangebot. Dieser Prozess kann sowohl die Folge des entwicklungsbedingten Strukturwandels wie das Ergebnis aktiver Wachstumspolitik sein" 44).

Als Instrument zur Förderung der Importsubstitution werden nicht nur Massnahmen zur Heranziehung von Inland- und Auslandinvestoren ergriffen, sondern auch mit allen möglichen Mitteln (Einfuhrzölle, Importkontingente etc.) 45) versucht, die einmal ins Inlandproduktionsprogramm aufgenommenen Güter auf dem Binnenmarkt nicht von ausländischen Produkten konkurrenzieren zu lassen. Vielfach wird die Importsubstitutionsstrategie nicht als Alternative zur Exportdiversifizierungsstrategie 46) dargestellt, sondern als deren Vorstufe.

"Hat das Entwicklungsland eine erste Phase der importsubstituierenden Industrialisierung durchlaufen, so ist es in der Regel besser mit wagemutigen Unternehmern, leistungsmotivierten und trainierten Arbeitskräften und infrastrukturellen Einrichtungen ausgestattet, um mit industriellen Erzeugnissen in die Auslandsmärkte zu drängen. Sobald die interne Marktstellung gefestigt ist und die Ausweitung der binnenmarktorientierten Produktion nur bei sinkendem Grenzerlös möglich ist, entsteht für gewinnmaximierende Unternehmen ein Anreiz, das Produktionswachstum teilweise auch in Export umzusetzen. So gesehen sind Importsubstitution und Exportdiversifizierung keine alternativen Industrialisierungsverläufe, jedenfalls im Anfangsstadium der industriellen Entwicklung nicht. Sie sind eher komplementär in dem Sinne, dass Exportdiversifizierung im allgemeinen auf Importsubstitution aufbaut" 47).

Die Exportdiversifizierung nahm im fortgeschritteneren Industrialisierungsprozess auch an Gewicht zu, sobald sich "die binnenmarktorientierte Industrialisierungspolitik als entwicklungspolitische Sackgasse" 48) erwies und sich zeigte, dass "offene Volkswirtschaften auf längere Sicht schnelleres Wirtschafts- und Industriewachstum erzielen können als Länder, die sich gegenüber dem Weltmarkt abschotten, und dieses in der Regel auch schneller als in vorausgegangenen Phasen der

---

43) Donges (Industrialisierung) 49
44) Stecher (Industrialisierungsprozess) 7
45) vgl. Donges, a.a.O. 55
46) Exportdiversifizierung als Ausweitung des zu exportierenden Produktesortimentes, das die herkömmlichen, klimatisch gegebenen Güter übersteigt.
47) Donges (Industrialisierung) 46/47
48) ebenda 165

binnenmarktorientierten Entwicklung" 48).

Auf Auslandinvestoren vermag nicht nur die Produktion zur Importsubstitution eine Anziehungskraft auszuüben (absatzorientierte Motive), sondern auch jene zur Exportförderung (kostenorientierte Motive).

Eine Vielzahl von Ländern hat hiezu sogar ein Gesetz erlassen, welches "die Bedingungen für die Behandlung von ausländischem Kapital regelt und in seiner Gesamttendenz die ausländischen Direktinvestitionen fördert" 49) (vgl. z.B. chilenisches Gesetzesdekret Nr. 600) 50). Insgesamt können all diese Förderungsmassnahmen zusammengefasst werden in

- finanzielle Unterstützungsmassnahmen und
- risikopolitische Unterstützungsmassnahmen.

Finanzielle Unterstützung:

a) Importerleichterungen, Zollpolitik für lokal zu verarbeitende Rohstoffe und Halbfabrikate,
b) Multiple Wechselkurse, Devisenerleichterungen,
c) Exportunterstützungen,
d) Preisstützungen, Mindestpreisfestlegungen,
e) Steuererleichterungen,
f) Zulassung von Gewinn- und Kapital-Rücktransfer,
g) Staatliche Investitionsbeihilfen und Beteiligungen.

Risikopolitische Unterstützung:

h) Schutzvereinbarungen,
i) Diskriminierungsverbote,
k) Verweis auf wirtschaftspolitische Kontinuität.

Diese Mittel der Empfängerländer zur Förderung einer Lokalfertigung werden im weiteren für Entwicklungs- und Industrieländer gemeinsam beleuchtet mit dem Bewusstsein, dass die Prioritäten pro Land sicher unterschiedlich vorhanden sind.

Es bleibt zu vermerken, dass die aufgezeigten Mittel nicht nur spezifisch einem der erläuterten Ziele zugeteilt werden können, sondern dass ein Mittel in den Dienst von mehreren Zielen mit unterschiedlicher Ausprägung gestellt werden kann.

ad a) Unterstützung durch **Importerleichterungen,**

wie dies etwa am Beispiel von Brasilien zum Ausdruck gebracht werden kann: "The military overthrow of 1964 was the beginning of a new period of a liberal and open attitude toward foreign capital. It has been a basically performance-oriented policy offering selective sectoral and regional incentives such as support to export activities, facilities to the import of equipment etc." 51). Die Importerleichterungen können verschiedene Formen annehmen, um dem Investitionswilligen eine Inlandproduktion attraktiver erscheinen zu lassen, sei es über die

- Zollpolitik, Zollpräferenzierung auf notwendigen Importgütern

---

49) Arriagada (Lateinamerika) 62

50) ebenda 63 ff.

51) Baumer (Transnational) 112

wie Rohstoffe, Halbfabrikate, Produktionsgüter etc., inkl. ev. Rückerstattungen von Einfuhrzöllen, oder die

- Lockerung von Importlizenzierungen, oder die
- Schaffung von Freihandelszonen, in welchen zollfrei auch aus- und eingeführt werden kann (vgl. Freihandelszonen für Auslandinvestoren in China 52)).

ad b) **Multiple Wechselkurse**

wurden schon in verschiedenen Ländern angewendet, um mit tieferen Wechselkursen den Lokalfertigungsinvestoren die Importe von unentbehrlichen, im Inland nicht vorhandenen Gütern zu verbilligen (z.B. angewendet in Agypten von 1957-62, Brasilien 1953-57, Israel 1952-55, Jugoslawien bis 1961, Kolumbien und Spanien bis 1959, Südkorea bis 1964, Türkei bis 1960). 53)

ad c) **Finanzielle Exportunterstützungen**

"Die Exportsubventionen können direkter und indirekter Natur sein. Im ersten Fall wird das Endprodukt wertmässig subventioniert, im zweiten Fall der Einsatz von Produktionsfaktoren. Normalerweise werden beide Subventionsarten miteinander kombiniert" 54).

Die Exportunterstützung erfolgt damit im ersten Fall durch Beiträge zur Kostensenkung des Produktes, z.B. mit der Erschliessung von ausländischen Absatzmärkten durch das Empfängerland und im zweiten Fall z.B. durch direkte Kredite, Finanzierungen zugunsten von Produktionsstätten.

ad d) **Preisstützungen**

Sollte sich ein Zögern der Investoren mit der Festlegung von Mindestpreisen aus dem Weg räumen lassen, um im voraus eine sichere Kalkulation zu ermöglichen, dann sind ev. Preisstützungen als Förderungsmassnahmen mindestens in die Prüfung miteinzubeziehen. Staatliche Preisbeeinflussungen können auch dahingehen, dass Zuliefer- resp. Zwischenprodukte einer Preiskontrolle unterzogen werden (in Brasilien z.B. seit 1965) 55).

ad e) **Steuervergünstigungen**

Als finanzielle Unterstützungen der potentiellen Investoren kann eine Empfängerlandregierung auch auf Steuervergünstigungen in verschiedenen Arten abzielen, sei es durch einen direkten Erlass von Umsatz- und Gewinnsteuern, oder sei es indirekt durch ein Entgegenkommen bei der Abschreibungspraxis unter Einschluss von speziellen Abzugsmöglichkeiten (z.B. F + E - Kosten können vom Steuerschuldbetrag abgezogen werden) 56).

---

52) vgl. NZZ (China) 23, China setzt ausländische Investitionen als Motor der Entwicklung von bestimmten chinesischen Wirtschaftszonen ein (mit steuerlichen Anreizen, billigen Arbeitskräften etc.), vgl. NZZ (Auslandkapital) 17

53) vgl. Donges (Industrialisierung) 53

54) ebenda 103

55) vgl. ebenda 52

56) vgl. Baumer (Transnational) 48

Bei den Steuervergünstigungen bleibt aber zu vermerken, dass diese zwar die Attraktivität eines Produktionsstandortes erhöhen, allein jedoch nicht als Investitionsmotiv zu gelten vermögen; von effektiven Steuerparadiesen abgesehen, welche ihre Anziehungskraft zwar wiederum mehr auf Handelsbetriebe und Holdinggesellschaften statt auf Produktionsbetriebe ausüben. Scharrer: "Untersuchungen und Erhebungen bei den betroffenen Unternehmen ergaben indessen, dass Erwägungen wie Wachstum und Grösse der Auslandmärkte, Konkurrenz in- und ausländischer Unternehmen sowie Unsicherheits- und Risikoerwägungen weit grössere Bedeutung als Bestimmungsgründe für Direktinvestitionen als steuerlichen Erwägungen zukam. Insbesondere werden steuerliche Anreize allein den Unternehmer zu keiner Investition veranlassen, die betriebswirtschaftlich ungesund ist" 57).

ad f) **Gewinn- und Kapitaltransfer-Ermöglichung**

V.a. Entwicklungsländern als Empfängerländer von Auslandinvestitionen ist der Rücktransfer von einmal transferierten und erwirtschafteten Geldern ein Stein des Anstosses auf dem Weg zur Wohlstandsmehrung. Eine Lockerung der Rücktransfers wird nichtsdestoweniger von einem Auslandinvestor umgehend als Attraktivitätszuwachs gewertet werden, wenn es z.B. heisst: "With Decision 103 supplementing Decision 24, the limits for the transfer of profits were increased from 14 % to 20 % of the registered capital per annum" 58).

ad g) **Staatliche Investitionsbeihilfen**

"Finanzierungsbeihilfen haben prinzipiell eine ähnliche Förderungswirkung wie kapitalbezogene Steueranreize, weil sie den benötigten eigenen Finanzierungsanteil des Investors reduzieren. Zudem erleichtern sie ihm die Kapitalbeschaffung, da die Banken ein staatliches Engagement häufig als Voraussetzung für ihre Kreditgewährung betrachten. Finanzierungshilfen dürften damit generell das Volumen der Direktinvestitionen steigern, wobei die Wirksamkeit der einzelnen Finanzierungsinstrumente - Beteiligungen und Darlehen - unterschiedlich zu beurteilen ist" 59).

Das Instrument von Finanzhilfen zur Steigerung der Attraktivität eines Produktionsstandortes wurde auch explizit in PR-Aktionen von Empfängerländern aufgenommen, so z.B. in Schottland: "Significant financial and environmental incentives need to be clearly and specifically applied to increasing technical capability" 60).

Mit der staatlichen Kreditgewährung oder Investitionsbeteiligung kann auch ein sehr differenziertes Steuerungsinstrument geschaffen werden, um die Industrialisierung eines Landes nach den

---

57) Scharrer (Förderung) 65
58) Baumer (Transnational) 57
59) Scharrer (Förderung) 70
60) Booz/Allen (The Electronics Industry) 8

Regierungsprogrammen zu lokalisieren: "The strict credit policy impedes politicoeconomic aims such as decentralisation and balanced growth in so far as, according to Colombian development plans, small and medium-sized are also included" 61).

Die finanziellen Begünstigungen seitens eines Staates können auch dahingehen, eine gewisse Infrastruktur bereitzuhalten oder fertige Industriezonen anzubieten; den denkbaren Möglichkeiten sind auch auf diesem Gebiete kaum Grenzen gesetzt. In Zeiten einer grossen Nachfrage nach Direktinvestitionen kann dies dazu führen, "dass die Länder glauben, in der Gewährung von Vergünstigungen miteinander konkurrieren zu müssen (Incentive-Wettbewerb)" 62).

ad h) **Schutzvereinbarungen**

Die hohen politischen Risiken, die bei Investitionen in Entwicklungsländern oft gegeben sind, dürften eine erhebliche Rolle bei den Investitionsentscheidungen spielen. Daher sind im Laufe der Zeit vielfältige Instrumente gegen das Investitionshindernis der politischen Unsicherheit entwickelt worden. Es gibt gegenwärtig vier grössere Ansätze, um den nicht-kommerziellen Risiken entgegenzuwirken:

- Nationale Investitionsversicherungsprogramme,
- Bilaterale Investitionsabkommen zum Schutz der Investoren der Signatarstaaten,
- das Schiedsgericht des International Centre for the Settlement of Investment Disputes,
- eine vorgeschlagene 'International Investment Agency'" 63).

Spezifisch auf die Sicherung von Technologien bezogen sind zudem patentrechtliche Schutzbestimmungen anzubieten 64).

Das beste Schutzangebot, das von einem Staat aus in die Waagschale geworfen werden kann, besteht wohl darin, auf eine weit zurückliegende Stabilität im Lande und auf die langjährige Einhaltung von Schutzinteressen der Auslandinvestoren hinweisen zu können.

ad i) **Diskriminierungsverbote**

können dazu beitragen, Befürchtungen, Vorurteile von potentiellen Lokalfabrikanten aus dem Ausland aus dem Wege zu räumen. Sie stellen eine Gleichbehandlungsgarantie von Inland- und Auslandinvestoren dar, welche Schmid folgendermassen umschreibt:

"Kontrahierende Staaten verpflichten sich gegenseitig, fremde Kapitalanlagen nicht weniger günstig zu behandeln als inländi-

---

61) Baumer (Transnational) 71
62) Schmidt (Joint Ventures) 132
63) Scharrer (Förderung) 72
64) vgl. NZZ (Chinas-Technologie-Import) 15

sche, so dass es nicht zur Verzerrung der Wettbewerbsverhältnisse etwa durch Subventionierung von nur einheimischen Betrieben kommt, die eventuell noch aufgegliedert sind in: Inländergleichbehandlung, Meistbegünstigung und Vereinbarungen über zulässige Ungleichbehandlungen" 65).

Ein Beispiel eines deklarierten Diskriminierungsverbotes geben die nationalen Bestimmungen des chilenischen Gesetzes Nr. 600, in welchem unter Art. 5 steht: "Die Nichtdiskriminierung ausländischer Investitionen wird ausdrücklich garantiert" 66).

ad k) **Verweis auf wirtschaftspolitische Kontinuität**

Wohl nichts kann im Hinblick auf die Attraktivität eines Empfängerlandes kontraproduktiver wirken als ein instabiles Investitionsklima oder das Nichtbefolgen einmal garantierter Unterstützungen. Für den Erfolg, den eine stabile Lage in Begleitung mit andern Faktoren bringen kann, ist Brasilien ein Beispiel: "Since the mid nineteensixties the stronger and more stable Brazilian economy has stimulated foreign investment. This political stability when compared with other countries of Latin America, coupled with high industrial growth, expanding markets, and availability of a skilled work force, technicians and management personnel have contributed significantly to satisfying the country' needs for foreign investment" 67).

## 6.2. Ansätze für Empfängerländer gegenüber der Verhaltenstendenz von Investitionsgüterproduzenten

Das voranstehende Kapitel 6.1. war dazu angelegt, Möglichkeiten der Empfängerländer zur Förderung einer Lokalfertigungs-Errichtung aufzuzeigen.

Es kamen darin an sich herkömmliche Mittel zum Ausdruck, welche den Staaten mit entsprechenden Industrialisierungs-Zielsetzungen offenstehen. Abgestimmt auf die aktuellen finanziellen Ressourcen, die Einschätzung der Lage sowie der Dringlichkeit für eine Förderung der Industrie ist die Prioritätensetzung zur Verwendung dieser Mittel durch die Empfängerländer vorzunehmen.

Der Weg von diesen allgemeingültigen zu differenzierteren Massnahmen für eine Förderung der Lokalfertigung kann dahin führen, dass Empfängerländer direkter den Motiven von potentiellen Auslandinvestoren entgegenkommen. Statt die Beachtung von allgemeinen Anreizen den Unternehmen zu überlassen, ist ohne Umwege auf deren Interessen zuzugehen. Die Attraktivität des Empfängerlandes wird dann dem zukünftigen Investor in seiner betriebswirtschaftlichen Sprache direkt vor Augen geführt, ohne dass hiezu eine vielleicht schwer steuerbare "Uebersetzung" aus der volkswirtschaftlichen in die betriebswirtschaftliche Terminologie notwendig wird.

Einer dieser Wege führt über die Erforschung, Kenntnisnahme und

---

65) Schmidt (Joint Ventures) 116
66) Arriagada (Lateinamerika) 64
67) Sachdev (Foreign Investment) 39

anschliessende Verwertung des Verhaltensmusters der verschiedenen Industriebranchen.

Aus der vorliegenden Untersuchung kann anhand der 42 Interviews eine Verhaltenstendenz der Investitionsgüterindustrie abgeleitet werden, allerdings nur auf jene schweizerischen Ursprungs bezogen. Anhand dieser Untersuchung lassen sich nun einige spezifische "Angriffspunkte" für interessierte Investitionsempfängerländer herauskristallisieren. Aus der Interessenslage solcher Empfängerländer liesse sich ein breiter Ansatz dahingehend ableiten, dass pro Branche und Herkunftsland das allgemeine Verhaltensmuster erforscht wird, um anschliessend gezielte, differenzierte und damit treffsichere 'Offerten' gegenüber den einzelnen Produzenten mit Auslandengagementabsichten lancieren zu können. Allein in der hier zugrundeliegenden Branche lassen sich mehrere solche 'Angriffspunkte' finden.

### 6.2.1. Konzentration auf bestimmte Unternehmungsgrössen

Aus der Umfrage bei den 42 Investitionsgüterproduzenten in der Schweiz ergab sich erwartungsgemäss in bezug auf das Verhältnis zur Lokalfertigungsthematik eine gewisse Abhängigkeit von der Unternehmungsgrösse.

Als Massstab der Unternehmungsgrösse können in diesem Zusammenhang der weltweite Umsatz, der Export aus der Schweiz oder die Beschäftigtenzahl in Frage kommen. Für unseren Zweck kann die Anzahl der Beschäftigten pro Stammhaus weggelassen werden, da sie sich mehr oder weniger parallel zum Umsatz entwickelt, also kaum eine neue Aussage bringen kann. Zudem ist eine Aufteilung des Beschäftigten-Totals in Export und Inlandabsatz bei den Firmen schwer zugänglich, mindestens nicht über publizierte Geschäftsberichte.

Bezogen auf die Unternehmungsmessgrössen Umsatz weltweit 68) und Exportumsatz 69) aus der Schweiz ergeben sich verschiedene Zusammenhänge im Hinblick auf die Anzahl und Grösse der Lokalfertigungsstätten, was letztlich Rückschlüsse auf die Chancenverteilung und die 'Angriffsrichtungen' der Empfängerländer zulässt. Die Gegenüberstellung von Umsatzgrösse im Stammhaus und entsprechender Anzahl Lokalfertigungsstätten aus demselben Stammhaus zeigt folgendes Bild:

---

68) bei 7 von 42 Unternehmen musste der Weltumsatz angenähert werden, während der Umsatz in der Schweiz bekannt war

69) bei 3 Unternehmen musste der Exportumsatz angenähert werden

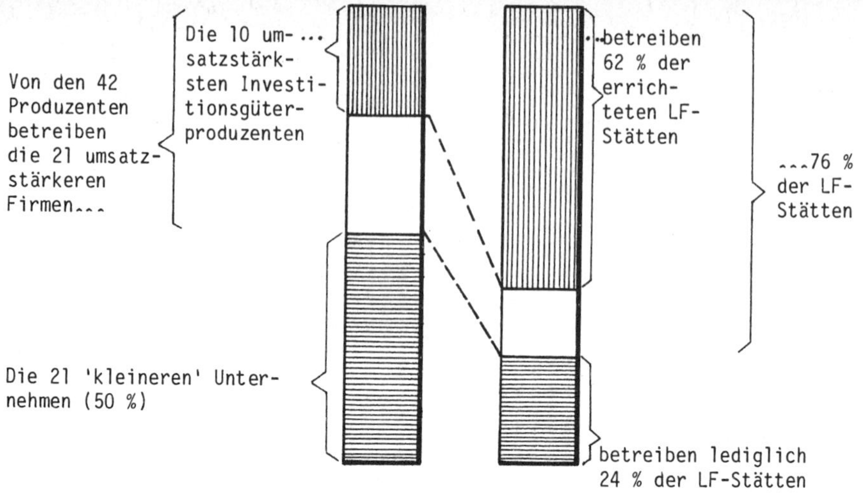


Abb. 6.3.: Zusammenhang zwischen Umsatzstärke und Anzahl der geführten Produktionsstätten

Fast zwei Drittel der errichteten Lokalfertigungsstätten werden demgemäss von den 10 umsatzstärksten Investitionsgüterproduzenten gehalten. Für schweizerische Investitionsgüterproduzenten ist es zudem durch den beschränkten Binnenmarkt beinahe eine zwangsläufige Folge, dass mit zunehmendem Totalumsatz des Unternehmens die zusammengerechneten Umsätze all ihrer Auslandproduktionsstätten wachsen. Ausgedrückt werden kann diese Entwicklung damit, dass 7 der 10 Unternehmen mit den zehn höchsten Total-Lokalfertigungs-Umsätzen gleichzeitig zu den 10 Investitionsgüterfirmen mit den zehn höchsten weltweiten Umsätzen gehören.

Weniger zwangsläufig, aber ebenso deutlich zeigt sich der Zusammenhang, dass 7 der 10 Unternehmen mit den höchsten Durchschnittsumsätzen pro Lokalfertigungsstätten ebenfalls zu den 10 umsatzstärksten Investitionsgüterproduzenten der Schweiz gehören.

Aus dieser Gegenüberstellung lässt sich ablesen, dass ein Empfängerland höhere Chancen für eine stärker ausgebaute Lokalfertigung hat, wenn es sich in seiner Werbung auf die allgemeinhin umsatzstärkeren Investitionsgüterproduzenten konzentriert.
Erwartungsgemäss keine Zusammenhänge konnten festgestellt werden zwischen der Anzahl an Lokalfertigungsstätten pro Firma und der Höhe des durchschnittlichen Umsatzes der einzelnen Lokalfertigungen.

Für Empfängerländer, die mit der Errichtung von Lokalfertigungsstätten v.a. die Schaffung möglichst vieler Arbeitsplätze ins Auge fassen, ist v.a. der Zusammenhang zwischen Grösse des Unternehmens und durchschnittlicher Beschäftigtenzahl pro Lokalfertigungsstätte von prioritärem Interesse. Diesbezüglich ergibt sich aus der Umfrage folgendes Bild:

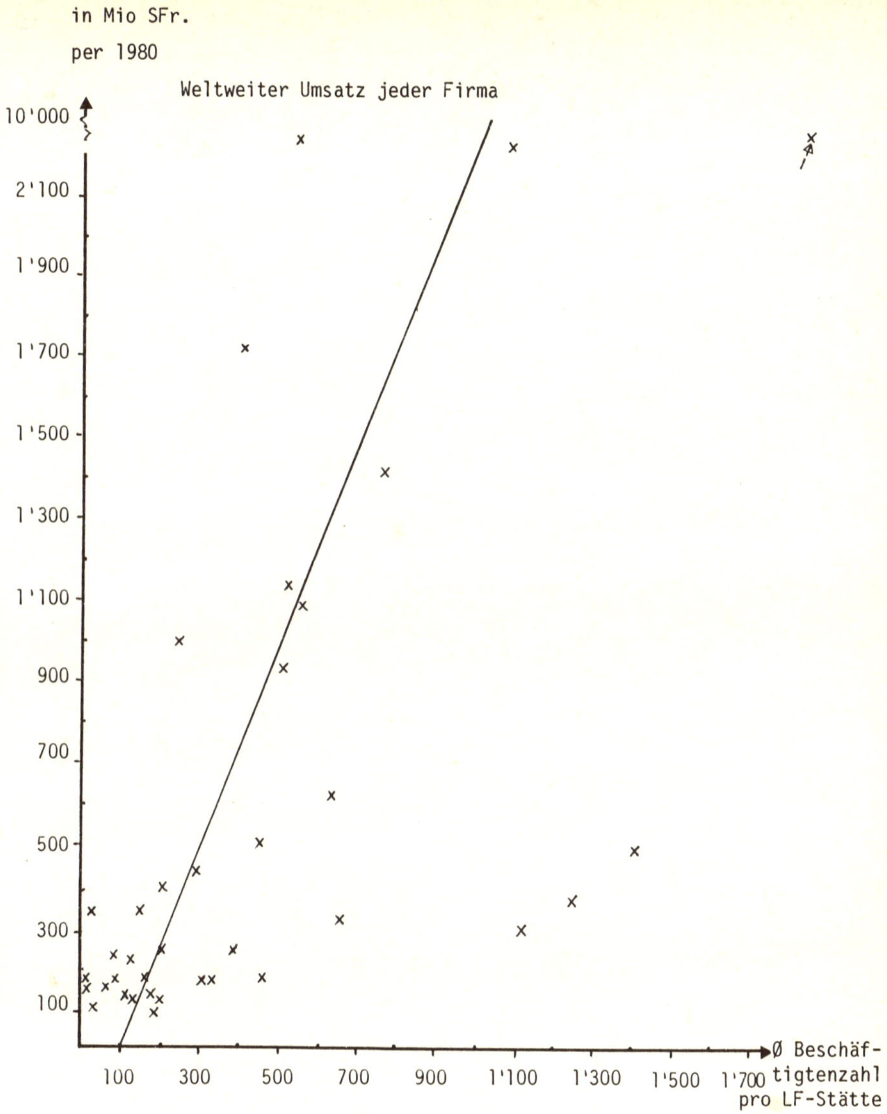


Abb. 6.4.: Zusammenhang zwischen weltweitem Umsatz und durchschnittlicher Beschäftigtenzahl der Lokalfertigungsstätten pro Firma

Als zweite Orientierungsgrösse zur Feststellung von Zusammenhängen zwischen der Grösse des Unternehmens und der Anzahl, resp. des durchschnittlichen Umfangs der dazugehörenden Lokalfertigungsstätten kann die Höhe des Exportes aus der Schweiz herangezogen werden. Es lassen sich damit die entsprechenden Abbildungen in analoger Weise darstellen:

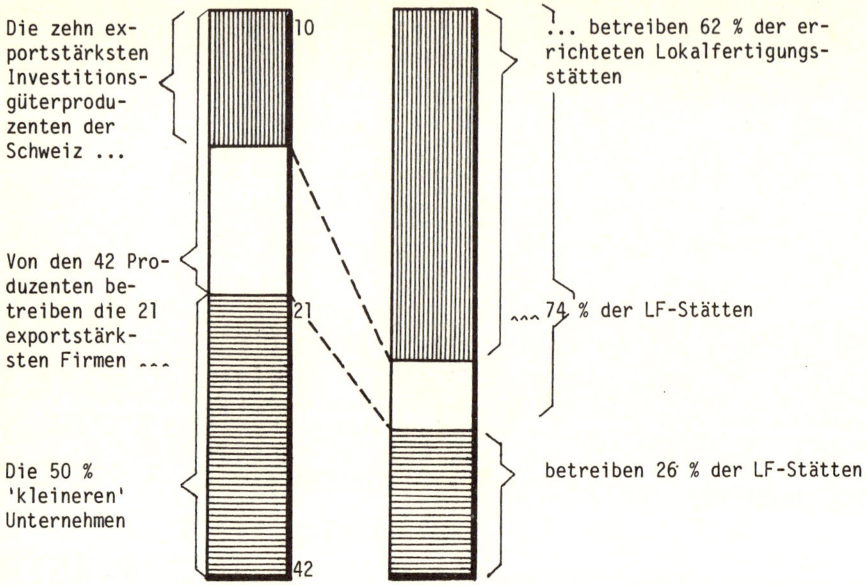


Abb. 6.5.: Zusammenhang zwischen Exportstärke und Anzahl Lokalfertigungsstätten

Ein Empfängerland hat also mehr Chancen für den Erhalt einer lokalen Fertigungsstätte, wenn der ausländische Produzent und potentielle Investor bereits ein hohes Exportvolumen aufweist.

Auch bezogen auf das Exportvolumen zeigt sich, dass die grösseren Lokalfertigungen, d.h. jene mit den höheren durchschnittlichen Umsätzen vorwiegend bei den exportstärkeren schweizerischen Investitionsgüterproduzenten zu finden sind: 6 der 10 Unternehmen mit den höchsten Durchschnittsumsätzen pro Lokalfertigungsstätte gehören zu den 10 exportstärksten Investitionsgüterproduzenten der Schweiz.

Für Empfängerländer, die sich ihren Interessen gemäss gerne an Beschäftigtenzahlen orientieren, präsentiert sich bezüglich Lokalfertigungsgrössenordnung und Exportstärke des Stammhauses folgendes Bild:

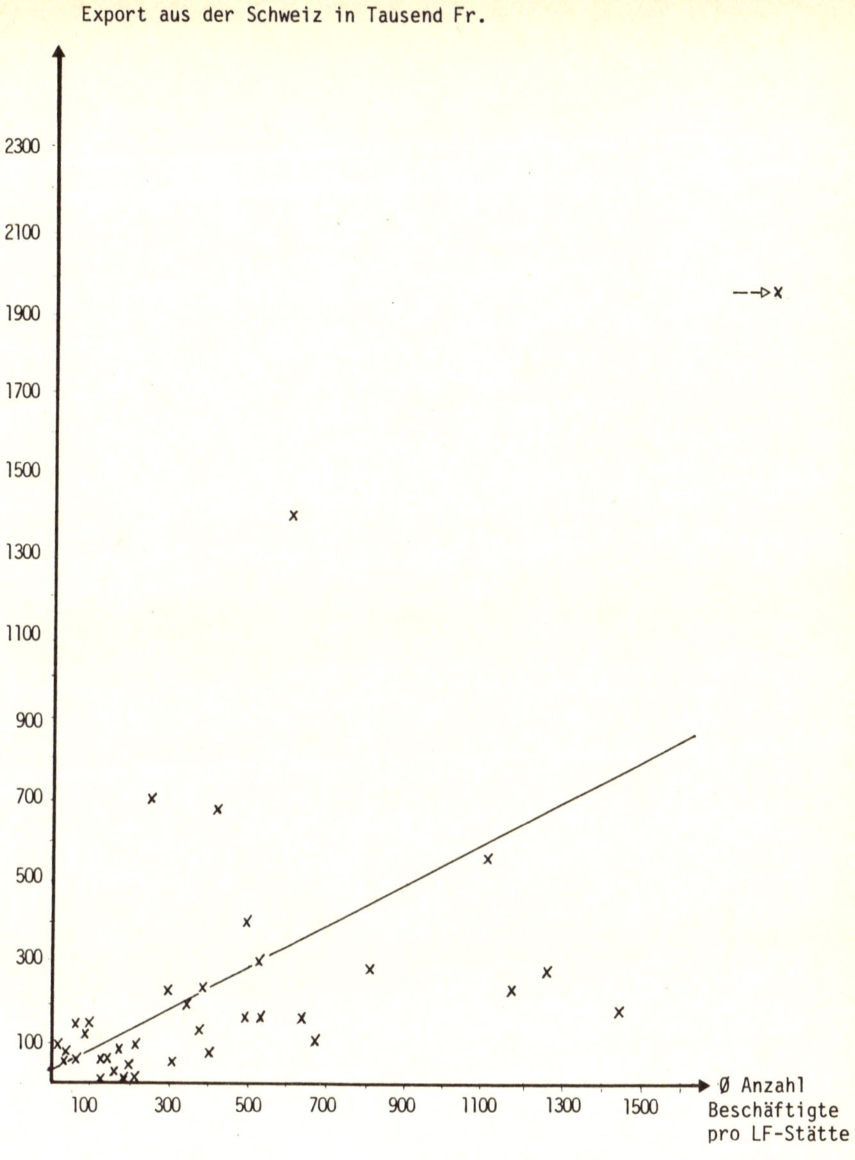


Abb. 6.6.: Zusammenhang zwischen Exportstärke und der durchschnittlichen Anzahl Beschäftigter in den errichteten Lokalfertigungsstätten

Ein ganz anderer, spezifischer Aspekt, der für Empfängerländer aufschlussreich ist und bis zu einem gewissen Grad ebenfalls mit der Unternehmungsgrösse zusammenhängt, soll hier nicht unerwähnt bleiben:

Jedes Empfängerland, das seine Inlandproduktion steigern will, hat zwar einen breiten Fächer an Förderungsmassnahmen anzubieten, am wenigsten aber kann es direkt die Rentabilität oder das Nichteintreten von jahrelangen Verlusten als betriebswirtschaftliches Faktum garantieren. Um nun gerade in Ermangelung einer derartigen Garantie nicht laufend von extrem gewinnorientierten Unternehmen als werbendes Investitionsland abgewiesen zu werden, könnte es sich dafür interessieren, welche Art Produzenten mit einem Auslandengagement-Potential eine grössere oder mindestens variablere Verlustbereitschaft mitbringen.

Von den 42 befragten Investitionsgüterproduzenten in der Schweiz haben 70)

- 19 ihre klaren Vorstellungen, nach wievielen Jahren das Auslandengagement gewinnbringend sein muss,
- 4 den möglichen Verlust zum Umfang des Projektes in Beziehung gebracht,
- 2 den im Stammhaus durch die Lokalfertigung verursachten Fixkosten-Ausfall in Verbindung gebracht,
- 3 keinerlei Verlustbereitschaft geäussert,
- 5 keine Lokalfertigungen und damit keine Aussage gemacht,
- 9 Unternehmen keine klare Vorstellung über ihre eigene Verlustbereitschaft, stimmen aber dem Fehlen einer Verlustbereitschaft auch nicht explizit zu.

Bei diesen 9 Unternehmen mit undefinierter Verlustbereitschaft gehören 4 zu den 7 grössten schweizerischen Investitionsgüterproduzenten, oder 8 gehören zu den 20 umsatzstärksten Herstellfirmen der Investitionsgüterindustrie in der Schweiz.

Für ein Empfängerland ist dies ein Anhaltspunkt, sich für seine Industrialisierungsprojekte bei nicht allzuhohen Rentabilitätsaussichten an Unternehmen zu wenden, die einen weltweiten Umsatz von mehr als 300 Mio SFr. ausweisen, mindestens solange es sich um Projekte der Investitionsgüterindustrie handelt.

Ein letzter Anhaltspunkt, sich als Investitionsempfängerland zur Erweiterung der Industrialisierung v.a. an die grösseren Investitionsgüterproduzenten aus dem Ausland zu richten, ergibt sich aus den Interviewfragen 1b, 2.4.4. und 5.3. 71). Nach der Beantwortung dieser drei Fragen zeigen sich v.a. die exportstarken (d.h. rund 80 % des befragten Exportvolumens) Firmen zu viel mehr Anpassung gegenüber den Anliegen der Investitionsempfängerländer bereit als die zwar zahlenmässig überwiegenden, umsatz- resp. exportmässig jedoch kleineren Investitionsgüterproduzenten der Schweiz.

Die weiter oben erwähnte Konzentration der Auslandinvestitionen auf

---

70) vgl. Frage 2.4.3., 2. Teil, im Interviewleitfaden
71) vgl. deren Antwortkonstellation, dargestellt in Kap. 6.3.1.

umsatz- und exportstärkere Unternehmen wird z.B. auch von Hemberger festgehalten: "Knapp 80 v.H. des Investitionsbestandes im Ausland entfallen auf ca. 6 v.H. aller im Ausland investierenden Unternehmen. In diesen 6 v.H. sind die jeweils grössten Unternehmen der am intensivsten im Ausland investierenden Branchen enthalten, so dass die Beziehung zwischen Unternehmungsgrösse und Investitionstätigkeit im Ausland ersichtlich wird. Im internationalen Vergleich kann somit allgemein festgestellt werden, dass die grössten Unternehmen eines Landes jeweils einen mehrheitlichen Anteil der direkten Auslandinvestitionen halten" 72).

### 6.2.2. Analyse der Unternehmungsaktivitäten im gleichen Zeitraum

Ein Empfängerland kann sich über die Motivkonstellation von Unternehmen für zusätzliche Auslandengagements auch an den aktuellen übrigen Aktivitäten in dieser Richtung orientieren. Jedes Land sucht sich als Basis solcher Nachforschungen eine möglichst grosse Anzahl von Investitionsempfängerstaaten heraus, die mit der eigenen Volkswirtschaft einen möglichst hohen Grad an Vergleichbarkeit aufweisen. In diesen vergleichbaren Staaten muss es dann erforschen, was für Lokalfertigungsinvestitionen von welchen Auslandproduzenten aus welchen Beweggründen errichtet wurden. Natürlich muss es sich dabei um einen Vergleich im selben Zeitraum handeln, damit ein solches Vorhaben nicht an den unterdessen veränderten Rahmenbedingungen scheitert. Eine Analyse von 1983 kann z.B. in Industrieländern nicht mit gleichen Voraussetzungen rechnen, wenn die Basis des Vergleichs aus dem Jahre 1970 datiert, da zwischenzeitlich keine generellen Personalengpässe mehr bestehen, der Arbeitsmarkt also andere Bedingungen mit sich bringt. Sobald aber die notwendigen Parallelen plausibel vorgebracht werden können, sind die gleichen Investoren anzugehen, um sie in direkter Weise auf diese zusätzliche Investitionsmöglichkeit zur weiteren Realisierung der einmal gesetzten Unternehmungsziele hinzuweisen. Es kann damit auch im Interesse des Empfängerlandes im wahrsten Sinne des Wortes eine zielgerichtete Werbung betrieben werden.

### 6.2.3. Konzentration auf die zukunftsbezogenen Motive der Unternehmen

Eine erfolgversprechende Art von Wertung zur direkten Förderung von Lokalfertigungsinvestitionen kann sich auf die aktuellen, möglichen Motive der Unternehmen für eine zukünftige Investition konzentrieren. Sobald einmal ein Empfängerland die vorherrschenden Motive für ein Auslandengagement pro Produktionsbranche kennt, kann es gezielte Massnahmen, Taktiken einer "Werbungsaktion" in die Wege leiten.

Die notwendigen Grundlagen für die Inangriffnahme eines solchen Vorgehens sind Motivanalysen pro Branche und pro Investorenland, um differenzierte und damit effiziente Aktivitäten entwickeln zu können. Die hier vorliegende Ermittlung von zukunftsgerichteten Motiven der schweizerischen Investitionsgüterhersteller in Richtung Auslandengagement zeigt per 1982 folgendes Bild: 73)

---

72) Hemberger (Direkte Auslandsinvestitionen) 276/277

73) vgl. Frage 7.1. des Interviewleitfadens

| Einzelmotive | Motivgruppe | Anzahl | anzahlmässiger %-Anteil | %-Anteil am Exportvolumen |
|---|---|---|---|---|
| - Neue Produkte zur Umsatzsicherung | absatzorientierte LF-Motive | 12 | | |
| - Absatzsicherung trotz Importhindernissen | | 11 | | |
| - Marktanteilsvergrösserung | | 10 | | |
| - Neue Märkte durch Internationalisierung | | 6 | | |
| - Absatzsicherung durch Annahme von 'local-content'-Vorschriften | | 5 | | |
| - Absatzsicherung durch Anpassung an die Bevorzugung lokaler Produzenten und Produkte | | 5 | | |
| - Absatzerhaltung durch Marktpräsenz | | 3 | | |
| - Ausschaltung von Wettbewerbern | | 2 | | |
| - Als Einstieg ins Behördengeschäft | | 1 | | |
| **T o t a l** | | **59** | **75** | **74** |
| - Ausnützung tieferer Lohnkosten | ertragsorientiert | 11 | | |
| - Kommerzialisierung von bestehendem Know-How | | 5 | | |
| **T o t a l** | | **16** | **20** | **24** |
| - Kontakt zu neuen Problemstellungen | technologieorientiert | 2 | 2,5 | 1 |
| - Lösung eines Kapazitätsengpasses in der Schweiz | kapazitätsorientiert | 2 | 2,5 | 1 |
| | | **79** 74) | **100** | **100** |

Tab. 6.2.: Zukunftsbezogene Motive der Unternehmen als taktische Ausgangsbasis für Investitionsempfängerländer

74) Mehrfachnennung war möglich

Aus einer derartigen Uebersicht lässt sich für ein Empfängerland ohne weiteres ableiten, dass zur Heranziehung einer Investitionsgüterindustrie v.a. das absatzorientierte Motiv zu berücksichtigen ist. Will also ein Empfängerland mit einem grossen Marktpotential seine direkte Werbung effizienter gestalten, dann muss es vom eigenen Territorium her v.a. diese absatzspezifischen Anziehungspunkte zum Ausdruck bringen und so dem potentiellen Investoren zeigen, wie er den Verlust eines für ihn attraktiven Marktes verhindern kann. Gehört hingegen ein Land in jene Länderkategorie, die zwar keinen grossen Binnenmarkt, aber günstige und zugleich qualitativ gute Arbeitskräfte hat (z.B. wie Singapore), dann muss es sich auf jene Industriegüterhersteller konzentrieren, die den ausländischen Produktionsstandort weniger nach dem Marktpotential, sondern mehr nach den Produktionskosten und Herstellqualitäten auswählen (z.B. Fa. Wild mit ihren Präzisionsgeräten).

Auf alle Fälle muss ein Empfängerland aus solchen Motivanalysen pro Branche und pro Investorenland ableiten können, ob die eruierten Motive auch auf das eigene Land zutreffen, so dass sich u.U. eine 'Direktwerbung' lohnen könnte.

In Ergänzung zum Hinweis auf die allgemeinen Motivanalysen sei hier noch ein spezifischer Aspekt in die gleiche Richtung vermerkt. Ein Empfängerland, das produktionsbereite Auslandinvestoren heranziehen möchte, darf nicht vergessen, dass in einer solchen Unternehmeroptik die Möglichkeit von Zulieferungen ein starkes Gewicht hat 75).

Auch wenn einem Empfängerland die Zulieferungen aus dem Ausland 'prima vista' ein Dorn im Auge sind, so ist doch nicht zu vergessen, dass es sich bei deren Zulassung um einen langfristigen Erfolgsfaktor zur Förderung der Lokalfertigung handelt, v.a. bezüglich der Investitionsgüterindustrie. Das Empfängerland verhält sich diesbezüglich vorteilhafter, wenn es sich statt mit emotionaler Importabweisung um so stärker mit der Errechnung von binnenwirtschaftlichen, arbeitsmarktfördernden Effekten beschäftigt und deren Multiplikatoreffekt in Betracht zieht.

### 6.2.4. Förderung von Referenzanlagen

Eine weitere Möglichkeit auf der Suche nach Investitionsattraktivität kann darin liegen, einem zögernden potentiellen Investor zu einer Referenzanlage zu verhelfen.

Das aktive Empfängerland versucht alles, um dem Investor die Möglichkeit für eine solche Referenzanlage zu geben. Es sind dies vielleicht eher die weniger umsatzstarken Unternehmen, die sich dahingehend motivieren lassen. Das Empfängerland aus seiner bestimmten Kategorie von Ländern (z.B. Entwicklungsland, Schwellenland, Land mit mittlerem Binnenmarkt, Land mit attraktiven Faktorkosten etc.) muss dem potentiellen Investor im voraus und mit Vorteil anhand einer Feasibility-Studie aufzeigen können, dass sich sein Engagement in diesem Land in seinem Interesse entwickeln wird.

Bei einer erfolgreich errichteten Referenzanlage gilt sie für den

---

75) vgl. zur Verteilung von Auslandproduktionsstätten mit und ohne Zulieferungen. Kap. 2.3.4.3.

Investor wie für das Investitionsempfängerland als Referenz, so dass beide zu dieser Zusammenarbeit motiviert sind: Für den Investor ist es eine Referenz, um in ähnlich gelagerten Ländern für weitere Lokalfertigungen und damit Ertragssteigerungen bei staatlichen Instanzen vorsprechen zu können; für das Empfängerland ist es eine Referenz, um bei ähnlich gelagerten Investoren für weitere Lokalfertigungsinvestitionen und damit für die Schaffung weiterer Arbeitsplätze vorzusprechen.

### 6.2.5. Förderung durch Incentives

In Kap. 6.1. wurden zehn Mittel der Empfängerländer zur Unterstützung potentieller Auslandinvestoren behandelt. Die Empfängerländer können diese Erleichterungen (Incentives) zur Steigerung der Attraktivität ihres Produktionsstandortes in einer 'anonymen' Weise in die Welt setzen. Ebensogut, wenn nicht besser kommen hingegen solche Incentives dann an, wenn man als erlassendes Empfängerland die Ansprechbarkeit der verschiedenen Branchen auf die einzelnen Massnahmen kennt und damit spezifischer, gezielter und erfolgversprechender vorgehen kann. Gewisse Stellungnahmen in diese Richtung lassen sich auch aus der durchgeführten Untersuchung herauslesen.

Die 42 befragten Investitionsgüterunternehmen setzen sich über erlassene Förderungsmassnahmen in bereits bekannten Absatzländern wie folgt ins Bild:

| Informationsquelle | | Anzahl 76) | %-Anteil d.Anzahl | %-Anteil am Exportvolumen |
|---|---|---|---|---|
| Eigener Absatzweg | ·eigene Verkaufsorganisation, ·Vertretung, Importeure, ·lokale Kunden | 48 | 55 | 59 |
| Institutionalisierte Informationsstellen | ·staatl. Informationsstellen, ·Handelskammern, Banken, ·Wirtschaftsverbände etc. | 23 | 27 | 32 |
| Eigene Beobachtungen | ·Reisen des oberen Kaders, Studium von Regierungserklärungen, Zeitungen etc. | 16 | 18 | 9 |

Tab. 6.3. 77): Benützte Informationsquellen bezüglich erlassenen Förderungsmassnahmen

Aus dieser Ermittlung lässt sich für ein Empfängerland herauslesen, dass seine Förderungsmassnahmen grundsätzlich im investitionsbereiten Ausland auch dann verstanden werden, wenn sie nur im Inland genügend stark publiziert, publik gemacht werden. Für den Fall, dass ganz bestimmte Firmen 'anzulocken sind', scheint es also zu genügen, im Empfängerland selbst den verlängerten Verkaufsarm (Importeur, Kunde, Vertretung, Verkaufsfiliale) zu berühren und dort mit der Bearbeitung zu beginnen.

Eine wertvolle Aussage wurde im weiteren mit der Beantwortung der

---

76) Mehrfachnennung war möglich

77) vgl. Frage 4.1. des Interviewleitfadens

Frage 4.4. des Interviewleitfadens gemacht. Auf die Frage nach der Art der Reaktion des Investitionsgüterproduzenten nach dem Erlass von staatlichen Förderungsmassnahmen äusserten sich die Befragten wie folgt:

| Reaktion auf staatliche Förderungsmassnahmen | Anzahl | %-Anteil der Anzahl | %-Anteil des Exportvolumens |
|---|---|---|---|
| . Wahl einer Engagementform (Subcontracting, lokale Montage etc.) um auch von der Förderung profitieren zu können | 19 | 46 | 57 |
| . Absatzverlust wird in Kauf genommen | 10 | 24 | 18 |
| . Vornahme einer Preisanpassung | 3 | 7 | 9 |
| . Massnahme von Fall zu Fall, oder bisher nicht damit konfrontiert gewesen | 10 | 23 | 16 |
| | 42 | | |

Tab. 6.4.: Reaktionsmöglichkeiten des schweizerischen Investitionsgüterproduzenten bei Erlass staatlicher LF-Förderungsmassnahmen in Investitionsempfängerländern

Demgemäss sind die Chancen der Empfängerländer relativ hoch zu werten, dass mit dem Erlass staatlicher Förderungsmassnahmen tatsächlich ein positiver Impuls und ein Anreiz auf Investitionsgüterexporteure aus andern Ländern ausgeübt werden kann, was mindestens Unterakkordanten zu zusätzlichen Produktionskapazitäten verhilft. Als Vorstufe für aufwendigere Kooperationsprojekte kann dies für Investitionsempfängerländer bestimmt als erfreuliche Ausgangslage gewertet werden.

Aus der Gesamtheit möglicher Empfängerländer-Incentives zugunsten der Auslandinvestoren konnte in der empirischen Erhebung noch speziell auf einen Aspekt eingegangen werden, d.h. auf die Zulassung der Gewinnrepatriierung.

Es ist bekannt, dass zwischen Investoren und Empfängerländern spätestens bei der Unterbindung der Gewinnrepatriierung ein Zielkonflikt auftreten kann: "My experience suggests that the manager is looking for profits and for an arrangement with trouble-free longevity. The government official is hardly different" 78). Im Zusammenhang mit den Incentives ist es deshalb von einem gewissen Wert, die Reaktion aus einer investitionsfreudigen Branche zu kennen.

Auf die Frage hin, inwieweit sich die schweizerischen Investitionsgüterunternehmen von einer Gewinntransfererlaubnis oder einem diesbezüglichen Verbot beeinflussen lassen, ergaben sich folgende Antwortgruppen:

---

78) Dies als nur eine Feststellung aus einer Unzahl gleichlautender Aeusserungen in verschiedenen Quellen, hier ein Bsp. aus Wells (Negotiating) 73.

| | Anzahl Antworten | %-Anteil der Antworten | %-Anteil am Exportvolumen |
|---|---|---|---|
| Das Unternehmen lässt sich als potentieller Auslandinvestor stark von dem Vorhandensein einer Gewinnrepatriierungserlaubnis beeinflussen | 20 | 48 | 32 |
| Keine diesbezügliche Beeinflussung | 18 | 42 | 62 |
| Keine Aussage, da die Unternehmungspolitik von Lokalfertigungen absieht | 4 | 10 | 6 |
| | 42 | 100 | 100 |

Tab. 6.5. 79): Die Gewinnrepatriierungserlaubnis im Beurteilungsfeld potentieller Auslandinvestoren

Für die Empfängerländer lässt sich daraus ableiten, dass sich kleinere Auslandinvestoren viel eher von einer Investition abhalten lassen als grössere, wenn im Land der Lokalfabrikation die Möglichkeit zur Gewinnrepatriierung ins Stammhausland fehlt.

In grösseren Unternehmen steht damit mehr die Marktpräsenz in attraktiven Märkten mit hohem Marktpotential im Vordergrund als die Gewinnausweisung im Stammhausland. Sie sind damit für Empfängerländer im Fall von Absichten der Kapitalakkumulation die interessanteren Partner. Dieser Punkt darf jedoch nicht dazu verleiten, die Problemstellung rund um die Incentives isoliert auf die Frage der Gewinn-(und Kapital-)repatriierung zu konzentrieren.

Die Incentives sind im allgemeinen Kontext der sich präsentierenden Marktchancen zu sehen und zu behandeln.

### 6.2.6. Förderung durch Importbelastung

Die Thematik des Protektionismus ist als allgemein weltwirtschaftliches Ereignis Gegenstand des Kap. 3.3.3. In den Kapiteln 4.4.2., 5.1.2., 5.2.2. wurde der Protektionismus aus dem Blickwinkel der exportierenden Produzenten betrachtet. Eine dritte Optik ergibt sich aus der Sicht der Investitionsempfängerländer, welche sich für die Wirksamkeit ihrer Protektionismusmassnahmen interessieren. Eine derartige Fragestellung der Empfängerländer kann entweder in einer Vergangenheitsbetrachtung beantwortet werden oder dann ist auf die Zukunft bezogen in Erfahrung zu bringen, wie die einzelnen Branchen, ev. auch Firmengrössen auf Protektionismusmassnahmen reagieren werden. Anhand diesbezüglicher Aussagen zeichnen sich die Auswirkungen für das eigene investitionsinteressierte Land ab.

Eine solche Antwort lässt sich aus der vorliegenden Erhebung anhand von vier gestellten Fragen finden, bezogen auf die Investitionsgüterindustrie aus der Schweiz. Parallele Stellungnahmen aus den verblei-

---

79) vgl. Frage 2.4.3. des Interviewleitfadens

benden Branchen und aus anderen Investorenländern würden einem Empfängerland zur umfassenden Beurteilungsbasis verhelfen.

Die Ermittlung der Chancen zur Förderung einer Lokalfertigung durch Erheben von Protektionismus- und damit Importbelastungsmassnahmen stützt sich auf die folgenden vier Fragestellungen:

- Welche Stelle wird im Unternehmen mobilisiert, wenn in einem Land eine neue Protektionismusmassnahme angekündigt wird? (---▷ Wichtigkeit)
- Welche Art von Reaktion löst die Errichtung einer Protektionismusmassnahme im Unternehmen aus? (--▷ Intensität der Auswirkungen)
- Welche Möglichkeiten fasst das Unternehmen ins Auge, um einem aufkommenden Protektionismus auszuweichen?
- Welche prophylaktischen Massnahmen benützt das Unternehmen, um einem aus dem Protektionismus resultierenden Zwang in verminderter Weise entsprechen zu können?

(---▷ Erfolgschancen der Protektionismus-Massnahmen)

Die Beantwortung der ersten dieser vier Fragen präsentiert sich in der folgenden Weise:

Die Ankündigung eines Protektionismus gegen den Import von Investitionsgütern ist ein Impuls für 80):

| | Anzahl 81) der Antworten | %-Anteil der Antworten | %-Anteil am Exportvolumen |
|---|---|---|---|
| . die Orientierung der obersten Geschäftsleitung | 15 | 31 | 38 |
| . die Orientierung der Profitcenterleitung | 15 | 31 | 38 |
| . die Durchführung einer Grobstudie im Hinblick auf eine Lokalfertigung | 8 | 16 | 9 |
| . diverse Stellen werden zur Alternativensuche aktiviert (Exportleiter, Konzernstab etc.) | 7 | 14 | 10 |
| . keine spezielle Reaktion | 4 | 8 | 5 |
| | 49 | 100 | 100 |

Tab. 6.6.: Wahrnehmung von Protektionismusmassnahmen in der Unternehmungsführung

Für ein Empfängerland lässt sich daraus ablesen, dass die Ankündigung von Protektionismusmassnahmen von den schweizerischen Investitionsgüterproduzenten zum überwiegenden Teil (mind. 92 % der Antwortenden) nicht auf die 'leichte Schulter' genommen wird. Die Wichtigkeit eines Protektionismus-Erlasses wird also auch in den oberen Etagen von

80) vgl. Frage 4.5. des Interviewleitfadens
81) Mehrfachnennung war möglich

Investitionsgüterexporteuren keineswegs verkannt. Aufgrund der Motivanalyse ist allerdings zu ergänzen, dass v.a. jene Länder auf Protektionismus hin gut beobachtet werden, die ein attraktives Marktvolumen aufweisen. Noch interessanter zu wissen ist es für ein Empfängerland, wie die exportierenden Produzenten über die Wahrnehmung des Protektionismus hinaus tendenziell reagieren. Zu dieser Frage ergab sich aus den Interviews die folgende Beantwortung 82)

Ein in Errichtung begriffener Protektionismus stellt für das Unternehmen:

| | Antwortende | %-Anteil |
|---|---|---|
| - eine Herausforderung zur Reaktion dar | 27 | 64 |
| - ein Signal zur Beobachtung der Konkurrenzreaktionen dar | 2 | 5 |
| - ein Grund dar, dem erlassenden Land gegenüber eine ablehnende Haltung zu zeigen | 13 | 31 |
| | 42 | 100 |

Tab. 6.7.: Erste Reaktion der befragten Unternehmen bei Bekanntwerden von Protektionismusmassnahmen

Es lässt sich damit festhalten, dass es einem Empfängerland mit einem attraktiven Marktpotential gelingen sollte, mehr als zwei Drittel der exportierenden Investitionsgüterproduzenten in Richtung einer 'local-content'-Erhöhung zu bewegen, wenigstens solange die potentiellen Investoren schweizerischen Ursprungs sind.

Ein Investitionsempfängerland kann sich nun allerdings mit einer solchen 2/3-Quote nicht beruhigt darauf verlassen, dass bei einer staatlich projektierten Vergrösserung der Lokalfertigung der ausländische Investitionsgüterproduzent sich ohne weiteres gemäss den Intentionen und dem allgemeinen Maximalnutzen des Empfängerlandes herausfordern lässt. Vielmehr wird auch er versuchen, dem Zwang zur Lokalfertigung zu seinen Gunsten solange als möglich zu entrinnen und in der Art der Reaktion eine Entscheidung fällen, die auch weiterhin eine für ihn ökonomische Behandlung des Marktes zulässt.

Mehrheitlich wird es deshalb darauf hinauslaufen, dass Zielantinomien zwischen Empfängerländern und den ausländischen Güterproduzenten auf dem Verhandlungsweg oder über Partner im Empfängerland gelöst werden müssen. Die befragten Interviewpartner sehen als Reaktionsalternativen für eine möglichst weitgehende Ausschliessung des Zwangs zur Lokalfertigung die folgenden 83):

---

82) vgl. Frage 4.6. des Interviewleitfadens
83) vgl. Frage 2.2.2. des Interviewleitfadens

| | | Anzahl d. Antworten | %-Anteil d. Antworten | %-Anteil d. Exportvolumens |
|---|---|---|---|---|
| **Alternativen zur Annahme des Zwangs** | . Annahme von Kompensationsgeschäften | 4 | 7 | 15 |
| | . Entgegenkommen durch Zukauf von Anlagenkomponenten im Absatzland | 3 | 5 | 1 |
| | . Ausnützung von Verzögerungseffekten | 2 | 3 | 13 |
| | . Geschäftsverlagerung, d.h. Versuch, mit andern Spezialitäten in den Markt einzusteigen | 2 | 3 | 4 |
| | . Technischen Vorsprung als Verkaufsargument benützen | 2 | 3 | 2 |
| | . Reaktion mit Preispolitik | 1 | 2 | 1 |
| | . Das Empfängerland wird auf die schlechte Wirtschaftlichkeit seines Vorhabens hingewiesen | 1 | 2 | 1 |
| | . Im Fall von Produktabnahmezwangsmassnahmen: Umgehung durch technische Veränderungen | 1 | 2 | 1 |
| | T o t a l | **16** | **27** | **38** |
| **Keine Annahme des Zwangs** | . Keine Suche nach Alternativen, sondern Marktaufgabe | 10 | 18 | 7 |
| | . Bei Importverbot warten, bis Grenze wieder aufgeht | 1 | 2 | 1 |
| | T o t a l | **11** | **20** | **8** |
| **Annahme des Zwangs mit Modifikationen zur Abschwächung des Engagements** | . Subcontracting statt Lokalfertigung auf Dauer, v.a. für sperrige, know-how-arme Anlageteile | 13 | 23 | 31 |
| | . Endmontage statt volle Wertschöpfung im Land | 5 | 9 | 7 |
| | . Kooperation statt 100 % eigenes Engagement | 3 | 5 | 2 |
| | . Annahme des Zwangs, ohne Geschenke zu machen | 2 | 3 | 3 |
| | . Annahme des Zwangs, aber nur zusammen mit der Möglichkeit von Dreiecksgeschäften | 1 | 2 | 8 |
| | . Annahme des Zwangs, aber nur für sperrige Güter | 1 | 2 | 1 |
| | . Konsortien von Auftrag zu Auftrag, statt Dauerbindung | 1 | 2 | 1 |
| | . Annahme des Zwangs, mit Konkurrenzabsprache zur Länderaufteilung | 1 | 2 | - |
| | T o t a l | **27** | **48** | **53** |

| | | | | |
|---|---|---|---|---|
| **Annahme des Zwangs** | . Zwang wird ohne Alternativen angenommen | 2 | 3 | 1 |
| | . Bis jetzt keinen Zwang erlebt und deshalb bis jetzt keine Alternativen erwogen | 1 | 2 | - |
| | | **57** 84) | **100** | **100** |

Tab. 6.8.: Zwang zur Lokalfertigung und dessen Annahme bzw. Umgehung

Die Kombination der beiden letztaufgeführten Tabellen bringt die folgende Aussage hervor: Zwar lassen sich nach Bekanntwerden eines zu errichtenden Protektionismus wohl rund 2/3 der schweizerischen Investitionsgüterproduzenten zu einer aktiven Reaktion herausfordern. Für die Annahme des daraus resultierenden Zwangs zur Lokalfertigung lässt sich hingegen lediglich etwa die Hälfte bewegen, d.h. 3 % nehmen den Zwang ohne Alternativen an und 48 % lassen sich nur für ein beschränktes Engagement zum vermehrten local-content gewinnen. Die andere Hälfte sucht und findet andere Möglichkeiten, um im protektionistischen Markt trotzdem präsent zu bleiben.

Stützt man sich auf die vorliegende Umfrage, dann kommt man zum Schluss, dass ein Empfängerland mit Protektionismusabsichten nicht mit einer höheren als einer 50 % Erfolgswahrscheinlichkeit ihrer Protektionismusmassnahmen in bezug auf eine Zunahme der Lokalfertigungsbereitschaft in der Investitionsgüterbranche rechnen kann.

### 6.2.7. Stärken der Empfängerländer

Die Stärken der Investitionsempfängerländer ergeben sich in einer möglichen Verhandlungsposition mit investitionsbereiten Auslandinvestoren aus der Investitionsgüterbranche v.a. aus

- der Entwicklungsfähigkeit der nationalen Märkte und
- der Verfügung über Administration und Gesetzgebung 85) in diesen Märkten.

Die Verfügungsmöglichkeit über die natürlichen Reichtümer des Landes bringt im Wirtschaftszweig der Investitionsgüterherstellung keine Stärke zum Ausdruck.

Die Ergebnisse aus unserer Motivforschung (vgl. Kap. 2.3.4.1.) weisen somit in die von Bethke aufgezeigte Richtung: "Mit der wachsenden Bedeutung der Absatzsicherung als Motiv für Direktinvestitionen verstärkt sich die Verhandlungsposition jener Entwicklungsländer, die ein minimales Entwicklungsniveau bereits erreicht haben ... Während die meisten Länder Afrikas über ein Pro-Kopf-Einkommen verfügen, das weniger als 200 US$ beträgt, kommt auch in Asien kaum ein Entwicklungsland über ein Pro-Kopf-Einkommen von 250 US$ hinaus. In Lateinamerika, dagegen liegt kaum ein Land unterhalb dieser Marge ...

---

84) Mehrfachnennung war möglich
85) vgl. Bethke (Multinationale) 201

Aufgrund dieser verhältnismässig grossen Attraktivität als Anlageregion können sich verschiedene Länder Lateinamerikas reglementarische Schritte leisten, die für Länder Afrikas oder Asiens undenkbar sind" 86). (Vgl. z.B. die Entscheidung 24, die von Bolivien, Chile, Ecuador, Peru und Venezuela rechtskräftig erklärt wurde) 87).

"Die Entwicklungsfähigkeit der Märkte, die zu einem erheblichen Teil aus dem bereits erreichten Entwicklungsniveau abgeleitet wird, macht es möglich, den absatzorientierten Kapitalexporteuren mit bestimmten Forderungen entgegenzutreten. Entsprechend ist eine umfassendere Zielrealisierung im Interesse der Entwicklungsländer möglich, die wiederum die Verhandlungsposition dieser Länder stärkt" 88).

Die Bestätigung dafür, dass die Stärke der Empfängerländer gegenüber investitionsbereiten Investitionsgüterherstellern aus der Entwicklungsfähigkeit ihrer Märkte resultiert, lässt sich auch aus einem Ländervergleich der vorliegenden empirischen Erhebung herleiten.

Die erfassten 242 Auslandfertigungsstätten der 42 befragten schweizerischen Investitionsgüterproduzenten verteilen sich über 36 Investitionsempfängerländer. Lediglich in 4 der 36 Länder überwiegt die Zahl jener Lokalfertigungsstätten, die nicht aus absatzmotivierten Gründen errichtet wurden, nämlich in Griechenland, Venezuela, Hongkong, Singapore. Also nur diese vier Investitionsempfängerländer weisen ihre Stärke gegenüber Auslandinvestoren ohne die Grösse ihres Absatzmarktes, sondern v.a. durch die tieferen Faktorkosten (Arbeitslöhne) aus. Für diese vier Empfängerländer gilt es, diese ihre Stärke auch entsprechend klar auszuspielen, sofern eine weitere Industrialisierung anvisiert wird. Alle anderen 32 Länder üben ihre Attraktivität mitunter durch ihren potentiellen Absatzmarkt aus.

Eine ergänzende Aussage zur Stärke der Empfängerländer, die von der Bedeutung des Absatzmarktes für Investitionsgüter ausmacht: Die vorliegende Erhebung hat ergeben, dass sechs Länder heute mehr als 10 Lokalfertigungsstätten aufweisen, die von einem schweizerischen Investitionsgüterproduzenten errichtet wurden, d.h. Deutschland 43, USA 30, Frankreich 21, Grossbritannien 14, Italien 13 und Oesterreich 12. In mehr als der Hälfte dieser Lokalfertigungen ist per Ende 1980 ein Umsatz von über 20 Mio Fr. festzustellen. In den übrigen 30 Investitionsempfängerländern mit mehr als nur einer lokalen Produktionsstätte ist letzteres lediglich in fünf Staaten gelungen. Dieser Vergleich zeigt sowohl mit der Anzahl der Lokalfertigungsstätten als auch mit der durchschnittlichen Umsatzgrösse pro Lokalfertigung die Magnetwirkung, die ein attraktives Marktpotential gegenüber potentiellen Investoren aus der Investitionsgüterbranche auszuüben vermag.

---

86) Bethke (Multinationale) 208
87) vgl. Oswald (Andenpakt) 49
88) Bethke, a.a.O. 209

### 6.3. Reflexe auf potentielle Investoren

Zweifelsohne ruft das Wahrnehmen solcher Ansätze, d.h. solch bewusster 'Angriffe' gemäss Kap. 6.2.1. bis 6.2.7. auf Investoren gewisse Gegenreaktionen/ Reflexe bei den potentiellen Auslandproduzenten selbst hervor. Zum einen bestehen allgemeine Grenzen der Anpassungsbereitschaft gegenüber Vorgaben, Zielen, Initiativen von möglichen Empfängerländern, zum andern sollen jene Zurückhaltungen zum Ausdruck kommen, die spezifisch beim schweizerischen Investitionsgüterproduzenten zu erwarten sind, um anschliessend kurz ev. Rückwirkungen auf die schweizerische Investitionsgüterindustrie zur Sprache zu bringen.

#### 6.3.1. Grenzen der Anpassungsbereitschaft

Auf der Suche nach den Grenzen der Anpassungsbereitschaft der potentiellen Auslandinvestoren in der Investitionsgüterindustrie ist eingangs zu ermitteln, ob sie überhaupt eine gewisse Anpassungsbereitschaft gegenüber den sich bewerbenden Empfängerländern aufzuzeigen vermögen. Eine diesbezügliche Antwort kann aus den bei 42 Investitionsgüterfirmen gestellten Fragen 1b, 2.1.8., 2.4.4. und 5.3. 89) ermittelt werden: In der Frage 1b werden die schweizerischen Investitionsgüterexporteure auf ihre grundsätzliche Anpassungsbereitschaft im Zusammenhang mit Importerschwernissen hin angesprochen; die Beantwortung präsentiert sich folgendermassen:

89) vgl. Fragestellung im Anhang 'Interviewleitfaden'

| Bereitschaft für Anpassungsinvestitionen | Anzahl Antworten | %-Anteil Antworten | Subtotal | %-Satz d.Exportvolumens | Subtotal |
|---|---|---|---|---|---|
| Das schweizerische Unternehmen wird protektionistische Massnahmen in seinen Exportländern mit Anpassungsinvestitionen beantworten. | 12 | 29 | | 22 | |
| Das schweizerische Unternehmen erwartet in Industrieländern ein liberales Wirtschaftsklima als Investitionsbedingung, in Entwicklungs- und Schwellenländern würde man sich u.U. auch gegenüber protektionistischen Massnahmen anzupassen versuchen. | 6 | 14 | | 20 | |
| Das schweizerische Unternehmen erwartet als Investitionsbedingung in den USA ein liberales Wirtschaftsklima, in den übrigen Ländern würde man sich u.U. auch gegenüber protektionistischen Massnahmen anzupassen versuchen. | 3 | 7 | 57% | 25 | 80% |
| Das schweizerische Unternehmen wird solange als möglich nur Investitionen in einem liberalen Wirtschaftsklima tätigen. Erst nach einer diesbezüglichen Erschöpfung werden auch Investitionen in protektionistisch gefährdeten Ländern möglich sein. | 3 | 7 | | 13 | |
| Das schweizerische Unternehmen wird dort investieren, wo ein freiheitliches Wirtschaftsklima im Empfängerland besteht. | 14 | 33 | | 13 | |
| Das schweizerische Unternehmen hätte sich früher noch protektionistischen Massnahmen angepasst; die heutige Lage des Unternehmens erlaubt aber nur mehr Investitionen in einem liberalen Wirtschaftsklima | 2 | 5 | 38% | 4 | 17% |
| Keine Aussage, da keine Lokalfertigungsabsichten | 2 | 5 | 5% | 3 | 3% |
| | **42** | | **100%** | | **100%** |

Tab. 6.9.: Bereitschaft für Anpassungsinvestitionen

Diese Zusammenstellung zeigt auf, dass etwas mehr als die Hälfte der schweizerischen Investitionsgüterproduzenten (57 %) eine weitgehende Anpassungsbereitschaft für die Interessen der noch benachteiligten Entwicklungs- und Schwellenländer als Investitionsempfängerländer aufweisen. Interessant und natürlich zugleich ist dabei die Feststellung, dass die anpassungsbereiten Investitiosgüterproduzenten im Jahre 1980 gleich 80 % des 'befragten' Exportvolumens ausmachten; d.h. die grösseren Exporteure stossen in ihrem Verkaufsgebiet eher an die Grenzen der Absatzerweiterung und müssen deshalb zur Absatzerhaltung oder -ausdehnung eine grössere Anpassungsbereitschaft aufweisen als kleinere Exporteure, denen nur schon aus unbearbeiteten Absatzländern eine noch grössere Marktreserve verbleibt.

In der Frage 2.4.4. werden die schweizerischen Investitionsgüterproduzenten direkt auf ihre Einstellung und Reaktionsweise gegenüber den Motiven potentieller Investitionsempfängerländer angesprochen. Es zeigt sich diesbezüglich eine fast identische Antwortkonstellation wie in der oben zitierten Frage 1b. D.h. 52 % der Antwortenden (oben 57 %), oder 79 % des 'befragten' Exportvolumens (oben 80 %) würden sich bei einer Lokalfertigungs-Projektgestaltung von gewissen Motiven der Empfängerländer soweit vertretbar beeinflussen lassen. Bezüglich dieser Antwortkategorie ist festzuhalten, dass die 10 umsatzgrössten Investitionsgüterproduzenten darin enthalten sind.

Die Beantwortung der Frage 2.1.8. kann ebenfalls einen Hinweis auf eine mögliche Anpassung gegenüber den Anliegen der Investitionsempfängerländer geben. Danach ist es in 13 der 42 befragten Unternehmen möglich, dass auch von aussen herangetragene Lokalfertigungsprojekte, also nicht selbst initiierte Vorhaben realisiert werden. Diese 13 Unternehmen wickelten 1980 den überwiegenden Investitionsgüter-Exportanteil von 56 % ab, was wiederum darauf hinweist, dass die umsatzgrösseren Unternehmen zu mehr Anpassungen bereit sind.

Die Frage 5.3. bringt einen Ausdruck von Anpassungsbereitschaft besonderer Art. Die Frage lautet, ob das Unternehmen nach dem Vorkommnis einer Nationalisierung in einem Land trotzdem noch über ein Lokalfertigungsprojekt verhandeln würde. 29 Unternehmen (69 % der Antwortenden, 80 % des Exportvolumens) würden trotzdem noch eine Lokalfertigung wagen und zeigen damit eine hohe Anpassungsbereitschaft an die Anliegen der Empfängerländer.

Wenn mit diesen vier Fragen gezeigt werden konnte, dass vorweg eine doch sehr beträchtliche Anpassungsbereitschaft vorhanden ist, so hat auch diese ihre Grenzen, sobald das Empfängerland zu weit geht, den Bogen zu überspannen beginnt.

"In recent years the efforts of host governments to maintain control over their own national economies have increasingly restricted the freedom of MNC managers in developing economic resources" 90).

Das Entwicklungsland hat verschiedene Möglichkeiten, mit zuvielen Forderungen gegenüber den potentiellen Investoren den Bogen zu überspannen.

Aus dem Anziehen von Investoren ergibt sich dann ein Abstossen der Kapital- und Know-how-Lieferanten. Letztere haben im Rahmen ihrer

---

90) Doz/Prahalad (Host government) 149

Eigeninteressen auch Grenzen einer Anpassungsbereitschaft. Diese Grenzen lassen sich mit einem Begriff umschreiben, der eigentlich jede diesbezügliche Dimension miteinschliesst: Rendement. Es gehört zum Wesensmerkmal dieses Begriffs, dass er allgemeinhin auf ökonomische Interessen ausgerichtet ist, also auf eine Verbesserung der wirtschaftlichen Lage oder auf eine vorteilhafte Ausgangslage für die Zukunft abzielt. Dies kann sich äussern in einem Streben nach mehr Gewinn oder nach mehr Umsatz oder sich auf entsprechend untergeordnete Rendement-Verbesserungen beziehen, z.B.:

- Betragsmässiger Ausgleich zwischen den anfänglichen Verlusten (z.B. 5 Jahre) und den nachfolgenden Gewinnen über einen vernünftigen Zeitabschnitt (z.B. 15 Jahre).
- Verzinsung des eingesetzten Kapitals mindestens gemäss der marktüblichen Fremdkapitalverzinsung.
- Vergünstigung eines Teils des weltweiten Produktionsausstosses durch Inanspruchnahme einer Subvention im Empfängerland.
- Erhaltung des Umsatzvolumens durch Annahme des Zwangs zur Lokalfertigung.

Will nun das Empfängerland seine Lokalfertigung mit Hilfe von Auslandproduzenten erhöhen, dann muss stets und bei jedem Unternehmen noch mindestens eine der Rendement-Möglichkeiten offen bleiben, damit der Bogen nicht als überspannt beurteilt wird. Auch ein ambitiöses Land muss versuchen, die andere Seite zu verstehen, um nicht letztlich weitergehende Industrialisierungsvorhaben zu gefährden.

"As in any negotiations, the first requirements for success lies in understanding the viewpoint of the other side" 91).

Unrealistische Forderungen von Empfängerländern stossen also an die Grenzen der Anpassung seitens der potentiellen Investoren; d.h. auch Empfängerländer haben sich an Zielvorstellungen vom Auslandproduzenten anzupassen.

In der Befragung der 42 schweizerischen Investitionsgüterproduzenten kamen als Grenzen der Anpassungsbereitschaft gegenüber Forderungen, Ausgangsbedingungen in Empfängerländern namentlich zum Ausdruck 92):

- Fehlen des versprochenen Absatzmarktes,
- Fehlen der ökonomischen Basis (z.B. verlangte Lokalfertigungsstätte zu gross)
- landesweiter Kapazitätsüberhang,
- Empfängerland liess Lizenzbau durch Konkurrenten zu,
- zu hohes Niveau bezüglich der verlangten Technologie,
- unverhältnismässige Einzelforderungen,
- zuviel Bürokratie in Empfängerländern.

Ein Prozess der Anpassung sollte v.a. im bilateralen Bereich möglich

---

91) Wells (Negotiating) 73
92) vgl. Antworten zu den Fragen 1.3. und 3.4.

sein und je länger je mehr vorausgesetzt werden können. Eine diesbezüglich eingetretene Entwicklung in dieser Richtung zeigt sich auf weit übergeordneter, d.h. politischer Ebene: "Auf dem 7. Gipfeltreffen der rund 100 blockfreien Länder in Delhi ist am Samstag ein umfangreiches Kompendium von Forderungen an die Industriestaaten in West und Ost verabschiedet worden. Gemessen an diesem Dokument und an früheren Forderungskatalogen scheint in der dritten Welt ein neuer Realismus und Pragmatismus sowie zunehmende Flexibilität zu herrschen, .... es wird kein Kollosionskurs gesteuert" 93).

Eine Gefahr dafür, dass ein notwendiger gegenseitiger Anpassungsprozess zugunsten von beiden Verhandlungspartnern in ferner Zukunft fehlen könnte, ist damit verbunden, dass ein Verhaltenskodex zur Anwendung gelangen soll, der dem multinationalen Unternehmen eine Menge von Verhaltensvorschriften beschert.

Es bestand im Zusammenhang mit dieser Arbeit das Vorhaben, in den 42 Interviews die Reaktion auf den bereits entworfenen internationalen Verhandlungskodex zu ermitteln, um das Mass der Anpassungsbereitschaft seitens der schweizerischen Investitionsgüterindustrie festzustellen. Die Antworten zum Verhaltenskodex liessen aber leider noch keine Schlüsse zu; kurz, er ist noch zu wenig bekannt.

| | Anzahl Antworten |
|---|---|
| . Eine Anpassung an den Verhaltenskodex könnte nur dann stattfinden, wenn trotzdem der Markt noch 'stimmt' | 2 |
| . Eine Anpassung an den Verhaltenskodex könnte nur dann stattfinden, wenn trotzdem noch in irgend einer Form ein Gewinn möglich ist | 3 |
| . Der Verhaltenskodex ist für die Amerikaner mit dem ausgesprochenen Gewinnstreben eine Gefahr, weniger aber für schweizerische Unternehmer, welche eine entsprechend föderative Einstellung mitbringen | 1 |
| . Der Verhaltenskodex ist zwar bekannt, wurde aber dem Inhalt nach noch nicht verarbeitet | 2 |
| . Keine Stellungnahme, da der Verhaltenskodex bisher nicht studiert wurde | 34 |
| | 42 |

Tab. 6.10.: Beziehung der Untersuchungseinheiten zum Verhaltenskodex 94)

Stellvertretend für eine eingehende Analyse der Einstellung zum Verhaltenskodex sei hier eine Antwort zitiert, die wohl im Zeichen der aktuellen Weltwirtschaftssituation steht: Die ganze Problematik rund um die Investitionsempfängerländer (vorab Entwicklungs- und Schwellenländer), inklusive Verhaltenskodex ist viel zu langfädig, um zu stark

93) NZZ (Strategiewechsel) 7
94) vgl. Frage 4.8. des Interviewleitfadens

darauf einzugehen, so dass vorläufig nur Emotionen zu befriedigen sind 95).

Um solche Gefahren des Interessenkonfliktes, wie sie mit dem Verhaltenskodex aufkommen könnten, zu bannen, schlägt Attisani eine zwar naheliegende, aber dennoch nicht verbreitete Lösung vor: "Bilaterale Vereinbarungen haben sich dabei als nützlich erwiesen. Aber ausser der Bundesrepublik, die 46 solcher Garantieverträge abschloss, wurde diese Möglichkeit nur selten genutzt" 96).

Mit dieser Lösung ist der Weg zum weiteren Dialog geebnet, der übersetzte gegenseitige Forderungen am ehesten aus dem Wege zu räumen vermag. Zur Darstellung der Reflexe, die mit dem Benützen eines der sieben Ansätze für Empfängerländer entstehen können, dient die folgende Uebersicht:

| Ansätze für Empfängerländer gem. Kap. 6.2. | Grenzen der Anpassung seitens der schweizerischen Investitionsgüterproduzenten auf diese Ansätze |
|---|---|
| Bearbeitung von Grossunternehmen | Eine Absatzerhaltung oder -erweiterung muss immer noch möglich sein |
| Anschliessen an andere gleichgerichtete Unternehmungsaktivitäten zur gleichen Zeit | Finanzielle Grössen des Lokalfertigungsprojektes, also Mittelbedarf im gleichen Zeitabschnitt |
| Beantwortung der als zukünftig relevant bezeichneten Motive der Unternehmen | --- |
| Ausnützen des Bedarfs von Unternehmen nach Referenzanlagen | Zuverlässigkeit des Partners |
| Bereitstellung von Vergünstigungen zuhanden von Investoren | Der Absatzmarkt muss vorhanden sein, ob lokal oder in Drittländern |
| Verhinderung von Einfuhren zur Bewirkung eines Zwangs zur Lokalfertigung | Unterschreitung des pro Unternehmen in unterschiedlicher Weise vorgegebenen Zulieferanteils, Fehlen eines Rendements |
| Präsentation von Marktpotentialen | --- |

Abb. 6.7.: Grenzen der Anpassungsbereitschaft potentieller Investitionsgüterproduzenten als Reflex auf direkte Anfragen von Empfängerländern

Es ist offensichtlich und nicht erstaunlich, dass gegenüber den sieben

95) Aus Interview mit einem Firmenvertreter aus Unternehmen mit 2342 Mitarbeitern (1980)

96) Attisani (Dritte Welt) 33

erarbeiteten Ansätzen die Grenzen der Anpassung weit zurückversetzt erscheinen; nicht erstaunlich deshalb, weil die sieben Ansätze bereits eine weitgehende Anpassung der potentiellen Empfängerländer an die individuellen Bedingungen der erwähnten Investoren miteinschliessen. Die Grenzen treten dort viel schneller hervor, wo Empfängerländer unverhältnismässige Forderungen an ihnen bekannte Investoren stellen, deren Konstellation missachten und so unvermittelt den Bogen überspannen.

### 6.3.2. Rückwirkungen auf die schweizerischen Investitionsgüterproduzenten

Aus den in Kap. 6.2. aufgezeigten Ansätzen für Empfängerländer ergeben sich kaum schwerwiegende Rückwirkungen, ev. notwendige 'Abwehrmassnahmen' gegenüber den daraus resultierenden 'Angriffen', solange es jedes Unternehmen versteht, mit jedem zu realisierenden Projekt auf irgend eine Art sein 'Rendement' zu finden.

Rückwirkungen auf das Verhalten der Auslandinvestoren in der Investitionsgüterindustrie könnten eher Aeusserungen im Stammhausland in etwa folgender Art zeitigen: "The immediate interest of most policy makers in industrialised countries (EICs) in the effects of technology exports by their own MNEs stems form a slowing down of international economic growth, a downswing in technological innovation, rising domestic unemployment, stagnant industrial productivity and widespread inflation; all of which are viewed as symptoms of decline in international competitiveness. Such concern has been most often voiced in Sweden, the USA and the UK, the three EICs" 97). Solche Aeusserungen werden aber solange keine weittragende Rückwirkungen auf die Auslandengagements haben, als von den Stammhausländern keinerlei Anstrengungen zur Erhaltung oder Steigerung der Arbeitsplätze im Investitionsgütersektor gemacht werden; dies obschon gerade die herkömmlichen Industrieländer als Hochpreisländer ein besonderes Interesse daran haben sollten.

In der Schweiz wurde eine Chance in diese Richtung vergeben, als im Nationalforschungsprojekt Nr. 9 'Mechanismen und Entwicklung der schweizerischen Wirtschaft und deren soziale Auswirkungen' keine derartige Aufgabe gestellt wurde.

Ohne staatliche Initiativen wird sich auch der potentielle Auslandinvestor aus der Schweiz weiterhin ausschliesslich dem für ihn attraktivsten 'Rendement' zuwenden, ohne sich um volkswirtschaftliche Auswirkungen auf sein Stammhausland zu sorgen.

## 6.4. Zusammenfassung

Die Erhebungsergebnisse aus der Interviewrunde bei den 42 schweizerischen exportorientierten Investitionsgüterproduzenten lässt für Empfängerländer etwelche aufschlussreiche Rückschlüsse für die eigene Interessenlage zu.

Das Ausnützen dieser Erkenntnisse gegenüber potentiellen Investoren

---

97) Dunning (International Production) 322

löst bei letzteren natürlich wiederum eine Gegenreaktion aus.

Diese beiden Blickrichtungen bilden die zwei Hauptthemen in diesem 6. Kapitel, nachdem einleitend die allgemeinen Förderungsmöglichkeiten zur Heranziehung von Lokalfertigung durch die Empfängerländer selbst beleuchtet werden.

Die Empfängerländer interessieren sich für die Ansiedelung von Lokalfertigungsstätten mit den Zielen der Sozialproduktsteigerung, der Industrialisierung ihres Landes, der Beschäftigungszunahme, der Wertschöpfungssteigerung, der Zahlungsbilanzverbesserung und ev. der Erhöhung der Wettbewerbsfähigkeit durch Innovation. Als Förderungsmassnahmen zur Erreichung all dieser Ziele wird in der Folge erörtert was an finanziellen Unterstützungsmassnahmen (Importerleichterung für zu verarbeitende Rohstoffe, Devisenerleichterungen, Exportunterstützungen, ev. Preisstützungen, Steuererleichterungen, Kapitaltransferzugeständnisse, staatliche Investitionsbeihilfen) und an risikopolitischen Unterstützungsmassnahmen (Schutzvereinbarungen, Diskriminierungsverbote, wirtschaftspolitische Kontinuität) lanciert werden kann, um vom Ausland her geleistete Lokalfertigungen heranzuziehen. Aus den Erhebungsergebnissen lassen sich neben diesen herkömmlichen Attraktivitätssteigerungen spezifische Ansatzpunkte ableiten, wie z.B. in direkter Werbung bei potentiellen Investitionsgüterexporteuren vorzugehen ist. Ein Ansatz ergibt sich z.B. daraus, dass 62 % der 242 errichteten Auslandproduktionsstätten von den 10 umsatz- und exportstärksten Investitionsgüterproduzenten der Schweiz betrieben werden. Einen weiteren Aufschluss vermittelt die Beobachtung der Unternehmungsaktivitäten im gleichen Zeitraum, aber in anderen Ländern; sie legen die Produkte dar, auf welche die anvisierten Unternehmen empfindlich reagieren. Besonders wegweisend ist auch die Ermittlung der Motivlage, welche die befragten Firmenvertreter in bezug auf die absehbare Zukunft äussern: 75 % sehen die Notwendigkeit einer Lokalfertigung im Blickwinkel der Absatzerhaltung- oder erweiterung, so dass v.a. Empfängerländer mit attraktiven Absatzmärkten ihre Chancen wahren können. Die Befragung brachte im weiteren zum Ausdruck, dass etwa die Hälfte der Unternehmen auf finanzielle Förderungsmassnahmen durch die Empfängerländer zu ihren Gunsten reagieren würden. Ebenso die Hälfte lässt sich durch ein Gewinnrepatriierungsverbot von einer Investition abhalten.

48 % der befragten Unternehmen würde den Zwang zur Lokalfertigung annehmen, an sich eine gefährliche Feststellung, welche keinen Beitrag zur Verhinderung des zunehmenden Protektionismus zu leisten vermag.

Zusammenfassend resultiert die Feststellung, dass die Stärke der Empfängerländer gegenüber investitionsbereiten Investitionsgüterproduzenten aus der Entwicklungsmöglichkeit ihrer Märkte abgeleitet werden kann.

Leiten nun etwelche Empfängerländer aus den oben erwähnten Ansatzpunkten eigene 'Angriffsmassnahmen' gegenüber potentiellen Investoren ab, so müssen sie bei letzteren auch mit Grenzen der Anpassungsbereitschaft rechnen, die sich im Ueberblick wie folgt präsentieren:

| Ansätze für Empfängerländer \ Grenzen der Anpassung seitens der schweizerischen Investitionsgüterproduzenten auf diese Ansätze | |
|---|---|
| Bearbeitung von Grossunternehmen | Eine Absatzerhaltung oder -erweiterung muss immer noch möglich sein |
| Anschliessen an andere gleichgerichtete Unternehmungsaktivitäten zur gleichen Zeit | Finanzielle Grösse des Lokalfertigungsprojektes, also Mittelbedarf im gleichen Zeitabschnitt |
| Beantwortung der als zukünftig relevant bezeichneten Motive der Unternehmen | --- |
| Ausnützung des Bedarfs von Unternehmen nach Referenzanlagen | Zuverlässigkeit des Partners |
| Bereitstellung von Vergünstigungen zuhanden von Investoren | Der Absatzmarkt muss vorhanden sein, ob lokal oder in Drittländern |
| Verhinderung von Einfuhren zur Bewirkung eines Zwangs zur Lokalfertigung | Unterschreitung des pro Unternehmen in unterschiedlicher Weise vorgegebenen Zulieferanteils, Fehlen eines Rendements |
| Präsentation von Marktpotentialen | --- |

Keines der interessierten Empfängerländer wird jedenfalls darauf warten können, dass sich ein schweizerisches Investitiosngüterunternehmen ohne auch nur ein bescheidenes eigenes Rendement im Ausland engagieren würde. Es bleibt damit dem interessierten Empfängerland nicht erspart, dieses Rendement bei seinen potentiellen Investoren herauszufinden und es 'werbewirksam' anzubringen.

## 7. Schlussbetrachtungen

Die vorliegende Arbeit hat sich zum Ziel gesetzt,

- die Motivkonstellation der schweizerischen Investitionsgüterindustrie zur Errichtung von Lokalfertigungen zu ermitteln und
- für die Bewältigung der komplexen Thematik des Auslandengagements ein strategisches Instrumentarium zu schaffen.

Diese Problemstellung findet seine Herkunft in einer explorativen Studie im Rahmen der Auslandengagementfragen, die in einem der hier zugrundeliegenden Investitionsgüterunternehmen zu behandeln waren. Die ausgesprochene Aktualität hat dieser Arbeit damit auch die erwünschte Relevanz vermittelt.

Eine in der Folge durchgeführte empirische Untersuchung in der exportorientierten, schweizerischen Investitiosgüterindustrie hat mit einer Repräsentativität von 60,12 % des schweizerischen Investitionsgüterexportvolumens in bezug auf die gesuchte Motivkonstellation und auf damit zusammenhängende Fragen die nachstehenden Antworten ergeben:

- 77 % der bereits errichteten Auslandproduktionsstätten und 75 % der geäusserten Zukunftsmotive bestätigen, dass die schweizerische Investitonsgüterindustrie ihre Fabrikationskapazität im Ausland hauptsächlich aus absatzorientierten Motiven erweitert. Die Lokalfertigungsstätte wird damit zum Mittel einer Markterschliessungsstrategie oder dient u.U. der Markterhaltung. Es ist darauf hinzuweisen, dass die Lokalfertigung einer Strategie im Dienste des Marketings entspricht; dies ergibt sich anhand einer branchenspezifischen Beurteilung anlässlich der empirischen Erhebung.
- Diese Motivkonstellation bringt zum Ausdruck, dass auch die schweizerische Investitionsgüter-Exportindustrie einem unübersehbaren Zwang zur Fabrikation im Ausland gegenübersteht. Chancen für Aufträge eröffnen sich vermehrt nur noch denjenigen Produzenten, die sich im anvisierten Absatzland auch fabrikatorisch engagieren. Wer die Märkte nicht gänzlich verlieren will, hat keine andere Wahl als ein solches Engagement in Erwägung zu ziehen.
- Der Zwang zur Lokalfertigung wird innerhalb der schweizerischen Investitionsgüterindustrie noch mehrheitlich (64 % der Antworten) als Herausforderung angenommen, was sich auch in der stetig zunehmenden Zahl von neu errichteten Lokalfertigungsstätten ablesen lässt: 1951-1960 wurden 23 Fabrikationseinheiten im Ausland in Betrieb genommen, 1961-70 waren es deren 52 und 1971-1980 deren 107. Die sich allgemeinhin abzeichnende kräftige Tendenz zur Internationalisierung der Produktion wird damit aus dem Bereich der Investitionsgüterindustrie bestätigt.
- Die Annahme, dass grössere Unternehmen dem erwähnten Druck viel stärker nachgegeben haben als dies kleinere Investitionsgüterunternehmen tun, dieser Sachverhalt konnte durch die Gegenüberstellung von Firmengrösse und Anzahl ausländischer Produktionsstätten bestätigt werden.

  Es liegt damit auf der Hand, dass die Grossunternehmen auch in Zukunft stärker mit der Lokalfertigungsfrage konfrontiert werden. Der Schweizer Markt war für sie seit jeher zu klein und wird es bleiben, um das Geschäft mit ihrem Leistungsangebot rentabel betreiben zu können. Ihre Sorge um die ausländischen Märkte wird sie zukünftig vor allem in Länder mit ansehnlichen Marktpotentialen zu immer wieder neuen Schritten in Richtung Lokalfertigung veranlassen.

Diese allgemeine Ausgangslage, verstärkt durch die erkannte Zunahme des Protektionismus und die wachsende Komplexität der Engagement-Entscheidungssituation haben das Vorhaben zur Schaffung eines dementsprechenden strategischen Instrumentariums intensiviert. Letzteres soll verhindern, dass den sich ergebenden Herausforderungen ohne angemessenen Konzeptrahmen begegnet wird. Es soll flexibel genug sein, um auf die weltwirtschaftlichen Prozesse auch im Interesse des Unternehmens antworten zu können. Die empirische Erhebung bei den 42 grössten Investitionsgüterunternehmen hat ergeben, dass erst drei Firmen über eine formulierte Lokalfertigungsstrategie verfügen; ein diesbezügliches Instrumentarium haben sie aber noch nicht geschaffen. Acht weitere Investitionsgüterproduzenten tragen die Absicht für eine formulierte Engagementstrategie.

Die Suche nach einem geeigneten Instrumentarium zur Bestimmung des Auslandengagements hat zu den folgenden Bearbeitungsmitteln geführt:

- Die Entscheidungsmethodik nach Kepner/Tregoe bildet die Voraussetzung für eine kontinuierliche, systematische Erfassung aller relevanten Problemkreise. Ausgehend von einer anfänglich ganzheitlichen Erfassung aller Chancen und Gefahren für ein Unternehmen der Investitionsgüterindustrie kann anhand eines vorgezeichneten Pfades im Entscheidungsprozess eine sukzessive Problemreduktion vorgenommen werden, bis hin zum Entscheid pro/contra Lokalfertigung.
- Dieser Entscheidungsprozess wird in sieben konstituierende Arbeitsschritte gefasst. Für die einzelnen Schritte sind die notwendigen Instrumente entwickelt worden. Den flexiblen Charakter erhält das strategische Instrumentarium dadurch, dass die einzelnen Hilfsmittel bei jedem neu aufgenommenen Arbeitsprozess mit den jeweils aktuellen Informationen auszustatten sind.
- Der mehr statische Teil des Instrumentariums wird in zehn strategische Grundsätze gefasst. Diese bringen zum Ausdruck, nach welchen unternehmungsspezifischen Richtlinien die Umweltbedingungen zu beurteilen sind. Die strategischen Grundsätze gelten solange, als sie zum Vorteil des Unternehmens sind und als haltbar beurteilt werden können; andernfalls sind sie vom obersten Führungsgremium neu festzulegen.

Die Wahl dieser drei Hilfsmittel erlaubt es, einen umfassenden Teil der Entscheidungsvorbereitung aus den obersten Führungsstufen zu delegieren.

Im Einzelnen umfasst der Entscheidungsprozess die folgenden Arbeitsschritte:

- Produkt- / Markt-Strategie. Sie nimmt in international tätigen Unternehmen eine zentrale Stelle ein und ist nicht speziell für die Beurteilung des Auslandengagements zu konzipieren. Sie hat für die verschiedensten Zwecke die Produkt- / Markt-Kombinationen zu ermitteln, die vom Unternehmen anzustreben sind. Aus der Produkt- / Marktstrategie sind die ersten Hinweise für eine potentielle Markterschliessung durch Lokalfertigung abzuleiten.

- Chancen- / Gefahren-Analyse. Das erarbeitete und nach unternehmungsspezifisch festgelegter Periodizität zu bearbeitende Chancen- / Gefahren-Profil stellt die eigentliche Schnittstelle zwischen vorhandenen und erkannten Hinweisen zur Ueberprüfung des zukünftigen Auslandengagements dar. Erst erkannte Chancen und Gefahren geben den Impuls zur Formulierung dementsprechender Lokalfertigungsprojekte.

- Informationsanalyse zur Minimierung des Arbeitsplatzexportes. Dieser Arbeitsschritt bietet zwei Hilfsmittel an, je eines zur Minimierung des Arbeitsplatzexportes und eines zur Vermeidung von neuen Ueberkapazitäten und der damit verbundenen Geschäftsrisiken. Dieser Arbeitsschritt ist zweifellos bedingt durch die aktuelle Arbeitsmarktsituation in den industrialisierten Ländern und durch die vermehrt auftretenden Kapazitätsauslastungsprobleme in bereits bestehenden Fabrikationsbetrieben.

- Konkurrenzanalyse. Die entworfene Konkurrenzanalyse zeigt auf, wie die Ausgangslage des eigenen Unternehmens in den zu untersuchenden Märkten im Verhältnis zu den bekannten Konkurrenten zu werten ist.

- Investitionsklima-Analyse. Dieser Arbeitsschritt ist ganz auf die Erwägung der Produktionsstätte als Mittel zur Markterschliessung ausgerichtet. Jede Fertigungsstätte bindet Kapital, jeder Kapitaleinsatz schafft Risikokapital. Die Ermittlung dieses Risikos ist Gegenstand dieser Analyse. Es werden sechs Möglichkeiten zur Risikobeurteilung aufgezeigt. Ein zweiteiliges, d.h. ein unternehmungsunabhängiges und ein unternehmungsspezifisches Evaluations-Hilfsmittel stehen bereit, um die Risiken mehrerer Projektländer vergleichbar zu machen.

- Alternativen-Ermittlung und -Bewertung. Pro verbleibende Projektalternative ist hier vorerst eine Grobabschätzung der Projektdimensionen vorzunehmen, damit die verschiedenen Projekte v.a. dem zur Verfügung stehenden Kapital gegenübergestellt werden können. Verschiedene Engagementformen bieten hiezu die Möglichkeit, Projekte nach verschiedenen Gesichtspunkten zu variieren. Für die Alternativenbewertung wird in erster Linie der interne Zinsfuss, und damit die Projektauswahl nach der Investitionstheorie von Hax vorgenommen. Da in der untersuchten Praxis jedoch bei weitem nicht immer Rentabilitätsüberlegungen die erste Priorität einnehmen, sondern vielfach Absatzerhaltungs- oder Absatzerweiterungsvorhaben Vorrang haben, wurde eine analoge Alternativenbewertung nach Umsatz pro Kapitaleinheit geschaffen. Eine Kombination aus beiden Bewertungsmassstäben mit selbstwählbarer Variierung der Prioritätensetzung erbringt das branchenspezifisch geeignete Beurteilungsinstrument.

- Feedback-Analyse. Mit der vorgängigen Alternativenbewertung wäre zwar die Reihenfolge der zu realisierenden Projekte für den Entscheid vorbereitet. Der Umfang der realisierbaren Projekte ist aber erst auf das verfügbare Kapital abgestimmt, jedoch noch nicht auf die im weiteren notwendigen Ressourcen wie Managementkapazität, Verkaufsorganisation, Kapazität der eigenen Zulieferanten etc. Diese Abstimmung übernimmt nun die Feedbackanalyse vor dem eigentlichen Durchführungsentscheid. Sie prüft zudem die möglichen Konsequenzen und Reaktionen in der Unternehmungsumwelt, um eventuellen Hindernissen im voraus begegnen zu können.

Jedem dieser sieben Arbeitsschritte wurde, wie oben erwähnt, mindestens ein strategisches Grundsatzgebiet zugeteilt, welches grob die Richtlinien für die einzelnen Bearbeitungsgebiete festlegt. Als Beispiel aus den 10 strategischen Grundsätzen sei jener zum Arbeitsschritt 'Chancen- / Gefahren-Analyse erwähnt: Festlegung der Ereignisse, die als Impulse für zukünftige Auslandproduktionen akzeptiert werden.

Zur Bewirtschaftung des aufgezeichneten strategischen Instrumentariums besteht ein Informationsbedarf. Er wird hier erläutert, bezogen auf drei Aufbereitungsphasen. Es wird daraus ersichtlich, was permanent, was zum Zeitpunkt einer Projektevaluation und was nach dem Projektdurchführungsentscheid an Informationen zusammenzutragen ist. Ein spezieller Exkurs in die Problematik des Protektionismus hat zur Entwicklung eines Früherkennungs-Instrumentes für aufkommende Protektionismustendenzen geführt.

Eine alles umfassende Uebersicht bietet schliesslich das notwendige Gerüst an, um stets Informationsquellen, Informationsinhalte und Informationsbeschaffungsverantwortung präsent zu haben. An dieser Stelle angelangt, kann festgestellt werden, dass die Zielsetzung der Arbeit erreicht wurde: Die Motivkonstellation ist ermittelt, ein darauf abgestimmtes Entscheidungsinstrumentarium ist gestaltet worden.

Abschliessend wird darüber hinausgehend erörtert, welche Folgerungen potentielle Investitionsempfängerländer aus den gewonnenen Erkenntnissen ableiten können. Für den Fall, dass sich z.B. ein Schwellenland für eine Fortführung seines Industrialisierungsprozesses interessiert und hiefür besonders gerne ein schweizerisches Investitionsgüterunternehmen als Investor gewinnen möchte, für diesen Fall hat es gemäss den Erhebungsergebnissen dann besondere Chancen, wenn es über ein attraktives Marktpotential verfügt, Incentives in Aussicht stellen kann oder den Import verhindert, ein stabiles Investitionsklima ins Feld führen kann und sich v.a. auf die grösseren Unternehmen konzentiert. Es darf mit seinen Forderungen allerdings den Bogen nicht überspannen, da auch die Bereitschaft zur Anpassung seitens der Investitionsgüterproduzenten ihre Grenzen kennt.

Das in dieser Arbeit gestaltete strategische Instrumentarium erscheint je nach Standpunkt des Betrachters vielleicht als aufwendig. Einer solchen Ansicht wäre zu entgegnen, dass ein grösserer Aufwand nur bei der erstmaligen Verwendung des Instrumentariums anfällt. Folgt man bei einer wiederholten Verwendung der vorgeschlagenen Systematik und verwendet die aufgezeigten Hilfsmittel als Fragelisten und als Anstösse zum dezentralisierten Durchdenken der relevanten Grundprobleme im eigenen Unternehmen, so werden sich rasch Problem-Schwerpunkte bilden, auf die man sich konzentrieren kann. Ein grosser Teil des notwendigen Wissens ist v.a. auch bei den Leuten von der Front bereits vorhanden, so dass ein Hauptgewicht darauf zu legen ist, dass diese vorhandenen Informationen systematisch zusammengetragen und bearbeitet werden. Die Einführung und Verwirklichung des strategischen Instrumentariums fällt um so leichter, je besser es der obersten Unternehmungsleitung gelingt, dieses verteilte Wissen für die Lösung dieser hier zugrundeliegenden, anspruchsvollen Aufgabe nutzbar zu machen. Die Bearbeitung des zusammengetragenen Wissens kann mit Hilfe der nun entwickelten Vorgehenssystematik besser auch in Stabsfunktionen zur Entscheidungsvorbereitung delegiert werden, was ohne Instrumentarium als ausgeschlossen erscheint.

Es sind denn wohl auch eher die grösseren Unternehmen mit solchen Stabsfunktionen, die aus der entworfenen Methodik am meisten Vorteile zu ziehen vermögen; dies v.a. aus der Tatsache heraus, dass sich der wahre Nutzen erst dann ergibt, wenn innerhalb der gleichen Zeitperiode mehrere Projekte zueinander in Konkurrenz stehen und zu vergleichen sind. Jenen Unternehmen, die sporadisch, vielleicht nur alle fünf Jahre ein Projekt zu beurteilen haben, geben die aufgezeigten Instrumente das Gerüst mit, um eine vollständige Informationsbeschaffung und damit eine optimale Entscheidungssituation anstreben zu können. Sie helfen mit, vorhandene Chancen und Gefahren zu erkennen und auszunützen.

Das vorliegende Instrumentarium ist primär auf die Investitionsgüterbranche ausgerichtet. Eine Anpassung für andere Branchen ist v.a. überall da notwendig, wo die zugrundeliegende Motivkonstellation ihren Einfluss auf die Gestaltung genommen hat. Insbesondere ist dies bei der Festlegung der strategischen Grundsätze der Fall.

Das Instrumentarium soll jedenfalls einen Ansatz zur Lösung der ohnehin sich weiter ausbreitenden Strukturprobleme darstellen. Seine Verwendung zwingt zum Erkennen der immer wieder neuen Entwicklungen auf dem Weltmarkt und zum Ueberdenken der eigenen Verhaltensweisen: Müssen wir uns im schweizerischen Stammhaus zunehmend auf die Produktion der 'noble parts' einrichten? Genügt das vorhandene Management, um den zunehmenden Internationalisierungsprozess noch bewältigen zu können? Welche Alternativen haben wir dem aufkommenden Protektionismus in unserem bevorzugten Absatzland entgegenzuhalten? Welche Art Lokalfertigung garantiert uns überhaupt noch ein Rendement?

Zu solchen und ähnlichen Fragen regt das strategische Instrumentarium ebenso an wie zur umfassenden Informationsbeschaffung. Die Möglichkeit zur Vornahme einer Rangierung von sich gegenseitig ausschliessenden Lokalfertigungsprojekten bildet den Abschluss des aufgezeigten Denkprozesses. "Unsere eigene Zukunft bestimmt sich an der Fähigkeit, mit der komplexen Weltrealität und der Fülle verschiedenartiger Prozesse angemessen umzugehen" 1).

---

1) Leuenberger T., in: NZZ (Wachsende Weltunordnung) 37

## ANHANG - VERZEICHNIS

LOKALFERTIGUNG
ALS STRATEGIE DER
INVESTITIONSGÜTER-
INDUSTRIE

INTERVIEW - LEITFADEN

Firma: ........................
Datum: ..........
Interview-Partner:...............
Seine Funktion :...............
Tel. Nr. :...............

EINLEITUNG

- Dank für die Bereitschaft zum Gespräch
- Dauer des Interviews
- Orientierung
  . Ursprung und Nutzen der Untersuchung
  . Auswahlkriterium für diese Untersuchung (Definit. Inv. g.ind.)
  . Uebersicht über die Fragenkomplexe:
    1. Motivforschung zur Lokalfertigung
    2. Lokalfertigung innerhalb der Unternehmungsführung
    3. Strategisches Instrumentarium
    4. Verhaltensalternativen gegenüber Protektionismus
    5. Reaktionsmöglichkeiten gegenüber Nationalisierungen
    6. Unternehmungsdaten und -fakten
    7. Ausblick
- Zielsetzung der Untersuchung
  . Ziel dieses Projektes ist es, die Bedeutung der Lokalfertigungstendenzen innerhalb des Wirtschaftzweiges Investitionsgüterindustrie aufzuzeigen und für die komplexe Entscheidungssituation im Hinblick auf ein Auslandsengagement ein strategisches Instrumentarium zu vermitteln
- Diskretionszusicherung

Darf ich Ihnen einleitend aus der io-Zeitschrift vom November 81 zwei Zitate vom Verwaltungsratsdelegierten der Nestlé, Dr. Fürer vorlesen, die sich z.T. widersprechen:

a) "Zweifellos arbeiten die Multis am liebsten dort, wo günstige Investitionsbedingungen, stabile Verhältnisse, ein freiheitliches Wirtschaftsklima und eine korrekte Rechtsordnung herrschen. Das Land, das nicht bereit ist, diese Grundbedingungen zu bieten, darf sich über mangelnde Investitionslust des Auslandes nicht beklagen."

b) "Vorwiegend in Ländern mit Zahlungsbilanz-Ungleichgewichten zeigen sich Abwehrmassnahmen, die teilweise protektionistischen Charakter haben. Sie beginnen oft schleichend mit der Erschwerung von Importen durch administrative Massnahmen und führen schliesslich bis zum Verbot der Einfuhr nicht wesentlicher Güter. Auch unter diesen Umständen ist die beste Waffe für die Multis die Anpassungsfähigkeit, ein erfinderischer Geist, der auch unter erschwerten Bedingungen weiterzuarbeiten erlaubt."

Welche dieser beiden Ansichten ist der Tendenz nach in diesem Unternehmen vorherrschend ?

a) ☐ b) ☐

Diese Zitate bezwecken, die Ausgangssituation dieser Untersuchung darzustellen. Dieser scheinbare Widerspruch besteht heute, wenn man sich mit Mitgliedern der Unternehmungsführung über Sinn und Notwendigkeit von Produktionsstätten im Ausland bespricht. Diese Feststellung allein genügt jedoch nicht.
Der Frage zum Engagement im Ausland und der verbreiteten Einstellung hiezu muss auf den Grund gegangen werden, damit letzlich ein aktuelles Entscheidungsinstrumentarium zum Thema Lokalfertigung entwickelt werden kann. Dies umso mehr, als sich der Trend zur Lokalfertigung verstärkt und damit sich auch die exportorientierte Investitionsgüterindustrie in der Schweiz auseinandersetzen muss.

Es folgt daraus relativ rasch die Erforschung der Motive für Engagements in Lokalfertigungen im Ausland.
Eine Vorfrage leistet einen wesentlichen Beitrag zur Klärung des Standpunktes der entsprechenden Untersuchungseinheit:

Mit wievielen ausländischen Produktionsstätten ist dieses Unternehmen engagiert?

| | | | | |
|---|---|---|---|---|
| Eigene Tochtergesellschaften,Joint Ventures | ☐ | keine | ☐ | * |
| Lizenzvergaben, Subcontracting,Beratung | ☐ | Keine | ☐ | * |
| Bestehen Lokalfertigungsprojekte ja | ☐ | nein | ☐ | |

(* Wenn keine LF-Engagements : F. 2.1.2.)

# 1. MOTIVFORSCHUNG ZUR LOKALFERTIGUNG

Dieses Kapitel an Fragen erforschtdie Motive für die Aufnahme von Engagements in ausländischen Produktionsstätten, bezogen auf die Vergangenheit sowie auf die Zukunft.
(Hinweis: Strategisches Entscheidungsinstrumentarium)

- MOTIVKATALOG VORLEGEN -

1.1. Für jedes Engagement in einer kontrollierten Fabrikationsgesellschaft im Ausland sollen aus einem individuellen Erhebungsblatt zehn Fragen beantwortet werden (Motivkatalog zur Bildung von Motivkategorien)

1.2. Können Sie sich vorstellen, dass bei vereinzelten Engagements zugunsten ausländischer Produktionsstätten ausserökonomische Motive statt deklarierte Unternehmungszielsetzungen ausschlaggebend waren ?

ja ☐ nein ☐

z.B. : ................................
................................

1.3. Welches sind die hauptsächlichsten Ablehnungsgründe bei externen Anfragen für eine Unterstützung zur Errichtung von Lokalfertigungsstätten

vor der Feasibility-Studie:...............
...............

nach der Feasibility-Studie:.............
.............

1.4. Gibt es in diesem Unternehmen innerhalb der letzten 20 Jahre Engagement-Abbrüche ? ja ☐ nein ☐

Wenn ja, Aufteilung nach Engagementformen gemäss F. 6.6.)

........................
........................

ERHEBUNGSBLATT PRO AUSLANDPRODUKTIONSSTÄTTE

Als Engagement des schweizerischen Unternehmens: .....................

Identifikation : .........

1. Land: Kategorie des Empfängerlandes:

Industrieland ☐ ☐ Entwicklungsland

Schwellenland ☐

2. Kurzbezeichnung der Firma: ....................................

3. Motiv . zum Aufbau des Engagements (s. Motivkatalog) : ..........

..........

ausserök.Motive : ..........

4. Jahr der Engagementaufnahme: ....

5. Engagementform (F. 6.6.) : ....................................

6. Bei Kooperation, Art des Partners: staatlich ☐

privatwirtschaftlich ☐

Bei joint venture, Art der eingebrachten Aktiven

des privaten Partners : ...............

des Staates : ...............

der Schweizerfirma : ...............

7. Umsatz : (1980): .............. davon an Investitionsgütern : ........

8. Beschäftigte (1980): ..........

9. Lokale Gewinnerzielung : ja ☐ nein ☐

wenn ja . seit welchem Jahr: ....

. Art der Gewinnverwendung :

- Reexport : ☐
- Reinvestition : ☐
- Ablieferung an Staat : ☐
- anders : ☐

10. Bestehen Zulieferungen aus der Schweiz dank dieses Engagements

ja ☐ nein ☐ messbar ☐ nicht messbar ☐

Hauptsächliche Schwierigkeiten heute:

## 2. LOKALFERTIGUNG INNERHALB DER UNTERNEHMUNGSFUEHRUNG

2.1. AUSLANDENGAGEMENT können grundsätzlich systematisch gesucht, aufgebaut oder aber von Einzelchancen abhängig gemacht werden. Es folgen nun Fragen zum Bestehen einer Engagementstrategie, d.h. zu zielorientierten Verhaltens- und Handlungsweisen im Hinblick auf die Schaffung neuer Erfolgspotentiale.

2.1.1. Innerhalb des Unternehmungsführungsbereichs, welchem Begriff würden Sie die Beurteilung von Lokalfertigungsvorhaben zuordnen:

- Unternehmungsziel ☐
- Unternehmungsstrategie ☐
- Unternehmungspolitik ☐
- Teilpolitik ☐
- Ressourcenzuteilung ☐
- anders ............

2.1.2. Gibt es in diesem Unternehmen eine formulierte Lokalfertigungs-/Engagementstrategie ?

ja ☐ nein ☐

2.1.3. Besteht auch die Abstimmung zur vorgelagerten Unternehmungspolitik und den entsprechenden Unternehmungszielen ?

ja ☐ nein ☐

2.1.4. Ist die Engagementstrategie innerhalb der Gesamtheit formulierter Unternehmungsstrategien mit allen Abhängigkeiten integriert ?

ja ☐ nein ☐

2.1.5. Bringt ein Entscheid zugunsten eines neuen Auslandengagements direkte Einflüsse auf die übrigen Unternehmungsstrategien ?

ja ☐ nein ☐

z.B.:..................................

2.1.6. Existiert absichtlich keine formulierte Engagementstrategie ?

ja ☐ nein ☐

deren Existenz ist nur eine Frage der Zeit ☐

2.1.7. Ist die Bildung einer Engagementstrategie beabsichtigt, in welcher Form soll diese Strategie formuliert werden ?

..................................
..................................

2.1.8. Werden Lokalfertigungsprojekte a) aktiv (d.h. aufgrund eigener Initiative) oder b) passiv (d.h. aufgrund externer Anfragen) behandelt ?

beides: ☐ a) ☐ b) ☐ , soll aber in absehbarer Zukunft ändern

2.2. EINSTELLUNG zur Engagementstrategie. (Anlehnung an Einführungsfrage)

2.2.1. Welche grundsätzliche Einstellung ist in diesem Unternehmen der allgemeinen Lokalfertigungsproblematik gegenüber vorherrschend ?

. LF ist stets unter dem Blickpunkt der Expansionspolitik zu betrachten ☐

. LF soll nur im Sinne eines echten Gegengeschäftes unterstützt werden, wenn also ein finanzieller Erfolg gesichert ist ☐

. LF ist in jedem Fall als Gefahr für den Export und damit als negativer Umwelteinfluss zu betrachten ☐

. Wird eine von extern angefragte LF-Bereitschaft nicht von "uns" positiv beantwortet, so kommt die Konkurrenz zuvor, und dies sollte nach Möglichkeit verhindert werden. ☐

. Die internationale Arbeitsteilung wird weiterhin zunehmen, die LF-Vorhaben demnach ansteigen, sodass eine verstärkte LF-Projektbeteiligung zu fördern ist ☐

. andere:.......................... ☐
..........................

2.2.2. Heute hört man viel vom Zwang zur Lokalfertigung. Z.T. ist es eine Frage der Einstellung, wie diesem Zwang entsprochen wird. Welche Alternativen hat dieses Unternehmen, um nicht diesem Zwang entsprechen zu müssen ? ..................................
..................................
..................................

## 2.3. ENTSCHEIDUNG

2.3.1. Wo ist heute die Entscheidung "pro oder kontra Lokalfertigungsengagement " lokalisiert ?

- beim Kollektiv der Konzernleitung ☐
- Kollektiv der obersten Geschäftsleitung ☐
- Verantw. Geschäftsleitungsmitglied ☐
- Geschäftsbereichsleiter ☐
- Spezialausschuss ☐
- ...............

2.3.2. Welche Instanzen sind bei der Entscheidungsvorbereitung beteiligt ?

......................................

......................................

......................................

## 2.4. ENTSCHEIDUNGSASPEKTE

Motive sind Impulse. Belastendende Konsequenzen können diese Impulse behindern. Solche Belastungsfaktoren sollen nun erörtert werden.

2.4.1. Beschäftigungsfrage
Gegen ein Engagement in lokalen Fabriken wird stets ins Feld geführt, dass bei einem Aufbau von ausländischen Kapazitäten die Arbeitsplätze im Stammhaus verloren gehen. Mit welchen Argumenten erspart es sich dieses Unternehmen, dass nicht mit jedem Auslandengagementprojekt negative Public Relation durch die Gefahr der Arbeitslosigkeit entsteht ?

- Zulieferungen von andern Produkten aus dem Sortiment absorbieren freiwerdende Arbeitskräfte ☐
- Das Unternehmen wird in zunehmendem Masse die Produktion auf noble parts (Schlüsselkomponenten) verlagern ☐
- Neue Produkte aus der Forschung werden die Weiterbeschäftigung garantieren ☐
- Die kontinuierliche Verlagerung der Arbeitskräfte aus der Industrie in den Dienstleistungssektor wird die freiwerdenden Arbeitskräfte absorbieren ☐
- Die Kapazität wird vom entsprechenden Staat in jedem Fall aufgebaut. Ist es nicht dieses Unternehmen, das sich engagiert, so wird es die Konkurrenz tun.Es ist also besser, nur die Arbeitsplätze als Markt und Arbeitsplätze zu verlieren ☐
- andere: ................................ ☐

2.4.2. Um auf dem Gebiet von Public Relation/Imagepflege weiterzufahren, welche Auffassung ist in diesem Unternehmen stärker vertreten:

. Für Investitionsgüter ist "swiss made" als Gütezeichen ein zugkräftigeres Verkaufsargument ☐

als

. "Made in ......by ..", d.h. also das Argument der Produktion im Lokalmarkt ☐

2.4.3. Obschon in der Investitionsgüterindustrie die Lokalfertigung vielfach im Dienste des Absatzes steht ist gleichzeitig die Schaffung eines finanziellen Erfolgpotentials nicht ausser Acht zu lassen:

. Welcher Art sind die finanziellen Entgelte für die Auslandengagements ? ..........
..........

. Werden die Kapitalrückflussmöglichkeiten und die Gewinnrepatriierungserlaubnis die Entscheidung zum Auslandengagement stark beeinflussen ?

ja ☐

nein ☐

. Die ersten Jahre einer neuen Produktionsstätte sind vorwiegend verlustträchtig. Bestehen klare kaufmännische Vorstellungen, bis zu welchem Betrag der Verlust gehen darf und in welchen Fällen ein Engagement zu liquidieren ist ?

ja ☐

nein ☐

- die Verlustbereitschaft ist in % des Investitionsbetrages festgelegt ☐
- die Verlustbereitschaft wird festgelegt mit der Höhe der potentiell ausfallenden Fixkostendeckung im schweizerischen Stammhaus ☐
- die Bereitschaft zur Verlustübernahme wird nicht explizit und im voraus festgelegt, sondern von Jahr zu Jahr bis zum Gewinn oder dem Projektabbruch stets neu beurteilt ☐
- ..............
  .............. ☐

2.4.4. Lässt sich dieses Unternehmen als potentieller Kooperationspartner stark von den Motiven des Empfängerlandes für den Entscheid beeinflussen ?

ja ☐ nein ☐

z.B. Motivprioritäten

2.4.5. Werden Lerneffekte aus dem Verlauf vorgängiger Projekte bei der Entscheidungssuche systematisch berücksichtigt ?

ja ☐ nein ☐

2.4.6. Welche andern Entscheidungsaspekte im Sinne von möglichen Konsequenzen werden zudem noch beigezogen ?

(Hinweis auf Instrument) ......................................
......................................

2.5. MESSBARKEIT von Entscheidungsaspekten

Diverse Entscheidungsaspekte können zwar einbezogen, aber vielfach nicht gemessen werden, sondern sind lediglich als qualitativer Faktor zu werten. Wie verhält es sich diesbezüglich bei den folgenden Entscheidungsaspekten ?

2.5.1. Gemäss Frage 2.4.1. kann durch den Aufbau von lokaler Kapazität im Ausland ein kontinuierlicher Export substituiert werden.

. Ist die Exportablösung bei echten Produktionsverlagerungen

messbar ☐ nicht messbar ☐

. Wird dieser allfällige Exportverlust in diesem Unternehmen im Sinne einer "Nachkalkulation" erfasst ?

ja, in Frankenwerten ☐

ja, aber nur in Beschäftigungseinbussen ☐

nein ☐

2.5.2. Dem Exportablösungsargument wird von der Seite der Lokalfertigungsbefürworter oft entgegengehalten, dass gerade die Beteiligung an einer Lokalfertigungsstätte den weiteren Export aus der Schweiz durch kontinuierliche Auftragseingänge zu garantieren vermag.

. Wird in diesem Unternehmen zahlenmässig erfasst, welchen Betrag die Aufträge ausmachen, welche letztlich durch das Lokalfertigungsengagement zustande kommen ?

ja ☐

nein ☐

2.6. KONFLIKTLOESUNGSMOEGLICHKEITEN

In Entwicklungs- und Schwellenländern ist in verstärktem Masse die Tendenz zu beobachten, dass die Technologie und Kooperation eines ausländischen Produzenten beigezogen wird, um später die eigenen Importe substituieren zu können.

Andererseits möchte ein schweizerisches Investitionsunternehmen einen bestimmten Marktanteil nicht verlieren, noch ist es bereit, zu jeglichen Bedingungen in einer Lokalfertigung zu kooperieren.

Welche Ueberlegung steht aus der Perspektive dieses Unternehmens im Vordergrund, um diesem grundsätzlichen Konflikt strategisch zu begegnen ?

- prophylaktisch kleine LF-stätte aufbauen zur Imagepflege, als Wettbewerbsvorteil ☐
- LF als %-Satz zur Importentwicklung im entsprechenden Land aufbauen ☐
- LF erst unterstützen auf Anfrage hin und nach positivem Aushandlungsprozess realisieren ☐
- LF nur im Falle einer positiven Rentabilität aufbauen, ansonsten das Feld nicht bearbeiten und der Konkurrenz überlassen ☐
- periodisch den Ertrag aus dem potentiellen Marktverlust in Konkurrenz setzen zur Rendite bei andern Auslandinvestitionen oder anderweitigen Anlagemöglichkeiten ☐
- andere Konfliktlösungsmöglichkeiten:
  ..........................................
  .......................................... ☐

2.7. Zwei allgemein unternehmungspolitische Fragen, die jeglicher Problemstellung zum LF-Engagement vorgelagert sind.

2.7.1. Welches ist letzlich in diesem Unternehmen die sogenannte "Treibende Kraft".

| | | | | |
|---|---|---|---|---|
| -Produkte/Märkte: | • Produkte ☐ | | -Fähigkeiten | • Technologie ☐ |
| | • Markterfordernisse ☐ | | | • Produktionsmöglichkeiten ☐ |
| | | | | • Verkaufsmethode ☐ |
| -Resultate | • Grösse/ Wachstum ☐ | | | • Rohstoffe ☐ |
| | • Ertrag/ Gewinn ☐ | | -andere: | ............ ☐ |

2.7.2. Einesteils kommt die Lokalfertigung auch dem unternehmerischen Bestreben nach Ausdehnung/Wachstum entgegen. Was glauben Sie ist letztlich der Hintergrund, der z.B. in diesem Unternehmen zum Wachstum treibt ?

..........................................

..........................................

## 3. STRATEGISCHES ENTSCHEIDUNGSINSTRUMENTARIUM

Ein Entscheid im Hinblick auf ein Auslandengagement ist abhängig von diversen Entscheidungselementen.

3.1. Für eine systematische statt nur chancenorientierte Entscheidungsfindung ist die Verwendung eines Entscheidungsinstrumentariums unerlässlich.

. Besteht in diesem Unternehmen ein solches Entscheidungsinstrument/modell ?

ja ☐ nein ☐

. Findet eine Entscheidungsvorbereitung anhand einer Checkliste statt, ähnlich wie dies vielfach bei Feasibility-Studien anzutreffen ist ?

ja ☐ nein ☐

. Andere Entscheidungshilfen: ................................
................................
................................

. Ist ein entsprechendes Entscheidungsinstrument in Bearbeitung ?

ja ☐ nein ☐

Fertigstellung geplant auf 19..

3.2. Jedes Entscheidungsinstrument kann erst dann effizient eingesetzt werden, wenn Grundsätze, Direktiven, in unserem Fall sogenannte Engagement-Strategie-Direktiven als Richtungsanzeiger dahinter stehen.

Sind solche Direktiven, Leitvorstellungen hier vorhanden ?

ja ☐ nein ☐

wenn ja, z.B. : ................
................

3.3. Besteht als Vorgabe zu Engagementprojekten eine Produkt/Marktstrategie, auf das gesamte Produktesortiment der Unternehmung bezogen ?

ja ☐ nein ☐

auf welchen Planungshorizont: ....

3.4. Nach welchen Gesichtspunkten wird die Lokalfertigungsbereitschaft, auf das Produkt bezogen, beurteilt ?

. Keine Bereitschaft bei weltweitem Kapazitätsüberhang ☐

. In einem Land bereits vorhandene Lizenzen verhindern grundsätzlich weitere Kooperationen für die gleiche Zeitdauer ☐

. Wenn das verlangte Niveau des Technologisierungsgrades zu hoch ist (Gefahr der Vergabe von noble parts) ☐

. Gemäss vorgegebener Abstufung,Reihenfolge der Lokalfertigungsbereitschaft, nach welcher die Produkte zur Auslandfabrikation "freigegeben" werden. ☐

. oder ........................................ ☐

3.5. Für eine aktive und rechtzeitige Verfolgung der Lokalfertigungsgefahren / oder -chancen leistet ein Frühwarnsystem wertvolle Dienste.

. Besteht hier ein solches ?

ja ☐ nein ☐

. Wenn ja, welcher Art ist es ?

- über Verkaufsgesellschaften ☐
- über Aufenthalte der schweizerischen Verkaufsdirektoren in den entsprechenden Ländern ☐
- über lokale Consultants ☐
- über Tageszeitungen ☐
- über offizielle politische Absichtserklärungen ☐
- andere .................... ☐

....................

3.6. Werden für den anvisierten Lokalmarkt auch Konkurrenzanalysen gemacht?

- betr. Lizenzvergaben ☐
- betr. LF-Istzustand ☐
- betr. Image ☐
- nach ............. ☐

3.7. Führt das Auslandengagement in die Richtung einer Investition in Produktionsanlagen, sind verschiedene Faktoren des lokalen Investitionsklimas zu erfassen.

. Wird dies gemacht ?

ja ☐ nein ☐

. Auf welche Weise ? ...............................

...............................

. Wird ein bestimmter Lieferant mit dessen Investitionsklimaindex bevorzugt ?

ja ☐ nein ☐

welcher ? Vorteil ?

......... .........

ff. 3.7. . Ist die Festlegung eines Investitionsanspruchniveaus

- Grafik zeigen -

möglich ☐
zweckmässig ☐
nötig ☐

und wie könnte dieses ev. festgelegt werden ?

...................................

...................................

. Wann wird ein Entwicklungsland als Investitionsland interessant und damit in die aktive Bearbeitung einbezogen ?

- bei genügendem finanziellem Rückhalt (z.B. Kredite von lokalen Banken,Bankgarantien) ☐
- bei entsprechender Bevölkerungsentwicklung ☐

. Wird die vom Empfängerland gestellte Forderung/Bedingung nach einem später einsetzenden Reexport in Drittländer als belastendes Element miteinbezogen ?

ja ☐ nein ☐

3.8. Nach dem Einbezug der verschiedenen Entscheidungsaspekte ist zwischen mehreren Projekten eine Evaluation vorzunehmen

. Nach welchen Massstäben werden die Prioritäten gesetzt ?

...................................

...................................

. Gilt hier im Zweifelsfalle

- das Primat des Absatzes ☐
- Primat des Gewinnbeitrages ☐
- Primat des Wachstums ☐

und können diese gegeneinander gewichtet werden ?

...................................

. Werden ev. sogar Prioritätenrechnungen pro Engagementform aufgestellt ?

ja ☐ nein ☐

3.9. Die Engagementform wird erfahrungsgemäss in der Mehrzahl der Fälle

- aktiv gesucht/bestimmt ☐
- durch externe Umstände gegeben ☐

3.10. Wird eine Stärken/Schwächenanalyse der durchgeführten und abgelehnten Lokalfertigungsprojekte durchgeführt ?

ja ☐ nein ☐

und deren Erkenntnisse zum Vergleich mit den neu ausgewählten Engagementprojekten beigezogen und integriert. (Lerneffekt) ?

ja ☐ nein ☐

3.11. Darstellung des strategischen Instrumentariums

. Erklären

. Kritisieren lassen

## 4. PROTEKTIONISMUS UND ANDERE FOERDERUNGSMASSNAHMEN

4.1. Ist ein Land gewillt, die lokale Industrialisierung voranzutreiben, dann werden vom Staat Förderungsmassnahmen ergriffen, die im Extremfall auf den Protektionismus gegen Importe hinauslaufen.

. Welches sind für die Entscheidungszentren im schweizerischen Stammhaus die Informationsquellen, um den Erlass von staatlichen, lokalen Förderungsmassnahmen und die bevorstehende Errichtung von Importschranken durch Protektionismus in Erfahrung zu bringen ?

- eigene Verkaufsgesellschaften ☐
- Vertretungen ☐
- staatliche Infostellen ☐
- lokale Kunden ☐
- Consultants ☐
- spezifische Wirtschafts-Info-Institutionen ☐
- Zeitungen ☐
- andere ...................... ☐

. Welche diesbezüglichen Indikatoren werden verfolgt ?

..............................

..............................

. Bestehen zur frühzeitigen Information über geplante staatliche Förderungsmassnahmen spezielle Kontaktstellen auf Regierungsebene ?

ja ☐ nein ☐

und in welchen Ländern ? ..................

..................

4.2. Welchen staatlichen Massnahmen zur Importsubstitution hatte dieses Unternehmen in den letzten 20 Jahren entgegenzutreten ?

....................................

....................................

4.3. In welcher Art reagiert dieses Unternehmen nach Bekanntwerden einer Protektionismustendenz in einem Land ?

....................................

....................................

4.4. Welche Reaktionsmöglichkeiten nimmt dieses Unternehmen nach dem Erlass von staatlichen Förderungsmassnahmen wahr ?

- Preisanpassung ☐
- Wahl einer Engagementform (z.B. Subcontracting, um auch in den Genuss dieser Förderungsmassnahmen zu kommen ☐
- Keine (d.h. Inkaufnahme des Absatzverlustes) ☐
- andere ☐

4.5. Ist die Ankündigung eines Protektionismus gegen den Import von Investitionsgütern gleichzeitig der Impuls für :

- die Orientierung der obersten Geschäftsleitung ☐
- die Orientierung der GB-Ltg ☐
- die Durchführung einer Grobstudie im Hinblick Lokalfertg. ☐
- die Erstellung einer Feasibility-Studie ☐
- für eine prophylaktische Sofortmassnahme ☐
- für .......................... ☐ (wenn keine LF: F.4.10)
- Keine spezielle Reaktion ☐

4.6. Ist ein in Errichtung begriffener Protektionismus für dieses Unternehmen grundsätzlich :

- eine Herausforderung z. Reaktion ☐
- ein Signal zur Beobachtung der Reaktionen der Konkurrenz ☐
- ein Grund, dem Land gegenüber eine ablehnende Haltung z. zeigen ☐
- kein Grund für eine spezifische Reaktion ☐
- ein Grund für.................... ☐

4.7. Gibt es für den Fall, dass in einem Land der Protektionismus den Weiterexport verhindert, irgendwelche Risiko / Verlustabdeckungsmöglichkeiten ?

.....................................
.....................................

4.8. Die Empfängerländer von Technologien haben ihre bestimmten Erwartungen, welche sich z.B. im Verhaltenskodex äussern. Wie würde dieses Unternehmen reagieren, wenn nun ein Empfängerland im Aushandlungsprozess zugunsten eines Lokalfertigungsprojektes die vollumfängliche Einhaltung des Verhaltenskodexes zur Bedingung macht ?

.....................................
.....................................

4.9. Entwicklungs- und Schwellenländer mit Wachstumstendenzen müssen sich zum Aufbau einer Lokalfertigung um den Technologietransfer aus einem Industrieland bemühen. Solange sich mehrere Konkurrenten um diese Kooperation bewerben kann dieses Land die Interessenten gegeneinander ausspielen und z.B. mit dem drohenden Marktverlust zu erpressen versuchen.

. Sehen Sie im Zusammenschluss sich konkurrenzierender Technologielieferanten einen tauglichen Ausweg , um zu weitgehende Erpressungsversuche solcher Länder abzuwehren (im Sinne von Gentlemen-Agreements) ?

ja ☐ nein ☐

. Einerseits ist die Funktionstüchtigkeit eines Gentlemen-Agreements nicht ohne Beispiel (s. 50 Hz-Konsortium seit 1954 zur Bearbeitung von Elektrifizierungsprogrammen) Andererseits ist bei solchen Gentlemen-Agreements die Gefahr der Verletzung von Vereinbarungen äusserst gross. Glauben Sie persönlich an eine Funktionstüchtigkeit eines solchen Gentlemen-Agreements ?

ja ☐
höchstens mit schweizerischen Konkurrenten ☐
nein ☐

4.10. Wie sieht Ihre Tendenzerwartung aus im Hinblick auf die Entwicklung zur Errichtung von Protektionismus gegen den Import von Investitionsgütern in

| | 5-10 Jahre | 20 J. |
|---|---|---|
| Entwicklungsländern: | | |
| Schwellenländern: | | |
| Industrieländern: | | |

(wenn keine LF: F. 6.1. - 6.3

## 5. NATIONALISIERUNG VON BESTEHENDEN AUSLANDENGAGEMENTS

Die Nationalisierung eines bisher privatwirtschaftlich geführten Unternehmens entspricht einem massiven Eingriff in die Wettbewerbsfreiheit.

5.1. Welcher Art ist das "Frühwarnsystem" dieses Unternehmens, um die Nationalisierungsgefahr frühzeitig in Erfahrung zu bringen ?

- eigene Verkaufsgesellschaften beobachten Nationalisierungstendenz ☐
- Wirtschaftsinformationsstellen informieren bilateral ☐
- eigene Informationseinholung bei akuter Nationalisierungsgefahr ☐
- Zeitungen ☐
- andere Form ................. ☐

5.2. Welche Möglichkeiten / vorsorglichen Massnahmen hat dieses Unternehmen, um sich im Falle einer nicht verhinderbaren Nationalisierung möglichst schadlos zu halten ?

- Alle eigenen Mittel werden noch vorgängig aus der gefährdeten Gesellschaft abgezogen ☐
  - . in die Schweiz ☐
  - . Verlagerung im Land ☐
  - . in Obligationen ☐
- Soweit als möglich werden technische Geheimnisse noch zurückgezogen ☐
- Die Produktionsmittel werden bei gefährdeter Kapitalmittelentfernung funktionsuntüchtig gemacht ☐
- Wir haben eine besondere Art von Risikoabdeckung (Versicherung) ☐
- andere Reaktionsmöglichkeiten ☐

  .............................

5.3. Bedeutet das Vorkommnis einer Nationalisierung in einem Land, dass dort a priori kein Lokalfertigungsprojekt mehr in Frage kommt ?

ja ☐ nein ☐

5.4. Hat dieses Unternehmen anhand eigener ausländischer Produktionsstätten einen Fall von Nationalisierung erlebt ?

ja ☐ nein ☐

# 6. UNTERNEHMUNGSDATEN / -FAKTEN

6.1. Branche der Untersuchungseinheit:

- .Machinenindustrie ☐
- .Elektrische & elektronische Apparate ☐
- .Befestigungstechnik ☐
- .Heizung/Klima/Lüftung ☐
- .Stahlbau ☐
- .andere ............. ☐

6.2. Ist die Untersuchungseinheit ein

- Konzern oder ☐
- CH-Gruppe ☐

6.3. Umsatz (1980) der gesamten Untersuchungseinheit: Fr. ............ (100%)

(gemäss SHZ:
Fr. .........)

.davon auf Investitionsgütern: Fr. ............ (.. %)

.davon exportiert Fr. .......... (.. %)

.Lizenzeinnahmen Fr. ............ (wenn keine LF: ff bei F. 7.4.)

6.4. Wie entwickelt sich insgesamt die Beschäftigtenzahl dieser Untersuchungseinheit in den ausländischen Produktionsstätten (ohne fremde Lizenznehmer)

| | Industrieländer | Entwicklungsländer |
|---|---|---|
| 1950 | | |
| 1960 | | |
| 1970 | | |
| 1980 | | |

6.5. Wie entwickeln sich gesamthaft gesehen die Lizenzeinnahmen dieses Unternehmens aus dem Ausland

| | Industrieländer | Entwicklungsländer |
|---|---|---|
| 1950 | | |
| 1960 | | |
| 1970 | | |
| 1980 | | |

6.6. Welcher Art sind die bisher eingegangenen Engagementformen (Stand 1.1.82) ?

| | | | Anzahl | Umsatz 1980 |
|---|---|---|---|---|
| 6.6.1. Neugründung eigener Produktionsgesellschaften (Mit Mehrheitsbeteiligung) ................. | | | | |
| 6.6.2. Akquisitionen von bestehenden Produktionskapazitäten im Ausland .......................... | | | | |
| Akquisitionen plus Ausbau bestehender Produktionskapazitäten.......................... | | | | |
| 6.6.3. Joint Ventures | mit staatlichen Partnern | Mehrheitsbet. | | |
| | | Minderheitsbeteiligung | | |
| | mit privatwirtschaftlichen Partn. | Mehrheitsbet. | | |
| | | Minderheitsbeteiligung | | |
| 6.6.4. Subcontracting<br>. in Regie (auf Name und Rechnung) der befragten Schweizerfirma | | | | |
| . in Regie des Unterlieferanten (Teilefertigung oder Montage statt Lizenz) | | | | |
| . ................................. | | | | |
| 6.6.5. Lizenzvergaben (Anzahl ohne 6.6.1.-6.6.3.) | | | | Lizenzeinnahmen |
| 6.6.6. Finanzielle Beteiligungen an ausländischen Produktionsgesellschaften | | | | Beteiligungserträge |
| 6.6.7. Beratung , Consulting, Managementcontracts (nur zugunsten ausländischer Produzenten mit Produkten aus dem eigenen Sortiment) | | | | |
| 6.6.8. andere ..............................<br>.............................. | | | | |

## 7. AUSBLICK

7.1. Welche Motive werden in Zukunft für ausländische Produktionen in diesem Unternehmen voraussichtlich im Vordergrund stehen ?

.......................................

.......................................

.......................................

7.2. Würden Sie z.B. morgen mit dieser Begründung ein Joint Venture in Mexico eingehen ?

.......................................

7.3. Wird sich in dieser Unternehmung der Tendenz nach die Aufnahme von Auslandengagements mehr in Richtung

aktive Suche nach Erfolgpotentialen ☐

passive Beantwortung externer Anfragen ☐

entwickeln ?

7.4. Eine weitere Bearbeitung von Konfliktlösungsmöglichkeiten und Entscheidungsfindungswegen ist m.E. nach der Auswertung der Interviews aus dieser Erhebung zweckmässig.

In diesem Sinne soll zur Fortführung des Dialogs nach der Zusammenfassung aller Interviewresultate eine gemeinsame Veranstaltung mit möglichst vielen Interview-Partnern zur Behandlung der Lokalfertigungsthematik durchgeführt werden.

Können Sie hiezu zustimmen ?

ja ☐ nein ☐

Bemerkungen: ............................................................

............................................................

............................................................

INTERVIEW - FRAGEN FUER UNTERNEHMEN <u>OHNE</u> LOKALFERTIGUNGSSTAETTEN

1.) .Welches sind die Hauptgründe dafür, dass dieses Unternehmen bis heute keine Engagements zugunsten einer Lokalfertigung ergriffen hat?

..................................................

..................................................

.Welches Vorteile ergeben sich aus diesem Entscheid, keine LF-Engagements einzugehen ?

..................................................

..................................................

.Welche Nachteile können sich aber auch ergeben ?

..................................................

..................................................

.Wie fangen Sie diese Nachteile auf ?

..................................................

..................................................

2) Wird dies voraussichtlich in den nächsten 10 Jahren so bleiben ?

ja ☐ nein ☐

3.) Was müsste sich grundlegend ändern, dass auch dieses Unternehmen sich mit LF-Engagement auseinanderzusetzen hätte?

..................................................

..................................................

4.) Welcher Grund würde bei diesem Unternehmen bei der Errichtung einer Lokalfertigungsstätte im Vordergrund stehen, damit ein solch einschneidendes Engagement überhaupt in Frage käme ?

..................................................

..................................................

5) Kennen Sie Fälle der Konkurrenz,

- die dieses Unternehmen von einem LF-Engagement abhalten könnte ?

  ..................................................

- die dieses Unternehmen für ein LF-Engagement animieren könnte?

  ..................................................

  und weshalb? ....................................

  ..................................................

Die folgenden Fragen aus dem Interview-Leitfaden sind zu übernehmen :

1.3.

2.1.1.

2.2.1.

2.2.2.

2.3.1.

2.4.2.

2.5.2. im Sinne der entgangenen Aufträge

2.6. welches dieser Argumente würde für den Einstieg in ein LF-Engagement im Vordergrund stehen.

2.7.1.

2.7.2.

3.3. Besteht in diesem Unternehmen eine P/M-Strategie ? ..............

und welche Handlungsalternativen ergeben sich daraus ................
in bezug auf die Marktbearbeitung im Ausland ? ................
................

3.6.

4.3.

4.4.

4.5.

4.6.

4.9.

4.10

6.1. - 6.3.

Vor dem Abschluss: Welche der beiden Auffassungstendenzen auf Seite -2- ist in diesem Unternehmen eher vertreten,tonangebend.?

7.4.

U. Huber

lic.oec.HSG

Bühlstr. 35

8700 Küsnacht

Herrn

Küsnacht, 14. Oktober 1981

Sehr geehrter Herr Dr. Killias

In den 100 grössten Schweizerfirmen arbeiten von 850'000 Beschäftigten deren 550'000 ausserhalb der Schweiz. Nicht umsonst steigt die Zahl der Angestellten bei schweizerischen Tochterfirmen im Ausland weiterhin an; zwischen 1967 und 1977 betrug deren Zunahme 60%.

Die Motive und Hintergründe zum fortdauernden Anstieg von Produktionsstätten, die von schweizerischen Unternehmen (mit-) aufgebaut und kontrolliert werden, sind vielfältiger Art. In wirtschaftspolitischen Diskussionen behandeln verschiedene Interessengruppen ausserhalb der Unternehmen diese Entwicklung als brisantes Thema.

Wissenschaftlich hingegen sind für unternehmerische Fragen zur Entstehung von Auslandsproduktionsstätten kaum Analysen vorhanden.

Im Rahmen meines Dissertationsprojektes habe ich mich nach einer mehrjährigen Tätigkeit in der Investitionsgüterindustrie entschlossen, auf eine differenzierte Untersuchung einzutreten.

Prof. Dr. C. Pümpin, Professor für Betriebswirtschaftslehre an der Hochschule St. Gallen betreut dieses Projekt. Die bevorstehende Arbeit wird sich auf die exportorientierte Investitionsgüterindustrie erstrecken. Nach meiner theoretischen Einarbeitung war festzustellen, dass die Theorie diesbezügliche Forschungsfragen nicht beantworten kann. Die Gewinnung von Daten aus repräsentativen Betrieben wird unentbehrlich; ausschlaggebend sind die Verhältnisse in der Praxis.

Einerseits beabsichtige ich, aus schweizerischen Unternehmen der Investitionsgüterindustrie die Grundlagen für eine differenzierte Analyse zum Thema Engagement-/Lokalfertigungsstrategie zu erheben.

Andererseits verfolge ich das Ziel, aus den ermittelten Gemeinsamkeiten zur Frage der Lokalfertigung und aus den gewonnenen Erkenntnissen heraus eine Entscheidungsmethodik zugunsten der Investitionsgüterproduzenten zu entwickeln. Ein Einblick in die Entscheidungskriterien zugunsten der Auslandsproduktion wird es ermöglichen, ein strategisches Instrument zur Bewältigung dieser komplexen Fragestellung pro und contra Auslandengagement praxisorientiert zu gestalten und es anschliessend den Unternehmen zu vermitteln, die sich an der Untersuchung beteiligten.

Als Einstieg zur realitätsbezogenen Bearbeitung der Lokalfertigungsproblematik wird die Befragung durch Interviews das geeignete Mittel darstellen. Mit diesem Schreiben möchte ich Sie um Ihre Einwilligung bitten, jenen Angehörigen Ihres Unternehmens interviewen zu dürfen, welcher der Thematik der Lokalfertigung nicht technisch, sondern unternehmensstrategisch am nächsten steht.

Ihre Firma wurde deshalb für die Erhebung ausgewählt, weil sie zu den 45 umsatzstärksten, exportorientierten Unternehmen des Wirtschaftszweiges Investitionsgüterindustrie gehört, auf den sich sowohl die Schlussfolgerungen als auch das zu entwickelnde Entscheidungsinstrumentarium beziehen soll.

Zur Fortführung des Dialogs nach Vorliegen der Untersuchungsergebnisse sowie des Entscheidungsinstrumentes schlage ich die Durchführung eines gemeinsamen Seminars zugunsten der Vertreter der Investitionsgüterindustrie vor, um auch einen Erfahrungsaustausch zwischen den Unternehmen zu fördern.

Zusammenfassend sei nochmals erwähnt: Ziel des Projektes ist es, die Bedeutung der Lokalfertigungstendenzen innerhalb des Wirtschaftszweiges Investitionsgüterindustrie aufzuzeigen und für die komplexe Entscheidungssituation im Hinblick auf das Auslandengagement zugunsten von Unternehmen der Investitionsgüterindustrie ein strategisches Instrumentarium zu vermitteln.

Die Beilage I gibt weitere Detaillierungen zur Untersuchung an.

Abschliessend möchte ich Sie um die Einwilligung zur Befragung Ihres Unternehmens bitten sowie um den Hinweis ersuchen, wer als Gesprächspartner für das erläuterte Interview befragt werden darf.

Die Art Ihrer Antwort möchte ich Ihnen überlassen:

- Sofern es Ihnen möglich ist würde die Rücksendung von Beilage II bis zum 10. November 1981 die geeignete Antwort zulassen,
- andernfalls werde ich nach dem 10. November versuchen, Sie anzurufen. Ich hoffe, dass Sie mir dann ein kurzes telefonisches Gespräch erlauben und meinem Anliegen Wohlwollen entgegenbringen werden.

Im voraus möchte ich mich für Ihre Bemühungen bedanken.

Mit freundlichen Grüssen

# BEILAGE I, ERLAEUTERUNGEN ZUR UNTERSUCHUNG

## 1. ZIEL DER ERHEBUNG

Erforschung von

- Umfang und Form des Engagements schweizerischer Investitionsgüterproduzenten in ausländischen Fabrikationsbetrieben
- Entscheidungsvorbereitung zugunsten ausländischer Produktionsstätten
- Abwehrstrategien bei auftretenden Existenzproblemen bestehender Lokalfertigungen

zur Ermittlung von gemeinsamen Aussagen zum Thema der Lokalfertigung.

## 2. UMFANG UND ORT DER ERHEBUNG

45 Unternehmen der Investitionsgüterproduktion, die einen Jahresumsatz von mehr als 100 Mio Fr. ausweisen, einen Teil des Umsatzes exportieren (gemäss KOMPASS) und über die ganze Schweiz verteilt sind.

## 3. ART DER ERHEBUNG

Die Erhebung soll mittels Interviews durchgeführt werden. Die mündliche Befragung wird sich nach vorgegebenen, strukturierten Fragestellungen ausrichten. Nach einer schriftlichen oder telefonischen Absprache wird der Gesprächspartner für die Thematik Lokalfertigung/Auslandproduktion bekannt sein, sodass individuelle Besprechungstermine vereinbart werden können.
Der Verzicht auf eine Erhebung mittels schriftlichem Fragebogen und die Bevorzugung von persönlichen Interviews bringt die folgenden Vorteile:

- Gegebenenfalls wird eine Anpassung an jedes Unternehmen ermöglicht
- Von den Befragten wird keine Beanspruchung wertvoller Stunden zum Studium des Fragebogens verlangt
- Der Zeitaufwand im Unternehmen ist geringer und v.a. besser kalkulierbar.

## 4. ZU BEFRAGENDE PERSONEN IM UNTERNEHMEN

In Unternehmen mit zentralisierter Bearbeitung der Engagementpolitik wird der diesbezügliche Verantwortungsinhaber der zuständige Interviewpartner sein.

Sofern aus verschiedenen, z.T. plausiblen Gründen die Lokalfertigungspolitik (noch) nicht an eine bestimmte Funktion gebunden ist, sodass der Interviewpartner nicht a priori feststeht, soll die Aufstellung folgender Eigenschaften ihn zu bezeichnen helfen:

- Zugang, ev. Beteiligung an der Entscheidungsfindung betr. Auslandsinvestitionen auf beschlusskräftiger Ebene
- Vertrautheit mit dem Exportgeschäft und Lizenzwesen
- Einblick in Ursprung und Aktivitäten bestehender Engagements in ausländischen Produktionsstätten
- Einsicht in Strategien und bestehende Projekte von Lokalfertigungsvorhaben.

## 5. UMFANG DER FORSCHUNGSFRAGEN

max. 50 Fragen, geplante Dauer des Interviews 1 ½ bis 2 Stunden

## 6. GEHEIMHALTUNG

Die erhaltenen Daten werden streng geheim behandelt und nur zusammen mit den Daten aus den übrigen befragten Unternehmen ausgewertet. Ohne Zustimmung der Untersuchungseinheiten werden die Informationsquellen keinen Dritten mitgeteilt und die Anonymität der Befragten nicht aufgegeben.

## 7. VERWENDUNG DER UNTERSUCHUNGSERGEBNISSE

Die gewonnenen Untersuchungsdaten werden als Grundlage dienen für eine Dissertation mit dem beabsichtigten Titel: " Die Lokalfertigung als Strategie der exportorientierten Investitionsgüterindustrie unter besonderer Berücksichtigung von Protektionismus und Nationalisierungstendenzen" Darin werden keine Einzeldaten von Firmen veröffentlicht.

## 8. UNTERSUCHUNGSERGEBNISSE

Eine Zusammenfassung der Untersuchungsergebnisse wird den befragten Unternehmen zugestellt, sofern die Interview-Partner nicht ausdrücklich davon absehen wollen.

## 9. FORTSETZUNG DES DIALOGS

Nach Abschluss der Untersuchung kommt eine Informationstagung zustande, sofern dies von einer Vielzahl von Interviewpartnern gewünscht wird:

- zur Besprechung der gewonnenen Untersuchungsergebnisse (unter Vorbehalt von Pt. 6)
- zur Erörterung von spezifischen Lokalfertigungsfragen
- zum gemeinsamen Erfahrungsaustausch auf diesem Gebiet, und nicht zuletzt
- zur Aufnahme von Kontakten mit den Lokalfertigungsverantwortlichen aus andern schweizerischen Investitionsgüterunternehmen.

## 10. WEITERES VORGEHEN

Nach Bekanntwerden des obersten Verantwortlichen für Fragen der Lokalfertigung/Auslandproduktionsstätten

- durch Ihre Rücksendung von Beilage II, oder wenn Sie dies bevorzugen,
- durch meine telefonische Rückfrage an Sie, sofern Sie dies erlauben,

möchte ich mit dem entsprechenden Interview-Partner einen

- Besprechungstermin vereinbaren und das erwähnte
- Interview, wenn möglich im noch verbleibenden Teil des Jahres 1981 durchführen.

VIELEN DANK FÜR IHR ENTGEGENKOMMEN

Mit freundlichen Grüssen

U. Huber

U. Huber

## BEILAGE II : ERSTE ANTWORT DER BEFRAGTEN UNTERNEHMUNG

FIRMA: ....................................................

ADRESSE: ....................................................

TEL. NR.: .......................

IHREM WUNSCH ZUR DURCHFÜHRUNG DER UNTERSUCHUNG IN UNSEREM UNTERNEHMEN GEBE ICH STATT. ALS INTERVIEW-PARTNER IM SINNE VON BEILAGE I STEHT IHNEN ZUR VERFÜGUNG:

HERR
FRAU ....................... EV. AUCH: ............

GESCHÄFTSANSCHRIFT/ INTERNE BEZEICHNUNG: .................

TELEFON NR. : ................

EV. BEMERKUNGEN:

(ZUR RÜCKSENDUNG KANN BEILIEGENDES COUVERT VERWENDET WERDEN)

Anhang I KATEGORISIERUNG DER INVESTITIONSGUETERGRUPPEN:

INVESTITITIONSGUETER - FEINGLIEDERUNG GEMAESS DEM ZOLLTARIF [1)]

DER SCHWEIZERISCHEN OBERZOLLDIREKTION

| Warenklassen-Nr. gemäss CH-Zolltarif | Umschreibung der Güter (z.T.zusammengefasst) |
|---|---|
| 8401 | Wasserdampferzeuger |
| 2 | Hilfsapparate zu 8401 |
| 3 | Gaserzeuger |
| 5 | Dampfkraftmaschinen + Kessel |
| 6 | Kolbenverbrennungsmotoren |
| 7 | Wasserräder, Wasserturbinen und andere hydraulische Kraftmaschinen |
| 8 | Andere Motoren und Kraftmaschinen |
| 9 | Strassenwalzen mit mech. Antrieb |
| 10 | Pumpen und Hebewerke für Flüssigkeiten |
| 11 | Luftpumpen und Vakuumpumpen, Kompressoren, Ventilatoren |
| 12 | Klimaanlagen |
| 13 | Brenner für Feuerungsanlagen und automatische Feuerungsanl. |
| 14 | Industrie - und Laboratoriumsöfen (ohne elektr.) |
| 15 | Maschinen, Apparate zur Kälteerzeugung |
| 16 | Kalander und Walzwerke |
| 17 | Apparate für Koch-, Heiz-, Röst-, Sterilisierungs-, Pasteurisierungs-, Dämpfungs-, Trocknungs-, Verdampfungs-, Destillierungs-, Rektifizierungs-, Kondensierungs-, Kühlungs-Vorgänge etc. ohne Haushaltapparate |
| 18 | Zentrifugen, Apparate zum Filtrieren und Reinigen von Fluid + Gas |
| 19 | Maschinen und Apparate zum Reinigen, Füllen, Verschliessen, Verpacken von Behältern |
| 20 | Wiegevorrichtungen |
| 21 | Apparate zum Verteilen, Verspritzen, Zerstäuben von Fluid + Pulver, Sandstrahlgebläse, Dampfstrahlapparate |
| 22 | Maschinen und Apparate zum Heben, Beladen, Entladen und Fördern |
| 23 | Maschinen und Apparate für Erd- oder Steinbrucharbeiten |
| 24 | Maschinen und Apparate für Landwirtschaft und Gartenbau |
| 25 | Maschinen und Apparate zum Ernten und Dreschen landwirtsch. Erzeugnisse |
| 26 | Melkmaschinen |
| 27 | Pressen, Mühlen und andere Apparate zur Bereitung von Wein, Obstwein etc. |
| 28 | Andere Maschinen und Apparate für Landwirtschaft und Gartenbau |
| 29 | Andere Maschinen und Apparate für Müllerei |
| 30 | Maschinen und Apparate für Bäckerei, Biskuitfabr.(und restl. Lebensmittelproduktion ) |

) Gemäss Schlüssel der Oberzolldirektion Bern, zur Aufteilung der Güter in Rohstoffe, Konsum- und Investitionsgüter

| | |
|---|---|
| 8431 | Maschinen und Apparate zur Herstellung von Papier und Pappe |
| 32 | Maschinen und Apparate zum Heften, Boschieren, Einbinden |
| 33 | Andere Maschinen und Apparate zur Papierverarbeitung |
| 34 | Schriftgiessmaschinen und Schriftsetzmaschinen |
| 35 | Maschinen und Apparate für Druckerei und graphisches Gewerbe |
| 36 | Maschinen und Apparate zum Spinnen und Zwirnen |
| 37 | Webstühle und andere Textilmaschinen |
| 38 | Hilfsmaschinen für 8437 |
| 39 | Maschinen und Apparate zur Filzherstellung |
| 40 | Maschinen und Apparate zum Waschen, Reinigen, Trocknen etc. |
| 41 | Nähmaschinen ( ohne Haushalt ) |
| 42 | Maschinen und Apparate zur Bearbeitung von Leder,Häuten, Schuhen |
| 43 | Konverter, Giesspfannen etc. für Stahlwerke |
| 44 | Walzen und Walzwerke |
| 45 | Werkzeugmaschinen für Metallbearbeitung |
| 46 | Werkzeugmaschinen für Bearbeitung von Stein, Keramik etc. |
| 47 | Werkzeugmaschinen für Bearbeitung von Holz, Kork, Kunststoff etc. |
| 48 | Teile und Zubehör zu 8445 - 8447 |
| 49 | Handwerkzeugmaschinen |
| 50 | Maschinen und Apparate zum autogenen Schweissen, Löten, Schneiden |
| 8451 | Schreibmaschinen und Schecksicherungsmaschinen |
| 52 | Rechnungs- Buchungs- Frankier- Billetausgabe- etc.-Maschinen |
| 53 | Automatische Datenverarbeitungsmaschinen |
| 54 | Andere Büromaschinen und Apparate |
| 55 | Teile und Zubehör zu 8451 - 54 |
| 56 | Maschinen und Apparate zum Sieben, Mischen etc. |
| 57 | Maschinen und Apparate zur Glas- Lampen oder Röhrenherst. |
| 58 | Verkaufsautomaten |
| 59 | Andere Maschinen und Apparate |
| 60 | Giesserei - Formkästen |
| 8304 ) 8305 ) 8315 ) | z.T. Büroausrüstungsgüter aus unedlem Metall |
| 8501 | Elektrische Generatoren- Motoren, Umformer, Stromrichter, Transformatoren etc. |
| 8505 | Elektromechanische Handwerkzeuge + Maschinen |
| 8509 | Elektrische Apparate für Beleuchtungs- und Signalgeräte |
| 10 | Tragbare elektr. Lampen |
| 11 | el. Industrie + Laboratoriumsöfen |
| 12 | el. Warmwasser + Heizapparate |
| 13 | el. Apparate für Drahttelephonie + - graphie |
| 14 | Mikrophone und Haltevorrichtungen |
| 15 | Sende- und Empfangsgeräte |
| 19 | el. Geräte zum Schliessen etc. von Stromkreisen |

| | |
|---|---|
| 8602 | el. Lokomotiven |
| 03 | andere Lokomotiven |
| 04 | Triebwagen |
| 05 | Personenwagen für Schienenbetrieb |
| 06 | Werkstattwagen |
| 07 | Güterwagen für Schienenbetrieb |
| 08 | Warenkästen und Container |
| 09 | Teile von Schienenwerkzeugen |
| 10 | Geleisematerial |
| | |
| 8701 | Traktoren |
| 02 | Automobile mit Motoren ) |
| 03 | Automobile für besondere Zwecke ) für Nutzfahrzeuge |
| 04 | Chassis ) |
| 05 | Karosserien ) |
| 06 | Teile und Zubehör von Motorfz. |
| 07 | Arbeitskarren |
| 08 | Panzerwagen |
| | |
| 14 | Andere Fahrzeuge |
| | |
| 8801 + 2 | Luftfahrzeuge |
| 03 | Teile von Luftfahrzeugen |
| 04 | Fallschirme |
| 05 | Katapulte |
| | |
| 8901-4 | Schiffe für diverse Zwecke |
| 05 | Schwimmkörper wie Tanks |
| | |
| 9001 + 2 | Linsen, Prismen, Spiegel und andere optische Elemente |
| | |
| 9006 | Astronomische + kosmographische Instrumente (Teleskope etc.) |
| 08 | Kinematographische Apparate |
| 10 | Photoapparate für Laboratorien |
| 11 | Elektronen- und Protonen Mikroskope |
| 12 | Optische Mikroskope |
| 13 | Andere opt. Apparate |
| 14 | Instrumente für Topographie, Navigation etc. |
| 15 | Präzisionswaagen |
| 16 | Zeichen -, Anreiss- und Recheninstrumente |
| 17 | Medizinische chirurgische Instrumente |
| 18 | Apparate für Heilgymnastik |
| 19 | orthopädische Apparate |
| 20 | Röntgenapparate etc. |
| 21 | Demonstrationsinstrumente |
| 22 | Instrumente für mech. Prüfungen |
| 23 | Dichtemesser, Thermometer etc. |
| 24 | Instrumente für Kontrollen von Gasen und Fluid |
| 25 | Instrumente für physikalische und Chemische Untersuchungen |
| 26 | Gasmesser, Flüssigkeitsmesser |
| 27 | Andere Zähler |
| 28 | Elektrische oder elektronische Instrumente zum Messen, Prüfen, Kontrollieren, Regeln |

ANHANG II. Klassifikation nichttarifärer Handelshemmnisse gemäss UNCTAD und Heshemi

Classification of Non-Tariff Barriers

The following classification,[1] established recently by the UNTAD Secretariat, will be used for our purposes.

Type I Commercial-Policy Measures Designed Primarily to Protect Import-Competing Suppliers from Foreign Competition

Group A Measures working through quantitative restraint

1. Import quotas, globally administered
2. Import quotas, selectively or arbitrarily administered
3. Licensing, discretionary or restrictive
4. Licensing for statistical purposes and "toute license accordée"
5. Voluntary export restrictions, bilateral and multilateral
6. Import prohibitions - embargoes
7. Import prohibitions that are selective with respect to origin
8. State trading designes to protect import-competing suppliers
9. Domestic procurement policies and discriminatory government purchasing
10. Mixing, milling, and domestic-Content regulations
11. Export restrictions

Group B Measures working through increased costs and prices

1. Variable levies, supplementary import charges, tariff quotas
2. Advance or preshipment import deposit regulations
3. Anti-dumping duties and countervailing charges
4. Credit restraints on imports
5. Fiscal benefits for import-competing industries
6. Direct or indirect subsidization of import-competing industries
7. Discriminatory internal transport charges by carriers under government influence

Type II Measures Designes to Deal with Problems Not Directly Related to Commercial-Policy Questions but Which Are from Time to Time Employed for Trade-Restrictive Ends

Group A Measures affecting marketing

1. Restrictions on use of communications media
2. Quantitative marketing restrictions

Group B Other Measures

1. Packaging, labeling, and mark-of-origin requirement
2. Health and sanitary regulations
3. Safety and industrial standards
4. Border-tax adjustments
5. Use and excise taxes
6. Customs-clearance procedures
7. Customs-valuation procedures
8. Customs-classification procedures

Type III Measures Consistently Applied Withouth Trade-Distortive Intent

1. Government entrepreneurship
2. Government structural and regional development policies
3. Balance of payments adjustment measures
4. Variations in the national tax system
5. Variations in social insurance and social security system
6. Variations in depreciation allowances
7. Government-fianced research and development
8. Scale effects of government procurement

UNCTAD, "Liberalization of Tariff and Non-Tariff Barriers," TD/B/C.2/R.1, Annex I, mimeographed (Geneva, 1969).

1) in: Pestieau (Non-Tariff Trade Barriers) 57/58

Table 5.1. [2] von Heshemi

Classification of Non-Tariff Measures According to intent and Manner of Operations

Type I Measures
(Primary Distortive Intent)

Import-Directed Measures

1. Quantitatively-operating
   a. Import quotas, globally administered
   b. Import quotas, selectively administered
   c. Licensing, discretionary/restrictive
   d. Liberal licensing
   e. "Voluntary" export restrictions
   f. Embargoes
   g. Domestic-procurement practices by national governments or other public units
   h. State-trading practices
   i. Domestic-content and mixing regulations
2. Operating through costs and prices
   a. Variable levies and supplementary import charges
   b. Advance-deposit requirements
   c. Antidumping and countervailing charges
   d. Direct subsidies to import-competitors
   e. Credit restrictions on importers
   f. Tax benefits and other indirect subsidies to importcompetitors, including credit concessions
   g. Discriminatory internal transport charges
   h. International commodity agreements and other orderly-marketing arrangements

Type II Measures
(Secondary Restrictive Intent)

1. Quantitatively-operating
   a. Communications-media restrictions
   b. Quantitative advertising and marketing restrictions
2. Operating through costs and prices
   a. Packaging & labeling regulations
   b. Health, sanitary and quality standards
   c. Safety and industrial standards and regulations
   d. Border-tax adjustments
   e. Use taxes and excises
   f. Customs clearance procedures, consular formalities and related practices
   g. Customs classification procedures and related practices
   h. Customs valuation procedures and related practices
   i. Exchange restrictions
   j. Disclosure regulations and "administrative guidance"
   k. Government-provided entrepreneurship, research and development financing and related aids for the imports competing and export sectors

2) Heshemi (Tariff Protection) 90

ANHANG III.

Chronologie von Handelsvereinbarungen

**Chronology for textile, steel, and shipbuilding negotiations and agreements**[1)]

1957 Japan signs first voluntary export restraint agreement on textiles with United States.

1959 GATT Working Party on Market Disruption.

1961 Short-term Arrangement for cotton textiles (STA).

U.K.-Japan agreement on textile imports.

1962 Long-term Agreement on Cotton Textiles (LTA).

1964 Kennedy Round negotiations of trade liberalization open.

1968 Japanese steel producers offer U.S. voluntary restraint on exports at 5 to 7 percent above existing levels.

1969 Tripartite U.S.-Japan-EEC agreement limiting steel exports to United States 1970–1973. United States undertakes to put no more restraints on Japan until the end of 1971.

1970 Japan-U.S. negotiations on textiles fails to reach agreement. Mills Bill allows United States to impose unilateral quotas on textiles, footwear.

1971 U.S. 10 percent surcharge on all imports.

U.S.-Japan three-year agreement voluntarily restricting Japanese exports of wool, man-made fibers, and textile products to average annual growth rate of 5 percent.

1972 EEC and U.K. conclude agreement limiting steel exports to U.S. Japan agrees to ceiling on steel exports to EEC.

1973 Tokyo Round of multilateral trade negotiations (MTN) begins.

1974 United States negotiates thirty-seven voluntary export restraint agreements on textiles.

U.S. Trade Reform Act passed authorizing the President to impose quotas wherever "serious injury" proved.

1975 EEC negotiates three-year restraint agreements on textile exports with Hong Kong, Pakistan, Korea, Japan.

Japan accepts voluntary limit on 1976 steel exports to EEC at 1972 levels.

Working Party Six of OECD set up to look into EEC complaints of Japanese pricing for ships.

1976 EEC-Brazil agreement limiting textile imports for 1976.

United States threatens quotas on special steels.

EEC and Japan refuse voluntary restraints on exports of special steels to United States; U.S. unilaterally imposes quotas on imports of special steels, without consultation; reaches three-year agreement with Japan on level of special steel exports. Quotas remain on European exports.

U.S.-U.K. governments "understanding" on level of Britain's special steel exports to United States.

Japanese exports to EEC in 1977 held at 1972 level.

Japan rejects EEC ultimatum in Working Party Six demanding that Japan cut share of world shipbuilding market to 50 percent.

1977 Japanese offer to increase ship prices by 5 percent accepted in Working Party Six.

U.K. imposes unilateral curbs in various SE Asian textile imports; France, Canada impose temporary limits on textile imports under GATT Article 19. U.S. offers Hong Kong five-year agreement limiting textile imports.

Davignon Plan sets mandatory prices in EEC for reinforced steel bars and indicative prices for other products. EEC offers United States voluntary restraint on steel exports. Rather than face threatened U.S. steel quotas, Japan also agrees to hold 1978 steel exports to 1977 level. Tripartite steel agreement reached in OECD between United States, Western Europe, and Japan.

EEC textile agreements with Singapore, Philippines, Macao, Thailand, Colombia, Uruguay, India. Hong Kong reluctantly agrees to five-year agreement with EEC, cutting exports for 1979 by 13 percent and agreeing to growth rate of 6 percent p.a. thereafter.

MFA renewed under last-minute compromise proposed by the United States, providing for "jointly agreed reasonable departures" from the agreement.

United States introduces reference or "trigger" prices for steel imports, based on U.S. estimates of Japanese manufacturing costs.

Japan agrees to minimum prices with EEC for 140 steel products, and new guideline prices for others.

1978 EEC concludes voluntary restraint agreements on textiles with Greece, Turkey, Morocco, Tunisia. Spain and Portugal refuse agreement.

EEC imposes minimum reference prices for steel imports, starts bilateral talks with foreign producers.

U.S.-Japan bilateral agreement, limiting 1978 Japanese textile exports to United States to 1977 levels.

EEC steel agreements with EFTA, South Africa, Spain, Australia, Hungary, Czechoslovakia limiting imports and for agreeing threshold prices.

United States and Thailand negotiate new lighter five-year agreement on textiles.

1) Strange (Surplus Capacity) 333

ANHANG III.ff. Appendix IX. Trade Restrictions for Balance of Payments Reasons, 1971 - 76,[1] nach Nowzad [2]

| Country | Measure | Year Introduced | Year of GATT Consideration |
|---|---|---|---|
| Argentina | Import suspensions; import surcharges of 15 % | 1971 | 1972 |
| | Import suspensions; administrative regulations | 1971,1975 | 1975 |
| Bangladesh | Licensing; import budget; 20 % license tax on nonessentials | 1971 | 1974 |
| | Licensing; import budget | 1971 | 1976 |
| Brazil | Tariff surcharges; cash payment; advance deposit; other measures | 1974-76 | 1976 |
| Chile | Import prohibitions; advance deposits of up to 10,000 % | Pre-existing | -- |
| Denmark | Import surcharge of 10 % on about 50 % of imports | 1971 | 1971 |
| Egypt | Foreign exchange budget and allocations for various sectors | Pre-existing | 1973,1975 |
| Finland | Individual licensing and global quotas on 15 % of imports | Pre-existing | 1972,1973 |
| | Deposit of 5-30 % covering 50 % of imports (earlier measures continued) | 1975 | 1975 |
| | Phasing out of deposit requirement | 1976 | 1976 |
| Ghana | Surcharges increased in level and coverage: rates of 5-40 % covering over 50 % of imports | 1970 | 1971 |
| | Import deposit of 0-65%; some import bans; 10 % license fees for imports | 1974 | 1976 |
| | Virtual elimination of open general license; some import bans; 5-30 % license fees for imports | 1972 | 1974 |
| Greece | Licensing: deposits of 200 % covering 8 % of imports; increase in existing deposits | 1973,1974 | 1973,1974 |
| | Licensing; state trading | 1973,1974 | 1976 |
| Iceland | Licences and quotas | Pre-existing | 1971,1972,1973 |
| | Import deposit of 25 % covering all imports exept some foodstuffs and raw materials | 1974 | 1974 |
| India | Increases in duties; change in quotas within context of trade system characterized by quantitative and other restrictions | 1973 | 1973,1975 |
| Indonesia | Administrative restrictions; some prohibitions; other controls on imports | Pre-existing | 1973,1975 |
| Israel | Import deposit; 20% import surcharge | 1970 | 1971 |
| | Import surcharge extended, raised to 25 % | 1973 | 1974 |
| | Import deposit reintroduced; import surcharge raised to 35 % | 1974 | 1974 |
| | 15 % surcharge on some invisible payments | 1970 | 1977 |
| Italy | Deposit of 50 % covering about 40 % of Imports; coverage later reduced to 28 % | 1974 | 1974 |
| | Deposit of 50 % on purchases of foreign exchange | 1976 | 1976 |
| Korea,Rep.of | Licensing; quota restrictions; advance deposits on private sector imports of 10-200 %; other restrictions; system modified, 1975-76 | Pre-existing | 1971,1976 |
| New Zealand | Licensing requirements | Pre-existing | 1971,1972 |
| | Import deposit of 1/3 of value of imports | 1976 | 1976 |
| Pakistan | Licensing; flood relief surcharge of 25 % | 1973 | 1973 |
| | New surcharge of 25 % on 21 goods (old surcharge abolished) | 1975 | 1975 |
| Peru | Prohibition of nonessential imports; prior approval of imports; other restrictions | Pre-existing | 1974,1975 |
| Portugal | Surcharges of 20 % and 30 % covering 38 % of imports | 1975 | 1975 |
| | Surcharges raised to 30-60 %; 50 % import deposit on nonessential imports | 1976 | 1976 |
| South Africa | Reduction in liberalized imports;quota restrictions | 1971 | 1972 |
| | Deposit of 20 % on 60-65 % of imports (earlier measures continued) | 1976 | 1976 |
| Spain | Quota restrictions; special import requirements | Pre-existing | 1973 |
| Sri Lanka | Licensing further tightened | 1971,1972 | 1971,1973,1975 |
| Tunesia | Licensing, quota restrictions, and prohibitions | 1975 | 1976 |
| Turkey | Stamp duty of 9-10 %; licensing and quota restrictions; guarantee deposits | Pre-existing | 1973.1975 |
| . | . | . | . |
| . | . | . | . |

1) Limited to cases where trade measures were considered by GATT.

2) Nowzad (Protectionism) 106/107

ANHANG IV

VERZEICHNIS DER GATT-MITGLIEDSTAATEN - STAND 21.6.1976 [1)]

| Vollmitglieder | Vollmitglieder |
|---|---|
| Ägypten | Malawi |
| Argentinien | Malaysia |
| Australien | Malta |
| Bangladesh | Mauretanien |
| Barbados | Mauritius |
| Belgien | Niederlande |
| Brasilien | Neuseeland |
| Bundesrepublik Deutschland | Nikaragua |
| Burma | Niger |
| Burundi | Nigeria |
| Chile | Norwegen |
| Dahomey | Österreich |
| Dänemark | Obervolta |
| Dominikanische Republik | Pakistan |
| Elfenbeinküste | Peru |
| Finnland | Polen |
| Frankreich | Portugal |
| Gabun | Rhodesien |
| Gambia | Rumänien |
| Ghana | Ruanda |
| Griechenland | Senegal |
| Großbritannien | Schweden |
| Guyana | Schweiz |
| Haiti | Sierra Leone |
| Island | Singapur |
| Indien | Spanien |
| Indonesien | Sri Lanka |
| Irland | Südafrika |
| Israel | Tansania |
| Italien | Togo |
| Jamaika | Trinidad und Tobago |
| Japan | Tschad |
| Jugoslawien | Tschechoslowakei |
| Kamerun | Türkei |
| Kanada | Uganda |
| Kenia | Ungarn |
| Kongo | Uruguay |
| Korea | USA |
| Kuba | Zaire |
| Kuwait | Zentralafrikanische Republik |
| Luxemburg | Zypern |
| Madagaskar | |

| Vorläufige Mitglieder |
|---|
| Philippinen |
| Tunesien |

| de-facto-Mitglieder | de-facto-Mitglieder |
|---|---|
| Äquatorial-Guinea | Mali |
| Algerien | Qatar |
| Bahamas | Kambodscha |
| Bahrein | Swaziland |
| Botswana | Tonga |
| Fidschi | Vereinigte Arabische Emirate |
| Grenada | VR Yemen |
| Lesotho | Zambia |
| Malediven | |

Quelle:
GATT, Basic Instruments and Selected Documents, Twenty-first Supplement, Genf 1975, S. VII.

1) Hasenpflug (Handelshemmnisse) 108/109

ANHANG V

Auszug aus dem Bulletin von Business International: "Investing, Licensing & Trading Conditions Abroad, Ziff 13

## JAPAN'S REVISED NONTARIFF BARRIERS

**Ministry of Finance**

1. Permitting customs inspection for imported goods after the import permit is issued
2. Minimizing customs inspection for goods repeatedly imported
3. Simplification and rationalization of necessary documents attached to import declaration
4. Improvement of customs inspection system
5. Adoption of unified tariff code classification
6. Acceptance of rating classification for US-made sake

**Ministry of Education**

7. Directing domestic sports organizations to issue certificates for eligible foreign-made sporting goods

**Ministry of Health and Welfare**

8. Acceptance of foreign animal test data for medicine and cosmetics
9. Acceptance of foreign clinical test date for medicines, medical machines, and equipment; partial acceptance of animal experiment data generated abroad
10. Acceptance of date of the acute and subacute toxicity test, and Phase 1 clinic test conducted in foreign countries; introduction of accelerated test method to determine "stability" of substance (whether quality has deteriorated); establishment of clear criteria for chronic toxicity test
11. Acceptance of data processed overseas in areas other than stability test.
12. Establishment of additional standards for raw materials of cosmetic articles
13. Flexible handling of minor discrepancies between invoices and licenses
14. Simplification of the registration procedure for cosmetics in cases of name, packaging, and minor formula changes
15. Expediting approval procedures for cosmetic products
16. Exemption of the requiremment for import and sale of medical equipment that a company must submit health certificates of staff other than those directly in charge
17. Reduced restrictions on exhibiting medical equipment prior to approval for sale in Japan
18. Simplification of import procedures for medical substance samples used for medical substance wrapping machines
19. Prompt import approval of globulin for intravenous injection of Merieux Institute
20. Prompt reevaluation of human placental albumin
21. Prompt import approval of cosmetics containing preservative "Germall-115"
22. Prompt revision of Japan Industrial Standard for diagnostic audiometers to meet international standards; participation of foreign manufacturers in the deliberations and announcement of the revisions
23. Shortening of approved procedure for new models of hearing aids to less than six months; abolition of testing in cases of hearing aid model changes that do not affect the product capacity; approval of customs clearance for sales prior to the reexport of the products originally imported for testing purposes
24. Prompt import approval of Beckman Corp manufactured apparatus for measuring protein "Electrolyte II" and immunochemistry anaylsis apparatus "ICS" and reagent of "ICS"; acceptance of clinical test data processed in US
25. Approval of innoculators used in the US and by other international organizations
26. Flexible handling of minor discrepancies between invoices and registration documents
27. Exemption of heat pasteurization for mineral water
28. Acceptance of formula analysis tables from exporters
29. Acceptance of formula analysis tables prepared by government agencies of exporting countries regarding food additives for wine and champagne (sulfur dioxide, salicylic acid, sorbic acid)
30. Clarification of analytical requirements for foods, food additives, etc.
31. Exemption of anylysis for continously imported foods, food additives, etc. of the same kind
32. Shortening of the examination period of residual density for ethylene dibromide
33. Clarification of standardizing process and contents of standards for dairy products, juices, etc.
34. Removing discrepancy of labeling requirements under the Food Sanitation and Agricultural/Forestry Labeling Laws
35. Reviewing import quarantine on processed meat from Belgium
36. Lifting import quarantine for processed meat originating in Yugoslavia, Romania and Australia
37. Expansion and improvement of inspection facilities for live cattle
38. Abolition of marking date of manufacture
39. Revision of standards for plywood
40. Revision of standards for cross-sectional cuts of pine lumber
41. Shortening the inspection period for four-wheeled agricultural tractors
42. Clarification of registration procedure for agricultural chemicals
43. Import quarantine for Australian oranges
44. Dispatch of quarantine inspectors to the exporting countries
45. Relaxation of standards for sporting goods
46. Acceptance of international standards for the wall thickness of aerosol sprays for cosmetics, etc.
47. Acceptance of the results of inspections by the Standards Association of Australia for aluminum gas cylinders
48. Full acceptance of data by US testing organizations for pressure-resistance tests, etc.
49. Mutual acceptance of data based upon the OECD test guidelines and good laboratory practice
50. Adoption of "good laboratory practice"
51. Acceptance of double labeling in the metric system and US units
52. Increased compliance of Japanese technical standards and internationally accepted standards (electrical cords)
53. Simplification of application procedures for authorization of homologation
54. Compliance with internationally accepted standards regarding insulation resistance and heat generation for refrigeration equipment
55. Approval for Korean agencies as substitute testing institutions for electrical appliances
56. Relaxation of the safety standards for electrical appliances
57. Promoting unification of the Japan Industrial Standards with internationally accepted standards
58. Dispatch of inspectors to countries where requested
59. Acceptance of the test results from official testing institutes abroad
60. Acceptance of foreign test data on automobiles
61. Translation into English of laws and regulations relating to automobile type approval
62. Shortening of examination period
63. Postponement of effective application date of regulation
64. Increasing the prescribed number of units based on which mean value standards are computed for exhaust emissions
65. Simplification of approval procedure for homologation
66. According equal treatment to member agencies of import unions and to parallel imports for exhaust emissions tests

**Ministry of Home Affairs**

67. Acceptance of EEC standards for containers for the transport of dangerous substances

1) Business International Corp. (ILT) 24

## ANHANG VI Punktebewertungsmodell für Auslandmärkte, nach Stahr[1)]

Teil- und Subfaktoren in einem Punktbewertungsmodell für Auslandsmärkte

| Bewertungskriterien / Bewertung | sehr gut (5) | gut (4) | befriedigend (3) | schlecht (2) | unzureichend (1) |
|---|---|---|---|---|---|
| 1. Importbedingungen | | | | | |
| - Außenhandelssystem | völlig genehmigungsfreie Einfuhr | weitgehend liberalisierte Einfuhr | teilliberalisierte Einfuhr | staatliches Außenhandelsmonopol | Außenhandelsmonopol bei Autarkiestreben des Landes |
| - tarifäre Handelshemmnisse | keine | geringe Belastung mit Zöllen und/oder Steuern | mittlere Belastung mit Zöllen und/oder Steuern | hohe Importabgaben und/oder Steuern | Prohibitivzölle, diskriminierende Steuern auf Einfuhren |
| - nichttarifäre Handelshemmnisse | keine | problemlose Erteilung von Importlizenzen | befriedigend hohe Einfuhrkontingente | zu geringe Einfuhrkontingente | Importverbote |
| 2. Absatzbedingungen | | | | | |
| gesetzliche Vorschriften für die Produktgestaltung | keine | bereits durch die Inlandsprodukte erfüllt | leicht erfüllbare Anforderungen | kostspielige Produktvariationen erforderlich | unerfüllbare Voraussetzungen |
| Beschränkungen bei der Wahl der Distributionsstrategie | keine | begrenzt eingeschränkte Entscheidungsfreiheit | staatlich regulierter Vertrieb | staatlicher Vertrieb | Vertriebsverbot |
| - Preisniveau für die eigenen Produkte | erheblich höher als die eigenen Endabnehmerpreise | wenig höher als die eigenen Endabnehmerpreise | etwa gleich hoch wie die eigenen Preise | niedriger als die eigenen Preise | erheblich niedriger als die eigenen Preise |
| - Werbebedingungen | freie Werbung möglich | begrenzt freie Werbemöglichkeiten | eingeschränkte Werbefreiheit | staatlich regulierte Werbung | keine Werbemöglichkeiten |
| 3. Absatzchancen | | | | | |
| - Exportanteile des jeweiligen Landes | sehr hohe | hohe | mittlere | geringe | keine |
| Marktvolumen | sehr niedrig im Vergleich zum latenten Marktpotential | niedrig im Vergleich zum latenten Marktpotential | ausgewogenes Verhältnis von Marktvolumen und Marktpotential | das potentielle Marktvolumen übersteigt das Marktpotential | der Markt ist gesättigt |
| - Importanteil | sehr hoch | hoch | mittlerer | geringer | kein |
| - Selbstversorgungsgrad | sehr niedrig | niedrig | mittlerer | hoher | vollständige Selbstversorgung |
| - Marktpotential | im Vergleich zu Ländern mit gleichem Entwicklungsstand sehr hoch | im Vergleich zu Ländern mit gleichem Entwicklungsstand hoch | etwa gleich hoch wie in vergleichbaren Ländern | im Vergleich zu Ländern mit gleichem Entwicklungsstand niedrig | im Vergleich zu Ländern mit gleichem Entwicklungsstand sehr niedrig |
| Absatzpotential | sehr hoch | hoch | durchschnittlich | niedrig | sehr niedrig |
| 4. Risiken aus dem Umfeld im Ausland | | | | | |
| - Politische Risiken | äußerst niedrig | niedrig | durchschnittlich | relativ hoch | äußerst hoch |
| Wirtschaftliche Risiken | äußerst niedrig | niedrig | durchschnittlich | relativ hoch | äußerst hoch |
| 5. Marktdynamik | | | | | |
| Zuwachsraten des Bruttosozialprodukts (real) | sehr hoch | hoch | durchschnittlich | niedrig | kaum – negativ |
| - Zuwachsrate des Marktpotentials | sehr hoch | hoch | durchschnittlich | niedrig | kaum – negativ |
| - Zukünftiges Absatzpotential | äußerst hoch | hoch | durchschnittlich | gering | kaum – negativ |

Sukzessive Auswahl von Auslandsmärkten

| Auslandsmärkte | Bewertungskriterien (BK) in Rangordnung | | | | |
|---|---|---|---|---|---|
| | $BK_1$ $MW_1 = 100$ | $BK_2$ $MW_2 = 60$ | $BK_3$ $MW_3 = 70$ | $BK_4$ $MW_4 = 20$ | $BK_n$ $MW_n = 40$ |
| Land A | 110 | 40 | – | – | – |
| Land B | 80 | – | – | – | – |
| Land C | 160 | 90 | 80 | 10 | – |
| Land D | 140 | 100 | 80 | 25 | 50 |
| . | . | . | . | . | . |
| . | . | . | . | . | . |
| Land m | 130 | 70 | 100 | 30 | 50 |

1) Stahr (Auslandsmarketing-Marktanalyse) 152/153

ANHANG VII

Entscheidungsbaum zur Marktselektionsentscheidung 1)

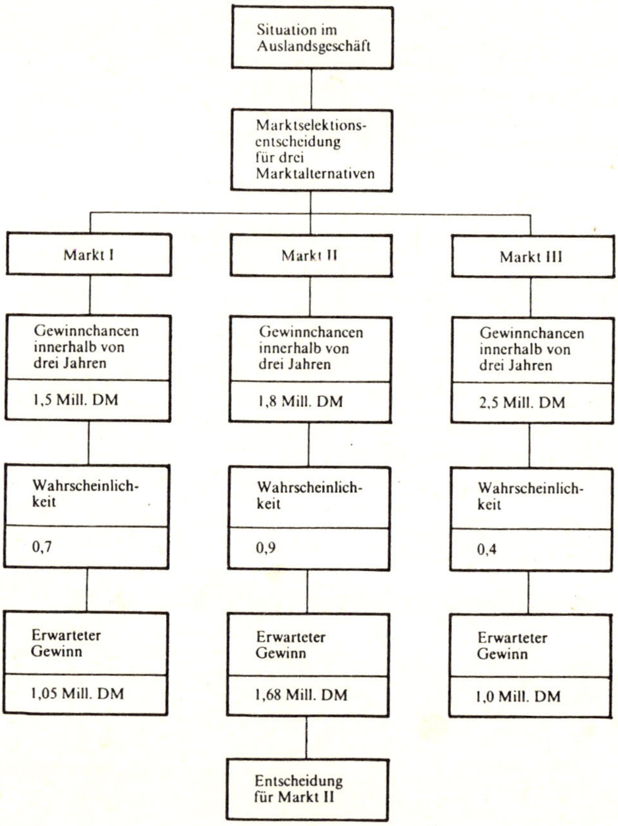


1) Stahr (Auslandsmarketing-Marktanalyse) 158

ANHANG VIII Entscheidungsbaum bei Risiken, nach Bernkopf [1)]

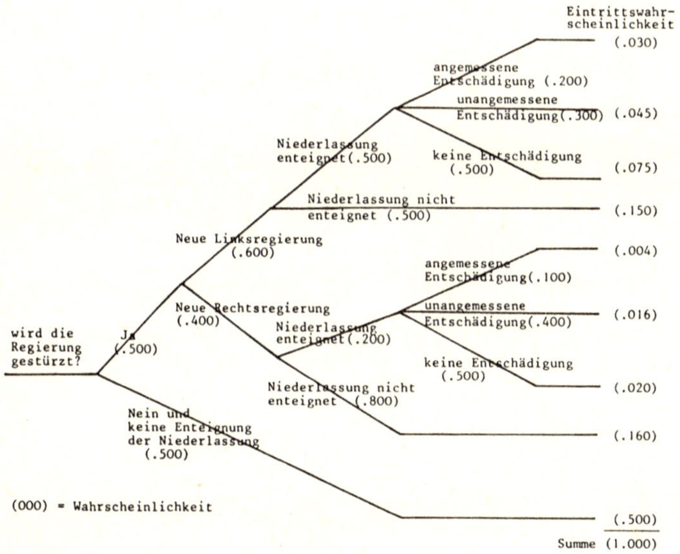


Abbildung 9: Entscheidungsbaum zur Quantifizierung des Enteignungsrisikos
Quelle: Stobaugh, Robert B., Jr.; How to analyze foreign investment climates, a.a.O., S. 108

1)zit. in: Bernkopf (Strategien) 141

# ANHANG IX

Verteilung der Produktionsrichtungen nach ihrer Anfälligkeit [1] auf Konkurrenz durch Entwicklungsländer [2)]

**Gefährdungsstufe I**

1. Fleisch
2. Konserven i.e.S.
3. Zucker
4. Kakaowaren
5. Spirituosen
6. Wein
7. Alkoholfreie Getränke
8. Zigarren
9. Naturfasergarne aus Baumwolle
10. Chemiefasergewebe
11. Naturfasergewebe aus Baumwolle
12. Andere Naturfasergewebe
13. Spezialgewebe
14. Wirk-/Strickstoffe
15. Hutgeflechte
16. Wäsche, gewoben
17. Kleider, gewoben (für Männer)
18. Kleider, gewoben (für Frauen)
19. Oberkleider
20. Strümpfe/Socken
21. Diverse Wirk- und Strickwaren
22. Pelzwaren
23. Kopfbedeckung
24. Uebriger Bekleidungszubehör
25. Schuhe
26. Haushaltwäsche
27. Sägerei
28. Holzplatten
29. Holzwaren
30. Korb-/Korkwaren
31. Holzmöbel
32. Spielwaren
33. Ledererzeugung
34. Lederwaren
35. Kautschuk-Fertigwaren
36. Glaswaren
37. Industrie-/Baukeramik
38. Haushaltkeramik
39. Eisen/Stahl/NE-Metalle
40. Messerwaren
41. Fahr- und Motorräder
42. Uhrenbestandsteile
43. Bearbeitete Edelsteine

**Gefährdungsstufe II**

1. Zuckerwaren
2. Naturfasergarne, ohne (Baum-)Wollgarne
3. Stickerei
4. Kravatten
5. Bettwaren
6. Papierwaren
7. Wachs-/Zündwaren
8. Ziegelei
9. Draht/Kabel

**Gefährdungsstufe III**

1. Seilerei
2. Kunststoff-Fertigwaren
3. Diverse Maschinen und Apparate, elektr.
4. Büromaschinen
5. Unterhaltungselektronik
6. Fertiguhren
7. Bijouteriewaren

**Gefährdungsstufe IV**

1. Diverse Nahrungsmittel
2. Futtermittel
3. Chemiefasergarne
4. Sportgeräte
5. Papiererzeugung
6. Werkzeuge/Beleuchtung
7. Blech- und andere Metallwaren
8. Automobile
9. Diverse Transportmittel
10. Optik
11. Feinmechanik

**Gefährungsstufe V**

1. Milchprodukte
2. Müllerei
3. Teig-/Backwaren
4. Suppen
5. Bier
6. Zigaretten
7. Naturfasergarne aus Wolle
8. Naturfasergewebe aus Wolle
9. Postermöbel
10. Druck und Grafik
11. Kautschuk-Halbzeug
12. Kunststoff-Halbzeug
13. Diverse chemische Grundstoffe
14. Farbstoffe/Fette
15. Pharmazeutika/Kosmetika
16. Farben und Lacke
17. Reinigungsmittel
18. Insektizide, Klebstoffe, Sprengstoffe
19. Kunststoffe
20. Düngemittel, Tinten, Photochemie
21. Zement, Kalk, Gips
22. Zement-/Gipswaren
23. Glas
24. Leichtmetall
25. Giesserei/Armaturen
26. Leichtmetallwaren
27. Metallmöbel
28. Schrauben
29. Metallkonstruktionen
30. Metallbau
31. Schienenfahrzeuge/Seilbahnen/Lifte
32. Flugzeuge
33. Nicht-elektrische Maschinen und Apparate
34. Werkzeugmaschinen
35. Textilmaschinen
36. Landmaschinen
37. Elektrische Haushaltapparate
38. Nicht-elektrische Haushaltapparate
39. Uhrenrohwerke
40. Grossuhren
41. Musikinstrumente

1) Unterschieden werden fünf Gefährdungsstufen: Stufe I (stark gefährdet) - Stufe V (nicht gefährdet

Quelle: Hollenstein (1979)

2) Hollenstein (Industrialisierung) 282

## ANHANG X Informationsquellenübersichten, gesamtwirtschaftlich und branchenbezogen, nach Bidlingmaier 1)

| GESAMTWIRTSCHAFT-bezogene Informationen / Informationsquellen / Informationsart | Auftragseingangsstat. (St. BA.) | Außenhandelsstat. (St. BA.) | Basisstatistik (St. BA.) | Bundesbank Berichte (Monatsbericht, Jahresbericht) | Bundesverband der deutschen Industrie-Mitteilungen | Bundesminister für Wirtschaft Die wirtschaftl. Lage in der BRD (mtl. u. vierteljährlich, z. T. graph. Darstellungen) | Finanzstatistik (St. BA.) | Handelsstatistik (St. BA.) | Ifo-Schnelldienst | Ifo-Wirtschaftsbilder | Ifo-Wirtschaftskonjunktur (z. T. graph. Darstellungen) | Industriebericht (St. BA.) | Jahresabschlußberichte der Firmen | Meinungsforschungsinstitute | Preis- und Lohnstatistik (St. BA.) | Produktionsstatistik (St. BA.) | Statistisches Jahrbuch (St. BA.) | Tageszeitungen | Die Weltwirtschaft (Institut für Weltwirtschaft, Kiel) | Wirtschaft u. Statistik (St. BA.) | Wirtschaftsjahrbücher | Wirtschaftswissenschaftliche Institute | Wirtschaftszeitschriften |
|---|---|---|---|---|---|---|---|---|---|---|---|---|---|---|---|---|---|---|---|---|---|---|---|
| Allgemeine Wirtschaftslage | x | x | | x | | x | | | x | x | x | | | | | | | x | | | x | | x |
| Arbeitsmarkt | | | | x | | x | | | | | x | | | | | | x | | | x | x | | |
| Auftragseingang | x | | | x | | x | | | | | x | | | | | | | | | x | | | |
| Auslandskonjunktur | | x | | | | | | | x | | x | | | | | | | | x | | x | x | x |
| Bankeinlagen | | | | x | | | | | | | x | | | | | | x | | | x | | | |
| Bargeldumlauf | | | | x | | x | | | | | x | | | | | | x | | | x | | | |
| Baugenehmigungen | | | x | | | x | | | | | x | | | | | | x | | | x | | | |
| Bauüberhang | | | x | | | x | | | | | | | | | | | x | | | | | | |
| Beschäftigung | | | | | | x | | | | | x | x | | | | | x | | | x | x | | |
| Beurteilung der Wirtschaftslage | | | | x | x | x | | | x | | x | | x | x | | | | x | | | | x | x |
| Bevölkerungsstand | | | | | | | | | | | | | | | | | x | | | x | | | |
| Branchenkonjunktur | x | | | | x | | | | x | | x | | x | | | | | x | | x | x | x | x |
| Einzelhandelspreise | | | | | | | | | x | | x | | | | | | x | | | x | x | | |
| Erzeugerpreise | | | | x | | x | | | | | x | | | | x | | x | | | x | | | |
| Exporte | | x | | x | | x | | | | | x | | | | | | x | | | x | x | | |
| Großhandelspreise | | | | x | | | | | x | | | | | | x | | x | | | x | | | |
| Haushaltswirtschaft, Bund, Länder, Gemeinden | | | | | | | x | | | | x | | | | | | x | | | | x | | |
| Importe | | x | | x | | x | | | | | x | | | | | | x | | | x | x | | |
| Industrielle Produktion | | | | x | | x | | | | | x | | | | | x | x | | | x | | | |
| Investitionen | | | | | | | | | | | x | | | | | | x | | | | x | | |
| Kapitalmarkt | | | | x | | x | | | | | x | | | | | | x | | | | x | | |
| Lebenshaltungskosten | | | | x | | x | | | | | x | | | | x | | x | | | x | | | |
| Leistungsbilanz (Außenhandel) | | | | x | | x | | | | | x | | | | | | x | | | x | | | |
| Masseneinkommen | | | | x | | | | | | | x | | | | | | | | | | | | |
| Mindestreserven | | | | x | | | | | | | | | | | | | | x | | | | | |
| Preisentwicklung | | | | x | | x | | | | | x | | | | x | | x | x | | x | x | | |
| Produktivität | | | | | | | | | | | | | | | | | x | | | | | | |
| Sozialprodukt | | | | x | | | | | | | x | | | | | | x | | | | x | | |
| Spareinlagen | | | | x | | x | | | | | x | | | | | | x | | | | | | |
| Steuern | | | | | | | x | | | | x | | | | | | x | | | x | | | |
| Umsätze | | | | | | x | x | x | | | x | x | | | | | x | | | x | | | |
| Verbrauch | | | | x | | | | | | | x | | | | | | x | | | x | | | |
| Volkseinkommen | | | | x | | | | | | | x | | | | | | x | | | | x | | |
| Volkswirt. Gesamtrechnung | | | | | | | | | | | | | | | | | x | | | x | | | |
| Währungsreserven | | | | x | | x | | | | | | | | | | | | | | | | | |
| Zahlungsbilanz | | x | | x | | x | | | | | x | | | | | | x | | | | x | | |

*Gesamtwirtschaftliche Informationen und Informationsquellen*

| BRANCHEN-bezogene Informationen / Informationsquellen / Informationsart | Adreßbücher, Firmen- u. Branchenhandbücher | Auftragseingang in der Industrie, Statistik über den (St. BA.) | Aus- u. Einfuhrpreise, Statistik der (St. BA.) | Außenhandelsstatistik (St. BA.) | Beschäftigtenstatistik (St. BA.) | Bezugsquellennachweis, Einkaufsführer | Branchen-Monographien | Bundesverband der Deutschen Industrie-Mitteilungen | Bundesstelle für Außenhandelsinformation (BfA) | Bundesbank-Monatsberichte | Bundeswirtschaftsministerium-Berichte | Erhebung über nichtdeutsche Arbeitnehmer (St. BA.) | Erzeugerpreise industrieller Produkte, Index der (St. BA.) | Erzeuger- u. Großhandelsverkaufspreise des Inlandes (St. BA.) | Fachdokumentation (vorwiegend technisch) | Fachpresse (redaktionell) | Firmenberichte | Großhandelsstatistik (St. BA.) | Handelskammerberichte u. -informationen | Industriebericht (St. BA.) | Kapitalgesellschaften, Statistik der (St. BA.) | Preis- u. Lohnstatistik (St. BA.) | Produktions-Eilbericht, mtl. (St. BA.) | Produktionserhebung, vierteljährlich (St. BA.) | Tageszeitungen | Umsatzsteuerstatistik (St. BA.) | Verbandsberichte | Verbandsstatistik | Verflechtungs-Kataloge (Hoppenstedt Verlage, Darmstadt) | Werbeaufwand-Erhebung v. Kapferer & Schmidt, Hamburg | Wirtschaftskonjunktur, Berichte des Ifo-Instituts | Zeitschrift „Wirtschaft und Statistik" (St. BA.) | Zolltarif |
|---|---|---|---|---|---|---|---|---|---|---|---|---|---|---|---|---|---|---|---|---|---|---|---|---|---|---|---|---|---|---|---|---|---|
| Absatzförderung | | | | | | | | | | | | | | | | x | | | | | | | | | | | x | | | | | | |
| Absatzlage | | | | | | | | | | | | | | | | x | x | | | | | | | | x | | x | | | | | | |
| Arbeitslose | | | | | x | | | | | | | | | | | | | | | | | | | | x | | | | | | | | |
| Arbeitsstunden | | | | | | | | | | | | | | | | | | | | | | | | | | | x | x | | | | | |
| Auftragseingang | | x | | | | | | | | x | | | | | | x | | | | | | | | | | | | x | | | | x | |
| Beschäftigte (Arb. u. Angest.) | x | | | | x | | x | | | | | x | | | | | | | | x | | | | | | | | x | | | x | x | |
| Branchenkonjunktur | | x | | | x | | x | | | x | x | x | | | | | x | | x | | | | | | x | | x | x | | | x | | |
| Branchenstruktur | x | | | | | x | x | x | | | | | | | | | x | | | x | x | | | | x | x | | x | x | | | | |
| Einkaufspreise für Auslandsgüter, Index | | | x | | | | | | | | | | | | | | | | | | | | | | | | | | | | | x | |
| Erzeugerpreise | | | | | | | | | | | | | x | x | | | | | | | | x | | | | | | | | | | | |
| Exporte | | | x | x | | | | | x | | | | | | | | | | | | | | | | | | | x | | | | | |
| Großhandel | x | | | | | x | | | | | | | | | | | | x | | | | | | | | x | | | | | | | |
| Importe | | | x | x | | | | | x | | | | | | | | | | | | | | | | | | | x | | | | | |
| Inlandsumsatz | | | | | | | x | | | | | | | | | | | | | | | | | | | x | | x | | | | x | |
| Investitionen | | | | | | | x | | | | | | | | | x | x | | | | | | | | x | | | x | | | x | | |
| Konzentrationstendenzen | x | | | | | | x | | | | | | | | | x | x | | | | x | | | | x | | x | | | | | | |
| Lagerbestände | | | | | | | | | | | | | | | | | | x | | | | | | | | | | x | | | x | | |
| Löhne u. Gehälter | | | | | | | | | | | | | | | | | | | | | | x | | | | | | | | | x | x | |
| Offene Stellen | | | | | x | | | | | | | | | | | x | | | | | | | | | x | | | | | | | | |
| Produktion | | | | | | | x | | | x | | | | | x | x | | | | | | | x | x | x | | | x | | | | x | |
| Produktionsprogramme | x | | | | | x | x | | | | | | | | x | | x | | | | | | | | x | | | | | | | | |
| Regionale Schwerpunkte | x | | | | | x | x | | | | | | | | | | | | | | | | | | | | x | | | | | | |
| Umsatz | | | | | | | x | | | | | | | | | | | | | x | | | | | | x | | x | | | | x | |
| Verbände | x | | | | | | | | | | | | | | | x | | | | | | | | | x | | x | | | | | | |
| Werbung | | | | | | | | | | | | | | | | | | | | | | | | | | | | | | x | | | |
| Zölle | | | | | | | | | | | | | | | | x | | | | | | | | | x | | | | | | | | x |

*Brancheninformationen und Informationsquellen*

1) Bidlingmaier (Marketing) 39/79

## Szenario der Arbeitswelt in Industrieländern

Der erläuterte Protektionismus mit dem Zweck der Importsubstitution ruft, wie wir gesehen haben, als Gegenreaktion seitens der Produzenten die Errichtung von Lokalfertigungen in unterschiedlichem Ausmasse hervor.

Der schweizerische Produzent, der sich für eine Fertigung im Ausland entscheidet, begründet damit direkt oder indirekt ein gewisses Mass an Arbeitslosigkeit.

Besteht nach wie vor das Ziel, diese Arbeitslosigkeit zu beseitigen, dann sind im bisherigen Betrieb oder in andern Betrieben neue Produkte mit neuen Technologien in den Produktionsprozess aufzunehmen oder die Arbeitnehmer im Rahmen einer noch weitergehenden Umstrukturierung für die Erbringung neuer Dienstleistungen umzuschulen. Damit kann auf eine gewisse Zeit hinaus wieder eine Vollbeschäftigung oder mindestens eine nur geringe Arbeitslosigkeit erreicht werden, aber auch nur solange die Industrieroboter nicht überhandnehmen und in den Industrieländern nicht eine Sättigung auch bei neuen Produkten eintritt. Sollte letzteres eintreffen und damit der Konsum entsprechend zurückgehen, dann tritt eine neue und noch massivere Welle der Arbeitslosigkeit ein.

Auf eine dannzumalige Arbeitslosigkeit gibt es bestimmt mehrere Reaktionsmöglichkeiten; als die wirklichkeitsnahe ist der Prozess des Umdenkens in der Arbeitswelt, d.h. das Akzeptieren der Unterbeschäftigung zu betrachten. In einer krassen Form würde das heissen, der Industrieroboter wird ebenso akzeptiert wie die fortdauernde Produktionsverlagerung ins bisherige Exportland und einer Hinsteuerung in die nachfolgend skizzierte Arbeitswelt-"Schlussphase Z" steht nichts mehr im Wege.

In einer weniger krassen Form muss die Unterbeschäftigung bewältigt werden, sei es durch eine ungleichmässige Verteilung der Arbeit wie bisher (x % Vollbeschäftigte und y % Arbeitslose mit verschiedenen Modellen der Arbeitslosenfinanzierung) oder durch eine gleichmässige Verteilung der verbleibenden Arbeit.

Zur Erreichung einer gleichmässigen Verteilung der verbleibenden Arbeit ist von z.B. drei Utopien auszugehen:

**Utopie ① (Alternative zur Erhaltung des gesamtwirtschaftlichen sozialen Friedens)**

In dieser Alternative wird die allgemeine Arbeitszeit durch die Regierung reduziert. Wird diese Reduktion ohne gleichzeitige Reallohnreduktion durchgeführt, dann sucht der Unternehmer relativ schnell den Faktor Arbeit durch den Faktor Kapital zu ersetzen, womit die Arbeitslosigkeit um ein weiteres beträchtliches Mass steigt. Wird hingegen die gleichzeitige Reallohnreduktion von der Regierung durchgesetzt, dann lautet der neue Lebensinhalt des Arbeitnehmers: Weniger Arbeit, weniger Lohn, mehr Freizeit, zwangsläufig mehr Selbstversorgung, Befriedigung neuer Bedürfnisse (Muse, Weiterbildung z.B. für eine notwendig werdende Umschulung oder für eigene, nichtpekuniäre Interessen).

**Utopie ② (Alternative zur Erhaltung des sozialen Friedens innerhalb des einzelnen Unternehmens)**

Diese Alternative sieht eine gleichmässige Arbeitszeitreduktion im Unternehmen vor, die sich nach der vorhandenen Auftragslage ausrichtet. Ohne gleichzeitige Reallohnreduktion findet ebenso der Ersatz von Arbeit durch Kapital statt. Mit einer Reallohnreduktion lautet der neue Lebensinhalt für die verbleibenden Arbeitnehmer ebenso wie in Utopie 1; doch flexible, mobile Arbeitnehmer haben hier die Chancen, den bisherigen Arbeitgeber zu verlassen und z.B. in New-comer-Firmen wieder zur Vollbeschäftigung "aufzusteigen". Unter Umständen führt letzterer Weg nicht an einer entsprechenden Umschulung/Weiterbildung vorbei.

**Utopie ③ (Alternative zur Erhaltung des sozialen Friedens pro Berufsgruppe im Unternehmen)**

Diese Alternative geht von einer gleichmässigen Arbeitszeitreduktion im Unternehmen pro Berufsgruppe aus. Kann keine Reallohnreduktion für die Unterbeschäftigten erzielt werden, dann findet wiederum eine Ablösung von Arbeit durch Kapital (Industrieroboter) statt und die weiterhin Vollbeschäftigten "steigen aus", da die Ungerechtigkeit für sie auf lange Sicht unerträglich wird. Sie provozieren eine Kündigung um letztlich auch von den positiven Seiten der Arbeitslosigkeit bei gleichem Lohn zu profitieren oder stellen den Antrag für eine Umteilung in eine unterbeschäftigte Berufsgruppe oder lassen sich umschulen für eine besser bezahlte Berufsgruppe.

Kann hingegen in der Alternative 3 eine Reallohnreduktion durchgeführt werden, dann gibt es zukünftig pro Unternehmen zweierlei Arbeitnehmer:

- die Vollbeschäftigten mit 100 % Lohn
- die unterbeschäftigten Berufsgruppen mit x % (= weniger als 100 % Lohn). Diese lassen sich entweder umschulen, um in die Vollbeschäftigtengruppe vorzustossen oder lernen wie in Utopie 1 den neuen Lebensinhalt kennen: Weniger Arbeit, weniger Lohn, mehr Freizeit, mehr Selbstversorgung, neue Bedürfnisse (Muse etc.).

In allen drei Szenarien-Alternativen kann eine fortschreitende, im Ausmass ansteigende Unterbeschäftigung auf den verschiedenen aufgezeigten Wegen letztlich zur Arbeitswelt-"Schlussphase Z" führen (vgl. nachfolgenden Umriss). Ein wesentliches Element, das gegenüber unserer heutigen gesellschaftlichen Ordnung die grösste Veränderung vorsieht, ist der Umschwung zur vermehrten Selbstversorgung. Diese wiederum verlangt mit der Zeit eine neue Bodenrechtsordnung, wobei die zuerst gefährdeten Bevölkerungsschichten prioritär eine Bebauungsfläche zugeteilt erhalten. Diese Selbstversorgungswirtschaft gipfelt dann wiederum in einer bereits im Altertum bekannten Tauschwirtschaft.

Während sich also der heutige Arbeitnehmer noch durch die Verrichtung einer Arbeit in der spezialisierten Arbeitswelt ernährt, wird er dies gemäss diesem Szenario in einer Schlussphase durch eine Teilzeitarbeit in einem ähnlichen Arbeitsgebiet plus einer Arbeit in der Selbstversorgung mit anschliessendem Tauschhandel erreichen. Die hiezu notwendigen Voraussetzungen verändern die gesamte Sozialstruktur.

Abschliessend kommt vielleicht noch die Frage auf, welche der 3 Utopien als die erstrebenswerte betrachtet werden soll. Die nachfolgende Uebersicht über die Vor- und Nachteile der Utopie 1 - 3 zeigt auf, dass die Utopie 1 mit der staatlich gesteuerten Arbeitszeitreduktion als die vorteilhafteste erscheint.

| **Utopien** / Vergleich der Varianten 1 - 3 mit Reallohnred. / Vor- und Nachteile | (1) (= staatliche Arbeitszeitreduktion)<br>Staatliche Lösung | (2) (= Arbeitszeitred. gleichmässig innerhalb eines Unternehmens)<br>Unternehmungslösung | (3) (= Arbeitszeitreduktion im Unternehmen gleichmässig pro Berufsgruppe)<br>Bildungs-/Berufsgruppenlösung |
|---|---|---|---|
| **VORTEILE** | . grösster sozialer Frieden bei Vornahme der sukzessiven Arbeitszeit- und Lohnreduktionen<br>. Produktionsfortschritt kann gleichmässig verteilt werden<br>. Es profitieren/leiden alle an Nachfragesättigung und Produktivitätsfortschritt<br>. Bei Arbeitsmarktlücken kann der Geschicktere Zusatzeinkommen verdienen ⟶ Wettbewerb dem Einfallsreichtum<br>. Die Gewerkschaften können ein altes Tatziel, die Arbeitszeitreduktion, verwirklichen | . Automatisch optimale Faktorallokation, d.h.<br>- der Tüchtigste springt ab solange er noch etwas findet<br>- mit seiner guten/besseren Arbeit tritt sodann in tüchtigen Unternehmen ein positiver Multiplikator ein<br>- in den zurückbleibenden Unternehmen tritt ein negativer Multiplikator ein<br>. relativ wenig Aufwand zur Systemrealisierung, d.h. mehr als bei 3 , aber weniger als bei 1 | . Guter Ansporn für Weiterausbildung, um in eine andere Berufsgruppe zu kommen, für den, der mehr Kaufkraft will<br>. Derjenige, der bei seiner Ausbildungswahl auf die Zukunftsträchtigkeit geschaut hat, wird belohnt<br>. Für den Arbeitgeber die optimale Lösung, da am wenigsten Aenderungsaufwand, vgl. mit U 1 + 2 |
| **NACHTEILE** | . Vollbeschäftigte Firmen müssen zusätzliche, örtliche Arbeitsplätze (d.h. Laborplatz, Bürostuhl/-tisch) schaffen, da mehr Menschen an der gleichen Arbeitsleistung teilhaben wollen | . Sichere Branchen können mit dem Argument der Sicherheit die Löhne unverhältnismässig drücken (⟶ Ungerechtigkeit)<br>. Druck auf Pensionierte<br>. Benachteiligung der Jugentlichen durch Besitzstandswahrung der älteren Angestellten<br>. Hemmung der natürlichen Mobilität<br>. Grosse Beunruhigung in gefährdeten Branchen<br>. Der Strebsame kann nicht mehr 100 % verdienen, wenn er keine zusätzliche Teilzeitbeschäftigung findet<br>. Gleichmacherei demotiviert<br>. Der Unternehmer wird gezwungen, die Arbeit neu auszugleichen ohne optimale Lösungen | . Sozialer Unfriede/Missgunst im Betrieb<br>. Druck auf die sozial Schwächern, Pensionierte, Jugendliche etc.<br>. Grosse Beunruhigung in gefährdeten Branchen<br>. Kein Ansporn mehr für den Tüchtigsten in einer Berufsgruppe<br>. Klassendenken wird intensiviert und kann sich im Betrieb demotivierend auswirken |
| **Behandlung des Nachteils** | (A) Wiedereinführung des 2-Schichtenbetriebes, so dass keine zusätzlichen Arbeitsplätze nötig, z.B.:<br>7 - 13 h, 13 - 19 h<br>6 - 13 h, 13 - 20 h | Utopie 1 soll angestrebt werden | |
| **Folgerung:** | Bei zunehmender Arbeitslosigkeit: Utopie 1 als neue Arbeitswelt anstreben | | |

## UMRISS DER ARBEITSWELT-"SCHLUSSPHASE Z" IN INDUSTRIELAENDERN

Diese Schlussphase Z kann folgendermassen umschrieben werden:

. Reduzierte Arbeitszeit
- im Umfang der Produktivitätssteigerung
- im Umfang der Sättigung

je nach gewählter Utopie 1 - 3
- gleichmässig verteilt
- verteilt im Unternehmen
- verteilt im Unternehmen pro Berufsgruppe

. Die zu entschädigende Arbeit sinkt nicht auf Null es bleiben z.B.
- industrielle Verarbeitung von Nahrungsmitteln, aber zunehmend verarbeitet von Selbstversorgern
- Handels und Distributionsketten
- Herstellung extremer Luxusgüter für Wohlhabende
- stark reduziertes Bauwesen
- Reduziertes Staatswesen
- Werkzeugmaschinen + Industrieroboterfabriken
- Transportwesen (Einfuhrrohstoffe)
- Tourismus
- Medien reduziert
- div. Dienstleistungszweige (Banken, Versicherung, Stellenvermittlung)
- Gesundheitswesen reduziert
- Ausbildungswesen
- Branchen der Produktionsplanung & Steuerung EDV...
- übrige Zweige der Inlandbedarfsdeckung

. Freie Arbeitszeit wird je nach verbleibender Kaufkraft und "Niveau verwendet für:
- Selbstversorgung + Einkommenerhöhung (Schwarzarbeit)
- erwerbswirtschaftliche Zweittätigkeit
- musische Freizeitgestaltung
- inhaltslose Freizeitgestaltung

. Neuregelung der Bodenbesitzesverhältnisse (dezentrales Land neu verteilt nach Bedarfs-Klasse der Selbstversorgung).

. Mobilität: Arbeiter/Angestellter mit wenig Arbeitszeit wohnt dezentral, verreist von dort z.B. für 2 Tage in die Stadt, erhält dort vom Arbeitgeber für 1 Nacht 1 Studio oder mietet sich dieses in Ablösung mit Gleichgestellten, Rest der Woche retour zu dezentralem Standort zur Selbstversorgung. Lohn muss nur noch reichen für nicht selbst produzierbare

Güter und für Rohmaterialien. In der Stadt bleiben v.a. höher Ausgebildete, die aber mehr als Ø Arbeitszeit arbeiten (Arzt, Anwalt etc.) und sich deswegen einen Stadtwohnsitz leisten können.

## Schlussbetrachtung

Die menschlichen Arbeitskräfte kamen aus der Landwirtschaft und waren als gut verdienender Einsatzfaktor in der Industrie nur vorübergehende Gäste. Am Schluss ihres Gastspiels werden sie zurückkehren aufs Land und sich selbst versorgen, während die Industrieroboter alles herstellen, was noch notwendig ist. Produkte werden z.B. gegen Entschädigung in LW-produkten erworben.

ANHANG XII mm-Länderrisiko-Rangfolge, als Beispiel[1)]

**mm-Ländertest**

## Chancen und Risiken für Investoren und Exporteure

Wie 225 Experten die wichtigsten Auslandsmärkte zensieren

| Land | Gesamtbeurteilung (max. 300 Pkt.) | Politische Stabilität (max. 100 Pkt.) | Binnenwirtschaft (max. 100 Pkt.) | Außenwirtschaft (max. 100 Pkt.) |
|---|---|---|---|---|
| 1. Japan | 266 | 97 | 90 | 80 |
| 2. Norwegen | 265 | 94 | 77 | 94 |
| 3. Niederlande | 264 | 98 | 84 | 82 |
| 4. Saudi-Arabien | 263 | 92 | 85 | 86 |
| 5. Hongkong | 263 | 96 | 86 | 81 |
| 6. Schweiz | 261 | 97 | 76 | 88 |
| 7. USA | 260 | 95 | 86 | 79 |
| 8. Singapur | 258 | 92 | 83 | 83 |
| 9. Österreich | 258 | 96 | 81 | 80 |
| 10. Kanada | 253 | 88 | 80 | 84 |
| 11. Belgien | 252 | 87 | 83 | 82 |
| 12. Frankreich | 251 | 89 | 81 | 81 |
| 13. Dänemark | 251 | 96 | 78 | 77 |
| 14. Australien | 249 | 88 | 80 | 81 |
| 15. Großbritannien | 246 | 81 | 79 | 86 |
| 16. Malaysia | 246 | 82 | 75 | 88 |
| 17. Taiwan | 244 | 89 | 80 | 75 |
| 18. Finnland | 242 | 93 | 78 | 71 |
| 19. Irland | 241 | 85 | 75 | 81 |
| 20. Schweden | 240 | 87 | 75 | 78 |
| 21. Neuseeland | 237 | 92 | 75 | 70 |
| 22. Chile | 232 | 86 | 72 | 75 |
| 23. Tunesien | 231 | 78 | 72 | 80 |
| 24. Argentinien | 229 | 78 | 69 | 82 |
| 25. Italien | 228 | 76 | 78 | 74 |
| 26. Ecuador | 228 | 81 | 71 | 77 |
| 27. Rep. Südafrika | 223 | 67 | 73 | 83 |
| 28. Mexiko | 222 | 81 | 68 | 73 |
| 29. Algerien | 222 | 81 | 69 | 72 |
| 30. Elfenbeinküste | 220 | 77 | 73 | 69 |
| 31. Portugal | 219 | 78 | 72 | 68 |
| 32. Venezuela | 218 | 68 | 70 | 80 |
| 33. Süd-Korea | 217 | 82 | 76 | 60 |
| 34. Kolumbien | 214 | 76 | 67 | 70 |
| 35. Brasilien | 209 | 77 | 70 | 62 |
| 36. Nigeria | 208 | 65 | 69 | 74 |
| 37. Griechenland | 203 | 76 | 71 | 56 |
| 38. Kenia | 201 | 76 | 61 | 64 |
| 39. Spanien | 200 | 67 | 70 | 63 |
| 40. Indonesien | 200 | 63 | 64 | 73 |
| 41. Libyen | 198 | 64 | 69 | 65 |
| 42. Ägypten | 197 | 70 | 69 | 57 |
| 43. Marokko | 195 | 69 | 67 | 58 |
| 44. Simbabwe | 191 | 64 | 66 | 61 |
| 45. Philippinen | 190 | 68 | 66 | 56 |
| 46. Thailand | 190 | 64 | 65 | 61 |
| 47. Jugoslawien | 187 | 78 | 62 | 47 |
| 48. Peru | 185 | 70 | 56 | 59 |
| 49. Indien | 180 | 62 | 59 | 59 |
| 50. Liberia | 157 | 47 | 54 | 57 |
| 51. Iran | 154 | 37 | 59 | 58 |
| 52. Türkei | 139 | 42 | 51 | 46 |
| 53. Zaire | 136 | 49 | 44 | 43 |

Differenzen in den Summen durch Abrundungen. Quelle: „manager magazin"-Ländertest 1980

1) Jaegeler/Wagner/Wilhelm (Auslandsrisiken) 34

## LITERATURVERZEICHNIS

### Bücher, Dissertationen, Gemeinschaftswerke, Monographien, Lexiken


| | |
|---|---|
| Agthe K.: | (Strategie)<br>Strategie und Wachstum der Unternehmen, Baden-Baden 1972 |
| Ammann U.: | (Schutz ausländischer Privatinvestitionen)<br>Der Schutz ausländischer Privatinvestitionen in Entwicklungsländern, Diss. St.Gallen 1967 |
| Andrä B.: | (Zielhierarchie)<br>Die Zielhierarchie des Betriebes, Diss. Frankfurt 1975 |
| Ansoff H.I.: | (Management)<br>Management Strategy, München 1966 |
| Ansoff H.I.: | (Business)<br>Business Strategy, Bungay-Suffolk 1969 |
| Ansoff H.I.: | (Strategic Planning)<br>(Hrsg.): From Strategic Planning to Strategic Management, London 1976 |
| Ansoff H.I.: | (Strategic)<br>Strategic Management, London 1979 |
| Arriagada J.: | (Lateinamerika)<br>(Hrsg.): HWWA-Institut, Investieren in Lateinamerika, Hamburg 1976 |
| Asplund G.: | (Strategy)<br>Strategy formulation, an intervention study of a complex group decision process, Stockholm 1975 |
| Atkinson J.: | (Motivation)<br>An introduction to motivation, New York 1964 |
| Atteslander P.: | (Sozialforschung)<br>Methoden der empirischen Sozialforschung, Berlin 1975 |
| Aurich W.:<br>Schroeder H.V.: | (Wachstumsplanung)<br>System der Wachstumsplanung im Unternehmen, München 1972 |
| Backhaus K.: | (Investitionsgütermarketing)<br>Investitionsgüter-Marketing München 1982 |
| Balassa B.: | (Structure of Protection)<br>The Structure of Protection in Developing Countries, Baltimore 1971 |
| Balassa B.: | (Reform)<br>The New Protectionism: An Evaluation and Proposals for Reform, in: Challanges to a liberal international economic order, (Hrsg.): Ryan C., Washington 1979 |

Balassa B.: (Tokyo Round)
The Tokyo Round and the Developing Countries, in: World Bank Staff Working Paper, No.370, Washington 1980

Baldwin R.: (Pressures)
Protectionist Pressures in the United States, aus: Ryan C. (Hrsg.): Challanges to a liberal international economic order, Washington 1979

Baranson J.: (Technology)
Technology and the Multinationals, Lexington 1979

Bartenstein R.: (Leitvorstellungen)
Aktuelle unternehmungspolitische Leitvorstellungen, Diss., Winterthur 1978

Basche J.: (Nationalization)
Nationalization: The Experience of U.S. Companies in the 1970's, New York 1979

Baumann K.: (Nutzwert)
Die Anwendung nutzwertanalytischer Methoden in der Praxis, Diss., Bern 1979

Baumer J.M.: (Transnational)
Transnational Corporations in Latin America, Diessenhofen 1982

Baumol W.: (Business Behavior)
Business Behavior, Value and Growth, New York 1959

Bechmann A.: (Nutzwertanalyse)
Nutzwertanalyse, Bewertungstheorie und Planung, Bern 1978

Behrens K.C.: (Standortbestimmungslehre)
Allgemeine Standortbestimmungslehre, Opladen 1971

Benci M.:
Seibert K.: (Marketing-Problem)
Joint-Ventures als Marketingproblem, Opladen 1979

Berg H.: (Wirtschaftspolitik)
Internationale Wirtschaftspolitik, Göttingen 1976

Berliner Institut: (Industrialisierung)
(Hrsg.): Berliner Institut für Vergleichende Sozialforschung, Bruchstellen Industrialisierung und Planung in der Dritten Welt, Frankfurt 1981

Bernkopf G.: (Strategien)
Strategien zur Auswahl ausländischer Märkte, München 1980

Bethke V.:
Koopmann G.: (Multinationale)
Multinationale Unternehmen und Entwicklungsländer, Hamburg 1975

Beuttel W.:
Simmerl J.:
Escherle H.: (Auslandsaktivitäten)
Entscheidungsverhalten bei Auslandsaktivitäten, München 1980

Beuttel W.: (Entscheidungen)
Produktbezogene Entscheidungen für Auslandsmärkte, München 1981

Biaso S.: (Entscheidung)
Entscheidung als Prozess, Bern/Stuttgart/Wien, 1969

Bidlingmaier J.: (Unternehmerziele)
Unternehmerziele und Unternehmerstrategien, Wiesbaden 1964

Bidlingmaier J.: (Marketing)
Marketing 1 & 2, Betriebswirtschaftslehre, Rheineck b/Hamburg, 7.Auflage, 1978

Booz, Allen: (The Electronics Industry)
The Electronics Industry in Scotland, A Proposed Strategy, from the Scottish Development Agency, Edingburgh 1979

Borner S.: (Produktionsverlagerung)
(Hrsg.) Produktionsverlagerung und industrieller Strukturwandel, Bern 1980

BOTB : (International Directory)
British Overseas Trade Board, The International Directory ob Published Market Research, London, Jährliche Ausgabe

Brauchlin E.: (Entscheidungsmethodik)
Problemlösungs- und Entscheidungsmethodik, Bern 1978

Brauchlin E.: (Konzepte)
(Hrsg.): Konzepte und Methoden der Unternehmungsführung, Bern 1981

Business International: (1980's)
Europe in the 1980's, Corporate Forecasts and Strategies, Genf 1979

Business International Corp.: (Country Assessment Service)
Country Assessment Service, Fall 1980 Executive Summary, Geneva 1980

Business International Corp.: (Country Risk)
Managing and Evaluating Country Risk, New York 1981

Business International Corp.: (ILT)
Investing, Licensing & Trading Conditions Abroad, New York 1982

Cannon T.: (Business)
Business Strategy and Policy, New York 1968

Cassing J.: (Alternatives)
Alternatives to Protectionism, aus: Leveson I. (Hrsg): Western Economies in Transition, Boulder 1980

Clausen P.: (Organisationsstruktur)
Der Einfluss der Umwelt auf die Organisationsstruktur von Grosshandelsunternehmen, Diss., Gais 1980

Clausewitz C.: (Krieg)
Vom Kriege, Hinterlassenes Werk, Berlin 1952

Czakainski M.: (Marketing Konzeption)
Die Marketing Konzeption von Kernkraft-Herstellern, München 1980

Degenhardt W.: (Enzyklopädie)
Management Enzyklopädie, München 1970,S.695-707

Deitmers J.: (Auslandsinvestitionen)
Auslandsinvestitionen und inländische Beschäftigung, Frankfurt/Bern 1982

Delhees K.: (Motivation)
Motivation und Verhalten, München 1975

Dittmar W.G.:
Meyer C.W.:
Hoyer W.: (Internationale Expansion)
Die internationale Expansion planen und durchführen, München 1979

Donges J.: (Protektionismus)
Die Welthandelsordnung auf dem Prüfstand: Weitere Liberalisierung oder neuer Protektionismus ? Kieler Arbeitspapier Nr.67, Kiel 1978

Donges J.:
Müller-Ohlsen L.: (Industrialisierung)
Aussenwirtschaftsstrategien und Industrialisierung in Entwicklungsländern, Tübingen 1978

Dreher B.: (Massnahmen)
Kriterien wirtschaftsfördernder Massnahmen für die verarbeitende Industrie in Berlin, Berlin 1977

Dun & Bradstreet: (Exporters' Encyclopaedia)
Exporters' Encyclopaedia by Dun & Bradstreet International, New York 1982

Dunning J.H.: (International Production)
International Production and the Multinational Enterprise, London 1981

Eckhardt H.: (Handlexikon)
Handlexikon der modernen Managementpraxis, München 1971

Ellenberger G.etc.(Handbuch)
Handbuch des Konzernmanagement, München 1972, S.720-729

Fachleute aus Wissenschaft und Praxis: (Management Enzyklopädie)
Management Enzyklopädie, Bd.I
München 1969, S. 665-670

Fiallo F.: (Protectionism)
Protectionism in North - South Trade
Rotterdam 1978

Fisher L.: (Industrial)
Industrial Marketing, An Analytical Approach to Planning and Execution, Princeton N.Y.1970

Frank P.: (Marketing-Strategien)
Marketing-Strategien. Begriffliche und inhaltliche Untersuchung zur Entwicklung, Realisierung und Kontrolle von Marketing Strategien, Diss., Mannheim 1978

Friedrichs J.: (Methoden)
Methoden empirischer Sozialforschung, Reinbeck 1973

Gablers: (Wirtschaftslexikon)
Dr. Gablers Wirtschaftslexikon, Kurzausgabe, Bd. 1-6, Wiesbaden 1969

Galbraith J.: Nathason D.: (Strategy)
Strategy Implementation: The Role of Structure and Process, St. Paul 1978

GATT : (Technical Barriers)
Agreement on Technical Barriers to Trade, Geneva 1979

GATT : (International Trade)
International Trade 1980/81, Geneva 1981

GATT : (Activities)
GATT Activities in 1981, Geneva 1982

GATT : (Commercial Policy)
Survey of Developments in Commercial Policy, Issued by the Secretariat of the General Agreements on Tariffs and Trade, Geneva 1982

Göbel B.: (Exportmarketing)
Möglichkeiten zur Strukturierung des Exportmarketing, Zürich/Frankfurt 1978

Golt S.: (New Protectionism)
The New Protectionism, in Western Economies in Transition (Hrsg.): Leveson I/Wheeter W., Boulder 1980

Gomez P.: (Frühwarnung)
Frühwarnung in der Unternehmung, Bern 1983

Grafers H.W.: (Investitionsgütermarketing)
Investitionsgütermarketing, Zürich 1980

Green C.: (New Protectionism)
The New Protectionism, Washington 1981

Gritzka C.H.: (Heuristische Systemanalyse)
Die Anwendung der heuristischen Systemanalyse zur Vorbereitung industrieller Standortentscheidungen, Diss., Breslau 1974

Grochla E.: (Handwörterbuch der Betriebswirtschaft)
Handwörterbuch der Betriebswirtschaft Bd,I/3, 4. Auflage, Stuttgart 1976, S.4093-4120

| | |
|---|---|
| Hafermalz O.: | (Befragung)<br>Schriftliche Befragung, Möglichkeiten und Grenzen, Wiesbaden 1976 |
| Hahn, Tylor : | (Strategische Unternehmungsplanung)<br>(Hrsg.): Strategische Unternehmungsplanung, Stand und Entwicklung, Würzburg/Wien 1980 |
| Handelskammer Hamburg: | (Deutsche Direktinvestitionen)<br>Deutsche Direktinvestitionen im Ausland, Motivation, Entwicklung, Förderung, Hamburg 1969 |
| Hasenpflug H.: | (Handelshemmnisse)<br>Nicht-tarifäre Handelshemmnisse, Hamburg 1977 |
| Hax H.: | (Investitionstheorie)<br>Investitionstheorie, Würzburg/Wien 1970 |
| Heckhausen H.: | (Leistungsmotivation)<br>Hoffnung und Furcht in der Leistungsmotivation, Maienheim a/G. 1963 |
| Heinen E.: | (Grundlagen)<br>Grundlagen betriebswirtschaftlicher Entscheidungen, 3.Auflage, Wiesbaden 1976 |
| Heinen H.: | (Ziele)<br>Ziele multinationaler Unternehmen, Diss., Zürich/Wiesbaden 1982 |
| Heldt S.: | (Andenpakt)<br>Gemeinschaftliche Regelungen für ausländische Investitionen im Rahmen des Andenpaktes, Kieler Arbeitspapier Nr. 37, Kiel 1975 |
| Helleiner G.: | (Industrial Protectionism)<br>The new industrial protectionism and the developing countries, in: Trade and development, An Unctad Review No. 1, Geneva 1979 |
| Hemberger H.: | (Direkte Auslandsinvestitionen)<br>Direkte Auslandsinvestitionen-Elemente des Entscheidungsprozesses und Erklärungsansätze, Frankfurt/Zürich 1974 |
| Hemmer H.R.: | (Zielfunktion Entwicklungsländer)<br>Zur Problematik der gesamtwirtschaftlichen Zielfunktion in Entwicklungsländern, Giessen 197[illegible] |
| Henner H.:<br>Lafay G.: | (Protection effective)<br>La protection effective dans le pays industrialisés, Paris 1972 |
| Herrmann T.: | (Grundbegriffe)<br>Handbuch psychologischer Grundbegriffe, München 1977 |
| Heshemi A.: | (Tariff Protection)<br>Technological disparties and Tariff protection in industrial countries, Diss., Indiana University 1978 |
| Hesse H.: | (Redeployment)<br>Industrial redeployment opportunity, threat or illusion ? Göttingen 1979 |

Hill W.: (Unternehmungsplanung)
Unternehmungsplanung, 2.Auflage, Stuttgart 1971

Hinterhuber H.: (Unternehmungsführung)
Strategische Unternehmungsführung, Berlin 1977

Hoffmann V.: (Motivation)
Motivation, Managementverhalten und Geschäftserfolg, Diss., Berlin 1980

Hood N.:
Young St.: (Development Strategies)
European Development Strategies of U.S. owned Manufacturing Companies Located in Scotland, Edinburgh 1980

ICME : (Redeployment)
Structural analysis of Swiss Industry 1968-1978: Redeployment of Industry and the International Division of Labour, Zürich 1978

ICME : (Produktionsverlagerung)
Die Rolle der Produktionsverlagerung in der Strategie schweizerischer Industrieunternehmungen, Zürich 1978

Juhl P.: (Arbeitsplätze)
Vernichten Auslandsinvestitionen heimische Arbeitsplätze ? in: Kieler Diskussionsbeiträge Nr. 61, Institut für Weltwirtschaft, Kiel 1979

Juhl P.: (Direktinvestitionen)
Deutsche Direktinvestitionen in Lateinamerika, Kieler Studie Nr.160, Kiel 1979

Juhl P.: (Technologietransfer)
Die Bedeutung von Investitionsschutzabkommen für Direktinvestitionen und den Technologietransfer, Kieler Sonderdruck Nr.94, Kiel 1981

Kaufmann A.: (Entscheidungstechnik)
Entscheidungstechnik im Management, München 1968

Kebschull D.: (Weltwirtschaftsordnung)
Die neue Weltwirtschaftsordnung, Hamburg 1977

Kebschull D.: (Industrialisierung)
Industrialisierung im Nord-Süd-Dialog, Vorschläge zur dritten Generalkonferenz von UNIDO und Bewertung des Verlaufs, München 1980

Kebschull D.: (Privatinvestitionen)
Wirkungen von Privatinvestitionen in Entwicklungsländern, Baden-Baden 1980

Keller J.: (Motivation)
Grundlagen der Motivation, München 1981

Keller U.: (Investitionsgüterabsatz)
Die Bedeutung des Handels für den Investitionsgüterabsatz, Göttingen 1975

Kellerer H.: (Stichprobenverfahren)
Theorie und Technik des Stichprobenverfahrens, München 1963

Kienle R.: (Fremdwörterlexikon)
Fremdwörterlexikon, Hamburg 1982

Kilgus E.: (Teilerhebungen)
Teilerhebungen im Dienste der betriebswirtschaftlichen Marktforschung, Diss., Zürich 1964

Kirsch W.: (Entscheidungsprozesse)
Entscheidungsprozesse, 1.Band, Wiesbaden 1970

Kirsch W.: (Unternehmenspolitik)
Unternehmenspolitik: Von der Zielforschung zum strategischen Management, München 1981

Klein H.: (Heuristische Entscheidungsmodelle)
Heuristische Entscheidungsmodelle, Neue Techniken des Programmierens und Entscheidens für das Management, Wiesbaden 1971

Köhler R.: (Forschungskonzeptionen)
(Hrsg.): Empirische und handlungstheoretische Forschungskonzeptionen in der Betriebswirtschaftslehre, Stuttgart 1977

KOMPASS : (Produkte-Information)
Informationswerk für die Wirtschaft der Schweiz und Liechtenstein, 30.Ausgabe, Zürich 1980/81

Kortüm B.: (Zum Entscheidungsprozess)
Zum Entscheidungsprozess bei privaten Auslandsinvestitionen, Frankfurt 1972

Kramer G.: (Prognosen)
Die Gewinnung von Prognosen im Rahmen von Marketing-Informationssystemen, Berlin 1982

Krämer H.: (Technische Hemmnisse)
Technische Hemmnisse bei Einfuhren in die Bundesrepublik Deutschland, Kieler Arbeitspapier Nr. 8, Kiel 1973

Krämer H.: (Schutzklauseln)
Schutz heimischer Industrien im internationalen Wettbewerb, zur Problematik der Schutzklauseln, Kieler Sonderdrucke Nr.23, Kiel 1975

Kreikebaum H.: (Strategische Unternehmungsplanung)
Strategische Unternehmungsplanung in der Bundesrepublik Deutschland, in: Hahn/taylor (Hrsg.): Strategische Unternehmungsplanung, Würzburg 1980

Kromrey H.: (Sozialforschung)
Empirische Sozialforschung, Opladen 1980

Kühn R.: (Rationaler Entscheid) Möglichkeiten rationaler Entscheidung im Absatzsektor unter besonderer Berücksichtigung der Unsicherheit der Information Bern/Stuttgart 1969

Kupsch P.: (Unternehmungsziele) Unternehmungsziele, Stuttgart 1979

Lattmann Ch.: (Ausbildung) Die Ausbildung des Mitarbeiters als Aufgabe der Unternehmung, Bern 1974

Lawrence P.: Lorsch J.: (Organization) Organization and Environment, Boston 1967

Learned/ Christensen/ Andrews: (Policies) Business Policy, Text & Cases, Homewood 1965

Lembke P.: (Strategisches Produktmanagement) Strategisches Produktmanagement, Berlin 1980

Leonard W.: (Revolution) Die Revolution entlässt ihre Kinder, Frankfurt 1972

Limmert P.: (Lexikon anglo-amerikanischer & deutscher Management Begriffe) Lexikon anglo-amerikanischer und deutscher Management Begriffe, München 1972

Lindworsky J.: (Wille) Der Wille, seine Erscheinung und seine Beherrschung, 2.Auflage, Leipzig 1921

Long O.: (Die Bedrohung) Die Bedrohung des freien Welthandels, aus: Amnann R./Lilja B. (Hrsg.): Sicherung der Unternehmungsautonomie, Bern 1979

Lorenz D.: (Neomerkantilismus) Ursachen und Konsequenzen des Neomerkantilismus, in: Woll A., (Hrsg.): Internationale Anpassungsprozesse, Berlin 1981

Marwede E.: (Unternehmerverhalten) Zum Unternehmerverhalten bei Investitionsentscheidungen, Diss., München 1967

Masmata A.: (L'émigration suisse) L'Emigration des industries suisses, Lausanne 1924

Mason et al : (The Economics) The Economics of International Business, New York 1975

Mayntz R.: Holm K.: Hübner P.: (Methodologie) Einführung in die Methodologie der empirischen Soziologie, Opladen 1972

Meffert H.: (Informationssysteme) Computerunterstützte Informationssysteme, Wiesbaden 1975

Meier G.: (Investitionsgütermarketing)
Investitionsgütermarketing für Praktiker, Fribourg 1975

Mellerowicz K.: (Unternehmenspolitik)
Unternehmenspolitik, Bd. I, 3.Auflage, Freiburg i.Br. 1976

Menck W.: (Entwicklungsdekade)
Elemente einer internationalen Strategie für die dritte Entwicklungsdekade, Hamburg 1980

Menges G.: (Grundmodelle)
Grundmodelle wirtschaftlicher Entscheidungen, 2. Auflage, Düsseldorf 1974

Messinger H.: (Fremdwörterbuch)
Langenscheidts Fremdwörterbuch, Englisch-Deutsch, Berlin/München 1965

Metzger F.: (Risikomanagement)
Arbeitshandbuch Risikomanagement, Geneva 1980

Michel H.: Ochel W.: (Industrialisierung)
Ländliche Industrialisierung in Entwicklungsländern, München 1977

Müller-Ohlsen L.: (Exportdiversifizierung)
Importsubstitution und Exportdiversifizierung im Industrialisierungsprozess Mexikos, Tübingen 1974

Müller W.: (Duden)
Duden Fremdwörterbuch, Mannheim 1982

Nagy P.: (Country Risk)
Country Risk, How to assess, quintify and monitor it, Weston 1979

Nelson D.: (New Protectionism)
The Political Structure of the New Protectionism, World Bank Working Paper Nr. 471, Washington 1981

Niehans J.: (Case of Switzerland)
Benefits of Multinational Firms for a Small Parent Economy, The Case of Switzerland, in: Agmon/Kindleberger (eds.) Multinationals from Small Countries, Cambridge, Mass. 1977

Niggemann W.: (Optimale Informationsprozesse)
Optimale Informationsprozesse in betriebswirtschaftlichen Entscheidungssituationen, Wiesbaden 1973

Niklas K.: (Singapore)
Singapore, Beispiel einer weltmarktorientierten Industrialisierungspolitik, Stuttgart 1977

Nowzad B.: (Protectionism)
The rise in Protectionism, International Monetary Fund Pamphlet Series No.24, Washington 1978

Nunnenkamp P.: (Formen des Protektionismus)
Neuere Formen des Protektionismus in Entwicklungsländern, Kieler Arbeitspapier Nr.107 Kiel 1980

O'Leary J.: (Protectionism)
Protectionism or Collective Economic Security, in: ORBIS, a Journal of world Trade Affairs, Vol. 24, No. 1, Washington 1980

Oswald H.: (Andenpakt)
Die ausländischen Direktinvestitionen in der Industrialisierungspolitik des Andenpaktes, Diessenhofen 1977

Pausenberger E.: (Unternehmungen)
Internationale Unternehmungen in Entwicklungsländern, Düsseldorf/Wien 1980

Pensel J.: (Produktions- und Investitionspolitik)
Die Produktions- und Investitionspolitik der internationalen Unternehmung, Berlin 1977

Pestieau C.: (Non Tariff Trade Barriers)
Non-Tariff Trade Barriers as a Problem in International Development, Montreal 1973

Petersen J.: (Forschungsprozesse)
Strukturen empirischer Forschungsprozesse, Bd,I, Ratingen 1975

Pfaller A.: (Industrieexporte)
Industrieexporte aus Entwicklungsländern im weltwirtschaftlichen Interessen-Konflikt, Opladen 1981

Polkowiski H.E.: (Industriegüterbereich)
Veralterung im Industriegüterbereich, Diss., Erlangen-Nürnberg 1976

Preisig H.: (Produktionsgüterindustrie)
Marketing in der Produktionsgüterindustrie, Diss., St.Gallen, 1962

Prim/Tilmann: (Grundlagen)
Grundlagen einer kritisch-rationalen Sozialwissenschaft, Heidelberg 1977

Primier W.: (Produktvariation)
Produktvariation als Instrument des Marketing, Berlin 1970

Pümpin C.:
Gälweiler A.:
Neubauer F.:
Bane W.: (Produkt-Markt-Strategie)
Produkt-Marktstrategien, Bern 1980

Pümpin C.: (Management SEP)
Management strategischer Erfolgspositionen, Bern/Stuttgart 1982

Quambusch L.: (Nicht-tarifäre Handelshemmnisse)
Nicht-tarifäre Handelshemmnisse, Köln 1976

Rauh O.: (Auswahlkriterien)
Auswahlkriterien für Direktinvestitionen von Unternehmen aus Industrieländern in Entwicklungsländern, Nürnberg 1981

Rettig R.: (Strukturveränderungen)
Arbeitsteilungen mit Entwicklungsländern und Strukturveränderungen in Industriewirtschaften, aus: Duwendag D./Sieber H. (Hrsg.): Politik und Macht, Wirtschaftspolitische Probleme der 80er Jahre, Stuttgart 1980

Ringle G.: (Exportmarketing)
Exportmarketing, Wiesbaden 1977

Robinson H.: (The Motivation)
The motivation and flow of private foreign investment, Menlo Park, 1961

Rodriguez R.: Carter E.: (International)
International Financial Management, 2nd edition, New Jersey 1979

Root F.: (Political Risk)
Analyzing Political Risk in International Business, in: Kapoor et al (Hrsg.): The Multinational Enterprise in Transition, Princeton 1973, S. 354-365

Rühle von Lilienstern H.: (Konkurrenzfähiger)
Konkurrenzfähiger durch bessere Information Berlin 1974

Rosenstiel L.: (Motivation)
Motivation im Betrieb, München 1972

Ruge F.: (Politik)
Politik und Strategie, Strategisches Denken und politisches Handeln, Frankfurt 1967

Rupp M.: (Produkt/Marktstrategien)
Produkt/Marktstrategien, Zürich 1980

Sampson G.: (Contemporary protectionism)
Contemporary Protectionism and exports of developing countries, in: CEPAL Review No. 8, Santiago 1979

Sandig C.: (Führung)
Die Führung des Betriebes, 2. Auflage, Stuttgart 1966

Scharrer H.: (Förderung)
Förderung privater Direktinvestitionen, HWWA-Institut, Hamburg 1972

Schendel D.: Hofer C.: (Strategic Management)
Strategic Management, a new view of business policy and planning, Boston 1979

Schleuplin H.: (Unternehmensstrategie)
Unternehmensstrategie, Wiesbaden 1970

Schluep H.: (Aussenhandelsprotektionismus)
Der Aussenhandelsprotektionismus und die Entwicklungsländer, Diss. Winterthur 1964

Schmid H.: (Internationaler Handel)
Entwicklungsländer und internationaler Handel, Diss. Freiburg i.B. 1965

Schmidheiny S.: (Investitionsrisikogarantie)
Die Investitionsrisikogarantie, Diss., Zürich 1972

Schmidt C.: (Joint - Ventures)
Betriebswirtschaftliche Probleme beim Aufbau klein- und mittelindustrieller Joint-Ventures in westafrikanischen Entwicklungsländern Berlin 1979

Schmidt-Südhoff U.: (Unternehmerziele)
Unternehmerziele und unternehmerisches Zielsystem, Wiesbaden 1967

Schregenberger J.: (Problemlösen)
Methodenbewusstes Problemlösen, Bern 1982

Schultz A.: (Gebührenbemessung)
Methoden und Probleme der Gebührenbemessung bei internationalen Lizenz- und Know-how-Verträgen, St.Galler Diss. 1979

Schweizerische Zentrale für Handelsförderung: (Länderdokumentationen)
Pro Land ca 30 Seiten Länderinformationen, Lausanne 1982

Sellien R.+ H.: (Dr.Gablers)
Dr. Gablers Wirtschaftslexikon, Bd. I + II, Spalten 1948, 2032-35, Wiesbaden 1971

Sharef U.: (Politik)
Die Politik der ausländischen Investitionen der Andengruppe: Der Fall Kolumbien, Düsseldorf 1975

Smith T.: (Dynamic)
Dynamic business strategy, New York 1977

Solothurnische Handelskammer: (Länderdokumentationen)
Ringbuch, einmalige Ausgabe + laufende Erneuerungen, Solothurn 1982

Söter A.: Zimmerer C.: (Handbuch)
Handbuch der Unternehmungszusammenschlüsse, München 1972, S. 626-630

Stadler K.: (Unternehmungspolitik)
Innovative Unternehmungspolitik, Diss. St.Gallen 1978

Stahr G.: (Auslandmarketing-Marktanalyse)
Auslandmarketing, Bd. I-Marktanalyse, Stuttgart/Berlin 1979
(Auslandmarketing-Marktstrategien)
Auslandmarketing Bd. II-Marketingstrategien, Stuttgart/Berlin 1979

Stecher B.: (Industrialisierungsprozess)
Erfolgsbedingungen der Importsubstitution und der Exportdiversifizierung im Industrialisierungsprozess, Tübingen 1976

Stecher B.: (Tokio-Runde)
Zum Stand der internationalen Handelspolitik nach der Tokio-Runde, Kieler Diskussionsbeiträge, Kiel 1980

Stobaugh R.: (Impact)
Nine Investments Abroad and their Impact at Home, Boston 1976

Tesch P.: (Bestimmungsgründe)
Die Bestimmungsgründe des internationalen Handels und der Direktinvestitionen, Diss. Berlin 1980

Thomae H.: (Motivation)
(Hrsg.): Die Motivation menschlichen Handelns, Köln 1965

Tregoe/ Zimmermann: (Management Strategie)
Top Management Strategie, Zürich 1981

Tumlir J.: (International Order)
The New Protectionism, Cartels, and the International Order, aus: Ryan, C. (Hrsg.): Challanges to a liberal international economic order, Washington 1979

Tyler W.: (Importsubstitution)
Importsubstitution, Exportdiversifizierung und strukturelle Verflechtungen in der brasilianischen Industrie, in: Giersch (Hrsg.): Die Weltwirtschaft, Halbjahresschrift der Universität Kiel, H.1, Tübingen 1973

Uebleis H.P.: (Instrumentarium)
Das absatzpolitische Instrumentarium der multinationalen Unternehmung, Wien 1977

Ulrich H.: Krieg W.: (Management-Modell)
Das St.Galler Management-Modell, Bern 1974

Ulrich H.: (Unternehmungsstrategie)
in: Unternehmungsstrategie im Wandel, (Hrsg.): Löwe C., Bern 1976

Ulrich H.: (Unternehmungspolitik)
Unternehmungspolitik, Bern 1978

UNCTAD: (Liberalization)
Liberalization of Tariff and Non-Tariff Barriers, TD, Geneva 1969

UNCTAD: (Implications)
Implications for developing countries of the new protectionism in developed countries, TD 226, Manila 1979

UNCTAD: (Protectionism)
Protectionism: Trends and Short-Term and Long-Term Policies and Antions to deal with the Problem, TD 226, Manila 1979

UNIDO: (Lima Declaration)
Lima Declaration and Plan of Action on Industrial Development and Co-operations, Second General Conference of the UNIDO, Lima, Peru, 12 - 26 March 1975, Wien 1977

UNIDO: (Industry 2000)
Industry 2000- New Perspectives, collected background papers, Vol. 6, Vienna 1979

UNIDO: (New Delhi Declaration)
New Delhi Declaration and Plan of Action on Industrialization of Developing Countries and International Co-operation for their Industrial Development, Third General Conference of UNIDO, New Delhi, India, 21 January - 9 February 1980, Vienna 1980

UNITED NATIONS: (Subcontracting)
Subcontracting for modernizing economies, New York 1974

U.S. Department of Commerce: (Framework on Conduct of International Trade)
Washington 1980

U.S. Department of Commerce: (Agreement on Import Licensing Procedures)
Washington 1980

U.S. Department of Commerce: (Agreement of Technical Barriers)
Agreement on Technical Barriers to Trade, Washington 1980

Wahrig G.: (Deutsches Wörterbuch)
Das grosse deutsche Wörterbuch, Gütersloh 1966, S.2307 + 3819

Walldorf G.: (Organisation)
Die Organisation der Absatzwege in der Investitionsgüterindustrie, Diss.St.Gallen 1980

Wehrli P.: (Entscheidungssequenzen)
Die Lösung betriebswirtschaftlicher Probleme und Entscheidungssequenzen, Bern-Frankfurt 1976

Weilenmann P.: Nüsseler A.: (Planungsrechnung)
Planungsrechnung in der Unternehmung Zürich 1971

Weinhold-Stünzi H.: (Marketing)
Marketing, ein Lehrgang in 12 Lektionen, Kilchberg/Frankfurt/Wien 1970

Weinhold-Stünzi H.: (Marketing-Konzepte)
Grundlagen moderner Marketing-Konzepte St.Gallen 1974

Weltbank: (Weltentwicklungsbericht)
Weltentwicklungsbericht 1980, Washington 1980

Wenger S.: (Tokio-Runde)
Tokio-Runde des GATT und Protektionismus, Hamburg 1981

Werner H.: (Produktionsprivilegien)
Freihandel oder internationaler 'Kampf um Produktionsprivilegien'? in: Jahrbuch für Ordnung von Wirtschaft und Gesellschaft, Bd. 32, S. 51-69, Stuttgart 1981

Wild K.: (Lebensraum)
Unser Lebensraum ist die Welt, Sonderdruck aus Schweizer Monatshefte, 2/1980, Zürich 1980

Wilkes M+G: (Handbuch Unternehmungsführung)
Handbuch Unternehmungsführung, Gernsbach 1979

Willgerodt H.: (Protektion)
Grenzen der wirtschaftlichen Souveränität - Zur Mechanik von Protektion und Freihandel, in: Duwendag D./Siebert H. (Hrsg.): Politik und Markt, Wirtschaftspolitische Probleme der 80er Jahre, Stuttgart 1980

Winqwist C.H.: (Protection)
Is Protection Unavoidable ? aus: Balassa B. (Hrsg.): World Trade: Constraints an Opportunities in the 80's, Thr Atlantic Papers, No 36, Paris 1979

Wirth P.: (Hilfe ohne Geschenke)
Hilfe ohne Geschenke, Basel 1979

Wöller R.: (Lizenzvergabe)
Die Lizenzvergabe ins Ausland in der Unternehmungspolitik, Diss. Hamburg 1968

Wolff A.: (Political Role)
The larger political and economic role of the Tokyo Round, in: Law and Policy in International Business, Volume 12, Geneva 1980

Woll A.: (Anpassungsprozesse)
Internationale Anpassungsprozesse, Berlin 1981

World Bank: (Industrial strategy)
Industial Strategy for Late Starters: The Experience of Kenya, Tanzania and Zambia, World Bank Staff Working Paper No. 457, Washington 1981

World Bank: (New Protectionism)
The Political Structure of New Protectionism, World Bank Working Paper No. 471, Washington 1981

## Zeitschriften, Zeitungen, Artikel aus Zeitschriften und Zeitungen, Gesetzestexte, Seminarunterlagen


| | |
|---|---|
| Attisani A.: | (Dritte Welt)<br>Eintritt in die Dritte Welt, in: Vision, Genf, Mai-Nr. 1978 |
| Balassa B.: | (New Protectionism)<br>The 'New Protectionism' and the International Economy, in: Journal of World Trade Law, No. 5/78, Twickenham, GB 1978 |
| Bass B.: | (Foreign Plant Sites)<br>Selecting Foreign Plant Sites, Economic, Social an Political Considerations, in: Academy of Management Journal, New York, Vol 20, p. 535 ff., 1977 |
| BBC: | (Econews)<br>BBC - Economic and Business World Newsletter January 80, Baden 1980 |
| BBC-Hauszeitung: | (Frankreich)<br>Die Situation in Frankreich, in: BBC-Hauszeitung 12/82 Baden, 1982 |
| BBC-Hauszeitung: | (Sozialplan)<br>BBC-Sozialplan bei Entlassungen, in: BBC-Hauszeitung 12/82 Baden, 1982 |
| Benz G.: | (Schema-F-Check-List)<br>Mit Schema-F-Check-List ist es nicht getan, in: Schweizerische Handelszeitung, Nr.39 a, S.13, vom 25.9.1981, Zürich, 1981 |
| Bilanz: | (Report 3/81)<br>Nie streiken, nie maulen, Report in Bilanz, Heft 3/81, Zürich, März 1981 |
| Bufe R.: | (Auslandmarketing)<br>Auslandmarketing für kleinere und mittlere Unternehmen, in: Volks- und Betriebswirt 2/82, Düsseldorf,1982 |
| Bundesgesetz: | (Investitionsrisikogarantie)<br>Bundesgesetz über die Investitionsrisikogarantie vom 20. März 1970 |
| Casetti C.: | (Zukunfsperspektiven)<br>Gesellschaftliche Zukunftsperspektiven, in: Schweizer Rundschau, Nr. 3/4-71, Bern 1971 |
| Commerzbank: | (Ausfuhr)<br>Ratschläge für die Ausfuhr, Düsseldorf/Frankfurt/Hamburg 1982 |
| Der Monat: | (Wachsender Protektionismus)<br>Wachsender Protektionismus-schrumpfender Welthandel, in: Der Monat, Monatsbulletin des Schweizerischen Bankvereins, Nr.6, Basel 1981 |

Der Monat: (Wie protektionistisch ?)
Wie protektionistisch ist Japan ?, in: Der Monat, Monatsbulletin des Schweizerischen Bankvereins, Nr.10, Basel 1982

Diehl H.: (Probleme)
Probleme der Preisfindung, im industriellen Anlagengeschäft, in Zeitschrift für betriebswirtschaftliche Forschung, Sonderheft 7/77, Anlagenmarketing, Opladen 1977

Die Welt: (Der Trend)
Der Trend zum Protektionismus ist anscheinend nicht aufzuhalten, in: Die Welt Nr.177, Bonn 2.8.1977

Die Welt: (Protektionismus)
Wirtschaftsforscher fürchten zunehmenden Protektionismus, in: Die Welt, Bonn 23.1.1981

Dignas K.: (Freihandel)
Freihandel oder/und Protektionismus? in: Deutsche Sparkassenzeitung, Nr.58, Stuttgart 8.8.1978

Doz L.: Prahalad C.: (Host government)
How MNC's cope with host government intervention, in: Harvard Business Review, Boston March/April 1980 S.149-157

Dreger W.: (Konkurrenzanalysen)
Mehr und bessere Konkurrenzanalysen, in: Management-Zeitschrift io, Nr.9, Seite 411-414, Zürich 1980

Dunkel F.: (Protectionist Danger)
Why the protectionist danger is growing, in: The Financial Times, No. 28501, London vom 22.6.1981

Dunning J.H.: (Determinants)
The Determinants of International Production, in: Oxford Economic Papers, Vol.25, page 289ff, Oxford 1973

Eidg. Volkswirtschaftsdepartement: (Volkswirtschaft)
Die Volkswirtschaft,54.Jg. Heft 4, Bern April 1981

Eidg. Volkswirtschaftsdepartement: (Volkswirtschaft)
Die Volkswirtschaft,56.Jg. Heft 9, Bern September 1983

Epi: (IWF-Bericht)
Entwicklungspolitische Informationen Epi, Nr. 8/9, Saarbrücken 1978

Finanz- und Wirtschaft: (Protektionismus)
(Protektionismus durch die Hintertür ? in: Finanz- und Wirtschaft, Nr.50 Zürich vom 1.7.1981

Fischer H.: (Standortwahl)
Professionelle Standortwahl ist kein Poker-Spiel, in: Develop I/80, Basel 1980

Frankfurter Allgemeine: (Exportieren oder investieren)
Märkte in Entwicklungsländern- exportieren oder investieren ? in: Frankfurter Allgemeine Nr, 184, Frankfurt vom 23.8.1976

Frankfurter Allgemeine: (Wachsender Protektionismus)
Frankfurter Allgemeine, Frankfurt vom 8.6.1978

Frankfurter Allgemeine: (GATT-Kodices)
GATT - Kodices mit neuen Regeln, in: Frankfurter Allgemeine Nr. 65, Frankfurt vom 17.3.1979

Frankfurter Allgemeine: (Protektionisten)
Die grössten Protektionisten, in: Frankfurter Allgemeine Nr. 210, Frankfurt vom 2.11.1981

Frankfurter Rundschau: (Protektionismus)
Ruf nach Protektionismus, in: Frankfurter Rundschau Nr. 153, Frankfurt vom 6.7.1977

Frankfurter Rundschau: (Welthandel)
Hürden im Welthandel- gegen Arbeitslosenvirus hilft keine Protektion, in: Frankfurter Rundschau Nr.17, Frankfurt vom 21.1.1978

Frauenfelder A.: (Freihandel)
Freihandel: Ziele und Fakten, Der Exporteur zwischen Freihandel und Protektionismus, in: Bulletin der Schweizerischen Kreditanstalt, Zürich Nr. 7/1982

Frost & Sullivan: (Political Risk)
Political Risk Services, Broschüren im Abonnement zur Analyse des politischen Risikos, New York

Gälweiler A.: (Gestaltung)
Die Gestaltung geschäftspolitischer Grundsätze, in: Der kaufmännische Geschäftsführer, Frankfurt 1979

Grochla E.: (Modelle)
Modelle als Instrumente der Unternehmungsführung, in: Zeitschrift für betriebswirtschaftliche Forschung, 21.Jg., Köln 1969

Grünärml F.: (Multinationale Unternehmen)
Multinationale Unternehmen und staatliche Wirtschaftspolitik- Probleme und Lösungsansätze, in: Wist, Wirtschaftswissenschaftliches Studium, Zeitschrift für Ausbildung und Hochschulkontakt, 5. Jg., H.1, Marburg 1976

Haferkamp W.: (Tokio Runde)
Die Tokio-Runde war ein Erfolg, in: EG-Magazin No. 11/12, Brüssel 1979

Hake B.: (Beri Index)
Der BERI-Index- ein Frühwarnsystem für Auslandinvestoren, in: Management-Zeitschrift io Nr. 6, S.281-283, Zürich 1979

Halek P.: (Verkaufsstrategien)
Mit neuen Verkaufsstrategien gegen Fernost-Ansturm, in: Management-Zeitschrift io, Nr.2, Zürich 1982

Handelsblatt: (Aktionsmodelle)
Gefährliche Aktionsmodelle gegen den Marktmechanismus, in: Handelsblatt, Deutsche Wirtschaftszeitung, Düsseldorf vom 8.5.1978

Handelsblatt: (Protektionismus)
Protektionismus im Vormarsch, in: Mitteilungen der Handelskammer Hamburg, Nr.9, Hamburg 1977

Hollenstein H.: (Produktionsverlagerung)
Produktionsverlagerungen der Schweizer Industrie nach Niedriglohnländern und ihre wirtschaftlichen und sozialen Auswirkungen in der Schweiz, in: Konjunktur, WIF-ETH, Monatsbericht des Instituts für Wirtschaftsforschung ETH, 42. Jg., Zürich 1/1979

Hollenstein H.: (Industrialisierung)
Die Industrialisierung der Entwicklungsländer-Rückwirkungen auf die schweizerische Volkswirtschaft, in: Schriften des Instituts für Wirtschaftsforschung der ETH, Nr.53, Zürich 1980

Hsieh C.: (Employment)
Measuring the Effects of Trade Expansion on Employment, International Labour Review 1973, zit. in: Balassa, (New Protectionism)

Hübl L./Oest W.: (Wirtschaftsenwicklung)
Ueberlegungen zur Abschätzung der langfristigen Wirtschaftsentwicklung, in: VDI-Z, Zeitschrift des Vereins Deutscher Ingenieure, 7/81, Hannover April 1981

Hughes H.: (Privatunternehmen)
Privatunternehmen und Entwicklung, Ländererfahrungen im Vergleich, in: Finanzierung & Entwicklung Nr. 19, Frankfurt März 1982

Internationale Wirtschaft: (Handelspolitik)
Was kann die Internationale Handelspolitik ? in: Internationale Wirtschaft, Nr. 9, Wien vom 4.3.1982

Jacobi K.: (GATT)
Das lebenswichtige Interesse des Exportlandes Schweiz am Funktionieren des GATT, in: Wirtschaftszeitung für alle, Baden Okt. 1982

Jaegeler J.: Wagner J.: Wilhelm W.: (Auslandsrisiken)
Radar für Auslandsrisiken, in: Manager Magazin 1/1981, Hamburg 1981

Juhl P.: (Ansatzpunkte)
Ansatzpunkte für eine allgemeine Theorie der absatzmarktorientierten Auslandinvestitionen, in: Zeitschrift für Betriebswirtschaft, 51.Jg. Nr. 7, S.672-686, Köln 1981

Kreiken J.: (Formulating strategic management)
Formulating and implementing a more systematic approach to strategic management, Artikel in Management Review 69, S.24-28, New York July 1980

Kühn R.: (Frühwarnung)
Frühwarnung im strategischen Bereich, 2.Teil eines Artikels in Managementzeitschrift io Nr.12, S.551-555, Zürich 1980

Küng E.: (Protektionismus)
Der Protektionismus erhebt sein Haupt, Wirtschaftspolitische Blätter, Nr.5, 28.Jg., Wien 1981

Linton P.: (Europa 1984)
Europa 1984: Risiken und Chancen, in: Profil ITT, Nr. 23, S.3-5, Brüssel 1981

Lipfert H.: (Liberalismus)
Liberalismus und Protektionismus, in: Sparkasse, Zeitschrift des deutschen Sparkassen- und Giroverbandes, Heft 2, Bonn 1971

Lochridge R.: (Strategy)
Strategy in the eighties, in: Annual Perspective 1981 of the Boston Consulting Group, München 1981

Machlup F.: (Analysis)
Marginal Analysis and Empirical Research, American Economic Review, S.619-638, Menasha (Wisconsin) 1964

Malik F.: Probst G.: (Evolutionäres Management)
Evolutionäres Management, in: Die Unternehmung, Bd 35, Heft 2, Bern/Stuttgart 1981

Meffert H.: (Marketing 80er Jahre)
Perspektiven des Marketing in den 80er Jahren, in: Die Betriebswirtschaft, 40.Jg., Heft 1, Stuttgart März 1980

Mellerowicz K.: (Absatz- und Produktionspolitik)
Absatz- und Produktionspolitik als Beispiele moderner Unternehmungsstrategie, in: Der Markenartikel, 28.Jg., München 1966

Mintzberg H.: (Manager's Job)
The manager's job: folklore and fact, in: Harvard Business Review, Nr. July/August, Boston 1975

Modern Business Reports: (Make Decisions)
How Executives Make Decisions, By Alexander Hamilton, Institute, New York 1976

Nunnenkamp P.: (Schwerpunkte)
Schwerpunkte des nicht-tarifären Protektionismus in den wichtigsten Industrieländern, in: Zeitschrift für Zölle und Verbrauchssteuern, 57.Jg., Nr.11, Sigmaringen 1981

NZZ : (Entwicklungspolitik)
Entwicklungspolitik im Umbruch, Sonderdruck des Verlags der "Neuen Zürcher Zeitung" Zürich 1979

NZZ : (GATT-Studie)
Anpassungswidriger Protektionismus, eine GATT-Studie, in: Neue Zürcher Zeitung, Nr.281, S.17, Zürich vom 30.11.1977

NZZ : (Orderly Marketing)
"Orderly Marketing" - oder Protektionismus " à la carte ", in Neue Zürcher Zeitung, Nr. 19, S.15, Zürich vom 24.1.1978

NZZ : (Protektionismus nach Mass)
Gefahrvoller Protektionismus nach Mass, in: Neue Zürcher Zeitung, Nr.97, S.18, Zürich vom 28.4.1978

NZZ : (Entwicklungsansätze)
Entwicklungspolitik im Umbruch, Die grundlegenden Entwicklungsansätze, in: Neue Zürcher Zeitung, Nr. 205, S.19, Zürich vom 5.9.1978

NZZ : (Motor der Entwicklung)
Entwicklungspolitik im Umbruch, Die Multis im Widerstreit der Meinungen, Direktinvestitionen als Motor der Entwicklung, in: Neue Zürcher Zeitung, Nr.212, S.17, Zürich vom 13.9.1978

NZZ : (Multilaterale Welthandelsinstrumente)
Ein Bündel multilateraler Welthandelsinstrumente, in: Neue Zürcher Zeitung, Nr.87, S.13, Zürich vom 14./15.4.1979

NZZ : (Vexierbilder)
Protektionistische Vexierbilder, in: Neue Zürcher Zeitung Nr.115, S.17, Zürich vom 19./20.5.1979

NZZ : (UNCTAD-Beschluss)
Unctad-Beschluss über Handelsrestriktionen, in: Neue Zürcher Zeitung Nr.123, S.13, Zürich vom 30.5.1979

NZZ : (OECD-Plädoyer)
OECD-Plädoyer für den freien Handel, in: Neue Zürcher Zeitung Nr.141, S.15, Zürich vom 21.6.1979

NZZ : (Gescheiterte Konferenz)
Gescheiterte Konferenz gegen den Protektionismus, in: Neue Zürcher Zeitung Nr.287, S.7, Zürich vom 10.12.1979

NZZ : (Vertragsabweichungen)
Vertragsabweichungen- legalisierte und problematische Varianten, in: Neue Zürcher Zeitung, Nr. 301, S.15, Zürich vom 28.12.1979

NZZ : (Generalkonferenz)
Forcierte Industrialisierung der Dritten Welt, vor der dritten Generalkonferenz der UNIDO, in: Neue Zürcher Zeitung Nr.15, S.17, Zürich 19./20.1.1980

NZZ : (Tiefe Krise)
Tiefe Krise in der Autoindustrie Amerikas, in: Neue Zürcher Zeitung, Nr.125, S.7, Zürich vom 2.6.1980

NZZ : (Importschutzbegehren)
Importschutzbegehren der Ford Motor Company, in: Neue Zürcher Zeitung, Nr.180, S.9, Zürich vom 6.8.1980

NZZ : (Handelsmacht Japan)
Protektionistische Waffen im Einsatz gegen die Handelsmacht Japan ?, in: Neue Zürcher Zeitung, Nr.198, S.19, Zürich vom 27.8.1980

NZZ : (Wirtschaftspolitik)
Möglichkeiten und Grenzen regionaler Wirtschaftspolitik, von Bieri S., in: Neue Zürcher Zeitung Nr. 244, Sonderbeilage Werkplatz Schweiz, S. 19, Zürich vom 20.10.1980

NZZ : (Strukturerneuerung)
Die Rolle des Staates im Prozess der Strukturerneuerung, von Mühlemann F., in: Neue Zürcher Zeitung Nr. 244, Sonderbeilage Werkplatz Schweiz, S.23, Zürich vom 20.10.1980

NZZ : (Strategien)
Strategien gegen Japans Exportoffensive, in: Neue Zürcher Zeitung, Nr. 261, S.19, Zürich vom 8./9.11. 1980

NZZ : (Schweizer Industriekonzerne)
Schweizer Industriekonzerne im Kräftefeld ihrer Auslandsinvestitionen, Anschauungsunterricht in Brasilien, in: Neue Zürcher Zeitung Nr. 273, S.17, Zürich vom 22./23.11.1980

NZZ : (Rückfall in den Protektionismus)
Rückfall in den Protektionismus ? Das Schutzbegehren der US-Autoindustrie, in: Neue Zürcher Zeitung Nr. 283, S.23, Zürich vom 4.12.1980

NZZ : (Australiens Wirtschaft)
Protektionismus Krebsgeschwür in Australiens Wirtschaft, in: Neue Zürcher Zeitung Nr.50, S.9, Zürich vom 2.3.1981

NZZ : (Stahlindustrie)
Neuer Anlauf der EG zur Bekämpfung des Subventionsunwesens für die Stahlindustrie, in: Neue Zürcher Zeitung Nr.53, S.17, Zürich vom 5.3.1981

NZZ : (Handelskonflikte)
Rekordzahl punktueller Handelskonflikte, in: Neue Zürcher Zeitung Nr.93, S.17, Zürich vom 23.4.1981

NZZ : (EFTA)
Angeprangerter Textilprotektionismus in der EFTA, in: Neue Zürcher Zeitung, Nr.112, S.21, Zürich vom 16./17.5.1981

NZZ : (Amerikanische Warnung)
Amerikanische Warnung vor den Gefahren des Neo-Protektionismus, in: Neue Zürcher Zeitung, Nr. 137, S.19, Zürich vom 17.6.1981

NZZ : (Handelspolitische Flucht)
Handelspolitische Flucht nach vorn im GATT, in: Neue Zürcher Zeitung, Nr.146, S.19, Zürich vom 27./28.6.1981

NZZ : (Zum freien Welthandel)
Bekenntnis zum freien Welthandel, in: Neue Zürcher Zeitung, Nr.150, S.15, Zürich vom 3.7.1981

NZZ : (Handelspolitische Grundsatzerklärung)
Handelspolitische Grundsatzerklärung der Administration Reagan, in: Neue Zürcher Zeitung Nr.156, S.13, Zürich vom 9.7.1981

NZZ : (Chinas Technologie-Import)
Chinas Technologie-Import- ein dorniges Problem, in: Neue Zürcher Zeitung Nr.156, S. 15, Zürich vom 9.7.1981

NZZ : (EG-Textilprotektionismus)
Mehr EG-Textilprotektionismus, in: Neue Zürcher Zeitung, Nr.160, S.9, Zürich vom 14.7.1981

NZZ : (Werkzeugmaschinenbau)
Hilfsbedürftiger Werkzeugmaschinenbau Argentiniens, in: Neue Zürcher Zeitung Nr.175, S. 15, Zürich vom 31.7.1981

NZZ : (IMF-Warnungen)
IMF-Warnungen vor Protekionismus, in: Neue Zürcher Zeitung, Nr.177, S.9, Zürich vom 4.8.1981

NZZ : (Produktionsstandorte)
Der Weltmarkt für Produktionsstandorte, in: Neue Zürcher Zeitung, Nr.194, S.7, Zürich vom 24.8.1981

NZZ : (Freiraum)
Freiraum für unternehmerisches Handeln, in: Neue Zürcher Zeitung, Nr.217, S.23, Zürich vom 19./20.9.1981

NZZ : (Vierertreffen in Florida)
Kampf dem Protektionismus, Vierertreffen in Florida, in: Neue Zürcher Zeitung Nr.13, S.7, Zürich vom 18.1.1982

NZZ : (Wachsende Weltunordnung)
Traditionelle Ordnungsmodelle und wachsende Weltunordnung, Prof.T.Leuenberger, in: Neue Zürcher Zeitung Nr.24, S.37, Zürich vom 30./31.1.1982

NZZ : (Europäisches Management-Forum)
Regierungen und internationale Organisationen in Allianz gegen den Protektionismus, in: Neue Zürcher Zeitung, Nr.26, S.14, Zürich vom 2.2.1982

NZZ : (Mexico)
Mexico im aussenwirtschaftlichen Dilemma, in: Neue Zürcher Zeitung Nr. 33, S.19, Zürich vom 10.2.1982

NZZ : (Toyota)
Pläne von Toyota zur Produktion in den USA, in: Neue Zürcher Zeitung, Nr.35, S.21, Zürich vom 12.2.1982

NZZ : (Alternde Volkswirtschaften)
Zum Phänomen 'alternder Volkswirtschaften' in: Neue Zürcher Zeitung, Nr.42, S.37, Zürich vom 20./21.2.1982

NZZ : (Amerikanische Reziprozität)
Japans Angst vor der 'Amerikanischen Reziprozität', in: Neue Zürcher Zeitung, Nr,46, S.21, Zürich vom 25.2.1982

NZZ : (Kooperationsabsichten)
Kooperationsabsichten von Toyota und General Motors, in: Neue Zürcher Zeitung, Nr.56,S.17, Zürich vom 9.3.1982

NZZ : (Handelspolitische Initiative)
Handelspolitische Initiative Washingtons, in: Neue Zürcher Zeitung Nr. 71, S.18, Zürich vom 26.3.1982

NZZ : (Wirtschaftspolitik)
Plädoyer für eine global orientierte Wirtschaftspolitik, in:Neue Zürcher Zeitung, Nr.74, S.17, Zürich vom 30.3.1982

NZZ : (Welthandelsvokabular)
Seltsam entfremdetes Welthandelsvokabular, in: Neue Zürcher Zeitung, Nr.88, S.23, Zürich vom 19.4.1982

NZZ : (Internationale Zusammenarbeit)
Internationale Zusammenarbeit statt Protektionismus, in: Neue Zürcher Zeitung Nr.91, S.31, Zürich vom 21.4.1982

NZZ : (Nissan-Autofabrik)
'Vorläufig' keine Nissan Autofabrik in England, in: Neue Zürcher Zeitung, Nr.170, S.7, Zürich vom 26.7.1982

NZZ : (Importquotensystem)
Importquotensystem in Argentinien, in: Neue Zürcher Zeitung, Nr.175, S.14, Zürich vom 31.7./1.8.1982

NZZ : (Hohe Arbeitskosten)
Hohe Arbeitskosten der Schweizer Industrie, in: Neue Zürcher Zeitung Nr. 185, S.9, Zürich vom 12.8.1982

NZZ : (Importbehinderungen)
Sind Japans nichttarifäre Importbehinderungen Absicht oder willkommener Zufall ?, in: Neue Zürcher Zeitung, Nr.195, S.13, Zürich vom 24.8.1982

NZZ : (ERG)
Die ERG-notwendiger denn je, in: Neue Zürcher Zeitung Nr. 197, S.17, Zürich vom 26.8.1982

NZZ : (Maschinenbau)
Schweizer Maschinenbau vor längerer Durststrecke, in: Neue Zürcher Zeitung Nr.197,S.17, Zürich vom 26.8.1982

NZZ : (Japan)
Sind Japans nichttarifäre Importbehinderungen Absicht oder willkommener Zufall ? (Fortsetzung), in: Neue Zürcher Zeitung Nr. 197, S.21, Zürich vom 26.8.1982

NZZ : (Aussenwirtschaftliche Hauptprobleme)
Aussenwirtschaftliche Hauptprobleme, in: Neue Zürcher Zeitung Nr.202, S.33, Zürich vom 1.9.1982

NZZ : (Niederländische Förderung)
Niederländische Förderung von Industrieprojekten, in: Neue Zürcher Zeitung Nr.203, S.19, Zürich vom 2.9.1982

NZZ : (Ungarn)
Importrestriktionen in Ungarn, in: Neue Zürcher Zeitung Nr.205, S.23, Zürich vom 4./5.9.1982

NZZ : (Mexico als negatives Lehrbeispiel)
Mexico als negatives Lehrbeispiel, in:
Neue Zürcher Zeitung Nr. 206, S.7,
Zürich vom 6.9.1982

NZZ : (Singapur)
Verflachtes Wirtschaftswachstum in Singapur,
in: Neue Zürcher Zeitung Nr.207, S.17,
Zürich vom 7.9.1982

NZZ : (GATT-Ministerkonferenz)
Vorbereitung der GATT-Ministerkonferenz, in:
Neue Zürcher Zeitung Nr.215, S.21,
Zürich vom 16.9.1982

NZZ : (Bilaterale Textilabkommen)
Harter Poker um bilaterale Textilabkommen,in:
Neue Zürcher Zeitung Nr.225, S.17,
Zürich vom 28.9.1982

NZZ : (Arbeitsmarkt)
Keine Entlastung am deutschen Arbeitsmarkt,
in: Neue Zürcher Zeitung Nr. 231, S.13,
Zürich vom 5.10.1982

NZZ : (EG-Uhrenprotektionismus)
Schweizer Reserve gegen EG-Uhrenprotektionismus,
in: Neue Zürcher Zeitung Nr.232, S.17,
Zürich vom 6.10.1982

NZZ : (Weltwirtschaft)
Die Weltwirtschaft unter dem Schuldenjoch, in:
Neue Zürcher Zeitung Nr.235, S.17,
Zürich vom 9./10.10.1982

NZZ : (Mit Protektionismus auf Stimmenfang)
Mit Protektionismus auf Stimmenfang, in: Neue
Zürcher Zeitung Nr.251, S.17,
Zürich vom 28.10.1982

NZZ : (Wettbewerb)
Ueber allem der Wettbewerb, zur Vergabe des
Nobelpreises an G.J.Stigler, in: Neue Zürcher
Zeitung Nr. 251, S.23, Zürich vom 28.10.1982

NZZ : (Entwicklungsländer)
Die Entwicklungsländer in der Weltwirtschaft,
in: Neue Zürcher Zeitung Nr.251, S.37,
Zürich vom 28.10.1982

NZZ : (Schikanen Frankreichs)
Protektionistische Schikanen Frankreichs,
in: Neue Zürcher Zeitung Nr.252, S.23,
Zürich vom 29.10.1982

NZZ : (Frankreich Elektronikmarkt)
Frankreichs Traum von der Elektronikmacht,
Ehrgeizige Ziele für die Industrie der Zukunft,
in: Neue Zürcher Zeitung Nr.252, S.23,
Zürich vom 29.10.1982

NZZ : (Durststrecke)
Unterbeschäftigung- Geisel der achtziger Jahre, vor einer längeren Durststrecke, in: Neue Zürcher Zeitung Nr.253, S.17, Zürich vom 30./31.10.1982

NZZ : (Bankrott)
Mexico als negatives Lehrbeispiel, Ursachen und Begleiterscheinungen eines Bankrotts, in: Neue Zürcher Zeitung Nr.255, S.19, Zürich vom 2.11.1982

NZZ : (Technologiesprung)
Ein Technologiesprung in der Uhrenelektronik, in: Neue Zürcher Zeitung Nr. 256, S.17, Zürich vom 3.11.1982

NZZ : (Arbeitsmarktprobleme)
Ein 'Jumbo-Rat' der Ratlosigkeit ? EG-Ministertreffen über Arbeitsmarktprobleme, in: Neue Zürcher Zeitung Nr. 266, S.7, Zürich vom 15.11.1982

NZZ : (Maschinenindustrie)
Die Maschinenindustrie im Teufelskreis, in: Neue Zürcher Zeitung Nr. 269, S.18, Zürich vom 18.11.1982

NZZ : (Multis im Wandel)
Die Multis im Wandel der Weltwirtschaft. Neuer Entwicklungstrend bei transnationalen Unternehmen, in: Neue Zürcher Zeitung Nr.274, S. 21, Zürich vom 24.11.1982

NZZ : (Arbeitslosigkeit)
Arbeitslosigkeit als Geburtswesen der Atomation, von Prof. B.Frisch, ETHZ, in: Neue Zürcher Zeitung Nr.276, S.21, Zürich vom 26.11.1982

NZZ : (Kanadischer Wirtschaftsnationalismus)
Weitere Milderung des kanadischen Wirtschaftsnationalismus, in: Neue Zürcher Zeitung, Nr.276, S.23, Zürich vom 26.11.1982

NZZ : (China)
Freihandelszone für Auslandinvestoren in China, in: Neue Zürcher Zeitung Nr.279, S.23, Zürich vom 30.11.1982

NZZ : (Zentrale Planung)
Zentrale Planung- freies Unternehmertum, in: Neue Zürcher Zeitung Nr. 280, S.23, Zürich vom 1.12.1982

NZZ : (Arbeitszeitverkürzung)
Arbeitszeitverkürzung in Oesterreich ? in: Neue Zürcher Zeitung Nr.289, S.23, Zürich vom 11./12.12.1982

NZZ : (Leistungsbild BBC)
Wenig verändertes Leistungsbild von BBC, in: Neue Zürcher Zeitung Nr.293, S.13, Zürich 16.12.1982

NZZ : (Forschungsgesetz)
Genehmigung des neuen Forschungsgesetzes, in: Neue Zürcher Zeitung Nr. 294, S.37, Zürich vom 17.12.1982

NZZ : (Kreditrisiken)
Bessere Evaluation internationaler Kreditrisiken, Gründung des Institute of International Finance, in: Neue Zürcher Zeitung Nr.10, S.17, Zürich vom 13.2.1983

NZZ : (Strategiewechsel)
Entwicklungspolitischer Strategiewechsel der blockfreien Länder, in: Neue Zürcher Zeitung Nr. 61, S.7, Zürich vom 14.3.1983

NZZ : (Direktinvestitionen Lateinamerika)
Direktinvestitionen in Lateinamerika, in: Neue Zürcher Zeitung Nr. 76, S.19, Zürich vom 31.3.1983

NZZ : (Qualitatives Wachstum)
Qualitatives Wachstum für Sulzer, in: Neue Zürcher Zeitung Nr. 80, S.53, Zürich vom 4.4.1984

NZZ : (Koreas Ambivalenz)
Koreas Ambivalenz gegenüber ausländischen Investoren, in: Neue Zürcher Zeitung Nr.85, S. 23, Zürich vom 10.4.1984

NZZ : (Auslandkapital)
Neue Avancen Chinas an das Auslandkapital, in: Neue Zürcher Zeitung, Nr. 91, S.17, Zürich vom 17.4.1984

NZZ : (Borner's Sechste Schweiz)
Bekenntnis zur Industrie, Prof. Borners Sechste Schweiz, in: Neue Zürcher Zeitung, Nr.5, S.14, Zürich vom 8.1.1985

Oppenländer,K.H.: (Industrialisierung)
Die Industrialisierung der Dritten Welt und die deutsche Wirtschaft, in: Ifo - Schnelldienst 20/80, Frankfurt 1980

Page,S. : (Protectionism)
The revival of protectionism and its consequences for Europe, in: Journal of Common Market Studies, Vol. XX No 1, London 1981

Price Waterhouse: (Doing business)
Doing business in Mexico, USA 1981

Pümpin, C.: (Führungskonzeption)
Führungskonzeption und strategische Führung, Seminarunterlagen: 'Strategische Führung', St. Gallen 1978

Pümpin, C.: (Strategische Führung)
Strategische Führung in der Unternehmungspraxis, in: Die Orientierung, Schweizerische Volksbank, Nr. 76, Bern 1980

Rummel, R.: (Political Risk)
How multinationals analyse political risk, in: Harvard Business Review, Boston, J/F 1978

Sachdev, J.: (Foreign Investment)
Foreign Investment Policies of Developing Host Nations and Multinationals: Interactions and Accomodations, in: MIR, Management Information Review, Vol 18, 2,S. 33-41, Wiesbaden 1978

Saxena, D.: (Protectionism)
Alternatives to Protectionism, in: Foreign Trade Review No. 2, Indian Institute of Foreign Trade New Delhi, Sept. 1978

Schweizerische Handelszeitung: (Separatdruck)
Die grössten Schweizer Unternehmen 1981, Schweizerische Handelszeitung, Zürich Juni 1981

Schweizer Illustrierte: (Job Export)
Job Export am laufenden Band, in der Schweizer Industrie, Zürich, Nr.1, 1985

Stadlmann, H.: (Verschleierter Protektionismus)
Verschleierter Protektionismus, in: Frankfurter Allgemeine Nr.168, Frankfurt 23.7.1977

Stata, R.: Maidique, M.: (Bonus system)
Bonus system for balanced strategy, in: Harvard Business Review, Nr. Nov-Dec, Boston 1980

Statistisches Bundesamt Wiesbaden : (Stichproben)
Stichproben in der amtlichen Statistik, Stuttgart 1960

Statistisches Bundesamt Wiesbaden : (Sowjetunion)
Länderkurzbericht Sowjetunion 1981, Stuttgart/Mainz 1981

Strange, S.: (Surplus Capacity)
The management of surplus capacity: or how does theory stand up to protectionism 1970's style. in: International Organization, 33,3, Madison 1979

Stuttgarter Zeitung: (Freihandel)
Der Freihandel hat wenig Fürsprecher, Stuttgarter Zeitung, Stuttgart vom 24.12.1980

Süddeutsche Zeitung: (Protektionismus)
Der Protektionismus hat viele Gesichter, Süddeutsche Zeitung Nr.188, München 18.8.1977

Süddeutsche Zeitung: (IWF)
IWF registriert zunehmenden Protektionismus, Süddeutsche Zeitung, München vom 7.9.1981

Szeworski, A.: (Protektionistische Tendenzen)
Protektionistische Tendenzen in der Wirtschaft der kapitalistischen Länder, in: Der Polnische Aussenhandel, Nl. 9/10, Warschau 1978

SZH : (Fiches documentaires)
Fiches documentaires du Mexique, Schweizerische Zentrale für Handelsförderung (Hrsg.), Lausanne 1981

Technische Rundschau : (Strukturwandel)
Strukturwandel ohne Tränen, von Borner S., 74. Jg, Nr.26, S.1, Bern 29.6.1982

Trechsel, F.: (Produkt/Markt-Strategie)
Produkt/Marktstrategie, Kernstück jeder Unternehmungsstrategie, Artikel in: Management-Zeitschrift io, Heft 9, S.383-390, 1978

UNIDO : (Project Proposals)
Industrial Investment Project Proposals, Wien Jan. 1980

UNO : (Statistik)
Statistik der Investitionen in Entwicklungsländern, in: Schweizer Illustrierte Nr.31,S.33, Zofingen 2.8.1982

Vancil, F.: Lorange, P.: (Strategische Planung)
Strategische Planung in diversifizierten Unternehmen, Abdruck aus Harvard Business Review, Jan/Febr. 1975

Vision: (Investment abroad)
Investment abroad, the views of European Top Management, by RSL, Wembley 1980

VWD : (Importrestriktionen)
Frankreich mit den meisten Importrestriktionen, in VWD, Finanz- und Wirtschaftsspiegel, Nr.90, Eschhorn vom 13.5.1981

Weinhold - Stünzi, H.: (Marketingstrategie)
Marketingstrategie, in: Orientierung, Nr.72, (Hrsg.) die Schweizerische Volksbank, Bern 1979

Wells, L.: (Negotiating)
Negotiating with Third World governments, in: Harvard Business Review, Boston, J/F 1977

Weltwoche: (Phantasie)
Weltwirtschaft in Nöten, Die Phantasie der Nothelfer, in: Die Weltwoche S.1, Zürich 24.11.1982

Wind, Y.: Mahajan, V.: (Business portfolio)
Designing product and business portfolio, in: Harvard Business Review, Boston, J/F 1981

Wirtschaftswoche: (Rette sich)
Rette sich, wer kann, in: Wirtschaftswoche Nr.31, Frankfurt 1.8.1980

Wirtschaftswoche: (Im Griff der Egoisten)
Im Griff der Egoisten, in: Wirtschaftswoche Nr.25, Frankfurt 12.6.1981

Witte, E.: (Phasen - Theorem)
Phasen-Theorem und Organisation komplexer Entscheidungsverläufe, in: Betriebswirtschaftliche Forschung, 20.Jg., Köln 1968

Referate

| | |
|---|---|
| Bhagwati, J.: | (Internationalisierung) Internationalisierung als Diagnose und Therapie, Referat anlässlich des Symposiums '150 Jahre Fa. Bossard' Zürich, 26.3.1981 |
| Borner, S.: | (Strukturepoche) Ursachen und Folgen einer neuen Strukturepoche, Referat am BWI-Symposium 79, ETH Zürich,1.3.1979 |
| Borner, S.: | (Referat HSG) Aeusserung anlässlich eines Vortrages an der Hochschule St.Gallen, vom 12.1.1982 |
| Escher, F.: | (Szenarien) Szenarien als Planungshilfen für die Beurteilung von Länderrisiken, Battelle-Institute, Referat gehalten in Zürich, am 16.6.1982 |
| Fürer, A.: | (Arbeitsplatz Schweiz) Die Zukunft des Arbeitsplatzes Schweiz aus der Sicht des Unternehmers, in: Referatsordner zu BWI-Symposium 79, ETH Zürich, 1.3.1979 |
| Hauser, H.: | (Aussenwirtschaftliche Tagung) Aussenwirtschaftliche Tagung 1982, Länderrisiken in neu industrialisierten Entwicklungsländern für Exporteure, Kreditgeber und Investoren, Zürich, 16.6.1982 |
| Hummel, P.: | (Schweiz als Industriestandort) Die Schweiz als Industriestandort, Referat veröffentlicht in Nr. 19 der Schriftenreihe des Vororts, Zürich, 1979, Referat an der Delegiertenversammlung des Schweizerischen Handels- und Industrie-Vereins Zürich, vom 14. Sept. 1979 |

Abbildungsverzeichnis Seite

Seite:

Seite:

Seite:

Tabellenverzeichnis

Seite: